KB005202

화석은 말한다

EVOLUTION

화석은 말한다

화석이 말하는 진화와 창조론의 진실

도널드 R. 프로세로   Donald R. Prothero   류운 옮김   바다출판사

내 친구이자 스승인 나일스 엘드리지와 고 스티븐 제이 굴드에게 이 책을 바친다.
이 두 사람은 고생물학과 진화생물학을 꼴바꿈시켰다.

차례

제1부   진화와 화석 기록

1 · 과학의 본성

과학은 최종 진리를 찾아내고자 하는 게 아니라, 가설을 거듭 시험해가면서 점점 더 좋은 모습으로 다듬어 세계에 대해서 참이라고 생각되는 바와 가까워지도록 한다. 과학자가 자기 가설을 시험해서 반증하려는 일을 멈추는 즉시, 과학자는 과학하기를 멈추는 것이다.

2 · 과학과 창조론

자연은 우리가 설명해내지 못한 것들로 가득하다. 아직 설명되지 않은 것을 설명하는 것이 바로 과학의 목표이다. 풀어내지 못한 수수께끼들을 계속해서 풀어나가는 것이 과학의 목표이지, 신에게 모든 답을 구하는 것이 과학의 목표가 아니다.

3 · 화석 기록

화석 기록을 말하고 싶거든, 맥락을 무시한 채 다른 사람들의 말을 인용하지 말고, 직접 나가서 화석에 대한 기초 연구를 해야 한다. 인용문을 긁어모으는 방법은 게으른 짓이고 비과학적인 짓이고 기만적인 짓일 뿐이다. 실제 과학적 데이터나 실험을 통해 증명해야 한다.

4 · 진화론의 진화

다윈의 진화론 이후 우리는 비로소 생명을 이해할 수 있게 되었다. 이와 더불어 유전학과 분자생물학의 발전은 다윈의 진화론을 더욱 풍부하게 해주었다. 진화에 대한 수많은 증거들은 진화가 언제나 늘 일어나고 있다고 우리에게 말한다.

5 · 계통분류학과 진화

생명의 역사를 해독하는 방법은 많다. 해부학적 특징들을 비교하는 것부터 배아발생 과정의 유사성을 비교하는 것, 모든 세포에 있는 분자들의 세부적인 면모를 비교하는 것까지, 생명이 가지를 뻗어온 역사는 생물이 가진 거의 모든 측면에서 드러난다

제2부 화석은 진화를 말한다

6 · 생명의 기원들

과학자들은 생명이 어떻게 생겨났을지 보여주는 일에 어마어마한 진전을 이루어냈다. 비생명에서 생명이 진화하는 모습을 시험관 안에서 눈으로 결코 볼 수 없을지도 모르지만, 생명 발생의 거의 모든 단계가 일어나는 방식을 보여주는 훌륭한 실험적 증거가 있음은 확실하다.

7 · 캄브리아기 '폭발' 혹은 '느린 도화'?

'캄브리아기 폭발' 동안의 진화 속도는 생명의 역사에서 일어난 여느 적응방산과 조금도 다를 바 없다. 8000만 년이라는 시간은 폭발적이라고 할 만한 시간이 아니다. 캄브리아기 폭발은 '폭발'도 아니었고, '만화처럼 후딱 일어나지도' 않았다.

8 · 등뼈 없는 동물의 경이로운 진화

무척추동물은 오늘날 살고 있는 동물 가운데에서 가장 다양한 동물일 뿐 아니라, 지금까지 가장 훌륭하게 화석으로 보존된 군들도 무척추동물에 속한다. 조류 미화석부터 삼엽충, 바다조가비, 선형동물과 절지동물 화석은 진화에 대해 많은 것을 알려준다.

9 · 물고기 이야기

인류는 척삭동물문의 일원이며, 척삭동물은 불가사리, 성게, 해삼이 속한 극피동물에서 유래했다. 척삭동물은 장새류, 피낭동물, 창고기, 칠성장어를 거쳐 현재 믿기지 않을 정도로 물속 세상에 가득 포진해 있는 진골어류에 도달하기까지 먼길을 헤엄쳐왔다.

10 · 물 밖으로 나온 물고기

물속에 살던 척추동물은 어떻게 뭍으로 기어 나와 네 발 달린 육상동물이 되었을까? 1938년 살지느러미를 가진 육기어류 실러캔스가 발견된 뒤로 우리는 선기류에서 출발해 원시 네발동물을 거쳐 이어져온 과도 단계의 화석을 모두 보유하게 되었다.

11 · 양막류: 땅 위로 올라온 동물과 바다로 돌아간 동물

땅에 낳는 알은 양막의 보호를 받는다. 양막은 양수로 채워져 있어서 충격과 온도 변화로부터 알 속의 배아를 보호한다. 양막류는 전통적인 과충강, 포유강, 조강(새) 개념을 모두 포함한다. 딱지가 절반뿐인 거북과 발 달린 뱀, 깡충 뛰는 악어의 진화를 살펴보자.

12 · 공룡이 진화하다. 그리고 하늘을 날다.

시조새는 창조론자들이 진화를 왜곡하는 전형적인 주제다. 지금 우리에게는 공룡에서 새로 넘어가는 근사한 과도기 꼴이 수십 가지 있다. 오로지 시조새에만 초점을 맞춰서 그 화석 기록을 왜곡하는 데 골몰하는 창조론 책들은 이 새로운 발견들 덕에 폐기되었다.

13 · 포유류 폭발

최초기 포유류는 최초기 공룡이 진화한 때와 똑같은 트라이아스기 후기에 키노돈트류로부터 진화했다. 공룡이 지구를 지배하는 동안 포유류는 작아졌다가 백악기 말에 공룡들이 사라지자 비로소 포유류에게 세상의 문이 열리고 지구를 지배하게 되었다.

14 · 소와 분수구멍

발굽포유류의 화석 기록에는 과도기 꼴들이 가득하다. 이는 우리에게 친숙한 덩치 큰 유제류(말, 코뿔소, 기린, 코끼리 따위)의 거의 모두가 어떤 식으로 진화했는지, 그리고 두 가지 해양 포유류 군(고래류와 바다소목)이 어떻게 해서 땅 위의 조상들에서 진화했는지를 보여준다.

15 · 유인원의 반영?

이제까지 알려진 사람 종과 속은 수십 개에 이르고, 거의 700만 년 세월에 걸쳐 진화해오면서 굉장히 덤불스러운 계통수를 형성하였다. 우리가 침팬지와 유전적으로 97.6퍼센트가 같다는 사실은 우리 역시 자연의 온전한 일부임을 과학적으로 보여주는 증거이다.

16 · 무엇이 중요한가?

우리는 과학과 진화적 세계관 덕에 우주의 광대함과 지질 시간의 깊이를 받아들이게 되었다. 그 덕에 우리는 자연에서 우리가 차지하는 자리에 더 겸허하고 덜 오만한 태도를 보일 수 있다. 세계에 대해 과학적 태도를 취할 때 우리는 자연의 아름다움과 신비를 더 잘 이해할 수 있다.

들어가기 전에: 왜 사람들은 진화를 받아들이지 않는가?

마이클 셔머

토머스 헨리 헉슬리Thomas Henry Huxley는 이렇게 선언했다. 《종의 기원On the Origin of Species》은 "지식의 영토를 확장하기 위한 도구로, 아이작 뉴턴Isaac Newton의 《자연철학의 수학적 원리Philosophiæ Naturalis Principia Mathematica》 이후 사람의 손에 들어온 것 가운데 가장 막강하다." 다윈 이후 가장 위대한 진화 이론가라고 할 수 있을 에른스트 마이어Ernst Mayr는 《종의 기원》은 과학의 역사에서 가장 큰 패러다임의 전환을 일으켰다고 단언했다. 훗날, 고생물학자 고故 스티븐 제이 굴드Stephen Jay Gould, 곧 지난날 헉슬리가 쓴 감투를 물려받은 공적 지식인인 굴드는 진화 이론을 서양 사상의 역사 전체에서 가장 중요한 여섯 가지 생각 가운데 하나로 꼽았다. 과학철학자 대니얼 데닛Daniel Dennett은 진화를 과학의 역사에서 가장 위험한 생각이라고 불렀다.*

　　다윈의 진화 이론이 그처럼 깊이 있고 증명된 이론이라면, 왜 그 이론을 참이라고 받아들이지 못하는 사람이 있는 걸까? 그 까닭들을 살펴보기 전에, 더 흔한 표현인 '믿다believe in' 대신에 '받아들이다accept'라는 동사를 쓴 것에 유념해주길 바란다. 진화는 신앙의 관점에서 충성하거나 믿을 것을 맹세하는 종교적 교리가 아니다. 진화는 경험 세계에서 사실적으로 일어나는 실재이다. "나는 중력을 믿는다"라고 말하지 않는 것처럼, "나는 진화를 믿는다"라고 선언해서는 안 된다. 그렇다면 왜 그리 많은 사람이 진화를 받아들이지 않는 걸까? 적어도 일곱 가지가 이유가 있다고 본다.

---

* 　헉슬리의 말은 다음 책에서 인용했다. Frank Sulloway, *Born to Rebel*(New York: Pantheon, 1996); Ernst Mayr, *Growth of Biological Thought*(Cambridge: Harvard University Press, 1982); Stephen Jay Gould, *The Structure of Evolutionary Theory*(Cambridge: Harvard University Press, 2000); Daniel Dennett, *Darwin's Dangerous Idea*(New York: Simon and Schuster, 1996).

1. **진화 이론을 오해한 탓.** 진화론-창조론 논쟁으로 일어난 논란 때문에 이 주제가 과학 교과과정에 들어가지 않은 경우가 흔히 있으며, 설사 교과과정에 들어갔다고 해도 학교 운영진 및 학부모와의 긴장과 갈등을 피하기 위해 진화론을 가르치길 꺼린다.[*]

2. **일반적으로 과학이 종교에 위협이 된다는 두려움 탓.** 이건 내가 과학과 종교의 **충돌하는 세계**conflicting world 모형이라고 부르는 항목에 들어간다. 이 모형에서는 이것 아니면 저것을 선택할 수밖에 없다. 내가 이것과 대비하는 것이 **같은 세계**same world 모형으로, 여기에서는 과학을 이용해 종교적 교리를 증명하려는 시도가 이루어진다. 그리고 **다른 세계**separate world 모형에서는 과학과 종교가 서로 완전히 다른 영역을 점유한다.[**]

3. **특별히 진화 이론이 종교에 위협이 된다는 두려움 탓.** 〈창세기〉에서 말하는 지구의 나이나 창조의 순서 같은 특수한 종교적 교리의 경우에는 과학과 종교가 서로 충돌한다. 다행히도 이 세상 종교의 대부분은 쉬지 않고 변화하는 과학의 성과에 맞추어 자기네 창세 신화들을 비유로 읽을 만큼 충분히 융통성이 있다.[***]

4. **진화가 우리 인류의 지위를 격하시킨다는 두려움 탓.** 우주의 중심에 있던 우리의

---

[*] 예를 들어 2001년 갤럽이 실시한 여론조사는 미국인의 66퍼센트가 스스로를 진화에 대해 '배운 바가 없다고' 여겼음을 보여준다.

[**] *Michael Shermer, Why People Believe Weird Things*(New York: Henry Holt/Times Books, 1997), p.137-138. 1995년 갤럽이 실시한 여론조사는 미국인의 90퍼센트가 천국을 믿고, 73퍼센트가 지옥을 믿고, 79퍼센트가 기적을 믿고, 72퍼센트가 천사를 믿고, 65퍼센트가 악마를 믿음을 보여주는데, 이 결과를 생각해보라. 그처럼 많은 수가 아직도 15세기의 세계관을 가지고 있는 마당에, 대부분의 미국인들이 과학의 기본 신조와 방법을 받아들이지 못하는 건 놀라운 일도 아니다. 갤럽의 여론조사 결과는 www.gallup.com에서 볼 수 있다.

[***] 2007년 6월의 갤럽 여론조사에 따르면, 미국인의 43퍼센트는 "지난 1만 년 정도 되는 기간의 어느 시점에 신이 인간을 지금의 꼴과 별로 다를 바 없는 모습으로 창조했다"는 진술에 동의하며, 38퍼센트는 "인간은 수백만 년에 걸쳐 더 하등한 생명꼴에서 발달해왔지만, 신께서 이 과정을 이끌었다"는 혼합된 믿음을 선호하고, "인간은 수백만 년에 걸쳐 더 하등한 생명꼴에서 발달해왔지만, 이 과정에서 신은 아무 역할도 하지 않았다"는 표준적인 과학 이론을 받아들이는 미국인은 겨우 14퍼센트에 불과하다. 갤럽의 여론조사 결과는 www.gallup.com에서 볼 수 있다. 2005년에 퓨리서치센터Pew Research Center에서 실시한 한 여론조사도 이와 비슷한 결과를 보여주는데, 여론조사에 응한 사람의 42퍼센트가 "시간이 처음 시작된 때부터 생물들은 줄곧 지금의 꼴 그대로 존재해왔다"는 엄격한 '창조론자'의 시각을 가지고 있다. 퓨센터의 여론조사 결과는 다음 웹페이지에서 볼 수 있다. http://people-press.org/reports/display.php3?ReportID=254.

자리를 코페르니쿠스가 끌어내린 뒤, 다윈은 우리가 '그저' 동물에 지나지 않으며, 다른 모든 생물들이 종속된 것과 똑같은 자연법칙 및 역사적 힘에 종속되어 있음을 밝혀냄으로써 최후의 일격을 날렸다.

5. **진화를 윤리적 허무주의 및 도덕적 타락과 같은 것으로 보는 탓.** 이 두려움의 배후에 깔린 추리는 다음과 같은 순서로 진행된다. 진화는 신이 존재하지 않음을 함축하기 때문에 진화 이론을 믿으면 무신론으로 이어진다. 신에 대한 믿음이 없으면 도덕이나 의미가 있을 수 없다. 도덕과 의미가 없다면 시민사회가 설 기초가 없다. 시민사회가 없다면 우리 삶은 금수의 삶으로 전락하고 말 것이다. 1991년에 신보수주의적 사회평론가인 어빙 크리스톨Irving Kristol은 이런 불합리한 생각을 입 밖으로 냈다. "인간의 조건에 대해서 한 가지 명명백백한 사실이 있다면, 그건 바로 공동체의 구성원들이 무의미한 우주에서 무의미한 삶을 영위하고 있다고 설득을 당하게 되면—또는 그러지 않을까 의심만 하더라도—어떤 공동체도 살아남을 수 없다는 것이다."* 미국 의회 사법위원회 앞에서 지적설계론에 관해 브리핑을 했던 디스커버리재단Discovery Institute의 특별연구원인 낸시 피어시Nancy Pearcey는 다음과 같이 다그치는 어느 대중가요의 가사를 인용함으로써 이와 비슷한 심정을 담아냈다. "자기야, 너와 나는 그저 포유동물일 뿐이니까, 디스커버리채널에 나오는 그 녀석들처럼 하자고." 계속해서 피어시는 미국의 법체계는 도덕적 원리들에 기초하기 때문에 궁극적인 도덕적 기반을 만들어내기 위한 유일한 길은 법이 '심판을 받지 않는 판관', '창조되지 않은 창조자'를 가지는 것뿐이라고 주장했다.**

6. **고정되거나 융통성 없는 인간 본성이 우리에게 있음을 진화 이론이 함축한다는 두려움 탓.** 이것은 유전자결정론의 한 변종이며, 우리가 정치적 개혁과 경제적 재분배 정책에 저항성을 가질 수밖에 없다는 결정론적 함의를 가지기 때문에 사회생물학과 진화심리학을 비판한다. 앞서 말한 다섯 가지 까닭은 정치적으로 우파 쪽에서 불거지는 경향이 있다. 이들은 종교적으로 강한 보수성을 띠기 때문에 근본적인 종

---

* 크리스톨의 말은 다음 글에서 인용했다. Ron Bailey, "Origin of the Specious," *Reason*(July 1997).

** 브리핑은 2000년 5월 10일에 세 시간에 걸쳐 이루어졌다. 피어시의 말은 다음 글에서 인용했다. David Wald, "Intelligent Design Meets Congressional Designers," *Skeptic* 8.2(2000): 16-17.

교 교리에 진화 이론이 도전하는 것으로 본다. 그런데 흥미롭게도 이 여섯 번째 까닭은 정치적으로 좌파 쪽에서 부상한다. 나는 이런 입장들을 각각 **보수주의적 창조론**과 **자유주의적 창조론**이라고 부른다.

　　7. **진화를 상호 부조가 아닌 상호 투쟁과 같은 것으로 보는 탓.** 진화에서 특별히 미움을 받는 신화가 있는데, 동물과 사람은 본디 이기적이고, 자연이란 앨프리드 테니슨Alfred Tennyson의 기념비적인 묘사대로 "이빨과 발톱에 피 칠갑을 한red in tooth and claw" 것이라고 추정한다는 것이다. 《종의 기원》이 세상에 나온 뒤, 영국의 철학자 허버트 스펜서Herbert Spencer는 '적자생존survival of the fittest'이라는 어구로 자연선택에 불후의 명성을 주었는데, 이는 과학사에서 가장 그릇된 묘사 가운데 하나로, 사회다윈주의자들이 줄곧 이를 품에 받아들여 인종이론, 국가 정책, 경제 학설에 부적절하게 적용해왔다. 다윈의 불독이라고 일컬어진 토머스 헨리 헉슬리마저도 일련의 수필에서 '검투사의 싸움 같다'고 일컬으며 이런 생명관에 힘을 실었다. 그는 이렇게 묘사했다. 자연에서는 "가장 힘이 세고 가장 재빠르고 가장 꾀바른 것만이 살아남아 다음 싸움을 기약한다."*

　　이런 생명관이 우세했다고 볼 필요는 없다.** 1902년에 러시아의 아나키스트이자 사회평론가였던 표트르 크로포트킨Pyotr Kropotkin은 책 《상호부조Mutual Aid》(우리나라에는 《만물은 서로 돕는다》와 《상호부조 진화론》으로 번역되었다—옮긴이)에서 스펜서와 헉슬리에 맞서는 반론을 내놓았다. 예를 들어 크로포트킨은 다음과 같은 어구로 스펜서를 거론하면서 이렇게 적고 있다. "자연에게 …… 이렇게 묻는다고 해보자. '가장 잘 적응한 자가 누구입니까? 줄기차게 서로 싸우는 이들입니까, 아니면 서로를 받쳐주는 이들입니까?' 서로 돕는 습성을 획득한 동물이 의심의 여지없이 최적자임을 우리는 곧바로 보게 된다. 이런 동물들이 생존할 기회가 더 많으며, 저마다 속한 강 내에서 지능은 가장 높이 발달하고 신체는 가장 높게 조직화된다." 야생 상태의 시베리아의 오지를 수없이 여행하면서 그곳에 사는 동물 종들이 본성

---

* 　Stephen Jay Gould, "Kropotkin was no Crackpot," *Natural History* (July 1988): 12-21.

** 　Peter Corning, "Evolutionary Ethics: An Idea Whose Time Has Come? An Overview and an Affirmation," *Politics and the Life Sciences* 22.1 (2003): 50-77.

상 고도로 사회적이고 서로 협력하고 있음을 발견한 크로포트킨은 이런 식의 생존 적응력이 진화에서 핵심적인 구실을 했다고 추론했다. "동물의 세계에는 사회를 이루고 살며, 서로 힘을 합치는 데서 목숨을 건 싸움을 위한 최선의 무기를 찾아내는 종들이 굉장히 많다는 것을 우리는 보았다. 물론 넓은 다윈주의적 의미로 이해했을 때, 그 싸움이란 단순히 생존만을 위한 수단을 두고 벌어지는 싸움이 아니라, 해당 종에게 불리한 모든 자연조건들과 맞서는 싸움이다."

크로포트킨이 아나키스트였을지는 몰라도 인간 본성에 관한 문제에서만큼은 결코 허황된 사람이 아니었다. 그는 "다양한 종들에서 전쟁과 몰살이 어마어마하게 많이 일어나고 있다"고 인정하면서 "개개인의 자기 내세우기self-assertion"가 우리 본성에서 나타나는 또 하나의 "흐름"이며, 반드시 인정해야 하는 것이라고 적었다. 하지만 그러면서 그는 이렇게 덧붙였다. "이와 함께 상호 부양, 상호 부조, 상호 보호도 개개인의 자기 내세우기만큼 또는 어쩌면 그보다 더 많이 있다. …… 사회 이루기sociability는 서로 싸우기만큼이나 자연의 한 법칙이다."*

이기성과 이타성, 협력과 경쟁, 탐욕과 관용, 상호 투쟁과 상호 부조라는 두 갈래 흐름의 균형을 맞추는 것이 중요하다. 이런 생명관이 스펜서와 헉슬리가 가졌던 생명관에 가려 빛을 못 본 까닭은 아마 이 두 생명관이 펼쳐졌던 나라와 더 관련이 있을 것이다. 곧 더 경쟁이 심한 경제를 가진 잉글랜드에서 펼쳐졌느냐, 아니면 더 평등한 경제를 가진 러시아에서 펼쳐졌느냐 하는 것과 더 관련이 있을 것이다.**

이 일곱 가지 이유는 모두 전통적으로 창조론이라고 하는 미국 특유의 운동에 양식이 되어준다. 창조론creationism은 창조과학creation science으로 옷을 갈아입었다가, 최근에는 지적설계론intelligent design(ID)으로 둔갑했는데, 지질학자이자 고생물학자인 도널드 프로세로가 이 모두를 훌륭하게 간추려서 그 정체를 통렬하게 발가벗기고 있는 이 책은 지금까지 이 주제를 다룬 책 가운데에서 가장 좋은 책이다. 내가

---

* Petr Kropotkin, *Mutual Aid: A Factor in Evolution* (London: Heinemann, 1902).

** Daniel P. Todes, "Darwin's Malthusian Metaphor and Russian Evolutionary Thought, 1859–1917," *Isis* 78.294(1987): 537–551.

창조론자들의 주장을 조사하여 기사, 수필, 논평, 책, 강연, 논쟁을 비롯한 수많은 자리에서 그 주장들의 부당함을 대중에게 알리는 일에 적극 나선 1990년대 초반부터 나는 도널드와 알고 지냈다. 그 시기 동안 오디세이를 펼치는 내내 도널드는 내 부조종사로서 내가 힘을 쏠 방향을 잡아주고, 내가 집중할 수 있게 해주고, 내가 가진 사실들을 확인해주고, 과학 자료의 미궁을 안내해주었는데, 이 일에 도널드는 대가이다. 프로세로 박사가 주 전공인 고생물학 연구를 하면서도 시간을 쪼개어 이 다채로운 창조론 운동에 관해 아는 모든 것을 책으로 써낸 것이 나는 이루 말할 수 없이 기쁘다. 이는 누가 알아주는 일이 아니지만 누군가는 해야 할 일이며, 도널드의 수고가 있었기에 세계는 더 나은 곳이 되었다.

　의심할 것도 없이 창조론과 지적설계론은 사회적, 정치적, 그리고 특히 종교적인 운동이지만, 자기네 말로는 건전한 과학에 기초했다고 주장하기 때문에, 논쟁의 어느 지점에 이르면 이 주장들 하나하나에 답을 해야 한다. 프로세로가 진정으로 빛을 발하는 곳이 바로 이 지점이다. 특히 진화를 뒷받침하는 화석 증거와 유전적 증거를 도널드가 눈으로 보여준 것은 워낙 그 위력이 명명백백하기 때문에, 이 책을 읽고 나서도 진화가 진짜 일어났음을 부인할 사람은 아무도 없을 거라고 나는 감히 장담할 수 있다. 진화는 일어났다. 진화를 상대해보라.

어린아이처럼 사실을 앞에 두고 앉아라. 미리 가지고 있던 생각은 모두 포기할 준비를 하라. 자연이 이끄는 곳이 어디든 어떤 심연이든 겸허하게 따라가라. 그러지 않으면 아무것도 배우지 못할 것이다.

─토머스 헨리 헉슬리

성경은 천국에 가는 법을 여러분에게 말해주지만, 하늘이 어떻게 돌아가는지는 말해주지 않습니다.

─교황 요한 바오로 2세

독자들에게: 진화가 과연 종교적 믿음을 위협하는가?

땅에게 말하라. 그러면 땅이 네게 가르치리라.

—욥기 12: 8

진화와 종교 문제가 심란하고 혼란스럽다고 여기는 사람이 많다. 진화론은 무신론적이며 진화의 증거가 무엇인지 생각만 해도 죄스럽다고 설교하는 매우 엄격한 교회에서 자란 사람들도 있다. 오래전부터 전통적인 기독교인들과 과학 사이에 쐐기를 박아 틈을 벌리려고 애썼던 근본주의자들은 자기네가 성경을 해석한 것만이 유일한 해석이며 진화의 증거를 받아들이는 사람은 누구나 무신론자라고 주장했다.

그러나 그렇지 않다. 가톨릭교회를 비롯해서 대부분의 주류 개신교와 유대교 종파들은 오래전부터 진화론과 타협해서 신이 우주를 창조할 때 쓴 메커니즘이 바로 진화라고 받아들였다. 성직자진화론서명운동Clergy Letter Project에서는 미국에서 진화를 받아들이고 진화와 종교적 믿음이 함께 갈 수 있다고 보는 1만 명이 넘는 목사, 사제, 랍비의 서명을 모았다. 현역 과학자의 50퍼센트 정도가 독실한 종교 신자이기도 함을 수많은 조사들이 보여주는데(Larson and Witham 1997), 이들 가운데에는 진화생물학 분야의 저명한 인물(프랜시스코 아얄라Francisco Ayala, 케네스 밀러 Kenneth Miller, 테오도시우스 도브잔스키Theodosius Dobzhansky, 프랜시스 콜린스Francis Collins 를 비롯해 아주 많은 이들)과 고생물학자(피터 도드슨Peter Dodson, 리처드 밤바흐Richard Bambach, 앤 레이먼드Anne Raymond, 마크 윌슨Mark Wilson, 퍼트리샤 켈리Patricia Kelley, 데릴 돔닝Daryl Domning, 매리 슈바이처Mary Schweitzer, 사이먼 콘웨이 모리스Simon Conway Morris 같은 이들)가 많이 들어 있으며, 근본주의자들이 자기들을 무신론자라고 부르는 것에 분개한다. 고 스티븐 제이 굴드가《오래된 바위들: 활짝 핀 과학과 종교Rocks of

18

Ages: Science and Religion in the Fullness of Life》에서 지적했다시피, 우리 주변 세계를 이해하는 일에 과학과 종교는 서로 겹치지 않지만 똑같이 타당한 수단이라고 볼 수 있으며, 어느 쪽도 서로의 영토를 침범해서는 안 된다. 과학은 자연세계와 그 세계의 운행 방식을 이해할 수 있게 도와주지만, 초자연적인 것은 다루지 않으며, 도덕과 윤리에서 하는 것 같은 **당위적** 진술을 하지 않는다. 반면에 종교는 초자연적인 것과 초월적인 것에 초점을 맞추며, 사람이 마땅히 따라야 하는 도덕 및 윤리 규범들에 크게 역점을 두지만, 자연세계를 이해할 수 있게 해주는 길라잡이는 아니다. 과학이 도덕이나 윤리적 규범을 정하려 들면 제대로 힘을 쓰지 못한다. 종교가 자연세계에 대한 우리의 이해에 간섭하려 들면 제 분수를 지키지 못하게 된다. 그래서 코페르니쿠스와 갈릴레이가 지구가 우주의 중심이 아님을 보여준 뒤, 교회는 결국 잘못을 시인하고 그들을 박해한 것에 유감을 표해야 했던 것이다.

만일 여러분이 이런 모든 혼란스러움 때문에 갈팡질팡하고 어느 쪽을 믿어야 할지 모르겠다면, 마음을 열고 이 책을 읽어보길 바란다. 오래전부터 근본주의자들은 화석 기록에 대한 신화와 오해를 퍼뜨리고 명백한 사실들을 부인해왔다. 그러나 그들은 동료 과학자들의 심사를 받는 과학 학술지에 화석을 연구해서 발표한 적이 한 번도 없다. 그렇기에 그들에게는 자동차역학이나 음악 이론에 대해 뭐라 뭐라 할 자격이 없는 것만큼이나 화석에 대해서도 뭐라 뭐라 할 자격이 없다. 현역 고생물학자인 나는 이 책에서 서술한 수많은 화석들을 직접 보아서 익히 알고 있기 때문에, 내가 이 책에서 화석 기록에 대해 여러분에게 들려주는 바들은 대부분 내가 직접 관찰하고 경험한 것에 기초하고 있다고 자신 있게 말할 수 있다. 창조론자들과 달리, 나는 이 책에서 살펴본 화석들 가운데 많은 것들을 눈으로 보고 직접 연구했으며, 과학적인 기초 데이터를 수집하고 연구 결과를 내가 직접 발표한 경우도 많다. 여러분이 어떤 종교적인 신앙을 가지고 있든, 화석 자체가 들려주는 말을 듣기를 바라고, 진화를 받아들이는 것이 곧 무신론이라는 창조론자들의 왜곡된 주장 또는 그릇된 전제에 현혹되지 말기를 바란다. 실로 지구와 생명에 대한 과학적 시각은 그 자체로 영감을 주는 시각이다. 종교를 가진 수많은 과학자와 여타 사람들에게 행성들의 놀라운 운동, 별과 은하계의 탄생과 죽음, 생명이 꼴바꿈해가는 모습은 극단주의자들이 퍼뜨리고 다니는 우주에 대한 편협하고 성경의 자구에만 얽매인 시각보다 훨씬 초월적이고 훨씬 더 영감을 불러일으킨다.

프롤로그: 화석과 진화

> 종의 불변성을 믿는 일부 저술가들은 종과 종을 연결하는 꼴들을 지질학이 내
> 놓지 못한다고 줄곧 주장해왔다. 이런 주장은 확실히 잘못되었다. …… 지질학
> 연구가 아직까지 밝혀내지 못한 것은 바로 거의 모든 현재 존재하는 종들과 지
> 금은 멸종한 종들을 서로 이어주었던 과거의 무수히 많은 점진적 변이 단계들
> 이다.
> —찰스 다윈, 1859

사람들은 대부분 화석 기록을 연구하다가 진화 관념이 나왔을 것이라고 생각한다.
1805년에 이르러 시간의 흐름에 따른 화석의 변화상이 잘 정립된 것이 맞기는 하
지만, 화석을 연구한 초창기 자연사학자 가운데 진화에 의한 변화라는 생각에 이른
이는 아무도 없었다. 당시의 지도적인 고생물학자였던 프랑스의 조르주 퀴비에 남
작Baron Georges Cuvier은 라마르크와 조프루아 같은 동료 학자들이 가진 조잡한 진화
적 사변을 받아들이지 않았고, 화석 기록을 이용해서 이 진화론자들을 오히려 비판
했다. 이른 19세기의 진화 관념은 단연 현생 생물들을 연구하다가 나왔으며, 진화
론 논쟁에서 고생물과 화석은 미미한 구실만 했거나 아무 구실도 하지 못했다.
　1859년에《종의 기원》을 세상에 내놓은 다윈은 거의 전적으로 현생 생물들에
서 찾아낸 증거에 기초하여 논증을 펼쳤다. 다윈은 화석 기록의 불완전함에, 그리고
자신이 내놓은 진화라는 급진적이고 새로운 생각을 화석 기록이 뒷받침해주지 못
하는 듯 보이는 모습에 양해를 구하는 모양새를 띤 글에 두 장chapter이나 할애하였
다. 여러분이 이 두 장을 면밀하게 읽어보면, 사실 다윈은 지질 과정들과 어마어마
한 시간—지구의 나이가 엄청나게 많음은 이미 받아들여져 있었다—을 감안하면

화석 기록이 예상과 정확히 맞아떨어질 것이라고 매우 영리하게 독자들을 설득하고 있음을 볼 수 있다. 이 가운데 두 번째 장에서 다윈은 당시 알려진 화석 기록이 불완전하다고 할지라도 여전히 자기 생각을 힘 있게 뒷받침한다고 설득력 있게 논한다.

　　그러나 1859년의 다윈에게는 화석 기록이 별다른 도움이 안 되었지만, 그 뒤로 금방 다윈에게 주요한 증거가닥이 되어주었다. 다윈의 책이 나오고 겨우 한 해 뒤, 과도 단계 화석인 시조새*Archaeopteryx*의 첫 표본이 독일에서 발견되었고, 곧이어 대영박물관은 조류와 파충류 사이를 깔끔하게 이어주는 이 고전적인 과도 단계 화석의 첫 표본을 상당한 돈을 써서 손에 넣었다. 1870년대에는 미국의 고생물학자 오스니얼 마시Othniel C. Marsh가 말의 화석들을 놀라운 모습으로 정렬했는데, 서너 개의 발가락을 가진 작은 개만 한 크기의 꼴에서 현대의 경주마까지 말 계통 전체가 어떤 식으로 덩치를 키워왔는지 입증해주는 것이었다. 화석 기록에서 진화적 과도 단계를 보여주는 다른 예들도 뒤이어 서술되어 발표되었으며, 1900년에 이르러서는 사람종은 아니지만 우리 사람과에 속하는 첫 화석들('자바 원인', 지금은 호모 에렉투스*Homo erectus*라고 부른다)까지 몇 개 발견되었다. 이른 20세기는 대규모 박물관들이 미국과 캐나다의 서부, 아시아, 아프리카로 탐사단을 보내 거대한 공룡의 골격들을 발굴하여 전시장에 진열해나가면서 고생물학적 발견이 믿기지 않을 만큼 폭발적으로 증가하던 시기였으며, 이 경우도 역시 진화를 더욱 크게 뒷받침하는 증거를 화석 기록에서 찾아낸 것이었다.

　　그러나 모든 발견 가운데 가장 위대한 발견 몇 가지가 지난 20년 동안에 나왔다. 이를테면 어떻게 해서 고래, 매너티, 물범이 육상 포유류에서 진화했고, 코끼리, 말, 코뿔소가 어디에서 나왔으며, 처음으로 등뼈를 가진 동물이 어떻게 진화했는지 보여주는 굉장한 화석들이 발견된 것이다. 나아가 지금 우리에게는 엄청나게 다양한 인류 화석들이 있으며, 이 가운데에는 커다란 뇌를 얻기 오래전인 거의 700만년 전에도 우리가 두 발로 곧게 선 자세로 걸었음을 보여주는 화석 표본들도 있다. 화석에서 찾아낸 이 모든 증거 말고도 분자 수준에서 얻은 새로운 증거도 있다. 이 증거 덕분에 우리는 생명계통수의 구석구석까지 해독할 수 있게 되었으며, 이는 미증유의 성과이다.

1859년 당시의 학자들은 다윈이 화석에서 찾은 증거가 미약하다고 여겼을지 모르겠으나, 오늘날의 상황은 더는 그렇지 않다. 화석 기록은 진화의 힘을 보여주는 굉장한 증거이며, 다윈이 오로지 꿈만 꾸었을 법한 진화적 과도 단계들이 바로 화석에 기록되어 있다. 그뿐 아니다. 화석을 세밀하게 연구한 결과들은 진화가 작동하는 방식에 대해 우리가 가졌던 관념들을 바꿔놓기까지 했고, 진화를 끌고 가는 메커니즘을 놓고 진화생물학에서 벌어지는 활발한 논쟁에 동력원이 되어주기도 한다. 이제 화석 기록은 진화를 뒷받침하는 가장 강력한 증거가닥 가운데 하나로, 불과 150년 전까지만 해도 부속 같은 지위였으나 지금은 완전히 역전되었다. 1859년에 다윈이 마주했던 화석 기록은 당혹스러울 만큼 빈약했으나, 지금 우리에게는 당혹스러울 만큼 풍부한 화석 기록이 있다.

개정판에 부치는 글

이 책을 출판하고 많은 일이 있었다. 가장 중요한 것은 진화적 과도 단계를 보여주는 수많은 화석이 추가로 발견되어 발표되었다는 것이다. 그 덕분에 화석 기록에서 진화는 전보다 한층 더 힘 있는 뒷받침을 받고 있다. 나는 최근에 이루어진 이 발견들의 대부분을 이 책의 적재적소에 합쳐 넣었다.

그뿐 아니라 정치적 사건들도 이야기의 흐름을 바꿔놓았다. 2005년 12월에 도버에서 '지적설계intelligent design' 창조론 운동이 확실하게 패한 것은 누구의 예상보다도 훨씬 심대한 결과를 낳았다. 시애틀에 소재한 디스커버리재단이 비록 아직까지도 저돌적으로 지적설계를 홍보하고 있으나, 공적 담론에서 지적설계 창조론은 완전히 사라졌으며, 그것을 교과과정에 재도입하려는 학군은 이제 어디에도 없다. 그래서 창조론자들은 또다시 전략을 바꾸었는데, 이 책에서 그 변모를 서술했다. 그런데 이보다 훨씬 놀라운 일이 벌어졌다. 미국의 정치와 인구통계에서 일어난 변화들이 창조론에 대한 조류를 바꿔나가기 시작했다는 것이다. 그것은 마지막 장에서 서술했다.

이 책의 초판에 대한 서평과 의견은 대부분 (Amazon.com의 독자 서평 수백 편을 포함해서) 긍정적인 평가가 압도적이었다. 그렇지만 창조론자들이 하는 말에 신경 쓰지 말았어야 하고, 그들의 주장을 해부하고 잘못을 까발리느라 책에서 지나치게 많은 시간을 쓰지 않았어야 한다는 의견도 저변에 꾸준히 형성되어 있었다. 그러나 창조론자들과 그들의 주장을 전혀 신경 쓰지 않고 진화를 긍정적으로 뒷받침하는 증거만을 살피는 좋은 책들은 수없이 많다. 2015년에 내가 쓴 책 《진화의 산증인, 화석 25The Story of Life in 25 Fossils》(컬럼비아대학교 출판부)가 바로 진화만을 이야기하면서 중요한 화석들을 살폈으며, 창조론에 대해서는 거의 한마디도 하지 않았다. 이 책의 초판에서 분명히 밝혔다시피, 창조론자들이 화석 기록에 대해서 늘어놓는 거짓말과 저지르는 왜곡을 누군가가 나서서 직접 거론할 필요를 나는 느꼈다. 이제까지 아무도 이 일을 하지 않았다. 화석 기록에 대해서 잘못된 견해를 바로잡고 진실이 무엇인지 분명하게 밝히는 것은 중요한 일이다. 화석이 우리에게 무엇을 말해주는지 진지한 호기심을 가진 사람이라면 그 누구도 창조론에서 내세우는 일방적이고 의심을 허용치 않는 시각을 가지지 않도록 하기 위해서 말이다.

이 책을 읽은 사람들이 앞으로도 꾸준히 열린 마음으로 증거를 살펴보았으면 좋겠다는 게 내 바람이었고, 이 책 1판이 거둔 가장 고무적인 성과가 바로 그것이었다. 수많은 독자들과 평자들은 어린 시절에 주입되었던 종교적 믿음, (창조론이 들려주는 왜곡된 엉터리 이야기 말고는) 지금까지 한 번도 들어보지 못했던 증거, 이 둘 사이에서 이러지도 저러지도 못하고 있는 상황에 처해 있다. 그들은 진화를 보여주는 화석 기록 앞에서 혼란과 당혹스러움을 느낀다. 이 책이 눈을 뜨게 해주고 마음을 바꾸게 해주었노라고 내게 말했던 이들이 바로 이런 이들이었다. 그들이 내 책을 높이 산 까닭은 사실들을 군더더기 없이 명료하게 펼쳐놓고, 그들이 창조론자들에게서 들었던 것 이상의 이야기가 그 사실들에 있음을 보여주었기 때문이다. 창조론의 거르개 없이 과학적 답을 찾는 사람들, 열린 마음으로 기꺼이 증거를 살피는 사람들, 이 책을 쓴 이유가 바로 그 사람들을 위해서이다.

감사의 말

과학과 종교를 두루 거쳐온 내 인생 역정에서 길잡이가 되어준 사람들이 많이 있다. 나에게 훌륭한 정신적 지도자였던 고 브루스 틸레만 목사에게 감사의 마음을 전한다. 종교를 가지면서도 지성까지 갖출 수 있음을 그분은 보여주셨다. 돈 폴레무스 박사와 어내스태시우스 밴디 박사에게도 고마움을 전한다. 돈 폴레무스 박사는 내가 고등학생 때 히브리어를 수강하라고 권했으며, '알레프'와 '기멜'을 주의해서 쓰도록 가르쳐주셨고, 어내스태시우스 밴디 박사는 신약성경을 그리스어 원문으로 읽을 수 있게 가르쳐주셨다. 전에 리버사이드의 캘리포니아대학교에서 철학, 고전문학, 인류학, 종교학을 가르쳐주셨던 교수들에게도 고마움을 전한다. 그분들은 성경뿐 아니라 세계의 종교들, 종교의 인류학과 사회학을 이해할 수 있도록 도움을 주셨다. 대학을 다닐 때와 대학에 재직할 때 내게 화석 기록에 대해서 가르쳐주신 스승이 많이 있었다. 리버사이드의 캘리포니아대학교에서는 마이클 우드번 박사와 마이클 머피 박사, 컬럼비아대학교와 미국자연사박물관에서는 맬컴 맥키나 박사, 리처드 테드포드 박사, 얼 매닝 박사, 유진 개프니 박사, 나일스 엘드리지 박사, 제임스 헤이스 박사, 고 밥 셰퍼 박사에게 고마움을 전한다. 고 스티븐 제이 굴드 박사에게도 고마움을 전한다. 내가 고군분투하는 대학원생이었을 때와 젊은 연구자였을 때 그는 열정적으로 격려를 해주었으며, 고생물학 쪽에 있는 우리 모두에게 영감이 되어주었다. 고 스탠리 와인버그에게도 고마움을 전한다. 그는 1983년에 일리노이주 남부에서 벌인 창조론자들과의 싸움에 나를 처음으로 참여토록 했으며, 그에게서 영감을 받아 나는 녹스대학에서 "진화, 창조, 그리고 우주" 강의를 개설해 큰 성공을 거두었다. 내 동료인 듀이 무어 박사와 고 래리 디모트 박사에게도 고마움을 전한다. 두 사람은 내가 녹스대학에서 학자 경력을 시작하며 창조론 문제와 씨름하던 무렵에 나를 지지해주었다.

　수많은 동료 학자들에게 고마움을 전한다. 그들은 이 책에 실은 화석 영상들을 흔쾌히 제공해주었다. 그림 설명에서 그들 모두에게 감사의 말을 전했다. 특히 멋진 삽화를 그려준 칼 뷰얼에게 고마움을 전한다. 14장에 실은 그림 원본을 그려주신 내 아버지 고 클리포드 R. 프로세로에게도 감사의 마음을 전한다. 생명과학 분야 발행인인 패트릭 피츠제럴드, 부편집자인 라이언 그로엔디크, 보조 편집자인 레슬리 크리셸, 본문을 디자인한 리사 햄, 그리고 표지를 디자인한 줄리아 커쉬너스키에게 고마움을 전한다. 이 책이 실제로 나올 수 있도록 도움을 준 켄비오퍼블리셔서비스의 모든 직원에게 고마움을 전하고 싶다. 원고 전체를 꼼꼼하게 읽고 의견을 말해준 케빈 패디언 박사, 앨런 기실릭 박사, 브루스 리버만 박사, 커트 데인키 박사, 윌프레드 엘더스 박사, 첫 몇 장에서 종교를 다룬 부분에 대해 의견을 말해준 리사 스푼과 제임스 W. 프로세로 박사에게 고마움을 전한다. 내가 이 책을 쓸 시간을 가질 수 있도록 아기들을 돌봐준 내 인척 게리 르벨과 마리 르벨에게도 고마움을 전한다. 마지막으로 내 멋진 아들들인 에릭, 재커리, 게이브리얼, 그리고 내 멋진 아내 터레이서에게 고마움을 전한다. 이 책을 써나가는 동안 사랑과 지원을 아끼지 않았다. 내 가족은 이 모든 일에 보람을 느끼게 해주었다. 부디 이 책이 장차 이들에게 더 나은 세상을 만들어주길 바란다.

지질층서의 연대암석 단위	지질연대표의 시간 단위 (숫자는 지금으로부터 몇 백만 년 전임을 뜻함)			
	누대	대	기	세
	현생누대	신생대	제4기	홀로세
				─0.01─
				플라이스토세
				─2─
		제3기 / 신제3기	플라이오세	
				─5─
			마이오세	
			─23─	
		제3기 / 고제3기	올리고세	
			─34─	
			에오세	
			─56─	
			팔레오세	
		─66─		
		중생대	백악기	
			─145─	
			쥐라기	
			─200─	
			트라이아스기	
			─251─	
		고생대	페름기	
			─300─	
			석탄기 / 펜실베이니아기	
			─318─	
			석탄기 / 미시시피기	
			─360─	
			데본기	
			─416─	
			실루리아기	
			─444─	
			오르도비스기	
			─488─	
			캄브리아기	
		─550─		
	원생누대	후기 [신원생대]		
		─1000─		
		중기 [중원생대]		
		─1600─		
		초기 [고원생대]		
		─2500─		
	시생누대	후기 [신시생대]		
		─2800─		
		중기 [중시생대]		
		─3200─		
		초기 [고시생대]		
		─3800─		
	명왕누대	기록 없음		

절지동물문 (곤충, 게, 새우, 따개비)

연체동물문 (백합조개, 달팽이, 문어, 오징어)

자포동물문 (말미잘, 해파리, 산호)

환형동물문

편형동물문

해면동물

첫 곤충

삼엽충

골격 없이 몸이 부드러운 동물

지질연대표의 약 87%를 선캄브리아 시대가 차지한다.

약 46억 년 전에 지구가 기원함

단세포생물

? ? ?

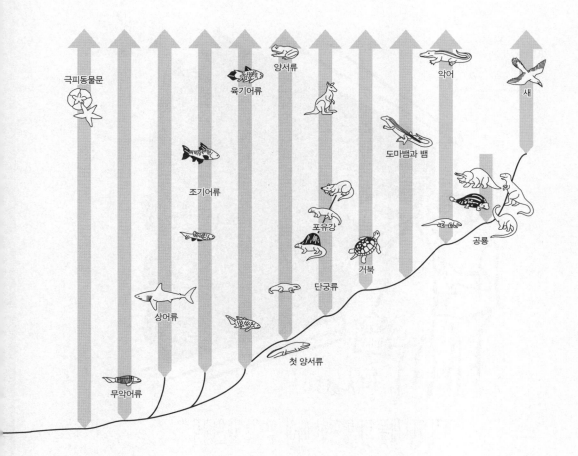

현대의 지질연대표(왼쪽)와 주요 동물군이 갈라져 나간 순서를 간단하게 그린 '생명나무'. 창조론자들의 그릇된 '홍수지질학'과 다르게, 이 생명나무에서 대부분의 원시 해양동물 계통들은 지층 하부에서만 발견되는 것이 아니라 모든 지질연대에 고루 퍼져 있으며, 각 계통을 대표하는 현생 동물들까지 있다.

그림 1-1 과학자들은 초자연주의로 회귀해 기적에 호소해서는 안 된다. 그렇게 하면 설명은 어디로도 귀결되지 못할 것이다(시드니 해리스의 만평).

1　　　　　　　　　　　　　　　　　　　과학의 본성

과학이란 무엇인가?

> 과학의 크나큰 비극—추한 사실에 아름다운 가설이 죽임을 당한다는 것.
> —토머스 H. 헉슬리

> 과학에는 그른 가설이 많이 있다. 그래도 아무 문제없다. 그것들은 옳은 가설을
> 찾기 위한 구멍이기 때문이다. 과학은 스스로를 바로잡아가는 과정이다. 새로
> 운 생각이 받아들여지려면 증거와 톺아보기라는 몹시 혹독한 기준들을 이겨내
> 고 살아남아야 한다.
> —칼 세이건

진화와 화석 기록을 자세히 살피기 전에, 무엇이 과학이고 무엇이 과학이 아닌지에
대한 수많은 오해를 먼저 풀어야 한다. 내용물이 부글부글 끓는 비커들과 불꽃이
번쩍번쩍 튀는 전기 장치로 가득 찬 방에서 무언가 사악한 것을 만들 교묘한 계획
을 꾸미는 '미친 과학자', 할리우드가 정형으로 그려내는 이런 모습에서 과학에 대
한 심상을 얻는 이들이 많다. 천편일률적으로 그 줄거리는 일종의 '프랑켄슈타인'
메시지, 곧 과학이 어머니 자연으로 장난질을 치면 좋지 않다는 결론으로 끝이 난
다. 긍정적으로 그려진 정형조차도 이보다 크게 나을 것이 없다. 말하자면 지미 뉴
트런Jimmy Neutron과 포인덱스터Poindexter* 같은 엉뚱한 인물들(늘 안경을 쓰고 의무적
으로 하얀 연구실 가운을 입고 있다)이 역시 내용물이 부글부글 끓는 비커들과 전기
불꽃이 번쩍번쩍 튀는 장비를 사용하는 모습인데, 다만 다른 점은 무언가 새로운

것이나 좋은 것을 발명하려고 한다는 것이다.

　그러나 실제 모습을 보면 과학자들은 그냥 여러분이나 나 같은 사람일 뿐이다. 대부분은 연구실 가운을 입지도 않고(나는 그렇다), 끓는 내용물이 담긴 비커나 전기 불꽃이 튀는 밴더그래프정전기발전기Van de Graf generator로 일하지도 않는다(실제로 이런 장비로 일하는 화학자나 물리학자가 아니라면 말이다). 대부분의 과학자는 천재도 아니다. 평균적으로 과학자들이 길거리에서 마주치는 보통 사람보다 더 좋은 교육을 받은 것은 맞다. 그러나 과학자가 발견을 할 수 있도록 해줄 모든 정보를 배우기 위해선 그 교육이 필수이다. 그래도 천재 과학자는 있다. 이를테면 토머스 에디슨Thomas Edison은 교육을 얼마 못 받았지만(학교를 몇 달밖에 다니지 않았다) 발명에 천부적인 재능이 있었다. 그래서 재능으로 보상받을 수만 있다면야 교육이 꼭 필요한 것은 아니다. 과학자들은 나면서부터 선하거나 악한 사람도 아니고, 프랑켄슈타인 같은 것들을 만들거나, 차세대 슈퍼 무기를 발명하거나, 자연의 작용을 가지고 장난질하려고 하지도 않는다. 대부분은 자연에 있는 문제를 푸는 일에 관심과 호기심을 가진 평범한 사람들이며, 그들이 인류를 위협할 만한 것을 발견하는 일은 좀처럼 없다.

　과학자를 과학자이게 하는 것은 됨됨이나 복색이 아니라, 그들이 하는 일과 그 일을 하는 **방법**이다. 칼 세이건Carl Sagan이 말했다시피, "과학은 지식 체계이기 훨씬 앞서 하나의 사고방식이다." 과학자를 정의하는 것은 연구실 장비가 아니라 그들이 자연을 이해하기 위해 쓰는 도구와 가정, 곧 **과학적 방법**이다. 과학적 방법은 초등학교 과학 시간에도 언급되지만, 대부분의 대중은 이를 여전히 이해하지 못하고 있다(아마 할리우드가 정형화한 미친 과학자의 모습이 학교에서 배우는 무미건조한 교육 자료보다 더 강한 인상을 주기 때문일 것이다). 과학적 방법에는 자연세계 관찰하기, 그런 다음 그 관찰을 설명할 만한 생각이나 통찰(가설)을 생각해내기가 포함된다. 이런 점에서 과학적 방법은 신화 짓기와 민간 의술 같은 여타 인간 활동과도 비슷하

＊　옮긴이—지미 뉴트런은 3D 애니메이션 텔레비전 시리즈인 〈천재 소년 지미 뉴트런Jimmy Neutron: Boy Genius〉의 주인공이고, 포인덱스터는 텔레비전 만화 시리즈인 〈고양이 펠릭스Felix the Cat〉에 등장하는 과학자이다.

다. 말하자면 무언가를 관찰한 다음 그 관찰에 걸맞은 이야기를 생각해내려고 한다는 것이다. 그러나 거기에 큰 차이가 있다. 곧 과학자들은 가설을 만든 다음에 반드시 그것을 **시험**해야 한다는 것이다. 과학자들은 자기 생각을 무너뜨리거나(**반증**하거나) 뒷받침하는(**보강**하는) 관찰이나 실험을 더 해내야 한다. 그렇게 추가로 한 관찰이 가설을 반증한다면 과학자들은 새로운 가설로 처음부터 다시 시작하거나, 그 관찰을 다시 점검하여 그 반증이 올바른지 확인해야 한다. 만일 관찰이 가설과 일치한다면 가설은 보강이 된 것이지만, 그렇다고 해서 참임이 증명된 것은 **아니다**. 오히려 과학계는 계속해서 그 가설을 더욱 깊이 시험할 관찰 사실들을 찾아나가야 한다 (그림 1-1).

대중이 과학적 방법을 가장 크게 오해하는 지점이 바로 여기이다. 많은 과학철학자(칼 포퍼Karl Popper 같은 사람)가 보여주었듯이, 가설을 세우고 시험하고 반증하는 이 순환 과정은 끝없이 이어진다. 과학적 가설들은 **언제나** 임시 가설이고, 계속해서 시험을 받아야 하며, **결코** 최종적으로 참인 것 또는 증명된 것으로 여겨져서는 안 된다. 과학은 최종 진리를 찾아내고자 하는 게 **아니라**, 가설을 거듭 시험해가면서 점점 더 좋은 모습으로 다듬어 세계에 대해서 참이라고 생각되는 바와 **가까워지도록** 할 뿐이다. 과학자가 자기 가설을 시험해서 반증하려는 일을 멈추는 즉시, 과학자는 과학하기를 멈추는 것이다.

이렇게 하는 한 가지 까닭은 가설 시험의 본성과 관련이 있다. 많은 사람은 과학이 순전히 **귀납적**이라고 생각한다. 말하자면 어떤 일반적인 과학 법칙을 추론해 낼 수 있을 때까지 관찰에 관찰을 거듭해나가는 것이 과학이라고 생각한다. 과학자들이 관찰에서 출발해야 한다는 건 맞지만, 귀납적으로 과학적 원리에 도달하는 것은 아니다. 1861년에 찰스 다윈은 이렇게 말했다.

> 약 30년 전에는 지질학자들이 마땅히 관찰만 해야지, 이론을 만들어서는 안 된다는 말이 많았지. 이런 식이라면 차라리 자갈밭에 가서 자갈 수나 세고 색깔이나 서술하는 게 낫겠다고 누군가 말했던 게 기억이 나는군. 꼭 모든 관찰이 어느 시각을 뒷받침하거나 어긋나야만 그 시각이 무슨 구실이라도 할 수 있다고

보아서는 안 된다고 하면 얼마나 이상하게 볼까!(1903, 1 : 195)

관찰이 쓸모 있으려면 모두 가설의 틀 안에서 이루어져야 한다고 다윈은 올바로 지적하고 있다. 가설을 시험하는 데 필요한 데이터가 무엇인가? 가설을 반증하거나 보강하는 데에서 그 데이터가 얼마만큼 쓸모 있을 것인가? 대부분의 과학은 자연의 일반 원리들을 귀납하는 것보다는 **연역적**으로 추리하는 것과 관련이 있다. 말하자면 먼저 가설을 세운(**연역한**) 다음에 그 가설을 시험하려 한다는 것이다. 철학자들은 **가설연역법**hypothetico-deductive method이라는 머리 아픈 말을 써서 이 과정을 서술하지만, 생각해보면 간단한 것이다.

귀납적 일반화와 연역적 가설 시험의 차이는 쉽게 예시할 수 있다. "모든 백조는 희다"라는 귀납적 진술을 했다고 치자. 여러 해에 걸쳐 백조 수천 수만 마리를 관찰할 수야 있겠지만, 그렇게 한들 이 진술이 참임을 증명하지는 못한다. 필요한 건 희지 않은 백조 한 마리면 되고, 그 한 마리로 이 가설을 쉽게 반증할 수 있다. 오스트레일리아 등지를 가보면 실제로 검은 백조가 있다(그림 1-2). 따라서 이 진술은 반증되었다. 칼 포퍼가 지적했다시피, 검증과 반증 사이에는 비대칭성이 있다. 무엇을 반증하기는 쉽다. 그 가설이 잘못임을 증명하는 튼튼한 관찰 하나만 있으면 되기 때문이다. 그러나 무엇이 참임을 증명하는 일(**검증**)은 결코 이루지 못한다. 가설을 보강해주는 관찰을 추가하더라도 가설이 **뒷받침을 받을** 수는 있겠지만 궁극적으로 그 가설이 참임이 증명되는 것은 아니기 때문이다. 포퍼가 쓴 책의 제목이 말해주다시피, 과학은 추측과 논박에 관한 것이다.

대부분의 사람들은 과학이란 것이 세계에 대한 최종 진리를 찾아내는 것과 관련이 있다고 생각하는데, 무엇이 최종적으로 참이라고는 과학이 **결코** 증명해내지 못한다는 것을 알고는 깜짝 놀란다. 그러나 그게 바로 과학적 방법이 작동하는 방식이며, 과학적 방법의 논리가 그렇다는 것은 과학철학자들이 이미 오래전에 입증했다. 과학은 최종 진리 또는 '사실'에 관한 것이 **아니다**. 과학은 가설이 극도로 튼튼해질 때까지 가설을 끊임없이 시험해서 반증하고자 할 뿐이다. 가설이 극도로 튼튼해지는 시점에 이르면, 그 가설은 **이론**theory(과학자들이 쓰는 말뜻으로)이 되는데, 이

그림 1-2 모든 백조가 하얀 것은 아니다. 이 사진은 오스트레일리아의 검은 백조를 찍은 것이다(저자의 사진).

론이란 튼튼하게 보강된 가설 집합으로서, 세계를 관찰한 것의 많은 부분을 설명해 낸다. 잘 알려지고 널리 받아들여진 이론의 예로는 중력이론과 상대성이론이 있고, 진화 이론도 당연히 이에 들어간다.

　　과학자들도 사람이기 때문에 일반 언어를 함께 쓸 수밖에 없다. 극도로 잘 뒷받침된 관찰이나 설명을 일상어에서는 **사실**fact이라고 한다(과학에서는 학술적으로 쓸 수 없는 말이다). 뒤에서 살펴보겠지만, 생명이 진화했다는 (그리고 지금도 진화하고 있다는) 가설을 뒷받침하는 증거가 워낙 압도적이기 때문에 일상 용어로 말하면 생명의 진화는 '사실'이다. 그러나 사실이라는 말보다 더 크게 문제가 되는 것은 **이론**이란 말이 일상어와 학술어에서 다르게 쓰인다는 것이다. 방금 전에 설명했다시피, 과학자에게 이론이란 극도로 잘 뒷받침된 틀을 가진 가설로서, 그것을 써서 자연의 많은 부분을 설명해낼 수 있다. 그런데 대중은 이 말을 전혀 다르게 쓴다. 말하자면 일종의 조잡한 생각이라든가 경솔한 짐작이나 추측을 서술하는 말로 '이론'이라는 말을 쓴다. 이를테면 존 F. 케네디가 어떻게 해서 무슨 까닭으로 암살되었느냐는 이론, 네바다주 51구역이나 뉴멕시코주 로즈웰에 어떻게 외계인들이 착륙했고 미국 정부가 그 사건 전체를 어떻게 은폐했느냐는 이론 같은 게 이에 해당한다.

이렇듯 한 말을 과학과 일상에서 다른 뜻으로 쓰기 때문에 생긴 헛갈림이 진화론을 말할 때 흔히 오해를 불러일으키곤 했다. 아이작 아시모프Isaac Asimov가 말했다시피, "창조론자들은 '이론'이란 게 마치 밤새 술을 퍼마신 뒤에 퍼뜩 떠올린 무엇인 것처럼 들리게 해버린다." 예를 들어 대통령 후보였을 당시에 로널드 레이건Ronald Reagan은 이렇게 말한 적이 있다(1980년 유세 때 진화에 대해 말하면서). "그건 이론입니다. 과학적 이론일 따름이고, 최근 들어 과학계에서 도전을 받았습니다. 말하자면 지난날과는 다르게 지금 과학계에서는 진화를 절대적으로 옳은 것이라고 믿지 않는다는 얘기입니다." 레이건의 이 말(아마 근본주의자 유권자들을 염두에 두고 이런 말을 했을 것이다)에는 **이론**이란 말의 두 가지 쓰임에 대해 일반 대중이 느끼는 혼란이 고스란히 담겨 있다. 과학자들에게 이론이란 극도로 잘 뒷받침되고 수없이 많은 시험과 반증 가능성을 견뎌내고 살아남았기에 세계에 대한 타당한 설명으로 받아들여진다. 그런데 레이건은 과학에서 쓰는 이런 의미와 일상어에서 쓰는 '조잡하고 경솔한 도식'이라는 의미를 혼동하고 있는 것이다. 그런데 레이건은 과학의 또 다른 측면에 대해서도 무지함을 드러내고 있다. 과학은 **언제나** 가설에 도전하고 가설을 시험하는 일과 관련되어 있으며, 어느 과학적 생각이 '믿음'의 대상이 되거나 '절대적으로 옳은 것'이 되는 지점까지는 **결코** 이르지 못한다. '믿음'이니 '절대적으로 옳다'느니 하는 말은 독단적인 믿음 체계Belief Systems에서나 쓰이지, 과학에서 쓰이는 말이 아니다. 만일 과학자가 이론과 가설에 도전하기를 멈춘다면, 그는 과학하기를 멈춘 것이다.

레이건의 말에는 대중이 느끼는 혼란스러움이 하나 더 담겨 있다. 곧 진화 사실과 진화 이론을 헛갈려 하는 것이다. 생명이 진화했다는 (그리고 생명이 지금도 진화하고 있음을 볼 수 있다는) 생각은 하늘이 파랗다는 사실만큼이나 자연을 서술하는 하나의 사실이다. 진화라는 생각은 다윈이 내세우기 오래전부터 이미 정립된 것으로서, 자연을 경험적으로 관찰한 바를 나타내기 때문에 과학계에서는 더는 논란의 대상이 되지 않는다. 다윈이 내놓은 것은 **자연선택**이라고 부르는 진화 메커니즘이 들어간 이론이었다. 생명이 진화해왔고 지금도 진화하고 있다는 사실을 그 메커니즘이 충분히 설명해내느냐를 놓고 생명과학계에서는 늘 논쟁이 있어 왔다. 과학에서 입씨름과 논쟁은 좋은 것이다. 왜냐하면 정설로 섰다고 해도 늘 도전받고 있으며 어떤 가설도 의심 없이 받아들여지지 않음을 보여주는 징후이기 때문이다. 그러나 설령 다윈의 메커니즘, 곧 자연선택이론이 과학자들에게 거부를 당한다 할지라도, 생명이 진화해왔다는 사실은 바뀌지 않을 것이다. 이는 중력이론과 비교해볼 수 있다. 우리는 중력이 어떻게 일하는지 그 메커니즘을 **아직도** 완전히 이해하지 못하고 있지만, 그렇다고 해서 물체가 땅으로 떨어진다는 사실이 바뀌지는 않는 것이다.

과학과 믿음 체계

> 과학이 가르쳐주는 중심된 교훈 하나는, 복잡한 문제를 (또는 간단한 문제까지
> 도) 이해하려면 우리 마음에서 독단을 없애고 생각을 발표하고 이의를 제기하
> 고 실험할 자유를 보장하도록 힘써야 한다는 것이다. 권위에 의지하는 논증은
> 받아들일 수 없다.
> ―칼 세이건

과학 말고도 인류에게는 세계를 이해하고 설명하는 체계들이 많이 있다. 대부분의 문화에서는 일이 어떻게 일어나고 왜 일어나는지 설명하는 구실을 종교적 믿음들이 맡는데("신께서 그리 하셨다"), 계몽주의와 과학혁명이 도래하기 전까지 물리 세계와 생물 세계를 설명하려 했던 것이 바로 이 믿음들이었다. 어떤 나라들은 마르크스주의를 공식적인 '국교'로 삼아서 생명과 삶의 모든 측면이 '변증법적 유물론'에 종속된다고 여겨 마르크스주의의 필터를 통해서 그 측면들을 바라본다. 이와 마찬가지로 특이한 관점―이를테면 우리가 이해하지 못하는 것의 대부분은 외계인

이 그렇게 한 것이라고 주장하는 것 따위—으로 세계를 설명하는 체제도 많이 있다(혹자는 이것들을 '컬트'라고 부를 것이다). 이런 믿음 체계들이 꼭 좋거나 나쁘거나 하지는 않지만, 과학은 아니다. 이 믿음들은 시험할 수도 없고, 주된 생각들을 반증할 수 있는 것도 아니기 때문이다. 종교 교리나 마르크스주의 학설에 도전하는 관찰이 나올 때면 신봉자들은 언제나 그 불편한 사실을 발뺌하거나 내쳐버리거나 깡그리 무시해버린다. 왜냐하면 해당 믿음 체계를 유지하는 것이 그것을 허물어버릴 불편한 사실을 하나라도 용인하는 것보다 더 중요하기 때문이다. 그런 믿음 체계에서 큰 위안을 찾는 사람들이 많다. 그러나 이 믿음 체계들에서 내세우는 생각들을 '과학적'이라고 부르지만 않는다면야 상관없는 일이다. 세계 곳곳에서 사람들은 굉장히 다양한 것들을 믿고, 그걸 믿을 권리가 있다. 그러나 그들 자신이나 다른 사람들을 위험에 빠뜨리지만 않는다면야 뭘 믿든 상관없는 일이다.

물론 믿음 체계가 믿는 자들이나 안 믿는 자들에게 해를 입히는 경우에는 큰 문제가 된다. 애팔래치아 지방에 사는 사람들 사이에는 '뱀부리미snake handler' 컬트가 있어서, 종교의식을 행하는 동안에 독사인 방울뱀과 아메리카살모사를 어루만진다. 이들은 뱀에 물리지 않게 신이 자기들을 지켜줄 거라고 확신하지만, 뱀에 물려 죽는 사람은 꾸준히 나온다(지난 80년 사이에 70명이 이렇게 죽었고, 이 컬트의 창시자도 그랬다). 다윈주의의 관점에서 보면, 이 믿음 체계는 신자들에게 너무 큰 해를 입히기 때문에 종당에는 신자 모두가 죽어나갈 것이고, 자연선택이 혹독하게 작용해서 이런 자기 파괴적인 종교를 솎아낼 것이다. 자살 의식을 행하는 컬트도 있다. 예를 들어 짐 존스Jim Jones가 세운 인민사원People's Temple의 신도들은 1978년에 가이아나 밀림에서 청산가리를 탄 음료수를 마시고 자살했고, 913명이나 사망했다. 천국의문Heaven's Gate 컬트도 있다. 이 컬트에서는 외계인들이 자기네를 곧 천국으로 데려다줄 것이라고 믿는데, 1997년에 교주의 강권에 따라 39명의 신도가 자살 의식을 행했다. 다른 한편으로는 고행을 하는 수도승들도 있는데, 금식을 하다가 굶어죽거나 깨달음을 구하려고 해를 쏘아보다가 끝내 눈이 멀기도 한다. 그들 또한 스스로에게 해를 가해서 생존을 위험하게 하는 자들이다. 종교전쟁을 거론하는 이들도 있다. 이를테면 중동에서 1000년 넘게 기독교도와 이슬람교도와 유대교도들이 벌여온 싸움이라든지, 종교개혁 이후 아일랜드를 비롯해 유럽 여러 곳에서 벌어졌던 가톨릭 대 개신교 전쟁, 종교재판의 공포, 또는 파키스탄이 갈라져 나오기 전부터 인도에서 벌어졌던 이슬람교 대 힌두교 전쟁 같은 종교전쟁들은 종교적 믿음 체계들이 사람 목숨을 해하고 신자들에게 해를 입힐 수 있다는 논거가 되어준다.

과학과 충돌하는 모습을 보이는 강한 믿음 체계를 가진 사람들 가운데에는 과학에 대해서 두 길 보기를 하려는 이들이 많다. 말하자면 세계가 가진 대부분의 측면에 대해서는 자신의 믿음 체계가 설명한 바를 받아들이면서도, 자기에게 필요하면 언제 어디에서나 과학적인 설명과 발전까지도 받아들인다. 서양에는 건강을 증진시키고 생존의 기회를 높이기 위해 현대의 과학적 의술에 의존하면서도, 정작 의술이 크게 발전하는 데 한 구실을 했던 과학의 중요한 측면들(이를테면 바이러스와 세균이 우리에게 해마다 점점 더 큰 위협이 되게 하는 급속한 진화적 변화 같은 것)을 받아들이기는 거부하는 이들이 있다(그림 1-3). 칼 세이건이 말했다시피(1996: 30) "당신 자식이 소아마비에 걸리지 않기를 원한다면 할 수 있는 게 있다. 기도를 하든지 아니면 예방접종을 하는 것이다." 극단적인 근본주의자들은 '홍수지질학flood geology'이라고 부르는 괴상한 지구론을 하나 밀어붙인다(3장에서 살필 것이다). 그러나 만일 그들이 진짜 지질학을 조금이라도 실제로 직접 해보고 나서 그 결과를 받아들인다면, 홍수지질학이 얼마나 불합리한지 보게 될 것이다. 이보다 더 중요한 점이 있다. 홍수지질학자들은 현대 지질학이 우리 모두에게 주었던 석유, 석탄, 천연가스의 혜택을 누리지 못할 것이다. 홍수지질학으로는 이것들을 찾아낼 가능성이 전혀 없을 것이기 때문이다.

바로 이게 우리 자신이 현재 처해 있는 괴상한 상황이다. 현대 세계는 과학과 기술을 기초로 해서 돌아가며, 미래의 경제적 및 사회적 안녕은 과학과 기술을 계속 발전시켜나가는 것에 달려 있다. 그런데 듣고 싶어 하지 않는 무언가를 (가령 진화 같은 것을) 과학으로부터 배울 경우, 극단주의자들은 자기들의 삶을 더 낫게 해준 바로 그 체계, 대부분의 상황에서는 기꺼이 받아들이곤 하는 그 체계를 거부하고 만다. 〈빌 아저씨의 과학 이야기Bill Nye the Science Guy〉를 진행하는 과학 교육자인 빌 나이Bill Nye가 말했다시피, "자연세계는 일괄 거래와 같다. 당신이 좋아하는 사실

그림 1-3 이 〈둔스베리Doonesbury〉 만평은 과학에 대해서 두 길 보기를 하려는 창조론자의 내적인 위선을 딱 부러지게 표현해내고 있다. 그들은 자기들에게 이로울 때 빼고는 과학과 진화를 거부한다(개리 트뤼도Garry Trudeau의 만평. 유니버설프레스신디케이트Universal Press Syndicate의 허락을 얻어 실었다).

과 싫어하는 사실을 골라 가질 수 없다." 또는 천체물리학자 닐 디그래스 타이슨Neil deGrasse Tyson이 말했다시피, "실험을 달리했는데도 당신에게 같은 결과가 주어진다면, 그 결과는 더는 당신의 의견에 좌우되지 않는다. 과학에서 좋은 게 그것이다. 말하자면 당신이 믿든 안 믿든 상관없이 그 결과는 참이다. 과학이 작동하는 까닭이 바로 그것이다."

앨 고어Al Gore가 매우 맞춤하게 '불편한 진실들'—기후변화가 되었든 진화가 되었든 상관없이 우리가 가진 믿음 체계들과 충돌하는 과학적 증거—이라고 불렀던 것으로 여길 만한 생각들은 다종다양하다. 그러나 우리가 듣고 싶어 하지 않는 것들을 우리에게 말해주어서 과학자들이 얻을 것은 아무것도 없으며, 나쁜 소식을 전한 대가로 연구 보조금을 타거나 사회적 칭송을 얻거나 하지는 않는다. 과학자들이란 천성적으로 흥을 깨뜨리는 사람들이 아니다. 과학자들이란 과학적 방법을 써서 데이터가 말해주는 바를 보고하는 것을 업으로 삼는 사람들이다. 그 결과를 우리가 좋아하든 싫어하든 상관하지 않고 말이다. 대부분의 사람들은 상대방이 듣고 싶어 하는 좋은 소식을 들려주는 것을 좋아하는 법이기에, 만일 과학자가 여러분에게 불편한 진실을 말해준다면, 그 과학자로선 그렇게 **말할 수밖에 없었기** 때문임이 거의 확실하다. 로마군 병사에게 죽임을 당한 아르키메데스부터, 지구가 태양 주위를 돈다고 말했다는 이유로 화형을 당했던 조르다노 브루노Giordano Bruno, 다윈이 일으킨 혁명, 그리고 아인슈타인의 상대성이론까지, 사회가 인정하지 않았던 과학적 발전들을 칸마다 매우 흥미롭게 그려낸 웹만화가 하나 있다. 마지막 칸에서 만화는 매우 멋진 말을 한다. "과학이여, 그대가 사람들을 뚜껑 열리게 하지 않는다면, 그대는 과학을 제대로 하지 못하고 있는 것이다."

물론 과학은 완벽하지 않다. 과학자들도 사람이기에, 실수도 하고 우리에게 해를 줄 만한 것을 개발하게 되기도 한다(무엇보다도 오존층에 구멍을 뚫는 결과를 낳은 기체들을 방출하는 것처럼 말이다). 그러나 과학이 없다면 우리는 다시 암흑시대로 돌아가고 말 것이다. 다음번에 여러분이 '과학과 진화의 사악함' 운운하는 근본주의자들의 설교를 듣게 되면, 심각하게 생각해보길 바란다. 여러분은 과연 불과 한두 세기 전의 (그리고 아직도 수많은 저개발 국가에 만연해 있는) 세계로 돌아가는 쪽을 택할 것인가? 대부분의 아이들이 두 살을 채우기도 전에 죽고, 수많은 어미들이 아이를 낳다가 죽었던 때로? 치료할 수 없는 병이 수없이 많았기에 평균수명이 너무나 짧았던 그 세계로? 전기, 자동차, 비행기, 플라스틱, 전화 같은 이기가 하나도 없던 세상으로? 세상이 더 좋아졌는지 나빠졌는지는 모르겠으나, 지금 우리는 과학의 시대에 살고 있으며, 시간을 되돌려서 이제까지 과학이 우리에게 선사한 모든 혜택을 내버리길 원하는 사람은 거의 없을 것이다.

배꼽과 시험 가능성

> 아담과 이브는 한 번도 가져본 적이 없는데, 둘이 낳은 자식들에게는 되어주었던 게 뭘까?
> 답: 부모.
> —옛날 수수께끼

시험 불가능한 이론으로 자연을 설명하려고 했던 고전적인 한 예가 필립 헨리 고스Philip Henry Gosse의 옴팔로스Omphalos 가설이다. 이른 19세기 잉글랜드의 이름 높은 자연사학자였던 그는 자연사를 다룬 베스트셀러 책들을 썼다. 그는 플리머스 형제단Plymouth Brethern이라고 불리는 한 청교도 분파에서 매우 열성적으로 활동하는 단원이기도 했다. 훌륭한 자연사학자였던 고스는 생명이 진화했다는 증거를 점점 많이 찾아나가고 있었다. 그러나 성경 말씀을 글자 그대로 믿는 자이기도 했던 고스는 필히 창조론에 따라야만 했다. 고스는 다윈의 책이 출간되기 불과 2년 전인 1857년에 세상에 내놓은 《옴팔로스: 지질학의 매듭을 풀기 위한 한 시도Omphalos: An Attempt to Untie the Geological Knot》라는 책에서 해결책을 제시했다. '옴팔로스'라는 생경한 말은 '배꼽', '제臍'를 뜻하는 그리스어로, 그 당시 신학에서 흔히 봉착했던 난제와 관련되어 있다. 곧 아담과 이브가 특별하게 창조되었고 인간 부모를 두지 않았다면(그래서 탯줄이 없었다면), 과연 그들에게 배꼽이 있었을까? 많은 종교예술가들은 아담과 이브를 그릴 때 무화과나뭇잎으로 국부만 가린 게 아니라 허리 위까지 가린 모습으로 그려서 이 문제를 피해갔다. 이 물음에 고스가 내린 대답은 물론 '그렇다'였다. 아담과 이브에게는 배꼽이 있었다는 말이다. 고스에 따르면, 신께서 퍽 최근에 자연을 창조하셨으나, 자연에 역사가 있는 것처럼 **보이게**, 진화해온 것처럼 **보이게** 만드셨다는 것이다. 세계가 '기능을 하도록' 하려고, 신께서는 지구를 창조하면서 산과 협곡을 만드시고 나이테를 가진 나무를 만드시고 배꼽이 있는 아담과 이브를 만드셨을 것이다. 당시 추정했던 지구의 나이라든가 지난날 무슨 사건이 일어났음을 가리키는 그 어떤 증거도 액면 그대로 받아들여서는 안 된다. 이런 식으로 고스는 자연이 진화해온 것처럼 보이고 지구의 나이가 매우 많은 것처럼 보인다는 사실을 놓고 자신이 봉착한 딜레마를 풀어냈다고 생각했으며, 이 해법 덕분에 창조론적 믿음을 그대로 간직할 수 있었다.

이런 괴상한 생각이 그 당시 종교를 가졌던 사람들의 대부분에게서 전혀 좋은 호응을 얻지 못한 건 당연하다. 왜냐하면 그 생각은 신께서 가짜 세상을 창조하셨음을 함축하고, 신을 자비로운 신이 아닌 사기꾼으로 만들어버렸기 때문이다. 고스의 아들 에드먼드 고스Edmund Gosse는 《아버지와 아들Father and Son》(1907)에서 이렇게 적었다. "아버지는 상기된 몸짓으로 무신론자와 기독교신자 모두에게 그것을[지질학적 수수께끼의 자물쇠를 부드럽게 열게 해줄 열쇠를] 제시하셨다……. 그러나 어쩌랴! 무신론자와 기독교신자 모두 그걸 보고는 깔깔대면서 내던져버렸다……. 심지어 내 아버지께서 가장 먼저 호평을 해줄 것이라고 기대했던 찰스 킹슬리마저도 자기는 '신께서 엄청난 규모의 불필요한 거짓말 하나를 바위에 기록하셨다고는 믿을'…… 수 없노라고 적었다."

이보다 더 중요한 점은, 세계에 대한 이론으로서 옴팔로스 가설은 반증이 전혀 가능하지 않은 이론의 한 고전적인 예라는 것이다. 어떤 관찰로도 그 이론이 틀렸음을 증명할 수는 없을 것이다. 왜냐하면 모든 것은 진화한 것처럼 **보이지만**, 사실은 그렇게 보이게끔 창조되었을 따름이기 때문이다! 마틴 가드너Martin Gardner가 묘사했다시피(1952), "그것이 가진 놀라운 미덕 가운데 적잖은 부분을 차지하는 것은, 단 한 사람의 마음도 바꿔놓지 못했으나 논리적으로는 너무나 완벽한 이론을 선사하며, 그 이론이 지질학적 사실들과 너무나도 잘 일치하기에 아무리 과학적 증거를 들이대도 결코 그것을 논박할 수 없을 것이라는 점이다." 실재는 모두 가상이라고 주장하는 철학자도 있거니와, 세계는 몇 분 전에 창조되었지만 존재하지 않은 과거에 대한 기억을 모든 사람이 가지고 있다는 생각은 논리적으로 완벽하다. 여러분이 가질 만한 과거에 대한 기억은 모두 여러분이 창조되었을 때 여러분의 머릿속에서 창조된 것이다. 마치 아득한 과거의 생물이었던 것처럼 보이도록 화석이 바위 속에 자리한 것처럼 말이다. 이런 생각에는 '지난목요일론Last Thursdayism'이라는 별칭이 붙어 있는데, 유명한 철학자 버트런드 러셀Bertrand Russell이 "세계는 지난 목요일에 창조되었을지도 모른다. 그 차이를 우리가 어찌 알겠는가?"라는 논리로 선보인 것이다. 물론 이런 생각은 고스가 제시한 가설만큼이나 시험 불가능한 생각이다.

고스는 자연사와 종교 사이에서 점점 크게 벌어지고 있던 균열을 자기가 제시한 생각이 해결해줄 것이라는 기대를 높이 가졌지만, 무시당하거나 조롱거리가 되고 말 뿐이었다. 그로부터 불과 두 해 뒤에 다윈의 책이 나오자, 고스의 생각은 실없는 것이 되어버렸다. 고스는 비통하게 늙어갔다. 자기가 쓴 자연사 책들이 다윈의 세계에서는 더는 가치가 없었던 것이다. 괴로움에 시달렸던 고스의 만년은 아들이 책에서 생생하게 서술했는데, 그가 쓴 유명한 《아버지와 아들》(1907)은 전기 장르의 고전으로 간주된다.

그처럼 괴상하고 시험도 할 수 없는 생각, 다윈 이전 시대의 종교인들과 독실한 신자들마저도 거부하고 조롱했던 그런 생각이라면 결코 다시는 부활하지 못할 거라는 생각이 들 것이다. 그런데 바로 현대의 창조론자들이 자기들 식의 옴팔로스 가설을 세상에 내놓은 것이다. 은하계들이 수백 수천만 광년 떨어져 있고, 그 은하계들에서 나온 빛이 수백 수천만 년이 지난 뒤에야 우리에게 도달하고 있음을 보여주는 증거를 상대할 때, 어린 지구 창조론자들은 그 은하계들에서 나온 빛이 이미 우리에게 도달하는 모습으로 하나님이 우주를 창조하셨다고 말한다! 이는 불편한 사실은 내쳐버리고 자기네가 소중히 여기는 가설은 구원하려는 극단적인 형태의 꽈배기 논리pretzel logic 같은 모습을 하고 있다.

하지만 옴팔로스 이야기는 우리가 가진 세계 모형들에 중요한 점을 하나 시사한다. 그 모형이 말이 되게 만들고 우리가 자연에 대해서 배운 바에 거스르지 않도록 하고 싶다면, 자연이 우리에게 안내해준 결론들에 진실해야 한다는 것이다. 단지 어떤 소중한 믿음을 구할 요량으로 옴팔로스 가설 같은 꽈배기 모습으로 설명을 꼬고 비틀어서는 안 된다. 진화로 가장 간단하게 설명되는 것들을 창조론자들이 바로 이런 식으로 이상하게 왜곡해서 설명하는 행태 몇 가지를 다음에 살펴볼 것이다.

자연적인 것과 초자연적인 것

> 하지만 이 문제들을 놓고 온갖 논란이 벌어졌음에도, 진화생물학자들 모두가 뜻을 같이하는 기본적인 철학적 관점이 하나 있다. 새로운 메커니즘이 도입되어야 한다고 말하는 이들도 있고, 기존 메커니즘만으로도 적절하다고 말하는 이들도 있지만, 잃어버릴 명성을 가진 그 누구도 초자연적인 창조자 또는 신비로운 '생명력'에 호소해서 난관을 넘어가자는 말은 하지 않는다. 문제가 되는 이론은 자연적 진화에 관한 이론으로, 이는 그 어떤 지점에서도 기적에 의한 개입이나 초자연적인 개입을 철저하게 배제함을 뜻한다. 따라서 모든 일은 순수하게 물질적 메커니즘들을 통해서, 곧 그것이 발견되었든 아직 발견되지 않았든 상관없이, 원리적으로 볼 때 과학적 탐구로 다가갈 수 있는 메커니즘들을 통해서 일어났다고 전제한다.
>
> ―필립 존슨(1991)

창조론 논란의 결과로 불거진 과학철학의 문제가 또 하나 있다. 버클리의 (과학자도 아니고 신학자도 아니고 과학철학자도 아닌) 법학자 필립 존슨Phillip Johnson은 '자연주의적 가정'을 한다는 이유로 과학을 비판한다. 달리 말하면 과학은 자연을 이해하려고 할 때 초자연적인 과정이 아닌 오로지 자연적인 과정만을 가정한다는 말이다. 존슨이 보기에 이는 부당했다. 논쟁을 시작하기도 전부터 과학이 초자연적인 것을 배제한다면, 과학은 진화 말고 다른 결론이 나올 가능성을 모두 배제하는 것이기 때문이다. 존슨은 책《심판대의 다윈Darwin on Trial》에서 이렇게 적는다. "자연주의는 전체 자연 영역이 물질적인 원인과 결과로만 이루어져 있고 '외부'로부터 그 어떤 것의 영향도 받을 수 없는 닫힌계라고 가정한다. 자연주의는 신의 존재를 명확하게 부정하지는 않지만, 진화 같은 자연적 사건에 어떤 식으로든 초자연적인 존재가 영향을 줄 수 있다거나 초자연적인 존재가 우리 같은 자연적 피조물들과 소통할 수 있다는 것은 부정한다."(Johnson 1991: 114-115) 존슨은 만일 초자연적인 원인이 허용된다면 진화 말고 다른 결론에 (이를테면 창조론에) 이를 수도 있을 것이라고 논하는 것으로 공격에 마침표를 찍는다.

이 논증은 워낙 난잡하고 엉큼하기에 거의 논박할 필요조차 없다. 로버트 펜녹Robert T. Pennock이 지적했다시피(1990: 190), 존슨은 서로 완전히 다른 두 가지 자연주의 개념을 하나로 합쳐버렸다. **존재론적 자연주의**ontological naturalism 또는 **형이상학적 자연주의**metaphysical naturalism(앞에서 인용한 존슨의 말에서 언급되는 종류의 자연주의가 이것이다)는 존재하는 모든 것은 자연적이며, 초자연적인 것은 없다는 대담한 주장을 펼친다. 철학적으로는 흥미로운 문제이겠지만, 과학자들이 하는 일을 반영하지는 못한다. 이런 자연주의 대신에 과학자들이 행하는 것은 **방법론적 자연주의**methodological naturalism로서, 세계를 이해하기 위해 자연주의적 가정들을 사용하지만 초자연적인 것이 있느냐 없느냐 하는 문제에 철학적으로 매달리지는 않는다. 과학자들이 가설에서 신을 배제하는 까닭은 그들이 본래부터 무신론자이거나 신 존재를 고려하기 싫어서가 아니라, 그저 가설에서 초자연적인 사건들을 고려할 수가 없기 때문이다. 왜 그럴 수 없는 걸까? 앞서 고스의 옴팔로스 가설을 살피며 보았다시피, **과학적 가설에 일단 초자연적인 것을 도입하고 나면, 그 가설을 반증하거나 시험할 길이 전혀 없어지기 때문이다.** 시험이 불가능한 초자연적인 설명을 도입하면, 더는 과학을 하는 것이 아니게 된다. 그런 설명은 '과학하기를 멈추게 하는 것science stopper'이다. 이렇게 말하고 싶을지도 모른다. "신께서 이리 원하셨으니까 이런 것이다." 또는 "그다음 단계에서는 기적이 일어나지."(그림 1-1) 일부 독실한 신앙인들에게는 그런 말 한마디면 충분할 것이다. 그러나 과학자라면 그렇게 말해서는 안 된다. 왜냐하면 시험할 방도가 전혀 없고, 따라서 과학의 영역 밖에 있는 것이기 때문이다. 설령 과학자들이 "신께서 이런 식으로 하셨다"는 진술을 반증하는 증거를 제공한다 한들, 근본주의자들이 그 증거를 받아들일 것이라고 생각하는가? 앞으로 이 책에서 계속 보여주겠지만, 진화를 뒷받침하는 증거가 바로 그런 반증을 제공한다. 그러나 시험이 불가능한 자기네 가설을 구하기 위해서 창조론자들은 그 증거를 부정할 수밖에 없다. 얄궂게도 존슨은 《심판대의 다윈》에서 한 장 전체를 할애해(5장) 칼 포퍼와 반증가능성 기준을 얘기하지만, 무엇보다도 먼저 과학이 과학으로 작동하려면 왜 방법론적 자연주의가 있어야 하는지에 대해 완전히 맥을 놓치고 있다.

사실 무엇에 대한 초자연적이고 초정상적인paranormal 설명, 이를테면 초심리학parapsychology, 초감각적 지각ESP, 점술, 예언, 점성술 등은 과학적으로 수없이 많이 시험을 받았다. 이런 비과학적인 생각들은 과학적으로 톺아본 다음에 모두 반증되었다(Isaak 2006을 참고하고, 평론문은 Isaak 2002를 참고하라). 초자연적인 것이 부당하게 논쟁에서 배제되었다고 존슨은 소리 높여 불평하지만, 결코 그렇지 않다. 과학적 방법을 써서 초자연적인 것을 조사했고, 그때마다 그것은 시험을 통과하지 못했던 것이다.

마크 아이작Mark Isaak은 이렇게 말했다(2002).

사실 수많은 초자연적 설명이 거부당한 까닭은 그것들이 초자연적이기 때문이 아니라 그 설명을 가지고는 무엇을 이룰 수도 없고, 이룰 것도 없기 때문이다. 무엇에 대해서든 가능한 설명을 수도 없이 생각해낼 수야 있다. 이를테면 양말을 잃어버린 까닭은 보는 눈이 있을 때에는 만들어지지 못하는 다른 차원의 소용돌이 때문일 수도 있고, 딸꾹질이 나는 까닭은 우리 내부의 악령들이 빠져나오려고 하는 것 때문일 수도 있고, 주식시장의 요동 현상은 막강한 외계인들이 은밀히 조작한 것일 수도 있다. 과학자들은 절약의 원리를 기반으로 해서 이런 주장들을 거부한다. 이 모든 주장들은 가능한 주장이긴 하지만, 그 존재를 뒷받침할 적절한 증거가 전혀 없는 복잡한 것들을 추가해야만 하는 주장들이다. 이 존재들이 가진 본성 때문에 결국은 실제 조사할 길이 가로막히고, 조사를 할 수 없기 때문에 그것들에 대해서 아무것도 새로 알아낼 수 없다는 것이 상황을 더욱 악화시킨다. 우리는 그 설명 중 어떤 것도 틀렸다고 결론을 내릴 수는 없다. 그러나 과학적 입장에서 보면, 그것들은 틀린 설명보다 더 나쁜 설명들이다. 아무 쓸모가 없기 때문이다.

존슨은 과학사나 과학철학에 대해 읽은 게 얼마나 변변찮은지도 보여준다(전체 논쟁이 과학철학의 중심된 요지에 관한 것임을 감안하면 이는 참 이상한 일이다). 방법론적 자연주의는 400년도 더 전에 초창기 과학자들이 우주를 이해하려고 애쓰다가 "신께서 이렇게 하셨다—얘기 끝"이라는 태도로 일관한다면 자연을 과학적으로 이해하고자 하는 일이 막다른 골목에 부닥칠 것임을 깨달았을 때 부상한 것이었다. 그런데 이 초창기 과학자들은 신을 없애려고 하는 무신론자들이 아니라 다들 종교를 가진 이들이었다. 사실 아이작 뉴턴은 어느 누구보다도 과학적 자연주의의 탄생에 큰 역할을 한 사람이라고 할 수 있다. 뉴턴의 물리학은 초자연적 간섭 없이도 우주가 얼마나 완전하게 기능할 수 있는지 보여주었다. 그런데 뉴턴은 물리학보다는 종교적인 물음을 탐구하는 일에 훨씬 많은 시간을 쓰고 훨씬 많은 힘을 기울였다! 그 뒤로 수백 년이 흐르는 사이에 방법론적 자연주의는 과학에 깊이 뿌리를 내렸다. 위대한 수학자이자 천문학자였던 피에르-시몽 라플라스Pierre-Simon Laplace가 천체역학에 대해 1799년에 쓴 책을 나폴레옹에게 한 권 선물했을 때, 신의 자리는 어디에 있냐고 나폴레옹이 묻자, 라플라스는 이렇게 대답했다. "그 가설은 제게 필요가 없습니다." 라플라스는 자기가 무신론자라고 말한 것이 아니었다. 다만 천체의 운동을 이해하는 일에 초자연적 간섭이 아무 도움도 되지 않으며, 초자연적인 것이 들어가면 그 일 전체가 비과학적으로 되어버릴 거라고 말한 것이었다.

이 시기를 거치면서 과학의 여러 다른 분야들도 이처럼 초자연주의에서 자연주의로 모습을 바꿔나갔다. 예를 들어 1780년께까지 지질학자들은 지구 역사의 기록을 노아의 홍수 같은 이야기들로 설명하려고 했다. 그러다가 1788년에 스코틀랜드의 위대한 지질학자 제임스 허턴James Hutton이 지구를 자연주의적으로 보는 관점을 도입했는데(흔히 **동일과정론**uniformitarianism이나 **현실중심론**actualism이라고 불렸다), 현재 지구에서 자연적으로 일어나는 과정을 이해한 바를 이용하여 지구의 과거를 해독하는 관점이었다. 허턴은 독실한 신자였지만, 성경 이야기들에 의지해서 암석 기록을 설명하지는 않았다. 왜냐하면 수백 년에 걸쳐 신학적 논쟁이 있었지만 결국 그 이야기들로는 아무것도 할 수 없던 반면에, 자연주의적 설명을 쓰면 지구를 보는 완전히 새로운 시각을 얻게 됨을 볼 수 있었기 때문이다. 약 40년에 걸쳐 동일과정론자들과 보수적인 '격변론자들' 사이에 반목이 이어졌다. 이를테면 격변론자였던 독일의 광물학자 아브라함 고틀로프 베르너Abraham Gottlob Werner는 여전히 시험 불가능한 초자연적인 설명으로 지구를 이해하려 했다. 그러다가 1830~1833년에 찰스 라이엘Charles Lyell(그 시대 영국 과학자들이 대부분 그랬듯, 라이엘도 독실한 신자였다)이 《지질학 원리Principles of Geology》를 세상에 내놓자, 지구를 자연주의적으로 설명하자는 입장이 압도하게 되었고, 얼마 가지 않아 지질학에서 초자연주의는 사라졌다. 오늘날에는 '격변론'이라는 명칭이 워낙에 초자연주의와 시험 불가능성으로 오염되어 있는 탓에, 지구상에 자연적인 격변이 일어났다는 증거가 있더라도(이를테면 소행성 충돌이나 대규모 빙하 사태glacial floods) 그 증거를 받아들이기를 망설이는 지질학자들이 많다.

　마지막으로 존슨은 생각의 편협함과 종교에 대한 이해 부족을 드러내는 가정을 또 하나 한다. 그는 이렇게 적고 있다(1991: 115). "과학적 자연주의는 오직 자연적인 것만을 연구하는 과학만이 미덥게 지식에 이를 수 있는 유일한 길이라는 가정으로 출발한다는 점에서 자연주의와 똑같은 입장을 취한다. 차이를 만들어내는 어떤 일도 하지 못하는 하느님, 우리가 어떤 미더운 지식도 가질 수 없는 대상인 하느님은 우리에게 조금도 중요하지 않다는 것이다." 펜녹이 지적했다시피(1999: 192), 이 말이 서술하고 있는 신격은 쉬지 않고 자연에 간섭하고 기적을 행하는 근본주의적 신격이지, 신이 자연에 변화를 주는 도구로 진화를 이용했다고 흔쾌히 말하는 유신론적 진화론자들의 신격이 아닐 것이다. 또한 이신론적 관점과도 부합하지 않는다. 이신론적 관점은 워싱턴, 제퍼슨, 매디슨을 비롯해서 근본주의자들이 즐겨 인용하는 건국의 아버지들이 가졌던 종교적 태도였으며, 신께서 오래전에 우주를 창조하셨으나 그 뒤로 더는 거기에 간섭하지 않는다고 주장하는 관점이다. 게다가 수많은 종교의 신자들(수많은 기독교신자들도 여기에 포함된다)은 신을 어떤 우주적인 생명력이나 신비로운 통일성으로 보지, 턱수염을 기른 모습으로 쉬지 않고 세상사에 오지랖을 떠는 전지전능한 노인으로 보지 않는다. 존슨이 보기에 (건국의 아버지들을 비롯해서) 이런 사람들은 모두 사실상 무신론자들이다. 현재 활동하는 신을 믿지 않는다면, 종교적인 사람이라고 할 자격이 없다고 보는 것이 분명하다!

과학, 사이비과학, 헛소리 감지

> 과학에서나 종교에서나 회의적 톺아보기는 깊은 허튼소리들에서 깊은 생각들을 추려낼 수 있게 해주는 수단이다.
> —칼 세이건

> 1분마다 호구가 한 명씩 태어난다.
> —피니어스 T. 바

우리가 가진 것 가운데에서 세상을 가장 힘 있게 설명해내는 것이 바로 과학일 것이며, 이제까지 현대 문명의 혜택을 인류에게 선사해온 것도 과학일 것이다. 그런데 아직도 사람들은 과학에 대해 어정쩡한 태도를 취한 채 과학이 주는 혜택의 대부분은 기꺼이 받아들이면서도 '이상한 것들' 또는 **사이비과학**이라고 하는 것들을 믿는 호구가 쉽사리 되어버리기도 한다. 사이비과학은 과학처럼 보이게 변장하려고 애쓰지만(오늘날 우리가 과학적인 것들에게 얼마만큼 신망을 부여하는지 알고 있으니까), 그 주장들을 면밀히 검토해보면 과학적 톺아보기scrutiny를 버텨내지 못한다. 인류는 과학의 시대를 살면서 누리는 수많은 이점을 고맙게 여기는 한편으로, 과학이 답할 수 없는 물음들에 답을 얻고자 하는 깊은 욕구를 갖고 있는 것도 분명하다. 사이비과학은 바로 그 물음들에 거리낌 없이 대답이라는 것을 팔아먹으려고 한다. 이 믿음들이 무해할 때도 있지만, 귀가 얇은 희생자들에게서 시간, 기운, 돈 같은 소중한 것들을 사취하는 경우가 흔하다. 사이비과학자 가운데에는 전문 사기꾼이 분명한

치들도 있지만, 자기가 하는 거짓말을 정말로 믿는 치들도 있다. 그러나 여러분에게서 돈을 뜯어낼 것이라는 점에서는 똑같은 놈들이다. 안타깝게도 사이비과학에는 돈만 많이 드는 게 아니라 추종자들의 목숨을 위협하는 측면들도 있다. 모든 문화, 모든 계층에 이 기생충들이 있어서 사람들을 등쳐먹고 산다. 이들은 신비롭고 기적적인 것을 원하는 욕구를 채워주면서 일시적으로나마 사람들에게 약간의 심리적 만족감과 안정감을 줄 수는 있겠지만, 그보다는 해를 더 많이 입힌다.

알궂게도 대부분의 사람들에게는 삶의 여러 부분에서 그런 사기꾼들을 걸러낼 수 있는 회의적인 거르개가 이미 있다. 물건을 거래하거나 값을 흥정하거나 계약을 할 때에 우리는 그 거래가 서로 다소 적대적인 관계에서 속고 속이는 식으로 진행되리라고 예상한다. 우리는 상대가 내게 사기를 치거나 나를 속여먹지나 않을까 긴장을 늦추지 않고 계속 경계한다. 어디를 가나 우리는 상업 광고의 세례를 받지만, 그렇게 애걸복걸하는 광고를 우리의 회의적 거르개가 대부분 차단한다. 정크메일로 범벅이 되지 않도록 이메일을 지켜주는 컴퓨터의 고성능 스팸필터처럼 말이다. **카베아트 엠프토르**Caveat emptor, 곧 "사는 쪽이 조심할 것"이 바로 평소 흥정에서 지침으로 삼는 슬로건이다. 그런데 신비를 원하는 감각, 또는 미지의 것과 연결되고 싶은 욕구나 사랑했던 망자들과 다시 이어지고 싶은 욕구에 호소하는 주장들을 만나게 되면, 사람들은 망설임 없이 이 회의적 거르개를 꺼버리고, 기분을 더 나아지게 해주기만 하면 거의 아무것이나 믿어버리곤 (그리고 돈을 지불하곤) 한다. 바로 그때 우리는 호구가 되어 뻥을 뜯기는 것이다. 아무런 대처도 하지 않는다면, 여러분의 팔랑귀에 호소해서 돈을 털어가고 신의를 저버릴 사기꾼들로 이 세상은 넘쳐난다.

이런 까닭으로 미국 시민들은 세계에서 가장 높은 수준에 해당하는 삶을 누리고 세계에서 가장 좋은 수준에 해당하는 교육을 받지만, 아직도 UFO, ESP, 점성술, 빅풋Big Foot과 네시Nessie와 예티Yeti, 심령 현상, 손금과 타로카드 따위를 믿는 비율이 높다는 게 여론조사에서 거듭 나타나고 있다. UFO나 점성술, 심령의 힘을 뒷받침한다는 증거가 이제까지 거듭해서 거짓임이 폭로되고 믿지 못할 것으로 판명났음에도 개의치 않는 것 같다. 인간인 우리에게는 분명 그런 것들을 믿고자 하는 **욕구**가 있다. 다른 경우라면 그런 식의 허튼소리를 믿지 않을 사람들에게, 세상을 떠난 핏줄에게 말을 걸 수 있다고 주장하는 '영매'나 미래를 예언한다는 점성표 같은 것이 얼마나 깊디깊은 호소력을 가지는지 이해 못할 바는 아니다. 그러나 사람들이 속아 넘어가는 이유를 이보다 이해하기 어려운 믿음 체계들이 있다. 이를테면 홀로코스트는 결코 일어나지 않았으며, 유대인을 실제로 600만 명이나 죽인 일도, 나아가 폴란드인이며 집시며 다른 인종들을 유대인보다 더 많이 죽인 일도 없었다고 주장하는 반유대적 홀로코스트 부정론이 있다. 또는 UFO와 외계인 납치에 대한 믿음도 있는데, 듣기만 해도 괴상하게 들리는 이런 현상들이 실제로 일어났다고 받아들이는 사람들이 아직도 많이 있다. 널리 사람들이 받아들이는 미확인동물학cryptozoology도 있다. 이 동물학은 네스호의 괴물 네시부터 빅풋과 예티까지 이제껏 단 한 번도 적절하게 입증된 적이 없는 이상하고 비생물학적인 괴수들을 열거하고 있다. 과학의 현세적이고 자연적인 과정으로는 설명되지 않는 신비스러운 것들에 대한 욕구를 우리가 가지고 있는 것 같기는 하지만, 반유대주의, UFO, 네스호의 괴물이 어떻게 이 욕구를 채워주는지 나로서는 도통 알 수가 없다.

속아 넘어가지 않기를 원하고, 참일 가능성이 높은 것과 헛소리임이 분명한 것 (마술사이자 연예인인 펜과 텔러Penn & Teller는 같은 이름으로 두 사람이 진행하는 텔레비전 시리즈에서 이것을 더 직설적으로 '개소리'라고 말한다)을 판정하고자 한다면, 좋은 생각, 나쁜 생각, 좋지도 나쁘지도 않은 생각 등 우리가 주변에서 듣는 모든 생각들에 일련의 '헛소리 거르개들'을 써서 회의적으로 선별하는 능력을 키워야 한다. 칼 세이건은 '헛소리 검출기baloney detection kit'에 쓸 도구들을 열거했고(1996: 10), 마이클 셔머는 사이비과학에서 쓰는 추리가 일반적으로 범하는 수많은 오류들을 흥미롭게 열거하고 있기에(1997: 48), 여기서 그 목록을 다시 늘어놓을 필요는 없지만, 사이비과학에 속아 넘어가지 않기 위해 우리 모두 기억해둘 필요가 있는 중요한 원리 몇 가지는 거론하고 싶다.

1 범상치 않은 주장을 하려면 그만큼 범상치 않은 증거를 제시해야 한다

칼 세이건이 말한 이 간단한 진술(칼 세이건이 예전에 했던 말을 바꿔 썼다)은 중요한 점을 하나 지적하고 있다. 날마다 과학에서는 작은 가설들이 수백 개씩 나오는

데, 그런 가설들은 기존에 알고 있는 바를 약간만 확장하면 타당한 가설인지 아닌지 시험할 수 있다. 그러나 괴짜들, 비주류 과학자들, 사이비과학자들은 세계에 대해서 범상치 않은 주장을 하고서는 그게 참이라고 논하는 것으로 유명하다. 여기에는 UFO와 외계인을 믿는 수많은 사람들도 포함되는데, 그 증거라는 게 아무리 잘 봐줘야 박약한 증거일 뿐임에도, UFO들이 이곳 지구에 거듭해서 착륙했고 외계인들이 사람들과 접촉했다고 그들은 철석같이 믿는다(여론조사에 따르면 대다수 미국인들도 그러하다). 그런 '외계인들'이 다른 목격자가 전혀 없는 상황에서 팔랑귀를 가진 개개인들에게만 자기 존재를 알리는 듯싶다는 점이라든가, 네바다주 51구역이나 뉴멕시코주 로즈웰에 외계인들이 착륙했다는 '물리적 증거'라는 게 비밀 군사 실험 때문인 것으로 이미 오래전에 판명되었다는 사실은 전혀 개의치 않는다. 잠깐만 생각해보라. 여러분이 우월한 외계 문명의 일원이고 은하계에서 은하계로 여행할 능력이 있다면, 과연 어느 산간오지에 고립된 소수의 개인들만을 골라 접촉하겠는가, 아니면 이 행성에 있는 정부들의 우두머리들과 접촉해서 여러분의 존재를 알리겠는가? 인공위성과 레이더로 이루어진 굉장히 조밀한 망도 생각해보라. 이 망이 있기 때문에 지금 우리는 세계 어느 곳이든 하늘에서 움직이는 사실상 모든 것을 탐지할 수 있다. 그런데도 아직까지 우리는 UFO의 존재를 미더운 수준으로 탐지해내지 못했다. 검증할 수 없는 이 주장들이라는 게 실은 임의의 비행기라든가 지상의 관찰자가 한 것에 불과하고, UFO 사진이라는 것들도 조작임이 밝혀졌다. 거의 모든 사람들이 핸드폰 카메라를 항시 휴대하고 다니는 요즘인데, 예전보다 잘 찍힌 사진은 전혀 없다. 사실 말이지, 카메라 없는 사람이 없는데도 증거의 질은 더욱 나빠지고 있는 형편이다. 외계인들이 우리를 찾아왔을 **가능성**은 분명 있지만, 그렇게 범상치 않은 주장을 하려면 평상시의 과학보다 더 높은 수준의 증명이 있어야 하는데, 이제까지 내놓은 증거라는 건 몹시 보잘것없다.

이와 마찬가지로 괴상한 '괴물들'이 외딴 곳에 살고 있으며 과학계의 눈길을 피해왔다는 주장(미확인동물학)도 범상치 않은 주장이기에, 새로운 곤충 종을 서술하는 데 필요한 보통 수준의 것보다 더 높은 수준의 증거 자료가 있어야 한다. 그 한 예로 네스호의 괴물을 생각해보자. 흐릿한 사진 몇 장(지금 그 사진들의 대부분은 조작으로 판명됐다)이나 목격담(이는 사람의 마음이라는 게 얼마나 쉽게 속을 수 있는 지만 보여줄 따름이다)을 우리는 크게 신뢰하지만, 네스호를 샅샅이 살핀 지금까지 의 모든 연구는 결정적인 것을 단 하나도 내놓지 못했다. 더 어려운 다음의 물음들 에 흔쾌히 대답할 수 있는 사람은 아무도 없는 것 같다. 만일 수장룡이나 이와 비슷 한 짐승 한 마리가 네스호에 살고 있다면, 어떻게 혼자 살아남은 걸까? 그 '괴물'처 럼 덩치 큰 짐승들이 오랜 세월 동안 살아왔다고 한다면, 그런 짐승들로 이루어진 온전한 개체군이 있어야 할 텐데, 그중 한 마리만이라도 존재한다는 결정적인 증거 는 전혀 없다. 네스호의 괴물을 믿는 자들은 자기들에게 불편한 지질학적 사실도 무시해버린다. 2만 년 전까지 네스호는 얼음으로 들어찬 빙하 계곡이었으며, 현재 진행되고 있는 간빙기에 와서야 빙하가 녹은 물이 계곡을 채우게 되었다. 그렇다면 그 괴물은 네스호에 갇히기 전까지 어디에서 살았을까? 그리고 개체군을 이룰 만 큼 개체들이 충분히 있었다면, 세계의 어디 다른 수역에서 지금까지 왜 한 마리도 발견되지 않았을까?

　　미국 태평양 연안의 북서부에 빅풋이나 새스쿼치Sasquatch가 있다는 주장이나 히말라야 산맥에 설인 또는 예티가 산다는 주장, 또는 콩고 밀림에 용각류 공룡으 로 추정되는 모켈레-음벰베Mokele-Mbembe가 산다는 주장에도 이와 비슷한 결함이 있다. 이 짐승들이 있다는 모든 '증거'는 불명확하거나 조작된 것으로 인정받고 있 다. 만일 지금까지 살아 있다면 큰 개체군을 이루고 있어야 할 테고, 지금도 우리가 목격할 수 있어야 하는데, 찾아낸 적이 단 한 번도 없다. 우리는 그런 짐승들이 존재 하지 **않는**다는 걸 확실히는 알지 못한다. 그러나 그 짐승들이 있다면 너무나 놀랍기 때문에 지금까지 제시된 것보다 훨씬 나은 존재 증거가 필요하다(특히 탐사되지 않 은 진정한 의미의 미개척 지역이 거의 없는 인구 과잉의 지금 이 세계에서는 말이다).

2 증명부담

증명부담Burden of Proof이라는 생각은 첫 번째 원리와 관련이 있다. 법정에서 한쪽은 (보통 검찰 측 또는 원고 측) 사건이 '합리적 의심의 여지가 없음'을 증명하거나(형사 사건의 경우) '증거의 우세에 기초하고 있음'을 증명하는(민사사건의 경우) 일을 떠

맡으며, 대개 피고 측은 상대편이 이 증명부담을 만족시키지 못했다면 아무것도 하지 않아도 된다. 이와 마찬가지로 주된 지식 체계를 뒤엎는 듯 보이는 범상치 않은 주장을 하는 경우, 그에 따라 증명부담도 한층 커진다. 1859년에는 생명이 진화한다는 생각이 논란거리였다. 그래서 그때의 증명부담이란 진화가 일어났음을 보이는 것이었다. 지금은 진화를 뒷받침하는 증거가 압도적이다. 그래서 반진화론자들에게 지워진 증명부담은 훨씬 커졌다. 곧 단순히 진화 이론에 몇 군데 비일관성이 있다거나 문제가 있다고 지적을 하는 것만으로 그쳐서는 안 되고, 압도적인 증거를 내놓고 창조론이 옳음을 보여야 한다는 말이다. 이와 마찬가지로 홀로코스트가 일어났다는 증거도 압도적이다(수많은 목격자와 희생자가 아직 살아 있으며, 나치 스스로 기록한 자료도 많이 남아 있다). 그래서 홀로코스트 부정론자들은 홀로코스트가 일어나지 않았다는 압도적인 증거를 제시해야만 하는 것이다.

3 일화로는 과학이 되지 못한다

이야기를 짓는 동물인 인간은 '목격자'가 이야기로 들려주는 설명을 쉽게 믿어버리는 경향이 있다. 텔레마케터들은 유명인사 몇 명 또는 진성 고객 (또는 연기자) 몇 명만 자기 상품을 호평하도록 하면 우리가 이 사람들의 말을 믿고 돈을 들고 나가 자기네 상품을 살 것임을 알고 있다. 설령 그들의 주장을 뒷받침해줄 신중한 과학적 연구나 FDA 승인이 전혀 없어도 말이다. 약이 효험이 있다고 설득력 있게 들릴 일화 한두 건이 있을 수도 있고, 울타리 너머의 이웃이 효험을 봤다는 경험이 흥미로울 수도 있겠지만, 과학에서 (그리고 과학 말고 여느 분야에서) 하는 주장을 진정으로 평가하기 위해서는 수십 또는 수백 가지 경우를 자세하게 조사해야 한다. 더군다나 해당 치료를 받지 않고 그 대신 가짜 약을 처방받았으나 자기들은 진짜 약을 받았다고 생각하는 (그래서 판매업자가 주장하는 약의 효능이 암시 효과 때문이 아님을 보여줄) '대조군'이 반드시 있어야만 한다. 이제까지 FDA의 승인을 받은 상품들은 모두 이 기준을 충족시켰다. 그러나 '뉴에이지'나 '건강식품' 판매대에서 파는 것은 대부분 신중한 조사를 거치지 않은 것들이다. 그 상품들을 분석하면, 대개는 효능이 미미하거나 아예 없는 것으로 판명이 나곤 한다. (사기꾼이나 떠돌이 약장수나 할 것없이 모두 여러분의 돈을 뜯어내려고 한다.) 이 '약' 몇 가지만 골라 무슨 말을 쓰는지 유심히 들여다보면, 의학과 약학에서 쓰는 용어를 교묘히 피해가며 '갑상선을 건강하게 해준다'거나 '건강한 방광 기능을 증진시킨다'는 어구를 사용한다는 걸 알 수 있다. 이런 어구들은 진정한 의학적 주장이 아니므로, FDA 규정에도 구애받지 않는다. 그렇지만 이런 상품들을 과학적으로 분석한 결과로는 대다수가 아무 가치도 없고 헛돈 쓰기에 불과한 것으로 판명이 났고, 건강에 해롭거나 심지어 목숨까지 위협한다고 밝혀진 경우도 이따금 있다.

이와 마찬가지로 UFO나 외계인 납치나 새스쿼치 목격을 뒷받침하는 증거라는 것도 대부분 일화로 그친다. 범상치 않은 이 사건을 목격한 사람은 한 사람—대개는 혼자 있을 때—이고, 그 사람은 이 사건이 진짜라고 확신한다. 하지만 사람이 얼마나 쉽게 환각에 빠지는지, 또는 흔한 자연현상에서 실제로는 있지 않은 무언가를 '보게끔' 얼마나 쉽게 현혹될 수 있는지 여러 연구들이 거듭해서 보여주었다. 주장이 예사롭지 않을 경우, 과학에서는 '목격자' 몇 명은 아무 의미가 없고, 구체적인 증거가 아주 많이 있어야 한다.

4 권위에 의지하는 논증과 학력 팔이

해당 주제에 대해 상대의 기를 죽이고 입을 다물게 할 요량으로 '권위자'가 한 말을 인용하는 방법을 써 입씨름에서 이기려고 하는 사람들이 많다. 해당 주제에 진짜 전문가인 사람들의 말을 제대로 인용하는 경우도 있지만, 그보다는 인용이 맥락을 벗어나서 논점을 전혀 뒷받침하지 못하거나 그 권위라는 게 실제로는 전혀 권위를 갖지 못하는 경우가 더 많다. 이어지는 장들에서 보게 되겠지만, 창조론자들의 '인용문 채굴'에서 흔히 불거지는 문제가 바로 이것이다. 곧 자료를 뒤져서 그 인용의 출처를 확인해보면, 맥락에 맞지 않는 인용이거나, 그들의 주장과 정반대되는 것을 뜻하거나, 출처 자체가 이미 케케묵은 것이거나, 썩 믿음이 가지 않는 것들임을 보게 된다는 것이다. 칼 세이건의 말마따나, 진정한 권위자라는 것은 없다. 어떤 영역에 전문인 사람들은 있지만, 인류 지식의 협소한 일부 범위를 넘어서 두루 권위를 가진 사람은 아무도 없기 때문이다.

학문과 과학에서 권위를 나타내는 일차적인 상징 한 가지가 바로 박사학위이다. 그러나 박사학위를 가져야만 좋은 과학을 하는 것도 아니고, 박사학위를 가졌다고 해서 모두가 좋은 과학자인 것도 아니다. 박사학위를 따기까지의 고난을 겪어본 사람이라면, 박사학위라는 것이 아주 좁은 논제를 연구하면서 논문을 써나가는 모진 인내심 시험을 견뎌낼 수 있음을 증명하는 것에 지나지 않음을 알 것이다. 박사학위를 가졌다고 해서 똑똑한 사람이라거나 의견을 낼 자격이 더 있음을 증명하지는 않는다. 박사학위를 따려면 특수한 영역에 엄청나게 집중해야 하기 때문에, 박사학위를 가진 사람들 중에는 논문 주제에 집중하는 과정에서 학문적 너비를 많이 잃어버리고, 다른 분야의 지식도 놓쳐버린 이들이 많다.

특히 범상치 않은 주장(창조론이나 외계인 납치나 심령의 힘 같은 것)을 하는 이들은 하나같이 박사학위를 휘장처럼 두르고는(그 학위가 있을 경우에는 말이다) 자기들이 쓴 책의 표지에서 도드라지게 그 학위를 선전하고 이력에서 부각하곤 한다. 그것이 청중이나 독자에게 깊은 인상을 주고 경외심을 들게 해서 자기네가 누구보다 똑똑하다는 생각 또는 해당 주제에 대해 발언할 자격이 더 많이 있다는 생각을 하도록 할 것임을 알고 있기 때문이다. 그러나 말도 안 되는 소리이다! 주장하는 자가 **논의되는 주제에 대해서** 박사학위를 따지 않았다면, 그 학위는 논쟁과는 전혀 무관하다. 예를 들어 선도적인 창조론자에 해당하는 고故 듀에인 기시Duane Gish는 생화학 쪽에서 박사학위를 땄고, 고 헨리 모리스Henry Morris에게는 수리공학 분야의 박사학위가 있었다. 하지만 두 사람이 딴 학위는 모두 거의 50년 전 것이기에, 지난 수십 년 동안 두 사람이 종사하지 않았던 이 급변하는 분야들에 대해 최신 지식은 가지고 있지 않았다. 만일 두 사람이 자기네가 학위를 딴 논제만을 놓고 논의한다면 어느 정도는 믿음이 갈 수도 있겠지만, 두 사람의 비판은 모두 화석 기록, 지질학, 열역학 같은 것에만 집중되어 있다. 이것들은 두 사람이 직접 연구해본 경험도 없고 연구를 발표하거나 실습을 해본 적도 전무한 주제들이다. 이 분야들에 대해 두 사람이 가진 지식은 죄다 이 분야에서 실제로 일을 했던 진짜 전문가들이 쓴 교양서적들을 수박 겉핥기식으로 읽고 멋대로 인용한 것일 뿐, 직접 현장에 나가 연구해서 동료들의 심사를 받는 학술지에 발표한 것이 아니다. 그들이 자동차를 정비하거나 음악 이론을 비평할 자격이 없는 것만큼이나, 상관도 없는 학위를 기초로 해서 고생물학이나 지질학에 대해 뭐라고 말할 자격은 전혀 없는 것이다! 그런데도 그들은 항상 박사학위를 과시해서 대중의 환심을 사고 적들의 기를 죽이려고 한다. 조너선 사르파티Jonathan Sarfati(물리화학), 마이클 비히Michael Behe(생화학), 조너선 웰스Jonathan Wells(세포생물학) 같은 창조론자들의 경우도 마찬가지이다. 그들이 학위를 가진 분야 가운데 어느 것도 화석이나 고생물학에 **아무런** 배경도 되어주지 못하며, 동료 심사가 이루어지는 고생물학지에 논문을 발표한 사람도 전혀 없다. 그래서 화석에 관한 한 그들은 완전한 아마추어에 지나지 않는다.

이와 마찬가지로 인류학과 고생물학에도 괴상한 비주류 생각들이 많이 있는데, 그 생각들이 멀리 '벗어나면' 벗어날수록, 저자가 책 표지에서 박사학위를 선전하고 있을 가능성은 높다. 심지어 어떤 독불장군 고생물학자는 자기가 쓴 모든 책의 표지에다가 이런 짓을 하고 순례 강연회(굉장한 성공을 거두었다)에서 학위를 과시한다. 정작 본인은 여기저기 대학 기관에서 거듭 쫓겨났고, 동료들의 심사를 받는 학술지에 논문 한 편 발표한 적 없는 세월이 오래인데다, 척추고생물학회 같은 학술단체 안에서도 별 신뢰를 받지 못하면서 말이다. 이런 사람들과는 대조적으로 정식 과학자들은 결코 책표지에 학위를 적어 선전하지도 않거니와, 과학 글에 자기 학력을 주룰이 열거하는 일도 거의 없다. 이 말이 믿기지 않는다면, 서점에 가서 과학 코너에 꽂힌 책들을 보기만 하면 된다. 연구의 질은 연구 자체로 서야 하는 법이지, 교육 수준을 기준으로 한 권위에 호소하여 지탱되어서는 안 된다. 대부분의 과학자는 학력 팔이를 경고 신호로 여긴다. 무슨 말이냐면, 책 표지에서 박사학위라는 말이 보이면, 본문에 쓰인 글을 경계해야 한다는 것이다!

5 대담하게 진술하고 과학적이게 들리는 언어를 쓴다고 해서 과학이 되지는 않는다

급진적인 생각을 퍼뜨리고 싶어 하는 이들은 대개 과장하는 성향을 보이며, "인류 역사의 이정표"라느니 "코페르니쿠스 이래 가장 위대한 발견"이라느니 "인류 사고의 혁명" 같은 거창한 선언을 하는 것으로 유명하다. 정치인들이나 배우들이 정책이나 영화를 과대 포장하는 말을 들을 때 우리 헛소리 검출기는 자동으로 경고음을 울리게 된다. 실상은 그들이 주장하는 것보다 훨씬 형편없으니까 말이다. 인류의 지식이나 과학에 대해 지나치게 부풀려진 듯한 주장을 하는 사람들의 말을 들을 때에도 삑 하고 경고음이 울려야 한다.

조잡한 생각을 주류가 받아들이도록 하기 위해 쓰는 또 한 가지 전략이 바로 과학의 언어를 입히는 것이다. 이는 우리 문화에서 과학이 가지는 선의와 신용에 편승하여 터무니없는 생각을 좀더 믿음이 가는 소리로 들리게 하려는 전략이다. 예를 들어 공립학교의 과학 교실에서 자기네 종교적 믿음을 과학으로 대접받게끔 할 수 없음을 깨달은 창조론자들은 스스로를 '창조과학자creation-scientist'라고 부르면서, 자기들이 만든 공립학교 교과서에서 신을 공공연하게 언급한 곳들을 삭제해나갔다 (그러나 그 생각들이 종교에서 동기를 부여받았고 종교에 그 근원을 두고 있음은 여전히 명명백백하다). 여러 교회들(여기에는 크리스천사이언스Christian Science와 사이언톨로지Scientology 교회도 있다)은 이름에 과학이라는 말을 씀으로써 과학적 권위가 가지는 후광을 도용한다. 그들이 하는 주장이라는 게 반증도 불가능하고 이 자리에서 살피고 있는 과학의 기준에 들어맞지도 않는데 말이다. 텔레마케터들이나 '뉴에이지' 대체의학 애호가들이 팔아먹는 특효약과 묘약은 과학에서 쓰는 전문용어처럼 들리는 말로 으레 서술되어 있지만, 찬찬히 들여다보면 실제로는 과학적 규약이나 과학적 방법을 따르지 않고 있다. 텔레비전 광고에서 하얀 실험실 가운을 걸친 배우가 종종 목에 청진기를 두르고는 "저는 의사가 아니고, 텔레비전에서 의사 연기를 하고 있습니다"라고 말하면서, 의학적 분석 훈련을 전혀 받은 바가 없으면서도 상품을 선전하는 모습이 그 유명한 예가 되어준다. 하지만 과학 및 의학 권위자의 모양새만 갖추어도 충분히 사람들이 그 상품을 살 생각을 갖게 할 수 있다.

6 상관성이 곧 인과성은 아니다

인류의 유전자는 자연 속에서 규칙성을 보고 사물들 사이의 연관성을 인식하도록 프로그램되어 있다. 그러나 이 본능 때문에 길을 잃을 때도 있다. 특별한 복장을 하루 입었더니 우리 팀이 이겼는데, 그 옷을 깜빡 잊고 한 번 안 입었더니 졌다. 그러면 우리는 그 옷을 입는 것이 팀에게 '행운'을 가져다준다고 확신하고는, 팀이 이기든 지든 상관없이 그 옷을 매번 입으려고 한다. 이런 미신은 뒤흔들 수 있는 게 아니다. 승부 예측이 실패한 반증 사례를 아무리 많이 들이댄들 믿음은 바뀌지 않을 것이다. 더운 아침에 때마침 몹시 강한 지진이 한두 차례 일어난 걸 상기하고는 '지진 날씨earthquake weather'라는 게 있다고 믿는 사람들이 많다. 지하로 몇 십 센티미터만 들어가도 날씨에 의한 일간 기온 변동을 느낄 수 없으며, 그보다 훨씬 땅속 깊이 있는 단층에서 지진이 일어난다고 아무리 지적해도 그들은 믿음을 버리지 않는다. 이런 '도시괴담'은 한두 번 우연의 일치만으로도 충분히 강화된다. 한편 엄격한 통계 분석을 거듭 실시한 지진학자들은 낮이든 밤이든 아무 때나 아무 날씨에서나 온갖 크기의 지진이 일어남을 확실히 보여주었다. 이런 미신의 가장 흔한 꼴은 "이것 다음에 일어났으므로 이것 때문에 일어난 것이다post hoc, ergo propter hoc" 오류이다.

과학자들도 긍정적인 결과 한두 개가 잇따라 나오는 걸 보게 되면 거기에 어떤 연관성이 있다고 믿기 십상이다. 그러나 과학자인 우리는 일찍부터 확률과 통계의 수학을 공부하도록 훈련을 받는다. 그래서 사건과 사건 사이의 겉보기 연관성이 진정 의미가 있는 연관성인지, 아니면 아직은 우연으로 돌릴 만한 것인지 엄밀하게 분석할 수 있다. 비록 과학자들도 육감과 직관을 써서 현상들이 서로 관련이 있지 않을까 짐작을 하지만, 동료 심사를 거치는 학술지에 자기 생각을 발표하고자 한다면 그에 적합한 통계를 먼저 돌려보는 게 좋다. 그러지 않으면 논문은 금방 퇴짜를 맞고 말 테니까!

이를 보여주는 한 가지 좋은 예가 바로 1980년대에 고생물학자 데이비드 라우프David Raup와 잭 셉코스키Jack Sepkoski(1984, 1986)가 2600만 년마다 대멸종 사건이 일어났으며 이 가운데에는 우주 공간에서 날아온 소행성과의 충돌로 일어난 것도 있었다는 주장을 하면서 일었던 대소동이다. 천문학자들은 아직 데이터가 발표되지도 않았는데도 재빨리 이 시류에 편승하여, 수수께끼의 행성X부터 해서 아직 찾아내지 못했으나 태양과 짝꿍인 '네메시스Nemesis'라는 이름의 동반성, 또는 은하면 안에서 이루어지는 우리 태양계의 운동, 또는 범지구적인 화산 활동을 일으키는 주기적인 맨틀 뒤집힘에 이르기까지, 멸종의 '주기성'에 대한 온갖 '설명들'을 쏟아냈다. 그러나 처음에 나온 데이터를 더 면밀하게 톺아나가자, 그 상관성이 무너지기 시작했다. 통계 분석을 여러 차례 수행한 결과들은 상관성이라는 게 전혀 없음을 보여주었다. 말하자면 '멸종 뾰족선' 가운데 많은 것들이 진짜 멸종 밀집기가 아니거나, 규칙적인 천문 주기의 일부로 보기에는 수백만 년씩 너무 이르거나 너무 늦은 것으로 밝혀진 것이다. 게다가 대부분의 멸종 사건에서는 외계 천체와의 충돌이 있었다는 증거가 전혀 없음이 발견되었다(Prothero 1994a를 참고하라). 이런 상황에서 셉코스키(1989)는 비판자들을 상대하고 자기 가설을 구해내기 위해 마지막으로 용감한 시도를 했지만, 스티븐 스탠리Steven M. Stanley(1990)가 데이터에 더 잘 들어맞고 훨씬 더 단순한 설명을 제시해냈다. 정말로 어마어마한 대멸종이 일어나면 멸종을 이겨내고 살아남은 생존자가 워낙 적기에 그 세계는 기회주의적인 '잡초 같은' 생태적 일반종들ecological generalists*이 채우는데, 이들은 멸종으로 교란되어 경쟁이 적거나 전혀 없는 서식지에서 번성하게 된다. 하지만 종당에는 이보다 더 복잡하게 분화한 종과 생태계가 다시 진화해서 대멸종이 쓸어버렸던 생태계를 대신하게 된다.

지구가 대멸종에서 회복하고 멸종 가능성이 높은 분화한 종들이 모두 다시 진화하기까지 약 2000만 년 남짓 걸리는 것으로 보인다. 만일 대멸종이 일어나고 겨우 100만 년 뒤에 또 다시 큰 교란이 일어났다고 해도 화석 기록에서는 그 교란을 결코 보지 못할 것이다. 왜냐하면 멸종에 취약한 종들이 얼마 없었을 것이기 때문이다. 그런 종들은 충분한 시간이 흐른 뒤에라야 비로소 진화하게 마련이다. 라우프와 셉코스키가 서술한 대멸종과 대멸종 사이의 간격이 **얼추 2000만~3000만 년** 정도이고, 그보다 더 짧지 않은 까닭이 바로 이것이다.

7 세계는 흑과 백이 아니고 여러 밝기의 회색이다

'양자택일'의 오류 또는 '그릇된 양도논법false dilemma'이라고도 알려진 이것은 자기가 내세우는 주장을 한쪽 극단과 다른 쪽 극단 둘 중 하나의 선택으로 제시하려 할

---

* 옮긴이—'일반종'이란 다양한 조건의 생태자리에서 서식할 수 있는 생물들을 가리키는 말이다. 반면에 특정 조건의 생태자리에서만 서식할 수 있는 생물들은 '전문종 또는 특수종specialist speices'이라고 한다. 본문에 나오는 '분화한 종specialized species'이 이것을 가리킨다.

때 흔히 쓰는 전략이다. 이런 생각은 "우리 편이 아니면, 우리 적이다" 또는 "문제 해법의 일부가 아니면, 문제의 일부이다" 같은 유명한 슬로건에 반영되어 있다. 이런 사람들은 세계를 오로지 두 관점으로만 양분함으로써, 어느 한 관점에 **반대되는** 증거는 다른 관점을 **뒷받침하는** 증거가 된다는 그릇된 양도논법을 만들어낸다. 창조론자들이 주로 쓰는 전술이 바로 이것이다. 그들은 자기들만이 진정한 기독교도이며 자기들과 뜻을 달리하는 사람은 모두 무신론자라는 그릇된 양도논법을 만들어내려 한다.

그러나 철이 든 어른이라면 알다시피, 인생에서 만나는 대부분의 문제들은 흑과 백이 아니라 밝기가 여러 가지인 회색이다. 한쪽 입장에 반대하는 논증이라고 해서 반드시 그 반대쪽 입장을 뒷받침하는 논증이 되는 것은 아니다. 창조론이 기독교 신앙의 유일한 꼴은 아니며, 기독교도이면서 진화론자인 사람도 많다. 실로 믿음의 스펙트럼은 넓다. 문자 그대로 '어린 지구'를 믿는 창조론자부터 〈창세기〉의 '하루들'을 지질시대로 보려는 '하루-시대 창조론자', 나아가 유신론적 진화론자 등에 이르기까지 다양하다. 인생의 여느 측면들과 마찬가지로, 여기에도 가능한 답이나 가능한 관점이 수없이 많기 때문에, 선택할 수 있는 방도가 오직 둘뿐이라고 믿는 양도논법에 혹하지 말아야 한다.

'그릇된 양도논법'의 원리에서 나오는 따름정리 하나가 바로 셔머가 "설명되지 않았다고 해서 설명할 수 없다는 뜻은 아니다"라고 부르는 것이다(Shermer 1997: 52). 많은 사람들(다음 장에서 살펴볼 '지적설계' 창조론자들 같은 사람들)은 **자기가 무얼 설명할 수 없다면 아무도** 그걸 설명할 수 없다고 논하곤 한다. 이는 오만방자한 주장일 뿐 아니라, 어떤 현상에 대해 현재 어떤 설명도 찾아낼 수 없으면 앞으로도 그 현상은 결코 설명되지 않을 것이라는 그릇된 '양자택일'의 전제 위에 구축된 주장이기도 하다. 그러나 지금 우리에게 설명이 없다고 해서 앞으로도 계속 설명을 찾아내지 못할 것임을 뜻하지는 않는다. 그런데 설명을 찾아나가는 사이, 풀지 못한 수수께끼가 아직 우리 앞에 있다는 이유만으로 초자연적인 설명들을 기본으로 선택해버리면, 과학과 지식이 해를 입고 만다. 과학자들은 불확실성을 다루는 일에 익숙하고, 자기들이 내린 답이 일시적인 답일 뿐이며 언제든 바뀔 수 있음을 깨닫고 있다. 그러나 일반 대중은 확실성도 없고 지식도 없이 불안하게 사는 것보다는 아무 답이라도 내려서 (설령 잘못된 답일지라도) 안도감을 얻는 쪽을 선호하는 것 같다. H. L. 멩켄Mencken이 말했다시피, "모든 문제에는 단순하고 깔끔하지만 틀린 풀이가 있다."

8 특수 변론과 임시변통 가설

과학에서는 가설을 반증하는 것처럼 보이는 관찰이 나오면, 그 관찰을 면밀히 검토하거나 실험을 다시 돌려 그것이 정말 가설을 반증하는지 확실히 하는 게 좋다. 가설과 모순되는 그 데이터에 아무 문제가 없다면 처음의 가설은 반증된 것이고, 그 죽은 가설은 폐기된다. 그럴 때엔 그 가설보다 더 나은 가설을 새로이 생각해내야 한다.

종교를 비롯해서 신비주의와 마르크스주의에 이르기까지 비과학적인 수많은 믿음 체계들은 이런 식으로 돌아가지 않는다. 믿음 체계들은 흔히 감정적 및 신비적인 면에서 사람들을 깊이 파고든다. 믿음과 모순되는 관찰이 있음에도 그 믿음 체계들은 건재하며, 이성적 비판이나 실제 사실 때문에 믿음이 흔들리는 일도 없다. 테르툴리아누스Tertullianus가 말했다시피, "그게 믿기지가 않기 때문에 나는 믿는다." 예수회를 창설한 성 이그나티우스 로욜라Ignatius Loyola는 이렇게 적었다. "모든 것에서 옳기 위해서는, 내가 보는 흰색이 검정색이라는 생각을 언제나 품고 있어야 한다. 교회가 그리 정했다면 말이다." 그래도 좋다. 여러분이 기꺼이 그 체계를 받아들이고, 믿음이 가지 않는 주장이 있어도 그보다 더 중요한 감정적 및 신비적 연대감이 주는 혜택을 위해서 그 불신을 접어둔다면 말이다.

하지만 여러분의 믿음 체계를 과학으로 대우할 생각이라면 반드시 과학의 규칙에 따라야 한다. 사기꾼이 여러분에게 특효약을 팔려고 할 때, 그 특효약에 대해 불편한 사실 하나를 누가 지적하면, 사기꾼은 그 사실을 공격하거나 '일단 드셔본 다음에' 말하라거나 임시변통 *ad hoc*('이것을 목적으로'라는 뜻의 라틴어) 설명으로 발뺌하려 들 것이다. 그 특효약이 효능이 없으면, 사기꾼은 "당신은 그걸 올바로 사용하지 않았다"거나 "보름달이 뜬 날에는 약이 듣지 않는다"는 식으로 말할 것이다.

교령회交靈會에서 죽은 자와 접촉하지 못할 경우, 영매는 "당신이 충분히 믿지 않았다"면서 회의주의자를 탓하거나, "방이 충분히 어둡지 않았다"느니 "오늘은 영혼이 말을 할 기분이 아니다"느니 하는 말로 얼버무리려 들 것이다. 지구에는 수백만 종의 생물이 있기에 성경에 나오는 노아의 방주에 다 태울 수는 없었을 것이라고 지적하면, 창조론자는 "창조된 종류들만 배에 탔다"거나 "곤충과 어류는 셈에 넣지 않는다"거나 "하나님께서 기적을 행하셔서 이 모든 동물들을 이 작디작은 공간에 쑤셔 넣으셨으며, 이곳에서 그 동물들은 마흔 낮과 마흔 밤을 서로 화기애애하게 살았다"는 식의 헛소리를 늘어놓으며 자기 가설을 지키려 든다.

　이어지는 장들에서 보게 되겠지만, 신자가 이미 결론을 내린 상태에서 그 결론과 모순되는 불편한 사실들로부터 달아나게 해줄 아무 설명이라도 찾아야 할 때에 흔히 쓰는 것이 바로 임시변통 가설이다. 그러나 과학에서는 이런 가설을 받아들일 수 없다. 결론이 미리 주어져 있고 논박되거나 반증될 수 없다면, 그건 더 이상 과학이 아니기 때문이다.

9 '핍박받은 천재'라고 해서 모두 옳은 것은 아니다

우리가 보기에 미쳤지 않나 싶은 거친 생각들을 퍼뜨리려는 사람들은 흔히 갈릴레이(코페르니쿠스의 천문학을 옹호했다는 이유로 체포당해서 재판을 받았다)나 알프레드 베게너Alfred Wegener(대륙이 이동한다는 생각을 했다고 해서 조롱거리가 되었다)가 받았던 핍박을 지적하며, 끝에 가서는 이 천재들이 옳았음이 증명되었다는 데에서 위안을 찾으려 든다. 그러나 칼 세이건이 말했다시피(Sagan 1996), "천재 몇 명이 웃음거리가 되었다는 사실이 곧 웃음거리가 된 모든 사람이 천재임을 함축하지는 않는다. 사람들은 콜럼버스를 보고 웃었고, 풀턴을 보고 웃었고, 라이트 형제를 보고 웃었다. 그러나 사람들은 광대 보조Bozo the Clown를 보고도 웃었다." 과학의 역사는 시험을 통과하지 못하고 결국에는 폐기되고 만 거칠고 괴상한 생각들로 가득 차 있으며, 끝에 가서 옳았음을 인정받은 소수의 '오해받은 천재들'보다 그 수가 압도적으로 많다.

　자기가 오해를 받는다고 여기는 천재들은 종종 쇼펜하우어가 했던 다음과 같은 말에 의지한다. "진리는 모두 세 단계를 거친다. 첫 단계에서는 웃음거리가 되고, 둘째 단계에서는 격렬한 반대에 부딪치고, 셋째 단계에서는 자명한 것으로 인정을 받는다." 그러나 쇼펜하우어는 틀렸다. 혁명적이고 급진적이면서도 웃음거리가 되거나 격렬한 반대를 사지 않은 생각들은 많이 있다(아인슈타인의 상대성이론 같은 것). 아인슈타인의 경우를 보면, 그의 이론들은 흥미롭기는 하지만 시험되지 않았다고 하여 대부분 무시당했다가, 1919년에 행한 과학적 관찰을 통해 마침내 확증되었다.

과학은 전통적인 것부터 엉뚱한 것까지 온갖 생각에 열려 있다. 그 생각들이 어디에서 나왔는지는 중요하지 않다. 그러나 모두 반드시 관문을 통과해야 한다. 생각이 과학의 시험을 통과하지 못했다면, 여러분은 자신이 오해를 받는 천재라고 주장만 할 수는 없다. 그보다는 여러분이 소중히 여기는 그 가설이 그냥 틀렸을 가능성이 더 크다. 과학자들은 몹시 바쁜 사람들이고, 추구할 가치가 있는 중요한 과학적 목표가 매우 많기 때문에, 갖가지 거친 생각이 나올 때마다 일일이 시험하고 평가하느라 허비할 시간이 없다. 비주류 인사들은 자기네가 핍박을 받고 오해를 받는 천재들이라고 한탄할 수야 있겠지만, 진지하게 여겨지고 싶다면 과학의 규칙을 따라야 한다. 곧 다른 과학자들과 어울려 생각을 나누고, 자기 생각을 바꿀 의사도 가져야 하고, 결과를 과학 회의에서 발표하고, 동료들의 심사를 받는 학술지와 책에 제출해서 면밀한 검토를 받아야 하는 것이다. 만일 여러분의 생각이 이 혹독한 시련을 견뎌낼 수 있다면, 과학자들로부터 받아 마땅한 주목을 받게 될 것이다.

논리적 및 과학적 오류 목록은 이것 말고도 계속 이어지고 다른 책에서 다 다루고 있기 때문에(다음 자료를 참고하라. Sagan 1996: 210-217; Shermer 1997: 44-61), 이 자리에서 다 아우를 생각은 없다. 이 책의 후반부에서 과학적 증거를 살피게 될 때, 우리는 다음과 같은 물음들을 늘 염두에 두어야 한다. 이 가설을 어떻게 시험해볼 수 있을까? 이 가설은 반증이 가능한 가설인가, 반증이 불가능한 가설인가? 범상치 않은 이 주장을 뒷받침하는 증거가 충분히 힘 있는 증거인가? 그 주장은 다종다양한 경우들과 통계적 시험의 뒷받침을 받고 있는가, 아니면 그저 일화적일 뿐인가? 논자가 사용하는 인용이 맥락에 맞는가 안 맞는가? 논자가 학력을 과시하고 있지는 않은가? 논자가 그릇된 양도논법을 펼치고 있지는 않은가? 논자는 실패한 자기 믿음 체계를 특수 변론과 임시변통 가설로 구하려고 하는가, 아니면 자기 결론이 틀렸을 수도 있음을 기꺼이 인정하는가?

증거가 이끄는 대로만 따라가라

> 어린아이처럼 사실을 앞에 두고 앉아라. 미리 가지고 있던 생각은 모두 포기할
> 준비를 하라. 자연이 이끄는 대로 어디든 어떤 심연이든 겸허하게 따라가라. 그
> 러지 않으면 아무것도 배우지 못할 것이다.
> —토머스 헨리 헉슬리

믿음 체계라는 게 워낙 큰 힘을 가지는 터라, 그 믿음을 거스르는 증거들이 쌓여나가는 모습에 난감함을 느끼는 사람들이 많다. 바로 앞에서 살펴보았듯이, 자기가 소중히 여기는 생각에 매달리는 것, 그리고 새로운 증거와 맞닥뜨렸을 때 자기가 가진 믿음 체계를 거부하는 대신 임시변통의 합리화로 그 증거를 회피하려 드는 것은 인간의 본성이다. 수많은 사람들이 기꺼이 스스로를 기만하면서까지 자기가 가진 믿음을 구하려는 까닭은 그 믿음 체계에서 얻는 위안이 더 중요하기 때문이다. 자기네가 가진 믿음 체계를 우리에게 강요하려 들지 않는 한, 또는 그 믿음 체계가 비행기를 몰아 건물로 돌진하는 것 같은 위험한 행동을 낳지 않는 한, 우리는 누가 무슨 믿음을 가지고 있건 신경 쓰지 않는다.

그러나 자기가 가진 믿음 체계 때문에 과학적 증거를 거부하면서도 자기가 과학자라고 우기는 사람들의 경우는 다르다. 미국의 창조론 운동이 이를 보여주는 좋은 예이다. 창조론자들은 자기 무리에서 고등 학위를 가진 사람을 가급적 많이 찾아내어 이들을 내세워 홍보를 한다. 그 몇 사람이 박사학위 수준의 교육을 받았다는 사실이 곧 그들이 모든 면에서 전문가 행세를 할 자격이 되기라도 한다는 듯이 말이다. 앞에서 이미 살펴보았듯이, 박사학위라는 것은 논의되고 있는 분야의 박

사학위가 아니라면 아무 의미가 없다. 더군다나 이 창조론자 '권위자들'은 자기네가 근본주의 종교의 시각에서 동기를 얻고 있으며, 진화를 거부하는 까닭도 자기가 가진 믿음 체계에서 미리 결론을 내려둔 바이기 때문에 그리 할 수밖에 없다고 거의 언제나 스스럼없이 인정한다. 예를 들어 2000년에 나온 존 애슈턴John F. Ashton의 책 《엿새 동안: 왜 50명의 과학자들이 창조를 믿기로 선택했는가?In Six Days: Why 50 Scientists Choose to Believe in Creation》(우리나라에는 《감추어진 신—50인의 과학자가 창조론을 믿는 이유》로 번역되었다—옮긴이)에서 인터뷰를 한 '과학자들'은 처음에 근본주의자로 출발했다가, 진화의 증거와 씨름했고(대개는 그리 깊게까지 파고들지 않았다), 그런 다음에 원래의 믿음 체계로 되돌아왔다고 고백한다. 종교적 근본주의의 막강한 힘이 배후에서 작용하지 않은 상태에서 순수하게 과학적 증거만을 바탕으로 진화를 거부하는 과학자를 나는 단 한 사람도 알지 못한다. 그런데 이 창조론자 '과학자들'은 다들 자기가 가진 믿음이 그리 요구하기 때문에 그 결론에 이르렀으며, 그 이후에는 진화에 반대되는 거짓 '증거'를 진지하게 여기기 시작했다. 그 '증거'라는 것들을 이 책의 나머지 부분에서 살펴볼 것이다.

이들과는 다르게 진정한 과학자들은 자기가 소중히 여기는 믿음에 반대되는 증거가 충분히 있을 경우에는 **반드시** 그 믿음을 거부해야 한다. 이를 보여주는 고전적인 한 예가 바로 대륙이동과 판구조라는 혁명적인 생각이었다. 이 생각은 1950년대와 1960년대에 지질학계를 휩쓸었으며, 1970년대에 이르러서는 과학의 여느 생각만큼이나 잘 정립된 이론이 되었다. 당시에 지질학계가 보인 반응들은 과학의 사회학적 측면에 대해 많은 걸 말해준다. 대륙이 고정되어 있다는 생각을 뒷받침하는 일에 많은 시간과 연구를 쏟아부었던 '보수파'는 대륙이동과 판구조라는 생각에 가장 늦게까지 회의적인 견해를 취한 편이어서, 압도적인 증거가 나오기 전까지는 의견을 굽히지 않은 이들이 많았다. 그러나 끝에 가서는 그들 모두 자기가 소중히 여겨온 믿음이 틀렸음을 인정할 수밖에 없었다. 이들과는 대조적으로 '개혁파'는 이 새로운 생각을 맨 처음부터 받아들였다. 이들의 대부분은 젊은 과학자들이었으며(특히 대학원생들), 낡은 사고방식과 정서적 연대감을 느끼지도 않았고 새로운 개념들을 시험해보는 일에 주저함도 덜했다.

이 과정을 보여주는 가장 용기 있는 한 예가 바로 유명한 지질학자인 마셜 케이Marshall Kay인데, 내가 그의 강의를 들으려고 컬럼비아대학교로 가기 바로 전에 세상을 뜨셨다. 케이는 대륙은 이동하지 않는다는 가정을 기초로 하여 지질의 복잡성을 설명하는 일로 평생을 보냈다. 심지어 1951년에는 대륙이 고정되어 있다는 가정 아래 두꺼운 퇴적분지의 성질을 세세히 파고드는 주요 저서를 세상에 내놓기까지 했다. 그러나 1960년대에 판구조와 대륙이동을 뒷받침하는 증거가 압도적으로 쌓이자, 케이는 온 마음을 다해 판구조론을 품에 받아들였다. 정년퇴임할 나이가 가까워졌는데도 케이는 평생 해왔던 일을 그 새로운 개념을 써서 처음부터 다시 하기 시작했다. 그런 지성적인 솔직함과 용기에 감탄을 금할 수가 없다. 이런 자질을 가진 사람은 드물다. 정년에 가까운 나이에 이르렀는데도, 50년 동안이나 자기가 따라왔던 가정이 틀렸음을 깨달았다는 이유로 평생에 걸쳐 해왔던 일을 서슴없이 다시 하려 드는 사람을 여러분은 얼마나 알고 있는가?

이렇게 감복할 만한 또 다른 예를 리처드 도킨스Richard Dawkins가 지적하고 있다(Dawkins 2006). 그는 이렇게 말한다.

그런 일은 정말 있다. 일전에 나는 대학생 시절 옥스퍼드대학교 동물학과에 계셨던 명망 높은 노교수 이야기를 한 적이 있다. 오랫동안 그분은 골지체Golgi apparatus(세포 내부에 있는 미세구조의 한 가지)라는 건 실재하지 않으며, 인위적으로 생각해낸 허구라고 열심히 믿었고 그렇게 가르쳤다. 당시에는 매주 월요일 오후에 객원강사를 불러 학과 전체가 그의 연구 이야기를 듣는 게 관례였다. 어느 월요일, 미국의 한 세포생물학자가 초빙되어 골지체가 진짜 있다는 더할 나위 없이 설득력 있는 증거를 제시했다. 강의가 끝나자, 노교수는 강당 앞으로 성큼성큼 걸어 나가, 그 미국인과 악수를 하고는 들뜬 목소리로 이렇게 말했다. "친애하는 동료여, 고맙다고 말하고 싶습니다. 지난 15년 동안 제가 틀렸습니다." 우리는 손에 불이 나도록 박수를 쳤다. 근본주의자라면 아무도 그런 말을 하지 않을 것이다. 사실은 과학자들이라고 해서 다 이러지는 않을 것이다. 그러나 과학자라면 다들 공치사일지언정 이게 과학자의 이상적인 모습이라고 칭송할 것이다. 정치인 같으면 아마 이를 말 바꾸기라면서 비난하겠지만 말이다.

방금 내가 서술했던 일을 추억할 때마다 나는 아직도 목이 멘다.

이를 창조론자들이 보이는 모습과 대비해보라. 진화를 뒷받침하는 압도적으로 많은 증거를 실제로 찬찬히 살펴본 사람에게는 몇 가지 선택권이 있다. 눈을 감고 그만 볼 수도 있고, 그 증거와 씨름하다가 끝내는 자기 신앙을 구하기 위해 그 자명한 것을 부정할 수도 있고, 자기가 미리 가지고 있던 생각에 들어맞게 증거를 왜곡할 수도 있고, 참모습을 외면하지 않고 대면할 수도 있다. 이를 보여주는 좋은 예가 커트 와이즈Kurt Wise로서, 정식으로 고생물학 공부를 했으면서도 어린 지구 창조론자인 몇 안 되는 사람 가운데 하나로 유명하다. 와이즈는 하버드대학교에서 실제로 박사학위를 받았지만, 그 고등교육 때문에 창조론자가 된 것은 아니었다. 사실 그는 근본주의자 집안에서 자랐으며, 고등학생 때 고생물학과 근본주의적 신앙 사이에 내재해 있는 모순과 어떻게 씨름했는지 자서전에서 서술하고 있다(위에서 인용했던 애슈턴의 책에도 나온다). 그는 시카고대학교에 다니던 시절에도 내내 그 의혹을 떨쳐내지 못했다. 그 뒤 하버드대학교로 가서 스티븐 제이 굴드의 제자가 되었는데, 입학했을 때 굴드나 대학 측에 자기가 창조론자임을 명확히 밝히지 않았다. 제자 중에 창조론자가 있음을 알고 굴드가 무슨 생각을 했는지 나야 모르지만, 예전에 굴드의 제자였던 사람 여럿에게서 당시 그들의 지도교수가 와이즈를 대단히 공평하게 대했고 언제든 도전을 받아들였다는 얘기를 들었다. 그들은 틀림없이 굴드가 와이즈는 결국 자기가 가진 창조론적 관점으로 문제를 보게 될 것이라고 생각했거나 아니면 지적 자유의 웅대한 실험으로 여기고 와이즈를 받아들였을 것이라고 추측한다. 대학원 시절에 와이즈를 알았던 굴드의 제자 몇 명의 말에 따르면, 와이즈는 공손했고 토론에도 참여했으나(그런데 토론할 때에는 몹시 건방지고 시큰둥한 사람으로 보였다고 한다) 분명 토론하는 시늉만 냈을 뿐, 실제로는 새로운 걸 전혀 배우지도 않고 새로운 생각에 전혀 마음을 열지도 않았다고 한다. 그런데 와이즈가 어느 동료 대학원생에게 말한 바에 따르면, 하버드에서 공부한 경험을 일종의 '모노폴리Monopoly' 게임으로 치부했다고 한다. 말하자면 학위를 받기 위해 고생물학자

역할을 했을 뿐, 그 어느 것도 그다지 진지하게 여기지 않았고 자기가 공부했던 것에 함축된 의미를 진정으로 흡수하지도 않았다는 것이다. 모노폴리 게임을 하는 사람이 실제로 은행가도 아니고 지주도 아니고 감옥에 가는 것도 아닌 것과 마찬가지로 말이다.

와이즈는 무슨 생각으로 박사학위를 받기까지의 그 기나긴 고난을 겪어냈던 걸까? 새로운 걸 전혀 배우려 하지도 않았거니와, 자기 신앙에 도전해보거나 깊이 생각해볼 뜻도 없었으면서 말이다. 이보다 중요한 게 있다. 학위를 취득하려고 이모든 일을 하면서도 자기가 말하거나 글로 쓴 어느 것도 믿지 않는다면, 그건 부정직하고 부정한 짓이 아닐까? 과학은 신뢰와 명성에 기초한 사회망이며, 정직하게 수행되었는지 아니면 편견과 거짓으로 타락했는지 알아내려고 다른 과학자들이 한 연구를 꾸준히 확인할 시간이란 건 어느 과학자에게도 없다. 만일 커트 와이즈 같은 사람이 과학자 흉내만 내고 있다면, 그 사람의 데이터 수집이나 분석에 치우침이 있었는지 없었는지, 또는 자기가 가진 선입견에 들어맞도록 짜맞춘 것에 불과한지 아닌지 다른 과학자들이 어떻게 신뢰할 수 있겠는가? 이 책의 다른 곳들에서 우리는 자기들이 떠벌리고 다니는 문제와 무관한 이력을 가진 창조론자들에게서 이런 식의 부정직한 과학이 얼마나 횡행하는지 보게 될 것이지만, 이게 와이즈처럼 하버드에서 고생물학을 공부한 사람에게도 해당되는 사항임을 여기서 볼 수 있다.

하버드대학교 박사학위로 무장한 와이즈는 진짜 화석들을 본 뒤 지질학을 실제로 공부한 경험이 있는 가장 돋보이는 창조론자가 되었다. 그러나 우리가 앞서 살펴본 기준으로 보았을 때, 와이즈를 진정한 과학자라고 할 수 있을까? 그는 하버드에서 공부한 경험이 있었어도 자신이 가진 믿음을 진정으로 검토해보지 못한 것은 분명하다. 자서전을 보면, 와이즈는 자기가 가진 모든 창조론적 관점은 성경을 글자 그대로 해석한 것에서 나온 것이지 실제 과학적 증거에서 나온 것이 아니며, 자기가 가진 믿음 체계에 따라 자기가 받아들이고 싶지 않은 것은 무엇이든 거부할 수밖에 없다고 솔직하게 인정한다. 자서전에서 와이즈는 이렇게 적었다(Ashton 2000).

내가 지구의 나이가 어리다고 믿는 창조론자인 까닭은 내가 성경을 그렇게 이해했기 때문이다. 오래전 대학을 다니던 시절에 교수들과 함께 얘기를 나누면서, 만일 우주에 있는 모든 증거가 창조론에서 등을 돌린다면 그걸 인정할 첫 번째 사람이 바로 내가 될 것이라고 보았다. 그러나 하나님의 말씀이 창조를 가리키는 듯 보이기 때문에, 그래도 나는 여전히 창조론자로 남아 있을 것이다.

아무리 증거를 들이댄들 와이즈를 창조론으로부터 등을 돌리게 할 수 있을까? 대체 어떤 진짜 과학자가 이런 식으로 말을 한단 말인가? 앞에서 언급했던 마셜 케이와 옥스퍼드의 교수는 새로운 증거를 알게 된 다음에 자기들이 가진 오랜 믿음을 내버릴 수 있었는데(좋은 과학자라면 으레 그렇게 한다), 커트 와이즈는 왜 그리 못하는 걸까?

나는 그가 가진 믿음 체계에 대해서는 개의치 않는다. 그에게는 믿고 싶은 걸 믿을 자격이 있다. 그러나 자신이 가진 완고한 믿음 체계를 따르기 위해 과학의 데이터와 방법을 철저하게 거부한다면, 그는 더 이상 과학자로서 행동하는 것이 아니다. 그저 또 한 사람의 설교자에 지나지 않을 뿐이다. 자기 생각을 종교에서 영감을 받은 것이라고 한들 상관할 게 없을 것이다. 그러나 계속해서 와이즈는 자기가 과학의 규칙을 따르는 척 군다. 와이즈는 과학자라는 딱지를 붙이고는 하버드 박사학위에 감탄하고 의심할 줄 모르는 사람들에게 자기가 따낸 '과학'의 특정 상표를 홍보하지만, 자기가 이미 오래전에 과학하기를 그만두었다고 인정했음을 깨닫지 못하고 있다.

도킨스는 이렇게 말한다(Dawkins 2006: 323).

난 참으로 슬프다고 생각한다. 그러나 골지체 이야기가 나로 하여금 감탄과 환희의 눈물을 자아내게 하는 반면, 커트 와이즈 이야기는 그저 딱하기만 할 따름이다. 불쌍하고 한심하다. 그 경력과 인생의 행복에 가한 상처는 와이즈 스스로가 입힌 것이었고, 너무나 불필요한 상처였고, 너무나 쉽게 피할 수 있는 상처였다. …… 가여운 커트 와이즈를 보면《1984》의 윈스턴 스미스가 더 연상된다.

그 사람은 빅브라더Big Brother가 2 더하기 2는 5라고 말하면 그대로 믿으려고
필사적으로 애쓰던 사람이었다. 그랬는데도 윈스턴은 고문을 당하게 되었다.

더 읽을거리

Darwin, C., F. Darwin, and A. C. Seward. 1903. *More Letters of Charles Darwin*. London: John Murray.

Gardner, M. 1952. *Fads and Fallacies in the Name of Science*. New York: Dover.

Gardner, M. 1981. *Science: Good, Bad, and Bogus*. Buffalo, NY: Prometheus.

Popper, K. 1935. *The Logic of Scientific Discovery*. London: Routledge Classics[《과학적 발견의 논리》 고려원: 1994].

Popper, K. 1963. *Conjectures and Refutations: The Growth of Scientific Knowledge*. London: Routledge Classics[《추측과 논박》 1, 2. 민음사: 2001].

Sagan, C. 1996. *The Demon-Haunted World: Science as a Candle in the Dark*. New York: Ballantine[《악령이 출몰하는 세상》 김영사: 2001].

Shermer, M. 1997. *Why People Believe Weird Things: Pseudoscience, Superstition, and Other Confusions of Our Time*. New York: W. H. Freeman[《왜 사람들은 이상한 것을 믿는가》 바다출판사: 2007].

Shermer, M. 2005. *Science Friction: Where the Known Meets the Unknown*. New York: Times Books.

Steve Benson: © Arizona Republic / Dist by United Feature Syndicate Inc

그림 2-1 '지적설계론' 운동은 창조론이 공립학교에 침투해서 헌법에서 정한 국교 분리의 원칙을 피하려고 위장한 것에 지나지 않는다. (스티브 벤슨의 만평. © Creators Syndicate)

2 과학과 창조론

신화를 엮는 고리들

> 옛날부터 내려온 이 정보 조각들, 곧 수천 년에 걸쳐 인간 생활을 떠받쳐왔고
> 문명을 지어왔고 종교를 틀지어왔던 주제들과 관련이 있는 이 정보들은 내면
> 깊은 곳의 문제들, 내면의 신비들, 내면에 자리한 통과의 문턱들과 관련이 있으
> 며, 만일 길을 따라 어떤 표지판이 서 있는지 모른다면, 당신 스스로 해결해나가
> 야만 합니다.
>
> —조지프 캠벨,《신화의 힘》

지구상에 있는 거의 모든 문화에는 어떤 형태로든 창조 이야기나 신화가 있어서,
해당 문화가 우주에서 차지하는 자리와 해당 문화에서 섬기는 신(들)과의 관계를
그 이야기들로 설명한다. 조지프 캠벨Joseph Campbell이《신화의 힘The Power of Myth》
(1988)에서 적었듯이, 문화가 스스로를 이해하고 우주에서 맡은 역할을 이해하기
위해서, 그리고 개개인이 신(들)과 문화가 자기에게 무엇을 기대하는지 알기 위해
서는 이런 이야기들이 필수이다. 지난날에는 세계가 어떻게 생겨났는지 설명하는
구실을 신화가 맡았으며, 이는 대개 해당 문화가 우주 안에서 어떤 자리를 차지하
는지 설명하는 구실도 했음을 뜻한다. 현대 과학기술의 시대를 사는 우리는 수메르
인들, 고대 노르웨이인들, 그리스인들이 믿었던 이야기들을 웃음거리로 여기기 십
상이지만, 그들이 살았던 시대에는 우주에서 그들이 차지하는 자리를 말해주는 은
유와 풍유의 구실도 신화가 했고, 만물이 어떻게 생겨났는지 합리적으로 설명해내
는 구실도 신화가 했다.

수많은 창조 이야기에는 문화와 시대를 막론하고 보편적인 공통 요소나 주제가 있다. 창조 이야기에는 출산이나 알 낳기라는 이야기 성분이 들어 있는 경우가 흔한데, 이는 우리 세계에서 생명의 창조를 나타내는 대단히 강력한 상징들이기 때문이다. 일본의 창조 신화 가운데에는 뒤죽박죽된 원소 덩어리가 알의 모양으로 등장하는 이야기가 있고, 이야기 후반으로 가면 이자나미Izanami가 신들을 출산하는 내용이 나온다. 어느 그리스 신화의 첫 부분에는 새인 닉스Nyx가 낳은 알이 부화하여 사랑의 신인 에로스Eros가 된다. 알 껍질 조각들은 가이아Gaia와 우라노스Uranus가 된다. 이로쿼이족Iroquois의 전설에서는 하늘을 둥둥 떠다니는 어느 섬에서 하늘 여인Sky Woman이 땅으로 떨어졌는데, 아이를 배자 남편이 섬 밖으로 밀어버린 것이었다. 땅에 떨어진 그녀는 물리적 세계를 출산했다. 힌두교에는 창조 이야기가 많다. 어느 이야기를 보면, 브라마Brahma 신이 태초의 물을 만들어 작은 씨앗 하나를 품은 자궁으로 삼았고, 이 씨앗이 자라 황금알이 되었다. 브라마는 그 알을 쪼개서 절반으로는 하늘을 만들고 다른 절반으로는 지구와 지구상의 모든 생물들을 만들었다. 태평양 연안 북서부의 인디언인 치누크족Chinook은 천둥새Thunderbird가 낳은 커다란 알에서 태어났다. 이와 비슷한 우주알 이야기는 중국, 핀란드, 페르시아, 사모아 제도의 신화에도 나온다.

창조를 일으킨 어미상과 아비상이 등장하는 이야기도 많다. 어미상은 흔히 '어미땅Mother Earth' 같은 형태를 띠고, 그 어미의 다산성은 땅의 다산성을 상징한다. 예를 들어 그리스의 창조 신화를 보면, 땅의 여신 가이아와 하늘의 신 우라노스가 짝을 맺어 세계가 생겨났으며, 둘의 교합으로 그리스의 온갖 신이 탄생했고, 이 신들이 물리적인 우주를 만들어냈다. 일본에서는 이자나기Izanagi와 이자나미가 혼인을 하고, 어미신인 이자나미는 태양 아마테라스Amaterasu, 달 스키유미Tsukiyumi, 그리고 말 안 듣는 아들 스사노오Susano-o, 이렇게 세 자식을 출산했다. 오스트레일리아 원주민들은 모든 정령의 아비가 내놓은 제안을 받아들여 태양어미가 모든 동물, 식물, 강과 호수와 바다를 창조했다고 믿었다. 이런 태초의 부모는 이집트, 쿡 제도, 타히티, 루이세뇨족Luiseño과 주니족Zuni 인디언을 비롯하여 다른 수많은 문화의 신화에도 등장한다.

위에서 언급한 히브리, 그리스, 일본 신화를 비롯해서 밑에서 살펴볼 수메르-바빌로니아 신화에 이르기까지 대부분의 창조 신화에는 처음에 이런저런 형태의 혼돈이나 무無가 있었고 이것이 신들에 의해 하늘과 땅으로 조직되거나 분리되었다. 하지만 현재 우리가 사는 세계 이전에도 다른 세계가 존재했으며, 그 이전의 세계에서 온 신들 중 하나가 우리 세계를 탄생시켰다고 상상한 신화들도 있다. 예를 들어 아프리카의 산족Bushmen은 사람과 동물이 평화롭게 어울려 사는 세계가 있었다고 상상했다. 그러다가 큰주인이자 온생명의 주인인 캉Kaang이 그 세계 위에 놀라운 곳을 만들 계획을 세우고 커다란 나무를 한 그루 심어 그곳에 우거지게 했다. 그리고 나무 밑동에 구멍을 하나 파서 아래 세계에 있는 사람들과 동물들을 끌어올렸다. 호피족Hopi 인디언의 신화에는 우리가 사는 세계 밑에 과거의 세계들이 있다. 그 세계들에 살다가 삶이 견딜 수 없어지면, 사람들과 동물들은 소나무를 타고 새로운 세계, 곧 망쳐지지 않은 온전한 모습의 살 만한 세계로 올라갔다. 이 층층 구조는 한없이 이어지기에, 이 세계를 떠나 다음 세계로 올라가는 중인 생물들이 아직 있을 것이다. 나바호족Navajo 인디언의 창조 신화도 이와 비슷한데, 소나무를 타고 한 세계에서 다음 세계로 올라가는 대신, 나바호족은 속이 빈 커다란 갈대를 통해서 다음 세계로 올라간다.

　신이 내린 일종의 칙령을 사람이 어겨서 그 불복종의 대가로 고통과 고난을 당한다는 주제도 흔하다. 에덴동산의 아담과 이브 이야기 말고도, 그리스 신화의 판도라 이야기도 있다. 제우스가 에피메테우스에게 선물로 판도라를 주었는데, 판도라가 열어서는 안 되는 상자를 하나 들려 보냈다. 그런데 제우스는 판도라에게 호기심도 주었기에 판도라는 상자를 열었고, 그 결과 온갖 죄악과 혼란이 세상에 풀려났다. 아프리카의 산족은 불을 피우지 말라는 명령을 신들에게서 들었으나, 그걸 어기자 동물들과의 평화로운 관계가 영원히 끝장나고 말았다. 오스트레일리아 원주민들에 따르면, 태양어미가 동물들을 만들고는 서로 평화롭게 살아야 한다고 일렀다. 그런데 동물들은 질투를 억누르지 못하고 서로 다투기 시작했다. 태양어미가 다시 땅으로 와 동물들에게 무엇이든 원하는 모습으로 바꿀 기회를 주었다. 그 결과 오스트레일리아에는 기묘한 조합을 이룬 동물들이 나왔다. 그러나 동물들이 명령을 어겼기 때문에, 태양어미는 사람 두 명을 만들어 동물들 위에 군림해서 지배하도록 했다.

　　모든 생명을 끝장내다시피 한 대홍수라는 주제도 거의 모든 신화에 공통된다. 수메르의 지우수드라Ziusudra 이야기와 바빌로니아의 우트나피슈팀Utnapishtim 이야기(아래에 서술할 것이다), 히브리의 노아 전설(아마 수메르와 바빌로니아의 이야기에서 유래했을 것이다)도 있고, 그리스의 데우칼리온Deucalion 이야기도 있다. 데우칼리온은 대홍수를 이기고 살아남아 물이 빠진 뒤 땅에 인류의 씨를 뿌렸다. 고대 노르웨이, 켈트, 인도, 아즈텍, 중국, 마야, 아시리아, 호피족, 루마니아, 아프리카, 일본, 이집트의 신화에도 이와 비슷한 홍수 전설이 있다. 학자들은 대부분의 문화가 큰 수계 근처에서 형성되었으며(산악 지대에 형성된 일부 문화를 제외하고는 거의 모든 문화가 그랬을 것이다) 그 문화들이 먼 과거에 재앙적인 홍수를 경험했기 때문에 홍수 전설이 생겼을 것이라고 말한다. 그 홍수가 문화와 전통의 상당 부분도 쓸어버렸기 때문에, 그 이야기가 대를 이어 전해지면서 홍수가 전설의 지위를 얻게 되었다. 어떤 형태의 창조 신화도 가지지 않는 문화나 종교는 인도의 자이나교와 중국의 유교를 비롯해 소수에 지나지 않는다.

　　이렇게 주제를 중심으로 간략하게 요약하기는 했지만, 원래의 신화에 담긴 세세한 모습과 심상 또는 그 신화들을 적어낸 언어의 힘을 제대로 담아냈다고 할 수는 없다. 그걸 제대로 알고 싶으면, 비교종교학 책을 한 권 뽑아 읽든지 인터넷에서 접할 수 있는 수많은 텍스트 가운데 몇 개를 검토해보기를 크게 권한다. 어쨌든 지금까지 이 모두를 살펴보면서, 우리는 인간 존재에 대한, 그리고 인간과 세상의 관계에 대한 보편적인 주제들이 신화에 얼마나 흔하게 반영되고 있는지 그 모습을 보았다. 이 이야기들 중 어느 것도 꼭 '참'이거나 '거짓'일 필요는 없다. 이 이야기들은 해당 문화에서 만들어낸 것들이고, 그 문화가 속한 세계에 어떤 맥락을 준다는 점에서 사람들에겐 필수적이었다. 사람은 모두 자기가 어떻게 생겨났는지 이해하기를 갈구한다. 그래서 사람들은 자신의 기원을 설명하기 위해 이런저런 이야기를 만들어낸다. 일단 그 이야기가 대를 이어 전해지면, 그 나름의 실재성 또는 '진리성'을 획득하게 되며, 세계에서 자기가 맡은 역할을 이해하고 자기와 신들의 관계를 이해할 수 있다는 점에서 그 이야기는 해당 문화의 구성원들에게 중요하다.

마이클 셔머는 이렇게 간추렸다(Shermer 1997: 30). "그렇다면 이 모두는 결국 성경의 창조와 재창조 이야기가 거짓이라는 얘기일까? 그런 물음을 던지는 것마저도 신화의 요점을 놓치는 것이다. 이 점을 분명히 하는 일에 조지프 캠벨(1949, 1982)은 평생을 바쳤다. 홍수신화들은 재창조와 재생과 결부된 더욱 깊은 의미를 가진다. 신화는 진실을 말하는 것이 아니다. 신화는 시간과 인생의 큰 경과—탄생, 죽음, 결혼, 유년기에서 성년기로, 노년기로 넘어가는 것—를 이해하려는 인간의 치열한 노력에 관한 것이다. 신화는 과학과는 전연 무관한 인간의 심리적인 또는 영적인 본성의 욕구를 충족시킨다. 신화를 과학으로 바꾸거나, 과학을 신화로 바꾸는 것은 신화에 대한 모욕이며, 종교에 대한 모욕이며, 과학에 대한 모욕이다. 이제까지 창조론자들이 바로 이런 일을 하려 했으며, 신화가 가지는 의의, 의미, 숭고한 본성을 놓치고 말았다. 창조론자들은 창조와 재창조에 대한 아름다운 이야기를 가졌으면서도 그것을 망쳐버렸다."

〈창세기〉의 기원

위에 있는 하늘이 하늘이라 불리지 않았고
아래에 있는 땅이 아직 땅이라는 이름을 갖지 않았던 때
그리고 먼 옛날 하늘과 땅을 낳았던 아프수Apsu
그리고 하늘과 땅의 어미인 혼돈, 티아마트Tiamat
그 둘의 물이 하나로 뒤섞여 있었던 때,
그리고 들판도 만들어지지 않았고 늪지대도 보이지 않았던 때,
신들 가운데 그 누구도 아직 나오지 않았고
어느 신도 이름을 갖지 않았고, 어떤 운명도 점지되지 않았던 때,
그때 하늘 가운데에서 신들이 창조되었으며,
라무Lahmu와 라하무Lahamu가 태어났다……

세월이 점점 흘러갔다……

―〈에누마 엘리시〉(기원전 3000년경)

성경에 나오는 히브리 창조 이야기의 기원을 연구해온 세월은 거의 200년이나 되었기에, 대부분의 성경학자들은 그 기원을 잘 알고 받아들이고 있다. 1860년대와 1870년대에 고고학자들은 고대 메소포타미아(지금의 이라크)의 수메르 도시들을 여러 곳 발굴했고, 쐐기 모양 문자가 적힌 점토판들을 찾아냈다. 이 쐐기문자는 지구상에서 가장 오래된 글말로서, 쐐기 모양의 철필로 부드러운 점토판을 긁어서 글을 적었다. 점토판에 새겨진 이야기 가운데에는 적어도 기원전 4000년까지 거슬러 올라가는 것들도 있으며, 대부분의 이야기는 뒷날에 메소포타미아의 수메르 문화를 내몰고 들어선 아카드, 바빌로니아, 아시리아 문화의 신화 속에서도 되풀이해서 등장했다. 이 이야기 가운데 가장 길고 가장 잘 알려진 것이 〈에누마 엘리시Enuma Elish〉(바빌로니아어로 적혔으며, 이야기의 처음에 등장하는 두 낱말이 바로 이것으로, "높은 곳에……했을 때"라고 번역되는 말이다)인데, 〈창세기〉 1장과 놀라울 만큼 유사한 요소들―이를테면 형태가 없는 공허와 혼돈, 땅과 물을 가르고 창조한 것들의 이름을 짓는 신들―이 담긴 창조 서사시를 서술하고 있다. 그 이야기는 히브리의 어떤 창조 이야기보다 수백 수천 년은 앞서기 때문에, 2000년 이상 메소포타미아의 모든 문명에서 받아들인 이 막강한 서사에서 초기 히브리인들도 영향을 받았음은 의심할 여지가 거의 없다. 시편 74편도 〈에누마 엘리시〉에서 많은 부분을 차용했다. 야훼가 레비아탄Leviathan을 쳐부수고 머리통을 깨뜨리는 이야기는 바빌론의 주신主神인 마르두크Marduk가 바다의 여신 티아마트의 머리통을 깨부수는 방식을 한 글자 한 글자 거의 그대로 베낀 것이다.

또 하나의 신화적 근원은 기원전 약 2750년으로 거슬러 올라가는 《길가메시 서사시The Epic of Gilgamesh》이다. 수메르인들에게는 지우수드라(아카드인들은 아트라하시스Atrahasis라고 불렀고 바빌로니아인들은 우트나피슈팀이라고 불렀다)라는 이름의 영웅이 있었다. 신 엘릴Ellil이 사람들이 시끄럽게 내는 소음과 사람들이 일으키는 문제 때문에 진이 빠진 나머지 홍수를 일으켜 인류를 쓸어버릴 작정을 했으니 배를 한 척 지으라고 땅의 여신 에아Ea가 지우수드라에게 경고를 한다. 홍수가 빠지면서 배는 니시르Nisir 산에 좌초했다. 지우수드라의 배가 꼼짝도 못한 지 이레가 지난 뒤, 지우수드라는 비둘기 한 마리를 풀어주었는데, 쉴 곳을 찾지 못하고 다시 돌아왔다. 그 다음날에는 제비 한 마리를 풀어주었으나, 녀석도 돌아왔다. 그러나 그 다음날에 까마귀를 풀어주었더니 돌아오지 않았다. 그러자 지우수드라는 니시르산 정상에서 에아신에게 제물을 바쳤다. 이 이야기는 노아의 홍수 이야기와 줄거리와 구조뿐 아니라 쓰인 문구까지 세세한 면에서 거의 똑같다. 등장인물과 신의 이름, 그리고 몇 가지 자잘한 곳만 바뀌었을 뿐인데, 다신교인 수메르, 아카드, 바빌로니아의 문화와 달랐던 히브리의 일신교 문화에 어울리게 바꾼 것이었다.

학자들이 200년에 걸쳐 면밀하게 연구한 결과, 성경이 어떻게 짜 맞춰졌는지 그 방식도 밝혀졌다. 히브리어 원본을 보면, 구약성경(특히 처음의 다섯 권, 곧 모세오경)은 서로 다른 저자들이 서로 다른 부분을 적었고 나중에 누군가 그것들을 하나로 이어붙인 것이 틀림이 없다는 표시가 보인다. 후세의 번역본(특히 구식 제임스왕 흠정역)을 읽으면 이 차이들을 쉽게 가려내기 힘들지만, 히브리어로 읽으면 이 차이들이 명확하게 보인다. 고등학교를 다니던 시절에 나는 장로교회 주일학교에서 배운 바와 과학에서 배운 바가 서로 부딪히는 것 때문에 혼란스러웠다. 그래서 내가 직접 성경에 대해 알아보기로 결심했다. 성서학을 다룬 책을 수없이 많이 읽었을 뿐 아니라, 히브리어를 읽는 법도 배웠다. 그래서 내가 직접 〈창세기〉를 해석해가면서 성경 번역본들을 내 나름대로 판단할 수 있었다. 대학에 들어가서는 고대 그리스어까지 배웠다. 그래서 지금도 나는 신약성경을 고대 그리스어 원본으로 읽을 수 있으며, 누가 원본을 잘못 번역했거나 잘못 해석하면 알아볼 수 있다.

히브리어 학자들이 보기에 글쓴이가 서로 다름을 보여주는 가장 명백한 표시는 글쓴이마다 다른 어구와 낱말을 선택해 썼다는 것인데, 특히 신에 해당하는 낱말을 서로 다르게 썼다. 한 출전은 흔히 신을 부르는 이름이었던 Jahveh를 따서 'J' 문서라고 한다. 이 이름은 'Yahweh'라고 적어서 발음하기도 했고, 감히 신의 이름을 입 밖에 내지 못했던 이들은 'YHWH'라고 적기도 했다(초기 히브리어 글말에는 모음이 없었고, 현대식 모음부호 같은 것도 전혀 없었으며, 오로지 자음들만 사용되었다).

후대의 저자들은 이 이름을 'Jehovah'라고 잘못 적고 잘못 발음했다. J 문서의 저자들은 남쪽 유다 왕국의 사제들로서, 기원전 848년과 아시리아인들이 이스라엘을 무너뜨린 기원전 722년 사이의 어느 시점에 글을 썼다. 이들은 '시내산Sinai', '가나안 사람들Canaanites' 같은 용어를 썼고, 'find favor in the sight of[~이 보는 데에서 호의를 구하다]', 'call on the name of[~라는 이름으로 부르다]', 'bring *out* from the land of Egypt[이집트 땅의 바깥쪽으로 데려가다]' 같은 어구를 썼다. J 문서의 저자들은 아마 솔로몬의 신전과 연관된 종교 지도자들이었던 것으로 보이며, 야훼의 손길이 자기네 역사를 인도하는 모습을 그려내는 일에 큰 관심을 가진 반면, 기적을 일으키는 신의 모습에는 그리 큰 관심을 두지 않았다.

두 번째 주요 출전은 'E' 문서라고 알려진 것으로, 이 저자들이 신의 이름으로 쓴 Elohim—히브리어로 '권능 있는 존재들'이라는 뜻—에서 따왔다. E 문서를 작성한 사제들은 저마다 다른 문제에 관심을 가졌고, 저마다 다른 어구를 썼으며, 기원전 922년과 아시리아인들이 이스라엘을 정복한 기원전 722년 사이의 어느 시점에 북쪽 이스라엘 왕국에서 활동한 사제들로 볼 수 있다. E 문서의 저자들은 시내산 대신에 '호렙산Horeb', 가나안 사람들 대신에 '아모리 사람들Amorites' 같은 용어를 썼으며, 'bring *up* from the land of Egypt'[이집트 땅의 위쪽으로 데려가다] 같은 어구를 썼다. 대부분의 학자들은 E 문서의 저자들이 에브라임 지파Ephraimite의 사제들이었다고 생각한다. 이 사제들은 신이 백성들에게 요구하는 정의로움에 더 관심을 가졌다. 이를테면 사람이 죄를 지으면 반드시 회개해야 한다고 역설했다. E 문서에서 적고 있는 이야기들에서 중심이 되는 인물은 모세이고, 그네들의 역사에서 기적과 관련된 측면들도 아울러 부각되고 있다.

세 번째 출전인 'P' 문서, 곧 '제사법전Priestly Code'은 기원전 587년 바빌론 유수 무렵에 아론 지파Aaronid 사제들이 쓴 것이 분명하다. 구약성경의 출전 중에서 가장 뒤늦은 것이 바로 이 P 문서이다. P 문서는 아론의 역할을 강조하고, 성경의 첫 책들에서 모세의 비중을 줄인다. 이 문서는 긴 목록을 자주 이용하고, 길고 지루한 이야기로 말허리를 끊어먹고, 감정을 싣지 않고 냉정하게 서술해나가는 것이 특징이다. 히브리어 학자들에게 P 문서는 저급하고 투박하고 우아함이 없는 문체로도 두

드러지는 문서이다. P 문서에서 보는 신은 멀리 초월해 있으면서 오직 사제들을 통해서만 활동하고 뜻을 전하는 존재이다. 또한 P 문서에 따르면, 신은 공정하지만 법을 어기면 불시에 잔인한 벌을 내리는 무자비한 존재이기도 하다.

요시야Josiah 왕이 집권하던 기원전 622년께 어느 때, 히브리인들은 서로 다른 이 전통들을 또 다른 출전들(이를테면 신명기 법전Deuteronomic code의 'D' 문서)과 이어붙이기 시작했다. 이 모든 문서들은 기원전 587년에 바빌론의 네부카드네자르Nebuchadnezzar 왕이 유다 왕국을 점령하고, 예루살렘을 불태우고, 신전을 부수고, 히브리인들을 포로로 끌고 가기 이전의 시기로 거슬러 올라가는 것들이다.

학자들은 한절 한절 살펴서 구약성경을 이루는 각 책이 어떤 식으로 엮였는지 올올이 풀어낼 수 있다(Frideman 1987이나 Pelikan 2005를 참고하라). 그렇게 여러 전통이 엮여 있기 때문에 성경은 내적인 모순으로 가득 차 있어서, 성경을 면밀히 읽어보면 그 누구도 성경을 글자 그대로 받아들이는 게 도저히 불가능하며, 서로 다른 출전들이 뒤섞여 있다는 맥락에서만 그 모순들의 존재를 이해할 수 있다. 예를 들어 〈창세기〉 1장(대부분 P 문서에서 가져왔다)에서는 식물, 동물, 남자, 여자 순으로 창조가 일어났다고 말하지만, 〈창세기〉 2장(J 문서에서 가져왔다)에서는 그 순서가 남자, 식물, 동물, 여자 순이다. 〈창세기〉 1장 3~5절에 따르면, 첫날에 하느님께서 빛을 만드시고, 그다음에 빛과 어둠을 가르셨다고 나오지만, 〈창세기〉 1장 14~19절에 따르면 (밤과 낮을 가르는) 해는 넷째 날에 가서야 만들어진다. 〈창세기〉 6~7장에는 노아 이야기가 두 번 나오는데, 하나는 J 문서에서 가져왔고 다른 하나는 P 문서에서 가져왔다.

두 문서에서 가져온 절들이 뒤섞여 있기에 절과 절이 모순될 때도 있다. 〈창세기〉 6장 5~8절은 J 문서에서 가져온 것이지만, 〈창세기〉 6장 9~22절은 P 문서에서 가져온 것이다. 그러다가 〈창세기〉 7장 1~5절은 J 문서에서, 〈창세기〉 7장 6~24절은 한 행 정도씩 J 문서와 P 문서에서 번갈아가며 가져온 것이다(Friedman 1987: 54). 이 때문에 수많은 모순이 생긴다. 이를테면 〈창세기〉 7장 2절(J 문서에서 가져온 것)에서는 노아가 깨끗한 짐승을 일곱 쌍씩 방주로 들였다고 말하는데, 〈창세기〉 7장 8~15절(P 문서에서 가져온 것)에서는 각 짐승을 한 쌍씩만 배 안으로 들였다고 말한다. 〈창세기〉 7장 7절에서는 노아와 가족이 맨 마지막으로 방주로 들어갔다고 나오는데, 〈창세기〉 7장 13절에서는 노아와 가족이 또다시 들어가는 것으로 나온다(앞 절은 J 문서에서 뒤 절은 P 문서에서 가져온 것이다). 〈창세기〉 6장 4절에 따르면, 홍수가 일어나기 전의 땅 위에는 네피림Nephilim(거인족)이 있었고, 〈창세기〉 7장 21절에서는 노아의 가족과 방주에 탄 생물을 제외한 모든 피조물들이 죽었다고 말한다. 그런데 〈민수기〉 13장 33절에서는 홍수가 지나간 뒤에 네피림이 있었다고 말한다.

다른 예들을 수없이 많이 댈 수 있지만, 요점은 분명하다. 곧 성경은 다양한 출전들의 복합물이며, 이 문서들이 세부적인 면에서 늘 일치하는 것만은 아니라는 것이다. 고대 히브리 문화에서는 이게 전혀 문제가 되지 않았다. 히브리인들은 영감을 얻기 위해 성경을 이용했을 뿐, 글의 일관성에는 무심했기 때문이다. 그러나 현대의 근본주의자들(이들의 대부분은 히브리어나 그리스어 원본으로 성경을 읽어본 적이 없기 때문에 이 문제를 두고 논쟁을 벌일 입장이 아닌 자들이다)에게는 이게 큰 문제가 된다. 이들은 성경에 쓰인 말 한마디 한마디가 글자 그대로 참이라고 믿는 자들이다. 근본주의자가 아닌 기독교인, 가톨릭교인, 유대인, 이슬람교인들의 대부분은 성경의 기원에 대해 학자들이 밝혀낸 바를 받아들이며, 자기들이 믿는 신과의 관계를 이해하기 위한 책으로 성경을 이용할 뿐이지 과학 교과서로 여긴다든지 사실적인 역사서로 여기지 않는다. 조지프 캠벨을 비롯해 후대의 수많은 저술가들이 지적했다시피, 이 종교적인 이야기들이 신자들에게 중요한 까닭은 그 이야기에 담겨 있는 의미, 상징, 그리고 인생의 내적 신비와의 연관성 때문이지, 역사적 사건들을 세세하게 사실대로 설명하기 때문이 아니다. 글의 엄밀함과 세세함에 천착하는 현대 과학 시대에 와서야 근본주의자들이 성서의 정신과 의미에 대해 몹시 엉뚱한 우를 범하게 되었을 따름이다(Frye 1983에 실린 논문들을 참고하라).

창조론이란 무엇인가?

땅에 대해, 하늘에 대해, 이 세상을 이루는 다른 원소들에 대해, 별의 운동과 회
전, 또는 심지어 별의 크기와 거리에 대해, 명확한 일식과 월식에 대해, 해와 계
절의 흐름에 대해, 동물, 과일, 돌, 그런 것들의 본성에 대해 무언가를 추리나 경
험을 통해 대단히 확실하게 알게 되는 경우, 또는 심지어 기독교인이 아닌 사람
이 그것에 대해 굉장히 확실하게 알게 되는 경우는 드물지 않게 일어난다. 그러
나 이런 문제에 대해서, 마치 기독교의 저술들에서 말한 그대로라고 여기는 듯
이, 기독교인이 너무나 멍청한 소리를 해대는 걸 그 사람[비기독교인]이 듣는
다는 것, 그리고 그 저술들이 얼마나 오류로 가득 차 있는지 보고는 도저히 웃
음을 그칠 수가 없노라고 그 사람이 말할지도 모른다는 것이 나로선 너무나 수
치스럽고 가슴이 무너지는 일이고, 어떻게 해서든 피하고픈 일이다. 〈창세기〉를
읽는 동안 이를 염두에 두고 끊임없이 명심한 나는 내 힘이 닿는 대로 자세히
설명해서 애매한 단락들의 의미를 살펴나갔으며, 더 나을지도 모르는 다른 설
명을 가로막을 정도로 무모하게 한 의미만을 우기지는 않도록 조심했다.

—성 아우구스티누스, 《〈창세기〉 1: 19-20의 문자적 해석》에서

미국은 창조론이라고 하는 독특하고 별난 종교적 극단주의의 본거지이다. 일종의
운동인 창조론은 캐나다, 유럽, 아시아를 비롯해 나머지 대부분의 세계에서는 추종
세력이 거의 없으나, 미국에서만큼은 진화에 대한 과학 교육은 물론 대중들의 이해
에도 오랫동안 영향력을 행사해왔다(그림 2-1). 그래서 아직도 진화의 증거를 이해
하지 못하거나 받아들이지 못하는 미국인들이 대부분이다.

　　얄궂게도 창조론 운동은 미국 특유의 현상일 뿐 아니라, 변화와 현대성의 불가
피한 힘에 맞서는 가장 최근 형태의 저항이기도 하다. 지난 2000년 세월의 대부분
동안 사람들은 〈창세기〉의 처음 몇 장에서 말하는 창조 이야기에 의문을 제기하지
않았다. 그런데 서기 426년이라는 이른 시기임에도, 위대한 기독교철학자 성 아우
구스티누스는 〈창세기〉의 창조 이야기란 풍유이기 때문에 글자 그대로 해석해서는

안 되고, 〈창세기〉를 글자 그대로 읽는 것에 집착하면 신앙을 해치게 될 것이라고 적었다(위에 인용한 글).

과학적 발견이 점점 많이 이루어지면서, 성경을 글자 그대로 읽은 것 몇 가지를 재고할 수밖에 없게 되었다. 이를테면 둥근 지구가 태양의 둘레를 돈다는 사실을 사람들이 일단 받아들이자, 성경에 서술되어 있는 대로 여호수아가 해를 멈추게 했다거나, 지구가 평평하다거나, 지구가 우주의 중심이라거나 하는 생각이 더는 가당성可當性을 가지지 못하게 되었다. 1700년대 중반에 이르러 자연에 대한 사실들이 충분히 많이 쌓이자, 성경이 말하는 바가 글자 그대로 사실이라는 걸 의심하는 식자들이 많아졌다. 1700년대 중반에 '프랑스 계몽주의' 운동이 일어나는 동안, 드니 디드로Denis Diderot, 볼테르Voltaire, 장-자크 루소Jean-Jacques Rousseau 같은 저술가들은 로마 가톨릭교회의 교의를 거부했고, 1749년에는 위대한 자연사학자인 뷔퐁 백작 조르주-루이 르클레르Georges-Louis Leclerc, Comte de Buffon가 지구의 나이는 7만 5000살이고, 생명은 진화했으며, 인간과 유인원의 핏줄사이가 가깝다는 생각까지 했다.

이른 1800년대에 이르러서는, 〈창세기〉가 지구의 역사를 사실 그대로 이야기한다는 생각이 식자층에서, 특히 잉글랜드, 프랑스, 독일의 식자층에서 널리 의심을 받았다. 이런 회의주의가 널리 퍼진 것에 반발하여 일단의 목사와 자연사학자는 자연과 성경이 서로 어긋나지 않음을 보이는 글들을 쓰거나(《브리지워터 논저 Bridgewater Treatises》), 자연에서 보이는 설계와 완전성의 사례들을 신적인 설계자가 있다는 증거로 삼으려고 했다(자연신학). 그러나 〈창세기〉가 글자 그대로 사실이라는 믿음은 1859년에 다윈이 《종의 기원》을 세상에 내놓기 오래전부터 이미 널리 불신을 받고 있었다.

물론 논쟁의 판도를 완전히 바꿔놓아, 서양 세계를 진화를 받아들이는 쪽과 거부하는 쪽으로 양분시킨 인물은 다윈이었다. 그러나 다윈의 생각이 준 충격이 잦아들면서 처음에는 격렬하게 입씨름이 벌어졌지만, 다윈이 세상을 뜬 1882년에 이르면 생명이 진화했다는 사실은 유럽의 모든 과학계와 지성계에서 더는 논란거리가 되지 않았다. 다윈의 생각이 워낙 크게 인정을 받았기 때문에, 세상을 떠난 뒤에 다윈은 웨스트민스터 사원의 과학자 묘지에 묻히는 영예를 누렸다. 다윈의 무덤은 아이작 뉴턴을 비롯해 영국의 다른 많은 유명한 과학자들의 바로 옆에 자리했다.

1880년대에 이르러서는 미국의 학자들과 과학자들의 대부분도 다윈의 생각을 받아들이거나, 자신들의 종교적 믿음을 생명이 진화했다는 생각과 어울리게 할 나름의 타협안들을 만들어냈다. 예를 들어 1880년에 미국의 한 종교 주간지의 편집자는 "우리의 지도적인 복음주의 교파 식자층 목사들 가운데 아마 4분의 1, 아니 아마 절반은 〈창세기〉에서 말하는 창조 이야기와 인간의 타락이 탕자의 우화와 마찬가지로 실제 사건을 기록한 것이 아니다"고 믿는다는 평가를 내렸다(Numbers 1992: 3). 같은 시기, 회의적으로 분석하는 '고등비평Higher Criticism'이라는 접근법을 성경 자체에도 적용한 학자들(특히 독일의 학자들)은 성경 원전과 언어를 신중하게 분석해서 구약성경은 모세와 예언자들이 했던 말이 아니라 히브리 역사에 있었던 여러 사조들이 복합된 것임을 보여줄 수 있었다.

독실한 성경축자주의자biblical literalist들에게 다윈주의와 진화보다 훨씬 더 경각심을 불러일으킨 것이 바로 이 고등비평이었다. 그래서 1878년에 제1회 나이아가라성경협의회Niagara Bible Conference에서 목사들이 모임을 가진 뒤로, 1895년부터 1910년까지 신앙의《근본들The Fundamentals》이라는 팸플릿 90편을 발행했다(여기서 '근본주의자fundamentalist'라는 용어가 나왔다).《근본들》의 대부분은 예수가 행한 기적들, 동정녀 마리아에게서 예수가 탄생한 것, 예수의 몸이 부활한 것, 우리의 죄를 대신하여 예수가 십자가에 못 박혀 죽은 것, 그리고 마지막으로 성경은 하나님의 말씀에서 직접 영감을 받아 쓰였다는 점을 다루었다. 근본주의는 주로 성경 '고등비평'에 대한 대응이었으며, 초창기의 주창자들은 진화를 그렇게까지 강경하게 반대하지 않았다. 과학자들뿐 아니라 목사들까지도 대부분 이미 진화를 널리 받아들이고 있었기 때문이다.

《근본들》의 초대 편집자인 A. C. 딕슨Dixon은 "유인원이나 오랑우탄이 내 조상이었다는 생각에 반감"을 느꼈으나 "증명만 된다면 그 치욕스러운 사실을 받아들이기"를 망설이지 않겠다고 적었다(Numbers 1992: 39).《근본들》의 마지막 두 호를 편집한 루벤 토리Reuben A. Torrey는 "순전히 과학적인 이유에서" 사람은 "성경의 절대적인 무오류성을 철저하게 믿으면서도 일종의 진화론자가 될" 수 있음을 인정했다(Numbers 1992: 39). 초창기의 근본주의자들은 비록 진화를 달갑게 여기지는 않았지만 군말 없이 받아들였다. 말하자면 한 세대 뒤의 근본주의자들만큼 진화라는 생각에 집요하게 반대하지는 않았다는 것이다. 이보다 더 중요한 점은, 당시 대부분의 과학 교과서에서 진화를 받아들였다는 것이다. 그래서 설령 부모가 진화를 거부하는 근본주의자들이었다 해도, 그 자식들은 진화를 받아들였다. 심지어 보수적인 남부 침례교 지역에서도, 수많은 교육기관에서 진화는 큰 저항 없이 가르쳐졌다 (Numbers 1992: 40).

20세기의 창조론

의회는 종교 설립과 관련된 어떤 법도 만들어서는 안 된다.
—1789년, 미국 제1차 수정헌법

'창조과학' …… 은 전연 과학이 아니다.
—매클린 대 아칸소 재판의 판사 윌리엄 오버턴

20세기의 첫 20년은 전 세계가 혼란에 빠져든 시기였다. 시어도어 루스벨트Theodore Roosevelt 대통령과 우드로 윌슨Woodrow Wilson 대통령이 펼친 진보 정책들, 제1차 세계대전의 살육전, 1918년의 독감 대유행이 있었다. 그다음에는 '광란의 20년대 Roaring Twenties'가 왔고, 전 미국에 보수의 반격이 있었다. 그때는 1920년에 워런 하딩Warren Harding이 대통령에 당선하면서 약속했던 '정상으로의 복귀Return to Normalcy' 시기이기도 했다. 보수의 반격과 함께 금주법의 시대가 왔다. 금주법은 미국 내의 술 소비를 조금도 멈추게 하지 못했으나, 범죄 조직, 밀주업자, 불법 주류 밀매업자들의 배만큼은 확실히 불려주었다. 하지만 보수 운동이 또 하나 있었으니, 그건 바로 근본주의 운동이 부활하여 진화론에 반격을 가한 것이었다. 그 운동을 이끈 사람은 윌리엄 제닝스 브라이언William Jennings Bryan으로, 미국에서 가장 인기 많고 힘 있는 정치 인사 중 한 명이었으며, 비록 모두 낙선했으나 민주당 후보로 세 번이나 대선에 출마한 이였다. 그러나 1920년대의 브라이언은 예순 줄의 나이로 건강이 쇠해가고 있었고, 1920년대에 인기를 얻어가고 있던 보수적 대의들을 장려하고 나섰다. 브라이언은 진화론을 못 가르치게 법으로 금지하려고 열렬하게 캠페인을 벌였다. 1920년대 말에 이르면, 20개가 넘는 주에서 그런 법의 제정을 논의했고, 다섯 개 주(테네시, 미시시피, 아칸소, 오클라호마, 플로리다)에서는 공립학교에서 진화론을 가르치는 일을 금하거나 비중을 줄였다. 진화론에 우호적인 라디오 방송을 금하는 결의안을 미국 상원에서 논의하는 지경까지 나아갔으나, 통과되지는 않았다.

그런데 얄궂게도 브라이언 자신은 성경축자주의자가 아니었다. 임종을 바투 앞두고 브라이언은 진화론에 사람이 포함되지만 않는다면 자기는 진화론을 반대하지 않노라고 친구에게 털어놓았다(Numbers 1992: 43). 〈창세기〉 1장의 의미에 대해서도 브라이언은 글자 그대로 해석하는 편은 아니었다. 이를테면 〈창세기〉 1장의 각 '하루'가 실제로는 긴 지질학적 시간, 곧 '시대'라고 보는 통상적인 '하루-시대' 이론에 브라이언은 찬성했다. 그럼에도 브라이언은 미국 남부 지방의 대학들에서 수많은 생물학자들을 쫓아내고 수많은 다른 과학자들의 이력까지도 짓밟은 마녀사냥의 국민적 대변인이 되었다.

1920년대 창조론 운동의 정점은 1925년에 벌어진 그 악명 높은 스콥스 원숭이 재판Scopes Monkey Trial이었다. 그 악명성에서 O. J. 심슨Simpson 재판이 타의 추종을 불허하기 전까지 오랫동안 '세기의 재판'으로 불린 재판이었다. 그 재판은 그 시대의 두 거인이었던 브라이언과 전설적인 피고 측 변호사 클래런스 대로Clarence Darrow가 맞붙은 장중한 싸움이었을 뿐 아니라, 라디오와 뉴스 영화로 생생하게 보도된 첫 재판 가운데 하나로, 오늘날의 유명인사 재판 저널리즘 추세의 출발점이 된 재판이기도 했다. 재판을 취재한 기자 가운데에는 다름 아닌 그 유명한 풍자가이자 수필가인 H. L. 멩켄Mencken이 있었는데, 그는 잡지 《볼티모어선Baltimore Sun》에 미국 남부의 성경축자주의와 퇴행적 관습과 인종차별주의를 조롱하는 신랄한 기고문과 사설을 수없이 많이 쓴 사람이었다.

그 재판 자체는 원래 테네시주 데이턴의 유지들이 홍보 행사로 계획한 것이었다. 당시 막 통과된 테네시주 버틀러 법령Tennessee Butler Act—진화론 교육을 금하는 법으로 '원숭이법monkey laws'으로도 불렸다—에 대해 세인의 이목을 끌어 관광 수익을 긁어모을 방도를 노심초사하던 마을 지도자들은 기니피그로 삼을 사람으로 지역 고등학교 교사인 존 스콥스John T. Scopes를 고용해서 그 법에 이의를 제기하는 시범 사건을 만들어내려고 했다. 그 일에 자원한 스콥스는 원숭이법이 어떻게 나올지 시험해보기 위해 체육 대신 생물학을 하루 동안 학교에서 가르쳤다. 그런데 나중에 스콥스는 자기가 실제로 진화에 대해 뭘 가르치기나 했는지 확실치 않다고 털어놓았다. 그러나 스콥스가 사용한 표준 교과서《헌터의 시민 생물학Hunter's Civic Biology》은 진화를 똑똑히 언급한 교과서였다. 일단 재판이 시작되자 대로가 세웠던 변호 계획이 물거품이 되어버렸다. 존 롤스턴John T. Raulston 판사가 대로가 데려온 과학 쪽의 전문가 증인들 가운데 누구의 증언도 불허하겠다고 했기 때문이다. 판사는 이 사건에서 문제 삼는 것은 스콥스가 법을 어겼느냐 안 어겼느냐의 여부일 뿐이며, 법 자체를 문제 삼는 증언은 이것과 무관하다고 재정했던 것이다. 그러나 대로는 혼신의 힘을 다해 이 좌절을 역사상 가장 위대한 법정 드라마의 하나로 뒤바꿔놓았다. 대로는 브라이언을 꾀어 성경에 관한 전문가 증인으로 증인대에 서게 했다. 신랄한 반대 심문이 오가던 중에(유명한 희곡과 영화인 〈바람의 상속자Inherit the Wind〉에서 생생하게 묘사되었다), 대로는 브라이언으로 하여금 성경의 축자적인 해석에 논리적 부조리가 많이 있음을 시인하도록 만들었다. 여호수아가 어떻게 해를 멈추게(따라서 지구도 멈추게) 했는지, 또는 카인이 어디에서 아내를 얻었는지(그때는 지구상에 아담, 이브, 카인, 아벨, 이렇게 네 사람밖에 없었다고 하는데 말이다), 그리고 그 밖에 성경을 축자적으로 해석할 때 생기는 다른 많은 문제들을 브라이언은 설명해내지 못했다. 이보다 훨씬 통렬했던 것은 〈창세기〉의 '하루'가 24시간인 하루가 아니라 긴 지질학적 '시대'일 수 있음을 브라이언이 인정한다고 맹세한 것인데, 이 발언은 근본주의 추종자 대부분을 경악케 했다. 그리고 곧 근본주의와 '원숭이법'은 조롱거리가 되었다. 브라이언은 재판이 끝나고 일주일 뒤에 세상을 떠났다. 재판이 폭염 속에 열린 것이 브라이언의 쇠약해진 건강에 대단한 스트레스가 된 탓이었다. 이보다 더 중요한 점은, 언론으로 보아도 대중의 눈으로 보아도 근본주의적인 원숭이법이 참담하게 패배했으며, 대부분의 미국인들은 미국이 과학적으로 몹시 퇴보한 모습으로 그려졌다는 사실에 당혹스러워했다는 것이다.

하지만 재판 자체는 제대로 결말을 맺지 못했다. 판사가 실수로 스콥스에게 벌금 100달러를 부과했는데, 원래 벌금 부과는 배심에서 해야 했다. 그래서 이 법적인 문제로 판사의 평결은 부결되었고, 그 결과 소송을 상위 법정으로 가져가 항소심에서 평결을 검토하도록 하는 게 불가능해졌다. 스콥스는 판사가 부과한 벌금을 내지 않아도 되었다. 그 뒤에 스콥스는 대학에 가서 석유지질학자로 성공했다. 그리고 테네시주의 원숭이법은 그 뒤로도 수십 년 동안 법전에 그대로 남아 있다가, 1968년에 가서 위헌 판결을 받았다. 그 해에 아칸소주의 젊은 생물학 교사였던 수전 에퍼슨Susan Epperson이 건 소송이 대법원에서 심리를 받았고, 그 뒤 대법원은 진화론 교육을 금지하는 모든 법을 폐지시켰다. 스콥스 재판이 있고 무려 43년이나 지난 뒤에 결판이 난 것이다!

1929년이 되자 대공황으로 인해 나라의 분위기가 바뀌면서, 창조론은 더 이상 이목의 중심에 서지 못했다. 근본주의자들은 성교육 같은 문제에 더 관심을 가졌으며, 낡은 원숭이법들이 여전히 법전에 남아 있었지만 그 법에 이의를 제기하는 법적 소송은 더 제기되지 않았다. 근본주의자들은 생물 교과서에서 진화를 확실히 지워버리는 일에 주의를 집중했고, 스콥스 재판이 있고 얼마 지나지 않아 교과서에서 진화론이 사라졌다(결연한 창조론자 몇 사람이 교과서 출판사들과 지역 교육위원회들에 압력을 가한 탓이었다). 그 뒤로 창조론과 진화론이 줄곧 불편한 휴전 상태로 있던 중 1957년에 소련이 스푸트니크호를 발사한 일로 미국이 충격을 받게 되었다. 그 일로 미국인들은 자기 나라의 과학과 기술이 얼마나 뒤쳐져 있는지 깨닫고 경악했다. 그래서 1958년에 공화당 의회와 아이젠하워 행정부는 과학 연구와 과학 교육에 큰돈을 쏟아붓기 시작했다. 미국의 대중도 과학을 점점 더 존중하게 되었으며, 특히 제2차 세계대전 중의 기술적 발전, 원자폭탄, 그리고 마침내 우주 개발 경쟁이 있었던 뒤로는 더욱 그랬다. 과학 연구에 대한 연방 지원금의 규모는 후버 행정부 때(1929~1933년) 국민총생산Gross National Product(GNP)의 0.02퍼센트였으나 1960년에 이르러서는 GNP의 1.5퍼센트까지 커졌다. 이렇게 과학에 새로이 역점을 두게 되면서, 1940년대와 1950년대의 신다윈주의적 종합으로 대표되는 진화론의 새로운 생각들(제4장을 참고하라)이 반영된 생물학 교과서들이 나왔다. 새로운 세대의 과학 교과서 저자들은 지난날에 국가의 과학 교육이 위기에 처했을 때—당시 공립학교에서 과학을 열의 없이 다룬 것이 큰 이유였다—만큼 창조론자들로부터 진화를 다룬 부분을 희석하거나 빼버리라는 압력에 위협받지는 않았다.

그런데 새로 다윈의 옷을 입은 그 생물학 교과서들이 창조론자들을 잠에서 깨웠다. 1961년에 존 휘트콤John C. Whitcomb과 헨리 모리스가 펴낸《창세기 대홍수The Genesis Flood》는 진화론뿐 아니라 지질학까지도 믿을 수 없는 것으로 만들려 하는 창조론자들의 완전히 새로운 접근법을 대표한 책이었다(제3장 참고). 1963년이 되자 창조론자들은 샌디에이고 인근에 창조연구협회Creation Research Society를 설립했고, 뒤이어 창조연구재단Institute for Creation Research(ICR)을 설립했는데, 설립자와 지도자들이 모두 세상을 뜰 때까지 줄곧 근본주의 창조론자들의 주요 작전기지가 되어주다가, 다른 단체들이 전면에 나서면서 뒤안길로 사라졌다. 책을 펴내고 토론회에 참석하고 대중 강연을 하면서 그들은 성경축자주의적 시각에 대한 인식을 새로운 수준으로 끌어올렸으나, 과학계에는 아무런 영향도 주지 못했다.

하지만 창조론자들의 앞에는 넘어야 할 큰 장애물이 아직 하나 있었다. 헌법과 법체계가 바로 그것이었다. 1968년에 대법원이 진화론에 반대하는 낡은 '원숭이법들'을 모두 무효로 만들었기에, 1920년대와는 달리 창조론자들에겐 보수적인 입법부의 지원이 더 이상 없었다. 더는 법을 통해 교실에서 진화론을 몰아낼 수 없었기 때문에, 창조론자들은 자기네 생각도 균등한 시간을 들여 가르칠 것을 요구하는 전략을 썼다. 하지만 아무리 법정 소송을 벌여도 그들의 요구는 각하되었다. 왜냐하면 그들이 내놓은 생각들은 그 유래를 종교에 두고 있음이 분명했고, 과학적인 내용은 하나도 없었으며, 정부가 국교를 설립하거나 어느 한 종교만을 펀드는 일을 헌법이 금지하기 때문이었다. 근본주의자 법률가인 웬들 버드Wendell Bird의 지휘 하에 창조론자들은 전략을 또 한번 바꿨다. 자기네 생각을 '과학적 창조론'이라고 부르고는 진화론만큼이나 과학적인 이론이기 때문에 과학 수업에서 균등한 시간을 들여 가르칠 가치가 있다고 주장하고 나선 것이다. 물론 이건 단연코 '미끼를 던져놓고 바꿰치기bait and switch'에 지나지 않는다. 왜냐하면 창조론 문헌에는 온통 하나님과 성경을 거론한 글로 가득하기 때문이다. 창조론자들은 똑같은 교과서를 두 판본으로 출간하기까지 했다. '공립학교판'이라는 표시가 있는 교과서에서는 하나님과 성경을 공공연하게 언급한 부분들을 삭제했으나, 그것 말고는 두 판본의 본문이 다를 게 하나도 없었다.

창조론의 주요 대변인들은 한 입으로 두 말을 하는 듯 보였다. 공적인 자리에서는 '창조과학'이 좋은 과학이라고 논해놓고서는, 청중이 신자들인 경우에는 근본주의적 신앙을 그대로 드러낸 것이다. 예를 들어 헨리 모리스(Morris 1972, 서문)는 이렇게 적었다. "[진화론이 과학적 오류를 수없이 저지르는 비합리적인 이론에 지나지 않는] 반면에 창조론은 참된 과학의 모든 사실들에 들어맞는 과학 이론이면서, 성경에 나온 하나님의 계시이기도 하다." 같은 책 58쪽에 그는 이렇게 적었다. "엄격하게 이 경우의 과학적 장단점을 따져본 결과, 우리는 특별창조이론이 최선의 이론이라고 결론을 내렸다." 그런데 창조연구재단의 주요 논객이자 대변인인 듀에인 기시는 이렇게 적었다(Gish 1973: 40). "과학적 탐구로는 창조주께서 사용하신 창조 과정들에 대해 아무것도 발견할 수 없다." 그리고 8쪽에서 이렇게 적었다. "물론 실험과학의 방법들로는 창조가 증명되지 않으며 증명될 수도 없거니와, 창조를 과학 이론으로 여길 수도 없다."

아칸소주와 루이지애나주에서 과학 수업에 창조론에도 '균등 시간'을 할당할 것을 명하는 법안이 통과되었을 때 상황은 절정에 이르렀다. 이 법들은 즉각 연방 법정에서 도전을 받았다. 아칸소주의 법에 이의를 제기했던 미국시민자유연합American Civil Liberties Union(ACLU)은 걸출한 과학자들과 과학철학자들만 증인대에 세운 것이 아니라, 목사들과 신학자들을 비롯하여 해당 학군의 학부모들까지도 증인대에 세웠다. 사실 그 법에 이의를 제기한 대표 원고는 아칸소주 리틀록의 빌 매클린Bill McLean 목사였다. 증인들은 '창조과학'과 종교 사이에 어째서 아무 차이가 없는지, 그리고 미리 마련한 결론에 맞추기 위해 사실을 뒤트는 그 어떤 믿음 체계도 용납하지 않는 과학의 본성이 어떠어떠한지 예를 거푸 들어가며 보여주었다. 창조론자 측은 증인대에 세울 믿을 만한 과학 쪽 증인이 한 명도 없다는 사실 때문에 더욱 곤란에 빠졌다. 그들의 스타 증인 가운데 한 사람이었던 영국의 독불장군 천체물리학자 찬드라 위크라마싱Chandra N. Wickramasinghe은 창조과학이라는 생각을 드러내놓고 비웃었다. 1982년 1월 5일에 윌리엄 오버턴William R. Overton 판사는 매클린 대 아칸소교육위원회McLean vs. Arkansas Board of Education 소송 사건에 대해 판결을 내렸다. 창조과학이라는 얄팍한 위장술을 꿰뚫어본 오버턴 판사는 이렇게 판결했다. 아칸소주의 법은 "단순히 전적으로 성경판 창조론을 공립학교 교과과정에 도입하고자 만들어진 법이다." 오버턴에 따르면, 그 법을 보건대 "법령의 주요 효과가 특정 종교적 믿음을 촉진하는 것임은 의심의 여지가 없다." 공평한 대우를 요구하는 그 법의 "해당 조항에서 정의된 '창조과학'은 단연코 과학이 아니기 때문에 합법적인 교육적 가치가 없다." 1985년에 연방판사 에이드리언 듀플렌티어Adrian Duplantier는 약식판결에서(약식판결이기 때문에 공판이나 증인이 필요 없었다) 루이지애나의 균등시간법도 위헌이라고 판결했다. 1987년의 에드워즈 대 아길라르Edwards vs. Aguillard 소송 사건에서 미국 대법원은 7 대 2의 표결로 하급법정의 판결을 확정했고, 창조과학 라운드의 이 마지막 법정 싸움에서 창조론자들은 무릎을 꿇었다.

그 뒤로 약 10년 동안, 창조론자들은 법정으로부터 멀찍이 물러서 있었고, 법적인 수단을 써서 억지로 교육을 파고들어가려는 짓은 그만두었다. 그 대신 교육위원회와 교과서 출판사에 압력을 가하는 데 힘을 집중했다. 최전선에서 창조론과 싸움을 벌이던 우리들은 창조론을 가르치라거나 생물 교과서에 반진화론 스티커를 붙이라는 압력을 받는 학군이 또 있다는 소식을 매주 들었다. 이 싸움들은 대부분 창조론자들의 패배로 끝이 났으나, 뜻이 굳고 돈줄이 탄탄한 소수파인 그들은 가진 것이라고는 자기네 대의명분을 밀고 나갈 시간과 기운과 돈밖에 없는 이들이다. 반면에 대부분의 과학자들은 진짜 연구를 하느라 너무 바쁘기 때문에 그 문제에 주의를 집중하기가 힘들다.

'지적설계' 또는 '숨이 멎을 만큼의 아둔함'?

적어도 지금까지의 증거에 따르면 자연법칙 말고 따로 설계자는 필요 없다. 몸
을 숨긴 채 필사적으로 정체를 드러내고 싶어 하지 않는 설계자가 혹 있을지도
모르겠다. 그러나 생명과 우주의 세세한 면들을 보면, 굉장한 우아미와 정교함
을 보이는 한편으로 아무렇게나 되는 대로 땜질된 채로 배열된 모습과 몹시 형
편없는 설계를 내보이기도 한다. 이것으로 무얼 만들 수 있겠는가? 곧 건축가가
일찌감치 포기해버린 건물로 무얼 만들 수 있겠는가?

—칼 세이건, 《창백한 푸른 점》

'과학적 창조론자'라는 명칭은 오버턴 판사와 듀플랜티어 판사, 그리고 대법원의
눈에 사기로 보였다. 그래서 창조론자들은 새로운 전략을 썼다. 그것이 바로 '지적
설계론intelligent design'(보통 ID로 줄여서 표기한다)이다. 창조론에서 내세우는 생각들
이 헌법과 법률에 부합하도록 할 길을 찾기 위해선, 성경에서 가져온 생각들을 단
순히 '과학적 창조론'이라는 옷으로 위장하는 대신, 교리에서 종교의 흔적을 남김
없이 없애버려야 했다. 1990년대에 신세대 창조론자들은 자연에서 겉으로 드러난
'설계'에 초점을 맞춰, 그 설계가 나오려면 어떤 '지적설계자'가 있어야 한다고 논
하는 색다른 전략을 들고 나왔다. 이들을 이끈 사람들은 버클리대학교의 법학자 필
립 존슨, 리하이대학교의 생화학자 마이클 비히, 전임 베일러대학교의 교수 윌리엄
뎀스키William Dembski였고, 이 세 사람은 지적설계론의 시각을 홍보하는 책을 여러
권 세상에 내놓았다. 그들은 자연은 지적인 설계를 보여줄 뿐 아니라 '환원 불가능
할 만큼 복잡'해서 도저히 우연히 진화했을 리가 없는 것들로 가득 차 있다고 논했
다. 그들은 우연한 사건이나 점진적 진화로는 설명되지 않는다고 믿어온 편모와 눈
같은 예들을 몇 가지 거론했다.

그들이 펼치는 논증 방식의 대부분은 두 세기가 넘는 세월 전의 것, 곧 신앙이
독실했던 많은 자연사학자들이 '자연신학natural theology'이라고 하는 학파에 동조했
던 시절의 논증 방식을 재활용한 것들이다. (그 당시의 자연사학자는 대개 목사였는

데, 자연을 신의 손길이 있음을 뒷받침하는 증거로 보고 연구를 해나갈 만한 시간이 많았던 이들이 목사였기 때문이다. 당시는 전문적인 과학자가 전무했다.) 가장 유명한 자연신학 옹호자였던 윌리엄 페일리William Paley 목사가 1802년에 쓴《자연신학Natural Theology》은 이 주제를 다룬 고전적인 저술이다. 페일리가 사용한 가장 유명한 은유는 '시계공' 유비이다. 여러분이 만일 해변에서 시계를 하나 발견한다면, 그것이 '복잡하게 고안된' 것임을 단박에 알아보고, 그걸 만든 시계공이 있었으리라고 추론할 것이다. 페일리가 보기에 자연의 '복잡한 고안물들'이 바로 신적인 시계공, 곧 신이 있다는 증거였다.

그 당시에 자연신학 학파는 영향력이 대단했고, 다윈 자신도 페일리의 책을 거의 외울 정도였다. 그러나 자연신학의 기본 논증들은 페일리가 살았던 시대 전에 이미 논파된 것들이었다. 1779년에 스코틀랜드의 철학자 데이비드 흄David Hume이《자연종교에 관한 대화Dialogues Concerning Natural Religion》를 세상에 내놓았는데, 설계 논증 전체를 무너뜨린 책이었다. 흄은 서로 다른 관점을 대변하는 인물들 사이의 대화를 이용했다. 곧 클레안테스Cleanthes라는 인물의 입을 빌려 표준적인 자연신학의 논증들을 거론한 다음, 필로Philo라고 불리는 회의주의자의 말로 그 논증들을 박살내는 식이었다. 필로는 자연에 있는 설계를 지적하는 것은 그릇된 유비라고 지적한다. 왜냐하면 우리 세계를 무엇에 대고 비교할 만한 기준이 없으며, 우리가 사는 세계보다 훨씬 훌륭하게 설계된 세계를 얼마든지 상상할 수 있기 때문이다. 설령 이 세계가 설계된 모습을 하고 있다고 인정하다 해도, 그렇다고 그 설계자가 유대-기독교의 하느님이라는 결론은 도출되지 않는다. 다른 종교나 다른 문화의 신이 설계자일 수도 있고, 신들이 모인 위원회의 작품일 수도 있고, 아니면 나이 어린 신이 실수를 저지른 것일 수도 있을 것이다. 유대인들과 기독교인들은 설계자가 있다면 틀림없이 자기네 신일 것이라고 단순하게 가정해버리는데, 다른 신이 설계자가 아님을 보여주는 설득력 있는 증거는 전무하다.

이보다 더 중요한 점은, '설계자 하느님'이 제대로 반영되어 있다고 할 수 없을 만한 증거가 흄의 시대와 페일리의 시대에 이미 있었다는 것이다. 자연에는 아름다움이나 대칭성을 보여주는 예들이 수두룩하지만, 부실하게 설계되었음을 보여주는 예들, 그저 간신히 작동할 만큼만 땜질이 된 예들, 자비롭게 보살피는 하느님이 반영되지 못하고 소스라칠 만큼 잔인함을 보여주는 예들도 있음을 수없이 지적할 수 있다. 그 한 가지 예로 스티븐 제이 굴드는 람프실리스*Lampsilis*(그림 2-2A)를 들어보였다. 람프실리스는 알로 꽉 찬 알주머니를 조가비의 바깥쪽에 달아놓는 민물조개인데, 그 알주머니가 어렴풋이 물고기 모양을 하고 있다. 낚싯밥으로선 몹시 볼품없지만, 물고기가 물도록 할 만큼은 된다. 물고기가 물면 알들이 물고기의 아가미로 옮겨가고, 그곳에서 후손들이 성장한다. 아귀목 물고기anglerfish(그림 2-2B와 C)도 이와 비슷하다. 아귀의 눈 위로 길게 난 돌기 끝에는 조잡한 술 장식이 달려 있는데, 어렴풋이 물고기 모양을 하고 있어서 획획 휘두르면 꿀꺽 삼킬 수 있는 거리까지 먹잇감을 꾈 정도는 된다. 다시 말해서 비록 낚싯밥이 물고기를 제대로 빼다 박지는 않았어도 사정권 안으로 먹잇감을 꾈 만큼은 된다는 것이다.

굴드가 즐겨드는 예는 판다의 '엄지'이다(그림 2-3). 대부분의 고양잇과, 갯과, 곰과 동물을 비롯해 식육목Carnivora에 속하는 여느 동물들처럼 판다에게도 발가락 다섯 개가 모두 발에 한데 붙어 있지만, 식육목 동물 가운데에서 식물(대나무)을 먹

(A)

(B)
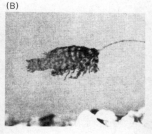

(C)

그림 2-2 어떤 목적을 이룰 만큼만 작동할 뿐 완벽하게 설계되지는 않은 '땜질된' 적응의 예가 자연에는 가득하다. (A) 람프실리스속 민물조개의 알주머니는 약간이나마 물고기처럼 생겨서 다른 물고기가 물도록 꾄다. 물고기가 그걸 물면, 조개의 유생들이 물고기의 아가미에 매달려 유생 시절을 보낸다(J. H. 웰시Welsh가 찍은 사진으로, 1969년《사이언스Science》134권 3472호의 표지 사진이다. ⓒ1969 American Association for the Advancement of Science. 허락을 얻어 여기에 다시 실었다). (B와 C) 아귀목 물고기에겐 입 위로 가시돌기가 나 있는데, 어렴풋이 물고기를 닮은 술 장식이 끝에 달려 있다. 먹잇감이 그 미끼를 물려고 접근하면, 아귀는 먹잇감을 입 속으로 빨아들여버린다(피에치Pietsch와 그로베커Grobecker의 사진, 《사이언스》201: 369-297, 1978. ⓒ1978 American Association for the Advancement of Science. 허락을 얻어 여기에 다시 실었다).

는 거의 유일한 동물이 바로 판다이다. 그 결과 판다의 손목뼈 가운데 하나—방사
형종자뼈radial sesamoid—가 투박한 엄지 모양으로 변형되었다. 관절이 없어서 별로
유연하거나 세지는 않지만, 판다가 대나무를 먹으면서 잎사귀를 뜯어낼 수 있을 만
큼은 된다. 이것 역시 볼품없고 설계가 부실하고 적당히 땜질된 장치로, 판다가 생
존해나갈 수 있게 할 만큼은 되지만(비록 현재 중국 내의 서식지 파괴로 판다가 멸종

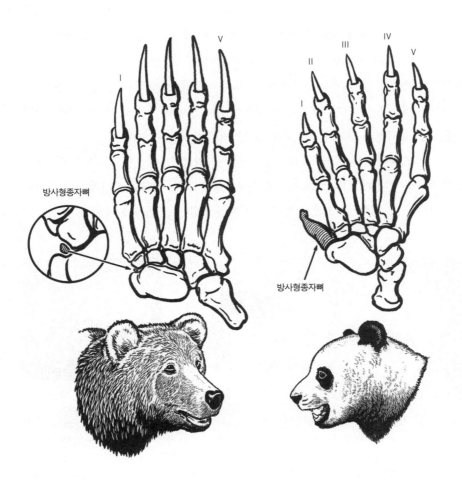

그림 2-3 다른 모든 식육목 동물처럼 판다도 다섯 발가락이 모두 한데 모여 발을 형성하는데, 다른 식육목 동물
들과는 달리 판다는 대나무를 먹는다. 그 결과 손목뼈를 이루는 방사형종자뼈가 투박한 '엄지'로 변형되었고,
그 덕에 판다는 대나무에서 잎사귀를 뜯어낼 수 있다. 이 엄지는 판다가 먹이를 먹을 수 있을 만큼만 작동한다.
말하자면 아름답게 설계된 것이 아니라, 조잡하고 볼품없이 '땜질된' 것이다(칼 뷰엘의 그림).

위기에 몰리고 있지만), 잘 봐줘야 손재주가 더럽게 없는 설계자가 있다는 증거로 삼을 수는 있다.

조악한 설계 또는 적어도 몹시 당혹스러운 모습의 설계를 보여주는 예들은 한도 끝도 없이 모을 수 있다. 동굴에서 사는 어류와 도롱뇽류에게는 눈의 흔적기관이 있지만, 녀석들의 눈은 완전히 멀어 있다. 만일 하나님께서 이 피조물들을 완전히 깜깜한 동굴 속에서 살도록 특별히 창조하셨다면, 아무 기능도 하지 않는 눈을 구태여 왜 그것들에게 주셨을까? 이것보다 훨씬 별난 예가 바로 되돌이후두신경recurrent laryngeal nerve으로, 뇌와 후두를 연결해서 우리가 말을 할 수 있게 해주는 신경이다. 포유류를 보면, 이 신경은 뇌와 목을 곧바로 연결하는 경로를 피하고, 가슴으로 내려와서 심장 근처의 대동맥을 감아나간 다음에 후두로 되돌아오는 경로를 취한다(그림 2-4). 이렇게 하면 필요한 길이보다 일곱 배나 더 길어지게 된다! 기린 같은 동물의 경우, 신경이 목 전체를 두 번이나 종주하기 때문에, 그 길이가 무려 460센티미터나 된다(이 가운데 430센티미터는 불필요한 것인데도 말이다!). 이런 설계는 낭비적일 뿐 아니라, 동물을 부상에 더 취약하게 만들기도 한다. 물론 진화의 관점에서 보면 이 신경이 거치는 괴상한 경로가 완벽하게 납득된다. 포유류의 초기 배아와 어류에서 되돌이후두신경의 전구체는 여섯 번째 아가미굽이gill arch, 목 깊숙한 곳, 그리고 몸통 부위에 부착되어 있다. 어류는 이 패턴을 그대로 유지하지만, 인간 배아발생의 나중 단계에서는 그 아가미굽이가 목구멍 부위와 인두pharynx의 조직으로 변형된다. 옛적에 가졌던 어류형 순환계의 일부가 재배열되어 대동맥(여섯 번째 아가미굽이의 일부이기도 하다)이 가슴 뒤쪽으로 옮겨갔고, 따라서 되돌이후두신경(대동맥을 감고 있다)도 뒤쪽으로 옮겨갔다.

사실 자연을 유심히 보면 볼수록, 볼품없는 설계나 땜질된 설계를 보여주는 예들을 더욱 많이 찾을 수 있다. 왜냐하면 신적인 설계자와는 달리, 진화는 완벽함을 요구하지 않기 때문이다. 번식할 수 있을 때까지 생물이 충분히 오래 생존할 수 있도록 보장해주는 해법이라면 뭐든 그걸로 족하다. 우리 사람이야말로 현재의 생활방식에 맞게 최적으로 설계되지 않았음을 보여주는 훌륭한 예이다. 우리 등과 발은 곧선자세로 걷는 데에 썩 잘 적응하지 못했다. 등과 발의 통증으로 고생하는 사

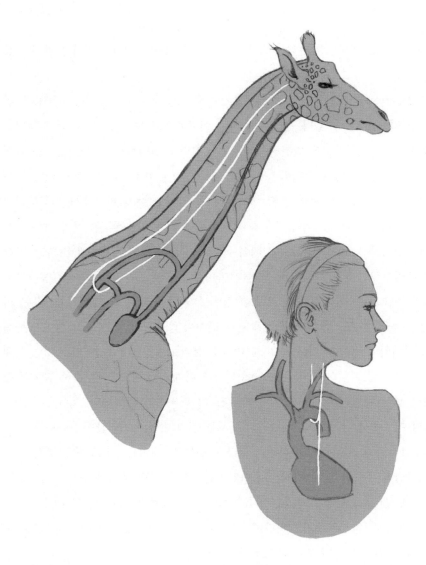

그림 2-4 되돌이후두신경은 척수에서 갈라져 나와 성대를 비롯해서 식도(소화관)와 기관(호흡관)의 일부까지 신경자극을 전달한다. 배아가 발생하는 중에 이 신경은 어류 아가미의 앞부분과 결합되어 있어서 대동맥—심장이 펌프질할 피의 대부분을 공급하는 동맥—을 감고 있다. 그런데 어류에게는 목이 없으므로, 이 경로의 길이가 짧다. 어류에서는 이 신경이 뇌에서 출발해 심장을 거쳐 아가미까지 이어진다. 그런데 사람의 경우에는 이 신경이 머리 밑부분의 척주에서 출발해 목을 타고 심장까지 내려갔다가—여전히 대동맥을 휘감고 있는 상태이다—다시 목을 타고 올라가 마침내 목구멍에 이르러서 후두를 제어한다. 기린에서는 이 신경이 머리의 바로 밑 척주에서 뻗어 나와, 목을 타고 심장까지 215센티미터 정도 내려갔다가—역시 신경이 대동맥을 휘감고 있다—다시 목을 타고 215센티미터 정도를 올라가 마침내 목구멍 부위에 도달해서 성대를 비롯하여 식도와 기관의 일부를 제어한다. 불필요한 길이가 무려 460센티미터 정도나 되는 것이다!

람들이라면 다 아는 바이다. 우리 무릎도 부실하게 구축되어 있어서 쉽게 손상된다. 무릎 수술을 받아본 사람이라면 다들 그렇다고 말할 것이다. 우리 눈은 퇴행적으로 설계되어 있어서, 눈 뒤에 있는 망막을 때린 빛이 마지막에 맨 아래층에 있는 광수용기 세포들에 도달하기 전까지 여러 세포층과 조직층이 그 빛을 가로막고 왜곡시킨다. 우리에게도 흔적기관이 있다. 쪼그마한 꼬리뼈, 편도, 막창자꼬리 같은 것이 그 예인데, 편도와 막창자꼬리는 더 이상 중요한 기능을 수행하지 않지만 감염이 되면 목숨까지 잃을 수 있다. 지금 우리에게 이런 것들이 있는 이유는 이 기관들이 제 기능을 했던 조상들로부터 물려받은 것이라고 보아야만 비로소 이해가 간다. 우리 유전체에는 기능을 하지 않는 DNA로 가득 차 있으며, 이 가운데에는 우리 조상들에게서는 활성이었으나 지금은 비활성인 사이비유전자들pseudogenes도 있다. 대부분의 영장류처럼, 사람도 비타민C를 만들지 못하고 음식을 먹어서 섭취해야 한다. 그런데 우리에겐 아직도 비타민C를 만드는 유전자들이 모두 있지만, 더는 사용하지 않는다. 아마 우리 영장류 조상들이 비타민C를 직접 만드는 대신 과일을 많이 먹어서 섭취했기 때문일 것이다. 마지막으로, ID 옹호자 누구에게나 이렇게 물어보라. 왜 하나님께서는 남자에게 아무 기능도 하지 않는 젖꼭지를 주셨는가?

ID 창조론자들은 하나님이 만드신 것들을 자비로운 하나님에 대한 증거로 내세우기 전에 생각을 신중히 하고 싶을 것이다. 왜냐하면 하나님이 만드신 것들에는 부실하거나 무능한 설계를 보여주는 예뿐 아니라 더할 나위 없이 잔인한 면모를 보여주는 예도 넘치도록 있기 때문이다. 가장 유명한 예가 바로 맵시벌과Ichneumonidae라고 하는 기생벌과family of wasps*로, 약 3300종으로 이루어져 있으며, 저마다 독특한 방식으로 번식한다. 맵시벌 암컷(그림 2-5)은 먹잇감이 되는 동물을 산란관으로 찔러 마비시킨 다음 먹잇감의 몸속에 알을 슨다. 알이 부화하면 아직 살아 있는 먹이동물을 유생들이 몸속에서부터 천천히 파먹어 나오는데, 목숨에 덜 중요한 부분

---

* 옮긴이—이 책의 번역을 마칠 때까지 wasp에 들어맞는 번역어를 찾지 못했다. 영어사전에는 '말벌', '나나니벌'로 나와 있고, 《파브르 곤충기》 등을 보아도 '나나니벌'이라는 이름이 자주 등장하며, 그 습성이 본문에서 설명하는 바와 일치하지만, 계통을 따져보면 맵시벌과Ichneumonidae와 다르다. 그래서 고심 끝에 그 습성을 살려서 일반적으로는 '기생벌'로 옮기고, 문맥에 따라 '맵시벌' 등으로 옮기기로 했다. 한글 〈위키백과〉의 '기생벌' 항목을 참고하기 바란다.

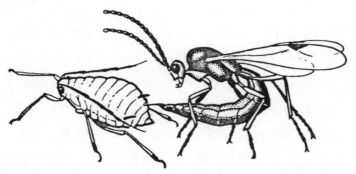

그림 2-5 맵시벌과에 속하는 벌들의 번식 습관에서 보이는 잔인함은 빅토리아 시대 사람들을 기겁하게 했고, 자비로운 하느님이라는 생각을 조롱하는 것이었다. 맵시벌 암컷이 먹잇감을 쩔러 마비시킨다. 그런 다음 살아 있는 먹잇감의 몸속으로 알들을 주입한다. 알이 부화하여 유생이 되면 먹잇감의 몸속에서부터 파먹어 나오는 데, 목숨에 덜 중요한 기관들을 먼저 먹어치우고, 맨 마지막에 가서야 먹잇감을 죽인다. 이 시점에 이르면 먹잇감의 몸은 곧 날아오르려는 아기 맵시벌들을 담은 고치가 된다.

들을 먼저 먹어치우고 목숨과 직결된 부분들은 맨 마지막에 가서야 먹어치운다(그렇게 숙주를 죽인다). 그러면 죽은 먹이동물의 껍데기를 뚫고 나올 채비를 마친 것이다(영화 〈에일리언Alien〉의 소름끼치는 외계 생물을 생각나게 한다). 이 맵시벌의 예가 널리 알려지면서 빅토리아 시대 사람들은 기겁을 했고, 작디작은 참새까지 보살피시고 당신께서 지으신 모든 것들을 돌보시는 자비로운 하느님이라는 관념과 자연의 이 사실을 어떻게 조화시켜야 할지 몰라 쩔쩔맸다. 찰스 다윈은 이렇게 적었다.

> 살아 있는 애벌레의 몸속을 파먹겠다는 명확한 의도를 가진 맵시벌을 인자하고
> 전능하신 하느님께서 계획적으로 만드셨을 것이라고는 도저히 확신할 수 없다.

전지전능한 신을 믿으려는 사람들에게 이것은 오랫동안 골칫거리였다. 만일 신이 전지전능하다면, 그분께서는 어찌하여 죄 없는 동물들이 고통당하면서 죽게 두시는 것일까? 어찌하여 그분께서는 크나큰 자연재해를 막아주시지 못하는 걸까? 2004년에 약 25만 명이나 되는 죄 없는 사람들의 목숨을 앗아간 인도양 지진해일은 또 어떤가? 이는 기독교 변증론자들을 항상 괴롭힌 고전적인 '고통의 문제'(변신론辯神論)이지만, 많은 회의주의자들은 신이 자신이 만든 것들을 살뜰히 돌보신다는

신적인 설계자 관념과 모순되는 좋은 증거로 여긴다. 다윈 자신은 이렇게 말했다 (1856년에 헉슬리에게 보낸 한 편지에서). "볼품없고 낭비적이고 얼간이 같이 저열하고 끔찍하게 잔인한 자연의 작품들에 대해 악마의 사도라면 어떤 책을 쓸 것인지!"

ID 창조론자들이 쓴 글을 찬찬히 읽어보면, 새로운 과학적 생각 또는 진화론과 겨룰 만하고 이론의 자격을 진정으로 갖춘 대안적인 생명이론을 단 하나도 내놓지 못함을 보게 될 것이다. 그들이 논하는 건 오로지 자연의 몇몇 부분이 너무 복잡해서 자기들로서는 진화론적인 설명을 상상할 수가 없다는 것뿐이다. 이는 고전적인 '빈틈을 메우는 신god of the gaps' 접근법이다. 말하자면 과학이 이미 설명해낸 것들은 과학에게 양보하지만, 과학이—아직은—설명해내지 못하는 것들은 초자연적인 힘의 몫으로 남겨두는 것이다. 중세시대를 돌아보면, 당시에 사람들은 하느님께서 하늘이 운행되게 하시고 별들과 행성들을 움직이게 하신다고 생각했으나, 코페르니쿠스, 갈릴레오, 뉴턴, 케플러가 그 모두는 하느님의 개입이 없어도 자연의 법칙들과 과정들로 설명될 수 있음을 보여주었다. 그래서 자연의 그 부분을 설명하는 일에서 신학은 뒤로 물러섰으며, 그 뒤로도 줄곧 앞에 나서지 않았다.

언제나 자연은 우리가 설명해내지 못한 것들로 가득하다. 아직까지 설명되지 않은 것을 설명하는 것이 바로 과학의 목표이다. 곧, 풀어내지 못한 수수께끼들을 계속해서 풀어나가는 것이 과학의 목표이지, 멈춰 서서 두 손 다 들고는 "아, 지금은 어떤 설명도 생각할 수가 없어. 그러니 하느님께서 그걸 하셨음이 틀림없어"라고 말하는 게 과학의 목표가 아니다. 마이클 셔머가 지적했다시피(Shermer 2005: 182), ID의 접근법은 실로 오만하기 짝이 없다. 말하자면 ID 창조론자 자신들이 자연적 설명을 생각해낼 수 없다면, 그 설명을 생각해낼 수 있는 과학자는 **아무도 없으며**, 그 문제는 풀릴 수 없다고 단언해버리는 것이다. 두말할 것도 없이 과학은 그렇게 하지 않는다. 가설도 포기하고 시험 가능한 설명도 포기하고 어깨를 으쓱하고는 "하느님께선 수수께끼 같은 방식으로 일하시니까"라고 말하면서 집에 가지는 않는다는 것이다.

ID 창조론자들은 진화론에 대안이 되는 진짜 이론이라는 것이 자기들한테 없다고 실제로 시인한다. 지도적인 ID 창조론자인 폴 넬슨Paul Nelson은 2004년에 로스앤젤레스 바이올라대학에서 열린 한 모임에서 이렇게 말했다. "ID 공동체가 당면한 단연 가장 큰 도전 과제는 생물의 설계에 대한 어엿한 이론을 개발해내는 것입니다. 지금 당장 우리에게는 그런 이론이 없는데, 그게 문제이죠. 이론 없이는 연구의 초점을 어디로 향해야 할지 알기가 매우 힘듭니다. 지금 당장 우리가 가진 것은 힘 있는 직관 한 자루와 '환원 불가능한 복잡성'과 '특수 복잡성' 같은 관념 한 줌뿐, 아직 생물의 설계에 대한 일반 이론은 전혀 없는 형편입니다." ID 창조론자들의 '연구 프로그램'이란 것도 정식 연구 프로그램이 아니다. 펜실베이니아주의 도버에서 벌어진 ID 창조론 재판의 반대 심문 중에 마이클 비히는 이렇게 실토할 수밖에 없었다. "지적설계론을 옹호하는 이들이 쓴 글 가운데에는 생물계의 지적설계가 어떻게 생겨났는지 자세하고 엄밀하게 설명해줄 관련 실험이나 계산으로 뒷받침되고 동료 심사를 거친 글은 단 한 편도 없습니다." 비히는 다른 몇 가지 주장, 말하자면 계(혈액응고연쇄반응, 면역계, 세균의 편모 같은 것)가 환원 불가능하게 복잡하거나 지적으로 설계되었다는 주장을 뒷받침하는 동시에 동료 심사까지 거친 글이 하나도 없다는 것도 시인했다. 그들이 쓴 문헌 자료는 지지자들이 펴낸 책과 글, 또는 동료 심사라는 과학적 기준이 전무한 일반적인 책 시장을 겨냥해서 펴낸 책과 글로만 이루어져 있다. (내가 아는 예외가 하나 있는데, 그건 이번 장의 뒷부분에서 살펴볼 것이다.)

그러나 지적설계 운운하는 이 모든 말들은 사실 그것이 근본적으로는 여전히 종교적 교리임을 가리기 위한 연막이다. 대중들에게 먹혀들기 위해 ID 지지자들은 그 설계자가 꼭 유대-기독교의 하느님일 필요는 없으며, 외계인이거나 다른 어떤 초자연적인 존재일 수도 있다고 말하기도 할 것이다. 윌리엄 뎀스키는 이렇게 주장한다. "과학적 창조론은 종교적인 면에 우선적으로 마음을 쓰지만, 지적설계론은 그렇지 않다." 그러나 실상을 보면, ID 창조론자들 거의 모두 복음주의 기독교인들이며, 진짜 셈속을 가리기 위한 연막으로 지적설계론을 이용하고 있음이 분명하다(그림 2-1). 그 셈속이란 과학 수업에 종교를 들이고 진화론을 몰아내는 것, 또는 적어도 진화론의 힘을 약하게 만드는 것이다. 그들은 공적인 자리에서는 이런 종교적 신념을 숨기려고 하지만, 동료 근본주의자들에게 말하는 자리에서는 본색을 드러낸다. 기독교 잡지 《터치스톤Touchstone》에 실은 한 기사에서 뎀스키는 이렇게 적었다. "지적설계론이란 정보 이론의 언어로 고쳐 말한 〈요한복음〉의 로고스신학일 따름이다." 1999년에 뎀스키는 이렇게 썼다. "그리스도를 그림에서 빼버린 과학의 시각은 어느 것이든 근본적으로 결함이 있는 시각으로 보아야 한다. …… 과학 이론의 개념적 온당함은 그리스도를 떠나서는 유지될 수 없다." 2000년 2월 6일에 뎀스키는 세계종교방송인협회National Religious Broadcasters에서 이렇게 말했다. "지적설계론은 우리가 자비로운 하나님의 형상대로 창조되었을 완전한 가능성을 열어냈습니다. …… 기독교 변증론이 할 일은 땅을 깨끗이 고르는 것, 사람들이 그리스도를 알지 못하게 가로막는 장애물을 깨끗이 치우는 것입니다. …… 그리고 그리스도의 성장과 성령의 자유로운 임하심을 가로막고 사람들이 성경 말씀과 예수 그리스도를 받아들이지 못하게 가로막는 것이 무언가 있다고 한다면, 그건 바로 다윈주의의 자연주의적 시각이라고 생각합니다." 같은 자리에서 필립 존슨은 이렇게 말했다. "20세기의 기독교인들은 수비를 했습니다. 자기들이 가진 것을 지키고자, 가능한 한 많이 지켜내고자 방어전을 치러 온 것입니다. 그러나 그렇게 해서는 시류를 바꾸지 못합니다. 우리가 하려는 일은 그것과는 완전히 다른 일입니다. 우리가 하려는 일은 적의 영토, 적진의 중심으로 들어가서 탄약고를 날려버리는 것입니다. 이 은유에서 탄약고가 무엇을 뜻할까요? 바로 저들 식으로 말하는 창조 이야기입니다." 1996년에 존슨은 이렇게 말했다. "이것은 진정 과학에 대한 논쟁이 아니며, 결코 과학 논쟁이었던 적이 없다. …… 그것은 종교와 철학에 관한 것이다." ID 창조론자 저술가의 한 사람인 조너선 웰스는 문선명 목사를 따르는 사람이고 문선명이 세운 통일교 신자이다(통일교는 진화론을 맹렬하게 반대한다). 웰스는 이렇게 적었다. "1978년에 아버지[문선명]께서 (열두어 명의 다른 신학대학원생들과 함께) 나를 택하여 박사과정에 들여보내셨을 때, 나는 전투 준비를 하게 될 그 기회를 반가이 받아들였다."

얄궂게도 대부분의 ID 창조론자들은 일부 소진화적 변화와 전통적인 지질학과 지구의 나이가 아득히 오래되었다는 점을 받아들이고, 창조연구재단이나 '모든 답은 〈창세기〉에' 단체의 성경축자주의적인 '어린 지구' 창조론자들을 자기들과는 무관한 공룡들, 과거의 잔존물로 여긴다. 실제로 2005년에 뎀스키는 보수적인 원로 창조론자인 헨리 모리스와 논쟁을 벌였으며, 그 자리에서 뎀스키는 이렇게 말했다. "기독교와 관련하여 지적설계론은 수대에 걸쳐 기독교가 진지한 관심을 받지 못하도록 했던 지성의 찌꺼기들을 제거하는 바다 청소 작전으로 생각해야 마땅합니다."

설령 ID 창조론자들이 냉철하게 진리를 따르는 척 군다고 할지라도, 그들의 내부 자료들을 찬찬히 살펴보면, 필요하다면 그 어떤 더러운 전략과 홍보 기법을 써서라도 철저하게 과학과 싸움을 벌이고 있음이 분명해진다. 배럿 브라운Barrett Brown과 존 올스턴John P. Alston은 책《도도 떼: 현대 창조론, 지적설계론, 부활절 토끼의 배후Flock of Dodos: Behind Modern Creationism, Intelligent Design, and the Easter Bunny》(2007)에서 디스커버리재단이 벌이는 부정직한 활동 몇 가지를 세세히 살피고, ID 창조론자들의 악명 높은 '쐐기문서Wedge Document'를 전재했다. 이 문서에는 ID 창조론자들이 미국의 과학계와 교육 체계에 자기네 관점을 밀어붙이기 위해 쓰는 교활한 정치 전략과 홍보 전략이 세세하게 기록되어 있다. (ID 창조론자들은 쐐기문서를 감추려고 하지만, 온라인에서 간단히 검색해보면 쉽게 찾을 수 있다. 사이버 공간에서는 어떤 것도 완전히 사라지는 법이 없으니까.) 브라운과 올스턴은 이렇게 간추렸다. 디스커버리재단은 "선전 활동으로 일시적인 승리를 거두기 위해서라면 진짜 과학자들이 이룩한 성과들을 서슴없이 잘못되게 말하고, 심지어 진짜 과학자들이 반발하고 나선 뒤에도, 그리고 재단에서 사과하고 다시는 그러지 않겠다고 약속을 하고 난 뒤에도 이런 일을 계속하려 든다. 무엇보다도 재단은 냉철하게 과학적 탐구를 하고 있는 척 의식적으로 꾸며낸 베일 뒤에다 재단이 진정으로 추구하는 사회-정치적 목표들을 거리낌 없이 감춰둔다. 심지어 과학 자체를 비난하는 중에도 말이다. 만일 디스커버리재단이 거짓말을 하면, 그것은 진리를 진작시키기 위해서 그러는 것이다. 디스커버리재단은 도덕을 위해 싸운다는 이유로 도덕 위에 선다. 실로 디스커버리재단의 의도는 충분히 단순하다. 사기꾼치고 복잡한 자는 드물다."(136-137쪽)

만일 ID 창조론자들이 했던 말만으로 충분한 증거가 되지 못한다면, (책《대통령의 음모All the President's Men》(우리나라에는 《워터게이트—모두가 대통령의 사람들》로 번역되었다)에 나오는) '깊숙한 목구멍Deep Throat[*]'이 주의를 주었던 말을 늘 유념하는 게 좋다. 곧 "돈을 따라가라"는 것이다. ID 운동이 주로 거점으로 삼는 곳은 시애틀에 있는 디스커버리재단의 한 기관인 과학문화부흥센터Center for the Renewal of Science and Culture(CRC)이다. 과학문화부흥센터가 지원받는 자금의 대부분은 우익의 복음주의 종교 단체들, 복음주의 기독교 장려가 목적임을 표명하는 부유한 개인 및 재단들에서 나온다. 이를테면 아먼선재단Ahmanson Foundation에서 75만 달러를 지원하는데, 이 재단의 자금 집행자인 하워드 아먼선 2세Howard Ahmanson Jr.는 "성경의 법을 우리 삶에 완전히 통합시키는 것"이 자기 목표라고 말했다. 매클렐런연구소 McClellan Institute에서는 "성경 말씀의 무오류성"을 널리 알리는 것을 목적으로 45만 달러를 지원했다. 이 연구소는 "그리스도의 왕국을 넓히는 일에 전념하는" 단체들에게 자금을 지원한다. 청지기재단Stewardship Foundation에서는 해마다 20만 달러를 지원하는데, 이 재단의 목표는 "복음주의 운동과 선교 활동으로 기독교 복음 전파에 이바지하는 것"이다. 《뉴욕타임스New York Times》에 따르면 과학문화부흥센터에 자금을 지원하는 22개 단체의 대부분은 정치적 및 종교적으로 보수였다. 또한 《뉴욕타임스》는 과학문화부흥센터가 2003년에 410만 달러를 지원받았고, 약 50명의 연구자들에게 해마다 5만~6만 달러 정도를 쓴다고 보도했다. 그 돈으로 라디오와 텔레비전에서 많은 방송 시간을 사고, 옹호자들이 전국을 돌며 강연을 하고, 논쟁을 벌이고, 책을 펴내고, 곳곳의 보수적인 교육위원회에서 발언을 하고, 자기네 생각을 널리 알릴 소송을 거는 일을 지원한다.

2005년에 《타임Time》의 표지를 장식하고 조지 W. 부시George W. Bush 대통령의 지지를 얻으면서 ID 창조론의 홍보는 절정에 이르렀다. ID 창조론자들은 보수 성향의 캔자스주 교육위원회(ID를 지지했다)에서도 자기네 생각을 발언했고, 펜실베이니아주 도버의 교육위원회(해당 학군의 학부모들에게 고소를 당하기 전까지 ID 창조론자들을 따르려 했다)에 자기네 생각을 주입하려고 했다. 하지만 그들은 키츠밀러 외 대 도버 지역학군Kitzmiller et alia vs. the Dover Area School District 소송 사건에서 큰 패배의 쓴맛을 보았다. 2002년에 부시 대통령이 임명한 연방판사 존 존스 3세John E.

* 옮긴이—'깊숙한 목구멍'이란 1970년대에 닉슨 대통령의 공화당 행정부가 민주당을 상대로 은밀히 벌인 각종 불법 활동이 수면 위로 드러나면서 불거진 정치 스캔들인 '워터게이트 사건'에서 닉슨 대통령의 직접 개입을 언론에 알린 정보원의 별명으로, 당시 인기 포르노 영화의 제목에서 따왔다고 한다.

Jones III는 전통적인 기독교인이었으나(그러나 자유주의적 적극주의자 판사liberal activist judge는 아니었다), ID 창조론자들이 친 연막을 꿰뚫어보고 ID 창조론은 분명 헌법에 위배되게 공립학교에 특정 종교를 설립하려는 것이라고 판결했다. 139쪽에 이르는 그의 판결문은 대단히 꼼꼼하고 세밀했다. 존스 판사는 그 복음주의 기독교적 교육위원회가 창조론 교과과정을 밀어붙인 탓에 학부모들이 소송까지 하게 되었다며 힐책했다. 판사는 이렇게 말했다. "재판을 거치면서 지금 완전히 드러난 사실적인 배경에 비추어서 고려해보면, 위원회의 결정이 숨이 멎을 만큼 아둔한 것임이 명백하다. 도버 지역학군의 학생, 학부모, 교사 들은 금전적으로나 개인적으로나 완전히 헛돈을 쓰고 만 결과를 낳은 이 법정 대소동 속으로 끌려 들어오는 것보다 더 나은 대접을 받아야 했다." 존스 판사는 ID 창조론자들이 보인 위선에 특히나 분통을 터뜨렸다. ID 창조론자들은 헌법이 걸려 있을 때에는 비종교적인 것처럼 들리게 하려고 애쓰면서도, 법정이 아닌 곳에서는 자기네가 품은 종교적 동기들을 의기양양하게 떠벌리고 다녔던 것이다. "지적설계론 정책에 찬성하는 표를 던진 위원회 위원들은 도버 시민들을 위해 제대로 일하지 않았다. 공적인 자리에서 그처럼 꼿꼿하고 거만한 자세로 자기네가 가진 종교적 신념들을 강권했던 이 사람들이 자기네 꼬리를 숨기고 지적설계론의 정책 뒤로 진짜 목적을 감추기 위해 거듭해서 거짓말을 하곤 했다는 것은 얄궂은 일이다." 또 다른 문단에서는 이렇게 말한다. "우리는 위원회가 주장하는 비종교적인 목적이라는 것들이 위원회의 진짜 목적을 숨길 구실에 불과하다고 생각한다. 그들의 진짜 목적이란 바로 공립학교 교실에서 종교를 장려하는 것이었다." 더 뒤에 가서는 이렇게 적었다. "위원회가 주장하고 나서는 비종교적인 목적이란 것들은 하나같이 속임수이며, 종교적인 목적에 대해 부차적인 것에 지나지 않는다."

ID 옹호자들은 진화론을 무신론으로 색칠하려 하는데, 판사는 이 역시 터무니없는 짓임을 지적했다. "피고들을 비롯해서 지도적인 지적설계론 지지자들은 확고한 가정을 하나 하는데, 전적으로 틀린 가정이다. 그들은 지고한 존재가 있다는 믿음 및 종교 일반과 진화론이 서로 반대된다고 미리 가정하고 나선다." 마지막으로 판사는 지적설계 창조론의 바탕에는 진짜 이론이라는 게 전혀 없으며, 오직 진화생물학에 대한 비판과 '빈틈을 메우는 신' 같은 모호한 생각밖에 없다는 사실에 당혹스러워 했다. 존스 판사는 이렇게 말했다. "피고측은 과학 교육의 개선이라는 비종교적인 목적을 내세우는데, 생물 교과과정의 개편을 찬성하고 표를 던진 위원회 위원들의 전부는 아닐지라도 대부분은 지적설계라는 게 정확히 무얼 말하는지 아직도 모른다는 점, 또는 이제까지 안 적이 없었다는 점을 시인했다는 사실에 의해 그 목적이 거짓임이 드러났다."

브라운과 올스턴(2007)은 도버 재판의 부조리함을 낱낱이 해부했다. 두 사람은 책의 첫 장에서 그 재판을 세세하게 설명하고, 재판 속기록과 창조론자들이 직접 한 말을 이용해서 그들의 거짓말과 부정직함을 까발린다. 브라운과 올스턴은 윌리엄 버킹엄William Buckingham이 했던 앞뒤가 안 맞고 배배 꼬인 증언을 대폭 인용했다. 창조론자이면서 교육위원회 위원장이었던 이 사람은 재판에 앞서 자기가 품은 종교적 동기를 공공연히 떠들어놓고는, 재판이 시작되면서는 법정 선서를 했음에도 자기 꼬리를 감추려고 거듭 위증을 했다. 분명 이는 디스커버리재단 측 변호사들의 지시에 따른 것이었다. 브라운과 올스턴은 이렇게 간추렸다. "윌리엄 버킹엄의 모습에서, 자기들이 깎아내리고 싶어 하는 이론에 대해서도 무지할 뿐 아니라 그 이론 대신에 바꿔치고 싶어 하는 그 사이비 이론에 대해서도 무지한 우리 동료 미국인 수백만 명의 모습을 볼 수 있다. 두 이론을 놓고 결정을 내리기 위해 필요한 기본 자료가 자기들한테 없음을 너무나 잘 알면서도, 그들은 아랑곳하지 않고 목소리까지 높여서 진화론을 깎아내린다. 그리고 대체 왜 이런 일을 하는지 그 동기가 정확히 무엇이냐고 물으면 뻔뻔스럽게 거짓을 말한다. 윌리엄 버킹엄이 거짓을 말한 까닭은 자기가 진리라고 여기는 것—성경을 글자 그대로 해석한 기독교만이 유일하게 참된 종교이며 거기에 다윈주의가 가장 큰 위협이 된다는 것—을 보전하기 위해서는 그렇게 해야만 한다고 믿었기 때문이다."(p.26)

재판이 벌어지는 동안, ID 창조론 측 증인들은 나쁜 과학을 하고 있음을 누차 드러냈으며, 제출한 문서 자료는 지난날의 창조론 문서들을 재활용했다는 분명한 흔적을 보여주었다. 이를 보여주는 가장 기가 찬 증거는《판다와 사람에 대해Of Pandas and People》(Davis and Kenyon 2004)라는 교과서의 서로 다른 판본들이 발견된

것이었다. 초기의 원고들에는 전통적인 창조론 내용이 가득했으나, 한 연방소송에
서 어린 지구 창조론이 최후의 타격을 입자, 저자들은 '하나님', '창조', '창조론'을
언급하는 곳을 제거하려고 책 여기저기에서 일부 문구를 잘라내서 붙여넣었다. 원
고측 법률가들은 저자들이 책에 무슨 짓을 했는지 보여주는 흔적을 하나 폭로했다.
"cdesign proponentsists"라는 문구였는데, "design proponents(설계 지지자들)"라는
문구를 "creationists(창조론자들)"라는 말 위에다 서투르고 불완전하게 붙여넣기를
한 것이었다.

존스 판사의 판결이 나왔을 때, 분석가들은 도버의 평결이 장차 법적인 수단
으로 승리를 얻으려는 ID 창조론자들의 시도에 조종弔鐘을 울린 것이라고 생각했
다. 왜냐하면 대부분의 소송 사건에서 법원은 다른 법원에서 정한 판례를 따르기
때문이다(특히 판례가 빈틈이 없고 논리가 정연한 경우에는 더 그렇다). 그러나 그 누
구의 상상보다도 ID 창조론은 훨씬 처참하게 깨졌다. 디스커버리재단이 ID 창조
론을 계속 밀어붙이고는 있으나, 도버 소송 사건의 판결이 나온 이후 11년 동안 ID
교재를 채택하려는 학군은 단 한 군데도 없었다. 이보다 훨씬 놀라운 사실은, 미국
의 담론에서 ID 창조론에 대한 관념 자체가 모두 감쪽같이 사라졌다는 것이다. 닉
매츠키Nick Matzke가 간단히 'intelligent design' 같은 말로 구글 트렌드Google Trends 검
색을 해보니, 2006년 이후 인터넷에서 사실상 지적설계론이 사라졌음이 드러났다.
2006년 이후 실질적인 논의가 거의 없었다는 말이다. '지적설계' 창조론은 진실로
죽었다.

도버 재판의 판결 이후, 디스커버리재단은 그 판결을 받아들이지 않고, 책과
문헌 자료와 홍보 자료를 계속해서 찍어댔다. 닉 매츠키는 이렇게 적었다(Matzke
2015).

물론 디스커버리재단은 지금도 건재하며, 지금도 역사를 다시 쓰려고 필사적으
로 애쓰고 있다. 자기들은 공립학교에서 ID를 가르치는 일을 지지한 적도 없고
(토머스모어법률센터Thomas More Law Center마저도 언질했다시피, 재단은 ID를 공립
학교에서 가르치는 일을 분명히 지지했다), 도버의 교육위원회가 하고 있던 일을

지지한 적도 없고(무엇보다도 먼저 그 교육위원회를 선동했던 것이 바로 DI[디스커버리재단]의 ID 교육 자료 꾸러미—특히 《진화의 우상들》 같은 것—였다는 건 생각도 안 하나 보다. 《진화의 우상들》에서 '사기 행각' 등에 대해 구사한 그 모든 감정적인 언어에 담긴 의도가 바로 그것이었다), 도버 지역 교육위원회는 명백히 종교적 동기를 가지고 있었기 때문에 시범 사건으로 삼기에는 나쁜 곳이었고(지금도 그렇고 과거에도 대개 ID는 언제나 보수적인 복음주의자들을 대표하는 변증론자들의 진영이었으며, 오늘날 ID 행사나 책 등에 몰려드는 많은 사람들은 아직도 보수적인 복음주의자들이 유일하다), ID는 이름만 바꾼 창조론이 아니라고 주장하면서 역사를 다시 쓰려고 여태 필사적으로 애쓰고 있다.

현재 디스커버리재단은 애써 시치미를 뚝 떼고 '지적설계론'은 아직도 건재하게 살아 있다고 주장하고 있다. 도버 판결 10주년 때, 재단의 웹사이트에는 지난 10년 동안 재단에서 이룬 '업적들'을 자랑하는 장문의 글이 하나 게시되었는데, 그야말로 특수 변론과 사실에 대한 선택적 오용을 보여주는 기념비적인 글이다. 그들은 자기네 변호사들이 자기들을 반대하는 진짜 과학자들과 진짜 박물관들을 상대로 한 성가신 소송에서 어떻게 승리를 거뒀는지, 그리고 자기들이 쓴 책들(대부분 그들의 지도적인 저술가인 스티븐 마이어Stephen Meyer가 썼다)에 대해서 자랑했다. 그러나 그 책들은 가차 없는 비난을 받았고, 과학적으로 무능하고 부정직하고 완전한 사기였기 때문에 진짜 과학계로부터 대부분 무시를 받았다.

그들이 실제로 벌인 과학 연구 프로그램의 경우는 어떨까? 디스커버리재단이 설립된 늦은 1990년대로 돌아가 보면, 앞으로 10년에 걸쳐 100편의 과학 글을 발표하자는 제안이 쐐기문서에 적혀 있다. 그로부터 거의 20년이 흐른 지금, 가장 최근의 게시글에서 그들은 무슨 대단한 업적이라도 되는 양 "동료 심사를 거친 80편의 발표물"을 떠벌리고 있다. 생산적인 과학자들은 대부분 저마다 적어도 그 정도 논문 편수는 가지고 있다. 그러나 디스커버리재단은 한 개인이 아니라 수많은 사람들이 힘을 보태는 거대한 홍보 공장이다. 사실 내가 발표한 글 중에서 동료 심사를 거친 글은 300편이 넘는다. 나 하나만 봐도 그들이 발표한 글의 총 수보다 거의 네 배나 많다. 더군다나 디스커버리재단의 게시글에 실린 목록을 들여다보면, 논문들 거의 전부가 자기네 홍보지인《바이오컴플렉시티BIO-Complexity》에 실린 것이거나,《저널오브코스몰로지Journal of Cosmology》 같은 심사를 거치지 않는 온라인 비주류 웹사이트에 올린 것이거나, 돈만 주면 뭐든지 발표할 수 있는 포식성 온라인 저널들에 실린 것들이다. 이름 있는 학술지에 실린 논문은 한두 편에 불과하며, 논문 제목도 논문 내용이 실제로는 ID에 관한 것이 전혀 아님을 가리키고 있다.

얄궂게도 펜실베이니아주 도버에서는 문제가 대부분 완결되지 못했다. 왜냐하면 2005년 11월에 (그 재판 때문에 도버시가 부정적인 이미지로 알려진 것에 당황한) 도버 시민들이 투표를 해서 교육위원회로부터 보수파를 물러나게 하고 학교에서 지적설계론을 가르치는 것에 반대하는 새로운 교육위원회를 구성했기 때문이다. 새로 구성된 이 교육위원회는 당연히 판사의 판결에 항소하길 원치 않았고 오히려 갈채를 보냈다. 그러나 옛 교육위원회의 어리석은 짓이 초래한 소송 비용 부담 문제를 여전히 해결하지 못하고 있는 형편이다.

창조론의 원숭이 사업*

> 물론 실험과학의 방법들로는 창조가 증명되지도 않고 증명될 수도 없거니와,
> 창조를 과학 이론으로 여길 수도 없다.
> —듀에인 기시, 〈창조, 진화, 그리고 역사적 증거〉

창조는 이론이 아니다. 하나님께서 우주를 창조하셨다는 사실은 이론이 아니다. 그건 진실이다. 하지만 창조의 세부적인 면 몇 가지는 성경 말씀이 명확히 못 박아 놓지 않았다. 일부 문제들, 이를테면 창조, 대홍수, 지구의 어린 나이 같

---

* 옮긴이—'원숭이 사업'으로 번역한 'monkey business'는 음흉하고 악랄하고 미심쩍고 기만적인 일을 이르는 관용어인데, 창조론에서 '원숭이'가 불가결하게 가지는 상징성을 살리고자 직역했다.

은 문제들은 성경 말씀으로 규정되었다. 그래서 그것들은 이론이 아니다. 내가 성경 말씀을 이해한 바에 따르면, 우주의 나이는 대략 6000살이다. 일단 성경 말씀이 그렇게 정해놓았으니, 그것을 출발점으로 삼아 그 위에 이론을 구축할 수 있다.

—1995년, 커트 와이즈

결국 창조론은 과학과는 아무 관련도 없다. 타당한 과학적 관념 하나를 창조론자들이 자기네 종교 교리로 바꿔치고 싶어 한다는 것 말고는 말이다. 창조론이란 정치와 권력의 문제일 뿐이고, 자기네가 아끼는 생각을 어떤 대가를 치르더라도 널리 퍼뜨리려고 하는 것 말고는 다른 게 없다. 창조론자들은 정상적인 과학을 하지도 않으며, 진화론에 반대하는 생각을 동료 심사가 이루어지는 학술지에 발표하지도 않고, 자기네가 연구한 바를 정식 과학 모임에서 제시하지도 않거니와, 더욱 심각하게는, 과학의 기본 지침, 곧 **최종 진리란 없으며, 모든 생각은 시험과 반증의 대상이 되어야 한다**는 지침을 따르려 들지도 않는다.

창조론자들은 미리 결론을 정해놓는다. 창조연구재단은 자기네가 내린 결론을 이미 정해진 것으로 삼도록 회원들에게 충성 맹세까지 시킨다. 진짜 과학자라면 누구도 그렇게 하지 않을 것이다. 왜냐하면 진짜 과학에서는 결론이란 임시적인 결론으로 있을 수밖에 없으며 얼마든지 바뀔 수 있기 때문이다. 창조론자들은 자기들이 내세우는 주장을 뒷받침하기 위해서라면 서슴없이 증거를 비틀고 버무리고 왜곡할 것이다. 사실 보면 '창조과학'이란 말은 모순어법이어서, '거대한 작은 새우jumbo shrimp'처럼 용어들이 서로 모순된다. 결론이 미리 정해져 있는 한, 창조론자들은 진정으로 과학을 하는 것이 아니다. 그리고 자기들의 결론을 시험하거나 반증하기를 꺼린다. 이번 장의 앞부분과 바로 위에서 인용한 듀에인 기시의 말이 이를 분명하게 토로하고 있다.

마이클 셔머가 지적했다시피(Shermer 1997: 131), 창조론자들은 유대인을 혐오하는 신나치 홀로코스트 부정론자들과 공통점이 참 많다. 나치가 유대인 수백만 명을 죽였다는 사실을 인정하지 않는 홀로코스트 부정론자들도 창조론자들처럼 자기들이 객관적 시각을 갖춘 정식 학자인 양 행세를 하고, 공적인 자리에서는 속에 품고 있는 동기를 부정하지만, 사적인 자리에서는 반유대주의적 증오를 숨김없이 드러낸다. 이 증오 때문에 그들은 진실을 왜곡하고 부정하는 것이다. 홀로코스트 부정론자들이 쓰는 주요 전략은 역사학자들(창조론자들의 경우에는 과학자들)의 해당 분야에 대한 지식에서 사소한 오류를 찾아내서는 그 분야 전체가 틀렸다는 듯이 구는 것이다. 마치 학자들이라면 생각이 모두 일치해야 한다거나 실수를 전혀 하지 않는다고 여기는 것 같다. 흔히 홀로코스트 부정론자들은 다른 사람의 말들(나치, 유대인들, 다른 홀로코스트 연구자들)을 맥락을 무시한 채 인용해서, 마치 그들이 부정론자들의 입장을 지지하는 듯 보이게 만들곤 한다. 창조론자들도 진화론자들이 발표한 글을 놓고 똑같은 짓을 한다. 역사학자들 사이에서 세부적인 문제를 놓고 논쟁이 있으면, 홀로코스트 부정론자들은 홀로코스트가 일어나지 않았음을 암시하는 사례, 또는 학자들이 문제를 제대로 이해하고 있지 못함을 암시하는 사례로 써먹는데, 창조론자들도 진화생물학자들 사이에서 벌어지는 정식 과학 논쟁에 대해서 똑같은 짓을 한다. 하지만 셔머의 말마따나, 사망한 유대인의 수를 달리 산정할 수 있다는 점에서 홀로코스트 부정론자들에게는 적어도 일부 옳은 구석이 있을 수 있지만, 창조론자들에게는 옳은 구석이 전혀 있을 수가 없다. 일단 논쟁에 초자연적인 것을 끌어들이면, 그 논쟁은 더 이상 과학 논쟁이 아니게 되기 때문이다.

법정 싸움에서 모두 졌기 때문에, 창조론자들은 다른 전술에 의지한다. 곧 교육위원회를 압박하고, 교과서 출판업자들을 협박하고, 자기들을 반대하는 사람들을 못살게 굴고, 지적설계론 같은 얄팍한 책략으로 종교적 동기를 위장하는 것이다. 자기들의 비과학적인 생각들이 과학 학술지의 동료 심사를 결코 통과할 수 없고 대학 교과과정에 들어가게 만들 수도 없음을 알기 때문에, 창조론자들은 직접 책과 학술지를 펴내고, 직접 교육기관을 만들어 자기네 교리를 교과과정에 반영토록 한다. 자기네 생각들이 과학 모임에서 이루어지는 동료들의 톺아보기를 버텨내지 못할 것이기에, 창조론자들은 진짜 과학 모임에 참석하는 일이 거의 없고, 그 대신 서로 뜻이 같은 자기들끼리만 모여 얘기한다.

여기서 예외를 찾아보면 규칙이 있음을 볼 수 있다. 2005년 8월, 정체가 모호한《워싱턴 생물학회지Journal of the Biological Society of Washington》에 '캄브리아기의 생명 폭발'을 다룬 스티븐 마이어의 ID 창조론 논문 하나가 실렸다. 들리는 말에 따르면, 동료심사평은 혹독했고 논문을 반려할 것을 권고했지만, 창조론에 공감했던 편집자인 리처드 스턴버그Richard Sternberg가 그냥 논문을 실어버렸다고 한다. 자기들 모르게 무슨 일이 벌어졌는지 알아차린 나머지 편집진과 스미소니언 과학자들은 그 논문을 인정하지 않았고, 그 편집자는 자리에서 물러났다. 내가 알기로 지금까지 이 논문은 동료 심사가 이루어지는 정식 과학 학술지에 공식적으로 게재된 유일한 창조론 논문이다. 그것도 창조론자들의 뜻에 공감한 편집자가 심사자들의 의견을 무시함으로써 학술지 정책을 위반했기 때문에 겨우 실린 것이다. W. J. 프리츠Fritz, 존 봄가드너John Baumgardner, 스티븐 오스틴Stevem A. Austin을 비롯해 창조론적 '홍수지질학자들'이 발표하는 논문들은 동료 심사가 이루어지는 과학 학술지에는 실리지 못하고, 창조론자들이 만든 간행물들에만 실렸다. 동료 심사가 이루어지는 정식 학술지에 그들이 쓴 글이 실린다 해도 지엽적인 문제를 다루는 글이고(이를테면 옐로스톤의 다중지층 나무 화석이나 일부 지역에서 나타난 화석의 밀도 같은 문제), 저자는 그 연구 어디에서도 창조론적인 의제를 드러내지 않는다.

이와 마찬가지로, 창조론자는 저명한 과학 학회들에서 여는 정식 전문가 모임에서 논증을 제시하는 대신 은밀한 전술을 쓴다. 바버라 포레스트Barbara Forrest와 폴 그로스Paul R. Gross는 폴 치엔Paul Chien이라는 ID 창조론자가 중국에서 야비하게 회담을 개최하려 했던 일을 서술했다(Forrest and Gross 2004). 그 회담은 표면상으로는 중국에서 발견된 선캄브리아 시대와 캄브리아기의 놀라운 화석들을 다루는 것으로 알려졌다. 그런데 서던캘리포니아대학교의 데이비드 보트예David Bottjer 박사와 리버사이드캘리포니아대학교의 나이젤 휴스Nigel Hughes 박사 같은 저명한 과학자들이 회담 장소에 도착했을 때, 그들은 그 모임이 디스커버리재단의 지원을 받았고 ID 창조론 강연자들로 가득함을 알게 되었다. 처음부터 끝까지 그 회담은 창조론자들의 논문을 정식 과학자들의 논문과 나란히 발표시켜 창조론자들에게 어느 정도 학문적 지위를 실어주기 위해 계획적으로 꾸민 계략이었다.

창조론자들은 과학계와 교전을 벌이려 할 때마다 토론회 형식을 빌려서 싸운다. 얼른 보면 정당한 전략처럼 보인다. 왜냐하면 수많은 분야에서 우리는 논쟁을 이용하여 증거를 살피고 생각을 명확히 다듬는 오랜 전통을 가지고 있기 때문이다. 그런데 사실 그 토론회 형식이라는 것은 진화론과 창조론의 언쟁을 해결하는 데에는 아무 소용이 없다. 그저 누가 더 수사법과 논쟁 기술이 뛰어난지 판가름하는 정도밖에 없다. 창조론자들은 이쪽에 대단히 재주가 좋다. 늘상 하는 일이고 연습을 많이 하기 때문이다. 이와는 달리 과학자들은 과학 모임에서 형식을 모두 갖추고—찬성 진영과 반대 진영, 조정자, 제3반론자 등을 모두 갖추고—토론을 벌이는 일이 사실상 없다. 더군다나 창조론자들은 논쟁의 주제를 제멋대로 바꾸는 방법으로 탄약을 쉬지 않고 재면서 상대 진화론자를 숨 쉴 틈 없이 공격한다. 말하자면 천문학을 논했다가 열역학을 논했다가 고생물학으로 생물학으로 인류학으로 마음대로 주제를 오가는 것이다. 이 전술의 대가였던 듀에인 기시의 이름을 따서 이를 '기시 구보Gish Gallop'라고 한다.

　창조론자 논객을 상대하는 과학자는 창조론자들이 그 짧은 논쟁 시간에 도입한 온갖 오해와 복잡한 개념들의 왜곡에 일일이 대응할 수가 없다. 창조론자들이 왜곡하는 데 걸린 시간만큼 빠르게 실제 과학을 청중에게 가르칠 수가 없기 때문이다. 진화론자 논객이 공세를 취하려 하면, 창조론자는 재빨리 질문을 피하고는, 창조론자를 믿지 않으면 무신론자가 되어야 한다고 청중(대부분 신자이다)이 믿게 만들기를 쉬지 않는다. 만일 논쟁술이 뛰어난 과학자(특히 종교적 신념을 가지고 있어서 무신론자라고 부를 수 없는 과학자)가 창조론자들을 꼼짝 못하게 몰아세우면, 그들은 자기들이 즐겨 이용해먹는 과학적 주제들에 대해 피상적이고 기계적으로 외운 지식만을 가진 것에 불과해서 자기들이 말하고 있는 바를 전혀 이해하지 못하기 때문에 찌그러진다. 그러나 그들의 논쟁술 또한 대단하기 때문에, 구석에 몰렸거나 어쩔 줄 몰라 하는 상태에서 금방 빠져나오곤 한다. 대부분의 과학자는 일부러 창조론자들과 논쟁을 벌이려고 하지 않을 것이다. 논쟁에 참여한 사람 모두 이미 생각을 굳힌 상태여서, 논쟁에 승산이 없기 때문이다. 더군다나 논쟁술을 제대로 배우지 못한 과학자들이 대부분이다. 그리고 우리는 창조론자를 과학적 동료로 대하고 싶지도 않거니와(그들은 우리 동료가 아니다), 토론회라는 탈을 쓰고 그들이 벌이는 말

싸움에 무게를 실어주고 싶지도 않다. 나아가 우리 모두는 진짜 과학 연구 같은 훨씬 나은 할 일이 있다. 그런 탓에 창조론자들은 과학자들을 비웃으면서, 겁먹은 과학자들이 진화론을 방어할 용기를 내지 못하고 있다며 거들먹거린다.

스티븐 제이 굴드가 이런 모습을 가장 잘 묘사했다.

> 논쟁은 일종의 기술입니다. 논쟁의 관건은 입씨름에서 이기는 것이지, 진실을 찾자는 게 아닙니다. 실제로 사실을 정립하는 것과 아무런 상관도 없는 논쟁 규칙과 절차가 몇 가지 있습니다. 창조론자들은 이것들에 아주 능숙합니다. 그 규칙 몇 개를 들어 보죠. 당신이 가진 입장에 대해 긍정적인 말은 한마디도 하지 말 것. 공격받을 수 있으니까. 그러나 상대방의 입장에 약점처럼 보이는 것이 있으면 야금야금 쪼아댈 것. 그들은 이런 걸 잘합니다. 저는 제가 논쟁 자리에서 창조론자들을 꺾을 수 있으리라고는 생각지 않습니다. 그들을 묶어둘 수는 있죠. 그러나 그들은 법정에 서면 맥을 못 춥니다. 법정에서는 연설을 할 수 없기 때문입니다. 법정에서는 여러분이 자신의 믿음을 얼마만큼 긍정하는지 직설적으로 묻는 물음에 대답해야 합니다. 아칸소에서 우리는 그들을 무찔렀습니다. 두 주에 걸친 재판의 둘째 날, 우리는 승리의 파티를 열었습니다!
> (1985년 캘리포니아 공과대학강연에서, Shermer 1997: 153에서 인용함.)

나는 직접 창조론자들과 논쟁을 해본 적이 있는데, 진정 눈이 번쩍 뜨이는 경험이었다. 1983년 10월, 연락위원회Committees of Correspondence(전국과학교육센터 National Center for Science Education의 전신으로서 창조론과 싸움을 벌였다) 위원장이었던 고 스탠리 와인버그Stanley Weinberg가 위원회의 일리노이주 남부를 대표해줄 것을 내게 부탁했다. 시카고를 뺀 일리노이주 전 지역에서 창조론자들과 싸울 책임이 내게 주어진 것이었다. 그와 함께 나는 일리노이주 게일스버그의 녹스대학에서 지질학 강의와 연구도 다 해내야 했다. 운 좋게도 내 임기의 대부분은 '남부 전선 이상 없음' 상태였으나, 한 차례 창조론자와 붙을 기회는 있었다. 창조연구재단의 일급 논객인 듀에인 기시가 그곳으로 순회 강연을 온 적이 있었다. 기시는 퍼듀대학교의

한 토론회에 초청을 받았는데, 퍼듀대학교는 일리노이주 경계 바로 건너의 인디애나주 웨스트라피엣에 있다. 대학 쪽에선 그를 상대하려 하는 교수가 아무도 없었기에 내게 연락이 왔고, 나는 그들의 초대에 응했다. 순전히 경험을 쌓기 위해서였고, 창조론자를 한번 상대해보았노라고 말하고 싶었기 때문이다.

먼저 나는 이전에 듀에인 기시와 논쟁을 벌여본 (그리고 그를 꺾은) 사람들과 얘기를 나누었다. 토론회가 있기 일주일 전에, 나는 샘페인과 어배나에 걸쳐 있는 일리노이대학교에서 기시가 반대 진영 없이 강연을 하나 하는 걸 보러 갔다. 반대 진영이 없는 공개 강연에서 그는 늘 하던 대로 판에 박힌 강연을 하고 슬라이드를 보였다. 아무나 들을 수 있는 강의였기 때문에, 총명하고 회의주의적인 대학생 수백 명이 몰려와서는 기시가 터무니없는 말을 늘어놓거나 증거를 왜곡할 때마다 야유를 퍼부었다. 나로선 소중한 시간이었다. 그가 준비한 말과 슬라이드를 미리 보았기 때문이다. 게다가 듀에인 기시가 로봇이라는 말도 줄곧 들었다. 말하자면 외워둔 대사를 단 한 줄이라도 바꾸거나 슬라이드 순서를 하나라도 바꾸는 일은 결코 없으며, 반대 논객을 인정하는 일도 없고, 방금 자기 논증이 박살난 것도 결코 깨닫지 못한다는 것이었다. (1995년에 기시가 논쟁하는 모습을 다시 보게 되었는데, 12년이 흘렀는데도 대사 한 줄 바뀐 게 없었고, 슬라이드가 눈에 띄게 바랜 것만 다를 뿐이었다.) 내가 알기로 토론회에서 내게 주어질 시간은 처음 두 시간 가운데 처음 30분과 세 번째 30분이었기에(무려 네 시간짜리 토론회였다!), 기시가 자기 입장을 거론하기도 전에 내가 먼저 그 입장을 공격해서 무너뜨릴 준비를 했다.

예상대로 기시는 내가 그리했다는 걸 전혀 알아채지 못했고, 늘 하던 소리를 한 줄도 바꾸지 않고 늘어놓았다. 그 말의 신뢰성이 이미 무너졌는데도 말이다. 나는 기시가 어김없이 던질 시시한 농담을 가로채서, 과연 기시가 눈치를 채고 다른 농담을 할 수밖에 없을지 보기 위해 먼저 그 농담들을 써먹고 싶은 생각까지 들었다. 하지만 영사막에 침팬지 사진을 비추고 (기시가 강연 때마다 하는 대로) "내 손자 사진이 왜 저기 있지?"라고 말하는 건 29세짜리 미혼의 과학자에게서 나올 법한 소리가 아님을 깨달았다.

그런데 이보다 더 깜짝 놀란 것은 토론회를 주최한 창조론자들의 행태였다. 그들은 근방에 있는 모든 교회에서 수백 명을 모아 버스로 태워 왔다. 반면 퍼듀대학 생들에겐 참가비를 무겁게 물려서 참석을 좌절시켰다. 대학생들로선 토요일 밤에 돈을 별로 들이지 않고도 훨씬 좋은 할거리들이 있는 법이니 굳이 그런 돈을 내면서까지 토론회에 참석할 이유가 없었다. 그 결과, 내가 일리노이주에서 제자 다섯 명과 함께 몇 시간 동안이나 차를 몰고 토론회에 도착했을 때 보니 청중의 95퍼센트는 이미 창조론자들로 채워져 있었다. 토론회를 개회하면서 주최 측에선 뻔뻔하게도 이런 말을 했다. "기시 박사와 대적할 논객으로 스티븐 제이 굴드나 나일스 엘드리지Niles Eldredge를 모시지 못했습니다. 그래서 우리가 데려온 사람은……." 말인즉슨 나라는 사람은 일리노이주 깡촌에서 온 이름 모를 촌놈이라는 뜻이었다. 물론 이건 굴드와 엘드리지가 기시를 무서워한다는 암시를 줘서 진화론자들을 조롱하려고 쓰는 방법이지만, 그들은 그게 과학자인 나에게 모욕을 주는 말임은 조금도 고려치 않았다.

소개가 끝나고 처음 두 시간에 걸쳐 내가 기시를 박살낸 뒤(많은 사람들이 내게 와서 그렇게 말했고, 덕분에 창조론을 버렸다고 말했다), 그들은 질의응답 형식으로 토론회를 이어갔다. 휴식 시간을 가진 뒤, 그들은 내게 청중의 물음들이 적힌 3×5인치 크기의 색인 카드 더미를 전했다. 그들은 "당신의 종교적 믿음은 무엇입니까?", "당신은 성도착자입니까?", "지옥에 가렵니까?" 같은 질문지들을 맨 위에 두었다. 그 자리가 처음부터 과학에 관한 토론회가 아니었으며, 대부분 근본주의자인 청중은 과학에 대해 들으러 온 것이 아니라, 자기편 투사를 응원하고 지옥에 갈 불쌍한 진화론자의 영혼을 동정하려고 온 것이 분명했다. 물론 기시는 질문지를 섞다가 공감이 가는 질문을 발견하면 그걸 기회로 삼아 1부에서 논의하지 못했던 논점들을 부언했다.

나는 기시를 무참하게 꺾기는 했지만, 다시는 그와 논쟁하지 않겠다고 결심했다. 듣지 않는 자들에게 말하는 건 시간 낭비였고, 계속해서 그들의 입장에 무게감을 실어주고 싶지는 않았기 때문이다. 그런데 2002년에 나는 로스앤젤레스의 공공 텔레비전 방송에서 주최한 진화론 토론에 참여해달라는 부탁을 받았다. 반대 논객은 창조연구재단에서 온 두 창조론자였다. 나는 토론의 처음부터 끝까지 그들의 터무니없는 거짓과 왜곡을 무력화하는 데 힘을 쏟았다. 다행히 그들은 화석 기록을 언급하는 실수를 했고, 덕분에 나는 대단히 유리한 입장에 서게 되었다. 저들이 잘못 말한 걸 절대 그대로 넘어가서는 안 된다는 걸 지난 경험에서 배웠기 때문에, 나는 그들이 거짓을 말하자마자 중간에 끼어들어 그들의 말을 끊었다. 나와 같은 편 논객이었던 미국시민자유연합에서 나온 한 변호사는 창조론은 종교이며 헌법에 의해 공립학교 과학 수업에서 못 가르치게 금지된 것이라는 단순한 사실을 차분하게 거듭 지적함으로써 논쟁을 승리로 끝마쳤다.

창조론 논객들을 보면 참 놀라운 면이 있다. 새로운 걸 전혀 배우지도 못하고 다른 논증을 생각해내지도 못하는 것이다. 그들은 낡고 케케묵은 똑같은 말을 염불을 외듯 또 하고 또 하고 또 한다. 그 논증들이 이미 오래전에 무너진 것임을 모르거나 인정하지 않겠다는 것처럼 말이다. 예를 들어 창조론 논객은 거의 하나같이 열역학 제2법칙을 언급하고는, 지구와 생명 같은 복잡한 계는 진화할 수 없다고 논하곤 한다. 열역학 제2법칙에 따르면 자연에 있는 모든 것은 쇠해가고 에너지를 잃어가고 결코 더 복잡해지지 않아야 하기 때문이라면서 말이다. 그러나 열역학 제2법칙이 말하는 것은 그것이 아니다. 모든 창조론자는 그 제2법칙이 진정으로 말하는 바가 무엇인지 들어봤지만, 인정하길 거부한다. 열역학 제2법칙은 **오로지 닫힌계에만 적용된다**. 뜨거운 기체를 병에 넣고 뚜껑을 봉해 놓으면 천천히 식으면서 에너지를 잃는 것처럼 말이다. 그러나 지구는 닫힌계가 **아니다**. 지구는 태양으로부터 끊임없이 에너지를 새로 받으며, 이 에너지가 바로 (광합성 작용을 통해) 생명의 동력이 되어, 생명이 점점 더 복잡해지고 진화할 수 있게 해준다. 거듭해서 바로잡아주었는데도 창조론자들이 열역학 제2법칙을 계속 오용하는 게 이상하게 보일 텐데, 이유는 간단하다. 과학을 잘 알지 못하는 청중에게 깊은 인상을 심어주는 말인 데다, 속임수가 먹히면 계속 써먹기 마련이기 때문이다.

기시는 이런 면에서 특히나 부정직하다. 한 도시에서 논쟁에 패하여 어쩔 수 없이 자기의 논증이 옳지 않음을 인정했다고 해도, 다음날 밤에는 전날 벌인 것과 똑같이 무효한 논증을 다른 청중 앞에서 변함없이 사용할 것이다. 그 청중은 기시가 전날 밤에 그 논증을 철회한 모습을 보지 못했기 때문이다(Arthur 1996; Petto

2005). 기시는 거짓말을 하고 일부러 속임수를 쓰다가 거듭해서 걸렸는데도(Arthur 1996; www.holysmoke.org/gish.htm) 무효가 된 그 기만적인 생각들을 단 한 줄도 바꾸려 들지 않는다. 별 의심을 하지 않는 다음번 청중 앞에서, 이미 틀렸음이 증명되었다는 걸 스스로 알고 있는 논증을 냉소적으로 다시 이용한다면, 그 논객을 어찌 정직하다거나 진실되다고 할 수 있겠는가?

이와 마찬가지로 창조론자들은 확률에 근거한 거짓 논증을 써서 진화는 일어날 수 없다고 주장하곤 한다. 이것 또한 수학과 통계를 쓰면 추종자들에게 깊은 인상을 줄 것이라는 점에 기대는 것이다. 창조론자들은 원숭이가 셰익스피어의 작품들을 타자로 칠 수 있을 확률이 없다는 것을, 진화가 무작위적인 우연으로 복잡계를 구축할 수 없음을 보여주는 유비로 인용하곤 한다. 기시가 즐겨 쓰는 유비는 (독불장군 천문학자 프레드 호일Fred Hoyle에게서 빌려온 유비이다) 고물 집하장을 덮친 허리케인이 707기를 조립할 확률이 없다는 것이다. 그러나 이런 유비들은 완전히 헛짚은 것들이다. 진화는 '무작위 우연'이 아니라, 불리한 변이들을 자연선택이 솎아내면서 사건이 일어날 가능성을 크게 높여나가는 과정이다. 여기에 더 걸맞은 유비는, (맞춤법 검사기처럼) 잘못을 자동으로 지우거나 고치도록 프로그램된 워드프로세서를 치는 원숭이가 될 것이다. 그렇다면 설사 아무렇게나 자판을 누른다 해도 원숭이는 결국 우리가 알아볼 수 있는 문자열을 조합해낼 것이다. 리처드 도킨스Richard Dawkins는 이런 일을 얼마나 쉽게 해낼 수 있는지 보여주는 흥미로운 예들과 컴퓨터 프로그램들을 많이 제시했다(Dawkins 1986, 1996).

더군다나 확률을 제대로 이해하는 사람이라면 누구나 알다시피, 이런 식의 사후 논증은 펼칠 수가 없다. 만일 이런 논증을 펼친다면, **설사 실제로 일어나는 일이라 하더라도, 무엇이든 복잡한 일련의 사건들이 일어날 확률은 극도로 낮아지게 된다.** 내가 기시와의 논쟁에서 사용한 유비가 이를 잘 보여준다. 나는 수백 명의 청중에게, 여러분의 인생에서 일어났던 모든 사건들이 실제로 일어날 **사후**after the fact 확률과, 그 모든 불가능한 사건들 가운데에서 여러분 모두가 이 특정 순간에 이 강의실에 모이게 될 확률을 헤아려보라고 부탁했다. 당연히 이 사건이 일어날 확률은 어마어마하게 낮다. 나는 청중에게, 만일 기시의 확률 논증을 따른다면, 여러분은 존재할 수도 없을 것임을 지적했다!

　창조론자들이 펼치는 진부하기 짝이 없는 기본 논증의 대부분은 이 책 곳곳에서 까발려질 것이기에, 지금 이 자리에서 그 논증들을 살피지는 않을 것이다. 다만 만일 진짜 과학자가 50년 동안 연구를 해오면서도 새로운 것 하나 배우지 못하고, 잘못임이 증명된 적이 있는 입장을 전혀 바꾸지 않는다면, 그 사람은 과학계에서 오래 버티지 못하리라고 말하는 것으로 지금은 충분할 것이다.

더 읽을거리

Alters, B, and S. Alters. 2001. *Defending Evolution*. Sudbury, Mass.: Jones and Bartlett.

Berra, T. 1990. *Evolution and the Myth of Creationism*. Stanford, Calif.: Stanford University Press.

Brockman, J, ed. 2006. *Intelligent Thought: Science Versus the Intelligent Design Movement*. New York: Vintage.[《왜 종교는 과학이 되려 하는가》(바다출판사: 2017)]

Brown, B., and J. P. Alston. 2007. *Flock of Dodos: Behind Modern Creationism, Intelligent Design, and the Easter Bunny*. Cambridge, U.K.: Cambridge House.

Eldredge, N. 1982. *The Monkey Business: A Scientist Looks at Creationism*. New York: Pocket Books.

Eldredge, N. 2000. *The Triumph of Evolution and the Failure of Creationism*. New York: Freeman.

Forrest, B., and P. R. Gross. 2004. *Creationism's Trojan Horse: The Wedge of Intelligent Design*. Oxford: Oxford University Press.

Franz, M.-L. von. 1972. *Creation Myths*. Zurich: Spring.

Friedman, R. 1987. *Who Wrote the Bible?* New York: Harper & Row.[《누가 성서를 기록했는가》(한들출판사: 2008)]

Frye, R. M., ed. 1983. *Is God a Creationist? The Religious Case Against Creation-Science*. New York: Scribner.

Futuyma, D. 1983. *Science on Trial: The Case for Evolution*. New York: Pantheon.

Godfrey, L., ed. 1983. *Scientist Confront Creationism*. New York: Norton.

Graves, R., and R. Patai. 1963. *Hebrew Myths: The Book of Genesis*. New York: McGraw-Hill.

Heidel, A. 1942. *The Babylonian Genesis*. Chicago: University of Chicago Press.

Heidel, A. 1946. *The Gilgamesh Epic and Old Testament Parallels*. Chicago: University of Chicago Press.

Humes, E. 2007. *Monkey Girl: Evolution, Education, Religion, and the Battle for America's Soul.* New York: Ecco.

Isaak, M. 2006. *The Counter-Creationism Handbook.* Berkeley: University of California Press.

Kitcher, P. 1982. *Abusing Science: The Case Against Creationism.* Cambridge: MIT Press.[《과학적 사기》(이제이북스: 2003)]

Larson, E. 1985. *Trial and Error: The American Controversy Over Creation and Evolution.* New York: Oxford University Press.

Matzke, N. 2015. "Kitzmas Is Coming!" Panda's Thumb (blog), https: //pandasthumb. org/archives/2015/12/kitzmas-is-comi.html

McGowan, C. 1984. *In the Beginning: A Scientist Shows Why the Creationists Are Wrong.* Buffalo, N.Y.: Prometheus.

Miller, K. 1999. *Finding Darwin's God: A Scientist's Search for Common Ground Between God and Evolution.* New York: HarperCollins.

Numbers, R. 1992. *The Creationists: The Evolution of Scientific Creationism.* New York: Knopf.

Olasky, M., and J. Perry. 2005. *Monkey Business: The True Story of the Scopes Trial.* New York: B&H.

Pelikan, J. 2005. *Whose Bible is it? A History of the Scriptures Through the Ages.* New York: Viking.[《성서, 역사와 만나다》(비아, 2017)]

Pennock, R. 1999. *Tower of Babel: The Evidence Against the New Creationism.* Cambridge: MIT Press.

Perakh, M. 2004. *Unintelligent Design.* Buffalo, N.Y.: Prometheus.

Pigliucci, M. 2002. *Denying Evolution: Creationism, Scientism, and the Nature of Science.* Sunderland, Mass.: Sinauer.

Ruse, M. 1982. *Darwinism Defended.* New York: Addison-Wesley.

Ruse, M. 1988. *But is it Science? The Philosophical Questions in the Creation/Evolution Controversy.* Buffalo, N.Y.: Prometheus.

Ruse, M. 2003. *Darwin and Design: Does Evolution Have a Purpose?* Cambridge: Harvard University Press.

Ruse, M. 2005. *The Evolution-Creation Struggle.* Cambridge: Harvard University Press.

Sarna, N. 1966. *Understanding Genesis: The Heritage of Biblical Israel.* New York: Schocken.

Scott, E. C. 2005. *Evolution vs. Creationism: An Introduction.* Berkeley: University of California Press.

Shanks, N. 2004. *God, the Devil, and Darwin: A Critique of Intelligent Design Theory.* Oxford: Oxford University Press.

Shermer, M. 2006. *Why Darwin Matters: Evolution and the Case Against Intelligent Design.* New York: Henry Holt/Times Books[《왜 다윈이 중요한가》(바다출판사: 2008)].

Shulman, S. 2007. *Undermining Science: Suppression and Distortion in the Bush Administration.* Berkeley: University of California Press.

Smith, C. M., and C. Sullivan. 2007. *The Top Ten Myths About Evolution.* Amherst, N.Y.: Prometheus.

Smith, H. 1952. *Man and His Gods.* New York: Little, Brown.

Young, M., and T. Edis, eds. 2005. *Why Intelligent Design Fails: A Scientific Critique of the New Creationism.* Piscataway, N.J.: Rutgers University Press.

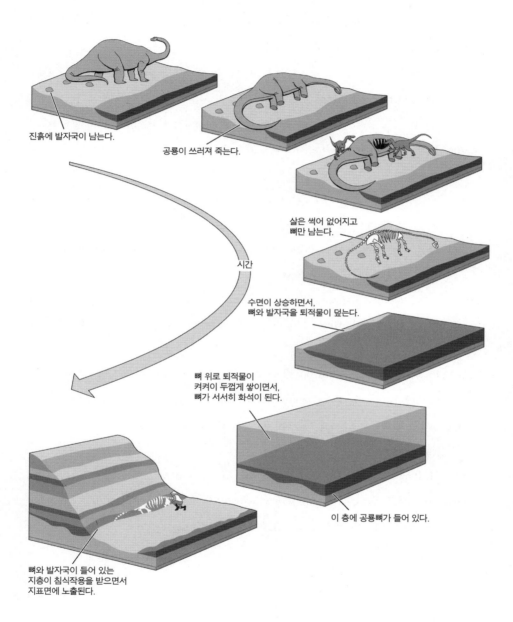

진흙에 발자국이 남는다.

공룡이 쓰러져 죽는다.

살은 썩어 없어지고
뼈만 남는다.

시간

수면이 상승하면서,
뼈와 발자국을 퇴적물이 덮는다.

뼈 위로 퇴적물이
켜켜이 두껍게 쌓이면서,
뼈가 서서히 화석이 된다.

이 층에 공룡뼈가 들어 있다.

뼈와 발자국이 들어 있는
지층이 침식작용을 받으면서
지표면에 노출된다.

그림 3-1 대부분의 생물이 가진 뼈와 껍질은 화석이 되는 과정을 거치면서 99퍼센트가 파괴된다. 그래서 지금까지 살았던 모든 종의 1퍼센트 미만만 화석으로 보존된다. 그러고도 크게 운이 따라줘야 지난 200년 사이에 때마침 화석을 수집하러 밖으로 나선 고생물학자들의 눈에 띄게 된다.

3 화석 기록

운이 좋아야 화석이 된다

이제 우리가 가진 가장 풍요로운 지질 박물관들로 눈을 돌려보자. 허나 우리가
보는 전시물은 그 얼마나 보잘것없단 말인가! 우리 소장품들이 불완전함은 모
두가 인정하는 사실이다. 우리가 아는 화석종들의 많은 수는 하나밖에 없는 표
본, 그마저도 대개는 부서진 상태인 표본에서 알아낸 것들이다. 지구의 작은 일
부만이 지질학적으로 탐사되었을 뿐이고, 탐사된 곳이라 해도 충분히 관리되는
곳은 없다. 퇴적물이 쌓이지 않는 해저에 껍질과 뼈가 남겨졌을 때에는 부패해
서 사라져버린다. 해저 전체에서 화석 유해가 묻힐 만큼 퇴적물이 충분히 빠르
게 침전되고 있다고 가정하면 잘못이다. 모래 속이든 자갈 속이든 유해들이 묻
히면 그 층이 융기되었을 경우 탄산이 함유된 빗물에 용해되어 버리는 게 보통
이다.
—찰스 다윈, 《종의 기원》

창조론자들이 화석을 놓고 벌이는 왜곡을 까발리려면, 먼저 화석 기록과 화석화 과
정을 명확하게 이해해두어야 한다. 들어가는 말에서 살폈다시피, 다윈이 《종의 기
원》을 세상에 내놓은 1859년 당시에는 당혹스러울 만큼 화석 기록이 불완전했지
만, 금방 다윈에게 가장 힘을 실어주는 증거 가닥이 되어주었다. 20세기에는 화석
수집 형편이 대폭 나아졌다. 그래서 진화가 일어난 순서와 과도기 꼴을 수백 가지
나 기록하게 되었다.

　이렇듯 1860년의 당혹스러울 만큼 화석 기록이 빈약했던 상황에서 1960년에

이르러 당혹스러울 만큼 화석 기록이 풍부해진 상황으로 바뀐 것은 그 사이 수천 명의 헌신적인 고생물학자들과 지질학자들이 얼마나 고되게 일해왔는지 보여준다. 그들이 벌이는 싸움은 엄청난 악전고투이다. 흔히 창조론자들은 화석 기록이란 거의 완전에 가깝고, 1859년에 다윈이 예상했던 것처럼 눈에 띄지 않을 만큼 차근차근 진행된 무수히 많은 과도 단계들을 보여주어야 한다고 주장한다. 그러나 우리가 화석을 수집해온 세월이 거의 200년 가까이나 되었지만, 위의 인용에서 다윈이 언급하다시피, 화석 기록은 일부 지역에서만 상대적으로 완전할 뿐이다. 화석이 되는 일은 아직도 그 가능성이 몹시 낮은 사건이고, 지금까지 살았던 대부분의 생물은 화석이 되지 못했다.

이걸 우리는 어찌 아는 걸까? 고생물학에는 화석학taphonomy('매장법'을 뜻하는 그리스어에서 유래했다)이라는 온전한 하위 분야가 있는데, 생물이 어떻게 왜 화석이 되는지 이해하는 일에 매달리는 학문이다(Prothero 2004: Ch. 1 참고). 생물이 죽은 뒤에 일어나는 사건들을 차례차례 살펴보자(그림 3-1). 맨 먼저, 죽은 생물을 분해하거나 파괴하는 생물적 요인들(세균, 곰팡이, 곤충을 비롯해 다른 분해자들과 청소동물 등)이 있다. 몸의 부드러운 부분은 빠르게 썩거나 먹히기 때문에 화석이 되는 일이 거의 없다. 껍질이나 골격 같은 단단한 부분만이 보존될 기회를 그런대로 가진다. 동물이 죽으면 뼈는 보통 청소동물이 처리하면서 부서지기 때문에, 실제로 남는 뼈는 별로 없거나 아예 없을 수도 있다. 화석학자들은 동아프리카 같은 곳에서 많은 연구를 하면서, 하이에나를 비롯한 청소동물들이 어떤 식으로 주검을 찢어발기고 거의 모든 뼈를 부숴놓는지 자세히 관찰해서 기록했다. 이런 일이 일어난 곳들을 표시하고 사진을 찍고 나서 1년 뒤에 다시 돌아와 변화를 기록해보니, 청소동물의 입을 피한 뼈들마저도 발에 밟히거나 다른 파괴 요인들로 인해 부서지거나 흩어질 수 있었다.

해양 환경에도 파괴 요인들이 많이 있다. 해파리나 해양 벌레처럼 부드러운 몸을 가진 생물들은 화석 기록을 남기는 경우가 거의 없다. 심지어 연체동물과 산호처럼 단단한 부분이 있는 생물들까지도 쉽게 파괴된다. 조가비들은 파도와 조류에 이리저리 쓸리면서 부서져 조각난다. 그래서 가장 튼튼한 조가비만 남게 된다. 게나

가재 같은 포식자들이 조가비를 부수는 경우도 많다. 이들은 발톱이나 집게발을 써서 조가비를 깨거나 열어젖혀서 그 속에 든 먹잇감을 덮친다. 버려진 조가비는 그걸 닻이나 부착물로 쓰는 생물들 때문에 마모된다. 해면동물과 조류藻類를 비롯하여 구멍을 뚫는 생물 모두가 조가비를 파거나 녹여서 구멍을 뚫고는 조가비의 광물질을 재사용하므로, 조가비는 더욱 약해진다.

뼈나 조가비가 일단 이 모진 시련을 견뎌냈다고 해도, 위험이 더 기다리고 있다. 퇴적물 속에 묻힌 뒤에도 조가비나 뼈는 퇴적물 틈으로 스며드는 물에 용해될 수 있다. 원래 있던 광물질 대신에 실제로 새로운 광물질로 이루어진 화석들이 많다. 이는 원래의 광물질이 화석 기록에 얼마나 적게 남는지 보여준다. 화석이 될 가능성이 있는 유해가 더욱 깊이 묻히면, 위를 덮은 퇴적물 더미에 가해지는 엄청난 압력이 화석을 변형시키거나 완전히 으깨버릴 수도 있다. 깊이 묻힌 퇴적암 중에는 고온과 고압을 받아 실제로 변성암으로 탈바꿈하는 경우가 많으며, 그러면 처음에 있던 화석의 흔적들은 완전히 사라져버린다.

조가비나 뼈가 용해, 물질 교체, 변형, 압력, 변성 같은 온갖 시련을 피해가거나 견뎌냈다 하더라도, 아직 위험이 더 기다리고 있다. 화석을 함유한 퇴적물이 지표면으로 융기되어 다시 노출되면, 화석은 쉽게 침식된다. 때마침 고생물학자가 그곳을 지나칠 때(지난 200년 동안 이런 일은 드문드문 있었을 뿐이다) 말고는, 화석은 쉼 없이 풍화를 당해서 언제라도 파괴되어 영원히 사라져버릴 것이다. 전 세계의 고생물학자는 몇 천 명밖에 안 되며, 화석을 수집하러 나갈 시간은 1년에 많아야 몇 주에서 몇 달 정도밖에 되지 않는다. 그래서 화석을 함유한 암석의 노출면은 대부분 고생물학자의 손길이 닿지 못하며, 결국 그 화석들을 영영 잃어버리고 만다. 이를 곰곰 생각해보면, 어느 생물이 화석이 되어 실제로 우리 손에 들어오게 될 가능성은 극히 적다. 우리에게 무슨 화석이라도 있다는 건 기적과도 같다.

우리가 가진 화석 기록의 질을 평가할 다른 방도들도 있다(Prothero 2013a: 22 참고). 지금 시점까지 지구상에서 생물학자들이 알고 서술하고 명명한 종은 약 150만 가지인데(대부분 곤충이다), 어떤 평가치에 따르면 지구에 깃들어 사는 종은 총 400만~500만 가지이다. 그런데 우리가 아는 화석 동물종과 식물종은 모두 해서 기껏해야 25만 가지 정도에 지나지 않으며, 이는 오늘날 지구에 사는 종의 5퍼센트 정도에 불과하다. 그러나 오늘날이라는 시간은 다세포 생명이 존재해온 지난 6억 년을 수백만 조각으로 나눈 시간 조각 가운데 하나일 뿐이다. 나머지 시간 조각들까지 모두 셈에 넣는다면, 화석 기록에서 나타난 종의 총 가짓수는 전체의 1퍼센트를 다시 작디작게 나눈 한 편린일 뿐이다.

그 결과 딱딱한 골격이나 껍질이 없이 부드러운 몸만 가진 생물군(특히 곤충, 벌레, 해파리 등속)의 화석 기록은 워낙 빈약해서 대부분의 고생물학자는 그 생물군들을 별로 연구하지도 않고 그 생물군들의 진화에 대해 많은 말을 하려 들지도 않는다. 그러나 딱딱한 골격을 가진 일부 생물군은 보존될 가능성이 훨씬 높다. 우수한 골격과 훌륭한 보존 기회를 가지는 생물군(여기에는 미화석, 해면동물, 산호류, 연체동물, 불가사리류, 성게류, 그 동물들의 친척, 삼엽충, 완족동물, 태형동물이 해당된다)에만 초점을 맞춘다면, 화석 기록은 결코 그리 불완전하지 않다. 현재 지구상에 사는 이 동물군에는 약 15만 종이 있는데, 화석 종은 18만 가지가 넘는다. 계산하기에 따라, 지금까지 살았던 이 동물군의 모든 종 가운데 2~13퍼센트가 화석이 되었다고 볼 수 있다. 이 정도라 해도 여전히 대단한 수치는 아니지만, 방금 전에 언급한 1퍼센트를 작게 나눈 편린보다는 훨씬 나은 수치이다. 곳에 따라서는 화석 조가비가 대단히 조밀하고 기록에 끊어짐이 없는 곳들이 있다(그림 3-2). 고생물학자들이 진화 같은 문제를 연구할 때 주의를 집중하는 곳이 바로 이런 곳들이다. 물론 고생물학자들은 모든 종이 보존된 것은 아니라는 걸 알고 있다. 그러나 화석이 된 동물군에서 진화가 어떤 식으로 일어났는지 볼 수 있을 만큼의 데이터는 충분히 가지고 있다.

아메바와 짚신벌레 같은 단세포 생물은 대부분 부드러운 몸을 가지고 있어서 화석이 되지 못한다. 그러나 아메바형인 유공충foraminiferans과 방산충radiolarians 같은 몇몇 동물군은 탄산칼슘이나 이산화규소로 이루어진 멋진 껍데기를 가지고 있어서 화석이 매우 잘된다(그림 8-1). 이 단세포 원생생물들은 바다에서 수백수천만 마리씩 떼를 지어 살며, 녀석들의 껍데기가 워낙 많은지라 해저에는 퇴적물 전체가 유공충 껍데기로만 이루어진 곳이 많이 있다. 코코리토포레 조류coccolithophorid algae는

그림 3-2 화석이 매우 조밀하고 기록에 끊어짐이 없는 곳들이 있다. 그런 곳에는 표본 수가 엄청나게 많다. (A와 B) 메릴랜드주 체서피크만의 절벽은 믿기지 않을 만큼 조밀한 조가비층으로 예부터 유명하다(S. 키드웰의 사진) (C) 플로리다주 중부에 있는 그 유명한 플라이오세 리지 조가비층Pliocene Leisey shell beds은 보존 상태가 대단히 훌륭한 화석 조가비가 수천 가지나 된다(고생물학연구기관의 워런 D. 올몬의 사진).

단추 모양의 미세한 방해석 판들을 분비하는데, 지름이 겨우 몇 마이크로미터에 지나지 않는다. 하지만 얕은 바닷물에서는 코코리토포레가 엄청나게 밀집해서 살 수 있기 때문에, 이런 곳에서는 석회질 퇴적물 더미가 두껍게 쌓인다. 이를 백악chalk이라고 한다.

이처럼 풍부한 생물의 경우에는 화석 기록이 지극히 좋다. 미고생물학자들은 지층이 지표면에 드러난 노두나 심해저를 시추해 얻은 퇴적심에서 퇴적물 몇 그램을 수집하여 현미경 받침유리에 놓고 보기만 하면 수백만 년에 걸쳐 있는 수천 가지 표본을 얻을 수 있다. 화석 기록이 이렇게나 좋기 때문에, 미고생물학자들은 진화를 굉장히 자세하게 기록할 수 있다. 그래서 퇴적물의 나이가 몇 살인지도 말해줄 수 있고, 미화석들이 기후 변화에 어떻게 반응했는지, 해당 지역의 바닷물이 더 깊어졌는지 더 얕아졌는지까지 보여줄 수도 있다. 사실 고생물학에서 단일 분야로서 가장 큰 하위 분야가 바로 미고생물학micropaleontology이다. 미고생물학에서 하는 일이 석유가 나오는 암석의 나이를 알아야 하는 석유 회사와는 떼려야 뗄 수 없는 관계에 있기 때문이다. 더군다나 지질시대 동안 기후와 해양이 어떻게 변화했는지 연구하는 해양지질학에서도 미고생물학은 없어서는 안 된다. 미화석이 없었다면, 우리에겐 석유 한 방울 없었을 것이고, 빙하시대의 원인이나 과거 지구에서 일어났던 기후변화의 원인을 아직도 이해 못하고 있었을 것이다. 제8장에서 우리는 미화석이 보여주는 놀라운 진화적 변화의 예를 몇 가지 살필 것이다. 진화를 추적해나가기에는 화석 기록이 몹시 불완전하다는 통상적인 불평에 궁극적으로 답을 줄 수 있는 것이 바로 미화석이다.

동물군천이? 아니면 '홍수가 만든 지질'?

이제 유기적 존재들의 지질학적 천이succession와 관련된 여러 사실과 법칙들이 과연 종이 불변한다는 통상적인 시각과 가장 잘 부합하는지, 아니면 자연선택을 거치면서 느리게 점진적으로 종이 변형된다는 시각과 가장 잘 부합하는지 살펴보자. …… 그런데 가장 가까운 관계에 있는 지층들을 아무것이나 비교해 보면, 모든 종이 어떤 변화를 겪은 모습으로 나타날 것이다. 어느 종이 지구상에서 한번 사라지면, 그것과 모든 게 똑같은 꼴이 다시 나타나리라고 믿을 근거는 전혀 없다.

—찰스 다윈,《종의 기원》

화석 기록에 대해서 창조론자들이 퍼뜨리는 일반적인 신화 중에는, 지질학자들이 진화를 **증명할** 목적으로 지층과 지층에 담긴 화석들의 순서를 뒤섞어놓고, 진화론자들은 그 순서를 가리키며 진화의 **증거**라고 말한다는 소리가 있다(Gish 1972; Morris 1974: 95-96). 창조론자들에 따르면, 이는 순환논증이다. 그러나 이는 명백히 진실이 아니며, 지질의 역사에 대해—그리고 창조론에 대해—창조론자들이 실제로 아는 바가 거의 없음을 보여준다.

　시간이 흐르면서 화석 집합들이 달라진다는 사실, 곧 **동물군천이**faunal succession를 처음 발견한 지질학자들은 사실 신앙이 독실한 이들이었으며, 진화를 증명하려 했던 이들도 아니었다('진화'란 관념은 그들이 동물군천이를 발견하고도 50~70년이 지나고 나서야 발표되었다). 이 가운데 한 사람인 윌리엄 스미스William Smith는 경제적으로 자유로운 부유한 신사 과학자가 아닌(초창기의 지질학자들과 고생물학자들은 대부분 부유한 신사 과학자였다) 변변찮은 노동자 계급으로서, 잉글랜드 남부에서 운하를 파는 어느 지역 회사에서 토목기사로 일했다. 그에게는 암석과 화석을 보는 예리한 눈이 있었고, 자기가 무엇을 파고 있는지 알아보는 재능이 있었다. 평상시에는 수목이 두텁게 우거져 있던 잉글랜드의 풍경 사이로 운하가 파이면서 암석의 맨 단면이 드러났고, 이를 처음으로 제대로 살펴본 사람 중의 하나가 바로 스미스였다. 1795년께에 스미스는 운하 때문에 파낸 지층마다 어김없이 서로 전혀 다른 화석 집합이 들어 있음을 눈여겨보았다. 스미스는 주어진 화석이 어느 지층에서 나왔는지 분간할 수 있었다. 지층에 담긴 화석이 저마다 달랐기 때문이다. 워낙 그걸 잘했기에, 스미스는 화석 수집가 신사들이 소장한 화석 하나하나가 어느 지층에서 나왔는지 정확히 알아맞혀서 그들을 깜짝 놀라게 하곤 했다. 스미스는 잉글랜드의 암석층을 통해 드러난 화석들의 순서가 어떤 막강한 도구가 되어줄 수 있음을 곧 깨달았다. 왜냐하면 거리와 상관없이 각 지질시대를 대표하는 화석들은 서로 일치한 반면, 암석층은 거리에 따라 달랐기 때문이다. 덕분에 스미스는 특징적인 지층과 그 지층에서 나오는 화석의 지도를 그릴 수 있었고, 그 결과 1815년에 최초의 잉글랜드 지질도를 발표했다. 이제까지 작도된 것 가운데 진정으로 현대적인 최초의 지질도였다(Winchester 2002 참고).

　　스미스는 평범한 노동자였던 탓에, 자기 생각을 세상에 발표해서 당시 그 분야의 지배세력이었던 신사 지질학자들에게 인정받기까지 엄청난 난관을 헤쳐 나가야 했다. 스미스의 발견이 얼마나 중요한지 알아차린 몇 사람이 그 영예를 훔쳐서 자기들의 것으로 만들려고 하기도 했다. 스미스는 지질도를 출판하려다가 굉장한 규모로 수집해둔 화석과 전 재산을 잃고 채무자 감옥에서 세월을 보냈으며 건강까지 나빠져 어려움을 겪었지만, 마침내 그 중대한 발견의 공로를 인정받았다. 세상을 뜨기 얼마 전인 1831년에는 '영국 지질학의 아버지'라는 칭호도 얻었다. 스미스는 시간에 따른 화석의 변화를 웅대하게 신학적으로 설명하려 한 적이 없었다. 그저 암석 기록에서 보는 경험적 사실로 그 변화 패턴을 기록했으며, 전 세계의 층서 지도를 그려내고 서로 상관시킬 수 있는 강력한 도구임을 보였을 따름이다.

　　영국해협 건너의 프랑스에서도 이와 비슷한 생각들이 모습을 드러내고 있었다. 위대한 해부학자이자 고생물학자였던 조르주 퀴비에 남작은 당시 파리 주변에서 발견된 화석들을 연구하고, 파리의 땅 밑에 자리한 독특한 암석층을 서술하고 있었다. 퀴비에는 연체동물 화석 전문가였던 알렉상드르 브룽냐르Alexandre Brongniart와 함께 연구하면서 각 지층마다 눈에 띄게 다른 화석집합들이 있음을 알아차리기 시작했다. 이렇게 분명하게 영국과 프랑스에서 각각 독자적으로 동물군천이를 발견한 것을 두고, 새로운 생각이 나올 때가 무르익으면 여러 곳에서 동시에 발견이 이루어지기 마련임을 보여주는 고전적인 예로 삼는 학자들도 있다. 반면 브룽냐르가 잉글랜드를 다녀간 1802년(이때는 프랑스혁명 이후 나폴레옹과 전투를 치르던 기간 동안 프랑스와 잉글랜드가 서로 으르렁거리지 않은 몇 안 되는 시기 가운데 하나였다. 나폴레옹과의 싸움은 1815년에서야 끝이 난다)에 그 생각에 대해 들었을 것이라는 의견을

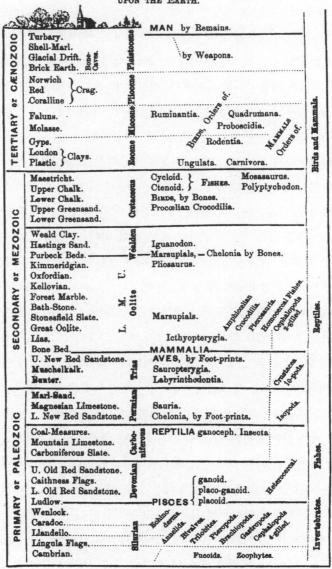

TABLE of STRATA and Order of Appearance of Animal Life upon the Earth.

그림 3-3 지질연대표를 재구성한 이들은 원래 신앙이 독실한 창조론자 지질학자들이었다. 그러나 그들은 〈창세기〉의 홍수 하나로 설명하기에는 화석 기록이 몹시 복잡함을 깨달았다. 위의 지질연대표는 창조론자 생물학자의 마지막 적자 가운데 한 사람인 리처드 오언이 발표한 것이다(Owen 1861).

내놓는 학자들도 있다. 어느 쪽이 맞든, 유럽 전역은 물론이고 마침내는 전 세계의 지질학자들이 동물군천이를 지질학의 강력한 도구로 채택하게 되었으며, 그 결과 1850년에 이르러서 지질학자들이 수많은 지역에서 암석과 화석의 천이를 풀어냈고, 지질연대표를 이루는 시기들의 이름을 지어나갔다(그림 3-3). 진화라는 것은 아직 프랑스와 영국의 생물학자들 사이에서 (지질학자들은 아니었다) 떠도는 급진적인 생각이었고, 다윈이 그 생각을 발표하기까지는 아직 10년을 더 기다려야 했다.

사실 퀴비에 자신은 동료인 장-바티스트 라마르크Jean-Baptiste Lamarck가 내놓은 진화 관념에 완강하게 반대했고, 화석 기록을 이용해서 라마르크를 반박하려고 했다. 퀴비에는 이집트의 고분들에서 (나폴레옹 군대에게 도굴당한 지 얼마 되지 않은 때였다) 발굴된 동물 미라들을 지적했다. 이 고양이 미라와 따오기 미라를 보면 고대 이집트 시대 이후로 고양이와 따오기가 아무 변화 없이 그 모습 그대로 유지되고 있음을 알 수 있었다. 퀴비에가 보기에 이는 라마르크가 제시한 바와 달리 생명은 계속해서 변화하거나 진화하지 않는다는 증거였다. 프랑스 과학계에서 가장 이름이 높았던 퀴비에는 에티엔 조프루아 생틸레르Étienne Geoffroy Saint-Hilaire와 라마르크가 썼던 사변적인 접근법도 피해야 했다. 그것 대신 그 난관을 풀어낼 나름의 해법을 퀴비에는 제시했다. 곧 멸종한 동물 화석이 있는 암석층은, 성경에는 적혀 있지 않으나, 〈창세기〉에 나오는 창조와 홍수가 있기 전의 어둡고 위험했던 시기(이때를 '홍수 이전antediluvian' 시기라고 했다)를 나타내는 것이라고 보았다. 〈창세기〉의 기록이 시작되기 전에 신이 일찍이 이 홍수 이전에 있던 세계들을 창조했고 파괴했다고 본 것이었다. 당시에는 이런 해법이 그리 이단적이지 않았다. 그렇게 해서 퀴비에는 노아의 방주에 들어가지 못해 멸종했기 때문에 오늘날에는 살아 있지 않음이 확실한 생물들의 화석 기록이 암석층에 가득하다고 생각할 수 있었던 것이다.

다른 지질학자와 고생물학자들 역시 퀴비에를 따라 각 층에 독특한 화석이 담긴 것을 성경에서 언급되지 않은 또 다른 창조와 홍수 사건이 있었다는 증거로 서술하려고 했다. 1842년에 프랑스의 알프스산맥 남서부에서 발굴된 쥐라기의 화석들을 서술해나가던 알시드 도르비니Alcide d'Orbigny는 그 화석들에 열 단계가 있음을 곧 알아보게 되었다. 도르비니는 그 단계 하나하나가 성경에는 안 나와 있는 창조와 홍수 사건을 하나씩 나타내는 것이라고 해석했다. 그러나 연구가 계속되면서 점점 양상이 복잡해지더니, 급기야는 서로 다른 창조와 홍수가 27차례까지 식별되기에 이르렀고, 그 때문에 성경 이야기의 모양새가 일그러지게 되었다. 상황이 이렇게 되자 유럽의 지질학자들은 화석 순서가 굉장히 길고 복잡하기 때문에 〈창세기〉와는 전혀 맞아떨어지지 않음을 마침내 인정하기 시작했다. 그래서 그들은 화석 순서와 성경을 조화시키려는 생각을 버렸다. 다시 한번 말하건대, 이 지질학자들은 성경을 의심하지 않은 독실한 신자들이었고, 다윈주의적 진화(아직도 이 생각은 세상에 발표되지 않은 상태였다)를 증명하려고 화석 순서를 뒤섞는 일에는 전혀 관심이 없는 이들이었다. 그들은 단지 당시에 이해되었던 모습의 암석 기록을 성경으로 어떻게 설명해낼 수 있을지 방도를 보지 못했을 뿐이었다.

　　신학을 걱정하는 대신, 지질학자와 고생물학자들은 전 세계에 있는 암석들의 나이를 추정하고 암석끼리 상관시킬 수 있게 해주는 극도로 강력한 도구가 바로 동물군천이임을 깨달았다. 동물군천이의 원리는 **생물층서학**biostratigraphy이라는 학문으로 자라났으며, 이 학문은 각 층에 함유된 화석의 분포를 이용해서 해당 지층의 나이를 규정한다(Prothero 2013a: ch.10 참고). 그리고 이 생물층서학을 이용해서 우리는 지구상의 암석 분포도를 그려낼 수 있다. 석유와 석탄지질학자들이 그 소중한 자원을 찾아 구멍을 뚫으려는 암석들의 나이를 알아내고 암석끼리 상관시키는 일에 쓰는 주된 도구가 바로 생물층서학이다. 생물층서학이 없었다면, 우리에게는 석유도 천연가스도 없었을 것이고, 값싼 석유에 의존하는 현대 산업시대는 결코 도래하지 못했을 것이다.

　　스미스와 퀴비에에게서 보았듯이, 생물층서학에서는 화석이 시간에 따라 달라지는 까닭을 진화론이나 여느 다른 이론으로 설명할 필요가 없다. 이 학문은 그저 화석들이 **정말로** 달라진다는 경험적 사실만 다룰 뿐이다. 생물층서학의 이론은 이렇게 달라지는 화석의 분포 패턴을 해독해서 가장 미더운 결과를 얻어내는 방법만 고려할 뿐이기에, 그 이론에는 생물학적인 성분이 거의 없거나 아예 없다. 생물층서학에서 소중한 시간 지표가 되는 수많은 화석들은 사실상 신기한 모양을 한 특이한 물체로 취급될 뿐, 멸종한 생물의 유해 같은 것으로 취급되지 않는다. 설사 그 시간 지표가 화석이 아니라 암나사, 숫나사, 나사못 같은 비생물적인 물체라고 해도 시간에 따라 예측 가능한 방식으로 바뀌어가기만 한다면, 그 지표들로도 충분히 일을 해낼 수 있을 것이다. 사정이 이러함을 보여주는 증거는, 생물층서학에서 쓰는 가장 좋은 화석들 가운데 많은 것들이 생물학적으로는 변변히 이해되지 못한 것들이고(미화석군의 대부분이 이에 해당한다), 몇몇 중요한 멸종 생물들(이를테면 필석류 graptolites, 코노돈트conodonts, 아크리타크acritarchs)의 생물학적 관계에 대해서는 한 세기가 넘도록 아는 바가 전혀 없던 것들이라는 것이다. 그런데도 그 화석들은 변함없이 생물층서학에서 쓰임이 되어주는 것이다!

물론 진화 관념이 일단 세상에 모습을 드러내자, 시간에 따라 화석이 달라지는 까닭을 진화가 설명해냈다. 그러나 내가 말하는 주된 논지를 반복해보자면, 시간에 따른 화석의 천이는 다윈이 진화에 대한 생각을 발표하기 수십 년 전에 독실한 기독교 신자였던 지질학자들이 정립한 것이었다. 창조론자들이 주장하는 대로 지질학자들이 진화를 증명하려고 화석을 임의로 배열하는 사기를 벌였을 가능성은 전혀 없다.

초현실적인 '홍수지질' 세계

'홍수지질학'의 체계를 과학적으로 온전한 기초 위에 정립시켜 효과적으로 장려하고 널리 알린다면, 적어도 신다윈주의의 꼴을 한 현재의 진화론적 우주론은 전체가 무너지고 말 것이다. 그러면 반기독교적인 모든 체계와 운동(공산주의, 인종주의, 인본주의, 자유분방주의, 행동주의, 나머지 모든 것)의 사이비 지성적인 토대가 사라질 것임을 뜻할 것이다.
─헨리 모리스《과학적 창조론》

창조론자들은 진화란 그저 이론일 뿐이라고 치부하길 좋아한다. 이에 대해 나는 창조론은 심지어 이론조차 아니라고 즐겨 대꾸한다. 우리가 잘 알고 철저하

게 연구한 과학적 현상에 비추어 검토해보았을 때, 창조론자들의 '홍수지질학'
은 과학수사에서 가장 기초적이고 단순하다고 보는 시험조차 통과하지 못한다.
곧 주검들은 창조론자들이 반드시 그래야 한다고 주장하는 방식대로 쌓이지 않
는다는 것이다.
—월터 F. 라우, 〈물에 둥둥 뜬 공룡들: 어느 과학수사관이 본 '창세기'의 홍수〉

지질학자들이 진화를 증명하려고 화석 기록을 부정하게 뒤섞었다는 주장을 할 수
없게 되었으면, 창조론자들은 화석 기록이 순간적인 창조를 보여주는 게 아니라 시
간에 따라 화석 동물군이 달라져 왔음을 보여준다는 걸 인정해야 한다. 늦은 19세
기와 이른 20세기의 초창기 근본주의자들을 살필 때 보았다시피(2장 참고), 당시 대
부분의 근본주의자는 비록 못마땅하기는 했어도 시간에 따른 화석 동물군의 변화
가 진화를 뒷받침한다는 생각은 받아들였다. 그러나 싸움에서 이기기 위해서라면
필요한 모든 방도를 써서 진실을 비틀곤 하는 종교적 광신자들의 사나운 상상력을
결코 과소평가해서는 안 된다. 만일 화석 기록이 정말로 시간에 따른 동물군의 순
서를 보여준다면, 성경으로 그걸 설명할 수 있어야 한다고 그들은 믿는다.

처음으로 그것을 상세하게 설명하려 한 사람은 제7일안식일예수재림교회
Seventh-Day Adventist의 교사 신도인 조지 매크레디 프라이스George Macready Price로서, 그
는 1902년부터 책을 꾸준히 출간했다. 프라이스는 지질학이나 고생물학 교육을 정
식으로 받은 적도 없고 그 분야에 경험도 없었으며, 사실 예수재림교회가 세운 어
느 조그만 대학에서 강의 몇 개 들은 적밖에 없었다. 그러나 여성 예언자이자 제7일
안식일예수재림교회운동의 창시자인 엘런 화이트Ellen G. White에게서 영감을 받은
프라이스는 **홍수지질학**flood geology이라는 설명을 생각해내서는 1963년에 세상을 뜨
기 전까지 60년이 넘는 세월 동안 그것을 적극적으로 세상에 알렸다. 프라이스는
모든 화석 기록을 대홍수로 설명할 수 있다고 보았다. 곧 힘없는 무척추동물이 맨
먼저 묻히고, 그보다 몸집이 더 큰 육상동물들은 수면까지 떠다니다가 무척추동물
보다 높은 지층에 묻히거나 홍수를 피해 더 높은 땅으로 올라갔다는 것이다. 암석
에 함유된 화석으로 암석의 연대를 추정하는 동시에 지질층서 상에서 화석이 자리

한 위치로 화석의 나이를 추정하는 지질학자들이 순환논증의 오류를 저지른다고 본 것—이런 생각이 잘못임은 앞에서 설명했다—또한 프라이스가 원조이다. 역사나 지질학에 무지했던 프라이스는 17세기와 18세기에 신앙이 독실한 지질학자들이 화석 기록을 노아의 홍수로 설명할 수 있다고 믿었으나 연구를 해가면서 그게 불가능함이 드러나자 그 설명을 버렸다—진화론이 무대에 등장하기 오래전의 일이었다—는 사실을 알지 못했다. 17세기에 가장 유명했던 지질학 논저인 토머스 버닛Thomas Burnet 목사의 《지구를 설명하는 성스러운 이론The Sacred Theory of the Earth》은 노아의 홍수로 암석 기록을 설명하는 문제를 다루었다. 현대의 창조론자들과 달리, 버닛은 초자연적인 것에 의존하지 않았다. 기적으로 설명하라고 사람들이 다그쳤어도, 버닛은 이렇게 단언했다. "간단히 말해 그들은 전능하신 하느님께서 홍수를 일으킬 목적으로 물을 창조하셨다고 말하는 것이다. …… 그걸로 끝이다. 이는 우리가 매듭을 풀지 못한다고 해서 잘라버리는 짓이다."

　　프라이스가 만년에 이르렀을 때, 일반적으로 대부분의 창조론자들은 지질학에 대한 그의 괴상한 생각들을 당혹스럽게 여기고 무시해버렸다(Numbers 1992: 89-101을 참고하라). 대부분의 창조론자들은 〈창세기〉의 '하루 시대'라는 생각에 찬동했다. 말하자면 성경에서 말하는 '하루'가 지질학적인 '시대'였다고 본 것이다. 그들은 단순하기 짝이 없는 홍수 모형에 들어맞도록 지질학의 모든 증거를 왜곡하려고도 하지 않았다. 프라이스의 제자 몇 명은 실제로 암석을 눈으로 직접 보면서 그의 생각들을 시험해보려고 했는데, 프라이스는 조금도 그리 하려 들지 않았다. 1938년에 프라이스의 추종자인 해럴드 클라크Harold W. Clark는 "어느 제자의 초대로 오클라호마주와 텍사스주 북부의 석유 시추 현장들을 방문해서 지질학자들이 가진 믿음의 근거를 두 눈으로 직접 보았다. 땅속 깊이 시추하는 작업을 지켜보고 실제 지질학자들과 대화를 나누면서 [그 지질학자들 중에서 어느 누구도 진화를 증명하려고 그 일을 하는 자는 없었다. 다만 석유를 찾아내는 일에 생물층서학을 이용할 따름이었다] '진짜 충격'을 받아, 화석 기록이 뒤죽박죽되었다는 프라이스의 시각에 대한 모든 신뢰를 영구히 지워버렸다."(Numbers 1992: 125) 클라크는 프라이스에게 이렇게 편지를 썼다.

이제까지 우리가 인정했던 것보다 암석은 훨씬 정연한 순서로 자리하고 있습니다. 신지질학New Geology[홍수지질학을 프라이스는 이렇게 불렀다]에서 하는 말들은 현장에서 보는 조건들과 부합하지 않습니다. …… 중서부 전역에서 암석들은 수백 킬로미터가 넘도록 널따란 층상으로 펼쳐져 있으며, 그 순서가 규칙적입니다. 수천 개의 관정심簪井心들이 이를 증명합니다. 텍사스주 동부에만 깊은 관정이 2만 5000개나 됩니다. 아마 중서부에는 관정이 족히 10만 개가 넘을 것이고, 여기서 나온 데이터를 조사해서 상관시켰을 것입니다. 이 과학은 대단히 정밀한 과학이 되었습니다. 시추 작업에 수백만 달러가 투입되고 있으며, 회사의 지질학자들이 발굴한 고생물학적 발견물들이 그 일의 기초가 되고 있습니다. 지층에 담긴 미세한 화석들의 순서는 놀라울 만큼 균일합니다. …… 미국과 유럽을 비롯해서 자세한 조사가 이루어진 곳 어디에서나 똑같은 순서를 볼 수 있습니다. 이 석유지질학은 20년 전까지만 해도 우리가 도저히 꿈도 꾸지 못했을 방식으로 지구 속 깊은 곳을 세상에 열어보였습니다(Numbers 1992: 125에서 인용했다).

이런 클라크의 말은 사실 확인을 통해 홍수지질학자들의 꿈나라가 산산조각 난 고전적인 한 예이다. 안타깝게도 대부분의 창조론자는 과학적 사실을 찾아가지 않는다. 그들은 현장으로 나가 직접 연구를 하거나 지질학과 고생물학에 꼭 필요한 고등 훈련을 받는 고된 과정을 거치기보다는 안락의자에 앉아 머리를 굴리고 화석과 암석에 대해서 단순화시켜 말하는 대중 서적을 읽는 쪽을 더 좋아한다.

1950년대에 젊은 신학생이었던 존 휘트콤은 프라이스의 생각을 다시 한번 부활시키려고 했다. 휘트콤의 생각에 공감하고 신앙이 독실하며 지질학 훈련을 받은 친구 더글러스 블록Douglas Block은 휘트콤의 원고를 검토하고 나서, "[휘트콤이] 되살린 프라이스의 그 논증들은 읽어내기가 고역이라고 생각했다. 심란해진 그 지질학자는 이렇게 적었다. '언젠가 훈련을 정말로 잘 받은 지질학자가 나타난다면야 홍수지질학에 내포된 뜻을 보고 지지할 만하다는 생각이 들면 그 함의들을 부정적이기보다는 긍정적인 성질을 띤 합리적인 체계로 엮어낼 듯싶겠네요.' 블록은 자기를 비롯해서 휘튼[복음주의 교파의 대학]의 동료들은 프라이스를 무시하고 있지 않다고 휘트콤에게 단언했다. 사실 그들은 지질학과 학생 모두가 프라이스가 쓴 책을 적어도 한 권은 읽도록 했으며, 세미나와 현장에서 프라이스의 생각을 거듭해서 시험했다. 휘트콤의 원고를 다 읽고 난 그는 너무 마음이 격앙된 나머지, 차를 몰고 가서 휘트콤에게 지질역사학의 기초를 가르쳐주겠다고 말했다. 그러나 블록의 방문은 그 신학자가 지구과학자들에게 품었던 의혹을 더욱 깊어지게 하는 결과만 낳을 뿐이었다."(Numbers 1992: 190)

1961년에 휘트콤은 수리공학자 헨리 모리스와 함께 《창세기 대홍수The Genesis Flood》를 출간했다. 이 책에서 두 사람은 프라이스의 생각을 나름대로 한두 군데 약간 손을 본 뒤에 다시 우려먹었다. 두 사람이 이룬 주요 개가는 노아의 홍수에 의해 수리학적hydraulic인 정렬이 일어났다는 생각이었다. 무슨 말이냐면, 홍수가 일어나자 무거운 껍질을 가진 해양 무척추동물과 어류가 낮은 곳에 묻혔고, 그다음에는 중간 높이까지 달아났던 더 고등한 동물, 이를테면 양서류와 파충류(여기에 공룡이 포함된)가 묻혔으며, 마지막으로 "똑똑한 포유동물들"은 차오르는 물을 피해 가장 높은 곳까지 올라갔으리라는 것이다.

전문 지질학자나 고생물학자가 이 괴상한 각본을 처음 읽게 되면, 그 생각의 순진함에 입을 다물지 못할 것이다. 프라이스, 휘트콤, 모리스는 화석이나 암석을 수집하는 시간을 가져본 적이 전혀 없는 게 분명하다. 그들의 모형이 설명하려 애쓰는 것은 만화, 곧 어린이 책을 위해 지나치게 단순화시켜서 그린 만화일 따름이지, 과학에서 기록한 화석들의 실제 층서학적 순서가 전혀 아니다. 무척추동물이 맨 아래에 있고, 중간에는 공룡이, 맨 위에는 포유류가 있다는 이 단순무식한 도식은 지구에 있는 어느 곳의 실제 화석 순서와도 전혀 닮은 점이 없다. 사실 단순하기 짝이 없는 이런 만화는 무척추동물, 공룡, 포유류가 **처음 등장한 순서**만 보여줄 뿐이며, 암석 기록에 나타난 화석화 순서를 보여주지는 않는다(왜냐하면 분명 아직도 무척추동물은 우리와 함께 살고 있으며, 맨 밑부터 맨 위까지 모든 지층에서 발견되기 때문이다. 이 책의 28~29쪽을 참고하라). 이 책 28~29쪽에 실린 도해는 전 세계에 있는 암석들의 복잡한 삼차원 패턴을 기초로 해서 추상한 것이다. 몇 군데 색다른 장소, 이를테면 윌리엄 스미스의 잉글랜드, 유타주와 애리조나주에 있는 그랜드캐니언, 자이언캐니언, 브라이스캐니언 같은 국립공원들에는 기나긴 지질 시간에 걸쳐 암석 층서가 상당히 좋은 상태로 연속되어 있다(그림 3-4). 그래서 우리는 어느 암석과 화석 위에 어떤 암석과 화석이 치쌓여 있는지 그 참된 순서를 알고 있다. 그러나 그렇게 상태가 좋은 층서를 보더라도 백악기의 만코스 셰일Mancos Shale에서 나온 '둔한' 해양 암모나이트류, 조개류, 달팽이류가 트라이아스기와 쥐라기의 모엔코피층Moenkopi Formation, 친리층Chinle Formation, 카엔타층Kayenta Formation, 나바호층Navajo Formation에서 나온 '더 똑똑하고 더 빠른' 양서류와 파충류 (그리고 공룡) 위에 있다.

거기서 바로 북쪽으로 유타주와 와이오밍주의 경계 지역에 있는 에오세 중기의 그린리버 셰일Green River Shale은 거의 한 세기 동안 상업적인 화석 수집가들이 유명한 어류 화석들을 캐온 화석 산지이다. 그린리버 셰일에서 나온 화석에는 민물 어류만 있는 게 아니라 민물조개, 달팽이, 개구리, 악어, 새, 육상식물도 있다. 이 암석은 아주 얇은 층들이 켜켜이 쌓인 셰일로, 수천수만 년에 걸쳐 잔잔한 물에서 퇴적되었음을 보여준다. 여기에는 물이 완전히 증발해서 형성된 진흙 엉그름 화석과 소금도 있다. 이 셰일에 함유된 화석과 퇴적물은 모두 큰 홍수가 남긴 특징이 아니라, 이따금 말라붙기도 했던 호성湖成 퇴적물의 특징이다. 이 그린리버 셰일의 어류 화석들은 국립공룡유적지Dinosaur National Monument 같은 곳에 있는 유명한 공룡 출토 층인 상부 쥐라기의 모리슨층Morrison Formation의 위에 자리하고, 포유류를 함유한 지층이 많은 하부 에오세의 워새치층Wasatch Formation의 위에도 자리한다. 이번 경우 또한 더 똑똑하고 더 빨랐다고들 하는 공룡과 포유류 위에서 어류와 무척추동물이 발견된다.

곰곰 생각해보라. 해양 무척추동물이나 어류가 물에 빠져 죽었을 것이라고 볼 까닭이 대체 뭐란 말인가? 따지고 보면, 그 동물들은 바닷물에 적응한 것들이고, 퇴적물이 덮치는 와중에도 그걸 피해 빠르게 움직일 수 있는 것들이 많다. 스티븐 제이 굴드는 이렇게 말했다.

분명 어딘가에는 (동료들이 죽어나가는 와중에도) 씩씩하게 헤엄쳐나가서 상

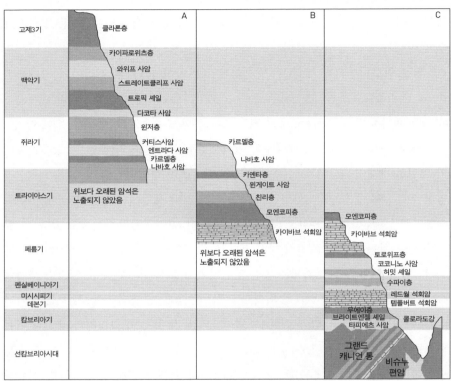

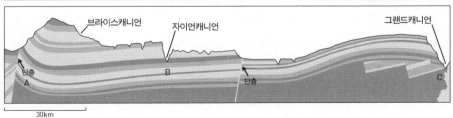

	A	B	C
고제3기	클라론층		
백악기	카이파로위츠층 와위프 사암 스트레이트클리프 사암 트로픽 셰일 다코타 사암		
쥐라기	윈저층 커티스사암 엔트라다 사암 카르멜층 나바호 사암	카르멜층 나바호 사암	
트라이아이스기	위보다 오래된 암석은 노출되지 않았음	카엔타층 윈게이트 사암 친리층 모엔코피층 카이바브 석회암	모엔코피층 카이바브 석회암
페름기		위보다 오래된 암석은 노출되지 않았음	토로위프층 코코니노 사암 허밋 셰일 수파이층
펜실베이니아기			레드월 석회암
미시시피기			템플버트 석회암
데본기			
캄브리아기			무에이층 브라이트엔젤 셰일 타피에츠 사암 콜로라도강
선캄브리아시대			그랜드 캐니언 통 비슈누 편암

그림 3-4 유타주와 애리조나주에 있는 '그랜드스테어케이스Grand Staircase'와 그랜드캐니언의 암석층서는 지층의 포개진 순서와 지질 시기들이 지질학의 환상이 아니라 경험적 증거에 기초한 것임을 보여준다.

부 지층에서 한 자리를 차지한 용감한 삼엽충이 하나 정도는 있었을 것이다. 분명 어느 원시의 바닷가에는 머리를 써서 일시적인 도망 계획을 짤 기회를 갖기도 전에 심장 발작이 와서 하부 지층으로 쓸려 내려간 사람이 하나 정도는 있었을 것이다. …… 상부 지층에 삼엽충이 하나도 없는 까닭은 2억 2500만 년 전에 모두 사라졌기 때문이다. 공룡과 함께 화석이 된 사람이 하나도 없는 까닭은 마지막 공룡이 쓰러져 죽고 나서도 6000만 년이 지난 뒤에 가서야 우리가 나왔기 때문이다.(Gould 1984: 132)

방금 예로 제시한 곳들 말고도, 홍수가 차오르는 초기 단계에 빠져죽었다는 '둔한 무척추동물들'이 '더 똑똑하고 더 빠른 육상동물들' 위에서 발견되는 곳이 세계에 수백 군데는 더 있다. 이를테면 미국의 대서양 연안, 유럽, 아시아에는 해양 조가비층이 육상 포유류 화석이 함유된 층들보다 위에 자리한 곳들이 수없이 많다. 메릴랜드주 체서피크만의 캘버트클리프Calvert Cliffs(그림 3-2A)나 캘리포니아주 베이커스필드 인근의 샤크투스힐Sharktooth Hill 같은 곳들에는 육상 포유류의 화석과 해양 조가비들이 마구 뒤섞여 있으며, 해양 조가비를 함유한 층들이 육상 포유류를 함유한 층들의 위아래에 있는 곳들까지 있다! 창조론자들의 '차오르는 홍수' 모형을 가지고 이런 것들을 어찌 하나라도 이해할 수 있겠는가?

무슨 이런 얄궂은 일이 있을까 싶지만, '홍수지질학'을 반박하는 증거는 '모든 답은 〈창세기〉에Answers in Genesis'라는 단체가 켄터키주에 세운 창조론 '박물관' 바로 밑에서 찾을 수 있다. 이 박물관은 그 유명한 신시내티아치Cincinnati Arch의 오르도비스기 암석 위에 건축되었는데, 오르도비스기 후기의 수백만 년 세월에 걸쳐 있는 암석이다. 그 지역 아무데서나 비탈을 쑤시고 돌아다니다 보면(내가 종종 그렇게 한다), 아주 얇은 셰일층과 석회암층 수백 개가 층진 모습을 발견할 수 있으며, 각 층마다 삼엽충, 태형동물, 완족동물이 살았을 적 모습 그대로 보존된 섬세한 화석들로 그득한데, 홍수에 교란되었다고는 결코 볼 수 없는 모습이다. 그리고 수백 개를 이루는 층 하나하나는 물속에서 자라면서 살다가 고운 미사silt와 점토 속에 부드럽게 묻힌 해양 생물 군집을 하나씩 대표한다(그림 3-5). 화석들이 섬세하게 보존되어 있

(A)

(B)

그림 3-5 '창조박물관' 바로 밑에 있는 신시내티아치 암석들 자체가 홍수지질학의 그릇됨을 까발려준다. 층 하나하나에 해성 화석marine fossil들이 살았을 적 모습 그대로 보존된 모습을 곳곳에서 찾을 수 있다. 그 화석들은 전혀 교란되지 않은 채 고운 진흙층에 묻혀 있으며, 그 위로 다른 생물들이 들어 있는 층이 계속해서 자리해나가는 모습이다. 이 사진 속에 있는 켄터키주 북부의 도로 절개면들은 창조박물관에서 불과 몇 킬로미터밖에 떨어지지 않은 곳에 있으며, 여기서 커다란 산호 머리들coral heads이 살았을 적 모습 그대로 보존된 모습을 볼 수 있으며, 각각은 얕은 해저 이암의 서로 다른 층에 자리하고 있다. 산호 하나하나는 오랜 세월에 걸쳐 형성된 성장 띠들을 보여주며, 이는 홍수로 쓸려온 것이 아니라 얕은 해저에서 오랜 세월 자라다가 죽어 묻혔음을 증명해준다. 이런 예들은 층층마다 수없이 많이 찾을 수 있다. (A) 도로 절개면 한 곳을 넓게 조망한 모습. 자라면서 여러 층에 자리하게 된 산호 머리들이 보인다. (B) 커다란 산호 머리 두 개를 가까이에서 찍은 사진. 성장 띠가 노출된 모습이 보인다. 또한 각 산호 머리가 서로 다른 층에서 서로 다른 시기에 자랐다는 사실도 볼 수 있다. 따라서 이것들은 단 한 번의 홍수 사건으로 이곳까지 쓸려온 것이 아니다(글쓴이의 사진).

는 이 낱층 수백 개가 단 한 번의 '노아의 홍수'로 퇴적되었을 가능성은 없다. 100년 도 더 전에 고생물학자들은 이 화석 군집들이 시간에 따라 달라지고 진화하는 모습 을 기록했다. 그래서 지금 고생물학자들은 각 층에 함유된 특징적인 화석들을 보고 그 층이 오르도비스기 암석층의 어느 부분에서 나왔는지 정확하게 분간해낼 수 있 다. 홍수지질학을 이보다 더 훌륭하게 반박해보라고 말할 수 없을 정도이다. 그러나 그 박물관을 지었던 '모든 답은 〈창세기〉에' 단체의 목사들은 지질학과 고생물학에 워낙 무지했던 탓에, 자기들이 세운 진열장 건물의 기반이 바로 자기네 생각을 반 증한다는 걸 전혀 눈치 채지 못했다.

홍수지질학의 부조리함을 보여주는 예를 한없이 나열할 수 있을 테지만 (McGowan 1984: 58-67에서 휘트콤과 모리스가 지어낸 환상의 세계를 조목조목 깨부수 고 있다), 나는 예를 하나 더 들어서 그 부조리함을 간추려볼 생각이다. 나는 박사학 위 논문 연구의 몇 부분을 사우스다코타주의 빅배드랜즈Big Badlands에서 했는데, 그 곳은 세계에서 척추동물 화석을 함유한 퇴적층이 가장 풍부한 곳 가운데 하나이다 (그림 3-6). 그곳의 화석 순서는 대단히 잘 알려져 있기 때문에, 지금 우리는 수백 미터 두께의 사암과 이암에서 각 생물이 차지하는 범위를 정확하게 정립할 수 있 다. 사실 포유류 화석의 생물층서학적 순서를 정립하는 일이 내가 박사학위 논문에 서 했던 연구의 주된 부분이었다. 그 순서의 맨 밑에는 해양 화석들이 있지만, 바로 위에는 채드런층Chadron Formation의 에오세 후기 화석들이 있고, 여기에는 코뿔소를 닮은 브론토테리움류를 비롯해서 크고 장대한 포유류의 화석들도 들어 있다. 그 위 에 자리한 브룰층Brule Formation에는 이와는 다른 포유류 화석 집합이 있는데, 어느 것도 거대한 브론토테리움류보다 빨리 달렸을 성싶지 않다. 이 가운데 많은 것이 설치류이다. 더 크고 다리도 더 긴 동물들보다 이 설치류들이 '더 높은 땅으로 기어 오르기'를 더 잘했을 것이라고 상상하기는 어렵다. 하지만 여기서 결정타는 브룰층 에서 가장 풍부한 화석이 바로 거북이라는 사실이다! 이렇게 해서 우리는 새로운 형태의 토끼와 거북이 이솝우화를 듣게 된다. 이 우화에서는 둔한 거북이가 토끼보 다 더 빨리 높은 땅에 도달했을 뿐 아니라, 더 똑똑하고 더 크고 더 다리가 긴 나머 지 포유동물까지 거의 모두 제쳤다. 홍수지질학의 모형을 시원하게 반증해내는 것

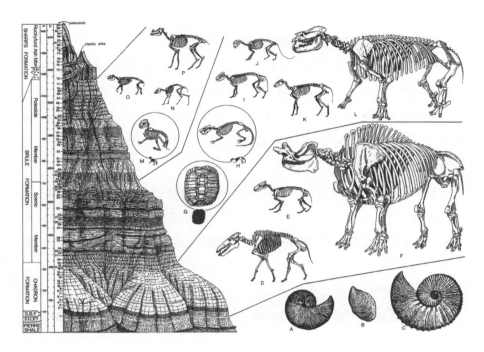

그림 3-6 배드랜즈국립공원에 있는 화이트리버 층군White River Group의 화석 순서는 굼뜬 거북이마저도 더 똑똑하고 더 빨랐다고들 하는 포유류보다 위쪽에서 화석이 되었음을 보여준다. 그래서 '홍수지질학' 모형은 터럭만큼도 말이 되지 않는다. 화석은 다음과 같다. A-C: 백악기 내륙해의 연체동물들. (A) 암모나이트류인 호플로스카피테스 니콜레티Hoploscaphites nicolleti, (B) 조개인 테누입테리아 피브로사Tenuipteria fibrosa, (C) 암모나이트류인 디스코스카피테스 케이엔넨시스Discoscaphites cheyennensis. D-F: 에오세 상부인 채드런층에서 나온 포유동물들. (D) 돼지처럼 생긴 엔텔로돈류entelodont인 아르카이오테리움 모르토니Archaeotherium mortoni, (E) 포식성 크레오돈류creodont인 히아이노돈 호리두스Hyaenodon horridus, (F) 거대한 티타노테리움류titanothere인 메가케롭스Megacerops. G-L: 브룰층의 올리고세 초기 시닉 분층Scenic Member에서 나온 척추동물 화석들. (G) 거북류인 스틸레미스 네브라스켄시스Stylemys nebrascensis, (H) 다람쥐처럼 생긴 설치류인 이스키로미스 티푸스Ischyromys typus, (I) 이보다 몸집이 큰 오레오돈류oreodont인 메리코이도돈 쿨베르트소니Merycoidodon culbertsoni, (J) '유사 칼니호랑이false sabertooth'인 호플로포네우스 프리마이부스Hoplophoneus primaevus, (K) 세 발가락 말인 메소히푸스 바이르디Mesohippus bairdi, (L) 하마처럼 생긴 코뿔소인 메타미노돈 플라니프론스Metamynodon planifrons. M-P: 브룰층의 폴슬라이드 분층Poleslide Member에서 나온 올리고세 중기의 포유동물 화석들. (M) 토끼류인 팔라이오라구스 하이데니Palaeolagus haydeni, (N) 쪼끄마한 사슴처럼 생긴 렙토메릭스 에반시Leptomeryx evansi, (O) 오레오돈류인 렙타우케니아 데코라Leptauchenia decora, (P) 뿔을 가진 프로토케라스 켈레르Protoceras celer(G. J. 리톨랙의 그림. 저자와 미국지질학회의 허락을 얻어 다시 실었다).

하나를 고른다면, 이 예만으로 충분할 것이다!

이런 층서학적 환상의 세계에 빠지는 데에서 그치지 않고, 프라이스를 비롯해서 후대의 홍수지질학자들은 특히나 충상단층overthrust fault에 집착했는데, 단층면을 따라 나이 어린 암석 위로 나이 많은 암석이 밀치고 올라온 곳들을 말한다. 프라이스는 이 충상단층이 허구라고 주장했다. 화석이 잘못된 순서로 자리하기 때문에, 진화론자들은 나이 많은 암석이 나이 어린 암석 위로 밀치고 올라갔다고 주장하는 방법을 써서 이 변칙을 무마할 수밖에 없었다는 말이다. 수많은 창조론자들이 이런 프라이스의 주장을 되풀이했다(종종 프라이스의 말을 토씨 하나 안 틀리고 따라 했다). 예를 들어 휘트콤과 모리스는(1961: 187) 클라이드 로스Clyde P. Ross와 리처드 리잭 Richard Rezak의 책(Ross and Rezak 1959)에서 글레이셔국립공원Glacier National Park의 루이스Lewis 충상단층에 대해 쓴 글의 일부 문장을 이렇게 잘라 넣었다.

> 대부분의 관광객, 특히 도로 위에서 관광하는 사람들은 아득히 오래전에 사라지고 없는 바다에서 그 벨트통 지층[선캄브리아 시대의 것으로 가장 오래된 암석층]이 퇴적되었을 때의 모습 거의 그대로 오늘날에도 아무 교란 없이 거의 평평한 모습으로 있다는 인상을 받는다.

그런데 휘트콤과 모리스는 나머지 부분을 인용하지 않고 있다. 그 나머지 부분은 다음과 같다.

> 사실 그 지층들은 접혀 있으며, 그 접힌 정도가 심한 곳들도 있다. 공원 탐방로와 그 근처 지점에서 보면, 등성이, 벼랑, 협곡의 절벽에 노출된 노두들에서 드러나다시피, 그 벨트통Belt series이 접혀서, 공원 남부의 산맥과 동쪽으로 공원과 접한 그레이트플레인스Great Plains의 나이 어린 부드러운 지층만큼이나 복잡한 모습으로 꾸겨진 곳들을 눈으로 볼 수 있다.

순서 없이 화석들이 퇴적되었다는 증거로 든다는 게 겨우 이런 것들이다! 창조론자들이 정말로 진짜 지질학에 관심을 가졌다면, 시간과 공을 들여 암석을 살펴보고는 충상현상overthrusting이 있었다는 훌륭한 증거가 있음을 알아보았을 것이다. 하다못해 다른 글을 인용할 때라도 인용문 전체를 보면 자기네 주장을 부정하는 것이 분명한데도 맥락을 무시하고 기만적으로 인용하는 짓은 하지 말아야 할 것이다.

간추려보면, 프라이스가 내세우고 휘트콤과 모리스가 수정을 가한 홍수지질학 모형은 지구상의 암석이나 화석의 실제 순서와는 전혀 관계가 없으며, 지나치게 단순화한 만화를 설명하기 위해 꾸며낸 것이다. 만일 이 사람들이 암석이나 화석에 대해 실제 경험이 조금이라도 있었다면, 그 모형이 터럭만큼이라도 합리적이라는 생각을 결코 하지 않았을 것이다. 종교를 가졌어도 화석을 나름대로 살펴본 지질학자들은 (위에서 인용한 클라크와 블록의 말에서 보듯이) 홍수지질학이 실제 화석 기록을 조금도 설명해내지 못한다고 인정한다. (빅배드랜즈나 그랜드캐니언에서 보는 것 같은) 화석과 암석의 실제 순서를 조금만이라도 살펴보면, 그 순서를 단 한 번의 노아의 홍수로 설명해낼 수 있다는 생각은 곧바로 무너진다.

거울나라의 그랜드캐니언

범세계적인 홍수가 역사적 사실이며 지질을 해석하기 위한 일차적 수단이라고
주장하는 주된 이유는 하나님의 말씀이 똑똑히 그렇게 가르쳐주시기 때문이다!
진짜든 가짜든 그 어떤 지질학적 난점도, 성경 말씀이 분명히 들려주고 거기서
필연적으로 추론된 결과보다 우선하도록 해서는 안 된다.
— 헨리 모리스, 《성서 우주론과 현대 과학》

《거울 나라의 앨리스Alice's Adventures Through the Looking Glass》를 보면, 거울을 통과한 앨리스가 모든 규칙이 거꾸로이거나 뒤집혀 있고 모든 것이 현실과 반대인 세계로 들어간다. 현역 지질학자가 홍수지질학에 관한 글을 읽으면 딱 그런 느낌이 든다. 곧 암석 사진도 똑같고 일부 쓰인 낱말들도 똑같은데, 생각은 완전히 딴 세상의 것

으로 보이는 것이다. 그랜드캐니언의 지질을 노아의 홍수 한 번으로 만들어진 것으로 설명하려는 창조론자들의 시도만큼 이를 분명하게 보여주는 것은 없을 것이다.

창조론자들이 그랜드캐니언을 정밀 조준하는 (그리고 다른 지질 특징이나 다른 국립공원에는 거의 집중하지 않는) 까닭은 빤하다. 전 세계 사람들이 그랜드캐니언 사진을 본 적이 있고, 그 장관을 보려고 전 세계에서 사람들이 이 전설적인 장소를 종종 찾아오며, 그랜드캐니언이 보여주는 아득히 오랜 지질 역사의 증거에 감명을 받지 않을 수 없기 때문이다. 창조론자들은 모든 지질을 노아의 홍수 신화로 설명할 수 있다는 것을 추종자들에게 보여주려고 한다. 그래서 자연스럽게 그들은 지구가 기나긴 역사를 가지고 있음을 가장 잘 보여주는 곳, 세계에서 가장 장엄한 그 국립공원을 설명하는 일에 기운을 쏟는 것이다. 심지어 그들은 그랜드캐니언 끝자락에 위치한 관광 센터들에 자기네가 쓴 책 한 권을 판매용으로 비치하도록 하기까지 했다(개종을 경험한 어느 하천 안내원이 편찬했는데, 진짜 지질학자는 아니다). 그 책을 판매하는 것을 두고 그랜드캐니언국립공원의 순찰대원들과 지질학자들이 거듭해서 항의했음에도, 아직까지 그런 상황이 수년 째 이어져오고 있는 실정이다. 특정 종교의 소수세력이 가진 시각을 밀어붙이는 이 책자를 연방 시설이 팔고 있다는 사실은 교회와 국가의 분리 원칙을 어긴 것으로 보이기 때문에 위헌일 것이다.

창조론적 홍수지질학자들은 어느 양치기 문화의 고대 홍수 신화가 글자 그대로 진실이어야 한다는 생각을 이미 굳혔다. 그런 다음에 그들은 그렇게 미리 내려둔 결론, 곧 이 광대하고 장대한 암석 더미가 초자연적인 홍수 한 번으로 만들어졌음이 틀림없다는 결론에 들어맞게끔 그랜드캐니언의 역사 전체를 왜곡하고 비틀면서 특수 변론을 펼친다. 홍수지질학자들이 진짜 과학자들이라면, 진짜 홍수 퇴적층을 눈으로 직접 보고 그 층들이 어떤 모습을 해야 하는지 알아봐야 할 것이다. 그런데 그들은 전혀 그렇게 하려 들지 않기 때문에, 우리가 대신 해줄 생각이다.

퇴적암을 연구하는 지질학자들(이들을 '퇴적학자'라고 한다)은 대단히 수준 높은 과학수사관과도 같아서, 사암이나 석회암에서 발견된 단서들을 살펴보고, 그 퇴적물이 어디에서 왔는지, 퇴적물이 어떤 방법으로 이동했는지, 퇴적층이 형성된 당시의 환경은 어땠는지, 어떤 방식으로 퇴적되었는지, 퇴적물이 어떤 방식으로 암석으로 바뀌었는지 그 놀라운 증거를 찾아낸다. 퇴적학은 석유, 천연가스, 석탄, 지하수, 우라늄을 비롯해 경제적으로 가치가 있는 중요한 암석과 광물을 찾아내는 거의 모든 일에 필요한 주요 기술이기도 하다. 그러니 퇴적학자들의 전문적 식견을 무시하면 그 대가를 치를 수밖에 없다(퇴적학의 기본 배경 지식을 알려면 Prothero and Schwab 2013을 참고하라). 우리에게 필요한 석유, 석탄, 지하수 등을 모두 찾아내는 퇴적학자들은 실제 홍수 퇴적층도 연구하기 때문에 그 퇴적층이 어떤 모습이어야 하는지 정확히 아는 이들이기도 하다. 만일 노아의 홍수 이야기가 정말로 진실이라면, (그랜드캐니언뿐 아니라) **온 세계**의 지질이, 홍수가 빠르게 밀려오는 단계에서 쓸려온 입자 굵은 모래와 자갈과 돌멩이가 어지럽게 섞인 퇴적층으로 시작하는 모습을 보일 것이라고 예상할 것이다. 일단 홍수가 빠지면, 오직 한 종류의 퇴적층, 곧 진흙층 하나만 남는다. 대부분의 홍수는 지역을 침수시키기 때문에, 고인 홍수 속을 진흙이 떠다니다가 천천히 가라앉아 바닥에 쌓여 얇은 층을 이룬다. 그래서 홍수가 범세계적으로 일어났다고 해도 뒤에 남는 것은 비교적 얇은 이암층 하나뿐일 것이다(셰일은 형성되지 않는다. 셰일이 형성되려면 수백수천만 년에 걸친 매장과 압축 과정이 필요하기 때문이다).

이런 모습이 어찌 실제 그랜드캐니언과 비교될 수 있겠는가? 터럭만큼도 비슷하지 않다! 그랜드캐니언의 층서를(그림 3-4) 수박 겉핥기식으로만 봐도 너무나 복잡하기 때문에 단 한 번의 슈퍼 홍수로는 (또 다른 선택지로, 홍수가 많이 일어났다고 해도) 그 층서가 설명될 수 없음을 알 수 있다. 그 한 가지 근거는, 협곡의 기저층 근처에 물이 빠르게 이동한 고에너지 국면을 나타내는 퇴적층, 곧 입자가 굵은 자갈과 돌멩이와 모래로 이루어진 대규모 퇴적층이 없다는 것이다. 또 다른 근거는, 그랜드캐니언 층서의 상부가 얇은 진흙층 한 층으로만 이루어져 있지 않다는 것이다. 그 대신 (이암이 아닌) 셰일, 사암, 석회암이 복잡한 순서를 이루고 있다. 이 암층들이 갈마드는 모습은 우리가 아는 그 어떤 홍수 퇴적층과도 닮지 않았다.

그랜드캐니언의 맨 밑바닥에서 출발해보자. 홍수지질학자들이 예상할 만한 입자 굵은 자갈, 모래, 돌멩이 퇴적층 대신, 그랜드캐니언통Grand Canyon Series의 고대 암석들이 그곳에 자리한다(그림 3-7A와 B). 잔잔한 물에서 형성된 셰일이 대부분이고, 사암을 비롯해 약간의 석회암도 들어 있다. 이 석회암 중에는 스트로마톨라이트stromatolite를 함유한 것이 많다(그림 3-7B, 6-1과 7-1). 스트로마톨라이트란 볕 좋은 해안의 석호를 채운 잔잔한 물속에서만 자랄 수 있는 바닷말 매트algal mats에 의해서 형성된, 둥근 지붕 모양 둔덕으로 층진 퇴적물이다. 이 스트로마톨라이트 속에 있는 낱층들은 한 켜 한 켜 성장하기까지 수백 년이 걸렸음을 보여준다. 그리고 스트로마톨라이트층이 여러 층을 이룬 곳들도 있는데, 한 층이 천천히 성장한 뒤에 매장되고, 그렇게 새로 생긴 표면 위에서 스트로마톨라이트의 성장 국면이 또 일어났음을 나타낸다. 이런 것이 과연 고작 40일밖에 지속되지 않은 거대한 홍수 한 번으로 형성되었다고 할 수 있을까?

홍수지질학 모형을 분명하게 반증해내는 것은 그랜드캐니언통을 이루는 많은 셰일 단위층에서 엉그름(건열乾裂)이 풍부하게 발견된다는 것이다(그림 3-7A). 진흙이 마르면 금이 간다는 걸 다들 보아 알 것이다. 창조론자들이라 할지라도 상식으로 보면 그 진흙질 표면 전체는 퇴적된 뒤에 마른 것이지, 홍수가 범람하는 동안 형성된 것이 아님을 알 수 있을 것이다. 엉그름 층이 단 하나만 있는 것이 아니라 수백 개나 있으며, 치쌓이면서 긴 층서를 이룬 경우도 있다. 분명 이 암석층들은 격변적인 홍수가 단 한 번 일어났음을 나타내는 것이 아니라, 진흙이 퇴적되었다가 완전히 마르는 작은 사건들이 수십 차례 일어났음을 나타낸다. 창조론자들이 쓴 몇 권의 책과 웹사이트에서는 시네레시스 균열synaeresis crack 같은 색다른 지세를 거론하면서 이 문제를 빠져나가려고 몸부림을 친다. 그런데 그들이 언급하지 않는 게 있는데, 시네레시스 균열조차도 건조, 증발, 수축이 있어야 생기는 것이므로, 그 균열도 홍수지질학 모형에 전혀 맞지 않는다는 것이다.

이보다 더욱 강하게 홍수지질학 모형을 반증하는 것은 그랜드캐니언통들의 퇴적층서 중간에 카르데나스 용암류Cardenas lava flows가 있다는 것이다. 낱층 수십 개가 모인 이 용암류 암층은 두께가 거의 300미터에 이른다. 이 용암류가 홍수 속으로 분출되었다면, 암석은 베개모양용암pillow lava─오늘날 해저에서 분출되는 용암류에서 이런 모습을 볼 수 있다─이라고 하는 용암 덩이로만 이루어졌을 것이다. 그런데 하와이의 킬라우에아산Mount Kilauea에서 용암이 분출되는 모습과 아주 비슷하게,

카르데나스 용암도 가장 가까운 화산에서 일반적인 지표 분출을 하여 비탈을 타고 흘러내렸다는 뚜렷한 흔적을 보여준다. 용암류의 최상층은 용암류가 완전히 식은 뒤, 또 다른 퇴적물이 쌓이기 전까지 바람과 비에 풍화되고 침식되었다는 증거도 보여준다. 이는 큰 홍수가 일어나는 중에 용암이 수중에서 분출했다는 생각과 전혀 맞지 않는다!

마지막으로 홍수지질학에 결정타를 날리는 것은, 그랜드캐니언의 기저에 있는 이 고대 그랜드캐니언통들의 암석 모두가 지금은 옆으로 기울어진 모습이고, 모서리가 깎여 나간 뒤에 그 위로 그랜드캐니언 층서의 나머지 부분들이 퇴적된 모습을 하고 있다는 것이다(그림 3-4). '홍수지질학자'는 이를 조금도 설명해내지 못한다. 만일 이 암석 모두가 노아의 홍수로 퇴적된 부드럽고 걸쭉한 퇴적물이었다면, 어떤 초자연적인 힘이 그 퇴적물들을 신속하게 옆으로 기울이자마자 퇴적물이 모두 경사면을 타고 쓸려 내려가서 중력에 의한 커다란 사태습곡slump fold—퇴적학자들이 익히 알고 있는 지세이다—을 남겼을 것이다. 그런데 전체 층서는 전혀 교란되지 않았고 여전히 스트로마톨라이트, 엉그름, 용암류로 가득하기 때문에, 이는 홍수지질학 모형 전체가 거짓임을 곧바로 보여주는 것이다. 우리에게는 그랜드캐니언통의 퇴적물이 퇴적된 뒤에 (아울러 그 사이에 갈레로스 용암Galeros lava이 지면을 흘러가면서 오랜 침식이 일어난 뒤에) 그 부드러운 퇴적물이 굳어 퇴적암층이 되었고, 그다음에 기울어졌고, 그다음에 침식이 일어났고, 그다음에 또 다른 긴 **층서**가 위로 이어지면서 그랜드캐니언의 상부를 이루었다는 증거가 있다. 이 모두가 과연 단 한 번 일어난 큰 홍수로 형성되었다고 볼 수 있을까?

그랜드캐니언의 나머지 부분을 한 층 한 층 올라가보자. 경사진 그랜드캐니언 통의 암석 위에 있는 첫 번째 단위층은 태피츠 사암Tapeats Sandstone으로(그림 3-4, 3-7C), 전형적인 해변 및 연안 퇴적층이다. 여기는 삼엽충과 벌레를 비롯한 무척추동물들이 지나다닌 길과 파놓은 굴들이 층마다 꽉꽉 들어차 있다. 만일 이 퇴적물이 홍수에 의해 빠르게 바다에 부려졌다면, 이 동물들이 무슨 시간이 있어서 바닥을 기어 다니며 자국을 내거나 퇴적물을 뚫고 굴을 팠을까? 태피츠 사암 위에는 브라이트엔젤 셰일Bright Angel Shale이 있다. 진짜 지질학자들은 이것을 거친 파도가 이는 수면 아래의 얕은 대륙붕에서 퇴적된 것으로 해석한다. 이 셰일에도 다닌 자국과 굴이 가득하지만, 오늘날에는 좀더 깊은 바다에서 일어나는 유형의 것들이다. 만일 그랜드캐니언의 퇴적층이 모두 단 한 번의 홍수로 퇴적된 것이고, 모든 해양 생명이 굴을 팔 기회조차 갖지 못한 채 그 퇴적물에 깔려 죽었다면, 어떻게 이 셰일의 층마다 생물들이 다닌 자국과 파놓은 굴이 있게 된 것일까?

브라이트엔젤 셰일은 바로 위에 있는 단위층인 무아브 석회암Muav Limestone과 복잡하게 서로 깍지 낀 관계interfingering relationship를 이루고 있다. 얇은 석회암층과 얇은 셰일층이 갈마드는 이런 식의 관계는 오늘날 해수면이 앞뒤로 천천히 요동하는 곳에서 몹시 흔하게 보는 퇴적 방식이다. 그러나 단 한 번의 홍수가 퇴적물들을 평평한 '레이어 케이크' 모양으로 부려놓는 방식으로는 이런 복잡한 관계를 설명하는 게 불가능하다. 무아브 석회암은 그랜드캐니언에서 가장 가파른 절벽을 형성하는 세 석회암 연속층 가운데 하나이다. 무아브 석회암 위에는 깊이 깎여나가 붕괴한 형세를 이룬 (고대에 동굴들이 무너지며 무아브 석회암과 천천히 분리되면서 형성되었다) 날카로운 침식면이 있고, 이 안쪽으로는 나이가 훨씬 어린 템플버트 석회암Temple Butte Limestone이 퇴적되어 있다. 그다음에는 대부분의 장소에서 템플버트 석회암은 침식되어 사라지고(단 잔존물이 저 붕괴 형세를 채운 곳에는 남아 있다), 그 위로 퇴적된 것이 바로 우람한 레드월 석회암Redwall Limestone 절벽이다. 이 세 석회암층은 모두 오늘날의 석회암층에서 전형이 되는 특징들을 가지고 있고, 주로 섬세한 화석 유해들로 이루어져 있다. 오늘날에는 바하마나 유카탄반도나 남태평양에 있는 것 같은 열대의 물 맑은 석호나 얕은 바다에서 그런 퇴적층이 형성되는 모습을 본다. 그러나 엄청난 에너지를 가진 홍수가 일어나 물이 다량의 진흙을 휘저은 곳에서는 이런 퇴적층이 결코 형성되지 못한다. 특히나 중요한 단서는 이 퇴적층에 함유된 수많은 화석들이 극도로 섬세하다는 사실이다(이를테면 레이스 모양의 '이끼동물', 곧 태형동물bryozoan 같은 것). 그런데 이 화석들은 손상도 되지 않았고 교란도 되지 않았기 때문에, 당시에 홍수가 일어났을 리가 없었음을 증명한다. 이보다 훨씬 더 인상적인 것은 해백합sea lily(바다나리crinoid)과 램프조개lamp shell(완족동물brachiopod) 같은 섬세한 동물들인데, 에너지가 많은 조류에 의해 교란되지 않고 살았을 적의 모

그림 3-7 그랜드캐니언에 있는 실제 암석을 면밀히 조사해보면 '홍수지질학' 가설은 완전히 부조리해진다. (A) 선캄브리아 시대의 그랜드캐니언통에서 보이는 큰 엉그름들. 그랜드캐니언 최저부의 경사진 층서에 있다. 이 셰일들에는 이런 엉그름 층이 켜켜이 쌓여 있는데, 진흙이 말라붙은 사건이 수백 차례 있었음을 보여주며, 단한 번 일어난 홍수로는 이런 층이 생길 수 없다(글쓴이의 사진). (B) 다른 곳들에는 스트로마톨라이트라고 하는 층진 바닷말 매트들이 있다. 이것들은 날마다 일어나는 퇴적물의 요동과 바닷말의 성장에 의해 형성되었다. 실제로 수십 년 또는 수백 년에 걸친 성장이 기록된 것들도 있다. 그랜드캐니언의 고생대 암석 밑에 자리한 선캄브리아 시대 후기의 경사진 석회암층에 이것들이 풍부하게 있다(미국지질조사국의 사진). (C) 캄브리아기 하부인 태피츠 사암(왼쪽)과 브라이트엔젤 셰일(오른쪽)은 층마다 생물이 지나다닌 자국과 파놓은 굴이 복잡하게 얽혀 있다. 이는 지난날에 층 하나하나가 해저의 일부였고, 그 위를 생물들이 기어 다니면서 굴을 팠고, 그 상태로 묻히는 과정이 거듭되었음을 보여준다(L. 미들턴의 사진). (D) 펜실베이니아기-페름기의 수파이 층군과 허밋 셰

(E)

일도 층마다 엉그름이 가득하다. 이는 건기를 수백 차례 거쳤음을 보여주는 것으로, 홍수지질학 모형을 완전히 반증한다(미국지질조사국의 사진). (E) 페름기의 코코니노 사암은 거대한 경사층으로만 이루어져 있는데, 물 밑이 아니라 사막의 사구에서만 형성될 수 있는 것이다(미국지질조사국의 사진). (F) 코코니노 사구면은 파충류가 다닌 자국들로 뒤덮여 있다. 물속에서는 이런 것이 결코 형성되지 못할 것이다(미국지질조사국의 사진).

습 그대로 앉아 있는 모습이며, 주검을 흩뜨리지 않은 채 주변에서 살포시 스며든 석회진흙(홍수 형태의 진흙이 아니다) 속에 묻혔다. 세계 어디에서나 이런 석회암은 마찬가지의 모습을 보인다. 그래서 그랜드캐니언이 특별한 경우는 아니다. 그리고 초자연적인 홍수가 있었다는 증거가 아님은 두 말할 것도 없다. 그랜드캐니언의 가장자리를 형성하는 토로위프 석회암Toroweap Limestone과 카이바브 석회암Kaibab Limestone도 마찬가지이다.

레드월 석회암 위에는 사암층과 셰일층이 갈마드는 수파이 층군Supai Group이 있고, 그 위에는 붉은색의 허밋 셰일Hermit Shale이 있다. 수파이 층군의 사암층들은 작은 물결자국과 작은 경사층으로 가득한데, 맹렬한 홍수에서 퇴적되었거나 홍수가 잔잔해진 뒤에 가라앉은 진흙이 아니라, 강에서 온화하게 퇴적된 형세이다. 수파이 층군과 허밋 셰일에는 건기를 거듭해서 거쳤음을 분명하게 입증하는 엉그름층이 켜켜이 있는 것 말고도(그림 3-7D), 섬세한 양치류를 비롯한 식물 화석들도 온전한 모습으로 보전되어 있는데, 세찬 홍수로는 설명해내기 힘들다.

가장 좋은 증거 가닥 가운데 하나는 그랜드캐니언의 양편 테두리 바로 밑에 보이는 독특한 하얀 띠층으로, 코코니노 사암Coconino Sandstone이라고 한다. 이 단위층에는 거대한 경사층들이 있는데(그림 3-7E), 물밑이 아니라 사막의 대규모 사구에서만 형성된다고 알려져 있다. 이 층에는 작게 패인 곳들도 있는데, 빗방울 충격흔의 특징이다. 대홍수에 잠겨 있었다면, 이런 층면에 어떻게 빗방울이 떨어졌겠는가? 이보다 훨씬 더 힘 있는 증거는, 사구면의 많은 곳들이 육상 파충류가 다닌 흔적들로 뒤덮여 있다는 것이다(그림 3-7F). 이렇게 마른 사구 형세와 마른 땅에 사는 파충류가 지나다닌 흔적을 창조론자들이 대홍수 사건으로 어찌 설명하겠는가? 창조론자들이 이 형세들을 설명하려 했던 글을 읽은 적이 있는데, 설득력이 터럭만큼도 없는 각본들을 마구 들이대면서 특수 변론을 펼치고 과학적 증거를 비틀고 왜곡하는 글의 전형적인 본보기였다.

창조론자들이 여러분에게 믿으라고 요구하는 것 가운데 가장 불가능한 것은 바로 이것이다. 그랜드캐니언의 층서를 이루는 퇴적물 더미 전체, 곧 창조론자들의 말대로라면 단 한 번의 홍수가 일어나는 동안에 퇴적된 연하고 걸쭉한 이 퇴적물

더미가 홍수가 빠지면서 침식되어 현재의 그랜드캐니언을 형성했다는 것이다. 그런데 잠깐만! 창조론자들은 홍수 이후의 세상에서 형성된 저 두껍디 두꺼운 셰일, 사암, 석회암의 퇴적까지 홍수의 빠짐과 고인 물속의 침전으로 설명하려 하는 것은 아닌가? 이게 그들의 각본이 아니라면, 홍수가 세차게 빠져나가는 중에 젖은 진흙, 모래, 석회로 이루어진 부드러운 더미가 좁은 골짜기로 쓸려 내려가지도 않고 어떻게 그대로 있었을까? 초자연적인 홍수가 중력의 법칙까지도 일시 중지시켰단 말인가? 상식을 가진 사람이라면 누구나 그랜드캐니언이 오늘날에도 침식되고 있는 모습을 볼 수 있다. 오랜 세월에 걸쳐 딱딱하게 굳어진 퇴적물들(이젠 퇴적암)이 느릿느릿 풍화와 침식이 되고 있으며, 중력의 작용 또는 비나 국지적인 소규모 골짝 홍수로 무너져서 협곡으로 떨어지기도 하고, 그렇게 떨어진 것들이 콜로라도 강물에 천천히 쓸려 내려가는 모습을 볼 수 있다는 말이다.

이보다 훨씬 뜻 깊은 사실은 그랜드캐니언의 암석 단위층들을 멀리까지 추적해보면 그 층들이 相facies을 바꾼다는 것이다. 말하자면 측방향으로 가면서 암석이 이 유형에서 저 유형으로 서서히 단계를 거치며 꼴바꿈을 한다는 것이다. 예를 들어 그랜드캐니언에서 펜실베이니아기(3억 2300만 년 전~2억 9000만 년 전)를 대표하는 지층은 수파이 층군에 속하는 적벽돌 빛깔의 바위턱과 경사면인데, 넓은 강과 평원에서 퇴적된 이암과 사암으로 이루어져 있다. 그런데 서쪽으로 애로우캐니언 산맥Arrow Canyon Range—네바다주 라스베이거스의 바로 동쪽이다—까지 130킬로미터만 가면, 똑같은 구간(미시시피기의 석회암층이 아래에 있고 페름기의 코코니노-토로위프-카이바브 층들이 위에 있는 구간)인데도 해양 퇴적성인 버드스프링 석회암 Bird Spring Limestone으로 나타나고, 유공충과 완족동물의 껍질들로 가득하다. 북서쪽으로 480킬로미터 정도 가면, 안틀러 조산운동Antler orogeny으로 만들어졌으나 오래전에 깎여나가 더는 존재하지 않는 고대의 한 산맥으로부터 떨어져 나온 거력역암과 사암이 그 구간을 대표한다. 화석들을 봐도 그렇고, 서로 거의 동일한 미시시피기의 석회암과 페름기의 암석 사이에 자리한다는 것을 봐도 그렇고, 애리조나주와 네바다주에 있는 이 펜실베이니아기의 암석들이 모두 상관성이 있고 나이도 거의 동갑임을 알 수 있다. 그런데도 모양새는 전혀 다르다. 만일 이 암석들이 단 한 번 일어난 노아의 홍수에 의해 전 세계적으로 균일한 레이어 케이크 모양으로 모두 퇴적되었다면, 이는 전혀 설명해낼 수가 없는 현상이다.

이번에는 그랜드캐니언의 동쪽으로 페름기의 암석층(허밋 셰일, 코코니노 사암, 토로위프 석회암, 카이바브 석회암)을 따라가 보자(그림 3-8). 모뉴먼트밸리Monument Valley까지 가보면, 이 단위층들의 상이 모두 바뀌어 있다. 토로위프 석회암과 카이바브 석회암은 점점 가늘어지다가, 유타주 경계 가까이 이르러서는 완전히 사라져버린다. 그 층들이 있어야 할 자리에는 시더메사 사암Cedar Mesa Sandstone이라고 하는 두꺼운 사암(코코니노 암층보다 훨씬 두껍다)이 있으며, 이 사암층이 모뉴먼트밸리의 장대한 절벽과 예봉들을 이루고 있다. 이 단위층은 오건록 층Organ Rock Formation과 할가이토 층Halgaito Formation이라고 하는 여러 붉은 셰일층과 복잡한 방식으로 깍지 낀 관계를 이루고 있으며, 레이어 케이크 방식과는 거리가 먼 모습이다. 이 층들에는 고대에 건기가 거듭해서 있었음을 가리키는 엉그름으로 가득하다. 이 단위층들은 부드러워서 빠르게 깎여나가기 때문에, 모뉴먼트밸리의 사암 절벽과 예봉은 세월이 흐르면서 계속 무너져가고 있다. 이 암석층들을 따라 북동쪽으로 가보면, 두꺼운 소금과 석고 퇴적층이 시더메사 사암을 대대적으로 대체한 모습을 보게 된다. 오늘날에 이런 퇴적층이 형성되는 장소는 단 한 곳밖에 없다. 마른 호수와 짠 석호가 그곳으로, 증발이 빠르게 일어나 물이 제거되면서 소금물 수준으로 소금이 농축되고 종당에는 완전히 말라버리는 곳들이다. 단 한 번 일어난 홍수로 소금과 석고가 수백 미터 두께로 퇴적될 방도는 전혀 없다(특히 서쪽으로 가면 이 단위층이 대부분 사암으로 바뀌기 때문이다). 만일 홍숫물이 마침내 다 마르면서 이것이 형성되었다고 창조론자가 주장하려 든다면, 소금과 석고 위에 자리한 수백 미터 두께의 사암과 셰일을 비롯한 암석들은 어떻게 설명할 것인가?

북동쪽으로 계속 가서 콜로라도주의 남서부에 이르면 최후의 결정타를 만나게 된다. 모뉴먼트밸리의 사암 및 셰일과 포코너스Four Corners의 소금 및 석고 퇴적층이 옆으로 가면서 커틀러아르코스Cutler Arkose라고 하는 입자 굵은 자갈질 퇴적층으로 바뀐다. 오늘날에 이 퇴적물들은 산이 깎이면서 생긴 두꺼운 충적층에서만 발견된다. 이는 페름기의 그 지역에 지질학자들이 원시 로키산맥Ancestral Rockies이라고

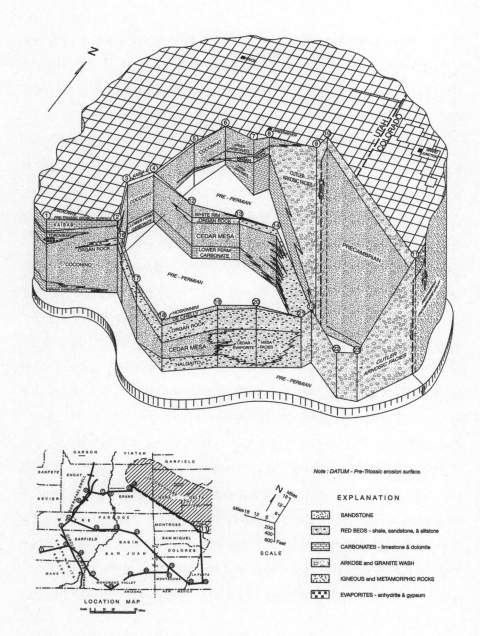

그림 3-8 그랜드캐니언의 페름기 층서 같은 암층들이 거리에 따라 차츰차츰 모양새, 곧 상을 바꾼다는 사실을 홍수지질학 모형은 완전히 무시한다. 이 패널화 도해는 그랜드캐니언 페름기의 특징적인 암석들이 북쪽과 동쪽으로 유타주, 애리조나주, 콜로라도주, 뉴멕시코주를 질러가면서 완전히 다른 암석 단위층으로 대체되는 모습을 보여준다(Kunkle 1958, 유타지질학연합의 허락을 얻어 다시 실었다).

부르는 산맥이 있었다는 단적인 증거이다. 이것들은 홍적층과는 전혀 닮지 않았고, 남쪽으로 가면서 소금 및 석고 퇴적층으로 측방향 상변화를 한 것, 또는 서쪽으로 가면서 사구모래층과 엉그름이 있는 셰일층으로 측방향 상변화를 한 것도 '레이어 케이크' 식의 홍수지질학 세계에서는 전혀 이해가 되지 않는 것이다.

창조론자들이 이제까지 늘 그랜드캐니언에만 집중해온 까닭은 노아의 홍수가 끝난 다음에 퇴적물들이 '레이어 케이크' 방식으로 정렬되었다고 보는 생각에 딱 맞아떨어지는 것처럼 보였기 때문이다. 그런데 실질적으로 세계에서 그랜드캐니언은 단순하게 정돈된 이런 모양새를 보여주는 유일한 곳이기도 하다. 그랜드캐니언의 북서쪽에 자리한 네바다주와 유타주의 '분지와 산맥 지대Basin and Range province'에서 보는 노두들이 그랜드캐니언보다는 더 전형에 가까운 상황을 보여준다(그림 3-9). 그곳에서는 '노아의 홍수에 의한 퇴적'이라고 부를 만한, 수평으로 나란히 층진 암석층을 단 하나도 찾아볼 수 없다. 그 대신 우리가 보는 것은 화석이 풍부한 고생대 암석의 고대 지층들, 그 지층들이 단층에 의해 절단된 모습, 그 위로 중생대 암석층이 덮고 있는 모습, 그 중생대 암석층도 단층에 의해 절단된 모습이다. 이 층들 가운데 노아의 홍수로 퇴적된 층이 무엇이겠는가? 단층을 이루는 중생대 지층과 역시 단층면 상에서 절단된 고생대 지층의 나이는 분명히 다르다. 나이 많은 단층과 습곡이 나이 어린 단층과 그보다 한층 더 어린 단층에 의해 절개된 모습을 한 복잡한 순서가 성경 어디에서 언급되고 있는가? 마지막으로, 가장 어린 퇴적층들은 단층지괴 산맥과 산맥 사이에 자리한 분지들을 채우고 있다. 이 층들에는 마이오세와 그 이전 시기에 살았던 멸종한 포유류와 식물 화석들로 가득하다. 이런 모습이 홍수지질학 모형 어디에 들어맞는가? 세계 대부분의 지역에서 전형이 되고 진짜 지질학자들이 항상 다루는 지질이 바로 이런 모습이다. 진짜 지질학자들이 이런 지질을 단순하기 짝이 없는 홍수 모형으로 하나라도 설명할 생각조차 하지 않는 것은 지극히 당연하다.

이 논점에 대해 계속 얘기해나갈 수 있겠지만, 종교적 독단주의에 눈이 멀지 않고 열린 마음과 상식을 가진 사람이라면 누구에게나 이것으로 충분할 것이다. 다윈이 세상에 나오기 오래전인 1600년대와 1700년대에 토머스 버닛Thomas Burnet, 아브라함 고틀로프 베르너, 윌리엄 버클런드William Buckland 같은 신앙인 과학자들은 노아의 홍수 이야기로 세계의 암석들을 설명하려고 했다. 역시 다윈의 책이 세상에 나오기 전인 1830년대에 신앙인 과학자들은 진짜 지질 기록이 얼마나 복잡한지 명백해지자 노아의 홍수로 설명하려는 생각을 완전히 버렸다. 노아의 홍수 모형은 전 세계의 층서가 단순한 레이어 케이크 형태라고 예측한다. 말하자면 범세계적으로 입자 굵은 홍적 자갈과 모래층이 밑에 깔려 있고, 그 위에 범세계적으로 이암 퇴적층이 자리한다는 것이다. 그러나 이와는 다르게 진짜 지질 기록은 대단히 복잡하며, 지역마다 모습이 다르고, 단위층들이 복잡하게 상호 침투하면서 접해 있고, 같은 층서 구간에서도 비교적 짧은 거리에 걸쳐 극적으로 상이 달라지기도 한다. 진짜 지질 기록에는 단 한 번 일어난 홍수로는 전혀 설명해낼 수 없는 수천 겹의 엉그름층과 소금과 석고로 이루어진 수많은 층이 있다. 그리고 단 한 번의 대홍수 사건 같은 것으로 교란되지 않은 채, 살았을 적 모습 그대로 화석들이 섬세하게 보존되어 있는 층이 수천 겹이나 된다.

이 모두는 한 가지 단순한 결론으로 귀결된다. 곧 200년에 걸쳐 주류 지질학(주로 신앙심이 매우 독실한 과학자들이 주류 지질학을 했다)은 지질 기록이 너무 복잡해서 단순하기 짝이 없는 성경의 신화들로는 설명할 수 없음을 보여주었다는 것이다. 만일 창조론자들이 지적으로 정직한 이들이라면, 그랜드캐니언만 가지고 허황된 설명을 생각해내고 자기들만의 별난 생각에 들어맞게끔 왜곡조차 할 수 없는 나머지 99퍼센트의 지질을 무시하는 대신에 이 사실을 똑바로 마주하게 될 것이다. (노아의 홍수와 관련하여 조목조목 지질 기록을 살핀 이야기는 www.talkorigins.org/faqs/faq-noahs-ark.html#georecord를 참고하라.) 진짜 과학자라면 자기가 미리 내려둔 결론에 맞추려고 데이터를 비틀거나 왜곡해서도 안 되고, 홍수지질학 모형과 일치시킬 수 없는 99퍼센트의 데이터를 무시해서도 안 된다.

홍수지질학과 그 지질학이 환상으로 그려낸 지구관에 담긴 가장 심각한 문제는 현실과 관련이 있다. 진짜 지질학자들이 제 일을 하지 않는다면, 우리는 석유, 석탄, 천연가스, 지하수, 우라늄을 비롯해 우리가 지구에서 뽑아 쓰는 대부분의 천연자원을 얻지 못할 것이다. 석유 회사와 석탄 회사에는 독실한 기독교 신자가 많이

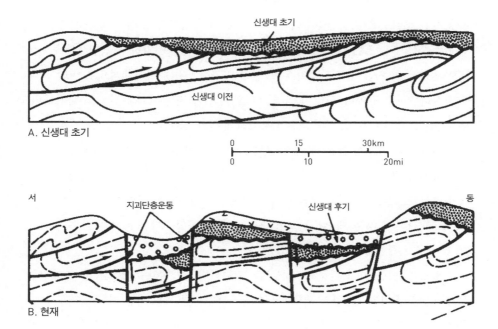

신생대 초기

신생대 이전

A. 신생대 초기

| 0 | | 15 | | 30km |
| 0 | 10 | | 20mi |

서   지괴단층운동   신생대 후기   동

B. 현재

그림 3-9 창조론자들은 그랜드캐니언처럼 비교적 단순한 평면 형태로 놓인 층서를 노아의 홍수를 적용해서 정렬하려고 하지만, 세계 곳곳의 지질 환경 대다수가 홍수에 의해 퇴적된 모습으로 볼 수도 있을 '레이어 케이크' 형태와는 전혀 닮지 않았다는 사실을 무시해버린다. 예를 들면 그랜드캐니언 바로 북쪽에 자리한 유타주와 네바다주의 '분지와 산맥 지대'에서 보이는 지질적 관계들은 극도로 복잡하다. (A) 고생대 층들과 중생대 층들이 여러 차례 단층 작용을 받고 습곡으로 접혀서, 해양 조가비들이 가득한 고생대 층들이 공룡 화석을 함유한 중생대 층들 위로 밀치고 올라왔다(홍수가 차오르는 동안 공룡들이 해양 무척추동물보다 빨리 위로 달아났다고 보는 생각과 반대의 모습을 보여준다). 그런 다음에 이 나이 많은 고생대 층들이 침식되어서 포유류 화석을 함유한 신생대 초기 층들과 부정합을 이루며 겹쳐져 있다. (B) 그다음에 마이오세의 정단층들이 신생대 초기 층들을 절개했고, 분지는 마이오세에 살았다가 멸종한 말, 낙타, 마스토돈 등의 육상 포유류 화석을 함유한 신생대 후기 퇴적물로 채워졌다. 단순무식한 '노아의 홍수' 모형으로는 이렇게 복잡한 지질 관계들을 조금도 설명할 수 없다 (Prothero and Dott 2010에 나온 그림을 수정해서 실었다).

있다(이들 중에 내가 개인적으로 아는 사람도 많다). 그러나 그들 모두 홍수지질학이라는 생각을 비웃으며, 자기네가 돈을 받으며 찾아야 하는 것들을 찾는 일에 결코 홍수지질학을 이용하려 하지 않을 것이다. 앞에서 인용한 클라크와 블록이 보여주다시피, 전 대륙 곳곳에서 파낸 수백 개의 시추심을 통해 진짜 지질의 복잡성을 직접 눈으로 본 사람들은 창조론의 틀로 이 암석을 해석하려는 시도조차 하지 않는다(비록 그들이 독실한 기독교 신자로서 근본주의의 나머지 신조를 상당 부분 믿는다 할지라도 말이다). 만일 그렇게 해석하게 되면 석유를 전혀 찾아내지 못할 것이고, 그러면 일자리를 잃고 말 것이다! 창조론자들이 홍수지질학이라는 괴상망측한 관념을 줄기차게 학교 교실과 그랜드캐니언 같은 장소에 주입하려고 하는 상황이니만큼, 우리는 스스로에게 이렇게 물어야 한다. 우리 문명에서 필요로 하는 석유, 천연가스, 석탄, 지하수, 우라늄을 기꺼이 포기할 것인가? 창조론자들의 말을 귀담아 들었을 때 우리가 치르게 될 가장 값비싼 대가의 하나가 바로 그것이 될 것이다.

바보천치 같은 배?

> 앨리스가 웃으며 이렇게 말했다. "해봐도 소용없어. 불가능한 걸 믿을 수는 없으니까."
> 여왕이 말했다. "단언컨대 넌 연습을 별로 안 해봤구나. 어렸을 때 난 하루에 30분씩 꾸준히 연습을 했단다. 있잖아, 아침을 먹기 전에 불가능한 것들을 여섯 개나 믿은 적도 있었어."
> —루이스 캐럴, 《거울 나라의 앨리스》

창조론자들은 대부분 노아의 방주 이야기가 역사적 사실이라고 믿는다. 〈창세기〉 6장과 7장에서 이야기하는 사실상 다른 두 이야기가 각각 다른 출전에서 가져온 것이고 서로 일치하지도 않는다는 것, 두 홍수 신화의 대부분이 그보다 훨씬 오래된 《길가메시 서사시》에 나오는 이야기를 거의 토씨 하나 안 바꾸고 도용한 것이라는 점(2장을 참고하라)은 신경도 쓰지 않는다. 왜 한 이야기에서는 깨끗한 동물 일곱 쌍씩 방주에 태웠다고 말하고, 다른 이야기에서는 한 쌍씩만 태웠다고 말하는지 자기들이 설명해내야 한다는 것도 신경 안 쓴다. 창조론자들이 쓴 책에는 노아의 방주 이야기를 터럭만큼이라도 믿을 만한 이야기로 만들기 위해 믿을 수 없을 정도로 머리를 잔뜩 굴린 소리들로 가득 차 있다. 하지만 기시와의 만남에서 내가 깨달았다시피, 정작 논쟁 자리에서 그 문제가 거론되면 창조론자들은 피해가려고 한다. 왜냐하면 워낙 멍청한 소리로 들리는 터라, 대부분의 청중 앞에서 자기들의 신뢰성이 무너지기 때문이다. 여러 탐사대가 터키의 아라라트산(노아의 방주가 상륙했다고들 하는 장소)으로 파견되었고 방주의 증거를 찾아냈다는 꿈같은 주장도 나왔으나, 어느 증거도 과학적 톺아보기를 버텨내지 못했다. 그런데도 일부 창조론자는 책과 텔레비전 쇼에서 노아의 방주 증거가 나왔다는 주장을 여전히 펼치고 있다.

먼저 성경이 무슨 말을 하는지 살펴서 방주학arkeology의 세계를 파고들어가 보자. 크리스토퍼 맥고언Christopher McGowan(1984, 제5장)과 로버트 무어Robert A. Moore(1983)가 노아의 방주 이야기에서 불거지는 선적 등의 문제를 상세하게 살피고 있으므로, 두 사람의 전체 분석을 여기서 되풀이하지는 않겠다. 노아의 방주 이야기를 자세히 들여다보면 수많은 물음과 문제들이 불거진다. 가장 크게 문제가 되는 것은 그 방주만 한 크기의 목선은 지극히 작은 응력만 받아도 부서지고 말 것이라는 점이다. 이는 조선공학에서 잘 알려진 문제이다. 목선이 일정 크기를 넘어서면 충분히 튼튼해지거나 유연해지지 못한 채 산산조각 나거나 심각하게 물이 새게 된다. 선박이 커질수록 나무의 세기는 선박을 튼튼하고 온전하게 지탱해줄 만큼 커지지 못한다. 대부분의 어림값이 보여준 바대로 노아의 방주 길이가 실제로 137미터였다면, 역사상 지어진 어느 목선보다도 큰 배일 것이다. 길이가 100미터에 이르렀던 범선 와이오밍호Wyoming는 선체의 뒤틀림 때문에 계속해서 물이 새는 문제에 시달리다가, 1910년에 진수한 이후 14년 만에 결국 침몰했다. 길이가 99미터였던 바지선 산티아고호Santiago도 1918년에 침몰했다. 영국의 두 목조 군함인 HMS 올란도호Orlando와 HMS 머지호Mersey도 길이가 102미터였고, 지어지고 난 뒤 불과 몇 년 만에 항해에 적합하지 않다는 이유로 해체되었다. 그런데 창조론자들의 말이 맞다면, 최첨단의 목조 선박 건조 기술을 썼음에도 온전하게 떠다니지 못했던 이 배들보다 노아의 방주는 30퍼센트 가량 더 큰 배였다. 창조론자들은 길이가 137미터에 달했다는 15세기의 전설적인 중국 보물선들을 언급할 때가 있는데, 만일 그 배들이 실존했고 정말로 그만큼 컸다면, 그 배들은 움직일 일이 거의 없는 바지선에 불과했을 것이며, 그런 바지선이 잔잔한 항구와 강을 벗어나 떠다닌 예는 지금까지 단하나도 알려진 바가 없다.

맥고언(1984: 55)은 성경에서 말하는 크기에 따르면 배의 내부 용적이 5만 5000세제곱미터 정도 된다고 계산했다. 앞서 살펴보았다시피, 오늘날 지구상에는 생물이 최소한 150만 종이 있기 때문에, 종 하나에 약 0.0367세제곱미터, 곧 가정용 오븐 용량의 3분의 1 정도밖에 할당하지 못한다. 게다가 이 풀이대로 되려면 동물들을 구두 상자처럼 꾸려서 서로의 위에다 차곡차곡 쟁여야만 할 것이다. 종 하나에 이 정도밖에 할당하지 못한다면, 몸집이 큰 동물들에게는 대부분 충분한 공간이 될 수 없음은 불문가지이다. 코끼리, 코뿔소, 하마 한 쌍(또는 일곱 쌍?)을 배에 들이면 녀석들만으로도 방주의 상당 부분을 차지할 것이다. 지구상 종 가짓수의 진정한 추정치인 400만~500만 종 정도를 고려한다면, 문제는 훨씬 더 복잡해진다.

물론 창조론자들도 이 문제를 알고 있다. 홍수신화들이 적히던 무렵, 대부분의 고대 중동 문화에서 구별해서 보았던 동물은 (길들인 동물과 야생 동물 다 해서) 한 줌에 불과했으며, 곤충이라든가 갖가지 물고기라든가 눈에 잘 띄지 않는 다른 많은 생물들에는 전혀 주목하지 않았다. 그래서 자기들에게 중요했던 모든 동물을 셈해서 배 한 척에 다 태운다고 한들 전혀 문제될 것이 없었다. 그러나 오늘날의 창조론자들은 지구에 있는 수백만 종의 생물들을 다 셈에 넣어야만 하고, 아니면 노아의 시대 이후로 한 생물이 다른 생물에서 진화해 나온 경우가 있음을 인정해야 한다. 창조론자들이 이를 어떻게 해결하느냐면, 오직 창조된 '종류들kinds'(히브리어 **바라민**baramin을 창조론자들은 이렇게 번역한다)만 배에 태웠으며, 그 이후 이 종류들이 더욱 많은 꼴들로 진화해나갔다고 주장하는 것이다(진화가 일어남을 용인한 것이다!). 이런 방법을 써서 창조론자들은 3만~5만 가지 정도의 창조된 종류들만 배에 탔다고 주장하지만, 그렇게 수를 줄인다고 한들 각 '종류'에게 주어지는 생활 공간이라야

1세제곱미터 정도에 불과하니, 형편이 썩 나아지지는 못한 셈이다.

baramin이라는 말을 더 찬찬히 살펴보자. 이 말은 1941년에 제7일안식일예수 재림교회의 프랭크 마시Frank Marsh가 히브리어 용어 풀이 사전에서 낱말 두 개를 뽑아 (bara는 '창조된created', min은 '종류kind'를 뜻한다) 이어 붙여 난데없이 만들어낸 것으로, 히브리어가 실제로 어떻게 조합되는지 전혀 알지도 못한 채 만든 말이었다. 창조론자들 가운데에는 히브리어 원어로 구약성경을 읽어본 자가 거의 없기 때문에(그렇지 않았다면 축자적 해석을 했을 때 부조리하게 되는 문제들과 비일관성들을 알아보았을 것이다), 이 용어가 얼마나 우스꽝스러운지, 원래 뜻이 자기들이 생각했던 뜻이 왜 아닌지 깨닫지 못한다. 내가 히브리어를 공부했을 때 배운 바에 따르면, 셈어 어근 'b-r-a'(모음부호는 오랜 세월이 흐른 뒤에야 발명되었다)는 "그가 창조했다" 또는 "그가 불러냈다"로 번역되기에, 이 말은 마시가 썼던 것과는 달리 동사의 과거분사가 아니라 과거시제 동사이다. min은 '종류'뿐 아니라 '종species', 심지어 '성sex'을 뜻하는 말로도 쓰일 수 있다. 마시의 조어에서 아무렇게나 묶은 목적어 min은 원래 주어 Elohim(신들을 부르는 이름 가운데 하나)을 대신하고 있다. 그래서 글자 그대로 번역하면 baramin은 '신이 창조했다'가 아니라 '종이 창조했다'를 뜻하며, 성경에서 쓰는 어떤 의미로 보아도 '창조된 종류'가 아님은 확실하다. 마시가 히브리어를 조금이라도 알아서 '창조된 종류'라고 번역될 말을 문법적으로 올바르게 만들기를 원했다면, min baru(과거분사)가 되었을 것이다. 그러나 창조론자들이 하나같이 학문적으로 무능한 모습을 보이는 것을 감안하면, 그들이 이 부분을 바로잡으리라고는 기대하지 않는다.

창조론자들이 히브리어에 무지한 것은 차치하고라도, '종류학baraminology'이라는 주제 전체는 우스꽝스러울 정도로 형편없이 과학을 모방하는 모습을 상기시킨다. 말하자면 실제 과학 연구의 원리나 절차나 함의를 전혀 이해하지도 못하면서 과학자들이 연구하는 모양만 흉내 내면서 노는 아이들이나 아마추어가 상상하는 과학, 또는 영화나 텔레비전 프로그램에서 과학적으로 들리기는 하지만 전혀 말이 안 되는 소리를 마구 쏟아내면서 과학을 엉터리로 모방하는 모습을 떠올리게 한다는 것이다. 창조론자들의 '연구'에서 초점이 되는 것은 현대 동물분류학 분야를 전체적으로 대충 훑어본 다음에 종과 속 수백 가지를 가능한 한 가장 적은 수의 범주 속에다 쑤셔 넣을 방도를 상상하는 것이다. 그들은 실제 동물들로 연구할 생각도 안 하고, 현대 생물분류학을 정립한 검시와 해부 작업을 손을 더럽혀가면서 하지도 않으려 하고, 대학원에서 여러 해를 보내면서 분자계통분류학 자료를 이해하고 분석하는 데 필요한 훈련을 받으려고도 하지 않고, 조지 심프슨George G. Simpson과 에른스트 마이어Ernst Mayr 이후로 방대하게 쌓인 현대 계통분류학 이론과 분지학 문헌들을 파고들려고도 하지 않는다. 그렇게 안 하는 이유가 뭐겠는가? 실제 과학 분야에서 훈련을 받아야 하고 생명 전체를 관통해 흐르는 진화의 증거를 대면해야 할 터이기 때문이다. 그 대신에 창조론자들은 고등학교 수준의 피상적인 '독서감상문' 형태의 분석을 한다. 말하자면 몹시 단순하게 설명하는 인터넷 사이트와 위키백과 사전 이곳저곳에서 관념들을 뽑아서 늘어놓는 것이다. 그들이 과학에 대해 아는 정도는, 데이터의 배후에 깔린 지침과 방법 또는 종류가 다른 데이터들이 서로에 대해서 가지는 상대적인 의미나 중요성—해당 분야에서 대학원 공부를 수 년 씩 해야지만 알게 되는 것들이다—에 대한 이해가 전무한 채, 이곳저곳에서 떠도는 사실 비스름한 것들을 골라내는 정도밖에 되지 않는다.

창조론자들이 방주에 태울 동물 수를 줄이기 위해 선택한 이 **바라민** '해법'은 사실 완전히 새로운 문제들을 만들어낸다. 이런 식으로 해결하려 들면, 창조된 종류들로부터 진화가 일어났음을 시인하게 되는 셈이지만, 정작 그 종류라는 건 생물학적인 기초가 전혀 없는 개념이다. 창조론자들이 쓴 글들을 검토해서 '종류'라는 게 무엇인지 명확히 정의해보려 하면, 어떤 때는 종種이고, 어떤 때는 속屬이었다가, 또 어떤 때는 과科, 목目, 또는 문門이기도 함을 보게 될 것이다(Siegler 1978; Ward 1965)! 창조론자들이 하는 소리가 워낙 저마다 심하게 다른데다가 내세우는 이론들이라는 게 우리가 아는 생물 분류학에서 워낙 크게 벗어나 있기 때문에, '창조된 종류'라는 것은 그저 사람들이 난관을 만났을 때 회피하려고 으레 쓰는 '빠져나가는 말'에 지나지 않음이 분명하다. 《거울 나라의 앨리스》에서) 땅딸보Humpty Dumpty가 앨리스에게 말했던 것처럼, "내가 무슨 낱말을 쓸 때면, 그때그때 내가 고른 뜻만 뜻할 뿐이야." 그럼에도 수많은 창조론 '연구'는 이 무익하고 비과학적인 모습의 자기 꼬리

그림 3-10 홍수지질학에는 물만 담긴 게 아니다(《로스앤젤레스타임스신디케이트》의 만평).

쫓기에만 집중할 뿐이며, 심지어 여기에 '종류학'이라는 이름까지 붙여놓았다.

창조론자들 중에는 어류와 해양 무척추동물들은 방주 밖에 머물렀으며 홍수를 견디며 살아냈다고 주장함으로써 이 문제에서 빠져나오려고 하는 이들도 있다. 그러나 이는 그들이 기초 생물학을 조금도 이해하지 못한다는 걸 드러낼 뿐이다. 분명 창조론자들은 물에 사는 것은 다 똑같다고 보는 것 같다. 그러나 해양 어류와 무척추동물은 염도 변화에 대단히 민감하기 때문에, 만일 바다가 민물로 홍수가 졌다면, 이 생물들은 즉각 죽고 말았을 것이다. 반면에 설사 초자연적인 구름에서 바닷물비가 내렸다면(물이 증발할 때 소금은 증발하지 않고 남기 때문에 이는 물리적으로 불가능하다), 높은 염도를 견뎌낼 수 없는 민물고기들과 민물 무척추동물들은 온 세상을 뒤덮은 짠 바닷물 때문에 모두 죽어버렸을 것이다. 물론 수생 생물들을 방주 밖의 물속으로 밀어낸다고 쳐도, 공간 문제나 종 수 문제가 해결될 기미는 조금도 없다. 전체 종 가운데에서 이 수생 생명꼴들은 몇 십만 종에 불과하기 때문이다.

이 시점까지 우리는 수천 가지 종들을 하나씩 구두 상자 크기의 공간에 쑤셔 넣어서 방주 꼭대기까지 차곡차곡 쟁여놓는 문제만 거론했다. 그런데 그처럼 많은 동물들에게 먹일 음식은 다 어디에 두었을까? 육식동물들이 이웃 동물들을 잡아먹지 않은 채 어찌 살아냈을까? 마지막으로 가장 찝찝한 생각도 해야 한다. 그렇게 동물들이 많다면 싸는 똥도 엄청날 것이다. 노아와 아들들은 40일 밤낮의 대부분을 배에서 똥을 치우는 일에 매달리지 않았을까? 합리적이고 시험 가능한 가설을 평가하는 대신에 자연의 사실들에 대해 특수 변론을 하면서 왜곡하는 것을 보면, 우리가 목하 다루고 있는 창조론적 설명이라는 것이 똥 더미임이 분명해진다(그림 3-10).

암석으로 연대 알기

> 지금 우리에게는 매우 다양한 방사성연대측정 기법을 써서 따로따로 분석한 결과가 말 그대로 수천 개나 있다. 그것은 예측한 바들과 검증된 결과들이 서로 맞물려 도는 복잡한 체계이며, 창조론자들이 믿고 싶어 하는 것 같은, 결과가 심하게 왔다 갔다 하는 얼빠진 표본 몇 개에 불과한 것이 아니다.
>
> ─나일스 엘드리지,《원숭이 사업》

암층은 으레 더 오래된 암층 위에 퇴적된다는 **누중**superposition의 원리는 동물군천이의 원리와 더불어 1840년대까지 상대지질연대의 틀이 되어주었다. 그러나 여전히 지질학자들은 이 단위 암층들의 나이를 숫자로 말할 수 없었고, 그 암층들의 퇴적 기간이 수천 년인지 수백만 년인지 수십억 년인지도 말할 수 없었다. (앞서 살펴보았던 그랜드캐니언에 있는 것 같은) 암층의 어마어마한 두께와 그 복잡성을 보기만 해도 노아의 홍수로 그 암석 기록을 설명해낼 수 없음은 분명했다. 그러나 18세기나 19세기에는 지구의 나이가 (물리학자 켈빈 경이 주장했듯) 2000만 살에 불과한지, (허튼 이래로 대부분의 지질학자들이 추정했듯) 수십억 살인지 말해줄 수 있는 미더운 '시계'가 없었다.

그러다가 1895년에 앙리 베크렐Henri Becquerel이 발견한 방사능이 바로 암석의 수치적 나이(이것을 예전에는 '절대연대'라고 불렀다)를 얻을 수 있는 미더운 메커니즘을 처음으로 제공했다. 1913년이 되자, 아서 홈스Arthur Holmes 같은 지질학자들이 방사성 원소의 붕괴를 이용하는 방법을 개발해서 지구상에서 나이가 적어도 20억 살은 되는 암석들을 찾아냈다. 그 이후로 더 오래된 암석들의 연대가 수없이 정립되었다. 현재 지구상에서 우리가 아는 가장 오래된 암석은 42억 8000만 살이고, 광물 알갱이 가운데에는 연대가 43억 살에서 44억 살인 것들도 있다(Dalrymple 2004). 달과 운석의 암석은 나이가 훨씬 더 많아, 45억 살에서 46억 살인 표본도 많이 있다. 비록 지구에는 그만큼 나이 많은 암석이 없지만, 놀랄 일은 아니다. 왜냐하면 지구의 지각은 나이 많은 물질들을 쉬지 않고 녹여서 재순환하는 역동성을 가지고 있기 때문이다. 그래서 지구에 44억 살이나 되는 물질이 아직까지 있다는 게 오히려 놀랄 일이다. 지구와 달리 달과 운석은 처음 형성된 뒤로 아주 조금밖에 변화를 겪지 않았기 때문에, 굉장히 연대가 오래된 것들이 그대로 보존되어 있을 것이라고 예상할 수 있다(더 자세한 이야기는 Dalrymple 2004를 참고하라). 지구, 달, 운석은 원시 태양계에서 같은 때에 형성된 게 분명하기 때문에, 우리는 지구의 나이도 46억 살이라고 말하는 것이다.

방사성연대측정의 원리는 비교적 단순하며 매우 잘 이해되어 있다. 원소들의 일부 동위원소들, 이를테면 칼륨-40, 루비듐-87, 우라늄-238, 우라늄-235 같은 동위원소들은 자발적으로 부서져서, 다시 말해 '붕괴해서' 서로 다른 '딸' 원소들(바로 앞에서 열거한 '어미' 원소 각각의 딸 원소는 아르곤-40, 스트론튬-87, 납-206, 납-207이다)의 원자가 되고, 그 과정에서 핵 복사(알파 입자와 베타 입자와 감마선 복사)와 열을 방출한다. 이 원소들 모두의 방사성 붕괴 속도는 잘 알려져 있고, 실험실에서 수백 차례에 걸쳐 확인에 재확인을 거쳤다. 지질학자들은 자연 상태의 암석 표본을 손에 넣으면, 그 암석을 구성하는 광물 결정들로 바순다. 그런 다음 그 광물 속에 들어 있는 어미 원자와 딸 원자의 비를 측정한다. 그 비가 바로 결정의 나이에 대한 수학적 함수이다.

과학에서 쓰는 여느 기법과 마찬가지로, 방사성연대측정법에도 한계가 있고 반드시 피해야 할 함정도 있다. 방사성연대측정법은 결정이 식은 뒤에 방사성 어미 원자들 속에 갇히게 된 때부터 흐른 시간을 측정하므로, 녹은 상태였다가 식은 암석, 곧 화성암(화강암과 현무암 같은 암석)에만 유효한 기법이다. 창조론자들은 사암이라든가 여느 다른 퇴적암 결정의 연대를 직접적으로 측정하지 못한다는 사실을 놓고 과학자들을 우습게 여긴다(퇴적암의 결정은 더 오래된 암석의 결정이 재활용된 것이어서 퇴적물의 나이와는 아무 관련이 없다). 그러나 오래전부터 지질학자들은 연대 측정이 가능한 화산성 용암류나 화산재 퇴적층들 사이에 화석을 함유한 퇴적층이 끼어 있는 곳이나, 퇴적암 속을 파고든 화강암질 마그마 덩어리가 해당 층의 최소 나이를 알려주는 곳들을 지구 곳곳에서 수백 군데 찾아내어 이 문제를 우회해 풀어낸다. 지질연대표에 나오는 수치적 나이는 바로 이런 곳들에서 이끌어내며, 지금은 그 정밀도가 대단히 높아져서 수백만 년 전부터 최소 10만 년 전 어름까지 일어난 사건들 대부분의 나이를 우리는 알고 있다.

만일 어떻게 해서인가 결정 구조에서 어미 원자나 딸 원자의 일부가 새어나갔거나 새 원자가 들어와서 결정이 오염되었다면, 어미-딸 비가 교란되어 연대 측정값이 무의미해진다. 그러나 지질학자들은 혹여 이런 문제가 있지 않을까 언제나 신경을 쓰기 때문에, 결과로 나온 나이가 미더운지 결정하기 위해 수십 개의 표본을 돌리며, 다른 방법을 써서 연대를 측정한 값들과도 비교검토를 한다. 최신 기법과 장비는 워낙 정밀하기 때문에, 숙련된 지질학자라면 거의 어떤 연대측정값이든 오류를 잡아낼 수 있고, 대단히 높은 기준을 만족시키지 못하는 값들은 재빨리 버린다. 창조론자들은 틀렸음이 이미 증명된 특정 연대를 들먹이며 지질연대학geochronology 분야 전체가 미덥지 못하다는 증거로 삼곤 한다. 그러나 사실 그 연대에 오류가 있음을 알아내서 재빨리 버린 이들은 정작 지질학자들이었다. G. 브렌트 달림플Brent Dalrymple(2004)이 지적하다시피, 이런 상황은 우리에게 다양한 시계가 있는데 그 가운데 몇 개가 시간이 맞지 않는 것과도 같다. 그러나 그렇다고 해서 우리가 가진 시계들을 몽땅 무시한다는 뜻은 아닐진대, 창조론자들은 **모든** 방사성연대측정법들을 곧바로 거부함으로써 우리가 가진 모든 시계들을 깡그리 무시해버린다. 우리가 하는 일은 계속해서 측정값들을 서로 비교검토하여 미더운 값은 무엇이고 못 미더운 값은 무엇인지 결정하는 것뿐이다.

창조론자들이 흔히 되풀이해서 내세우는 주장이 또 하나 있는데, 살아 있는 조개의 방사성탄소연대측정값이 수천 살이나 나온 예를 들면서 지질학자들을 조롱하는 것이다. 그러나 이것은 우리가 잘 이해하고 있는 변칙성이다. 일반적인 방사성탄소연대측정법은 대기 중에 있는 질소-14가 우주복사에 의해 탄소-14로 꼴바꿈이 된 뒤에 살아 있는 조직 속으로 합쳐 들어간 경우에 유효하다. 그 생물이 죽으면, 속에 있던 탄소-14는 붕괴하기 시작하고, 그러면 뼈나 조가비, 또는 목재(또는 탄소를 함유한 것이면 아무것이나)의 연대측정을 가능하게 해주지만, 단 나이가 8만 살 미만이어야 한다(방사성 탄소의 붕괴 속도는 비교적 빠르기 때문이다). 이 독특한 조개들은 고대의 석회암을 덮고 있는 물속에서 사는데, 그런 곳에서는 석회암에 함유되어 있던 방사성 죽은 탄소가 물속으로 풀려나게 된다. (대기 중에서 유래한 보통의 탄소가 아니라) 이 고대의 탄소가 연체동물 껍질의 일부가 되면 어미–딸 비가 헝클어져버린다. 방사성탄소연대측정 전문가들은 오래전부터 이 사소한 문제를 알고 있었으므로, 이런 종류의 오염이 문제가 될 만한 곳에서는 방사성탄소연대에 결코 의존하지 않는다.

창조론자가 방사성연대측정법에 대해서 써놓은 글을 읽어보면, 거의 하나같이 측정법 체계를 잘못 사용하거나 그르게 해석할 방도를 찾아내서는 그 체계가 미덥지 못하다고 비난하고 있음을 볼 수 있다. 그러나 이는 방사성연대측정법이 어떻게 돌아가는지에 대해 창조론자들이 얼마나 무식하고 무능한지만 입증해줄 뿐이다. 예를 들어 창조론자들이 즐겨 떠드는 소리 중에 오스트레일리아의 한 화산용암에 대한 것이 있다. 그 용암의 연대는 4500만 살인데 용암이 흘러가면서 두른 나무들의 방사성탄소연대는 4만 살에 불과하다는 것이다. 창조론자들은 이 예를 콕 집고 나서는 이렇게 말한다. "아하, 이걸 보니 방사성연대측정법들은 다 믿을 수가 없겠구나."

오스트레일리아에서 보는 이 변칙성은 어떻게 해서 생겨났을까? 여기서 기억해두어야 할 것은 방사성 '시계들'은 저마다 다른 속도로 똑딱거리지만, 모두 시간이 잘 맞는다는 것이다(그 시계들을 알맞게 이용한다면 말이다). 방사성탄소는 반감기가 5370년으로 매우 짧기 때문에, 지극히 빠르게 붕괴한다. 그래서 4만 년이란 시간이 흐르면(지금은 이 기간을 8만 년까지 늘여서 보는 연구실도 있다) 방사성탄소는 죽은 상태가 된다. 말하자면 붕괴가 더는 일어나지 않기 때문에, 그것을 가지고는 이제 더는 **아무것도** 측정하지 못한다는 뜻이다. 이런 까닭으로 방사성탄소는 최근의 빙하기와 홀로세에 일어난 굉장히 어린 사건들을 연구하는 과학자들—이를테면 최근의 빙하기 주기 내에 일어난 사건들을 연구하는 인류학자들—이 주로 사용한다. 진짜 과학자라면 그보다 오랜 시기의 것에 방사성탄소를 사용할 **생각조차** 안 할 것이고, 혹여 그렇게 하는 멍청이가 있다면, 자기가 무얼 하는지 전혀 감을 잡지 못하고 있음을 보여주는 것이다. 연대 범위에 따라 서로 다른 동위원소 체계가 사용된다. 우라늄-납(둘 다 동위원소인 쌍들이다)과 루비듐-스트론튬은 수십 억 년에 걸쳐 붕괴하므로, 지구상에서 가장 오래된 암석을 비롯해서 달의 암석과 운석의 연대 측정에만 사용한다. 칼륨-아르곤은 100만 살 정도의 어린 암석부터 우리가 가진 가장 나이 많은 암석까지 그 연대 범위가 일반적 지질 환경 대다수를 아우르므로, 대부분의 지질학자가 사용하는 동위원소 체계이다. 시계 유비를 다시 들어보면, 방사성탄소는 굉장히 빠르게 똑딱거리고 빠르게 죽는 시계와도 같다. 우라늄-납과 루비듐-스트론튬은 굉장히 느리게 똑딱거리고 매우 오랫동안 죽지 않는 커다란 괘종시계와도 같다. 창조론자들이 써먹는 오스트레일리아의 용암 속에 갇힌 나무 각본은 그저 그들이 얼마나 무능하기 짝이 없는지만 입증해줄 뿐이다. 그들은 용암을 칼륨-아르곤 분석으로 측정한 연대가 4500만 살이라는 사실을 언급한다. 이는 진짜 지질학자 가운데에는 방사성탄소가 죽은 상태인 나무들의 연대를 측정하는 데 시간을 허비할 사람이 단 한 사람도 없을 것임을 뜻한다. 그런데 창조론자들은 괘넘치 않고 그 나무들에 대해 방사성탄소연대를 측정하고는, 당연한 결과로 4만 살 정도라는 연대를 얻었다. 이는 그 표본의 나이가 4만 살이라는 것이 **아니라, 그 표본의 방사성탄소가 죽은 상태이고 4만 살보다 더 오래되었다는 것**을 뜻할 뿐이다. 마치 이건 빠르게 똑딱거리는 시계이지만 이미 멈춘 지 오래인 시계에서 읽은 시각과 느리게 똑딱거리는 괘종시계에서 읽은 시각을 비교하는 것이나 마찬가지이다. 창조론자 왈, 두 시각이 다르기 때문에 **모든** 시계를 믿을 수 없다는 것이다. 사실은 멍청하게도 자기가 시각을 읽고 있는 시계는 이미 약이 떨어져 멈춘 시계인데 말이다.

과학자들이 스스로 내놓은 데이터를 놓고 회의적이고 자기 비판적인 태도를 취하는 것에 대해 창조론자들은 아무런 경의도 표하지 않는다. 그러나 지질연대학을 다루는 사람치고 연대측정값들이 여러 실험실에서 줄기차게 톺아보기를 당하고 있으며 뭔가 미심쩍은 냄새가 나는 것은 무엇이든 의심해서 내친다는 걸 모르는 사람은 없다. 그 결과 극도로 튼튼한 데이터들을 얻게 된다. 말하자면 똑같은 표본에 다양한 방사성 원자계들(예를 들면 칼륨-아르곤, 우라늄-납, 루비듐-스트론튬)을 따로따로 사용해서 측정을 하고, 그중 하나라도 문제가 생기면, 그 데이터를 망설임 없이 내버릴 수 있다는 말이다. 창조론자들은 미덥지 못하다면서 연대측정값 한두 개를 예로 지적하지만, 서로 경쟁하는 실험실들에서 같은 암석 표본을 놓고 독립적인 연대측정법을 세 가지 이상 돌려 똑같은 답을 얻었다면, 그것이 우연일 가능성은 전무하다. 거의 한 세기에 걸쳐 이처럼 측정값 수천 개를 확인하고 또 확인하면서 분석을 해온 결과, 현재 지질학자들은 중력이나 여타 잘 정립된 과학의 원리들만큼이나 방사성연대측정법의 미더움에 자신감을 가지고 있다. 지구의 나이는 약 45억 6700만 살이다. 이는 지구가 둥글다는 관찰만큼이나 사실이다!

창조론자들은 지구의 나이가 몇 천 살보다 많다는 생각을 참아내지 못한다. 지구의 나이가 6000살에서 1만 살이라는 생각, 또는 지구가 기원전 4004년에 창조되었다는 생각(이 수치는 처음에 제임스 어셔James Ussher 대주교가 계산한 것이고, 아직도 일부 성경의 여백에 이 숫자가 적힌 것을 볼 수 있다)은 얄궂게도 성경 말씀에 기초한 것이 아니라 훨씬 후대에 이루어진 신학적 외삽에 기초한 것이다. 성경에 나오는 "~이 ~를 낳았다" 구절들 사이에는 너무 많은 공백과 기록되지 않은 시간 구간들이 있다. 이를테면 이런 구절을 보자. "므두셀라는 187세 되던 해에 라멕을 낳았다. 라멕을 낳은 뒤에도 딸아들을 더 보며 782년을 더 살다가 969세까지 천수를 누리고 세상을 떠났다."(《창세기》5: 25-27) 그래서 성경 구절들을 가지고는 지구의 나이를 정확하게 계산할 수가 없다. 그럼에도 어린 지구 창조론자들('하루-시대' 창조론자들은 그렇지 않다)은 지질학자들이 입증해온 지구의 아득한 세월을 인정하지 않고, 지구나 우주의 나이가 아득함을 뒷받침하는 증거란 증거는 몽땅 부정하려고 한다. 1장에서 우리는 이미 그들이 필립 헨리 고스의 시험 불가능하고 비과학적인 옴 팔로스 가설에 의지해서, 우리에게 도달하는 별빛이 어떻게 이미 수십억 년을 여행 해온 것처럼 보이는지 설명하는 모습을 보았다("그런 식으로 창조되었다"는 것).

창조론자들이 지구가 불과 6000년 전에 창조되었다는 주장을 고집하면, 설사 방사성연대측정법을 받아들이지 않는다 할지라도, 온갖 문제들에 봉착하게 된다. 캘리포니아주의 화이트산맥White Mountains에는 1만 년이 넘는 세월이 나이테로 기록 된 강털소나무들bristlecone pines이 있으며, 나무 개체들도 5000살 이상이나 된다! 이 와 동일 유전자 계열인 나무 가운데 캘리포니아 주에는 1만 3000살이 넘는 것도 있 고, 노르웨이에는 9500살이 넘는 것도 있다. 남극에서 시추한 EPICA-1 같은 얼음 심의 층들에는 겨울과 여름의 연간 주기가 68만 회나 기록되어 있다. 창조론자들이 인정하는 지구의 나이보다 무려 100배가 많은 것이다. 설마 창조론자들은 남극에 서는 겨울/여름 순환이 1년에 100번씩 이루어진다고 말하는 것인가?

토마스 반스Thomas Barnes라는 창조론자는 지구의 자기마당magnetic field이 붕괴하 고 있으며, 시계를 뒤로 돌리며 자기마당의 세기를 외삽해가면 지구의 나이가 매우 어림을 보여준다고 논했다. 그러나 지구의 자기마당이 오랜 기간에 걸쳐 보인 상태 는 굉장히 잘 알려져 있다. 수천 년에 걸쳐 지구의 자기마당은 세기와 방향이 요동 한다(고대 암석에 기록된 자기의 강도를 재서 이를 측정할 수 있다). 반스는 시간에 따 라 자기마당이 단순하게 선형적으로 변화한다고 가정하는데, 지구 자기마당의 세 기가 강해지기도 하고 약해지기도 함을 보여주는 과학적 증거가 풍부함을 전혀 모 르는 것이 분명하다.

어린 지구를 주장하는 다른 창조론자들이 내놓은 '증거'라는 것들도 이처럼 단 순무식할 뿐 아니라, 과학과 수학을 하는 방법에 대한 이해도 전혀 없음을 보여준 다. 예를 들어 헨리 모리스는 아담과 이브 두 명으로부터 35억 명(지금은 74억 명이 넘는다)으로 인구가 불어나기까지 걸릴 시간을 추정하는 방법으로 지구의 나이를 계산하려 했다. 그러나 이 방법은, 인구가 (특히 먼 과거에는) 샬레에서 배양하는 세 균처럼 기하급수적으로 증가하지는 않았다는 사실을 완전히 무시한다. 인류 역사 의 대부분 동안 죽음과 질병이 억제력을 행사한 때문에 수십만 년 동안 인구가 큰 변화 없이 거의 그대로였음을 보여주는 대단히 튼튼한 고고학적 증거가 있다. 지난 50년 사이에 와서야 비로소 인구는 세균 개체 수의 증가와 비슷한 모습으로 폭발하게 되었다. 모리스의 외삽은 데이터의 뒷받침을 전혀 받지 못한다.

모리스는 지구에 해마다 500만 톤가량의 우주먼지가 떨어짐을 가리키는 수치들을 인용하길 좋아한다. 그는 50억 년 이상 세월이 흘렀다면, 55미터 두께의 먼지층이 쌓여야 했을 것이라고 계산했다! 그러나 정확하게 계산을 해보면(모리스는 정확하게 계산을 하지 않았다), 1제곱킬로미터에 쌓인 먼지는 구두상자 하나 분량밖에 되지 않는다. 이만큼은 워낙 미량이라서 심해―교란됨이 없고 퇴적 속도가 극도로 느린 곳(그처럼 적은 양의 먼지를 검출할 수 있는 유일한 장소이다)―의 시추심에서 나온 가장 상태 좋은 퇴적 기록에서조차 간신히 검출될 수 있는 정도이다. 뒤섞임이 마구 일어나는 얕은 바다와 풍화가 일어나는 육상의 퇴적물에서는 이 정도 미량의 먼지라면 금방 주변 물질과 균질하게 되어버릴 것이다.

지구와 우주의 나이가 아득함을 보여주는 모든 가닥의 증거를 무너뜨리려는 창조론자들의 시도들은 저마다 너무 일관성이 떨어져서 자기모순에 빠질 때도 있다. 크리스토퍼 맥고언(1984: 89)은 다음과 같은 예를 이야기한다.

> 최근에 기시 박사를 만난 적이 있는데, 그는 천문 거리를 수백만 광년 단위로 언급할 정도로 부주의했다. 우주의 나이가 1만 살이라고 믿으면서 어떻게 그렇게 말할 수 있냐고 물었더니, 그는 대답을 못했다.

단속평형, 과도기 꼴들, 인용문 채굴

경향성을 설명할 생각으로 우리는 단속평형을 제안했기 때문에, 창조론자들이―무슨 꿍꿍이가 있어서인지 멍청해서인지는 모르겠지만―화석 기록에 과도기 꼴들이 전혀 포함되어 있지 않음을 인정하는 말이라면서 이걸 거듭해서 인용하는 것에 화가 치민다. 일반적으로 종 수준에서는 과도기 꼴들이 없으나,

그보다 큰 분류군들 사이에서는 풍부하다. 그런데도 "하버드의 과학자들이 진화가 사기라는 데에 동의하다"라는 제목의 팸플릿에서 이렇게 말한다. "굴드와 엘드리지가 …… 다윈주의자들로 하여금 받아들이지 않으면 안 되게 하고 있는 단속평형의 사실들은 브라이언이 역설했던 그림, 그리고 성경에서 하나님이 우리에게 계시해주셨던 바로 그 그림에 들어맞는다."

—스티븐 제이 굴드, 〈사실과 이론으로서의 진화〉

빅토리아 시대의 잉글랜드에 살았던 대부분의 사람들처럼, 찰스 다윈도 진보와 점진적 변화를 믿는 문화의 일원이었다. 프랑스와 미국에서 일어난 혁명에 동요된 영국인들은 혁명 대신 느리고 꾸준한 변화야말로 사회를 바꾸고 개혁하기 위한 최선의 해법이라는 생각에 뜻을 모았다. 찰스 라이엘의 가까운 친구이자 신봉자였던 다윈은 땅이 현재 일어나는 것과 동일한 과정을 거치며 점진적으로 꼴바꿈을 해왔다는 라이엘의 접근법을 생물학에까지 확장하고자 했다. 진화에 관한 생각을 붙들기 시작했을 무렵의 다윈에게는 점진적 변화 관념이 사고 깊숙이 자리하고 있었다. 1859년에 다윈은, 화석 기록은 자연선택이 느리고 꾸준하게 작용함을 입증해주는 "무한히 많은 과도 단계의 고리들"을 내놓아야 마땅하다고 적었다. "자연선택은 날마다 시간마다 온 세계에서 제아무리 사소하게 일어나는 변이라 하더라도 그 모두를 면밀히 검토하여 나쁜 것은 물리치고 좋은 것은 모두 보존하여 보태 넣고, 소리 없이 아무도 모르게 작용한다. …… 오랜 세월이 경과했음을 시계 바늘이 표시하기 전까지, 이 느린 변화가 진행되고 있는 모습을 우리는 전혀 보지 못한다. …… 그렇다면 모든 지질 성층과 모든 지층이 그런 중간 단계 고리들로 가득 차지 않은 까닭이 뭐란 말인가? 그처럼 세밀하게 점진적 변화를 보이는 생물 사슬을 지질학이 하나도 밝혀내지 못했음은 확실하다. 그리고 이것이 아마도 내 이론에 힘 있게 맞설 수 있는 가장 중요한 반론일 것이다."(Darwin 1859: 280) 하지만 친구이자 지지자였던 토머스 헨리 헉슬리는 다윈의 책을 평하면서 이렇게 경고했다. "선생님께서는 나투라 논 파키트 살툼*Natura non facit saltum*(자연은 도약을 하지 않는다)을 불필요하게 너무 무조건 수용하는 곤경을 스스로 떠안으셨습니다." 헉슬리가 생각하기에 점진주의는 진화 이론에 필수적인 부분이 아니었던 것이다.

다윈 이후 한 세기가 흐르는 동안, 고생물학자들은 다윈이 예상했던 바를 입증하는 일에 매달렸다. 그런데 화석 순서가 분명 점진적으로 진화하는 모습을 보여주는 몇 가지 예들이 기록되기는 했지만(그림 3-11A), 일반적으로는 그리 많은 예들이 발견되지는 않았다. 하지만 제4장에서 살펴보겠지만, 20세기 초반과 중반에 이르러 진화 이론은 빠르게 유전학자들의 영역이 되었으며, 고생물학자들은 뒤로 밀려났다.

1940년대와 1950년대에 진화생물학에서 또 다른 발전이 있었다. 곧 현대적인 종분화 이론이 개발된 것이다. 다윈은 (자기 책의 제목처럼) 종의 기원을 설명하는 데에서 단 하나 필요한 것은 계통들의 꼴바꿈transformation of lineages이라고 가정했다. 그러나 20세기 중반에 이르자, 종분화의 **진짜 문제**는 계통이 분기하여 둘 이상의 새 종들이 만들어지는 것이라는 점이 분명해졌다. 자연에서 종끼리 상호작용하는 모습을 관찰한 현장 생물학자들은 생식적 격리에 의해 종의 경계가 정해짐을 알아챘다. 다시 말해서 종이 다르면 서로 성공적으로 교배하지 못한다는 것이다. 특히 조류학자이면서 진화생물학자였던 에른스트 마이어(1942)는 뉴기니에서 새들을 연구하다가, 대부분의 종은 서로 지리적으로 겹치지 않는 범위에 분포하며, 대개 섬마다 고유한 종이 거주하고 있음을 발견했다. 이로부터 마이어는 **이소성 종분화 모형**allopatric speciation model을 제안했다.

1940년대에 이르자, 큰 개체군 내에서 새로운 변종이 가진 색다른 유전자들은 정상적인 구성원들과의 교배를 통해 빠르게 희석되기 때문에 큰 개체군들은 진화적 변화에 저항성을 가진다는 사실을 육종과 유전자 이동gene flow에 관한 연구가 보여주었다. 반면에 작은 개체군들은 비교적 단기간에 극적으로 변화할 수 있다. 예를 들어 한 개체군(또는 새끼를 밴 암컷 하나)이 섬 같은 고립된 장소에 이르면, 그들이 가진 희귀한 유전자 돌연변이들이 모두 금방 우성이 될 것이다. 왜냐하면 그 후예들이 모두 그 섬에 거주하게 될 것이기 때문이다. 이 효과는 섬에만 국한되지 않는다. 본토에 있는 작은 개체군들도 만일 다른 개체군과 교배를 하지 않는다면, 유전적으로 독특해질 수 있다. 예를 들어 펜실베이니아주에 있는 암만파Amish 같은 종

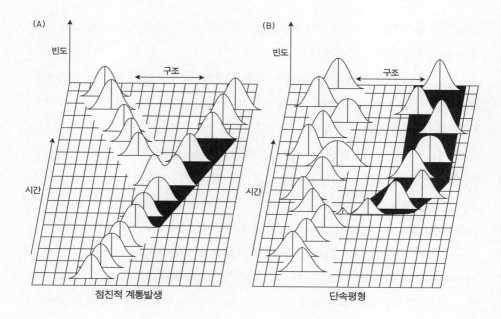

그림 3-11 (A) 진화는 시간이 흐르면서 종이 점진적으로 꼴바꿈 하는 모습을 보여야 한다(그래프에서 종 모양의 빈도 분포로 이를 나타냈다)는 고전적인 생각. 다윈에게서 유래했으며, '점진적 계통발생론phyletic gradualism'이라고 한다. (B) 엘드리지와 굴드(1972)는, 마이어의 이소성 종분화 모형에 따르면 대부분의 종분화는 너무 급작스럽게 일어나기에 화석 기록에서는 볼 수 없으며, 그 대신 화석 표본들은 표본이 분포했던 지역 바깥의 개체군들에서 종분화가 돌연히 일어나고 뒤이어 오랜 안정기 또는 정체기를 거치는 모습을 보일 것임을 지적했다.

교 교파들에서는 높은 빈도로 색다른 유전자들이 나타나는데, 이 교파에서는 근친교배가 많이 이루어지고 암만파가 아닌 사람이 개종하여 암만파 사람과 혼인을 해서 유전자 풀을 보충하는 경우가 극히 적기 때문이다.

　　이런 연구들을 하면서 마이어는(Mayr 1942) 주류 개체군의 주변부에 격리된 작은 개체군들(**주변부 격리군**peripheral isolates)이 새 종의 원천이 될 가능성이 가장 높을 것이라는 결론을 내렸다. 그런 개체군들의 영역은 대개 물이나 산으로 가로막혀 주류 개체군과 분리되어 있는(**이소성**allopatric) 게 보통이다. 이런 개체군이 일단 별개의 개체군이 되면, 주류 개체군과 접촉은 할 수 있지만(**동소성**sympatric) 더 이상 서로 교배할 수는 없을 것이다. 이상이 이소성 종분화 모형을 간추린 것이다. 1950년대 중반에 이르자, 거의 모든 생물학자가 이 모형을 널리 받아들이게 되었고(나중에 예외가 더 발견되면서 수정이 가해졌다), 곧이어 기존의 종 정의를 수정해서 상호교배 가능성 기준을 집어넣게 되었다.

놀랍게도 당시 고생물학자들은 이소성 종분화 모형에 담긴 함의를 알아채지 못했던 듯싶은데, 아마 화석을 생물학적인 방식으로 생각하거나 현대 종분화 이론에 관한 문헌 자료를 꾸준히 읽은 고생물학자가 몹시 적었기 때문일 것이다. 그로부터 거의 30년이 지난 뒤인 1972년에 가서야 뉴욕 미국자연사박물관의 나일스 엘드리지와 하버드대학교의 스티븐 제이 굴드가 현대적인 생물학적 종 개념을 화석 기록과 처음으로 접목시켰다. 이소성 종분화 모형을 화석 기록에 적용하면, 주류 개체군에서 나온 화석들에서 종분화를 보게 되리라 기대해서는 안 될 것이다. 그 대신 주변부에 고립된 작은 개체군들에서 종분화가 일어나야겠지만, 개체 수가 적기 때문에 화석이 될 기회도 적을 것이다. 더군다나 생물학에서 나온 모든 데이터는 이 종분화 과정이 으레 수십 년에서 수백 년, 나아가 수천 년에 걸쳐 일어남을 보여주었는데, 고생물학자들의 눈으로 보면 이 정도는 지질학적으로 한순간이다. 두 층리면 사이의 연대 차이는 수천 수만 년일 경우가 흔하다. 그래서 종에서 종으로 점진적으로 넘어가는 과도 과정들이 보존된 모습을 아주 흔하게 보리라고는 기대하지 못한다. 그 대신 그 개체군들이 격리와 종분화 사건을 겪은 뒤에 주류 개체군 속으로 다시 이주했을 때 새 종을 볼 것이라고 기대한다. 달리 말해서 그 종들이 화석 기록에 느닷없이 나타나게 되리라는 것이다. 일단 그 개체군들이 자리를 잡으면, 주류 개체군은 안정된 상태를 유지하면서 세월이 흘러도 점진적인 변화를 보이지 않지만, 주변부에서는 새 종들이 쉬지 않고 생겨나 고향으로 되돌아온다고 종분화 이론은 예측한다. 엘드리지와 굴드(1972)는 이 생각을 **단속된 평형**punctuated equilibrium이라고 불렀다. 왜냐하면 화석 기록에 따르면 종이 변화 없이 안정된 모습을 보이다가(평형 상태 또는 **정체 상태**stasis), 어디에선가 새 종이 유입되면서 그 안정 상태가 끊어지는 것으로 보이기 때문이다(그림 3-11B).

엘드리지와 굴드가 쓴 논문(1972)이 처음 나왔을 때, 고생물학계는 격렬한 논란에 휩싸였다. 점진주의는 깊이 뿌리내린 개념이었고, 수많은 고생물학자가 평생 점진주의를 연구해온 터였다. 점진적 진화로 볼 만한 예들이 차례차례 제기되었으나, 그 예들 모두 분석이나 데이터 면에서 풀리지 않는 문제가 있었는데, 이를 굴드와 엘드리지(1977)가 재빨리 짚어냈다. 결국 다세포 동물의 화석에서는 점진적 진화가 극도로 드물다는 게 분명해졌다. (이와는 달리 미화석들은 점진적 진화를 많이 보여주기는 하지만, 그 미생물들은 엄밀하게 유성생식을 하는 것들이 아니라 대부분 복제나 무성생식을 하기 때문에, 마이어의 이소성 종분화 이론에서 내세우는 상호교배 기준에 구속되지 않는다.) 화석 종들은 수백수천만 년에 걸쳐 있는 지층들에서 믿기지 않을 만큼의 안정성을 **정말로** 보여주며, 이것을 굴드와 엘드리지(1977)는 '정체 상태'라고 불렀다. 안정화 선택stabilizing selection(개체군이 극단으로 가지 못하게 하면서 평균적인 경향을 강화하는 선택) 같은 메커니즘으로 이 정체 상태를 무마하려는 생물학자들도 있으나, 기후 변화가 있었음이 잘 기록된(분명 이는 강한 선택압으로 작용했을 것이다) 수백만 년 동안 아무 변화 없이 존속한 화석 개체군들도 있던 연유를 이 메커니즘으로는 설명해내지 못한다(이 기후 변화를 기록한 자료는 다음과 같다. Prothero and Heaton 1996, Prothero 1999, Prothero et al. 2012). 굴드(1980a, 2002)가 지적했다시피, 선택압이 강하게 가해졌던 수백만 년 동안 화석 종들이 변화 없이 존속한 것은 종들이 선택에 무한정 순응하지만은 않고 자기보전integrity 또는 모종의 내적인 항상성homeostatic 메커니즘을 가지고 있어서, 외부에서 가해지는 대부분의 선택에 저항한다는 것을 시사한다. 이는 진화생물학에서도 급진적인 생각인지라, 아직까지 뜨거운 논란거리가 되고 있다. 대부분의 고생물학자들은 화석 기록에서는 보이는 반면에 초파리를 비롯해 살아 있는 개체군에서는 볼 수 없는 것들이 있다고 논하지만, 많은 생물학자들은 신다윈주의적인 메커니즘으로 화석 기록을 설명할 수 없다는 걸 납득하지 못한다(제4장을 참고하라).

그러나 고생물학자들에게는 이런 점이 생물학자들에게만큼 놀라운 것은 아니었다. 비록 고생물학자들이 화석 기록에서 다윈주의에 따른 점진적 진화를 찾으려고 한 세기 동안이나 노력했지만, 생물층서학이 크게 힘을 발휘할 수 있게 해주는 것은 바로 화석 종들이 정체 상태를 이어가다가 새 종이 돌연히 출현하는 경향이었다. 만일 모든 게 점진적으로 진화했다면, 점진적으로 꼴을 바꿔나가는 한 계통을 어떻게 타당성 있는 종의 마디들로 쪼개야 할지 큰 문제가 생길 것이다. 굴드가 적었다시피, "실제로 현장에서 화석을 수집하는 세계에서는 그런 딜레마에 시달리는 일이 거의 없다는 것을 모든 고생물학자가 알고 있었다. 고생물학에서 가장 오래된 진리가 있다. 대다수 종은 화석 기록에서 완전한 꼴을 갖춘 채 나타나며, 그 뒤로 오랜 기간 존재하는 동안 (해양 무척추동물 종들의 평균 존속 기간은 500만 년에서 1000만 년까지 이를 수 있다) 큰 변화가 없다는 것이다. 달리 말하면, 지질학적으로 느닷없이 출현한 뒤로는 안정기가 이어졌다는 것이다." 그러나 널리 정체 상태가 보인다는 사실은 진화생물학자들에게 진화의 증거가 없다는 당혹스러움을 안겨주는 대신, 현생 종들을 실험하거나 관찰해서는 아직까지 설명되지 않았으며 앞으로 설명이 필요한 무언가가 있다는 강력한 메시지가 된다. 굴드는 그걸 이렇게 말했다 (1993).

> 대부분의 화석 종이 지질학적으로 기나긴 생애 동안 정체 상태, 또는 무변화를 보인다는 것은 모든 고생물학자들이 암묵적으로 인정한 바이지만, 그걸 드러내 놓고 연구한 고생물학자는 거의 없었다. 왜냐하면 통상적인 이론에서는 정체 상태를 무진화를 뒷받침하는 재미없는 무증거로 취급했기 때문이다. …… 정체 상태가 압도적으로 널리 보임은 화석 기록의 당혹스러운 특징이 되었고, 무(다시 말해 무진화)가 표명되었다고 여기고 무시한 채로 두는 게 최선이었다.

우리는 단속평형이라는 게 현대의 생물학적 종분화 이론을 단순히 화석 기록에 적용한 것임을 보았다. 화석 종들이 정체 상태를 보인다는 사실은 오래전부터 알려져 있던 차였고, 때마침 그 이론이 그걸 설명해내고 부각시킨 것이다. 그리고 이 정체 상태가 지금은 수많은 진화생물학자의 심기를 불편하게 만들고 있다. 왜냐하면 신다윈주의 이론에서는 그걸 훌륭히 설명해낼 메커니즘이 아직 하나도 없기 때문이다. 이는 진화와 종분화에 대해 아직 우리가 알아내야 할 것이 많이 있음을 시사한다. **그러나 이게 바로 좋은 것이다!** 우리에게 모든 답이 있다면, 고생물학은 새롭거나 흥미로운 사실과 생각을 전혀 내놓지 못할 것이고, 과학은 몹시 따분해질 것이기 때문이다.

진화생물학 내에서 이 모든 격렬한 논쟁이 일어나는 내내, 창조론자들은 맥락을 무시하고서라도 원래 저자의 의도와 정반대를 뜻하는 말로 인용할 만한 토막글이 어디 없나 쉬지 않고 눈을 굴리고 있다. 아니나 다를까, 단속평형에 대한 인용문을 보면 굴드와 엘드리지의 말을 과도기 화석은 없다거나 진화의 증거를 화석 기록이 보여주지 않는다고 주장하는 것으로 곡해한 것이 수없이 많다! 으레 이 '인용문 채굴꾼들'은 긴 글 중에서 저자가 진정으로 말하는 바와 정반대되는 인상을 줄 만한 짧은 부분 하나를 뽑아내곤 한다. 그런 행태를 보면, 창조론자들은 전체 인용문을 읽고 이해할 능력이 없거나, 굴드를 비롯한 사람들이 실제로 뜻했던 바와 정반대되는 말을 한다고 주장함으로써 자기네 독자들을 의도적으로 속이려 한다(이는 그들이 부정직하고 기만적인 사람들임을 뜻한다)는 걸 암시한다! (창조론자들이 가장 흔하게 잘못 인용한 곳들을 원전의 완전한 문맥과 비교해서 조목조목 바로잡은 자료를 보려면 다음 웹사이트를 참고하라. www.talkorigins.org/faqs/quotes) 이를테면 굴드(1980b: 181)는 이렇게 썼다.

> 화석 기록에서 과도기 꼴들이 극히 드물다는 것은 그동안 고생물학의 영업 비밀이었다. 우리 교과서를 장식하고 있는 진화의 나무에서 데이터가 있는 곳은 가지들의 끝과 마디일 뿐이고, 나머지 부분은 아무리 합당하게 보여도 화석 증거가 아니라 추론이다.

창조론자들의 책과 웹사이트에서 이 말은 인용되고 또 인용되는 말이다. 그러나 창조론자들이 더 찬찬히 읽어보고 그 논증의 맥락을 이해하려 해봤다면, **종과 종 사이의 과도 단계 꼴들이 하나도 없다**고 주장하는 것이 아니라 드물다고만(이는 화석 기록과 이소성 종분화 이론에서 예상하는 대로이다) 주장하고 있을 뿐임을 분명히 알았을 것이다. 이보다 더 중요한 점은, **종보다 큰 분류군들** 사이에서는 과도기 화석들이 **많이** 있다는 것이며, 이 책의 2부 전체에서 이를 증명해보일 것이다. 안정 상태를 이룬 일련의 화석 종들이 전반적으로 주요 군과 군을 잇고 있는 경향을 보인다면, 이 화석 종 하나하나가 '과도기 꼴'이다. 비록 그 종들 **사이를 이어주는** 과도 단계의 화석들을 모두 손에 넣는 일이 드물더라도 말이다(그림 3-12).

여기서 중요한 것은 **직계 조상**lineal ancestor과 **방계 조상**collateral ancestor 개념의 구분이다(족보학에서 빌려온 용어들이다). 직계 조상이란 나와 바로 이어져 있는 조상을 말한다. 이를테면 내 아버지와 어머니, 조부모, 증조부모 등이다. 방계 조상이란 나와 조상은 같지만, 내가 그 직계 후손이 아닌 조상을 말한다. 이를테면 내 삼촌과 고모, 종조부와 종조모 등이다. 화석 기록을 볼 때, 우리는 어느 특정 화석이 어느 다른 생물의 직계 조상이라고 말하지 않고, 그 생물의 방계 조상임이 (또는 어느 말을 선호하느냐에 따라 자매군 또는 가장 가까운 친척임이) 거의 확실함을 입증하는 해부학적 특징들을 보여준다고 흔히 말한다. 창조론자 조너선 웰스(2000)는 심하게 뒤죽박죽이고 독자를 오도하는 책인 《진화의 우상들Icons of Evolution》에서 이 둘을 자주 헛갈려 한다. 예를 들어, 웰스는(2000: 138) 오늘날의 새들은 시조새*Archaeopteryx*의 후손이 아니기 때문에 시조새는 '조상'이 아니고, 고생물학자들은 더는 시조새를 '과도기 꼴'로 여기지 않아 "선반 위에다 가만히 치워놓고" 다른 "빠진 고리들missing links"을 찾고 있다고 논하면서, 고생물학자들이 시조새 화석을 이용하는 걸 공격한다. 무엇보다도 먼저, '빠진 고리' 같은 것은 없으며(이는 5장에서 살펴볼 것이다), 고생물학자들은 시조새를 선반 위에다 가만히 치워둔 게 아니라 12장에서 볼 수 있듯이 수없이 많은 중생대의 조류 화석들과 함께 놓고 시조새에 대해 끊임없이 논쟁과 토론을 벌이고 있다. 시조새에게는 현생 조류와 중생대 공룡 사이의 **과도기적 특징들**이 많이 있다. 그래서 시조새가 조류의 직계 조상은 아닐지라도, 방계 조상임은 확실하다. 실제로 시조새에게는 후대 조류의 조상 계보에서 제외할 만한 파생적 특징들이 없다. 그러기에 시조새는 조상이 되기에 아주 충분하다. 그러나 이런 식의 말은 과학적으로 시험 가능한 진술이 아니기 때문에, 고생물학자들은 이 경우에 '조상'이란 말을 쓰는 데 신중을 기한다.

《과학과 창조론 사전Dictionary of Science and Creationism》에서 로널드 에커Ronald L. Ecker(1990: 195-196)는 과도기 꼴들과 관련된 문제를 다음과 같은 방식으로 정의한다(굵은 글씨는 사전의 올림말임을 가리킨다).

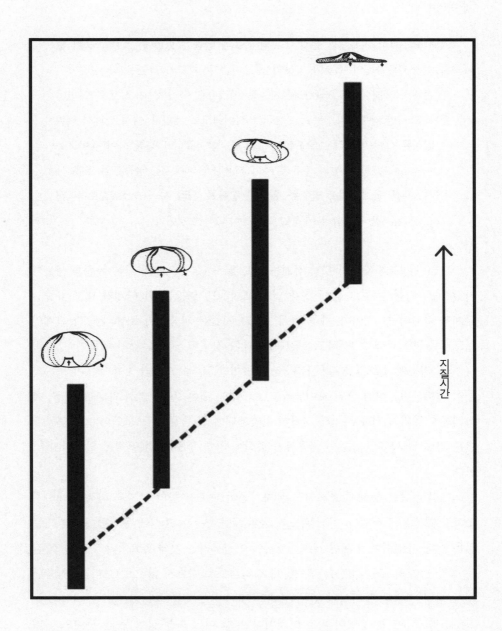

지질시간

그림 3-12 여러 종들을 이어주는 과도기 화석을 하나도 빠짐없이 다 갖고 있어야만 진화에 의한 꼴바꿈을 보여줄 수 있는 것은 아니다. 예를 들어, 서로 핏줄사이인 일련의 종들이 세월이 흘러도 안정된 상태를 유지한다고 하자. 그래도 이 종들은 진화에 의한 꼴바꿈 과정을 보여주는 계열을 형성한다. 설사 모든 과도기 화석이 보존되지 않았어도 말이다. 정형성게류에서 연잎성게류가 진화한 것이 최고의 예이다(그림 8-13을 참고하라).

그런데도 화석 기록에는 온갖 종류의 과도기 꼴들이 있기에, 그런 꼴들이 없다는 창조론자들의 주장이 잘못임을 보여준다. 과도기 꼴들은 종 수준에서만 존재하는 것이 아니라(창조론자들은 이것들을 '동일한 기초 종류가 변이된 꼴들'로만 간주한다), 주요 분류군들 사이에도 존재한다. 다시 말해서 **어류**와 **양서류** 사이(이크티오스테가*Ichthyostega*), 양서류와 **파충류** 사이(세이모우리아*Seymouria*), 파충류와 **포유류** 사이(포유류형 파충류), 파충류와 **조류** 사이(**시조새**를 참고하라), 멸종한 유인원 꼴들과 **사람** 사이(**오스트랄로피테신** Australopithecine을 참고하라)에 중간 단계들이 있다는 것이다.

그러나 창조론자들의 트집 잡기는 한도 끝도 없다. 그들의 기본 논증을 생물학자 케네스 밀러Kenneth Miller의 말을 빌려 표현해보자면, "중간 단계가 충분히 중간 단계가 아니다"는 것이다. 예를 들어, 창조론자들은 파충류와 조류의 중간 단계인 시조새를 "100퍼센트 새"라고 여긴다. 날개와 깃털이 있고 날았기 때문이다. 그러나 사실 기본에서 보았을 때, 시조새는 깃털이 있고 날 수 있던 공룡이다. 창조론자들이 진화론자들더러 한번 보여달라고 요구하는 것은 '10점 만점'의 과도기 꼴, 이를테면 어류와 양서류 사이의 정확히 한가운데에 있는 꼴인 듯 보인다. 창조연구재단은 그런 '어서류fishibian'는 지금까지 화석에서 한 번도 발견된 적이 없었다고 말한다.

그런 논증을 통해 창조론자들은 자기들이 과도기 꼴의 본성을 전혀 이해하지 못하고 있음을 드러낸다. 어느 과도기 꼴의 모든 부분이 동시에 한꺼번에 전환되는 일은 없다. 유전학에서 보면 창조론자들이 어서류라는 것에 필요하다고 보는 것 같은 중간 단계의 모든 특징은 부드럽게 점진적으로 나오지 않고, 그보다는 중간 단계가 지닌 형질들이 뒤섞여 있는 상태일 것이라고 예상된다. 모자이크 진화mosaic evolution라고 부르는 경향이 바로 이것이다. 또한 어느 화석 꼴이 두 군 사이의 직계 계보상에 있어야만 과도기 꼴로 여기는 것은 아니다. 예를 들어, 시조새는 의심할 여지가 없이 조류의 직계 조상이 아니라 그 조상 중 어느 하나의 사촌이었다. 이와 마찬가지로 어류형 양서류인 이크티오스테가는 아마 어류에서 양서류로 넘어가는 단계에서 막다른 곳에 이른 방계의 한 갈래일 것이다. 여기서 요점은, 종이 여러 갈래로 갈라지고 이어졌다 끊어졌다 하는 대체적인 모습을 화석 기록이 보여줌을 감안하면, 고생물학에서 발견할 가능성이 더 높은 것은 바로 어느 조상의 한 사촌이며, 그것이 바로 과도 단계가 있었음을 충분히 보여주는 증거라는 것이다.

하지만 사실 '10점짜리' 직계 조상을 제시한다고 해도 창조론자들에게는 아무 차이가 없을 것이다. 그들이 미리 정해둔 믿음 체계에는 그런 꼴이 수용될 여지가 없기 때문이다. 그래서 창조론자의 지도자인 헨리 모리스는 사람과 유인원 사이의 중간 단계 화석을 발견한다 해도—모리스는 그런 중간 단계는 하나도 발견되지 않았다고 믿고 오스트랄로피테신을 '멸종한 유인원 종일 뿐'으로 여긴다—인간의 진화를 보여주는 증거는 아닐 것이라고 말한다. 모리스는 이렇게 말한다. "멸종한 유인원은 사람 같은 특징을 몇 가지 가지면서도 여전히 유인원일 수 있었을 것이다." 그리고 사람도 유인원과 비슷한 특징을 얼마 가지면서도 '여전히 사람일' 수 있었을 것이다. 달리 말하면, 유인원과 사람 사이에서 상상할 수 있는 과도기 꼴은 온전한 유인원이거나 온전한 사람 말고 다른 것이 될 수는 없으리라는 말이다. 창조론자들은 그저 과도기 꼴들의 존재를 허용할 수가 없을 뿐이다. 그렇게 하면 진화가 일어났음을 인정하는 꼴이 될 테니까 말이다.

이 책의 6장부터는 거의 모든 주요 분류군에 나타난 과도기 화석들을 살펴볼 것이기 때문에, 이번 장에서는 이 개념에 더는 천착하지 않을 생각이다. 그러나 요점은 명확하다. 만일 과도기 꼴과 화석 기록을 말하고 싶거든, **맥락을 무시한 채 다른 사람들의 말을 인용하지 말고, 직접 나가서 화석에 대한 기초 연구를 하라**는 것이다. 인용문을 긁어모으는 방법으로 연구하는 것은 게으른 짓이고 비과학적인 짓이고 기만적인 짓일 뿐 아니라, 실제 과학적 데이터나 실험(과학에서는 이것만이 오로지 진짜 증거이다)을 통해서가 아니라 권위에 의존하는 논증으로 자기 주장을 증명하려는 짓이다.

위대한 유전학자 테오도시우스 도브잔스키Theodosius Dobzhansky(1973: 125)는 진화를 다룬 고전적인 글에서 이렇게 적었다.

이는 생물학과 진화에 대해서 알 수 있고 알아야 하는 모든 것을 우리가 알고 있음을 함축하지 않는다. 유능한 생물학자라면, 아직 해결하지 못한 문제와 아직 답하지 못한 물음이 수없이 많다는 걸 누구나 알고 있다. 따지고 보면, 생물학에서 이루어지는 연구는 우리가 완결점에 다가가고 있다는 기미를 조금도 보여주지 않는다. 오히려 그 정반대가 맞다. 생물학자들 사이에선 의견의 불일치와 충돌이 낭자하다. 생생하게 생명력을 가지고 성장해나가는 과학이라면 마땅히 그래야 한다. 반진화론자들은 이 불일치를 진화 학설 전체가 의심스러움을 나타내는 것이라고 오해한다—또는 오해하는 척한다. 그들이 즐겨하는 경기는, 신중하게 그리고 이따금 노련하게 맥락을 무시하고 뽑아낸 인용문들을 주줄이 엮어서, 진화론자들 사이에서 실제로 정립된 것 또는 의견이 일치하는 것이 아무것도 없는 것처럼 보이게 하는 것이다. 내 동료 몇 사람과 나는 마치 우리가 실상은 진짜 반진화론자들인 것처럼 보이게끔 우리 말을 인용한 것을 읽고 웃기기도 했고 놀랍기도 했다.

도브잔스키의 이 말을 비롯해서 굴드의 말에서도 보다시피, 그리고 이번 장의 앞부분에서 휘트콤과 모리스(1961)가 루이스 충상단층에 대한 인용을 기만적으로 이용한 것에서도 보았다시피, 인용문 채굴은 부정직하면서도 비과학적이다. 필립 키처Philip Kitcher(1982: 185)는 책《과학 오용하기: 창조론자를 반대하며Abusing Science: The Case Against Creationism》(우리나라에는《과학적 사기-창조론자들은 어떻게 과학을 이용하는가?》로 번역되었다—옮긴이)에서 이렇게 단호하게 말했다.

이런 식이다. 과학자 한 사람 한 사람이 창조론 식으로 대우를 받는다. 딱 적격인 언급, 정론에서 벗어난 말이라면 무엇이나 잠재적 표적이 된다. 맥락에서 떼어내면 그 표적은 창조론자들의 목적에 봉사하게끔 만들 수 있다. 다시 말해서 과학자들도 과학적 논쟁을 벌이다가 창조론적 논제를 내놓기도 한다고 풋내기들을 설득하는 용도로 쓸 수 있다는 말이다. 그러나 이런 게임은 누구나 할 수 있다. 글을 맺으면서 나는 창조론자가 써서 엄청난 효과를 거둔 무기를 바로 창조론자 자신에게 겨누고 싶은 생각을 억누를 수가 없다. 과도기 꼴에 대한 논쟁을 언급하며 기시는 이렇게 썼다. "창조연구재단의 존재[처럼 확실히 존재하는 것]*에 대해서는 물음에 올릴 여지도, 의심할 가능성도, 입씨름할 기회도, 이론적 왈가왈부도 있어서는 안 된다."(Gish 1981, ii)

내 말이.

---

* 옮긴이―대괄호 안의 말은 이해를 돕기 위해 넣었다.

더 읽을거리

Berra, T. 1990. *Evolution and the Myth of Creationism.* Stanford, Calif.: Stanford University Press.

Beus, S., and M. Morales, eds. 1990. *Grand Canyon Geology.* Oxford: Oxford University Press.

Dalrymple, G. B. 1991. *The Age of the Earth.* Stanford, Calif. Stanford University Press.

Dalrymple, G. B. 2004. *Ancient Earth, Ancient Skies: The Age of Earth and Its Cosmic Surroundings.* Stanford, Calif.: Stanford University Press.

Eldredge, N. 1982. *The Monkey Business: A Scientist Looks at Creationism.* New York: Pocket Books.

Eldredge, N. 1985. *Time Frames.* New York: Simon & Schuster.

Eldredge, N. 2000. *The Triumph of Evolution and the Failure of Creationism.* New York: Freeman.

Eldredge, N., and S. J. Gould. 1972. Punctuated equilibria: an alternative to phyletic gradualism, In *Models in Paleobiology,* ed. T. J. M. Schoph. San Francisco: Freeman Cooper, pp.82-115.

Gould, S. J. 1980. Is a new and general theory of evolution emerging? *Paleobiology* 6: 119-130.

Gould, S. J. 1992. Punctuated equilibria in fact and theory, In *The Dynamics of Evolution,* ed. A. Somit and S. A. Peterson. Ithaca, N.Y.: Cornell University Press, 54-84.

Gould, S. J. 2002. *The Structure of Evolutionary Theory.* Cambridge, Mass.: Harvard University Press.

Gould, S. J., and N. Eldredge. 1977. Punctuated equilibria: the tempo and mode of evolution reconsidered. *Paleobiology* 3: 115-151.

Kitcher, P. 1982. *Abusing Science: The Case Against Creationism.* Cambridge, Mass.: MIT Press.[《과학적 사기》(이제이북스: 2003)]

Mayr, E. 1942. *Systematics and the Origin of Species.* New York: Columbia University Press.

McGowan, C. 1984. *In the Beginning: A Scienctist Shows Why the Creationists Are Wrong.* Buffalo, N.Y.: Prometheus.

Numbers, R. 1992. *The Creationists: The Evolution of Scientific Creationism.* New York: Knopf.

Prothero, D. R. 1990. *Interpreting the Stratigraphic Record.* New York: Freeman.

Prothero, D. R. 1992. Punctuated equilibria at twenty: A paleontological perspective. *Skeptic* 1(3): 38-47.

Prothero, D. R. 2013. *Bringing Fossils to Life: An Introduction to Paleobiology.* 3rd ed. New York: Columbia University Press.

Prothero, D. R., and R. Dott. 2010. *Evolution of the Earth.* 8th ed. New York: McGraw-Hill.

Prothero, D. R., and F. Schwab. 2013. *Sedimentary Geology.* 3rd ed. New York: Freeman.

Winchester, S. 2002. *The Map That Changed the World: William Smith and the Birth of Modern Geology.* New York: Harper[《세계를 바꾼 지도》(사이언스북스: 2003)].

그림 4-1 우리에게는 병약하고 수염 더부룩한 노인 모습의 다윈 사진들이 친숙하다. 그러나 비글호를 타고 세계를 여행하던 시절의 다윈, 안데스산맥을 오르고, 자연선택을 생각해냈던 시절의 다윈은 20대 열혈남아였다. 1836년 당시에는 현대식 박사 과정이라는 게 없었지만, 다윈이 5년 동안 탐사 여행을 했던 것은 아마 오늘날의 박사 과정 연구와 동등할 것이다. 이 그림과 함께 원래 적혀 있던 글은 이렇다. "다섯 해에 걸친 현장 연구를 마치고 이제 막 돌아온 오늘날의 대학원생과 찰스 다윈이 얼마나 비슷한가! 이 그림은 이 나이에 다윈이 가장 진취적이었음을 독자들의 마음에 새겨주고자 그렸다. 지금이었다면 아마 다윈은 언어와 수학 실력이 부족해 좋은 대학원에 들어가지 못했을 것임을 독자들은 명심했으면 한다." (P. R. 달링턴 2세Darlington, Jr.의《자연사학자들을 위한 진화: 단순한 원리들과 복잡한 실재Evolution for Naturalists: The Simple Principles and Complex Reality》(1980) 책머리 그림. 존와일리앤드선스사의 허락을 얻어 실었다.)

4　진화론의 진화

다윈 이전

이런 상상을 하면 너무 무모할까! 지구가 처음 존재하고부터 흐른 아득히 오랜 시간, 인류의 역사가 시작되기 전까지 아마 수백만 시대가 지났으리라고, …… 모든 더운피동물들이 한 가닥 생명의 실올에서 생겨났다고, **위대한 제일원인**이 그 실올에 동물성을 부여했고, 새로운 부분들을 획득할 힘을 주었고, 그로 인해 새로운 성향이 수반되었고, 자극, 감각, 의지, 연관의 인도를 받아, 저마다 타고난 활동성에 의해 꾸준히 나아질 수 있는 능력, 그리고 그렇게 나아진 것들을 세대를 이어가며 자손들에게 전해줄 수 있는 능력을 지니게 되었다고 상상해보면 너무 무모할까!

　　　　　　　　　　　　　　　　　　　—이래즈머스 다윈, 《동물생리학》

생물학에서 과학혁명을 일으킨 공로의 대부분은 찰스 다윈(그림 4-1)에게 돌릴 수 있지만, 시간이 흐르면서 생명이 변화해왔다는 생각을 처음으로 제시한 사람은 다윈이 아니었다. 일찍이 기원전 5세기에 엠페도클레스Empedocles 같은 그리스의 철학자들은 생명이 계속해서 꼴을 바꾼다는 생각을 세상에 퍼뜨렸다. 기원전 50년에 로마의 철학자 루크레티우스Lucretius는 〈사물의 본성에 관하여De rerum naturae〉라는 시를 써서, 원자의 존재를 가정했으며, 자연에 있는 만물은 부단히 변화한다고 논했다. 하지만 로마제국의 멸망과 함께 이 대범한 사조는 교회 정론의 억압을 받았고, 지구와 생명의 역사를 〈창세기〉로 설명하는 풍조가 거의 1300년 가까이 지배했다. 이른 1700년대까지 유럽과 북아메리카에 사는 사람들은 대부분 여전히 성경을 글자 그대로 해석한 것을 믿었으며, 지구가 약 6000년 전에 형성되었고, 그 뒤로 아담과 이브가 저지른 죄로 말미암은 부패와 타락을 제외하고는 그동안 아무 변화도 없었다는 생각을 믿었다.

하지만 그다음 세기에는 자연에 관한 지식이 늘면서 지구와 생명의 기원을 〈창세기〉의 설명과 어울리게 하는 일이 점점 어려워졌다. 3장에서 살펴보았다시피, 1795년과 1805년 사이에 발견된 동물군천이는 노아의 홍수로 지질을 설명하는 것을 더욱 가당성이 없는 것으로 만들었다. 1840년에 이르러서는 독실한 기독교 신자이기도 했던 지질학자들이 하나같이 홍수지질학을 포기했다. 1700년대 중반에 이르면, 카를 폰 린네Carl von Linné 같은 자연사학자들과 그 후예들이 이미 6000가지가 넘는 동물 종과 그보다 훨씬 많은 식물 종을 분간해냈는데, 노아의 방주에 쑤셔 넣기에는 너무나 많은 수였다. 같은 시절, 이국의 장소들—아프리카, 남아메리카, 오스트레일리아, 동남아시아—을 탐험하는 동안, 기존에 유럽인들에게 알려지지 않았던 새로운 종들까지 발견되면서 종 수가 더욱 늘어나자, 노아의 방주 이야기는 바보 같은 이야기가 되고 말았다. 동물의 분포는 방주가 정박했다는 터키의 아라라트 산에서부터 동물들이 퍼져 나갔음을 반영하는 패턴을 보이기는커녕 오히려 성경과 조금도 맞지 않는 패턴을 보였다. 생물지리적인 면에서 수수께끼들이 수두룩했다. 이를테면 수많은 섬들에는(뉴질랜드, 마다가스카르, 하와이 같은 곳들) 지구의 어디 다른 곳에서는 볼 수 없는 독특한 종들이 거주한다는 사실, 오스트레일리아에는 알을 낳는 오리너구리와 새끼주머니를 가진 유대류 같은 기묘한 종들이 우점하는 반면에 태반포유류 토종은 없다는 사실이 그 예이다. 터키에서 오스트레일리아까지 왜 유대류만 이주했던 것일까?

자연사에서 발견된 이 모든 새로운 사실들 말고도, 1700년대에는 새로운 학문적 태도가 널리 퍼지고 있었다. 흔히 '계몽주의' 시대라고 부르는 이 시기는 초자연주의가 아닌 이성으로 세계를 설명할 길을 모색하던 학자들과 철학자들이 독단적 권위(특히 왕가의 권위와 종교의 교리들)를 의심하고 물음에 올리던 시기였다. 앞선 세기들에 과학을 비롯하여 자연을 설명하는 일에서 프랜시스 베이컨Francis Bacon, 아이작 뉴턴, 고트프리트 라이프니츠Gottfried Leibniz, 블래즈 파스칼Blaise Pascal, 갈릴레오 갈릴레이Galileo Galilei가 앞장서서 이루어냈던 돌파구에서 영감을 받은 계몽주의 과학자와 철학자 들은 새롭고 대범한 생각들, 권력자들의 족쇄에 매이지 않는 생각들을 찾아 나섰다. 프랑스에서 계몽주의를 이끌었던 이들을 보면, 장-자크 루소, 드니 디드로, 볼테르는 프랑스의 왕과 교회의 권위를 물음에 올렸고, 앙투안 라부아지에Antoine Lavoisier는 화학에서 과학적 돌파구를 마련했고, 조르주-루이 르클레르 드 뷔퐁 백작은 자연을 대담하게 비성경적으로 설명했다. 잉글랜드에서는 존 로크John Locke와 토머스 홉스Thomas Hobbes가 정치와 경제 체제들을 검토하여 미국에서 민주주의를 실험할 기틀을 놓았으며, 조지 버클리George Berkeley는 철학에서 새 땅을 개간했다(네덜란드에서는 바뤼흐 스피노자Baruch Spinoza가, 독일에서는 이마누엘 칸트Immanuel Kant가 그리했다). 그리고 증기기관, 직조업, 운하 체계와 함께 시작된 산업혁명은 잉글랜드를 농업국에서 산업국으로 탈바꿈시키고 있었다. 1764년에 버밍엄에서 달모임Lunar Society(보름달에 가장 가까운 월요일 밤에 회원들이 저녁식사를 하러 모였기 때문에 이런 이름이 붙었고, 회원들은 자기들을 '미치광이Lunatic'라고 불렀다)이 결성되어, 새로운 과학적 및 기술적 생각들을 진작했다. 최초의 창시자들 가운데에는 이래즈머스 다윈Erasmus Darwin(찰스 다윈의 조부), 윌리엄 스몰William Small(토머스 제퍼슨Thomas Jefferson의 정신적 스승), 기업가인 매슈 볼턴Matthew Boulton이 있었다. 그러다가 곧이어 영국의 위대한 인물들 가운데 많은 수가 '미치광이'가 되었다(여기에는 영국을 방문한 벤저민 프랭클린Benjamin Franklin도 있었다). 스코틀랜드에서는 철학자 데이비드 흄(2장에서 살펴보았다), 선구적인 경제학자 애덤 스미스Adam Smith('자본주의의 아버지'), 최초의 실용 증기기관을 발명한 제임스 와트James Watt, 현대 지질학의 아버지 제임스 허턴 같은 총명한 이들이 에든버러나 글래스고의 선술집에서 모였다. 결국 이 새로운 생각들을 비롯해서 왕권에 대한 도전이 힘이 되어, 1775년에 미국이 영국에 맞서 벌인 미국독립혁명American Revolution으로 이어졌다. 제퍼슨 같은 미국의 우국지사들은 로크와 루소 같은 영국과 프랑스의 정치철학자들에게서 크게 영감을 받았다. 이 생각들은 1787년에 프랑스혁명의 기폭제가 되기도 했다. 이 혁명은 수백 년 동안 프랑스를 지배한 부르봉 왕조와 교회를 뒤집어엎었다.

　계몽주의가 가장 크게 힘을 발휘한 곳은 프랑스의 자연사 분야였다. 프랑스에서 뷔퐁은 일찍이 1749년에 성경에서 벗어난 대범한 생각들을 세상에 내놓았다. 늦은 1700년대에 프랑스의 자연사학자 가운데에서 가장 돋보인 인물은 장-바티스트 앙투안 드 모네, 슈발리에 드 라마르크Jean-Baptiste Antoine de Monet, Chevalier de Lamarck(1744~1829)였다. 라마르크는 린네풍의 식물학자로 경력을 시작했으나, 프랑스혁명이 왕의 정원Jardin du Roi(왕립식물원)을 휩쓸고 간 뒤, 식물보다 매력이 덜해 오랫동안 자연사학자들에게서 무시를 받아온 '곤충, 조가비, 벌레'를 연구할 임무가 새로 주어졌다. 얼마 가지 않아 라마르크는 무척추동물학에 혁명을 일으켜서 우리가 이 '등뼈 없는 경이들'에 대해 오늘날 가지고 있는 이해의 초석을 놓았다. 식물학자로 출발한 터라, 라마르크는 동물학과 식물학이 하나로 묶여 전체를 이룬다는 것을 금방 알아차렸고, 이 전체를 '생물학biology'이라고 불렀다. 라마르크의 생각은 1809년에 《동물철학Philosophie Zoologique》을 세상에 내놓으면서 정점에 이르렀다.

이 책에서 라마르크는 종들이 처음 창조되었을 때의 모습 그대로 고정된 채 서로 따로따로 있는 것이 아니라, 모든 생명이 크게 변이할 수 있고 서로서로 이어져 있음을 지적했다. 그는 전통적인 '자연의 사다리scala naturae' 방식대로 동물들을 배열했다. 곧 원시적인 해파리를 맨 밑에 두고, 그 위로 산호, 벌레, 연체동물, 곤충, 척추동물을 차례차례 두었으며, 사다리 꼭대기에는 사람을 두었다. 또 다른 형태의 '자연의 사다리'에서는 신성한 존재들이 위쪽 가로장들을 차지했다. 곧 지천사智天使, 치천사熾天使, 천사들, 대천사大天使, 그리고 마지막에 하느님이 있었다. 그 시대를 살던 다른 많은 사람들처럼 라마르크도 진흙에서 생명이 저절로 쉬지 않고 생겨난다고 믿었다. 일단 해파리의 꼴을 입은 생명은 시간이 흐르면서 꼴을 바꿔가며 사다리 위쪽으로 옮겨갈 것이었다. 그래서 오래전에 기원한 계통들은 이미 높은 가로장까지 올라가 어류나 포유류나 인류가 되었을 것이다.

늦은 1700년대에 나온 이런 생명의 '자연의 사다리' 관념은 오늘날에도 흔히 가지는 잘못된 관념으로, 온갖 종류의 철학적 및 생물학적 부조리들이 여기서 나왔다. 이 문제에 대해서는 다음 장에서 더 살펴볼 것이지만, 일단 요점만 말해보면, 이 사다리 개념은 폐기되었고 덤불처럼 우부룩하고 사방으로 가지를 벋는 '생명의 계통수'라는 은유로 대체되었다는 것이다.

라마르크의 생각들이 진화론적이긴 했으나, 오늘날의 진화 개념과는 비슷한 구석이 별로 없다. 오늘날 우리가 인식하고 있는 덤불 같은 생명의 계통수 대신, 라마르크의 개념은 서로 다른 수많은 '생명의 풀잎들blades of grass'이 진흙으로부터 자연발생적으로 따로따로 생겨난 다음에 사다리를 올라가는 모습으로 그려졌으며, 위로 갈수록 복잡성이 증가하기는 하지만 공통조상으로 서로 이어져 있지는 않았다. 그 시대에 나온 책들이 으레 그렇듯이, 《동물철학》도 대단히 사변적이고 철학적이었으며, 자연이나 실험적 데이터에서 얻은 튼튼한 증거로 뒷받침을 하지 않았다. 라마르크의 책에 등장하는 사소한 생각 하나가 바로 **획득형질의 유전**이었다. 그 시대를 살았던 대부분의 사람들처럼(그로부터 50년 뒤의 찰스 다윈도 그랬다) 라마르크도, 살았을 적에 발달시킨 형질들(이를테면 대장장이나 보디빌더의 근육 같은 것)은 후손에게 곧바로 전해질 수 있다고 믿었다. 라마르크에 따르면, 기린은 꾸준히 목을 늘여 왔고, 이렇게 늘인 목을 자손들에게 전달해왔으며, 결국 모든 기린이 긴 목을 갖게 되었다고 볼 수 있었다. 라마르크가 세상을 떠난 뒤, 그의 적들은 '라마르크주의' 또는 '라마르크식 유전'이라고 부르며 이 생각을 빈정거렸다(비록 찰스 다윈까지 획득형질의 유전을 믿었는데도 말이다). 그 결과 라마르크가 이룬 큰 업적들은 대부분 잊혔고, 지금은 라마르크라는 이름이 획득형질의 유전이라는 남우세스럽게 여겨져 온 사소한 생각 하나와 결부되어 있을 뿐이다.

다윈의 진화

생존을 건 싸움이 쉬지 않고 거듭 벌어지는 동안, 유리한 개체나 종족이 생존하는 모습에서 우리는 선택이 강력하게 쉼 없이 작용함을 본다.
—찰스 다윈, 《종의 기원》

찰스 다윈(그림 4-1)은 1809년 2월 12일에 태어났는데, 에이브러햄 링컨Abraham Lincoln도 같은 날에 태어났다. 링컨처럼 다윈도 인류에게 해방을 가져다준 힘이었다. 링컨이 사람들을 노예 상태에서 해방시켰다면, 다윈은 초자연주의의 구속으로부터 생물학을 해방시켰다. 오랫동안 과학철학자들은 다윈혁명을 생물학에서 일어난 가장 위대한 과학혁명이며, 물리학에서 뉴턴이나 아인슈타인이 내놓은 혁명적인 생각들, 또는 지질학에서 판구조론이 이룬 혁명에 비견될 만하다고 역설했다. 다윈 이전에는 자연이 지금 우리가 보는 모습 그대로 신에 의해 창조되었으며, 수천 년 동안 아무 변화가 없었다고 보는 게 가능했다(그러나 그렇게 보기가 점점 힘들어지고 있었다). 그런데 다윈 이후에는 모든 생명이 자연법칙에 종속되어 있다고 보게 되었다. 별과 행성이 자연법칙을 따르며, 그것들을 움직이게 하는 신이 필요 없음을 뉴턴이 보여주었던 것처럼 말이다. 지그문트 프로이트Sigmund Freud(1917)는 이렇게 말했다.

> 지난 몇 세기가 흐르면서 인류의 고지식한 자기애는 과학의 손이 휘두른 큰 타격 두 방에 무릎을 꿇을 수밖에 없었다. 첫 방은 우리 지구가 우주의 중심이 아니라 머릿속으로 좀처럼 가늠이 안 될 만큼 너르디너른 우주계에서 작디작은 한 조각에 지나지 않음을 알게 되면서 맞았다. 이 타격은 우리 마음속에서 코페르니쿠스라는 이름과 연결되어 있으나, 이와 비슷한 생각은 오래전에 이미 알렉산드리아의 과학이 주장했던 것이다. 두 번째 타격은 생물학에서 이루어진 연구가, 창조에서 인류가 가졌다고들 했던 특권적 지위를 박살내고, 인류가 동물계에서 유래했으며 인류에게는 뿌리 깊은 동물성이 있음을 증명했을 때 맞았다. 이 재평가는 우리 시대에 다윈, 월리스, 그들의 후예가 이룩해냈다. 그러나 이 시대 사람들의 극심한 반대를 무릅써야 했다.

그처럼 혁명적인 생각인데, 그처럼 구식이고 보수적인 풍모를 지닌 사람에게서 나왔다는 게 놀랍다. 찰스 다윈은 의사 가문에서 태어났다. 조부인 이래즈머스는 왕의 주치의였고, 아버지인 로버트도 뛰어난 의사였다. 그런데 진화론도 찰스의 혈통에 있었다. 이래즈머스는 1794년에 〈동물생리학〉이라는 제목의 시를 썼는데, 그 당시 가장 진보적인 진화적 사변이 얼마 담겨 있었으나, 시라는 형식을 취하고 종교적인 내용을 실었기 때문에 위협감이 덜했다. 어린 찰스는 할아버지 생각의 영향을 받지 않을 수 없었을 것이다. 찰스가 십대였을 때, 아버지는 찰스를 에든버러에 있는 의학교에 보냈다. 그러나 그곳에서 찰스는 무덤에서 훔쳐온 썩어가는 주검을 해부하거나 비명을 지르며 수술을 받는 사람들의 모습(당시에는 마취제가 없었기 때문에 의료계에서 흔한 광경이었다)을 지켜볼 만한 담력이 전혀 없음을 보여주었다. 하지만 그 시절에 찰스는 로버트 그랜트Robert Grant(해면이 동물임을 증명한 사람이다)의 생각을 접했고, 그 로버트 그랜트는 라마르크와 조프루아 같은 프랑스의 진화론자들에게서 영향을 받았다. 찰스가 의학교를 그만두자, 아버지는 그를 케임브리지대학교에 보냈다. 그곳이라면 열정적으로 자연사 관련 채집을 하면서도 성직자가 되어 뭔가 쓸모가 있는 일을 할 수 있을 것 같았다. 케임브리지에서 찰스는 신학 공부를 게을리 한 대신, 식물학자인 존 스티븐스 헨즐로John Stevens Henslow와 지질학자 애덤 세지윅Adam Sedgwick(세계에서 처음으로 지질학 교수가 된 사람이다)의 영향을 받았다. 몇 년 뒤, 다윈은 HMS 비글호를 타고 해양 탐사 항해를 할 기회를 잡았다. 이를 안 아버지는 처음에는 기함을 했지만, 결국은 마음을 풀었다.

비글호는 5년 동안 항해를 하면서(1831~1836) 세계를 완전히 한 바퀴 돌았다. 다윈은 아르헨티나에서는 멸종한 거대 동물들의 화석을 수집했고, 칠레에서는 안데스산맥에 올랐고, 혹한의 남아메리카 남단에 사는 티에라델푸에고 원주민들에 대해 처음으로 인류학적 조사를 하기도 했다. 물과 식량을 구하려고 배가 갈라파고스 제도에 정박했을 때, 마침내 다윈은 그곳에서 수많은 관찰과 채집을 하게 되었다. 그러나 거기서 본 것의 중요성은 장차 귀국한 뒤에야 알아보게 될 터였다. 비글호는 세계 일주를 계속하여 오스트레일리아와 남아프리카를 거쳐 브라질-아르헨티나 해안 조사를 끝마친 뒤에 고국으로 돌아왔다. 다윈이 집에 들어서자, 그 모습을 본 아버지는 이렇게 말했다. "원 세상에, 머리 모양까지 다 바뀌었잖아!"

그러나 다윈의 **머릿속**은 훨씬 놀랍게 바뀌어 있었다. 케임브리지를 졸업한 부유한 신사였던 다윈은 먹고 살기 위해 일할 필요가 없었다. 그래서 그는 경제적으로 곤란함 없이 연구를 수행하고, 당시의 엘리트 과학학회들에 들어갈 수 있었다. 그는 비글호 항해에 대한 책과 태평양의 산호 환초環礁에 대한 책을 써나갔으며,

이 책들이 나오고 곧바로 이름을 얻었다. 또한 자기가 수집한 표본들을 당시 저명한 전문가들이 조사하도록 자리를 마련했다. 다윈은 외사촌인 엠마 웨지우드Emma Wedgwood(웨지우드 도예 가문이다)와 혼인해서 도우니Downe 고을에 정착하여(런던의 바로 남동쪽에 있다) 가정을 꾸려가기 시작했다. 그곳에서 연구를 해나가면서 다윈은 토머스 맬서스Thomas Malthus 목사가 쓴 글들을 읽었다. 맬서스는 인구는 죽음과 질병으로 억제를 받지 않으면 기하급수적으로 증가하는 경향이 있음을 짚어낸 사람이었다. 다윈은 또한 집비둘기 애호가가 되어, 이색적인 집동물들을 기르고 독특한 변종들로 육종하는 신사들과 친목을 다지면서 일종의 인위선택을 연습했다. 이런 생각들이 다른 많은 생각과 엮인 결과, 다윈은 마침내 처음으로 **자연선택**에 의한 진화를 생각해내게 되었다.

비글호 항해를 마치고 돌아온 뒤 불과 여섯 해만에 다윈은 진화와 관련된 생각들의 첫 밑그림을 글로 적었으나, 아내에게 꼭 자기가 죽은 뒤에 그걸 개봉해서 출간하라는 부탁을 적어 꼭꼭 숨겨놓았다. 진화에 대한 생각을 발표하면 명성에 누가 되지 않을까 걱정할 만한 이유가 다윈에게는 있었다. 진화 개념 전체는 런던의 하급 의학교들에서 유행하던 급진적인 프랑스식 사고 및 혁명적인 정책들과 결부되어 있던 상황이었다. 부자와 귀족과 영국국교회의 힘 있는 보수 엘리트 계층에서 그런 생각을 한다는 것은 곧 파문이었다. 1844년에 로버트 체임버스Robert Chambers 라는 스코틀랜드의 출판업자가 《창조의 자연사가 남긴 흔적들Vestiges of the Natural History of Creation》(《흔적들》)이라는 소책자를 익명으로 출간했는데, 이것 때문에 진화적 사고가 전국적으로 크게 유행하게 되었다. 비록 《흔적들》에 담긴 과학은 아마추어적이어서 쉽게 논파할 수 있었으나, 1840년대에 진화적 사고가 떠돌고 있었음은 분명했다. 그래도 다윈처럼 케임브리지를 나온 훌륭한 신사들이 손을 대기에는 아직 논란의 여지가 컸다.

그래서 다윈은 그 위험한 생각을 15년 동안이나 묵혀두고는, 집에서 조용히 따개비를 연구하면서 지냈다. 당시는 이 동물에 대한 이해가 형편없었다. 다윈은 따개비가 고도로 변형된 갑각류로서 새우와 핏줄사이이며, 놀라운 적응 능력을 보이고 있음을 발견했다. 그는 따개비를 다룬 과학 저서를 여러 권 세상에 내놓았고, 덕분에 과학자로서 나무랄 데 없는 명성을 얻었다. 다윈은 하루에 두세 시간밖에 연구하지 못했음에도 이 일을 이뤄냈다. 원인 모를 병으로 고생한 탓이었는데, 아마 위험한 생각을 머릿속에 담아두었기에 얻게 된 심인성 질환이 아니었을까 싶다. 그동안 죽 다윈은 '종 문제'를 다룬 대작을 쓰기 위한 기록들을 쌓아가고 있었다. 그런데 다윈보다 어린 영국의 자연사학자 앨프리드 러셀 월리스Alfred Russel Wallace로부터 편지를 한 통 받지 않았다면, 다윈은 아마 여러 해를 더 꾸물거렸을 것이다. 당시 지금의 말레이시아와 인도네시아에서 표본을 채집하고 있던 월리스는 말라리아열에 시달리던 중에 자연선택과 비슷한 개념이 떠오르자 다른 누구도 아닌 바로 다윈에게 그 생각을 적어 보냈다. 이 편지를 읽고 소스라친 다윈은 친구인 찰스 라이엘(유명한 바로 그 지질학자)과 조지프 후커Joseph Hooker(유명한 식물학자)를 찾아가, 자연선택을 누가 먼저 생각해냈는지 그 공을 따지는 난감한 문제에 대해 명예로운 해결책을 구했다. 두 사람은 1858년에 열린 린네학회의 한 모임에서 다윈이 1842년에 쓴 초록과 월리스가 보낸 편지를 낭독하도록 주선했다. 린네학회 회장이었던 토머스 벨Thomas Bell은 1858년에 이루어진 발견들을 간추리면서 이렇게 적었다. "지나간 해에는 관련 과학 분과에 즉시 혁명을 일으킬 만한 뛰어난 발견이 하나도 이루어지지 못했다." 그러나 이제 다윈은 일을 서둘러야 했다. 그러지 않으면 공을 놓치고 말 것이었다. 그는 처음에 계획했던 대작을 포기하고 그것보다 짧게(낱말 수가 15만 5000개나 되는 책인데, 빅토리아 시대의 기준에서 보면 짧은 분량이었다) 생각을 간추린 책을 썼다. 그 책이 바로 《자연선택에 의한 종들의 기원에 대하여On the Origin of Species by Means of Natural Selection》(《종의 기원》)이다. 책은 출판 첫 날에 1250부가 모두 팔렸고, 다윈이 살아 있는 동안에 6판까지 나왔다.

《종의 기원》이 펼치는 논증은 대단히 간단하지만 강력하다. 먼저 다윈은 육종가들이 집동물을 가지고 하는 인위선택과의 유비를 펼친다. 육종가들이 개의 조상인 늑대를 치와와Chihuahua와 그레이트데인Great Dane 사이만큼이나 서로 크게 다른 개들로 변형시킬 수 있었던 것을 보면, 종은 흔히들 믿는 바와는 다르게 고정되어 안정된 상태로 있지 않다고 다윈은 논했다. 그다음에 그는 맬서스의 생각을 빌려서, 자연 개체군은 기하급수적으로 성장할 수 있지만 자연에서는 높은 사망률 때문에 안정 상태를 유지한다고 논한다. 이로부터 다윈은 **생존할 수 있는 수보다 더 많은 새 끼들이 태어난다**고 연역했다. 그다음에 다윈은 자연 개체군들의 변이 가능성을 서술하면서, 이 변이들이 유전될 확률이 대단히 높다는 증거를 집동물에서 볼 수 있음을 지적했다. 그리고 **유리한 변이를 물려받은 생물들이 생존해서 번식할 가능성이 높다**고 결론을 내리고, 이 과정을 일러 **자연선택**이라고 했다(다른 이들은 이것을 '적자생존 survival of the fittest'이라고 불렀다).

앞에서 보았다시피, 다윈이 진화 개념을 처음 내놓은 사람도 아니었고, 자연 선택과 비슷한 것을 제안한 사람도 적어도 둘은 더 있었다. 그런데도 다윈이 그 공의 대부분을 차지해도 되는 이유가 무엇일까? 그 하나는 다윈이야말로 적시에 있던 적격의 사람이었다는 것이다. 1844년에는 진화라는 생각이 아직은 큰 논란거리였고, 체임버스의 아마추어적인 시도들은 그저 사람들로 하여금 진화라는 생각에 코웃음을 치게 만들 뿐이었다. 그러나 1859년에 이르면 때가 무르익어 진화 쪽으로 생각하는 사람이 많아졌다(월리스가 독자적으로 영감을 얻은 것에서 보다시피 말이다). 거기에 더해 다윈은 열심히 연구를 해서 훌륭한 과학적 명성을 쌓았고, 옥스퍼드-케임브리지 엘리트의 일원이었다. 말하자면 런던에 있는 어디 하급 의학교 출신의 급진주의자가 아니었다. 가장 중요한 점은, 다윈이 모든 조각들을 한 권의 책 속에서 짜맞추었고, 두 가지 중요한 개념을 제시했다는 것이다. 하나는 시간이 흐르면서 생명이 변해왔다는 **증거**(진화 '사실'), 다른 하나는 그 일이 일어나는 방식을 보여주는 **메커니즘**인 자연선택(진화 '이론')이었다. 다윈은 예를 풍부하게 제시하면서 독자들을 압도하기에, 책을 다 읽어갈 무렵에는 그 결론을 피할 수 없게 된다.

다윈이 내놓은 생각들은 처음에는 논란거리가 되었으나, 그가 세상을 떠난 1882년에 이르면, 생명이 진화했다는 사실을 세계의 모든 식자층에서 보편적으로 받아들이게 되었다(미국의 식자들도 대부분 그랬다). 다윈이 세상을 떠났을 때, 사람들은 다윈을 영국에서 가장 위대한 과학자 가운데 한 명으로 칭송했다. 다윈은 웨스트민스터 사원의 '과학자 묘지'에 묻혔으며, 아이작 뉴턴을 비롯해서 영국 과학계의 다른 천재들과 곁을 나누고 있다. 하지만 다윈이 제시한 자연선택 메커니즘은 처음에는 그리 환영을 받지 못했다. 다윈을 비판한 수많은 사람은 어떻게 자연선택만으로 생물들을 빚어낼 수 있을지 상상하지 못했다. 만일 유리한 변이들이 생긴다고 해도, 정상적인 동물 계통과의 역교배backcrossing를 거치면서 그 변이들이 몇 세대 만에 뒤섞여 사라지고 말 것이라고 논하는 이들이 있었다. 다윈은 1882년에 세상을 뜰 때까지도 이 문제를 해결하지 못했다.

얄궂게도 그 해법은 1865년에 어느 무명의 체코인 수사였던 그레고어 멘델Gregor Mendel이 이미 발견한 터였다. 멘델은 정원에서 완두 계통들을 교배해보다가 매우 간단하고 수학적으로 예측 가능한 유전 패턴을 만들어낼 수 있음을 알아냈다. 더 중요한 점은, 유전은 부모 양쪽의 유전자들을 **혼합하는**blend 것이 아니라 **분리함**discrete을 보여주었다는 것이다. 그래서 부모 한쪽에서 온 희귀한 유전자들이 한 세대 동안은 사라진 듯 보이다가도, 그 유전자들이 어떤 식으로인가 재조합되면 다음 세대에 다시 나타나 온전한 기능을 할 수 있다. 멘델의 연구는 세상에 알려지지 않은 채 묻혀 있다가, 멘델의 통찰을 알아볼 수 있을 만큼 때가 무르익은 1900년에 세 곳의 연구 집단에서 따로따로 그 연구를 재발견했다. 그 뒤로 50년에 걸쳐 유전학은 어마어마한 진전을 이뤄냈고, 1953년에 DNA 분자와 그 분자가 유전에서 하는 역할이 발견되면서 절정에 이르렀다.

신다윈주의적 진화론 종합

진화란 시간이 흐르면서 유전자 빈도에서 일어나는 변화이다.
—테오도시우스 도브잔스키, 《유전학, 그리고 종의 기원》

진화란 핵산 분자들에 있는 염기들의 순서가 달라진 것이 반영된 것에 불과하다.
—존 메이너드 스미스, 《진화 이론》

다윈이 세상을 떠난 해인 1882년에 이르렀을 때에 생명이 진화했다는 사실을 세상이 받아들였다고는 하나, 다윈이 제시한 메커니즘인 자연선택만으로 모든 진화를 충분히 설명해낼 수 있는지는 확신이 덜했다. 여러 유전학 실험실에서 멘델식 유전을 재발견하여 진화가 일어나는 방식에 대해 새로운 생각들을 구축해나가면서 자연선택 개념은 서서히 지지자들을 잃어갔다. 그 사이에 고생물학자들은 주류에서 한층 더 벗어나게 되었다. 다윈의 메커니즘을 따르는 사람도 있었으나, 획득형질의 유전 같은 것('신라마르크주의')에 동의하는 이들도 있었고, 어떤 메커니즘이 진화를 끌고 가는지 모르겠다는 완전히 불가지론적인 태도를 보이는 이들도 여전히 있었다. 화석 기록에서는 생명이 진화해온 방식을 보여주는 증거가 점점 많이 나오고 있기는 했지만, 진화가 어떤 방식으로 일어나는지 그 이론적 메커니즘을 찾는 문제에서 고생물학자들은 전면에 서 있지 않았다. 그 사이에 계통분류학자들(생물을 명명하고 생물들의 핏줄사이를 연구하는 생물학자들)은 새 종을 서술하느라 여념이 없었으나, 자기네가 하는 일에 담긴 진화론적 함의를 생각해보는 이는 거의 없었다. 유전학, 고생물학, 계통분류학을 서로 공통되게 이어주는 가닥은 전혀 없었으며, 다윈식 자연선택이 이 세 분야와 양립할 가능성을 보여줄 길도 전혀 없는 듯 보였다.

돌파구는 1930년대에 과학자 세 명이 **개체군유전학**population genetics*이라고 하는 수학적 모형들을 도입하면서 마련되었다. 두 명은 영국인인 로널드 피셔 경Sir Ronald Fisher과 J. B. S. 홀데인Haldane이었고, 한 명은 미국인인 수월 라이트Sewall Wright이다. 나는 1983년에 아흔넷이라는 나이에도 여전히 심신에 활력이 넘쳤던 살아생전의 라이트를 직접 만나보는 큰 행운을 누렸다. 개체군유전학이라는 수학적 본뜨기simulation 덕분에 진화론자들은 수많은 세대를 거치면서 일어나는 유전자 빈도의 변화를 서술하고 돌연변이와 선택의 효과를 본떠낼 수 있었다. 개체군유전학은 아무리 미미해도 선택압이 작용하면 유전자 빈도가 빠르게 달라질 수 있음을 명확히 보여주었으며, 따라서 다윈주의식 자연선택에 의한 진화가 다시 가당성을 가지게 되었다. 늦은 1930년대에 이르러 개체군유전학을 진화생물학의 여러 하위 분과

---

* 옮긴이—대개 '집단유전학'이라고 옮기지만, 생물학에서 'population'은 보통 '개체군'으로 번역하기 때문에, 이 말과의 일관성을 위해 여기서는 '개체군유전학'이라고 옮겼다.

들과 묶는 책들이 여러 권 나왔다. 1937년에는 유전학자 테오도시우스 도브잔스키가 《유전학, 그리고 종의 기원Genetics and the Origin of Species》을 출간해서, 그 당시에 알려져 있던 유전학의 모든 것을 그 책에서 일신하고 종합했으며, 초파리를 가지고 수행했던 선택 실험들이 진화가 작용하고 있음을 얼마나 놀랍게 증명해내는지 보여주었다. 1942년에는 조류학자 에른스트 마이어가 《계통분류학, 그리고 종의 기원Systematics and the Origin of Species》(3장에서 살펴보았다)을 출간해서, 자연에서 일어나는 종분화 문제를 다루고 이소성 종분화 모형이 자연선택과 얼마나 어울리는지 보여주었다. 1944년에는(쓰기는 1941년에 썼으나 제2차 세계대전 때문에 출간이 미루어졌다) 고생물학자 조지 게일로드 심프슨George Gaylord Simpson이 《진화의 빠르기와 방식Tempo and Mode in Evolution》을 출간해서, 화석 기록에는 그 어느 것도 다윈주의식 자연선택과 일치하지 않는 것이 없음을 보이고자 했다. 이 책들이 힘을 합쳐 진화생물학의 중심 줄기들—유전학, 계통분류학, 고생물학—을 다시 다윈주의의 품속으로 돌려보냈다. 늦은 1940년대에 이르자, 생물학자 줄리언 헉슬리Julian Huxley는 새롭게 모인 이 중론을 '현대적 종합modern synthesis' 또는 '신다윈주의적 종합Neo-Darwinian synthesis'이라는 말로 불렀다. 《종의 기원》 출간 100주년인 1959년에 이르러서는 신다윈주의적 종합이 진화생물학을 완전히 지배하게 되었으며, 큰 문제들은 모두 풀렸고 물음의 답을 얻었다고 대부분의 생물학자가 생각했다. 그로부터 거의 60년이 지난 오늘날에도 진화론을 다루는 대부분의 교과서에는 이런 신다윈주의의 우세가 여전히 반영되어 있다.

신다윈주의적 종합에서 중심이 되는 생각들은 무엇일까? 그 핵심은 바로 유전학(생물의 유전형genotype에 초점을 맞춘다)에서 나온다. 유전학은 개체군 내의 유전자 빈도 변화에 자연선택이 진정 얼마나 효과적인지 보여주었다. 이것을 바탕으로 신다윈주의자들은 진화를 지극히 환원주의적인 방식으로 정의한다. 곧 진화를 시간이 흐르면서 유전자 빈도에 일어나는 변화로 정의하며, 배아발생이나 생물의 발달 과정 또는 몸(표현형phenotype)의 영향은 고려하지 않는다. 일부 극단적인 신다윈주의자들은 몸이란 건 단순히 유전자들이 자기 복사본을 더 많이 만들기 위해 쓰는 장치에 지나지 않는다고 논하기도 한다. 개체군유전학과 초파리 실험은, 변이는 부모 양쪽에서 받은 유전자들이 재조합되어서 일어나는 경우가 대부분이지만 사소한 돌연변이로 인한 변이도 있음을 보여주었다. 변이가 일어나면 이 무작위 변종들은 자연선택에 의해 솎아지고, 선택이 강하면 강할수록 유전적 변화도 더 빨라진다. 일부 극단적인 형태의 신다윈주의에서는 자연선택을 전능하고 편재하는 힘으로 취급한다. "자연선택은 날마다 시간마다 온 세계에서 제아무리 사소하게 일어나는 변이라 하더라도 그 모두를 면밀히 검토하여 나쁜 것은 물리치고 좋은 것은 모두 보존하여 보태 넣고, 소리 없이 아무도 모르게 작용한다"는 다윈의 말처럼 말이다. 어떤 신다윈주의자들은 설사 우리가 그 방식을 찾아내지 못한다 해도 모든 변화란 결국 어떤 방식으로든 적응적인 변화라고까지 주장한다. 그들이 보기에는 생물이 가진 특징 가운데 자연선택의 영향을 받지 않은 것은 단 하나도 없다. 그런 시각을 흔히 **선택만능주의**panselectionism라고 부른다.

생물이란 유전자를 담아 나르는 그릇에 지나지 않는다는 환원주의적 태도와 더불어, 이를 외삽하여 초파리와 실험 쥐에서 관찰되는 유전형과 표현형의 미미한 변화들로도 모든 진화를 설명하기에 충분하다는 생각이 제기되었다. 이런 입장에서 보면 모든 진화는 **소진화**microevolution로 정의된다. 소진화란 초파리의 날개맥을 다르게 뻗게 하거나 쥐의 꼬리를 조금 더 길게 만드는 것 같은 점진적이고 자잘한 변화들을 말한다. 이를 바탕으로 신다윈주의는 이보다 큰 규모에서 일어나는 진화적 변화(**대진화**macroevolution)란 모두 소진화가 확대된 것일 뿐이라고 외삽한다. 이 핵심적인 주의들—환원주의, 선택만능주의, 외삽주의, 점진주의—이 1940년대와 1950년대의 신다윈주의 정론에서 중심이 되었고, 오늘날에도 대다수 진화생물학자들이 따르고 있다.

이번 장의 뒷부분에서 보게 되겠지만, 소진화적 변화가 있음을 보여주는 증거는 자연 어디에나 풍부하며, 진화가 작용하는 모습을 언제라도 볼 수 있다. 신다윈주의적 진화생물학이 이제까지 큰 성공을 많이 거두었기에(어느 교과서에나 자세히 나와 있다), 자연선택이 가장 중요한 진화 엔진임을 의심할 까닭은 없다. 그러나 진화와 관련된 인자가 그것뿐일까? 진화는 진정 시간에 따른 유전자 빈도의 변화로 환원될 수 있을까?

신다윈주의가 받은 도전들

> 전기영동을 써서 검출한 변이들은 자연선택의 작용에 완전히 무심할 수도 있
> 다. 자연선택의 관점에서 보면 그 변이들은 중성적인 돌연변이들이다.
> ─리처드 르원틴, 《진화적 변화의 유전적 기초》

미완의 종합

신다윈주의가 학계를 휩쓴 1940년대와 1950년대에는 신다윈주의가 거의 완전한
정론의 지위에 올랐다. 많은 진화론자들은 주요 문제들은 다 해결되었고 이제 자잘
한 것들만 풀어내면 된다고 생각했다. 그러나 과학의 어느 분야가 되었든 모든 답
을 가진 듯이 보여 더는 그 가정들을 물음에 올리지 못한다는 것은 좋은 일이 아니
다. 쉼 없는 비판적 태도, 새로 불거지는 미해결 문제들, 의심을 품고 입씨름을 벌
이는 것은 좋은 과학의 건강에 필수적인 것들이다. 만일 과학이 생각을 시험하기를
멈추고는 본질적인 문제가 모두 풀렸다고 본다면, 과학은 금방 활기를 잃고 죽고
말 것이다.

　다행스럽게도 신다윈주의적 종합은 끊임없이 톺아보기의 대상이 되었고, 생물
학 및 고생물학에서 나온 합당한 데이터의 도전을 받았다. 그래서 이 분야는 건강
한 입씨름으로 넘쳐나고 있다. 이 도전들의 대부분은 극단으로 치우친 몇 가지 신
다윈주의적 주의들만 물음에 올리거나, 자연선택이 생명을 진화시키는 유일한 메
커니즘은 아니라고 주장하는 것들이다. 이런 상황을 오해하게끔 창조론자들이 글
을 잘못 인용하고는 있으나, 이 도전들 가운데 **생명은 진화해왔다**는 것이나 자연선택
이 진화의 중요한 한 메커니즘(유일하지는 않다 하더라도)이라는 것 같은 잘 정립된
사실에 이의를 제기하는 것은 **하나도 없다**. 예를 들어 창조론자들은 "신다윈주의는
죽었다"는 스티븐 제이 굴드의 말을 빈번히 인용하면서, 마치 굴드가 진화를 믿지
않는다는 것 같은 어감을 전달한다! 사실 굴드가 논하는 것은 신다윈주의적이지 않
은 메커니즘들이 진화에 중요하다는 것이었다. 흔히 인용하는 굴드의 말을 문맥 그
대로 인용해보면 다음과 같다.

1960년대 중반에 내가 대학원생이었을 때, 종합이론synthetic theory이 보여준 통일하는 힘이 나를 얼마나 매료시켰는지 잘 기억한다. 그 뒤로 지금까지 나는 진화를 보편적으로 서술한다는 그 이론이 천천히 허물어져가는 모습을 지켜보았다. 맨 처음에는 분자생물학 쪽에서 공격을 받았고, 곧이어 정론이 아니었던 종분화 이론들이 새로이 주목을 받았고, 그다음에는 대진화 자체의 수준에서 도전을 받았다. 나는 선뜻 인정하지 못했지만—매력은 대개 평생 가기 때문이다—만일 마이어가 그 종합이론의 성격을 규정한 바가 맞다면, 일반 명제로서의 그 이론은 결과적으로 죽은 것이다. 비록 교과서의 정론으로 여전히 존속하고 있기는 해도 말이다(Gould 1980b: 120).

이 전체 인용이 분명하게 보여주다시피, 굴드는 신다윈주의적 종합에 대해서 말하고 있는 것이지, 진화가 일어난다는 사실에 의심을 표하는 것이 아니다. 창조론자들은 이 차이를 구분할 능력이 안 되거나 아니면 자기네 독자들을 오도하기 위해 일부러 굴드의 말을 잘못 인용하는 것이다.

신다윈주의가 도전을 받는다고 해서 진화가 일어난다는 사실이 부정된다는 뜻은 아니다. 이에 대한 창조론자들의 오해를 불식했으니, 이제 굴드의 말에서 제기된 과학적으로 합당한 쟁점들을 살펴보도록 하자.

다시 돌아온 라마르크

앞에서 이미 살펴보았다시피, 라마르크와 다윈을 비롯하여 19세기 자연사학자들 대부분은 생물이 살았을 적에 획득한 특징들이 자손에게 직접적으로 전달될 수 있다고(획득형질의 유전) 결론을 내렸다. 이런 형태의 유전을 불행하게도 '라마르크주의식 유전'이라고 부르는데, 이미 언급했다시피 이것은 라마르크 이전부터 있던 오래된 생각이고, 라마르크가 펼친 생각 가운데에서도 사소한 부분에 지나지 않으며, 다윈도 받아들인 생각이다. 이 생각이 마음을 끄는 이유는 명백하다. 수없이 많은 새끼들이 죽어나가는 와중에 유리한 변이를 가진 변종 몇몇밖에 살아남지 못하는 낭비적인 다윈주의식 메커니즘에 비해 라마르크주의식 유전은 새로운 변이들을 단한 세대 만에 직접 전달할 수 있게 해서 생물이 더욱 쉽사리 적응할 수 있도록 해주기 때문이다.

하지만 1880년대에 이르자 라마르크주의식 유전이 정말 있는지 의심하기 시작한 유전학자들이 다윈주의식 자연선택의 탁월함을 주장하고 나섰다. 독일의 생물학자 아우구스트 바이스만August Weismann이 수행한 일련의 실험은 획득형질의 유전이라는 생각을 무너뜨리는 듯 보였다. 그는 스무 세대에 걸쳐 쥐들의 꼬리를 잘랐지만, 이렇게 몹시 극단적인 형태의 선택압이 작용했음에도 쥐들에게선 새 세대마다 꼬리가 발생되었다. 이를 바탕으로 바이스만은 우리가 사는 동안 몸(바이스만은 '소마soma'라는 용어를 사용했다)에서 일어나는 어떤 일도 유전체('생식세포계열 germ line')로 역행하지 않는다는 결론을 내렸다. 이를 '바이스만 장벽Weismann's barrier' 또는 유전학의 **중심원리**central dogma라고 한다. 곧 정보는 유전형에서 표현형으로 한 방향으로만 흐를 뿐 거꾸로 흐르지는 않는다는 것이다. 제임스 왓슨James Watson과 프랜시스 크릭Francis Crick이 DNA를 발견하고 나자 이 중심원리가 다시 정의되어, 정보의 한 방향 흐름이란 DNA → RNA → 단백질 → 표현형으로 흐르는 것을 뜻하게 되었다.

수십 년 동안 그 중심원리에는 문제가 없어 보였고, 라마르크주의라는 기미를 조금만 보여도 논란의 여지가 크고 비정통적인 것으로 간주되었다. 그러나 일찍이 1950년대에 발생학자 콘래드 워딩턴Conrad Waddington이 환경적 스트레스가 거듭되면 직접적 선택이 없더라도 돌발적으로 유전적 변화가 일어날 수 있음을 보인 바 있었고, 이를 일컬어 유전적 동화genetic assimilation라고 했다. 그러나 최고의 증거는 면역학에서 나온다. 우리가 세상에 태어날 때 우리가 가진 면역계는 기능을 하기는 하되, 반드시 방어해내야만 하는 외래 세균과 병원체를 아직 모두 인식하지는 못한다. 우리가 살아가는 동안 면역계가 병원균에 노출되어 그것에 대항할 항체를 발생시킬 때마다 우리는 면역성을 획득한다. 그런데 일련의 실험은 실험쥐가 자신의 면역성을 직접적으로 새끼에게 전달할 수 있음을 보여주었다(Steele et al. 1998). 라마르크주의식 유전 말고 무엇으로 이걸 설명할 수 있을지 알기 힘들다.

더 최근에 와서는, 획득형질의 유전이 대부분의 미생물에서는 예외가 아니라 규칙임을 분자생물학자들이 알아냈다. 바이러스가 전적으로 이렇게 한다. 곧 자기 DNA를 숙주의 세포 속에다 집어넣어서 자기 복사본을 더 많이 만들어내는 것이다. 수많은 세균을 비롯해서 몇몇 생물들(옥수수 같은 식물도 해당된다)은 '뛰기 유전자jumping gene'를 가진 것으로 보인다. 말하자면 유성생식이나 심지어 재조합 과정이 없이도 생물 계통과 계통 사이에서 유전자 조각들이 교환된다는 말이다. 어느 바이러스군(특히 HIV 감염을 일으키는 레트로바이러스retrovirus)은 자기가 가진 유전 정보를 숙주에서 숙주로 복사하는데, 이 과정을 거쳐 숙주생물의 DNA를 다른 숙주생물로 실어 나를 수도 있을 것이다.

이 모든 새로운 유전 메커니즘들은 유전체라는 것이 불과 40년 전에 우리가 생각했던 것만큼 단순하지도 않고 '일방적'이지도 않음을 시사한다. 존 캠벨John Campbell(1982)은 유전적 상호작용이 이루어지는 전체 범위를 이렇게 간추렸다. 먼저 단순하면서도 '구조적으로 역동적인structurally dynamic' 유전자들이 어떤 환경적 자극을 받아 특정 반응을 만들어내는 것으로 시작한다. 더 세밀한 수준에서 보았을 때, 그 유전자들은 분명 환경을 감각해서 반응을 바꾸는 유전자들이다. 자가 조절하는automodulating 유전자는 자극을 받을 때 자극에 따라 장차 어떻게 반응할지 스스로 바꾼다. 그중에서도 가장 라마르크주의적인 모습을 보이는 것은 '경험 유전자들experiential genes'이다. 이 유전자들은 살아가는 동안 유발된 특수한 변경 사항들을 자손의 유전체 속으로 전달한다. 면역학에서 든 예가 이에 들어맞을 것이고, 세균과 바이러스의 DNA 맞바꿈swapping도 그럴 것이다.

몹시 단순한 '중심원리'가 미생물에게는 더는 적용되지 않음이 분명하다. 미생물들은 놀랄 만큼 문란하게 서로의 DNA를 맞바꾸고 다닌다. 만일 면역학 실험들을 올바로 해석했다면, 수많은 다세포생물에게도 중심원리는 적용되지 않는다.

중성, 쓰레기 DNA, 분자시계

분자생물학이 유전체를 자세히 이해해나가기 시작하던 1960년대에 신다원주의에 이의를 제기하는 첫 번째 도전 하나가 등장했다. 그전까지만 해도 유전학자들은 염색체에 있는 유전자 하나하나는 오직 단백질 하나씩만 부호화한다고 가정했다(그 단백질로 세포 구조가 지어진다). 그래서 유전을 단순하게 보았다('유전자 하나에 단백질 하나' 학설). 또한 유전학자들은 모든 유전자는 자연선택의 쉼 없는 감시를 받으며(선택만능주의), 선택의 관점에서 보았을 때 중성인 유전자는 없다고(설사 선택이 어떻게 작용하는지 우리가 찾아내지 못한다 할지라도 말이다) 주장했다. 그러나 이렇게 몹시 단순하게 본 유전체 관념은 1960년대에 이루어진 일련의 발견들에 의해 뒤흔들렸다. 리처드 르원틴Richard Lewontin과 잭 허비Jack Hubby(1966)는 전기영동electrophoresis이라고 하는 새로 개발된 기법을 써서, 생물에게는 실제로 쓰이는 것 또는 표현형으로 표현될 수 있는 것보다 훨씬 많은 유전자가 있음을 알아냈다. 곧이어 유전학자들은 일부 생물들에서는 DNA의 무려 85~97퍼센트가(사람의 DNA에서는 90퍼센트 정도) 표현형질의 표현에 중요하지 않으며, 그 DNA가 한때 어떤 기능을 했던 먼 과거가 남긴 '잠자는silent' DNA이거나 버려진 '쓰레기junk' DNA임을 발견했다. 표현되지 않으면 자연선택의 눈에 띌 수가 없고, 따라서 선택적 장점이나 단점의 관점에서 보면 그 DNA는 중성이다. **중성주의**neutralism라는 이 새로운 생각이 선택만능주의에 대한 오랜 믿음을 뒤흔들어 놓았다. 그런데 한때 생각했던 것보다 '쓰레기 DNA'의 비율이 작다는 생각을 구제하려고 한 유전학자들이 최근에 몇 사람 있었고, DNA의 대부분이 미미하게라도 기능을 한다고 ENCODE(DNA원소백과사전Encyclopedia of DNA Elements) 프로젝트에서 주장하기도 했다. 그러나 이 주장들은 서로 다른 수많은 증거 가닥을 통해 그릇된 주장임이 밝혀졌다. 실제 기능을 조금이라도 하느냐 마느냐의 관점에서 보았을 때, 우리가 가진 DNA의 대부분은 전혀 판독되거나 사용되지 않는, 정말로 '쓰레기'이다.

가장 기초가 되는 수준에서 보면, 유전부호가 가진 근본 구조 때문에 상당수의 돌연변이들은 자연선택의 시야에서 벗어나게 된다. 유전부호(그림 4-2)는 뉴클레오티드(아데닌, 시토신, 구아닌, 우라실) 세 글자가 조합된 '셋잇단triplet' 서열로 이루어져 있다. tRNA가 DNA를 전사하면서 세 글자 서열 하나씩을 스무 가지 아미노산 가운데 하나에 대한 부호로 해석한다(아미노산을 나타내는 부호 말고도 DNA 전사를 멈추는 데 쓰이는 부호도 몇 가지 있다). 그림 4-2에서, 세 글자로 가능한 64가지 조합 가운데에는 동일한 아미노산을 지시하는 조합이 많이 있음을 눈여겨보라. 대개는 셋잇단 글자 가운데 앞의 두 글자만 중요하고, 세 번째 글자는 아무 차이도 만들어 내지 않는다. 예를 들어, 처음 두 뉴클레오티드가 시토신과 우라실이면 류신 아미노 산이 나오고, 세 번째 글자가 무엇이냐는 아무 상관이 없다. 그렇다면 세 번째 글자 자리(DNA에서 모든 세 번째 뉴클레오티드)에서 일어난 돌연변이는 대부분 자연선 택의 시야에서 벗어날 것이며, 그 결과 중성을 띠게 될 것임이 분명하다.

이 발견들로부터 유전학자들은 적응의 관점에서 보았을 때 수많은 돌연변이들 이 중성이며 자연선택의 간섭 없이 계속 돌연변이가 일어난다는 걸 깨닫게 되었다. 이 깨달음은 **분자시계**molecular clock의 발견으로 이어졌다. 서로 핏줄사이가 가까운 생 물들의 DNA를 비교해나가던 분자생물학자들은 DNA에서 이루어지는 변화량이 예측 가능하고 규칙적인 듯 보인다는 점을 알아냈다. 그 변화량은 오로지 얼마나 오래전에 두 계통이 갈라졌느냐에 좌우되었던 것이다. 분자 수준의 계통수에서 그 계통들의 분기점을 화석 기록과 대조해본 분자생물학자들은 다양한 계통들이 얼마 나 오래전에 갈라져 나왔는지 규정할 수 있음을 알아냈다. 심지어 화석 증거가 없 어도 말이다. 이렇게 할 수 있는 까닭은, 유전체의 상당 부분이 자연선택의 시야를 벗어나 있으며, 따라서 선택의 간섭 없이 무작위 돌연변이에 의해 끊임없이 변화할 수 있기 때문이다. 그러나 분자시계가 굉장한 성과를 얼마 이뤄내기는 했지만, 돌연 변이 속도는 예측 불가능하게 바뀔 수 있다. 그래서 과학자들은 어느 계통의 나이 를 놓고 다른 모든 증거가 일치하지 않을 경우에는 분자시계 측정값들에 지나치게 무게를 두지 않으려고 조심한다.

더 중요한 점은, 대부분의 생물에서 DNA의 80~97퍼센트가 아무것도 부호 화하지 않는다는 사실(적어도 우리가 아는 한에서 말이다)은 진화와 선택이 오로지 DNA의 나머지 몇 퍼센트, 곧 무언가를 **실제로** 부호화하는 몇 퍼센트에만 작용해야 함을 말한다는 것이다. 그 나머지 유전자를 **조절유전자**regulatory genes라고 한다. 그 유 전자들은 DNA 나머지 부분의 판독을 제어하는 우두머리 스위치들이며, 이 가운데 에는 생명의 기본 구조를 만드는 데 쓰이는 것들도 있는데(**구조유전자**structural genes), 기본 구조를 만드느니만큼 생물마다 차이가 없다. 1950년대에는 **모든** 유전자가 단 백질 하나씩을 부호화한다고 주장했으나, 지금 우리가 알기로는 대부분의 유전자

유전부호는 유전체에서 쓰는 글자 가운데(A: 아데닌, C: 시토신, G: 구아닌, U: 우라실) 세 글자를 써서 스무 가지 아미노산을 하나씩 지시하거나 멈춤 명령을 명시한다.

코돈의 첫 번째 염기	코돈의 두 번째 염기				코돈의 세 번째 염기
	U	C	A	G	
U	페닐알라닌	세린	티로신	시스테인	U
	페닐알라닌	세린	티로신	시스테인	C
	류신	세린	멈춤	멈춤	A
	류신	세린	멈춤	트립토판	G
C	류신	프롤린	히스티딘	아르기닌	U
	류신	프롤린	히스티딘	아르기닌	C
	류신	프롤린	글루타민	아르기닌	A
	류신	프롤린	글루타민	아르기닌	G
A	이소류신	트레오닌	아스파라긴	세린	U
	이소류신	트레오닌	아스파라긴	세린	C
	이소류신	트레오닌	리신	아르기닌	A
	메티오닌	트레오닌	리신	아르기닌	G
G	발린	알라닌	아스파르트산	글리신	U
	발린	알라닌	아스파르트산	글리신	C
	발린	알라닌	글루탐산	글리신	A
	발린	알라닌	글루탐산	글리신	G

그림 4-2 유전부호. 아데닌, 구아닌, 시토신, 우라실 가운데 세 글자를 조합한 '셋잇단부호' 코돈codon이 각 아미노산을 지시한다. 대부분의 아미노산은 처음 두 글자만으로 지시될 수 있고, 세 번째 글자와는 무관함을 눈여겨보라. 적응의 관점에서 보았을 때 이 세 번째 글자는 중성이고, 이 유전자자리에서 일어난 돌연변이의 대부분은 잠든 상태이며 선택을 당하지 않는다.

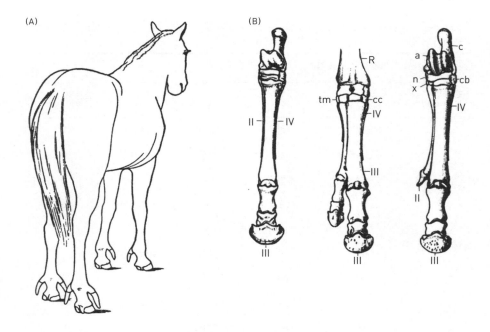

그림 4-3 (A) 희귀한 돌연변이 말을 보여주는 유명한 예. 이 말은 발가락이 하나가 아니라 셋이다. (B) 돌연변이 말들의 발뼈 구조. 왼쪽은 정상적인 말의 발이다. 가운데는 가운뎃발가락이 복제되어 만들어진 발가락이고, 오른쪽은 쪼그라든 곁발가락(부목골splint bones)이 커져서 만들어진 발가락이다. 초창기의 말들에서는 이 곁발가락들이 제 기능을 했다(Marsh 1892에서).

가 아무것도 부호화하지 않으며, 소수의 조절유전자들만이 DNA의 다른 모든 유전자들에 대해 거의 완전한 제어권을 행사한다. 이 '스위치들', 곧 조절유전자들에 미미한 변화만 일어나도 그 생물은 진화의 큰 도약을 할 수 있다.

무언가가 잘못되었을 때, 그리고 괴상한 격세유전 돌연변이체atavistic mutant가 나왔을 때, 다시 말해서 '진화적 퇴행evolutionary throwback'이 일어났을 때, 우리는 이 조절유전자들이 얼마나 중요한지 볼 수 있다. 사람에게는 우리 원숭이 조상들이 가졌던 긴 꼬리를 만드는 유전자들이 있다. 이따금 그 유전자들의 발현이 억제되지 못한 결과, 꼬리를 달고 태어나는 사람도 있다(그림 15-9). 말의 유전자 전사 과정에 약간의 실수만 있어도, 발가락이 셋인 말이 나올 수 있다(그림 4-3). 곁발가락들side toes이 볼품없게 발생했지만, 그래도 말의 조상들이 가졌던 조건과 비슷하다. 말의 조상들에게는 제 기능을 하는 곁발가락이 두 개 있었다. 이 실험이 보여주는 바는, 말의 조상이 가졌던 곁발가락 유전자들이 현대의 말에도 없어지지 않고 남아 있으며, 조절유전자들이 그 유전자들의 발현을 억제하고 있을 뿐, 조절에 실수가 있으면 이 옛적의 특징들이 다시 나타난다는 것이다. 이렇게 별나게 '발에 뿔 달린 말'에게는 큰 힘이 있다고 생각해서, 율리우스 카이사르Julius Caesar는 이런 말을 타고 전장에 나섰다.

가장 인상적인 예는, 현존하는 모든 새들에게는 이빨이 없지만, 새들에게는 모두 아직도 이빨 유전자가 있음을 보여주는 실험이었다. 배아 상태인 병아리의 입 조직을 발생 중인 쥐의 입 부위에 이식해보았다. 그런데 쥐의 이빨이 나는 모습을 보니, 정상적인 쥐의 이빨이 아니었고, 이빨을 가졌던 최초기의 새들, 곧 공룡 계통의 새 조상들이 가졌던 것과 비슷하게 원뿔형 나무집게처럼 생긴 이빨이었다. 병아리가 정상적으로 가지고 있는 조절유전자를 (쥐에 이식하는 방법으로) 제거하기만 했는데도, 모든 새들이 간직하고는 있으나 오랜 세월 억제되어온 파충류 이빨 유전자가 마침내 발현된 것이다. 조류의 짧고 뭉툭하고 골질인 꼬리를 부호화하는 유전자에 변화를 주어서 공룡처럼 길고 골질인 꼬리가 발생하게끔 한 발생학 연구도 있었다. 발생 중인 병아리의 유전자를 수정해서 조류의 발이 아닌 공룡형 발이 달린 병아리가 나오게끔 한 실험도 있었다. 정상적인 부리 대신에 공룡처럼 이빨 달린 주둥이를 가진 새를 만든 실험도 있었다. 새들은 옛날에 공룡이 가졌던 유전자를 거의 모두 유전체 안에 간직하고 있다. 단지 발현만 되지 않을 뿐이다.

대진화와 이보디보

선생님께서는 나투라 논 파키트 살툼Natura non facit saltum("자연은 도약을 하지 않는다")을 불필요하게 무조건 수용하는 곤경을 스스로 떠안으셨습니다.
—토머스 헨리 헉슬리, 1859년에 찰스 다윈에게 보낸 한 편지에서

조절유전자는 중성주의와 쓰레기 DNA에서만 중요한 의미를 가지는 것이 아니다. 작은 변화들(이를테면 초파리의 센털이나 날개맥의 수, 또는 갈라파고스핀치의 부리 길이에서 일어나는 변화들)을 아주 잘 만들어내는 소진화만으로도 충분히 대진화(새로운 몸얼개body plan*가 나타나는 것처럼 큰 규모의 진화적 변화가 발생되는 것)를 설명할 수 있냐는 물음을 다시 던지게 한다. 자잘한 소진화적 변화들을 꾸준히 축적하는 것만으로도 완전히 새로운 생물이 나오게 할 수 있을까?

이 논쟁은 진화생물학의 최초기 시절까지 거슬러 올라간다. 다윈은 확고한 점진주의자였다. 그러나 친구이자 옹호자였던 헉슬리는 (위의 인용에서) 당신의 진화적 생각들을 꼭 점진주의와 엮거나 새로운 몸꼴로 진화적 '도약'이 일어날 수 있음을 배제할 필요는 없노라고 충고했다. 1940년대와 1950년대에 신다윈주의가 우세했을 때, 버클리대학교에 재직했던 독일 태생의 유전학자 리하르트 골트슈미트Richard Goldschmidt는 엄격한 점진주의적 견해에 반발했다. 집시나방을 연구한 결과를 근거로, 그는 새로운 몸얼개와 새로운 종을 지어내는 데 필요한 변화들과 한 종 내에서 정상적으로 일어나는 변이의 범위에서 자기가 발견한 변화들이 서로 같지 않았다고 논했다. 골트슈미트는 종이 정상적인 변이 범위를 벗어나 새로운 몸얼개를 가지기 위해서는 유전적으로 모종의 대규모 변화(그는 '계통의 돌연변이systemic mutation'라는 말로 표현했다)가 있어야 한다고 논했다. 이런 변화를 일으키는 것은 '제어유전자controlling genes'(지금 우리가 조절유전자라고 부르는 것)에서 일어난 사소한 변화들이었다. 골트슈미트에 따르면, 종분화는 작은 소진화적 변화들이 축적되어 일어나는 것이 아니라 제어유전자에서 일어난 변화들로 인한 불연속적이고 급속한 과정이다. 만일 새로운 대돌연변이macromutation가 개체에게 큰 이점을 주는 것 같으면, '전도유망한 괴물hopeful monster'이 나와서 새로운 종이나 새로운 적응 구역adaptive zone을 정립할 수도 있을 것이다.

새롭게 우점한 신다윈주의자들이 가진 점진주의적 관념에서 볼 때에 이런 의

---

* 옮긴이—생물학에서 'body plan'은 같은 문에 속하는 생물들이 공유하는 기본 짜임새를 말하며, '문' 수준의 분류군을 구별하는 기준이 된다. '체제體制'로 옮기는 예도 있으며, '몸설계', '몸청사진' 등으로도 충분히 옮길 수 있는 말이다. 여기서는 전체적인 짜임새나 구조를 뜻하는 '얼개'를 붙여서 '몸얼개'로 옮겨보았다.

견은 당연히 몹시 이단적이었기에, 그들은 골트슈미트에게 조롱과 경멸을 퍼부었다. 내가 강경한 신다윈주의자들에게서 진화론 수업을 받던 대학원 시절, 그들은 "그 전도유망한 괴물이 짝을 어찌 찾을꼬?"라며 조롱하곤 했다. 전도유망한 괴물이 한 마리뿐이라면 번식할 가능성도, 새로운 개체군을 세울 가능성도 없을 것이며, 따라서 새로운 종이 형성될 기회조차 없을 것이었다.

얄궂게도 지난 20년의 세월은 골트슈미트의 손을 어느 정도 들어주었다. 조절유전자의 중요성이 발견되면서, 신다윈주의자들의 생각처럼 유전체 전체에서 일어나는 소규모 변화들에 초점을 맞춘 것이 아니라, 생물에서 일어나는 큰 변화들을 제어하는 소수의 유전자들의 중요성에 초점을 맞췄다는 점에서 골트슈미트가 시대를 앞서간 인물이었음을 우리는 깨닫게 되었다. 나아가 '전도유망한 괴물' 문제는 결코 그렇게까지 극복 못할 문제가 아니다. 발생학에서는 발생 중인 배아 개체군 전체에 (열 충격 같은) 스트레스를 가하면 수많은 배아들이 똑같은 새 배아발생 경로를 따라 발생하도록 할 수 있고, 그 배아들이 성장해서 번식 연령에 도달했을 때에는 모두 전도유망한 괴물이 될 수 있음을 보여주었다(Rachootin and Thomson 1981).

조절유전자에 대해 알면 알수록, 진화에 일차적으로 중요한 것이 그 유전자들임을 더욱 크게 깨닫게 된다. 그걸 보여주는 흔한 예 하나가 바로 **발생시간변화** heterochrony 연구이다. 말하자면 생물이 발생 시간의 순서를 바꾼다는 것이다. 이러면 진화는 우리 배아와 발생에 이미 부호화되어 있는 변화들을 이용할 수 있게 된다. 예를 들어, 자연은 종종 **유형성숙**(幼形成熟, neoteny)을 통해서 변화를 만들어낸다. 유형성숙이란 생물이 어린 상태의 몸꼴을 그대로 유지한 채 성적으로 성숙해지는 것을 말한다. 가장 유명한 경우가 (멕시코도롱뇽Mexican axolotl 같은) 도롱뇽류로서, 폐가 있는 도롱뇽으로 변태를 완료하지 못하고 유생기의 아가미와 몸꼴을 그대로 유지한 채로 성체처럼 번식할 수 있다(그림 4-4). 그런데 물이 흐르지 못하고 고이는 상황에 노출될 때마다 이 도롱뇽은 폐를 가진 성체로 변태를 완료해서 근처에 신선한 물이 있는 웅덩이까지 걸어갈 수 있다. 이렇게 도롱뇽은 유생의 몸꼴로 번식하느냐 성체의 몸꼴로 번식하느냐 선택할 수 있는 능력을 가진 덕분에 생태적으로 크

그림 4-4 멕시코도롱뇽인 암비스토마*Ambystoma*. 아즈텍인들은 이 녀석을 아홀로틀axolotl이라고 불렀다. 정상적인 조건에서는 올챙이 시절의 아가미를 간직한 채로 성적으로 성숙해지고, 이 아가미 덕분에 물속에서 그대로 살 수 있다. 하지만 물이 흐르지 못하고 고이면, 폐를 가진 성체 도롱뇽으로 변태를 완료하여 물 밖으로 기어 나와 살 만한 웅덩이를 새로 찾아 나설 수 있다. 자연적인 발생 주기에서 상황에 따라 다른 발생 단계를 이용함으로써, 이 도롱뇽은 진화적으로 크나큰 유연함을 가지게 된다.(Dumenil 1867)

게 유연함을 발휘한다. 이 모두는 발생 조절 과정에서 일어난 소수의 미미한 변화만으로 가능하다.

스티븐 제이 굴드가 《개체발생과 계통발생Ontogeny and Phylogeny》(1977)에서 지적했다시피, 이런 메커니즘은 자연에 지극히 흔하다. 특히 유생과 성체의 몸꼴이 모양 면에서나 생태 면에서나 철저히 달라서, 생물이 그때그때 가장 효과적인 쪽을 골라 '타석 바꿈switch-hit'을 할 수 있는 경우가 그렇다. 봄마다 화초에 해를 입히는 성가신 진딧물이 훌륭한 예이다. 먹잇감이 풍부할 때(봄과 여름)에는 암컷 하나하나가 무성생식을 하여 클론인 미숙한 딸을 낳으면서(수컷은 전혀 태어나지 않는다) 빠르게 증식한다. 그 자손들도 유생 단계에서 무성생식으로 번식하기 때문에, 짧은 기간에 암컷 한 마리가 말 그대로 딸을 수백 마리씩 만들어낼 수 있다(바로 이래서 화초에 진딧물이 그리도 빠르게 들끓을 수 있는 것이다). 그런데 가을이 와서 먹잇감이

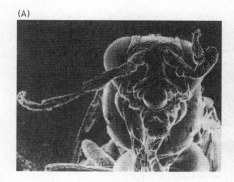

그림 4-5 호메오 돌연변이체들은 작은 유전적 돌연변이로 큰 발생적 변화가 일어날 수 있음을 보여준다. 말하자면 작은 유전적 변화만으로 몸얼개에 극적인 차이가 만들어진다는 것이다. (A) 더듬이다리 돌연변이. 더듬이가 있어야 할 자리에 다리가 자란다(인디애나대학교 생물학과 F. R. 터너Turner의 사진). (B) 두가슴bithorax 돌연변이 파리. 앞 쌍의 날개 뒤에 평균곤이 있는 게 정상인데, 이것 대신 날개 한 쌍이 더 달렸다(W. 게링Gehring과 G. 박하우스Backhaus의 사진).

시들어 죽고 추위가 다가오면 유성생식으로 바꾼다. 수컷 몇이 태어나 성체로 자라면 곧장 암컷 성체들과 짝짓기를 한다. 그러면 암컷들은 정상적으로 알을 낳고, 그 알은 겨울을 견뎌낼 수 있으며, 이듬해 봄이 되면 부화해서 이 전체 과정을 다시 거쳐나간다. 이런 진화적인 유연함을 이루기 위해서 딱히 유전체에 큰 변화가 있을 필요는 없고, 생물에 이미 부호화되어 있는 정상적인 배아발생 순서의 조절에 작은 변화만 있으면 된다.

하지만 최근에 이루어진 가장 중요한 진전이 있는데, 바로 **호메오유전자**homeotic gene(특히 '혹스Hox' 유전자)라고 하는 만능 조절유전자의 발견이다. 이 유전자는 거의 모든 다세포생물에서 발견되며, 몸얼개의 기본 발생과 주요 기관계들의 발생 방식을 조절한다. 이 유전자는 별난 돌연변이를 가진 초파리를 대상으로 실험을 하면서 처음 발견되었다. 초파리 가운데에는 머리에서 더듬이 대신 다리가 자라는 녀석들도 있었는데(그림 4-5A), 이것을 '더듬이다리antennipedia' 돌연변이라고 한다. 보통은 날개가 한 쌍인데 두 쌍을 발생시킨 녀석들도 있었다(그림 4-5B). 정상적인 파리에게는 두 번째 날개쌍이 있을 자리에 평균곤(平均棍, haltere)이라고 하는, 미세한 혹처럼 생기고 균형을 잡는 데 쓰는 기관이 있다. 그런데 이 돌연변이 파리들은 조절

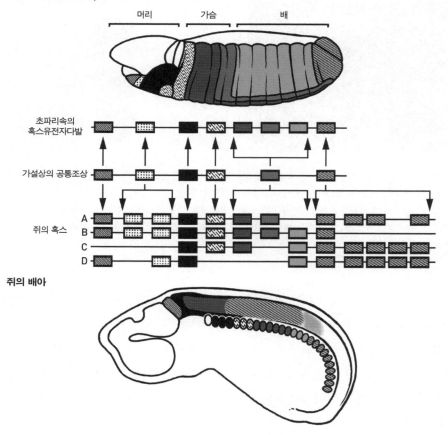

파리(초파리속*Drosophila*)의 배아

그림 4-6 파리와 쥐에서 혹스유전자가 활동하는 유전자자리 지도. 좌우가 대칭인 거의 모든 동물들에서 기본 혹스유전자가 서로 비슷함을 주목하라. 그래서 이 유전자계의 유래는 복잡한 동물들이 기원한 때까지 거슬러 올라간다. 이 혹스유전자 가운데 어느 하나라도 작은 변화가 일어나면 몸얼개에 큰 차이가 만들어진다(칼 뷰얼 Carl Buell의 그림).

유전자에 변화를 주어서 평균곤 대신 옛 조상들이 가졌던 날개가 다시 나타나도록 한 것이 분명했다.

　이런 초창기의 발견들을 바탕으로 분자생물학자들은 여러 생물에서 혹스유전자의 대부분을 동정해냈으며, 약간의 변이와 가감이 있을 뿐이지 파리, 쥐, 사람을 비롯해서 거의 모든 동물이 서로 매우 비슷한 혹스유전자들을 사용한다는 것을 발견했다. 혹스유전자 하나하나는 생물을 이루는 부분들과 모든 정상적인 기관계들의 발생을 책임진다(그림 4-6). 혹스유전자에 작은 변화만 일어나도 파리의 몸마디에 다른 부속지appendage가 달리거나(예를 들어 더듬이가 나와야 할 자리에 다리가 나온다거나 평균곤이 있어야 할 자리에 날개가 나오는 것) 심지어 몸마디 수가 늘기까지 한다. 그렇다면 혹스유전자에서 일어난 미미한 변화만으로도 큰 진화적 차이가 만들어질 수 있음이 분명하다. 예를 들어, 절지동물('다리에 이음매가 있는' 동물이란 뜻으로, 곤충류, 거미류, 전갈류, 갑각류 등이 있다)에서는 혹스유전자의 작은 변화가 몸마디 수를 늘리거나 줄일 수도 있고 몸마디에 난 부속지(이를테면 다리)의 위치를 바꿀 수도 있다(이를테면 집게발이나 더듬이나 입부분이 서로 바뀔 수 있다). 이렇게 부분과 부분이 서로 자리를 바꿀 수 있는 모듈식 발생을 보여주는 훌륭한 예가 절지동물이다. 곧 혹스유전자에 작은 변화가 일어난 것만으로도 완전히 새로운 몸얼개가 쉽게 진화해서 새로운 먹잇감을 개척해나갈 수 있는 것이다.

이 모든 생각들은 '진화발생evolutionary development'('이보디보evo/devo'라는 별칭으로 불린다)이라고 하는 새롭고도 흥미로운 연구 분야의 일부를 이루고 있으며, 목하 진화론에서 가장 뜨거운 화제이다. 모든 유전자가 서서히 변화하면서 새 종이 만들어진다는 신다윈주의적 입장을 떠나, 이제 우리는 핵심적인 조절유전자 몇 개만 달라져도 큰 차이가 만들어진다는—한 세대 만에 이루어질 때도 흔히 있다—걸 깨닫고 있다. 진화발생생물학은 그전에 대진화를 놓고 제기되었던 생각들이 가진 수많은 문제들을 피해가며, 생물이 새로운 몸얼개를 지어내서 새로운 생태를 개발할 수 있도록 해주는 과정들이란 것이 소진화적으로 일어난 소규모 변화들을 대진화로 외삽해서 볼 만한 과정들이 아님을 확실히 해준다. 아직 일부 진화생물학자들은 이보디보를 신다윈주의적 종합의 확장일 뿐이라고만 보기도 하지만(이를테면 Carroll 2005), 1950년대에 신다윈주의자들이 그려냈던 것과 이보디보는 전혀 다른 유형의 과정이라고 주장하는 진화론자들도 있다(이를테면 Gould 1980a, 2002).

1980년에 굴드가 〈새롭고 더욱 일반적인 진화 이론이 목하 떠오르고 있는가?〉라는 글에서 지적한 것이 바로 이 새롭고 도발적인 생각들(발생 시간 변화, 조절유전자, 호메오 돌연변이체, 단속평형이 보여준 바대로 시간이 흐르면서 종이 안정성을 유지한다는 것)이었다. 굴드는 유전형에서 일어나는 자잘한 소진화적 변화들이 쌓여 새 종이 만들어진다는 생각에 역점을 두는 신다윈주의적 종합으로는 대진화를 충분히 설명해내지 못하지만, 새롭게 펼쳐지고 있는 이 생각들은 대진화가 어떤 식으로 일어날 수 있는지 보여준다고 주장했다.

물론 여기에 동의하지 않는 강경한 신다윈주의자들이 많이 있다. 그래서 지금 진화생물학은 새로운 생각들이 치열하게 각축을 다투는 흥미롭고도 파란 많은 시절을 보내고 있는 중이다. 진화가 일어나는 방식에 대한 지금의 이해가 지난날 신다윈주의적 종합이 전성기를 구가하던 1950년대와 1960년대에 우리가 이해했다고 생각했던 것보다 못하다고 판명이 날 수도 있다. 그러나 중요한 점은 **정상적인 과학이라면 바로 이런 식으로 돌아간다**는 것이다. 진화를 끌고 가는 메커니즘에 대해 설령 우리가 아무것도 모른다 할지라도, 진화가 일어났고 지금도 일어나고 있음을 보여주는 사실적 데이터에는 변함이 없다(이에 대해서는 다음 절에서 살펴볼 것이다). 중력이 일어나는 방식을 우리는 아직도 정확히는 알지 못한다. 그래도 물체가 땅으로 떨어진다는 사실에는 여전히 변함이 없다. 진화가 어떤 식으로 일어나는지 어쩌면 완전히는 알 수 없을지도 모른다. 그러나 그래도 생명은 계속 진화하고 있다. 앞에서 우리가 지적했던 점을 다시 말해보자. 설사 (창조론자들이 즐겨 굴드를 잘못 인용하는 말대로) "신다윈주의가 죽었다" 할지라도, 신다윈주의란 진화를 설명할 가능성이 있는 메커니즘 가운데 하나일 뿐이다. **진화를 설명하는 이론은 신다윈주의가 전부는 아니다. 진화는 과거에도 일어났고 바로 지금도 일어나고 있다.**

진화의 증거

음, 진화는 이론이다. 진화는 사실이기도 하다. 그런데 사실과 이론은 서로 다른 것들이며, 점증하는 확실성의 위계에서 서로 다른 자리를 차지하는 단계들이 아니다. 사실이란 세계에 대한 데이터이다. 이론은 사실을 설명하고 해석하는 생각들의 구조이다. 과학자들이 사실을 설명하기 위해 서로 경쟁하는 이론들로 논쟁을 벌일 때에도 사실은 어디 다른 데로 사라지지 않는다. 아인슈타인의 중력이론이 뉴턴의 중력이론을 대체했다. 그러나 한쪽으로 결판이 날 때까지 사과가 공중에 떠 있거나 하지는 않았다. 그리고 다윈이 제안한 메커니즘에 의해 진화했든 아직 발견되지 않은 다른 메커니즘에 의해 진화했든 어쨌든 인간은 유인원형 조상들로부터 진화했다……

과학자들은 이론의 근본 쟁점들을 놓고 벌어지는 논쟁을 지성적 건강함을 보이는 표시이자 흥분을 불러일으키는 원천으로 여긴다. 과학은 흥미로운 생각들을 가지고 놀고, 그 함의들을 따져보고, 낡은 정보가 깜짝 놀랄 만큼 새로운 방식으로 설명될지도 모른다는 걸 알아차릴 때 가장 재미있다—달리 과학을 어떻게 말할 수 있겠는가? 현재 진화 이론이 바로 이 흔치 않은 활력을 누리고 있는 중이다. 그러나 이렇게 왁자지껄하는 와중에도, 진화가 일어났다는 사실을 의심하게 된 생물학자는 단 한 사람도 없다. 우리가 입씨름을 벌이고 있는 것은 진화가 어떤 식으로 일어났느냐는 문제일 뿐이다. 우리 모두는 똑같은 것을 설명하려고 애쓰고 있다. 곧 핏줄의 연으로 모든 생물을 잇고 있는 진화적 계통수를 설명하고자 하는 것이다. 창조론자들은 이 논쟁의 바탕에 깔린 공통된 신념을 제멋대로 무시하고는, 우리가 이해하려고 고군분투하고 있는 바로 그 현상을 마치 진화론자들이 현재 의심하고 있다는 듯 잘못된 암시를 줌으로써 이 논쟁을 곡해하고 희화화한다.

—스티븐 제이 굴드, 〈사실과 이론으로서의 진화〉

"진화가 일어났다는 건 사실"이라고 말할 수 있는 근거가 무엇일까? 무슨 증거를 가지고 이런 진술을 할 수 있는 걸까? 1장에서 보았다시피, 과학자들은 **사실**이라는 말을 신중하게 써야 한다. 자연을 서술한 것, 또는 관찰, 또는 가설이 반증됨이 없이 압도적인 증거를 축적하게 되면, 일상어에서 말하는 '사실'이 된다. 굴드는 이렇게 말했다(Gould 1981).

더군다나 '사실'이란 '절대적으로 확실함'을 뜻하지 않는다. 논리학과 수학에서 최종 증명은 미리 진술된 전제들로부터 연역적으로 전개되어 확실성에 이르 게 되는데, 논리학과 수학의 대상이 경험적 세계가 아니기 때문에 이렇게 될 따 름이다. 진화론자들은 항구적인 진리를 주장하지 않는다. 그러나 창조론자들은 종종 그런 주장을 한다(그러고는 자기들이 즐겨하는 식으로 논증을 펼쳤다고 우리를 공격한다). 과학에서 '사실'은 오로지 '잠정적인 동의를 주저하면 비뚤 어졌다고 할 수 있을 정도까지 확증되었음'을 뜻할 뿐이다. 내일이면 사과가 떨 어지는 게 아니라 올라갈 수도 있겠다는 생각을 할 수야 있겠지만, 그럴 가능성 은 물리학 수업에서 균등 시간을 들여 가르칠 일말의 가치도 없다.

이런 의미에서 볼 때, 생명이 진화했고 지금도 진화하고 있다는 생각은 '잠정 적인 동의를 주저하면 비뚤어졌다고 할 수 있을 정도까지 확증된 것'이다. 생명이 진화하고 있음을 우리는 주변 어디에서나 볼 수 있으며, 과거에도 생명이 진화했다 는 풍부한 증거가 있다. 창조론자들은 종교의 눈가리개를 쓰고 참모습을 대면하려 하지 않겠지만, 편견 없는 관찰자가 보면 진화가 사실임이 해가 동쪽에서 뜬다는 사실이나 물체가 땅으로 떨어진다는 사실만큼이나 명명백백하다. 이 참모습을 그 대로 두고는 못살 '진화 부정론자들'이 있을 것이다. 그러나 그들이 그렇게 부정을 한대도 바이러스와 세균이 새로운 길로 진화해서 우리를 공격하는 일을 멈추게 하 지는 못할 것이다.

얄궂게도, 생명이 진화했다는 증거는 다윈이 등장하기 오래전부터 쌓이고 있 었다. 이 모습을 우리는 동물군천이를 살피면서(3장), 1844년에 진화를 입증하려는 체임버스의 때 이른 노력을 살피면서(이번 장), 필립 헨리 고스가 옴팔로스 가설로 무마하려 했던 증거를 살피는 자리(1장)에서 이미 보았다. 그러나 다윈의 책이 지닌 크나큰 위력은 서로 다른 두 가지 기능을 모두 이뤄냈다는 데에 있다. 곧 그 책은 생명이 진화했다는 어마어마한 양의 증거를 펼쳐놓음으로써 **진화가 사실임을 확립했 고**, 진화가 어떤 식으로 일어났는지 설명할 **메커니즘**(진화 '이론')을 제시했는데, 그 것이 바로 다윈주의적 자연선택이었다. 앞서 살펴보았다시피, 다윈이 제시한 메커 니즘이 모든 것을 설명해내느냐는 문제를 놓고 여전히 논쟁이 벌어지고 있다. 그러나 생명이 진화했다는 다윈의 증거는 아직도 타당하다. 지난 150년 동안 다윈이 오직 꿈만 꿀 수 있었을 뿐일 만큼 새로운 증거가 수없이 많이 쌓였다. 다윈이 제시한 증거가 무엇이었을까? 왜 그 증거에 진화라는 설명이 필요한 걸까? 어째서 창조론자들은 그 증거를 설명해내지 못하는 걸까?

생명의 족보

첫 번째 증거 가닥은 《종의 기원》이 나오기 꼬박 한 세기 전인 1758년에 린네가 동물을 분류했던 시절 이후로 꾸준히 모습을 드러내고 있었다. 린네의 분류 도식은 신이 썼던 분류의 '자연체계'를 찾아내서 신이 한 일을 기록하는 것을 목적으로 했다. 그러다가 생각지도 않게 린네는 자연의 명백한 사실을 하나 만나게 되었다. 곧 동물과 식물의 각 무리(종 같은 것)가 다른 무리들과 한데 묶여서 속이나 과처럼 더 큰 무리(이를 분류군[단수형은 taxon, 복수형은 taxa]이라고 한다)를 이루고, 속이나 과만큼 높은 수준의 무리모둠들supergroups이 다른 모둠들과 한데 묶여서 한층 더 큰 무리(강이나 문 같은 것)를 이룬다는 것이다. 예를 들어보자. 사람은 한 분류군(사람과Hominidae)의 일부이며, 이 분류군에는 침팬지, 고릴라, 오랑우탄, 긴팔원숭이도 포함된다. 이 유인원들은 구세계원숭이Old World monkeys(긴꼬리원숭이과Cercopithecidea)를 비롯해 신세계원숭이New World monkeys, 여우원숭이, 갈라고원숭이와 한데 묶여서 더욱 큰 무리인 영장목Primates을 이룬다. 영장류는 소, 말, 사자, 박쥐, 고래와 한데 묶여 더 큰 무리인 포유강Mammalia을 이룬다. 포유류는 어류, 조류, 파충류, 양서류와 하나로 묶여 더 큰 무리인 척추동물아문Vertebrata을 이룬다. 척추동물은 해면동물, 산호류, 연체동물을 비롯한 여타 무척추동물과 한데 묶여 더 큰 무리인 동물계Animalia를 이룬다. 자연이 생명을 배열하고 분류하는 체계는 작은 무리들이 한데 묶여 더 큰 무리를 이루는 위계적인 체계이며, 가지를 뻗어나가는 생명나무가 그 모습을 가장 잘 표상해낸다.

　다윈의 시대에 이르면, 이렇게 생명이 가지를 뻗어나가는 패턴을 보인다는 생각이 더욱 힘 있는 지지를 얻었고, 가지를 뻗는 진화 패턴을 생명이 겪었다는 생각(비록 다윈이 제시한 것만큼 과감하지는 않았지만) 쪽으로 많은 사람들을 끌고 갔다.

이 모두는 맨눈이나 간단한 돋보기로 볼 수 있는 특징들, 주로 생물들의 해부 구조 상의 특징들을 비교해서 연역한 것이었다. 그러나 우리 몸을 이루는 모든 세포에 있는 유전부호 또한 진화의 증거를 보여준다는 것은 다윈마저도 꿈조차 꾸지 못한 사실이었다. 미토콘드리아DNA의 유전자서열을 보든, 핵DNA의 유전자서열을 보든, 또는 시토크롬c나 수정체 알파 크리스탈린, 다른 여느 생분자의 유전자서열을 보든, 증거는 분명하다. 곧 신체적인 해부 구조가 드러내는 것과 닮은 서로 안긴 구조의 위계적 패턴을 그 분자들이 보여준다는 것이다(그림 4-7). 우리 사람이 가진 분자들은 우리와 가까운 친척인 대형 유인원들이 가진 분자들과 가장 비슷하고, 우리와 핏줄사이가 멀어질수록 그 비슷함은 점점 덜해진다.

이 분자적 유사성의 세세한 면모를 캐내보면 단순한 사실 하나가 보인다. 곧, 모든 세포에 있는 모든 분자계는 생명이 진화했다는 사실을 드러낸다는 것이다! 만일 우리가 특별하게 창조되었고 유인원들과 아무 관계가 없다면, 우리가 유전체의 98퍼센트 이상을 침팬지와 공유하며, 우리와 핏줄사이가 멀어지는 영장류일수록 유전체에서 서로 공유하는 비율이 점점 낮아지는 까닭이 무엇일까? 신이 그렇게 **보이도록** 창조했다면, 우리는 고스의 옴팔로스 가설이 당면한 '사기꾼 신' 문제로 다시 돌아가게 된다. 그러나 그건 아니다. 가장 단순한 해석은 그 분자들이 진실을 말해준다고 보는 것이다. 곧 생명에는 공통된 기원이 있으며, 조상에서 자손이 나오는 가지 뻗기 패턴을 내보인다는 것이다.

상동

비교해부학이 과학이 되어가던 이른 1800년대에 해부학자들은 동물들이 구성된 방식을 알아나가면서 놀라움을 금치 못했다. 생활방식과 생태가 크게 다른 생물들이 해부학적으로 동일한 기본 구성단위들을 사용하되 그 부분들을 서로 놀랍도록 다양한 방식으로 변형시켰던 것이다. 예를 들어, 척추동물 앞다리의 기본 구조(그림 4-8)에는 모두 다음과 같은 기본 요소들이 있다. 곧 큰 뼈 하나(위팔뼈), 아래팔을 이루는 긴 뼈 한 쌍(노뼈와 자뼈), 손목을 이루는 뼈 여러 개(손목뼈들과 손허리뼈들), 다섯 손가락을 지탱하는 뼈 여러 가닥(손가락뼈들)이 있다. 그런데 이 기본적인 몸

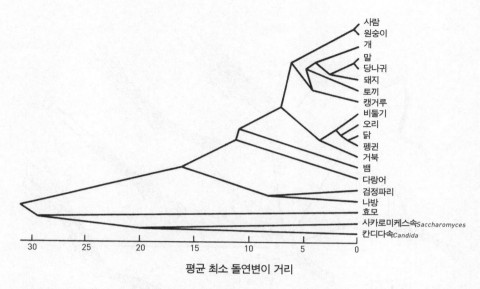

그림 4-7 다양한 생물의 시토크롬c에서 나타난 유사성의 분기도. 거의 모든 생화학계가 이와 비슷한 분기 패턴을 보여주는데, 생명이 진화하면서 보여준 분기 패턴과 동일하다(Fitch and Margoliash 1967에서. ⓒ 1967 미국과학진흥협회American Association for the Advancement of Science. 허가를 받아 실었다).

얼개를 서로 크게 다른 방식으로 사용하는 동물들의 모습을 보라! 고래는 이 뼈들을 발지느러미로 변형시켰고, 박쥐는 손가락들의 길이를 늘여서 날개막을 지탱하도록 했다. 새들도 날개를 발생시켰으나 박쥐와는 전혀 다른 방식을 썼다. 곧 손과 손목뼈는 대부분 크기를 줄이거나 하나로 합치는 방식을 썼고, 손가락뼈 대신 깃대로 날개를 지탱한다. 말은 곁발가락을 버리고 큰 손가락 하나, 곧 가운뎃손가락으로만 걷는다. 이 동물들이 먼 조상들로부터 기본 몸얼개를 물려받아서 현재의 기능과 생태에 어울리게 변형시켜야 했다고 보지 않고서는 이 모두가 아무것도 말이 되지 않는다. 동일한 기본 부품들로 지어졌으되 기능이 서로 다른 이 공통 요소들(뼈, 근육, 신경)을 **상동구조**homologous structures라고 한다. 이를테면 박쥐의 날개를 이루는 손가락뼈들은 우리가 가진 손가락뼈들과 상동이다.

이런 체계가 '지적설계자'에 의해 신성하게 창조되었다면, 이렇게 바탕에 유사성이 보이는 까닭이 뭐겠는가? 훌륭한 조물주라면 처음부터 모든 날개를 가능한 것 가운데 가장 좋은 방식으로 만들었을 것이지, 해당 동물이 조상들로부터 물려받

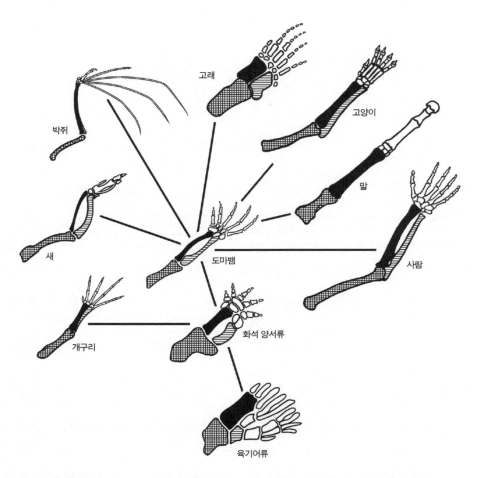

그림 4-8 상동의 증거. 모든 척추동물의 앞다리는 동일한 구성단위를 가진 동일한 기본 얼개를 바탕으로 구성되었다. 설령 그 앞다리들이 수행하는 기능이 서로 크게 다를지라도 말이다. 기본적인 척추동물의 앞다리가 고래에서는 발지느러미로, 박쥐에서는 날개로, 말에서는 달리기용 한발가락 앞발로 변형되었다. 그러나 뼈의 기본 구조는 여전히 모두 똑같다(칼 뷰얼의 그림).

은 뼈들을 이용해서 날개 구조를 땜질하지는 않았을 것이다. 사실 자연은 상동 말고도 다양한 방법을 써서 날개를 지어낸다. 조금 전에 우리는 척추동물이 서로 완전히 다른 두 가지 방식으로 날개를 짓는 방식을 보았다. 그런데 비록 박쥐와 새가 처음에는 공통조상으로부터 물려받은 똑같은 뼈로 출발했지만, 둘이 선택한 어느 해법도 익수룡pterodactyl의 날개와는 닮지 않았으며(익수룡의 날개를 지탱하는 것은 넷째손가락을 이루는 뼈들뿐이다), 곤충의 날개 구조와도 완전히 다르다. 고래의 발지느러미는 해양파충류의 지느러미발이나 어류의 지느러미와 똑같은 기능을 수행하기는 하겠지만, 이 세 구조가 공통된 기능을 가졌다고 해도 뼈의 구조는 서로 완전히 다르다. 서로 관계가 없는 생물들에서 발견되는 이 서로 다른 유형의 날개와 지느러미발을 **상사**analogous 기관이라고 한다. 말하자면 이 기관들은 수행하는 기능은 동일하지만 구조는 근본적으로 다르다는 것이다. 기관계가 현재의 쓰임에 맞게 처음부터 최적의 모양으로 지어진 것이 아니라 해당 동물이 조상에게서 물려받은 뼈들로 땜질되어 있다는 것이 바로 사실이다. 이 사실은 해부학적으로 이미 쓸 수 있게 마련된 것들을 가져다 쓰도록 생명이 진화했다고 보아야만 이해할 수 있다.

흔적구조 등이 보여주는 불완전성

지난날의 구조들이 남긴 것이지만 더는 기능을 하지 않는 기관들이 바로 지적설계자의 존재를 반증하는 것임을 2장에서 이미 넌지시 비쳤다. 그런 흔적기관의 예는 압도적이다(그림 4-9). 사람이 가진 막창자꼬리, 편도, 꼬리뼈(지금은 어느 것도 기능을 하지 않는다)뿐 아니라, 말의 발에 있는 쪼그마한 부목골splint bone도 그 예이다. 이 뼈는 말이 발가락이 세 개 였던 시절이 남긴 잔재이다. 이 뼈들이 부러지면 말은 평생 절름발이로 살아야 한다. 고래와 뱀에게는 몸속 깊이 작은 볼기뼈와 넓적다리뼈가 묻혀 있으며, 아무 기능도 하지 않는다. 뒷다리가 있던 조상에게서 진화하지 않았다면, 이 동물들이 왜 이런 특징들을 갖게 되었겠는가? 고대의 역사가 남긴 이 기관들에 대해 창조론자들이 시도한 설명들은 모두 필립 헨리 고스가 걸린 것과 똑같은 덫에 걸리게 된다. 곧 신이 이 과거의 흔적들을 심어두었다면, 마치 생명이 진화한 것처럼 **보이게** 우리를 속이는 사기꾼이 되고 만다는 것이다.

이와 관련된 한 가지 쟁점은, 모든 기관계들이 볼품없이 또는 최적과는 거리가 멀게 설계되었다는 것, 다시 말해서 생물이 생존하기에 족할 만큼만 작동하도록 땜질되었다는 것이다. 우리는 2장에서 이것들을 살펴보았다(특히 판다의 엄지, 아귀류와 람프실리스 조개가 먹이를 낚을 때 쓰는 미끼). 이 기관계들 역시 지적으로 설계된 것처럼 보이지 않으며, 조상들이 몸속에 남겨준 이런저런 구성단위들을 써야만 한

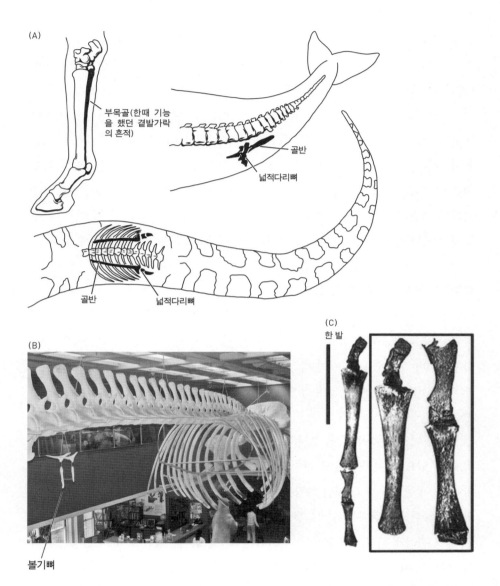

(A)

부목골(한때 기능을 했던 곁발가락의 흔적)

골반

넓적다리뼈

골반

넓적다리뼈

(B)

(C)
한 발

볼기뼈

그림 4-9 흔적기관에서 나온 증거. (A) 고래와 뱀 모두 뒷다리와 볼기뼈의 자잘한 잔재들을 몸속에 간직하고 있다. 정상적인 경우에는 겉으로 드러나 보이지도 않고 아무 기능도 하지 않는다. 고래와 뱀의 조상들이 네 발 달린 동물이었다고 보아야만 이 사실들이 이해가 간다. 말에게도 조상이 가졌던 곁발가락의 흔적이 있으며, 이 뼈를 부목골이라고 한다. (B) 박물관에 걸려 있는 큰고래 골격의 볼기 부위를 확대해서 본 모습. 작은 볼기뼈와 넓적다리뼈의 흔적이 보인다(글쓴이의 사진). (C) 1921년에 로이 채프먼 앤드루스Roy Chapman Andrews는, 실제로 뒷다리가 격세유전되어 몸에서 뻗어 나온 혹등고래 표본을 기록에 담았다. 이 뼈들은 이 혹등고래의 뒷다리를 이루는 뼈들이다(Andrews 1921에서).

다고 보아야만 수긍이 간다.

배아발생

다윈이 등장하기 전부터 배아 연구에서는 진화를 뒷받침하는 중요한 증거가 나오기 시작했다. 1830년대에 독일의 위대한 배아발생학자 카를 에른스트 폰 베어Karl Ernst von Baer는 모든 척추동물의 배아들이 공통된 패턴을 보인다는 증거를 내놓았다 (그림 4-10). 배아가 어류로 발생하든 양서류나 인간으로 발생하든, 모든 척추동물의 배아는 처음에 긴 꼬리와 잘 발달된 아가미구멍gill slits을 비롯해 수많은 어류형 특징들을 가진 채로 발생을 시작한다. 어류에서는 꼬리와 아가미가 더 발생을 해나가서 성체가 되지만, 사람의 경우에는 발생이 진행되는 중에 꼬리와 아가미가 사라진다. 폰 베어는 그저 배아가 어떤 식으로 발생해나가는지 기록하려 했을 뿐이지, 진화의 증거를 제시하려 한 것이 아니었다. 당시는 진화 관념이 아직 제기조차 안된 시절이었다.

다윈은《종의 기원》에서 이 증거를 사용했으며, 곧이어 발생학은 진화생물학의 한 분야로 성장해나갔다. 진화를 처음으로 옹호한 사람 가운데 한 사람이 바로 독일의 눈부신 발생학자 에른스트 헤켈Ernst Haeckel이었다. 그는 다윈주의를 독일에 널리 알렸을 뿐 아니라, 진화사의 세세한 모습을 배아에서 모두 볼 수 있으며 현생 동물들의 배아 단계들을 바탕으로 조상을 재구성할 수 있다는 주장까지 하고 나섰다. "개체발생은 계통발생을 반복한다"는 말은 '생물발생의 법칙biogenetic law'을 표현한 헤켈의 가장 유명한 문구였다. 이 말은 그저 배아의 발생('개체발생')이 진화의 역사('계통발생')를 되풀이한다('반복한다')는 말을 멋스럽게 표현한 것이다. 그로부터 40년 전에 폰 베어가 보여주었던 정도의 제한된 관점에서만 보면, 이 말은 참이다. 그러나 배아에게는 진화의 과거와는 관계가 없고 각각의 발생 환경에 적응한 독특한 특징도 많이 있다(난황주머니, 요막, 양막, 탯줄). 그래서 배아발생 단계들에 내포된 진화적 의미들을 지나치게 확대해서 보는 건 위험하지만, 유용한 지침이 되어줄 수는 있다.

멋모르는 사람들을 오도하고 나무만 보느라 숲을 놓치기 위한 노력을 한없이

어류   도롱뇽   거북   닭   돼지   소   토끼   사람

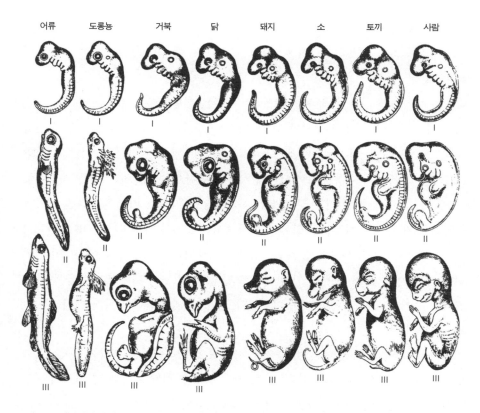

그림 4-10 발생학에서 나온 증거. 다윈이 진화에 대한 생각을 발표하기 오래전인 1830년대에 배아발생학자 카를 에른스트 폰 베어가 지적했다시피, 모든 척추동물은 배아발생 초기에 어류와 대단히 비슷한 몸얼개로 출발한다. 이 몸얼개에는 아가미와 긴 꼬리의 전신이 포함되어 있다. 발생이 진행되어 파충류나 조류나 포유류가 되어가는 과정에서 수많은 배아가 어류형 특징들을 잃는다(Romanes 1910에서).

기울이는 조너선 웰스(2000) 같은 창조론자들은 아마 생물발생의 법칙이 신뢰를 잃게 된 것에 의기양양해할 것이다. 그러나 헤켈의 열정이 과도했다 할지라도, 폰 베어가 신중하게 이루어낸 발생학적 공로, 곧 우리의 지난 진화적 단계들을 이루었던 수많은 특징들이 우리 배아에 보존되어 있음을 보여준 공로가 부정되는 것은 아니다. 특히 웰스는 헤켈이 처음에 그렸던 도해 몇 개에 오류가 있고 지나치게 단순화한 것을 놓고 재재거린다. 그러나 그 도해에 잘못된 곳이 있다고 해서, 모든 척추동물의 배아발생 순서를 보았을 때 초기 단계들에서 모두 똑같은 패턴을 보이고, 모

그림 4-11 여러분이 엄마 뱃속에서 착상되고 다섯 주 뒤의 모습이 이와 같다. 이때의 여러분에게는 어류형 특징이 많이 있다. 이를테면 잘 발달된 꼬리도 있고, 아가미구멍의 발생적 전신도 있다. 그러나 대부분의 인간 배아는 발생해가는 도중에 이 둘을 모두 잃는다(IMSI Photo Library).

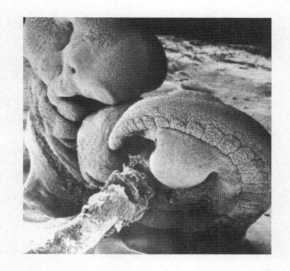

두 인두주머니pharyngeal pouch(어류와 양서류에서는 아가미구멍이 된다)와 물고기형 긴 꼬리를 지닌 '어류형' 단계를 거치며, 그대로 어류와 양서류로 발생해나가는 것들도 있고 이 특징들을 잃고 파충류, 조류, 포유류로 발생해나가는 것들도 있다는 전반적인 사실이 바뀌지는 않는다.

만일 여러분이 한때 물고기 같은 아가미와 꼬리를 가진 조상이 있었다는 게 전혀 믿기지 않는다면, 그림 4-11을 보라. 수정되고 다섯 주가 지난 뒤의 여러분이 바로 저렇게 생겼다. 이런 특징들을 가진 조상에게서 여러분이 유래하지 않았다면, 왜 저 시절의 여러분에게 인두주머니(아가미의 전신)와 꼬리가 있었겠는가?

생물의 지리적 분포

3장에서 지적했다시피, 유럽인들이 1700년대와 1800년대에 대규모 탐사 여행을 하면서 생소하고 엄청나게 다양한 동물과 식물이 세상에 모습을 드러냈다. 이런 다양성은 노아의 방주 이야기를 쓴 사람들은 물론이고 심지어 1758년의 린네조차도 예상치 못할 만큼이었다. 이 동물과 식물 때문에 노아의 방주 이야기를 아무리 고쳐본들 말이 안 되는 이야기만 될 뿐이었고, 나아가 다른 문제들도 불거졌다. 그 동물과 식물들이 터키의 아라라트산(방주가 정박했다고 하는 곳이다)으로부터 사방으로 퍼져나가는 모습으로 분포하는 게 아니라, 진화에 비추어 보았을 때에만 이해가 가는 독특한 분포 패턴을 저마다 보였던 것이다.

다윈은 갈라파고스 제도에서 이를 눈치 챘다. 제도의 각 섬에는 서로 약간씩 다른 코끼리거북종이나 핀치종이 있었다. 본토에서 사는 것과 동일한 종을 모든 섬에 거주하게 하는 대신, 신은 섬 하나하나에 저마다 독특하고 새로운 종을 두는 게 어울린다고 보신 것 같았다(그리고 이런 현상은 갈라파고스 제도만이 아니라 뭇 섬들에서 모두 보인다). 뒤이어 이국의 장소들에서 색다른 동물들을 더 조사해나간 결과들은, 그 외진 곳들에 거주하는 동물들이 대부분 어디 다른 곳에서는 찾아볼 수 없는 독특한 동물들이며, 노아의 방주를 기점으로 해서 사방으로 동물들이 이주했다고 보는 맥락에서는 이해가 안 가는 분포 패턴을 보인다는 사실을 더욱 확실히 해주었다. 예를 들어 오스트레일리아는 그곳에만 있는 독특한 토종 동물군인 주머니를 가진 포유류, 곧 유대류의 본거지이다(그림 4-12). 유대류에는 우리에게 친숙한 캥거루와 코알라만 있는 게 아니다. 다른 대륙들에서 태반포유류가 차지하는 곳과 똑같은 생태자리를 채우게끔 진화한 다른 유대류 동물도 수없이 많다. 말하자면 태반류인 늑대, 고양이, 날다람쥐, 우드척다람쥐, 개미핥기, 두더지, 생쥐 등에 대응하는 유대류가 있다는 것이다. 만일 동물들이 모두 방주에서 나와 이동했다면, 왜 유대류만 오스트레일리아에 도달해 진화해서는, 태반류가 없어서 텅텅 비어 있던 생태자리들을 채웠던 것일까?

다른 곳에서 드러나는 패턴들도 마찬가지로 설득력이 있다. 예를 들면, 남반구에 자리한 대륙들에는 날지 못하는 새가 한 종 이상 있는 곳이 많다. 이 종들은 모두 평흉류ratite라고 하는 원시 조류군에 속한다. 아프리카에는 타조가 있고, 남아메리카에는 레아, 오스트레일리아에는 화식조와 에뮤, 뉴질랜드에는 키위가 있다. 노아의 방주 이야기로 보면 이런 분포가 전혀 이해가 안 가지만, 남반구에 있는 이 모든 땅덩어리가 약 1억 년 전에 있던 초대륙 곤드와나의 일부였을 때 이 동물들이 서로 가까운 관계였다고 보면 들어맞는 사실이다. 그 이후로 이 대륙들이 뿔뿔이 떠내려가 흩어지면서, 거기 살던 토종 평흉류 새들 또한 제각각 갈라져나가게 되었다.

마지막으로 화석 기록은 생명이 어떤 식으로 진화해왔는지 자세히 알려주며,

늑대
(개속*Canis*)

태즈메이니아주머니늑대
(주머니늑대속*Thylacinus*)

오셀롯
(고양이속*Felis*)

주머니고양이
(주머니고양이속
Dasyurus)

날다람쥐
(글라우코미스속
Glaucomys)

주머니날다람쥐
(주머니날다람쥐속
Petaurus)

우드척다람쥐
(마멋속*Marmota*)

웜뱃
(웜뱃속*Phascolomys*)

개미핥기
(큰개미핥기속
Myrmecophaga)

주머니개미핥기
(주머니개미핥기속
Myrmecobius)

두더지
(유럽두더지속*Talpa*)

주머니두더지
(주머니두더지속
Notoryctes)

생쥐
(생쥐속*Mus*)

물가라
(물가라속*Dasycercus*)

그림 4-12 생물지리에서 나온 증거. 오스트레일리아의 토종 동물군은 주로 주머니를 가진 유대류로 이루어져 있는데, 다른 대륙에 있는 태반류와 서로 핏줄사이가 가깝지 않음에도 생태적인 면에서 놀라울 만큼 서로 짝을 이루고 있다. 오스트레일리아에는 늑대, 고양이, 날다람쥐, 우드척다람쥐, 개미핥기, 두더지, 생쥐와 어렴풋이 닮은 동물들이 있으나, 모두 주머니를 가진 포유류, 곧 유대류이다(Simpson and Beck 1965에 나온 그림을 수정해서 실었다).

지금으로선 진화를 가장 힘 있게 뒷받침하는 증거 조각이다. 화석이 드러내는 믿기지 않을 만큼 놀라운 진화 이야기를 나머지 장들에서 자세히 살펴볼 것이기 때문에, 여기서는 이쯤 하고 그칠 것이다.

1859년에 다윈이 그러모았던 모든 가닥의 증거가 이와 같으며, 지난 150년 동안 더욱 세부적인 지식과 사례들이 축적되면서 이 증거 가닥들은 더욱 큰 위력을 지니게 되었다. 가닥 하나하나만으로도 생명이 진화했음을 힘 있게 보여주는 증거이고, 창조론으로는 설명해내기가 불가능하며, 이 가닥들이 모여서 진화론을 압도적으로 뒷받침한다. 그러나 우리에게는 이보다 훨씬 좋은 증거가 있다. 곧, 오늘날 생명이 진화하고 있는 모습을 눈으로 볼 수 있다는 것이다. 그래서 진화는 하늘이 파랗게 보인다는 사실만큼이나 관찰로 얻은 자연의 사실이다.

진화는 늘 일어난다!

생물학에서는 진화에 비추어보지 않으면 아무것도 이해되지 않는다.
—테오도시우스 도브잔스키, 1973

마침내 생물학자들은 다윈이 지나치게 신중했음을 알아차리기 시작했다. 자연선택에 의한 진화는 눈으로 볼 수 있을 만큼 빠르게 일어날 수 있다. 지금 이 분야는 폭발적으로 커지고 있다. 현재 세계 곳곳에서 250명이 넘는 사람들이 핀치와 구피뿐 아니라, 진딧물, 파리, 살기, 물꽈리, 연어, 큰가시고기에서도 진화를 관찰해서 기록에 담고 있다. 심지어 쌍을 이룬 종들—공생관계를 이룬 곤충과 식물—이 최근에 서로를 찾아낸 사례들을 기록하고, D. H. 로런스의 소설에 나오는 연인들처럼 그 쌍들이 자기들만의 세계에 푹 빠져드는 모습을 관찰하고 있는 사람들도 있다.
—조너선 와이너, 《작용 중인 진화》

다윈을 비롯해서 지난 150년 동안 수많은 과학자가 그러모은 증거로도 생명이 진화했음을 증명하기에 충분치 못하다고 한다면, 이보다 훨씬 단순한 시험이 하나 있다. 곧 생명이 진화하는 모습을 지금 당장 눈으로 보는 것이다! 창조론자들은 과거에 진화가 다 일어났다는 말로 진화론을 무너뜨리려고 하는데, 우리 주변에서, 심지어 내가 이 글을 쓰고 있는 지금도 진화가 쉬지 않고 일어나고 있음을 그들은 깨닫지 못하는 듯싶다.

우리는 수많은 척도와 수많은 유형의 생물들에서 자연선택이 작용하고 있음을 볼 수 있다. 최근에 이루어진 이 수많은 연구들은 조너선 와이너Jonathan Weiner가 쓴 멋진 책《핀치의 부리: 갈라파고스에서 보내온 생명과 진화에 대한 보고서The Beak of the Finch: A Story of Evolution in our Time》(1994, 한국어 번역본은 2002)나 데이비드 민델David Mindell이 쓴《진화 중인 세계: 일상에서 보는 진화The Evolving World: Evolution in Everyday Life》(2006)에서 자세히 다루고 있다. 현장의 모진 조건들을 오랜 시간 견뎌내며 진화가 작용하는 모습을 관찰하는 부지런하고 헌신적이고 자기 희생적인 생물학자 수백 명의 어깨 너머를 건너다보면 진정한 과학자들에 감탄해마지 않을 수 없다. 이런 모습은 집안에 편안히 앉아서 한 번도 공부해본 적도 없고 이해도 하지 못하는 주제들에 대해 뻘소리나 써대는 창조론자들과 극명하게 대비된다.

물론 오랫동안 그 훌륭한 예가 되어준 것은 갈라파고스 제도의 핀치들이다(그림 4-13). 다윈은 1835년에 거기 갔을 때 수많은 핀치들을 직접 채집했으나, 다들 서로 너무나 다른 모습이었던지라 자기가 쏴 죽인 그 다양한 새들이 사실은 부리가 크게 변형되었고 빛깔무늬가 서로 다르기는 해도 모두 같은 핀치라는 걸 당시에는 알아차리지 못했다. 그러다가 다윈이 잉글랜드로 돌아온 뒤에 (수집한 표본들을 조사할 학자로 고용한) 조류학자 존 굴드John Gould가 다윈에게 그 점을 지적해주었다. 20세기에 들어서서는 데이비드 랙David Lack이 핀치들을 훨씬 자세하게 연구해서 1947년에 그 결과를 발표했다. 최근에 와서는 프린스턴대학교의 피터 그랜트Peter Grant와 로즈메리 그랜트Rosemary Grant가 다윈의 핀치들을 중점적으로 연구했다. 그랜트 부부는 해마다 갈라파고스 제도를 찾아가 핀치 개체군들에서 일어난 변화를 기록했다. 한 섬(다프네마요르섬)에 사는 핀치 개체군은 해마다 극적으로 달라졌다. 가뭄이 들었던 1977년에는 강한 부리를 가진 핀치들이 살아남았다. 그 부리로 가장 단단한 씨앗까지도 깨서 먹은 덕분에 먹이 부족을 견뎌낼 수 있었기 때문이다. 그다음 몇 년이 지난 뒤에는 그 섬에 사는 모든 핀치들이 그 핀치들의 자손이었기에, 다른 갈라파고스 핀치종들보다 열매 껍질을 세게 깰 수 있는 부리를 가졌다. 그 뒤로 습한 날씨가 다시 찾아오자 핀치들이 다시 한번 달라졌고, 그 결과 널리 다양한 씨앗을 먹을 수 있고 더 정상적인 부리를 가진 꼴들도 생존할 수 있었다. 그만큼 강한 선택압이 어떤 식으로 핀치 조상들(아직도 남아메리카에 살고 있다)을 널리 다양하게 분화시켜서, 본토에서 다른 새들이 하고 있는 역할들을 수행하도록 할 수 있었는지 이 사실로부터 쉽게 알 수 있다. 본토의 동고비에 대응되는 자리에는 두꺼운 부리를 가진 핀치들이 있고, 딱따구리에 대응되는 자리에는 나무에 구멍을 뚫어 벌레를 찾아 먹을 수 있는 긴 부리를 가진 핀치들이 있고, 휘파람새에 대응하는 자리에는 그와 비슷하게 생긴 부리를 가졌다 해서 휘파람핀치라고 불리는 핀치가 있다. 더군다나 나무에 파인 구멍 속에 있는 곤충들을 나뭇가지로 낚는 법까지 익힌 핀치도 있다! 최근의 연구에서는 이 핀치들에서 부리 모양을 제어하는 유전자들을 동정해내어 그 유전자들을 더하거나 빼는 방법으로 자연에서 보이는 부리 패턴을 인위적으로 복제해내기도 했다.

갈라파고스 제도에 살아야만 진화가 일어나는 모습을 볼 수 있는 것은 아니다. 뒤뜰에만 나가봐도 진화가 일어나고 있음을 볼 수 있다. 오늘날에는 유럽참새를 북아메리카 어디에서나 흔하게 볼 수 있지만, 실은 1852년에 유럽에서 들여온 외래종이다. 첫 개체군들이 도망친 뒤, 북쪽으로는 캐나다의 북방수림boreal forest —타이가—부터 남쪽으로는 코스타리카까지 북아메리카 전역으로 빠르게 퍼져나갔다. 도망친 이민자 몇 사람이 도입한 녀석들이었기에 우리는 그 조상 개체군의 구성원들이 모두 매우 비슷했음을 알고 있다. 그러나 북아메리카에 있는 수없이 많고 다양한 지역들로 퍼져나갔기 때문에, 현재 녀석들은 빠르게 분화하면서 수없이 많은 새 종들이 되어가는 중에 있다. 지금 유럽참새는 몸 크기가 몹시 다양하며, 대체로 북쪽에 분포하는 개체군들이 남쪽에 사는 녀석들보다 몸집이 훨씬 크다. 베르크만의 규칙Bergmann's rule이라고 하는 이런 모습은 흔히 보이는 현상으로서, 더 크고 더

원래 조상

JGI

그림 4-13 갈라파고스에 있을 당시 다윈은 알아차리지 못했지만, 잡은 새 대다수가 핀치였다. 처음에 남아메리카에서 바람에 날려 왔던 일반적인 핀치 조상으로부터 널리 다양한 부리를 가진 새들로 진화한 것이다. 말하자면 단단한 열매를 깨먹기 좋은 부리, 곤충을 더듬어 찾기에 좋은 부리, 쪼끄마한 씨앗들을 집어먹기에 좋은 부리를 비롯해서, 본토에 사는 다른 새들이 하는 수많은 일을 할 수 있게끔 그에 대응하는 부리들을 갖도록 진화한 것이다(Lack 1947에 나온 것을 허락을 얻어 수정해서 실었다).

동글동글한 몸이 작은 몸보다 열을 더 잘 보존한다는 사실에서 기인한다. 북쪽의 유럽참새는 남쪽에 사는 사촌들보다 빛깔이 더 어두운데, 아마 어두운 색이 햇빛을 흡수하는 데 도움이 되고, 따뜻한 기후에서는 밝은 색이 햇빛을 더 잘 반사하기 때문일 것이다. 날개 길이와 부리 모양을 비롯해 다른 신체 특징들에서 일어난 수많은 변화들도 기록되었다.

지난날에 사람들이 생각했던 것보다 새 종은 훨씬 빠르게 생길 수 있다. 캐나다 몬트리올 맥길대학교의 앤드루 헨드리Andrew Hendry는 시애틀 인근의 홍연어 sockeye salmon를 분석하는 연구를 한 적이 있다(그림 4-14). 이 연어들은 호수나 시내에서 번식하는 습성이 있으며, 어느 환경에서 번식하느냐에 따라 외모가 달라진다. 1930년대와 1940년대에 시애틀 동부에 있는 워싱턴호수Lake Washington에 흘러 들어간 뒤로, 홍연어는 시더강Cedar River 어귀에 빠르게 정착했다. 1957년에 이르자 홍연어는 플레저포인트Pleasure Point라고 부르는 해변에도 서식하게 되었다. 40년이 채 못 되는 사이에 이 두 개체군은 빠르게 갈라졌다. 유속이 빠른 시더강에 사는 개체군의 수컷들은 강한 물살에 맞서 싸우느라 더 날씬하고, 암컷들은 강물에 알이 씻겨가지 않도록 더 깊이 구멍을 파서 알을 슬 수 있게 몸집이 더 크다. 이곳보다 더 따뜻하고 더 잔잔한 플레저포인트 인근의 호반에 사는 개체군의 수컷들은 위아래 길이가 더 길고 몸이 더 둥글어서 경쟁자를 물리쳐 짝짓기 우선권을 얻기에 더 좋으며, 암컷들은 깊이 구멍을 파서 알을 슬 필요가 없기 때문에 몸집이 더 작다. 이 두 개체군은 유전적으로 격리되어 있기에, 대부분의 생물에서 서로 다른 종이라고 인식할 법한 차이들을 이미 보이고 있다. 40년도 안 되는 사이에 이렇게 종의 갈라짐이 시작되었음을 헨드리는 보여주었다. 아마 몇 세대만 더 지나면 두 개체군이 유전적으로 격리되어 서로 별개의 종이 될 수도 있다.

빠르게 진화하는 모습을 보여주는 또 하나의 물고기가 큰가시고기three-spined stickleback이다(그림 4-15). 바다에 사는 큰가시고기는 호수에 사는 것들보다 갑옷치레가 심하다. 생물학자들은 노르웨이 베르겐 인근의 한 못에서 31년도 안 되는 사이에 이 변화가 일어났음을 기록에 담았다. 알래스카의 로버그호수Loberg Lake에서는 불과 12년 만에, 다시 말해서 여섯 세대 만에 이 변화가 일어났다. 큰가시고기는

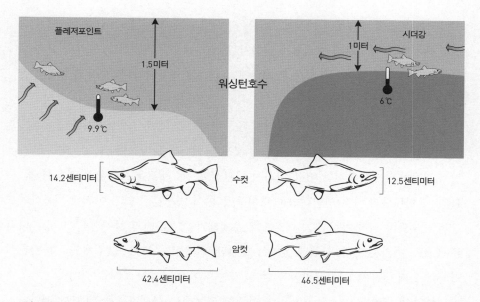

그림 4-14 몇 십 년 만에 진화가 일어난 동물군도 있다. 1930년대에 워싱턴의 유속이 빠른 시더강에 홍연어가 흘러 들어간 뒤, 수컷은 센 물살을 가르고 헤엄칠 수 있도록 적응했고, 암컷은 모래 속으로 더 깊이 둥지를 파서 알을 슬 수 있도록 적응했다. 그러나 1957년에 플레저포인트의 얕은 물속에 홍연어가 침입해 서식하기 시작했고, 그 뒤에 수컷은 경쟁자 수컷들을 물리칠 수 있도록 더 둥글고 더 두꺼운 몸을 발달시켰으며, 그곳은 물살이 세지 않았기 때문에 암컷은 더 얕게 둥지를 파서 알을 슬었다(Weiner 2005에 나온 그림을 수정해서 실었다).

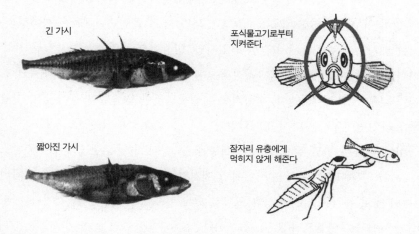

그림 4-15 큰가시고기도 빠른 진화를 보여준다. 호수나 바다에 사는 종들에게는 긴 가시가 있어서 포식자가 삼키는 걸 어렵게 한다. 그러나 얕은 시내에 사는 큰가시고기는 더 짧은 가시를 진화시켜서, 돌출된 집게발을 가진 잠자리 유충 같은 포식자들에게 잡히지 않게끔 한다(사진 ⓒ D. M. Kingsley and S. Carroll).

지역적인 조건에 대응해서 가시에 변화를 주기도 한다. 트인 물속에서는 가시가 길수록 유리하다. 왜냐하면 포식자가 삼키지 못하게 해주기 때문이다. 그러나 얕은 물속에서는 가시가 길수록 불리하다. 왜냐하면 긴 집게발을 가진 잠자리 유충에게 잡히기 쉽기 때문이다. 가시 길이를 조절하는 스위치를 켜고 끄는 것은 Pitx1이라는 혹스유전자 하나임이 밝혀졌다. 또 어떤 연구에서는 포획한 큰가시고기를 인위적으로 변형시켜 새롭고 독특한 가시 조합을 갖도록 했더니 암컷들이 새로운 형질을 가진 수컷들하고만 짝짓기를 했고, 따라서 큰가시고기를 새로운 모습으로 진화시키는 한 가지 원동력이 바로 성선택임을 보여주었다. 이 연구들이 있기 이전에 어류학자들은 표본들이 서로 가시 수가 다르고 갑옷치레가 다르다면 망설이지 않고 서로 다른 종으로 매기곤 했다. 그런데 올바른 조건만 주어지면 큰가시고기 개체군 하나가 얼마나 쉽게 다른 종으로 꼴바꿈을 할 수 있는지 이 연구들이 보여준 것이다.

산업성 흑화industrial melanism를 보여주는 고전적인 사례가 있는데, 교과서마다 실려 있기 때문에 우리에겐 친숙하다. 회색가지나방peppered moth, 곧 비스톤 베툴라리아Biston betularia는 보통 얼룩진 겉모습을 하고 있어서 얼룩덜룩한 나무줄기 및 나뭇가지와 잘 섞인다. 그런데 산업혁명이 진행되는 동안에 공기 중의 검댕이 나무줄기를 검게 만들자 정상적인 꼴의 나방은 눈에 금방 띄게 되었다. 그래서 그것들 대신 색깔이 어두운 돌연변이체가 우점하게 되었다. 그 돌연변이체들은 까매진 나무줄기를 배경으로 훌륭하게 위장이 되었지만, 정상적으로 얼룩진 변종들은 새들의 표적이 되었기 때문이다. 환경관리정책을 시행한 덕분에 공기가 깨끗해져서 검댕투성이 나무줄기가 사라지자, 정상적으로 얼룩덜룩한 변종들이 돌아왔고, 빛깔이 어두운 돌연변이체들은 다시 도태되었다.

이런 예들은 한도 끝도 없이 늘어놓을 수 있다. 뉴잉글랜드에서는 총알고둥periwinkle이 한 세기도 안 되는 사이에 껍데기의 모양과 두께를 극적으로 변화시켰다. 아마 새로 유입된 게들이 가한 포식압predation pressure 때문이었을 것이다. 바하마에서는 사람들이 아놀도마뱀anole lizard(애완동물가게에서 흔히 보는 '카멜레온', 그러나 진짜 카멜레온은 아니다)을 식생이 다른 새로운 섬들에 들여놓은 뒤로 녀석들의 뒷다리 크기가 달라졌다. 플로리다에서 무환자나무벌레soapberry bug는 열매가 더 큰 외래식물이 서식지를 침입한 것에 대응해서 주둥이를 확 길게 진화시켰다. 하와이에서 꿀빨기멧새honeycreeper는 좋아하는 먹이가 나오는 하와이 토종 숫잔대lobelioids가 사라지자 다른 화밀花蜜을 먹이로 삼을 수 있게끔 부리를 더 짧게 진화시켰다. 네바다에선 지난 빙하기 때 서로 이어져 있었으나 지금은 따로 떨어져 있는 외딴 사막의 물웅덩이들에 사는 조그마한 탭민노우mosquito fish가 2만 년이 안 되는 사이에 서로 큰 차이들을 빠르게 진화시켰다. 오스트레일리아에서는 새로 들여온 야생토끼들(유럽인 이주자들이 들여온 지 한 세기가 채 안 되었다)이 오스트레일리아의 오지라는 새로운 환경에 대응하여 몸무게를 다르게 하고 귀 크기를 변형시켰다.

수많은 야생 동물에게 종종 가장 강력한 선택압을 가하는 요인이 바로 사람이다. 큰뿔양bighorn sheep 개체군의 경우를 보면, 전리품 사냥꾼이 근사한 뿔을 가진 수놈들의 대부분을 죽여 없앤 탓에, 뿔이 더 작고 몸집도 더 작은 수컷들에게 짝짓기를 할 기회가 더 주어졌고, 결국 그 개체군에는 큰 뿔을 가진 수놈들의 수가 더는 많아지지 않았다. 너무 예민해서 사람이 다가가면 꼬리를 떨며 소리를 내는 방울뱀은 금방 사람의 손에 죽임을 당했고, 그래서 수많은 지역에서는 방울뱀이 더는 어떤 경고 신호도 내지 않는다. 대서양대구Atlantic cod는 과도한 어획으로 1980년대에 개체 수가 급감했고, 몸집이 큰 대구는 거의 사라졌다. 몸집이 작고 미숙할 때 빠르게 번식한 녀석들이 생존할 가능성이 더 커졌기 때문이다.

그러나 진화가 작용 중임을 가장 극적이고 가장 빠른 속도로 보여주는 예들은 미생물들, 특히 바이러스와 세균에서 볼 수 있다. 해마다 의사들은 새로운 인플루엔자 바이러스 계통들과 싸워야 한다. 왜냐하면 작년의 인플루엔자 계통이 새로운 단백질 거죽을 진화시키면 우리 면역계가 녀석들을 알아보지 못하게 되고, 그러면 다시 인플루엔자 바이러스에 감염될 수 있기 때문이다. 평범한 감기를 치료할 방도가 앞으로도 결코 없는 까닭이 바로 이 때문이다. 말하자면 감기 바이러스의 진화 속도가 너무나 빠른 나머지 어떤 약으로도 그 속도를 따라잡을 수 없기 때문이다. 항생제를 남용한 결과, 우리가 퍼붓는 약마다 내성을 가진 세균 계통들이 계속 선택되어왔다. 1930년대에 술폰아미드sulfonamide가 도입되고 단 10년 만에 내성을 가진 계통들이 진화했다. 1943년에 페니실린이 도입되었고, 1946년에 이르자 내성을 가진 계통들이 생겼다. 이런 까닭으로 지금 의사들은 감기나 독감을 일으키는 바이러스에게는 아무 쓸모가 없음에도 항생제를 원하는 환자들에게 항생제를 처방하는 일에 훨씬 조심을 하고 있다. 이와 마찬가지로 살균 세제와 살균 수건을 남용한 결과, 대부분의 살균제를 견딜 수 있는 세균 계통들이 나왔다. 수많은 의료 연구자는 서양 세계의 과도한 청결 의식이 우리에게 불리하게 작용한다고 생각한다. 왜냐하면 나이 어린 사람들이 수많은 종류의 병균에 더는 노출되지 못해서, 강한 계통('더러운' 제3세계 사람들에게는 감염을 일으키지 않는 계통)이 몸속에 침범하면 속수무책이 되기 때문이다. 그래서 현재 병원들은 걱정하고 있다. 약에 내성을 가진 이런 계통이 하나라도 병원에 나타나면, 수많은 환자에게 빠르게 퍼질 수 있고, 무엇으로도 그걸 막을 수 없기 때문이다.

이와 마찬가지로 수많은 곤충과 잡초도 살충제와 제초제에 내성을 진화시켜 왔다. 이는 모두 지난 몇 십 년 사이에 일어난 일로, 전 세계 사람에게 엄청난 경제적 타격을 주고 있다. 오늘날의 집파리들은 모두 DDT뿐 아니라 피레스로이드pyrethroid, 디엘드린dieldrin, 유기인산염organophosphate, 카르바민산염carbamate 살충제들에까지 내성을 가지게 하는 유전자들을 지니고 있다. 그래서 현재 집파리를 억제할 수 있는 독은 거의 남아 있지 않은 형편이다. DDT를 비롯해서 여타 유기인산염 살충제들에 내성을 진화시킨 모기들이 1960년대에 아프리카에서 진화하여 아시아로 퍼진 다음에, 1984년에는 캘리포니아, 1985년에는 이탈리아, 1986년에는 프랑스까지 도달했다. 곤충학자 마틴 테일러Martin Taylor는 이를 다음과 같이 서술했다(Weiner 1994: 255).

진화론자들이 이런 종류의 문제에 관심을 거의 기울이지 않으며, 입법부가 진화 이론에 몹시 적대적인 입장을 취하는 주들에 사는 목화 농부들이 이 해충들과 싸워야 한다는 사실이 내겐 언제나 어처구니가 없게 보인다. 그들이 철마다 밭에 나가 맞서 싸우는 것이 바로 진화 자체이기 때문이다. 이 사람들은 진화를 못 가르치게 하려고 애쓰는데, 정작 그들이 기르는 목화 작물은 그 진화 때문에 쓰러지고 있는 것이다. 그런데도 어찌 계속 창조론자 농부로 있을 수 있단 말인가?

진화는 우리 주변에서 늘 일어나고 있다. 새로운 병균이 여러분의 몸속을 침범할 때마다, 새로운 해충이나 잡초가 여러분이 키우는 작물을 망가뜨릴 때마다, 살충제에 내성을 가진 새로운 파리나 모기가 여러분을 물 때마다 진화는 일어난다. 창조론자들은 자기네가 가진 믿음에서 개인적으로 위로를 얻을 수야 있겠지만, 우리 주변 어디에서나 생명이 진화하고 있다는 사실, 그 진화와 타협하지 못하면 우리 생존이 위협받는다는 사실을 바꾸지는 못한다(그림 1-3을 참고하라).

더 읽을거리

Campbell, J. 1982. Autonomy in evolution, *Perspectives on Evolution*. ed. R. Milkman. Sunderland, Mass.: Sinauer, pp.190-200.

Carroll, S. 2005. *Endless Forms Most Beautiful: The New Science of Evo/Devo*. New York: Norton[《이보디보, 생명의 블랙박스를 열다》, 지호: 2007].

Desmond, A., and J. Moore. 1991. *Darwin: The Life of a Tormented Evolutionist*. New York: Warner.

Eldredge, N. 1985. *Unfinished Synthesis*. New York: Oxford University Press.

Gould, S. J. 1977. *Ontogeny and Phylogeny*. Cambridge, Mass.: Harvard University Press.

Gould, S. J. 1980. Is a new and more general theory of evolution emerging? *Paleobiology* 6: 119-130.

Gould, S. J. 1982. Darwinism and the expansion of evolutionary theory. *Science* 216: 380-387.

Gould, S. J. 2002. *The Structure of Evolutionary Theory*. Cambridge, Mass.: Harvard University Press.

Levinton, J. 2001. *Genetics, Paleontology, and Macroevolution* 2nd ed. New York: Cambridge University Press.

Mindell, D. P. 2006. *The Evolving World: Evolution in Everyday Life*. Cambridge, Mass.: Harvard University Press.

Ridley, M. 1996. *Evolution* 2nd ed. Cambridge, Mass.: Blackwell.

Schwartz, J. 1999. *Sudden Origins: Fossils, Genes, and the Emergence of Species*. New York: John Wiley.

Stanley, S. M. 1979. *Macroevolution: Patterns and Process*. New York: Freeman.

Stanley, S. M. 1981. *The New Evolutionary Timetable*. New York: Basic.

Steele, E. 1979. *Somatic Selection and Adaptive Evolution: On the Inheritance of*

Acquired Characters. Chicago: University of Chicago Press.

Steele, E., R. Lindley, and R. Blanden. 1998. *Lamarck's Signature: How Retrogenes Are Changing Darwin's Natural Selection Paradigm*. Reading, Mass.: Perseus

Weiner, J. 1994. *The Beak of the Finch: A Story of Evolution in Our Own Time*. New York: Knopf[《핀치의 부리: 갈라파고스에서 보내온 '생명과 진화에 대한 보고서'》, 이끌리오: 2002].

Weiner, J. 2005. Evolution in action. *Natural History* 115(9): 47-51.

Wesson, R. 1991. *Beyond Natural Selection*. Cambridge, Mass.: MIT Press.

Wills, C. 1989. *The Wisdom of the Genes: New Pathways in Evolution*. New York: Basic.

그림 5-1 고전적인 '유인원에서 사람으로의 행진'을 풍자한 것. 창조론자들에 대한 만평가의 의견을 볼 수 있다 (빌 데이Bill Day의 만화. 디트로이트 프리 프레스의 허락을 얻어 실었다).

5   계통분류학과 진화

계통분류학이란 무엇인가?

> 생태학이 얼마만큼 진보할 수 있느냐는 모든 동물군에 대한 동정同定 작업과 튼
> 실한 계통분류학적 기초 작업의 존재에 달려 있다는 걸 생태학 초심자에게 아
> 무리 각인시켜도 지나치지 않다. 전체를 세우기 위한 필수적인 기초가 바로 이
> 것이다. 이것이 없다면 생태학자는 의지가지없는 신세가 되고, 그가 한 일이 죄
> 다 쓸모없어져 버릴 수도 있기 때문이다.
>
> —찰스 엘튼,《동물생태학》

계통분류학 개념은 앞장에서 간단하게 소개했다. 하지만 계통분류학의 기본 개념
들과 지난 몇 십 년 동안 계통분류학에서 일어난 생각의 주요 돌파구들을 다시 돌
아보지 않고서는, 이 책의 나머지 부분에서 다룰 화석이나 동물 대부분에 대해 아
무것도 말할 수 없을 것이다. 생물학에서 다루는 그 모든 주제들 가운데에서 일반
대중의 이해가 가장 적은 것이 바로 계통분류학이다. 그러나 생물학에서 가장 본질
이 되는 한 가지가 바로 계통분류학이다.

    대부분 사람들은 생물을 이름 짓고 분류하는 과학적 체계가 있음을 어렴풋이
나마 알고 있다. 이 분야를 **분류학**taxonomy이라고 한다. 새 동물 종이나 식물 종을 명
명하고 서술하는 과학자들은 분류학의 규칙과 절차를 잘 익히고 있어야 한다. 그런
데 계통분류학은 그냥 분류학보다 범위가 더 넓다. 에른스트 마이어(1966: 2)에 따
르면 계통분류학이란 "생물의 다양성을 다루는 과학"이고, 조지 게일로드 심프슨
(1961: 7)의 말을 빌리면 "생물의 종류와 다양성, 그리고 생물들 사이의 온갖 관계

를 과학적으로 연구하는 것"이다. 계통분류학에는 분류학에서 쓰는 분류법뿐 아니라 생물들 사이의 진화적 관계(**계통발생**phylogeny)와 지리적 관계(**생물지리**biogeography)를 규정하는 것도 포함된다. 계통분류학자는 비교하는 방법을 써서 생명의 다양성에 다가가, 생명이 어떤 식으로 지금 모습으로 있게 되었는지 설명해줄 모든 패턴과 관계를 이해하려고 한다. 이런 의미에서 볼 때, 모든 과학 가운데에서도 가장 흥미진진한 분야의 하나가 바로 계통분류학이다.

아마 분류학자와 계통분류학자는 다른 분야의 생물학자만큼 수가 많지도 않고 지원금이 넉넉하지도 않을 것이다. 그러나 생물학의 다른 모든 분야는 그들이 해놓은 분류와 계통발생도에 의존한다. 생리학자나 의사가 인간과 가장 비슷한 생물을 연구하고 싶어 하면, 분류학자는 우리와 가장 가까운 친척으로 침팬지를 지목할 것이다. 생태학자들이 어느 특정 공생관계가 어떻게 발달되었는지 연구하고 싶다면, 해당 생물들을 정확하게 분류하는 일을 계통분류학자에게 맡길 것이다. 계통분류학은 생물학의 나머지 모두가 기초하는 틀 또는 비계飛階를 제공한다. 계통분류학이 없다면, 생물학은 그저 서로 연결 짓지 못한 사실들과 관찰들의 무더기에 불과할 것이다.

오늘날에는 분류학에 대한 지원금이 말라가고 크고 비싼 기계를 사용하는 더 근사한 분야들로 돈이 몰리면서, 분류학자는 찾아보기 힘들어지고 있다. 그러나 이런 현실 때문에 과학은 그 복판에서부터 굶주림에 시달릴 수밖에 없다. 쥐꼬리만 한 예산으로 야외에 나가 표본을 수집하거나 박물관 서랍과 병에 담긴 표본들을 분석하는 얌전한 계통분류학자는 야생에서 동물들을 지켜보는 행동생태학자나 하얀 실험실 가운을 걸쳐 입고 100만 달러짜리 기계를 만지작거리는 분자생물학자만큼 인지도가 높지 않을지는 모르겠지만, 그들이 하는 일도 저들의 일 못지않게 본질적이다. 오늘날 가장 뜨거운 화제 가운데 하나인 **생물다양성**biodiversity은 계통분류학자의 기본 영역이다. 우리가 얼마나 빠르게 서식지를 파괴하고 지구상의 종들을 멸종시키고 있는지 걱정하는 사람들이 많지만, 이 종들을 동정하고 서술할 계통분류학자가 충분히 많지 않다면, 우리는 문제가 얼마나 심각한지 감조차 잡지 못할 것이다. 이 문제에 매달리는 수많은 생태학자는 숙달된 계통분류학자를 더는 충분히 구할 수 없어서 모든 멸종 위기종을 동정하는 일을 시작조차 못하고 있다고 불평한다. 그런데도 연구비 지원 기관들은 계속해서 계통분류학을 아사시키고 있으며, 큰 매력도 없고 돈도 안 된다는 이유로 대부분의 학생이 계통분류학을 멀리하고 있는 실정이다. 더군다나 수없이 많은 다른 일에도 계통분류학은 필수이다. 이를테면 문제를 일으키는 해충 종이 무엇인지 올바로 동정하는 일이라든가, 장차 치명적인 질병의 치료책을 간직하고 있을지도 모를 새로운 종들을 서술하고 명명하는 일에 계통분류학은 없어서는 안 된다.

분류학이란 무엇인가?

> 창조하신 분은 하느님이시지만, 분류한 사람은 린나이우스이다.
> ─카롤루스 린나이우스

무언가를 분류하는 방법은 수없이 많다. 우리는 언제나 분류를 한다. 길을 달리는 차를 보고 우리는 금방 '세단'이라고, 'SUV'라고, '미니밴'이라고, '픽업트럭'이라고 식별하는데, 아이들은 아마 '빨간 차'나 '은색 차' 정도로만 식별할 것이다. 자동차 광이나 경찰관이라면 아마 휙 지나가는 차만 봐도 어디 제품이고 어느 모델인지까지 분간할 수 있을 것이다. 작은 도서관에서는 듀이십진분류체계Dewey Decimal system를 이용해서 책을 주제별로 분류하지만, 큰 도서관에서는 국회도서관에서 개발한 전혀 다른 분류 체계를 이용한다. 두 분류 체계에서 쓰는 범주들은 서로 전혀 다르다. 이 두 체계 모두 가급적 '자연스럽게' 분류하려고 한다. 말하자면 동일한 범주에 속하는 책들끼리 묶으려고 한다. 이를테면 '과학'이라는 범주에 속한 책들을 다시 '지질학', '생물학', '물리학', '화학' 같은 하위 범주들로 다시 분류하는 것이다.

　　자연에 있는 것들을 분류하는 방법도 수없이 많다. 많은 토착 문화에서는 '먹기 좋은 것', '급할 때만 먹는 것', '먹을 수 없는 것', '독이 든 것' 같은 단순한 규칙들을 이용한다. 우리가 속한 문화조차도 단순한 생태적 성질을 이용해서 투박하게 분류를 한다. 예를 들어, 거의 모든 해양생물을 '물고기fish'라고 부르는 사람들도 있다. 그들에겐 연체동물인 조개shellfish도 물고기이고, 극피동물인 불가사리starfish도 물고기이고, 산호 및 말미잘과 함께 자포동물에 속하는 해파리jellyfish도 물고기인 것이다. 1600년대와 이른 1700년대에는 여러 자연사학자가 저마다 생물 분류 도식을 내놓았으나, 다들 자의적이고 몹시 부자연스러웠다. 예를 들어, 그들은 종종 새, 곤충, 날치를 비롯해서 날개 달린 것들을 모두 하나로 묶거나, 아르마딜로, 거북, 연체동물을 비롯해서 껍데기를 가진 것들을 모두 하나로 묶곤 했다. 그러다가 마침내 스웨덴의 식물학자 카를 폰 린네—라틴어 이름인 카롤루스 린나이우스Carolus Linnaeus로 더 많이 알려져 있다—가 최종 해법을 개발했다. 식물을 연구하던 린네는 서로 비슷해서 헛갈리는 잎사귀나 줄기나 뿌리보다는 번식 구조—주로 꽃—에 기초한 분류가 최선임을 깨달았다. 린네는 '성체계sexual system'에 기초한 식물 분류법을 1753년에 발표했고, 이것이 바로 현대 식물분류학의 기초가 되었다. 린네는 동물에게도 똑같은 생각을 적용했다. 날개나 갑옷 같은 피상적인 것보다는 생식계 및 털이나 깃털처럼 동물에게 근본이 되는 성질들에 초점을 맞추었다. 린네의 첫 분류는 《자연의 체계Systema Naturae》라는 제목을 달고 1735년에 출간되었고, 1758년에 나온 열 번째 판본은 현대 분류학의 출발점으로 간주된다.

린네가 처음 내놓은 분류법은 그 뒤로 수백 가지 새 종이 서술되면서 낡은 것이 되어버리기는 했지만, 그가 제시한 기본 원리들은 아직도 전 세계에서 사용하고 있다. 지구상에 있는 모든 종의 이름은 두 부분으로 구성된다(**이명법**). 하나는 **속명**genus name(항상 대문자로 시작하고, 밑줄을 긋거나 기울임꼴로 표기한다)이고 다른 하나는 **종명**trivial name(소문자로 쓰며, 역시 언제나 밑줄을 긋거나 기울임꼴로 표기한다)이다. 예를 들어보자. 우리는 사람속Homo('사람'을 뜻하는 라틴어)에 속하고 종명은 사피엔스sapiens('생각하다'는 뜻의 라틴어)이다. 그래서 우리 종의 온전한 이름은 호모 사피엔스Homo sapiens(또는 H. sapiens)이다. 종명만 따로 떼어서 쓸 수는 없으며, 언제나 속명과 함께 써야 한다. 그 까닭은 다른 동물에 대해서도 종명은 거듭해서 다시 쓸 수 있지만, 속명은 결코 다른 동물에 다시 쓸 수 없기 때문이다. 속을 이루는 종은 한 종뿐일 수도 있고 한 종 이상일 수도 있다. 우리가 속한 사람속에는 호모 사피엔스만 있는 게 아니라, 호모 에렉투스*H. erectus*, 호모 네안데르탈렌시스*H. neandertalensis*, 호모 하빌리스*H. babilis*, 호모 루돌펜시스*H. rudolfensis*를 비롯해 새로이 발견된 호모 날레디*H. naledi*까지 멸종한 여러 종도 속해 있다. 속끼리 모이면 더 큰 분류군인 **과**family가 되는데, 항상 동물에서는 '-idae', 식물에서는 '-aceae'라는 어미로 끝난다. 우리가 속한 과는 사람과Hominidae이고, 구세계원숭이들은 긴꼬리원숭이과Cercopithecidae, 신세계원숭이들은 꼬리감는원숭이과Cebidae이다. 과끼리 모이면 **목**order을 이루고(이 분류군에는 기준으로 정한 어미나 형식이 없다), 그 예로는 영장목Primates(모든 원숭이, 유인원, 여우원숭이, 사람이 여기에 들어간다), 식육목Carnivora(고양이, 개, 곰을 비롯해 고기를 먹는 동물들), 쥐목Rodentia(설치류, 지구상의 포유동물 가운데 가장 큰 목이다)이 있다. 목끼리 모이면 **강**class이 되며, 앞에서 열거한 모든 목이 포함되는 포유강Mammalia, 곧 포유류가 그 예이다. 포유강은 조류, 파충류, 양서류, 어류에 해당하는 강들과 함께 척삭동물Chordata(등뼈 또는 등뼈의 전구체를 가진 모든 동물)이라는 **문**phylum을 이룬다. 마지막으로 여러 문들(연체동물, 절지동물, 환형동물, 극피동물 등)이 척삭동물문과 더불어 동물계Animalia라는 **계**kingdom를 이룬다.

이 체계는 나이가 360살이 넘었지만, 아직도 장점은 막강하다. 린네의 분류 도식은 융통성이 있어서, 상황에 따라 기존 군과 새 분류군을 바꿀 수도, 뒤섞을 수도, 속에 끼워 넣을 수도 있다. 속명과 종명은 보통 그리스어나 라틴어 어근, 또는 라틴어 꼴로 바꾼 말을 기초로 해서 짓는다. 왜냐하면 린네의 시대에는 라틴어가 학자들의 언어였기 때문이다. 비록 지금은 전 세계에 있는 학자들의 대부분이 더는 라틴어를 읽을 줄 모르지만, 전 세계에서 그 이름을 수용한다는 사실은, 생물학자가 무슨 언어를 사용하든 상관없이 동물의 이름은 서로 같다는 걸 의미한다. 러시아의 키릴문자를 쓰든 중국의 간체자를 쓰든 서로 전혀 다른 철자법으로 적힌 학술지 기사를 아무거나 뽑아들어도, 그 라틴어 이름만큼은 그대로 알아볼 수 있다. 이와는 달리, 친숙한 동물들의 경우에는 언어마다 나름대로 부르는 이름이 있다. 미국만 보더라도 'gopher'라는 말은 어떤 지역에서는 굴을 파는 작은 설치류(흙파는쥐류)를 뜻하기도 하고, 또 어떤 지역에서는 거북의 한 종류를 뜻하기도 한다. 그러나 학명은 그렇지 않다. 그 설치류가 가진 속명 게오미스*Geomys*와 그 거북이 가진 속명 고

그림 5-2 진화는 생명이 '자연의 사다리' 또는 '존재의 대사슬'을 타고 '더 낮은 자리'에서 '더 높은 자리'로 올라가는 모습을 하지 않는다. 그 대신 진화는 수많은 계통들이 서로에게서 자라나 뻗어나가는 '덤불' 모습을 한다. 이런 덤불에서는 조상들과 후손들이 나란히 살아간다(칼 뷰얼의 그림).

페루스*Gopherus*는 세계 어디에서나 알아볼 수 있고 애매함이 조금도 없다.

린네가 '자연의 체계'를 세웠을 때, 목적은 신이 지으신 것들이 어떤 방식으로 정렬되었는지 헤아려서 신의 마음을 이해해보자는 것이었다. 그런데 얄궂게도 린네가 개발한 체계는 생명이 나무나 덤불처럼 가지를 뻗는 구조를 가지고 있음을 보여주는 위계적인 체계였다. 생명이 가지를 뻗어나가는 그 구조는 나중에 다윈이 진화가 사실임을 뒷받침하기 위해 제시한 최선의 논증 가운데 하나가 되었다(4장에서 살펴보았다). 분류학의 목적은 신학을 떠나서 생명의 진화사를 이해하는 쪽으로 옮겨갔다. 따라서 계통분류학을 하기 위해서는 어떤 기준을 써서 분류를 해야 할지 몇 가지 중요한 결정을 해야만 했다. 분류학은 오로지 진화의 역사에만 기초해야 하는가, 아니면 생태 같은 다른 성분들까지 포함시켜야 하는가? 생태학적인 측면에서 보면, 지느러미를 달고 물속을 헤엄치는 모든 척추동물을 '어류'로 묶는 사람들이 많다. 그러나 모든 어류가 똑같지는 않다. 폐어lungfish는 사실 다랑어보다는 양서류, 파충류, 우리와 핏줄사이가 더 가깝다. 분류학적인 관점에서 보면, 폐어는 어류와 묶이는 것이 아니라 네 발 달린 육상동물들과 함께 육기어강Sarcopterygii(살지느러미를 가진 어류lobe-finned fish와 그 후손들)이라고 하는 군으로 묶인다. 비록 그것이 진화적 관계를 정확히 나타낸 그림이기는 하지만, 이런 식으로 생각하는 데 어려움을 느껴서 생태적인 면까지도 반영하여 분류하는 쪽을 선호하는 생물학자들이 많다.

사다리, 덤불, 모자이크, 그리고 '빠진 고리'

진화는 보통 종이 분화하는 방식으로, 곧 부모 군체로부터 계통 하나가 갈라져 나오는 방식으로 진행되지, 이 커다란 부모 군체가 느리고 꾸준하게 꼴바꿈하는 방식으로 진행되지 않는다. 거듭된 종분화 사건은 일종의 덤불을 만들어낸다. 진화의 '순서들'은 사다리를 이루는 가로장들이 아니라, 미로처럼 돌고 도는 식으로 나 있는 길, 곧 가지에서 가지로, 덤불 밑동에서부터 현재 우듬지에서 생존한 계통까지 나 있는 길을 우리가 되짚어가며 다시 그려낸 것 같은 모습이다.
—스티븐 제이 굴드, 〈사다리, 덤불, 그리고 사람의 진화〉

생명꼴들을 분류한 모습이 자연스럽게 덤불 모양 또는 나무 모양의 패턴을 보인다는 깨달음에는 다른 의미도 함축되어 있다. 4장에서 보았다시피, 옛날(린네 이전)에는 **자연의 사다리** 또는 '창조의 사다리ladder of creation' 방식으로 자연을 정렬했다. 곧, '하등한' 동물들은 밑에 두고, 사람은 꼭대기 가까이에 두고, 그 위로 신성한 존재들을 두어 나가다가 맨 위에 신을 두어 사다리를 완성했던 것이다(그림 5-1과 5-2).

　　그러나 생명은 사다리가 아니며, '더 높이 자리하고' '더 낮게 자리하는' 생물 같은 것은 없다. 과거 지질시대의 서로 다른 때에 생물들은 생명의 계통수에서 가지를 뻗어 나왔으며, 산호나 해면동물처럼 단순한 꼴로 퍽 잘 살아온 것들도 있고, 더욱 정교한 방식으로 살아가도록 진화한 것들도 있다. 산호와 해면동물은 다른 생물들에 비해 단순하기는 해도 '더 낮은' 생물도 아니고 사다리를 올라가는 데 진화적으로 실패한 것들도 아니다. 그 생물들은 지금 자기들이 하는 일을 잘하고 있으며(5억 년 넘게 잘해왔다), 다른 식으로 변화할 까닭 없이 자연에서 저들만의 생태자리를 개척하고 있다.

　　그러나 오래전에 폐기된 이 창조의 사다리라는 고루한 생명관이 아직도 수많은 사람들이 생물학과 진화에 대해 가지는 오해의 배후에 잠복해 있는 것으로 보인다. 예를 들어, 창조론자는 흔히 이렇게 묻는다. "사람이 유인원에서 진화했다면, 왜 아직도 유인원이 살고 있는가?" 생물학자들은 이 물음을 처음 들으면 당혹감에 빠진다. 왜냐하면 전혀 말이 안 되는 물음처럼 보이기 때문이다. 그러다가 그들은 이 창조론자가 200년도 더 전에 폐기된 개념을 아직도 사용하고 있음을 깨닫는다. 지금 우리는 자연이 사다리가 아니라 덤불 같은 모양임을 알고 있다(그림 5-2). 계통들은 가지를 뻗고 분화를 하면서 덤불 같은 패턴을 형성한다. 여기서 조상 계통들은 자손 계통들과 나란히 존재한다. 약 700만 년 전에 인류와 유인원의 공통조상이 있었다(화석과 분자서열에서 나온 증거에 기초해서 알아냈다). 그리고 그 뒤로 두 계통 모두 지금까지 존속해왔다. 창조론자들의 저런 물음은 이렇게 묻는 것과 다를 바가 없다. "당신이 당신 아버지에게서 유래했다면, 당신이 태어났을 때 왜 당신 아버지는 죽지 않았는가? 당신 아버지가 태어났을 때 당신 조부는 왜 죽지 않았는가?" 아이들이 부모에게서 벋어 나오며, 아이들이 태어날 때 꼭 부모가 죽을 필요가 없음을 이해 못하는 사람은 없다. 이와 마찬가지로, 사람 계통은 나머지 유인원들로부터 약 700만 년 전에 벋어 나왔지만, 모두 여전히 세상에 존재하는 것이다.

또한 진화라고 하면 단순하게 직선형으로 무엇을 배열하는 경향을 떠올리는 경우가 흔한데, 가장 잘못된 견해의 하나이기도 하다. 이를 대표하는 우상과도 같은 심상이 바로 고전적인 '유인원에서 사람' 순서로 진화의 사다리를 따라 고등한 쪽으로 행진하는 모습을 담아낸 그림이다(그림 5-1). 이 진화의 우상은 워낙에 친숙한 탓에 정치만평과 광고에서 한도 끝도 없이 풍자되고 있다(Gould 1989: 27–38에서는 익살스러운 예를 많이 들어 보이며 이를 폭넓게 살펴보고 있다). 이것이 진화를 정확히 표상해낸 것이라고 생각하는 사람들이 대부분이다. 그러나 **틀렸다! 진화는 사다리가 아니라 덤불이다!** 15장에서 살펴보겠지만, 인류의 진화 양상은 정말로 덤불처럼 가지를 뻗어나간 모습이다. 곧 지난 500만 년이 흐르는 동안 여러 사람종이 나란히 산 때가 있었다는 것이다(그림 15-3). 원시인들이 '사다리 위쪽으로' 줄을 지어 행진해 나가는 진부한 그림이 친숙하기도 하고 쉽게 진화를 떠올려볼 방도가 될 수 있을지는 모르겠으나, 이는 진실을 지나치게 조잡한 모습으로 단순하게 그린 것이다.

또 하나의 친숙한 예가 말의 진화로, 14장에서 자세히 살펴볼 생각이다. 약 100년 전에 화석 말들이 처음 발견되었을 때에는 그 말들이 시간이 흐르면서 점점 몸집이 커지고 더 고등해지는 단일 계통을 이루는 것처럼만 보였다(그림 14-2). 그러나 지난 100년 동안 말 화석들을 수집한 결과는 말의 역사 또한 대단히 덤불스럽고 가지가 무성했음을 보여준다. 곧 말도 다양한 계통이 동시에 살았던 것이다(그림 14-3). 말의 진화가 보이는 일반적인 추세를 단일한 선형 순서로 그리는 것이 편할 수는 있겠지만, 이는 실제 말의 역사를 몹시 형편없게 표상한 것이다.

이 개념과 관련된 것이 바로 '빠진 고리missing link'라는 오개념이다. 두 세기 전, 사람들이 생명의 사다리를 믿었던 시절, 사다리와 관련된 또 다른 은유가 바로 '존재의 대사슬Great Chain of Being'이었다. 이 관념에 따르면, 모든 생명은 서로 이어져서 거대한 사슬을 이루고, 사다리의 위쪽으로 갈수록 복잡성이 점점 커지며, 그 꼭대기에는 신이 자리한다. 신의 거룩한 섭리이니, 신은 이 사슬을 이루는 고리 하나도 소실되게 하지 않을 것이었다. 이를 알렉산더 포프Alexander Pope는《인간론An Essay on Man》(1735)에서 이렇게 적었다.

> 만물의 신과 동등한 눈으로 보는 자
> 영웅이 쓰러지거나 참새가 추락하거나……
> 한 단이 부러지는 곳에서 위대한 사다리는 무너질지니.
> 자연의 사슬에서 볼 때, 그대가 어느 고리를 끊어내든
> 열 번째 고리든 만 번째 고리든, 사슬도 같이 무너진다.

아서 온켄 러브조이Arthur Oncken Lovejoy(1936)가 보여주었다시피, 이 개념은 고대 그리스까지 거슬러 올라가며, 중세시대와 르네상스시대에 널리 퍼졌다. 당시에는 자연의 모든 것을 종교적 맥락 속에 두는 것은 물론, 인간 사회의 불평등함을 정당화하고 왕과 귀족의 신권을 보증하는 용도로도 쓰였다. 세월이 흘러 1790년대가 되어서도 대부분의 자연사학자(여기에는 토머스 제퍼슨도 있다)는 이 존재의 대사슬이 끊어질 수 있다는 생각이라든가 신께서 자신이 창조한 것을 하나라도 멸종하게

했을 것이라는 생각을 받아들이기를 거부했다. 그러다가 이른 1800년대에 위대한 비교해부학자이자 고생물학자였던 조르주 퀴비에 남작이 마스토돈과 매머드의 골격들은 오늘날의 지구상에는 더는 살아 있지 않으며 멸종한 것이 틀림없는 거대 동물들을 대표하는 화석임을 확실히 보여주었다.

 1800년대 중반 무렵에 진화 이론이 나오면서 마침내 존재의 대사슬 관념이 무너졌지만, 그 심상이 지닌 위력은 여전히 대단했다. 다윈의 진화 관념이 나오기 전 한 세기 동안, 사람들은 유인원과 사람 사이에 유사성이 큼을 보고 둘 사이의 사슬을 완성시킬 '빠진 고리'가 분명 있어야 한다고 가정했다. 그러다가 1859년 이후에는 '빠진 고리'라는 이 은유가 진화론적인 의미를 얻게 되었고, 그 결과 늦은 19세기에 사람들은 사람과 사람의 유인원 조상들을 이어줄 빠진 고리 화석을 어디에서 찾아낼 수 있을지 궁금해 했다. 1891년에 외젠 뒤부아Eugène Dubois가 '자바 원인Java Man', 곧 피테칸트로푸스 에렉투스*Pithecanthropus erectus*(지금은 호모 에렉투스)를 찾아낸 것을 바로 그런 발견의 첫 장을 연 것으로 여겼다. 그러나 호모 에렉투스는 여전히 우리 사람속의 일원이다. 1924년에 레이먼드 다트Raymond Dart가 '타웅 아이Taung Child', 곧 오스트랄로피테쿠스 아프리카누스*Australopithecus africanus*의 두개골을 발견한 것은, 유인원과 현대 인류를 잇는 진정한 중간 단계이면서 둘 가운데 어느 쪽에도 속하지 않는 것이 분명한 화석들이 있음을 충분히 보여주었음은 확실하다. 15장에서 살펴보겠지만, 지금은 멸종 인류의 화석 기록이 믿을 수 없을 만큼 풍부해서, '빠진' 고리보다 '찾아낸 고리'가 더 많은 형편이다. 그럼에도 빠진 고리라는 잘못된 생각에 빠진 나머지, 만일 어떤 화석이 아직 발견되지 않았다면 진화는 참일 수 없다고 생각하는 사람들이 있다.

 창조론자들은 이 주제가 불거질 때면 특히나 간사하게 군다. 이미 무너진 '빠진 고리'라는 개념을 꺼내들면서(그것이 무효한 개념임을 청중이 모른다는 걸 알고 그러는 것이다), 그들은 빠진 고리를 하나 내놓아보라고 진화론자를 도발한다. 이 책의 나머지 모든 장들에서 보여주겠지만, 과도기 꼴들의 화석 기록은 진정 기가 막힐 만큼 많기에, 빠진 고리라고 부를 만한 (비록 잘못된 관념이긴 해도) 화석들이 조금도 부족하지 않다. 그런데 여기서 창조론자는 더러운 수를 하나 쓰곤 한다. 과도기 꼴의 화석을 훌륭하게 제시한 진화론자로부터 청중의 주의를 돌리려고 창조론 자는 이렇게 묻곤 한다. "저 화석과 다른 화석 사이의 빠진 고리는 어디에 있습니까?" 말하자면 두 생물군 사이의 중간 단계를 하나 내놓으면, 그 중간 단계와 앞뒤의 두 생물군을 잇는 '고리' 두 개를 더 내놓으라고 요구하는 것이다. 자기들이 졌음을 시인하기는커녕, 증거를 더 내놓으라고 요구하면서 골대를 옮겨버리는 것이다. 그들의 요구대로 더 많은 증거를 충분히 제시했다고 해도, 그들은 부정하게도 증거를 더 내놓으라고 또 요구한다. 이는 그들이 근본 개념을 얼마나 심하게 잘못 이해하고 있는지만 보여줄 따름이다. 그건 바로 존재의 사슬이나 빠진 고리 같은 것은 없다는 것이다!

창조론자들이 쓰는 전략을 마이클 셔머(1997: 149)는 이렇게 말한다.

> 창조론자들은 과도기 화석 하나만 내놓아 보라고 요구한다. 그래서 화석을 그들에게 제시하면, 그들은 두 화석 사이에 공백이 하나 있다고 주장하며, 둘 사이의 과도기 화석을 제시할 것을 또 요구한다. 그래서 그걸 제시하면, 그들은 이제 그 화석 기록 사이에 두 개의 공백이 더 생겼다며, 과도기 화석을 또 요구한다. 한도 끝도 없다. 이 점을 지적하는 것만으로도 논증은 반박된다. 탁자 위에 컵을 놓고 이렇게 논박할 수 있다. 탁자 위에 컵이 두 개 있다. 두 컵 사이의 공백을 컵 하나로 채우면, 두 개의 공백이 생긴다. 두 공백을 컵 두 개로 채우면 네 개의 공백이 생긴다. 이런 식이다. 이렇게 보면 이 논증이 얼마나 부조리한지 똑똑히 볼 수 있다.

눈앞에 있는 증거를 오용하고 과도기 화석들 사이의 명백한 연관성을 보지 않으려는 창조론자들의 모습을 빗댄 이야기로 그 우스꽝스러움을 조롱하는 여러 똑똑한 만평 사설들이 있다. 한 만평을 보면, 칠판에 "EVOL_T_ON"이라는 글자가 적혀 있고, 한 사람이 이렇게 말한다. "evolution이라고 적은 것일 리가 없어! 공백이 너무 많잖아!" 다른 사람이 이렇게 대답한다. "말인즉슨 저 퍼즐의 답이 'CREATION'이어야 한다는 뜻이겠지." 또 어느 만평을 보면, 사람과의 화석들을 순서대로 늘어놓고 표본 사이사이에 물음표 몇 개를 끼워 넣었다. 그리고 이런 글이 적혀 있다. "If yu cn rea ths, don' gme tht bulsit abut missing transitional forms in th evolutnry tee!"* 대부분의 사람들은 빈칸을 채워서 패턴과 연관성을 볼 수 있지만, 창조론자들은 눈앞에 제시된 증거가 제아무리 명료하다고 할지라도 개고집을 부리며 단 하나도 인정하려 들지 않는다.

과도기 화석들 사이의 연관성을 보는 것을 다리에서 강을 내려다보는 것으로 빗대볼 수 있다. 우리는 다리의 한쪽 아래에서 강물이 흘러와 다른 한쪽으로 흘러나가는 모습을 볼 수 있다. 그러나 다리에서 내려다보기만 해서는 두 쪽의 물이 서로 연결되어 있는지 실제로 볼 수는 없다. 우리 마음이 대신해서 그 연관성을 그려내는 것이다. 대단히 비슷한 화석들 사이의 연관성을 창조론자들이 보지 않으려는 것은 다리에서 내려다본 두 쪽의 물이 서로 연결되어 있다고 보지 않는 것만큼이나 비논리적이다. 창조론자들은 하나도 빠지지 않고 물 하나하나가 흘러가는 모습 전체를 볼 수 없으면, 다리의 한쪽 밑에서 흘러드는 물과 다른 한쪽 밑으로 흘러나가는 물을 이어주는 '과도 단계의 물'이 없다고 여기는 것이다.

마지막으로, 사슬/사다리와 덤불/나무 사이의 차이뿐 아니라 **모자이크 진화**라는 개념을 인식하는 것도 중요하다. 존재의 대사슬 은유에서 보면, 사슬이나 사다리 위쪽에 있는 생물은 모두 그 아래에 있는 것들보다 고등하고, 아래쪽에 있는 것들은 위에 있는 것들보다 원시적이다. 그러나 **진화는 덤불이지 사다리가 아니다!** 생물들은 진화한다. 그러나 언제나 사다리 위쪽으로 올라가는 것은 아니다. 해면동물과 산호가 보여주듯이, 5억 년 동안이나 살아남았어도 그들은 여전히 원시적인 특징들을 간직하고 있다. 수많은 동물(특히 수많은 화석들)의 경우를 보면, 그 동물이 지닌 모든 해부학적 특징은 동시에 한꺼번에 진화한 것들이 아니다. 어떤 부분은 상당히 고등한 반면, 원시 상태를 그대로 유지한 부분도 있다. 이게 바로 모자이크 진화 관념이다. 생물의 몸 전체는 모자이크처럼 수없이 많은 작은 부분으로 이루어져 있고,

---

* 옮긴이 — "If you can read this, don't gimme that bullshit about missing transitional forms in the evolutionary tree."("이 글을 읽을 수 있다면, 진화의 나무에 과도기 꼴들이 빠졌다느니 하는 개소리를 내게 하지 마시오.")

모든 부분이 똑같지도 않고 똑같은 방식으로 변화하지도 않는다.

예를 들면 인간의 진화가 바로 전형적으로 모자이크 모습을 띤다. 두발보행 같은 특징은 매우 일찍 나타났으나, 큰 뇌라든가 도구 사용 같은 특징들은 훨씬 뒤늦게 나타났다. 초창기의 인류학자들은 모든 특징들이 천천히 꾸준하게 현대 인류가 갖춘 조건을 향해 진화하는 인류 화석들을 찾아낼 것이라고 예상했는데, 진화는 그런 식으로 일어나지 않는다. 특징 하나하나는 저마다 다른 속도로 진화할 수 있다.

고전적인 과도기 화석인 시조새 또한 고등한 조류형 특징들(비대칭적인 날개깃, 차골叉骨)도 있고 원시적인 공룡형 특징들(긴 골질 꼬리, 발톱 달린 긴 발가락, 움켜쥐는 큰 발가락이 없는 길고 튼튼한 다리, 그 외 많은 특징들)도 간직한 모자이크 모습을 띠고 있다. 창조론자들은 사람들이 이 모자이크 진화를 제대로 이해 못하는 것을 이용해서, 시조새에게 조류형 깃털이 있기 때문에 그냥 새일 뿐이라고 주장해버린다. 그래 놓고 시조새는 모자이크이기에 새가 **아니다**는 뜻을 전할 요량으로 굴드와 엘드리지의 말을 엉뚱하게 인용해서 스스로 모순되는 소리를 한다! 굴드와 엘드리지가 한 말의 전문은 다음과 같다.

> 좀더 높은 수준에서 형태학적인 기본 설계들 사이를 잇는 진화적 과도기에서
> 보면, 점진주의는 언제나 궁지에 빠졌다. 비록 점진주의가 아직도 서양의 진화
> 론자들 대부분이 가진 '공식적인' 입장이기는 하지만 말이다. 사고실험을 해본
> 다 한들, 몸얼개에서 몸얼개로 부드럽게 넘어가는 중간 단계들을 구성해내기는
> 거의 불가능하다. 왜냐하면 화석 기록에는 그런 부드러운 중간 단계들이 있다
> 는 증거가 전혀 없기 때문이다(시조새 같은 진기한 모자이크들은 그런 증거로 치지
> 않는다)(Gould and Eldredge 1977: 147).

사람들을 오도하고 혼란시키려 애쓰는 인용문 채굴꾼 창조론자들은 이 글의 마지막 문장만 달랑 인용하고는, 굴드와 엘드리지(1977)가 시조새를 좋은 과도기 꼴로 생각하지 않는다는 주장을 펼친다. 그러나 위의 전체 인용문이 보여주다시피, 두 사람은 시조새가 모자이크이며, 몸얼개와 몸얼개를 이어주는 부드러운 과도기,

곧 모든 특징들이 중간 단계에 있는 과도기가 아니라고 말하고 있을 뿐이다. 시조새가 중간 꼴임을 굴드가 의심한다는 창조론자들의 주장이 거짓임을 똑똑히 보여주는 굴드의 글 〈비밀을 말해주는 차골The Telltale Wishbone〉(1980)을 읽어보면 의문이 다 해소될 것이다!

분지학 혁명

> 부가적인 형질들을 분석하는 방법을 써서든, 새로운 표본을 발견하는 방법을 써서든, 또는 처음의 데이터 집합에 있는 오류와 문제를 지적하는 방법을 써서든, 더 많은 증거가 모이면 새로운 나무들을 산출해낼 수 있다. 이 새로운 나무들이 (진화에 의한 꼴바꿈을 덜 가정하면서도) 데이터를 더 잘 설명해낸다면, 그 나무들이 이전의 나무들을 대신하게 된다. 좋아하는 결과만 나올리는 없겠지만, 그래도 그 결과를 받아들여야만 한다. 진짜 계통분류학자(또는 과학자 일반)라면 누구나 새로운 증거를 마주했을 경우, 그동안 자기가 믿어왔던 바를 몽땅 게워낸 다음, 그걸 쓰레기로 여기고, 다른 걸 찾아 떠날 채비를 해야 한다. 그게 바로 우리가 목사들과 다른 점이다.
>
> ─마크 노렐,《용을 발굴하기》

분류학과 계통분류학이 매력이 없는 분야로 보일지는 모르겠지만, 어느 쪽도 따분하고 조용한 분야는 아니다. 분류학자들은 종을 어떤 식으로 정의하고, 생물을 어떤 식으로 분류하고, 생물 계통수를 어떤 식으로 그려야 하느냐를 놓고 서로 격렬하게 논쟁을 벌이는 것으로 유명한 이들이다. 분류학의 규칙들(동물·식물·세균의 국제 명명 규약International Codes of Zoological, Botanical, and Bacterial Nomenclature)이 있기는 하지만, 거기에는 해석의 여지도 많이 있다. 분류학자들은 대부분 순전히 경험을 통해 일을 익힌다. 곧 해당 생물의 표본과 그 가까운 친척들의 표본을 충분히 많이 조사하고, 다른 분류학자들이 어떤 식으로 분류를 해가고 어떻게 어려운 문제들을 풀어나가는지 지켜보고, 과학계가 승인하고 발표하기에 적합하다고 볼 만한 방식으로 연구를 해나가는 것이다. 한 세기 남짓 동안, 이런 일과 씨름하는 방법을 정한 일반적인 규칙들이 얼마 있었지만, 생물을 분류하는 법이라든가 생물의 계통수를 그리는 법을 정한 진정으로 엄밀한 방법이라 할 만한 것은 아무것도 없었다. 수많은 생물학자들(특히 1950년대의 생물학자들)은 이런 상황을 개탄하며, '분류학의 기술'에 널리 만연해 있던 주관성을 저주했다. 그들은 계통분류학을 더 객관적이고 정량화할 수 있는 분야로 만들어 계통분류학자의 변덕에 덜 좌우되게 할 더 좋은 방도가 반드시 있어야 한다고 생각했다.

1950년대와 1960년대에 낡은 계통분류학이 가지고 있던 주관성과 불명확한 방법론을 개혁하려는 비정통적인 첫 시도가 있었는데, 수리분류학numerical taxonomy 또는 **표현형분류학**phenetics이라는 것이었다. 이 분류학의 주창자들은 수치를 측정해서 컴퓨터 프로그램에 집어넣어 '객관적인' 결과가 나오게 할 수 있는 무언가로 분류학을 바꾸려고 했다. 이 운동이 얼마간 진전을 이뤄냈고 기존 체계가 가진 문제를 많이 짚어내기는 했으나, 결과적으로는 실패였다. 내세운 가정 몇 가지가 그릇되어서 쓸모가 없었기 때문이다. 더군다나 표현형분류학은 애초에 주장했던 것만큼 객관적이지는 않음이 밝혀졌다. 과학자들이 데이터를 측정하고 기록해서 어떤 형질을 써야 할지 결정을 할 때, 그리고 동일한 데이터를 놓고 저마다 다른 컴퓨터 프로그램을 돌릴 때에도 여전히 주관성이 끼어들었다. 게다가 동일한 데이터를 놓고 동일한 컴퓨터 프로그램을 돌려도 서로 다른 답이 나올 수도 있음이 밝혀지면서 객관성이라는 장점이 전부 사라지게 되자, 수리분류학은 끝내 운동으로서 동력을 잃고 말았다.

그런데 늦은 1960년대에 또 다른 계통분류철학이 출현해서 주류 정통 분류학에 도전장을 던졌다. 계통발생분류학phylogenetic systematics 또는 **분지학**cladistics이라고 하는 이것은 1950년에 독일의 곤충학자 빌리 헤니히Willi Hennig가 처음 내놓았으나, 그가 쓴 독일어 책이 1966년에 영어로 번역된 다음에야 비로소 널리 추종자를 얻었다. 세상에 나오고 금방 기세가 꺾이고 말았던 표현형분류학과는 달리, 분지학은 정론에 도전해서 마침내 그 자신이 주류가 되었다. 그 일차적인 이유는 분지학의 방법들이 명료하고 엄밀했으며, 이전까지 해결이 안 되었던 수많은 문제들을 풀어내는 데 효과가 있었기 때문이다. 그러나 1960년대와 1970년대에 분지학이 도입될 당시에는 큰 반발과 논란에 부닥쳐야 했다. 제기된 생각이 전통과 어긋나면 날수록, 학창 시절에 배웠던 개념들을 바꾼다는 것을 상상도 하지 못하는 기성 과학자들의 반대도 커지기 때문이다. 하지만 늦은 1980년대에 이르자, 거의 모든 생물군의 계통분류에 분지학의 방법들이 널리 쓰이게 되었다.

운 좋게도 나는 이 계통분류학의 혁명이 진행되는 단계들을 대부분 목격했다. 1976년에 나는 뉴욕의 미국자연사박물관에서 대학원 생활을 시작했는데, 그때는 바로 분지학 혁명이 한창 진행 중인 시기였던지라, 나는 주요 논쟁을 모두 보고 핵심 논객들을 개인적으로 알게 되었다. 당시 분지학의 생각을 받아들인 곳은 자연사박물관을 비롯하여 몇 곳에 지나지 않았다. 그 외의 곳들은 마치 역병에 걸린 사람을 보듯 혐오의 눈길로 우리 '뉴욕 분지쟁이들New York cladists'을 쳐다보았다. 1978년에 나는 척추고생물학회Society of Vertebrate Paleontology에서 쥐라기 포유류의 분지학에 대해 학자로서 첫 발표를 했는데, 그 모임 전체에서 분지학을 언급한 몇 안 되는 사람 가운데 하나가 나였다. 그런데 불과 10년 뒤에는 척추고생물학회 모임에서 계통분류학을 주제로 한 발표 모두가 분지학을 따랐고, 완고하게 옛 방식을 따르려는 이들의 모습이 우리 신진 세력의 눈에는 새로운 재주를 전혀 배우지 못하는 곰팡내 나는 늙은 개들로 비쳤다.

과학에서는 정론에 맞서 전통을 따르지 않는 새로운 생각과 도전이 늘 제기되지만, 정론에서 벗어난 생각들은 대부분 그리 멀리까지 나아가지는 못한다. 과학의 타고난 천성이 반동적이거나 보수적이어서가 아니다. 오히려 그 반대이다. 야심만만한 젊은 과학자들에게는 정론에 도전함으로써 이름을 얻고자 하는 동기가 언제나 있다. 그러나 새로운 생각들은 모두 동료 심사와 과학적 톺아보기라는 시험을 치르고, 시행착오라는 모진 시련을 견디고 살아남아야 한다. 새로운 생각의 대부분은 실패한다. 그 생각의 한계가 종당에는 분명하게 드러나기 때문이다. 분지학이 주류가 된 까닭은 생각과 실제를 어지럽혔던 것들을 많이 치워냈으며, **효과가 있었기 때문이다.**

분지학이 무엇이고, 기존의 분류 방법들과는 왜 다른가? 헤니히의 중심 통찰은 이렇다. 우리가 생물을 명명하고 서술할 때 쓰는 해부학적 특징들, 곧 **형질**character들이 모두 똑같지는 않다는 것이다. 모든 생물은 아주 최근의 공통조상에게서 물려받은 **고등한**(또는 **파생한**) 특징들과 먼 조상들로부터 물려받은 **원시적** 특징들이 모자이크된 모습을 하고 있다. 예를 들어, 우리 사람은 큰 뇌와 두발보행 같은 고등한 특징들을 가지고 있지만, 유인원 조상들로부터는 민꼬리를 물려받았고(유인원은 모두 민꼬리이다), 가장 먼 영장류 조상들에게서는 쥐는 손과 입체 시각stereovision을 물려받았다(거의 모든 영장류는 입체 시각을 가지며, 엄지손가락과 나머지 손가락들이 마주보는 형태의 쥐는 손을 가진다). 먼 포유류 조상들로부터는 털과 젖샘을 물려받았고(모든 포유동물에게는 털과 젖샘이 있다), 먼 네발동물 조상들로부터는 사지가 달린 몸뚱이와 허파를 물려받았다(양서류, 파충류, 조류, 포유류를 비롯한 모든 네발동물이 가지고 있다). 우리를 사람으로 만드는 것이 무엇인지 정의하고 싶다면, 그 정의에는 민꼬리, 입체 시각, 쥐는 손, 털, 젖샘, 사지, 허파 같은 원시적인 특징들이 아니라, 가장 최근에 발달한 진화적 혁신인 큰 뇌와 두발보행과 관련된 특징들이 들어갈 것이다. 기존의 분류 도식들에서는 종종 원시적인 특징들과 고등한 특징들을 뒤섞어서 정의했지만, 헤니히는 자연군natural group을 정의할 때 정말로 유효한 것은 **공유파생형질**shared derived characters, 다시 말해 공유하는 고등 형질들뿐이라고 지적했다.

우리는 이 공유파생형질들에 기초해서 핏줄사이를 정의할 수 있다. 이 도식에서 보면 사람과 원숭이(그림 5-3) 사이는 각각이 여느 생물들과 떨어진 사이보다 더 가깝다. 둘은 동물계의 어디 다른 곳에서는 찾아볼 수 없는 진화적으로 새로운 면모를 서로 많이 공유하고 있기 때문이다. 다른 손가락들과 마주보는 엄지손가락, 입체 시각을 비롯해서 영장류를 정의하는 수많은 특징이 여기에 해당한다. 사람, 원숭이, 소가 포함된 군도 공유파생형질로 정의할 수 있으며, 털과 젖샘을 비롯하여 포유강을 정의하는 고유한 특징들이 여기에 해당한다. 포유류와 더불어 개구리까지 포함하는 군은 네 다리와 허파를 비롯하여 모든 네발동물이 공유하는 특징들로 정의할 수 있다. 이렇게 보면, 상어는 칠성장어보다는 개구리 및 포유류와 사이가 더 가깝다. 턱과 진정한 등뼈라는 고등한 특징들을 가지고 있기 때문이다. 우리가 포유류 같은 군을 정의할 때 턱 같은 형질을 쓰지 않았다는 점에 주목하라. 왜냐하면 포유류에게 턱은 원시적이며, 훨씬 깊은 수준, 곧 턱을 가진 최초기 척추동물(유악류gnathostomes) 수준에서 파생한 것이기 때문이다. 형질들은 현재 쓰이는 수준을 상대적인 기준으로 해서 원시형질과 파생형질로 나뉘며, 헤니히에 따르면, 진화적으로 새로운 면모를 보이며 처음으로 나타났던 수준에서만 그 형질들을 사용해야 한다.

그래서 우리는 공유파생형질만을 사용해서 세 가지 이상 생물의 핏줄사이를 가지가 갈라져나가는 모양의 도해로 구성해낼 수 있다. 이런 종류의 도해를 **분지도** cladogram*라고 한다(그림 5-3). 분지도는 무엇이 무엇과 핏줄사이인지만을 진술할 뿐이고, 분지점, 곧 **마디**node에 파생형질을 열거하는 방법으로 그 핏줄사이를 뒷받침하는 증거를 제시한다. 이 변화들이 어떻게 왜 언제 진화했느냐에 대해 최소한의 가정만 한다는 것이 분지도가 지닌 힘이다. 왜냐하면 핏줄사이의 패턴만을 보여줄 뿐 달리 더 보여주는 게 많지 않기 때문이다. 그러나 이보다 중요한 점은 분지도를 곧바로 시험해볼 수 있다는 것이다. 곧 맞는지 틀린지 언제든 조사할 수 있게 모든 형질이 마디마다 고스란히 노출되어 있다는 말이다. 그래서 분류를 더 잘해내고 싶은 사람이라면 누구든 즉시 그 증거를 모두 살펴보고 현존하는 분지도를 반증하는 방법으로 더 나은 가설을 만들려고 해볼 수 있다. 반면에 분지학 이전의 분류학에서 그린 계통수는 분지도와는 다르게 시험할 길이 전혀 없다. 분류학자들은 핏줄사이를 애매하게 그려나가면서 계통도를 작성하곤 했는데, 그들이 어떤 데이터에 기초해서 계통수를 그렸는지 알 길이 전혀 없으며, 그들이 한 일을 처음부터 다시 해보지 않고서는 그걸 쉽게 시험해볼 길도 전혀 없다.

이 방면에 지식이 없는 사람들이라도 이렇게 단순하게 설명한 분지학의 방법들이 명료하게 보일 것이다. 그런데 왜 분지학을 두고 그리 난리를 피웠던 것일까? 처음에는 그것이 비정통적인 생각과 가정을 바탕으로 하고, 낯설고 새로운 용어들

---

* 옮긴이—cladogram을 보통 '분기도'로 옮기는데, 여기서는 cladistics를 '분지학'이라고 옮긴 것과 일관되게 '분지도'라고 옮겼다.

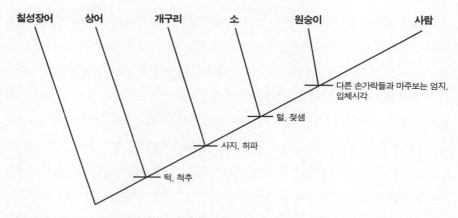

그림 5-3 척추동물을 나누는 진화상의 핏줄사이. 분지도에서 가지가 갈라지는 각 지점(마디)을 뒷받침하는 공유파생형질(진화적으로 새로운 면모)을 보여주고 있다.

이 수없이 등장하는(여기서는 설명을 가급적 간단히 하기 위해 대부분의 용어는 그냥 건너뛰었다) 충격적이고 새로운 방법이기 때문이었다. 게다가 분지학을 미는 과학자들은 우군을 만들려 하는 자들이 아니라 과학의 전투에서 이기려고 하는 자들이었다. 10년에 걸쳐 두 진영에서 벌인 입씨름은 요란하고 신랄했으며, 과학자들은 모임에서든 지면에서든 서로 이름을 부르면서 모욕하는 것으로 종종 파하곤 했다. 많은 논란을 일으킨 초창기의 생각들은 현재 대부분 주류에 받아들여졌으나, 정도를 많이 벗어났던 생각 몇 가지는 조용히 잊혔다.

그런데 그 논란이란 것은 기존 체계에 익숙해 있던 수많은 사람들로선 너무나 생경하여 받아들이기 어려웠던 것들과 관련되어 있는 경우가 많았다. 분지학을 **계통발생분류학**이라고 부르는 까닭은 분지도가 일종의 계통발생도 또는 생명의 계통수이며, 자연스럽게 가지를 뻗어나가는 분류 도식—린네가 궁극적으로 세웠던 목표—을 우리에게 주기 때문이다. 분지학자들은 **마땅히 분류는 오로지 이런 계통발생만을 엄밀히 반영해야 한다**고 단언한다. 다른 인자들(이를테면 생태)을 공유원시형질 및 파생형질과 뒤섞으면 언제나 혼란으로 귀결된다. 그래서 우리가 배워온 분류 도식상의 군들 가운데에는 자연과 계통발생에 부합하는 것도 많지만, 그렇지 않은 것들도 있다.

예를 들어보자. 우리는 수백 가지 공유파생형질에 기초해서 네발동물들의 핏줄사이를 보여주는 분지도를 그릴 수 있다(그림 5-4). 이렇게 그려나가는 과정은 논란의 여지랄 것이 없기 때문에 모든 과학자가 받아들인다. 그런데 전통적인 과학자라면 거북류, 도마뱀류, 뱀류, 악어류를 파충강으로 묶되, 조류는 파충강 안에 두지 않으려고 할 것이다. 파충강 대신 그들은 보통 조류를 독자적인 강인 조강Aves에 두고, 파충강과 그 등급이 나란하고 동등하다고 본다. 하지만 분지학자라면 그 자손(조류도 여기에 들어간다)을 모두 포함시키지 않고 파충강을 정의하는 것은 생태와 계통발생을 뒤섞는 것이기에 받아들일 수 없다고 말할 것이다. 파충강이 자연군이 되려면, 조류도 하위군으로 포함해야 한다. 왜냐하면 새들은 파충류에서 유래했기 때문이다. 전통적인 분류학자에게는 어기적거리고 비늘로 덮이고 찬피가 흐르고 네 발을 가진 모든 육상 척추동물을 '파충류'로 묶고, 조류는 파충류 조상과는 크게 달라졌다는 이유로 독자적인 강으로 승격시키는 게 자연스럽게 (그리고 마음 편하고 친숙하게) 보일 것이다. 그러나 이런 식의 분류는 생태와 계통발생을 뒤섞는 짓이다. 왜냐하면 비늘과 찬피를 비롯해서 거북류와 악어류가 가지고 있는 (그러나 조류는 가지고 있지 않은) 특징들은 전체 군의 수준에서 볼 때에는 원시적이기 때문이다. 분지학자가 보기에 이 원시형질들은 계통발생 및 분류와 무관한 것들이다. 분지학자들의 분류에서 조류는 파충류의 하위군이며, 악어는 뱀, 거북, 도마뱀보다는 새와 더 가깝다. **자연군**(또는 **단계통군**monophyletic group)은 오로지 **공유파생형질들에 기초해서 정의되고 공통조상의 자손들을 모두 포함하는** 군뿐이다.

우리와 가까운 예를 하나 들어보자. 기존의 분류 도식에서는 모든 대형 유인원들을 성성잇과Pongidae로 묶고, 우리 인류는 따로 사람과에 넣는 게 보통이었다. 인간 중심적인 오만함을 지닌 우리는 언제나 우리 자신을 특별한 군으로 자리매김하여 동물계의 나머지 구성원들로부터 떼어서 보는 경향이 있다. 그러나 유인원과 사람의 진화적 관계는 잘 정립되었으며(그림 5-5), 사람은 대형 유인원에 속하는 가지 하나일 뿐이다. 침팬지와 고릴라, 오랑우탄과 긴팔원숭이는 모두 길고 강한 팔다리, 긴 털, 작은 뇌, 긴 주둥이라는 원시 특징들을 공유하고 있고, 우리 사람은 두발보행, 털이 거의 없는 살갗, 큰 뇌, 작은 얼굴을 가졌다는 점에서 가장 다른 모습으로

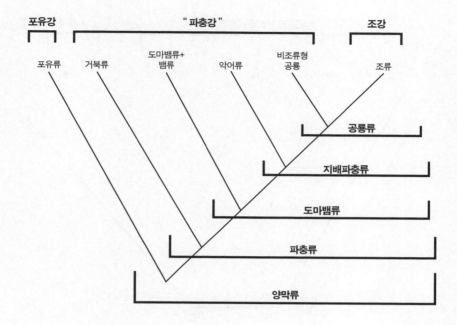

그림 5-4 동일한 생물군들을 서로 다른 방식으로 분류한 모습. 전통적인 분류(윗부분의 굵은 선)는 전반적인 유사성에 역점을 두고, 조류와 포유류의 진화적 대방산에 초점을 두어서, 조류를 파충강과 동급인 조강으로 따로 두는 쪽을 선호한다. 분지학적 분류(아랫부분의 굵은 선)에서는 단계통인 군들, 다시 말해서 공통조상에서 나온 모든 자손을 포함하는 군들만을 인정한다. 전통적으로 정의한 '파충강'은 단계통군이 아니다. 왜냐하면 조류라는 자손군이 하나 빠져 있기 때문이다. 그 대신 자연군인 단계통군들로는 양막류(모든 육상 척추동물), 파충류(단 조류까지 포함하는 경우), 도마뱀류(거북류를 제외한 파충류), 지배파충류Archosauria(악어류, 공룡, 조류를 포함하는 군), 공룡류(조류와 비조류형 공룡)가 있다.

갈라져 나왔다 하더라도, 침팬지와 고릴라는 오랑우탄이나 긴팔원숭이보다 우리와 핏줄사이가 훨씬 가깝다. 분지학적으로 말하면, 사람을 빼고 나머지 유인원을 모두 한 군으로 묶는 것은 타당하지 않다. 왜냐하면 그 군은 (조류가 빠진 파충강처럼) 한 공통조상의 모든 자손을 포함하지 못하는 '쓰레기통wastebasket' 군이기 때문이다. 분지학자가 보기에 쓰레기통군(**측계통군**paraphyletic)인 '성성잇과'는 타당한 분류군이 아니다. 조류가 빠진 파충강이 측계통군이어서 타당하지 않은 것과 마찬가지이다. 우리 인류의 자리를 유인원과인 성성잇과 속에 두든가, 아니면 사람과를 확장해서 우리와 가까운 유인원 친척들을 대부분 또는 모두를 포함시키면 자연군(단계통군)

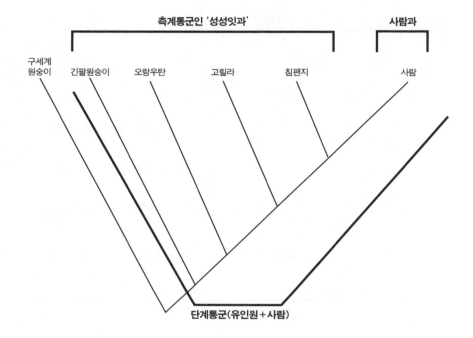

측계통군인 '성성잇과'

사람과

구세계
원숭이 · 긴팔원숭이 · 오랑우탄 · 고릴라 · 침팬지 · 사람

단계통군(유인원+사람)

그림 5-5 전통적인 분류법에서는 '대형 유인원들'이 공유하는 원시적인 유사성에 역점을 두어서 그것들을 성성잇과로 묶고, 유인원과 사람 사이에 큰 차이가 있음을 인정해서 사람은 따로 사람과로 자리매김한다. 하지만 분지학자에게 성성잇과는 측계통군이다. 왜냐하면 사람-유인원 계보의 공통조상에서 유래한 모든 자손들(이를테면 사람)이 포함되지 못했기 때문이다. 이런 틀에서 보면, 사람과는 모든 대형 유인원을 포함할 수 있도록 확장되어야 한다(현재 대부분의 인류학자들이 같은 생각이다).

이 될 것이다. 사실 지금은 이렇게 하고 있다. 말하자면 대형 유인원의 대부분이 지금은 사람과에 포함되어 있다. 논리적으로 보면 이렇게 해야 앞뒤가 크게 맞아떨어지지만, '성성잇과'라는 게 있다고 믿도록 교육받은 수많은 사람들에게는 받아들이기가 쉽지 않은 분류이다.

이것이 바로 분지학적 분류법이라는 용감한 신세계이다. 기존의 동물과 식물 분류에는 단계통군도 있지만(예를 들어 조류와 포유류는 단계통인 자연군들이다), 측계통인 쓰레기통군도 많이 섞여 있다(전통적으로 정의하는 파충류와 양서류). 무척추동물 같은 일부 군은 그 정의에서 볼 때 부자연스럽다. 왜냐하면 무척추동물이란 척추뼈들이 모여 등뼈를 이룬다는 분화된 특징이 없다는 공유된 원시 형질의 결여로 정의되기 때문이다. 하지만 계통분류학의 분지학 혁명을 인정하고, 그 결과들을 받아들이고, 전통적으로 쓰던 '파충류'와 '양서류' 대신에 '양막류'와 '네발동물' 같은 덜 친숙하지만 자연적인 군들을 사용하는 법을 익히는 생물학자들이 조금씩 늘고 있다. 내가 쓴 역사지질학 교재(Dott and Prothero 1994)가 처음으로 분지학을 교재 시장에 도입했으며 처음으로 측계통군을 사용하지 않았다고 자랑스럽게 말할 수 있다. 현재 수많은 다른 교재들도 전문 계통분류학자들이 30년도 더 전에 받아들인 것을 수용해나가고 있다.

조상 숭배

우리가 아는 화석이나 최근의 종 또는 상위 분류군이 아무리 원시적으로 보일지라도, 그것이 어느 다른 종이나 군의 실제 조상이라는 가정은 과학적으로 정당화할 수 없는 가정이다. 과학에서는 입증할 책임이 있는 바를 그냥 가정해버릴 수는 없기 때문이다. …… 조상의 조건에 대해 우리가 세우려 하는 가설의 합당함을 입증하는 것은 우리 각자가 짊어진 부담이다. 이때 우리는 오늘날 살아 있는 조상들이 하나도 없다는 것, 십중팔구 그런 조상들은 이미 수천만 년 전에 사라졌다는 것, 화석 기록을 통한다 할지라도 조상들에게 다가갈 수 없다는 것을 명심해야 한다.

—게리 넬슨, 〈진골어류의 기원과 다양화〉

화석들이 우리에게 말해주는 바는 많을 테지만, 단 하나, 곧 그 화석들이 다른 무엇의 조상이었는지 아니었는지는 결코 밝혀주지 못한다.

—콜린 패터슨, 《진화》

분지학 이론에는 그동안 수많은 과학자들이 받아들이기를 더욱 어렵게 만든 측면이 몇 가지 있다. 예를 들어보자. 분지도란 그저 셋 이상 분류군의 핏줄사이를 가지 뻗기 형태로 보여주는 도해일 뿐이다. 어느 분류군이 어느 분류군에게 조상이 되는지 아닌지는 분지도에 명시하지 않는다. 분지도는 그저 그 분류군들이 가진 공유파생형질을 기준으로 정립한 핏줄사이의 위상만을 보여줄 따름이다. 그처럼 단순하고 따로 더 가정을 하지 않기 때문에, 분지도는 훌륭하게 시험과 반증이 가능하다. 그래서 칼 포퍼가 제시한 타당한 과학적 가설의 기준을 충족한다. 분지도에서 마디는 그저 가지가 뻗어 나가는 분지점일 뿐으로, 공유파생형질을 근거로 설정한다. 짐작컨대 각 마디는 그 마디에서 가지를 뻗어나간 분류군들에게 최근의 가설적 공통조상을 나타낼 것이다. 그러나 엄밀하게 말하면, 분지도는 실제 분류군을 결코 마디에 두지 않고 가지 끝에만 둔다.

하지만 많은 과학자는 "분류군 A는 분류군 C보다 분류군 B와 핏줄사이가 더 가깝다"고 말하는 것에 그치지 않고 더 많은 걸 말하고 싶어 할 것이다. 아마 그들은 한 분류군이 다른 분류군들의 조상임을 암시하는 식으로 관계도를 그리고 싶어 할 것이다. 이것이 바로 전통에 가까운 형태로 계통발생을 그린 **계통수**이다. 이런 계통수는 군과 군이 핏줄사이임을 암시하는 것으로 그치지 않고 조상과 자손 관계까지 보여주려고 한다. 그러나 엘드리지와 이언 태터설Ian Tattersall(1977)이 지적했다시피, 계통수는 분지도보다 훨씬 많은 가정을 한다. 그런 가정들을 즐겁게 하는 사람도 있겠으나, 엄격한 분지학자라면 탐탁지 않게 여길 것이다.

여기서 가장 큰 장애는 조상 개념이다. 우리는 어떤 화석들에 **조상**이라는 말을 써서 서술하곤 하지만, 그런 식으로 진술할 때에는 신중을 기해야 한다. 만일 엄밀한 태도로 시험 가능한 가설을 고수하고자 한다면, "이 특정 화석은 이 군에 속하는 모든 후대 화석들의 조상이다"는 진술을 지지하기는 힘들다. 왜냐하면 대개 그런 가설은 시험할 수가 없기 때문이다. 화석 기록이란 게 워낙 불완전하기 때문에, 우리가 수집한 어느 특정 화석이 다른 분류군들의 실제 조상이 남긴 유해일 가능성은 매우 낮다(Schaeffer et al. 1972; Engelmann and Wiley 1977).

그러나 분지학자들이 조상 개념을 꺼리는 이유는 또 있다. 진정한 조상이 되려면, 그 화석은 다른 것 없이 자손들과 대어 볼 수 있는 공유원시형질들만을 가져야 한다. 만일 자손에는 없는 파생형질이 하나라도 그 화석에 있다면, 조상이 될 수가 없다. 수십 년 동안 전통적인 분류학자들은 조상-자손 계보를 구성할 수 있는 공유 원시형질들만 들여다보았으며, 따라서 자기들이 길을 잘못 가고 있음을 보여줄 파생형질을 모두 놓쳐버리고 말았다. 분지학이 가진 큰 장점 가운데 하나는 측계통 쓰레기통군들과 '조상 숭배'를 멀리하고 오로지 파생형질에만 초점을 맞춤으로써, 기존에는 해결할 수 없던 수많은 문제들을 해결했다는 것이다. 이런 까닭으로 게리 넬슨Gary Nelson(장머리에서 인용했다) 같은 확고부동한 분지학자들은 분지도의 마디에 자리할 분류군이라는 가설적인 의미 말고는 조상 개념을 아예 인정하려 들지 않는다. 조상과 자손 대신에 분지학자들은 두 가지 끝에 자리한 두 분류군을 **자매군** sister groups이라고 말하는 쪽을 선호한다. 이는 어느 쪽도 서로에 대해 조상이나 자손인 관계가 아니라, 서로에게 가장 가까운 친척들임을 말하는 것이다.

그러나 화석 기록이 매우 완전해서 "이 개체군에 있는 화석들은 이 후대 개체군의 조상들을 대표한다"고 말하는 게 가능한 상황도 있다. 내 친구이면서 동료 대학원생이었던 데이브 래저러스Dave Lazarus(지금은 베를린 훔볼트박물관의 학예연구원이다)와 나는 플랑크톤 미화석이라는 굉장한 화석 기록에서 바로 그런 예를 하나 제시했다(Prothero and Lazarus 1980). 이 기록이 예외적인 까닭은, 전 세계 대부분의 바다에서 수집한, 쥐라기 이후 모든 지질시대를 아우르는 심해 시추심들이 우리에게 있고, 이 시추심의 대부분에는 1센티미터마다 수천 개의 미화석이 그득하기 때문이다. 이처럼 엄청나게 조밀하고 연속적인 기록이 있기 때문에, 전 세계 바다에 살았던 모든 화석 개체군의 표본을 수집했다고 진정 말할 수 있으며, 따라서 후대 개체군의 조상일 가능성이 가장 높은 표본이 무엇인지 정할 수 있다. 우리 논문이 나온 이후로, 한 개체군이 다른 개체군의 조상일 확률을 규정하기 위해서는 화석 기록이 얼마만큼 완전해야 하는지 설정하기 위한 연구가 여럿 있었다(Fortey and Jefferies 1982; Lazarus and Prothero 1984; Paul 1992; Huelsenbeck 1994; Fisher 1994; Smith 1994; Clyde and Fisher 1997; Hitchin and Benton 1997; Huelsenbeck and Rannata 1997). 오늘날의 고생물학자들은 초창기에 분지학을 놓고 갈라서서 격렬하게 입씨름을 벌인 1970년대에 비해서 조상 개념에 대해 훨씬 누그러진 태도를 취한다. 대부분의 고생물학자는 후대의 어떤 꼴에 대해 조상으로 볼 수 있을 만큼 올바른 해부 구조를 모두 갖추고 시기상으로도 연대가 오랜 화석을 서술하는 말로 매우 느슨하게 **조상** 개념을 사용한다(이 책에서도 줄곧 이렇게 사용할 것이다). 그러나 지극히 엄밀한 의미에서 보았을 때, 어느 특정 화석이 **실제로** 다른 화석의 조상이라느니 아니라느니 하는 말은 시험 가능한 가설이 아님을 우리 모두 깊이 인식하고 있어야 한다. 그 대신 우리가 화석에서 보기를 기대하는 바는, 진화가 취했던 길을 그려주는 **조상들의 과도 단계적 해부학적 특징들**이다.

조상에 대한 미묘한 철학적 구분을 두고 벌어지는 이 논쟁은 당연히 인용문을 채굴하는 창조론자들에게 노다지가 되어 주었다. 그들은 위에서 인용한 게리 넬슨의 말—방금 내가 서술한 맥락과는 전혀 다르게 인용한다—같은 것을 몇 십 개 추려서는, 화석 기록에 조상 같은 것이 없음을 그 인용문들이 보여준다고 주장한다(Prothero and Lazarus 1980에서 이를 확실하게 논박했다). 학자들이 벌이는 논쟁은 전부 **특정 화석을 조상으로 인정할 수 있느냐**를 과연 우리가 말할 수 있겠느냐는 것과 **계통발생도를 어떤 식으로 그려야 하겠느냐**는 것을 두고 벌어지며, 제아무리 강경한 분지학자라 할지라도 **조상이 존재했음을 의심하지는 않는다!** 어떤 논쟁도 과연 생명이 진화했느냐를 문제 삼지 않는다. 따지고 보면, 만일 진화가 사실임을 받아들이지 않는다면, 계통발생을 따지는 분지도를 그려나가는 일이 무슨 의미가 있겠는가?

패씸하기 이를 데 없는 사건이 하나 있었다. 1981년에 미국자연사박물관에서 비공개로 개최된 계통분류학 토론집단Systematics Discussion Group의 한 과학 모임에 루서 선덜랜드Luther Sunderland라고 하는 창조론자 간첩이 녹음기를 숨긴 채 잠입했다. 분지학을 놓고 벌어진 논쟁의 기나긴 역사에서 볼 때, 이 시점은 가장 극단적으로 분지학을 옹호하는 사람들 가운데 많은 수가 스스로를 '패턴 분지학자pattern cladists'라고 부르던 때였다. 그들은 (우리가 4장에서 살펴보았던) 신다윈주의를 더는 따르지 않았고, 단순한 계통발생도에 수많은 가정을 추가로 더해 넣어서 복잡한 계통수를 만들고 그 위에서 복잡다단한 모습으로 구축된 온갖 각본도 더는 따르지 않았다. 대신 그들은 순수한 과학이란 그저 분지도가 보이는 **패턴들**에 대한 시험 가능한 가설들일 뿐 그 이상은 아니라고 주장했다. 런던자연사박물관에 있는 내 친구이자 출중한 고어류학자인 콜린 패터슨Colin Patterson은 그 모임에서 패턴 분지론patten cladism

을 얘기하며, 화석 기록에서 조상을 찾을 수 있다는 것을 비롯하여 진화에 대해 자신이 한때 붙들었던 수많은 가정을 어떻게 버리게 되었는지 토로했다. 그리고 지금 자신은 분지도처럼 쉽게 시험할 수 있는 가장 단순한 가설들에만 관심을 가지게 되었다고 말했다. 그러나 물론 맥락을 떠나서 보면, 진화가 일어났음을 콜린이 의심하는 것처럼 들릴 수도 있지만, 콜린은 결코 그런 말을 한 것이 아니었다! 콜린은 그 논쟁의 구석구석까지 이해하는 과학자들이라면 알아들을 '속기식' 비슷하게 말한 것이었지만, 맥락을 걷어내면 완전히 다른 것을 뜻하고 만다. 그 모임에 나도 참석했기 때문에, 선더랜드가 그 모임에서 무슨 일이 있었는지 적은 기사를 나중에 읽고 어안이 벙벙했다. 콜린의 말을 똑똑히 기억하고 있던 나로서는 그 말들을 어찌 잘못 해석할 수 있을지 상상도 못한 터였기 때문이다. 그 뒤로 수십 년 동안 콜린은 자기가 무슨 뜻으로 그런 말을 했는지, 진화가 일어났음이 사실임을 자기는 왜 조금도 의심하지 않는지, 다만 자기는 신다윈주의자들이 진화에 대해 했던 다른 많은 가정을 더는 받아들이지 않을 뿐이라는 점을 거듭해서 해명해야 했다. 안타깝게도 콜린은 과학자로서 여전히 한창때였던 1998년에 세상을 뜨고 말았다. 그래서 창조론자들이 자기 생각을 잘못 해석해서 줄기차게 퍼뜨리고 다니는 행태와 더는 맞서 싸우지 못하게 되었다.

세 번째 차원인 분자

생김새가 어떻든 상관없이 사람과의 화석 나이가 약 800만 살이 넘을 가능성은 더는 고려할 만한 것이 아니다.
—빈센트 사리치, 1971

4장에서 지적했다시피, 생명의 가지 뻗기 구조에 대해 다윈이 제시한 증거를 가장 힘 있게 보강해주는 것 가운데 하나는, 모든 생물의 거의 모든 세포 속에 있는 분자들을 비교했을 때 바로 이 가지 뻗기 패턴을 그대로 볼 수 있다는 사실이다(예를 들면 그림 4-7). 이는 다윈조차 예상치 못한 증거로, 생명이 진화했다는 사실을 설득력 있게 증명해주는 것이었다. DNA 염기서열을 직접 들여다보든, 미토콘드리아DNA 같은 다른 핵산들을 들여다보든, 또는 RNA를 들여다보든, 아니면 수많은 생화학 물질에 있는 단백질─시토크롬c, 헤모글로빈, 수정체 알파 크리스탈린, 그밖에 수많은 단백질─의 서열을 들여다보든, 거의 언제나 똑같은 답이 나온다. 성경에 빗대어 말하면, 세포가 진화의 솜씨 널리 알려준다!* 생물의 모든 생화학계에서 동일한 가지 뻗기 패턴들이 보인다는 것은, 이 패턴들이 아무렇게나 있는 게 아니며, 공통조상에서 기인한 바가 아니라면 결코 생길 수 없는 것임을 깊이 생각하지 않아도 알 수 있게 한다.

분자계통학molecular phylogeny은 1960년대에 등장했는데, 당시에는 서로 다른 동물들에서 추출한 DNA 가닥들을 교잡해서hybridizing 그 DNA들이 얼마만큼 비슷한지 (따라서 서로 진화적 거리가 얼마나 멀고 가까운지) 보는 것 같은 몹시 투박한 방법들을 썼다. 또는 면역반응의 세기를 비교하는 방법도 썼다(핏줄사이가 가까운 생물들일수록 사이가 먼 생물들보다 면역반응이 더 센데, 공통으로 가지는 유전자가 후자보다 전자에 더 많기 때문이다). 그러나 1990년대 이후로, 특히 PCR(중합효소연쇄반응 polymerase chain reaction)로 DNA 복사본을 많이 만들어서 DNA를 빠른 속도로 읽을 수 있게 된 이후로, 지금 우리는 초파리, 실험쥐, 생쥐, 토끼, 여러 집짐승, 선형동물인 카이노르합디티스 엘레간스Caenorhabditis elegans, 우리의 유인원 친척들 대부분을 비롯해 수많은 생물들의 완전한 DNA 염기서열을 손에 넣었다. 수많은 유인원들의 미토콘드리아DNA 서열은 일찍이 1982년에 분석이 이루어진 터였으나, 침팬지의 핵DNA 전체의 염기서열분석은 2005년 8월에 와서야 완료되었다. 사람의 핵DNA 염기서열분석은 2001년에 인간유전체프로젝트Human Genome Project와 크레이그 벤터 Craig Venter의 연구실에서 각각 이루어냈다. 이 모든 연구가 이루어진 결과, 지금 우리는 널리 다양한 생물의 유전부호를 비교할 막강한 도구를 가지게 되었다. 이 데

---

* 옮긴이─〈시편〉 19장 1절에 "하늘이 하나님의 영광을 이야기하고 창공이 주님의 솜씨 널리 알려줍니다"를 바꿔 말한 것으로 보인다.

이터 덕분에 우리가 다른 생물들과 얼마나 다른지 볼 수 있을 뿐 아니라, (특히 사람 DNA의 경우에는) 어느 유전부호가 어느 신체 부분과 관련되고 유전병을 일으키는 유전자들이 DNA의 어디에 있는지도 찾아낼 수 있다. 많은 과학자는 사람의 DNA 를 해독한 일을 지금까지 인류가 이룬 가장 위대한 과학적 업적의 하나로 꼽는다. 여러 과학적 물음들에 답을 얻을 가능성뿐 아니라, 수많은 질병을 치유할 가능성까 지 담겨 있기 때문이다.

　　해당 생물들 사이의 진화적 관계를 결정하고자 할 때 해부학이나 화석 기록 으로부터 별다른 증거를 얻지 못할 경우에 특히나 쓸모가 있는 것이 분자적 접근 법들이다. 예를 들어 보자. 세균은 대부분 겉모습이 서로 판박이다 싶게 비슷하다. 그래서 초창기 세균학자들은 대부분 세균의 다양성을 과소평가했다. 하지만 유 전자를 분석할 수 있게 되면서, 칼 워즈Carl Woese 같은 과학자들은 계kingdom 수준 의 세균 분류군이 여럿 있음을 보여주었다. 이 가운데 가장 원시적인 생물인 고세 균Archaebacteria은 대부분 뜨거운 온천이나 무산소 조건 같은 극한의 환경에서 살아 간다. 과학자들은 동물, 식물, 진균류, 세균의 핏줄사이가 얼마만큼 멀고 가까운지 를 놓고 오랫동안 논쟁을 벌여왔다. 그런데 전통적인 방법들로는 결코 얻을 수 없 던 답을 분자계통학이 내놓은 것이다(그림 5-6). 주요 다세포동물군들의 핏줄사이 또한 한 세기가 넘게 뜨거운 논쟁거리였으나, 분자적 기법들을 발생과 해부에 대한 더욱 새로운 생각들과 결합한 결과 답을 하나 얻었으며, 지금은 그 답이 더는 논쟁 거리가 되지 않는다(그림 5-7). 그래서 분자적 증거는 독자적으로 생명의 계통수를 발견해나갈 방도가 되어주며, 다른 방법으로는 얻을 수 없던 답을 우리에게 쥐어준 경우도 수없이 많다.

　　그렇다고 분자 연구가 모두 완벽한 결과를 내놓는다거나 분자계통학이 다른 방법들보다 언제나 뛰어나다는 뜻은 아니다. 계통발생 분석에 쓰이는 여느 형질들 처럼, 분자 수준의 변화들도 원시와 파생으로 나눠서 볼 수 있다. 그러나 해부학적 형질들과는 달리, 분자 수준에서 일어나는 변화들은 대부분 네 가지 뉴클레오티드 (아데닌, 티민, 구아닌, 시토신)에만 국한되기에, 가능한 변화의 수도 한정된다. 따라 서 만일 유전자 하나가 달라지면, 그 유전자는 원시적인 조건으로 매우 쉽게 돌아갈 수 있다. 그것이 유일한 대안이기 때문이다. 이 변화는 분자 신호에 '잡음'을 만들어 낸다. 최근에는 이 잡음을 감지해 걸러내는 정교한 방법들이 쓰이고 있다. 이와 마찬가지로, '시계와 비슷한' 돌연변이 속도 가설도 실패할 때가 있다. 왜냐하면 일부 생물 또는 분류군에서는 평균 돌연변이 속도보다 돌연변이가 더 빠르거나 더 느리게 일어나는 듯 보이기 때문이다. 그래서 진화상의 분기점 나이를 분자시계로 측정한 값들이 지나치게 커서 화석 기록과 일치하지 않을 때는 여전히 논쟁이 벌어진다.

그래도 놀라운 성과를 거두기도 했다. 오랫동안 엘윈 사이먼스Elwyn L. Simons와 데이비드 필빔David Pilbeam 같은 고인류학자들은 파키스탄의 1200만 살 된 지층에서 발견된 화석 라마피테쿠스Ramapithecus가 우리 사람과에 속하는 최초기 구성원이라고 주장했다. 그 말이 맞다면, 유인원-사람의 분기는 1200만 년 전보다 더 오래전에 일어났을 것이다. 그러나 버클리의 분자생물학자인 빈센트 사리치Vincent Sarich와 앨런 윌슨Allan Wilson은 서로 다른 생화학계를 수없이 살핀 결과(먼저 단순한 면역거리측정법immunological distance method으로 시작했다), 유인원과 사람의 분기점이 500~700만 년 전이라는 결론을 매번 얻었다. 1970년대와 이른 1980년대에 그 분기 시점을 두고 격한 논쟁이 수없이 벌어졌다. 심지어 사리치는 화석의 생김새와는 상관없이 800만 살이 넘는 화석은 사람과일 수 없다고 말한 것으로 인용되기까지 했다! 그러다가 늦은 1980년대에 파키스탄에서 더욱 완전한 화석들이 추가로 발견되었는데, 라마피테쿠스가 오랑우탄과 더 비슷하며 실제로는 시바피테쿠스Sivapithecus의 일원임을 보여주는 것들이었다. 이 경우에는 분자생물학자들이 옳았다. 따라서 학자로서의 경력을 라마피테쿠스에 걸었던 고생물학자들은 패배를 딛고 다시 일어서야만 했다.

빈센트 사리치는 분자적 증거에 기초해서 고래가 발굽이 짝수 개인 포유류(소목Artiodactyla)에서 유래했으며, 특히 하마와 핏줄사이가 가깝다고 처음으로 말한 사람 가운데 하나이기도 했다. 뒤이어 수없이 많은 분자생물학 연구가 이 급진적 생각을 뒷받침했고, 2001년에 두 고생물학 연구진(Thewissen et al. 2001; Gingerich et al. 2001)이 파키스탄에서 나온 두 종류의 원시 고래가 지닌 발목뼈가 소목 동물들과 핏줄사이임을 보여준다는 걸 발견하면서(14장을 참고하라) 최종 확증을 받았다.

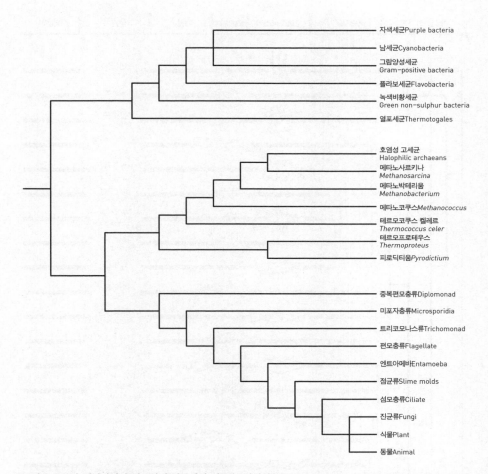

자색세균Purple bacteria

남세균Cyanobacteria

그람양성세균
Gram-positive bacteria

플라보세균Flavobacteria

녹색비황세균
Green non-sulphur bacteria

열포세균Thermotogales

호염성 고세균
Halophilic archaeans

메타노사르키나
Methanosarcina

메타노박테리움
Methanobacterium

메타노코쿠스*Methanococcus*

테르모코쿠스 켈레르
Thermococcus celer

테르모프로테우스
Thermoproteus

피로딕티움*Pyrodictium*

중복편모충류Diplomonad

미포자충류Microsporidia

트리코모나스류Trichomonad

편모충류Flagellate

엔트아메바Entamoeba

점균류Slime molds

섬모충류Ciliate

진균류Fungi

식물Plant

동물Animal

그림 5-6 분자 데이터에서 이끌어낸 기본적인 계통수. 원핵생물(진정세균과 고세균을 비롯해 수많은 미생물들)의 주요 계뷰들, 그리고 작은 곁가지인 진핵생물(식물, 동물, 진균류)을 보여준다.

그러나 분자생물학자들이 수많은 성공을 거두었음에도, 당혹스러운 결과도 얼마 내놓았다. 예를 들면, 기니피그가 설치류가 아니라는 결론을 내린 연구가 있었다 (Graur et al. 1991)! 그러나 다른 수많은 분자생물학 연구실에서(이를테면 Cao et al. 1994) 그 분석에 결함이 있음을 보이면서 금방 논파되었다. 과학에서 쓰는 어떤 방법도 완벽하지 않다. 그러나 분자생물학적 방법이 대단히 위력적임은 판명되었다. 그리고 동료 심사에서 비교 검토 과정이 굉장히 많이 이루어지기 때문에, 어느 연구실에서 실수를 했다 하더라도 다른 연구실에서 그걸 바로잡곤 한다. 그러나 많은

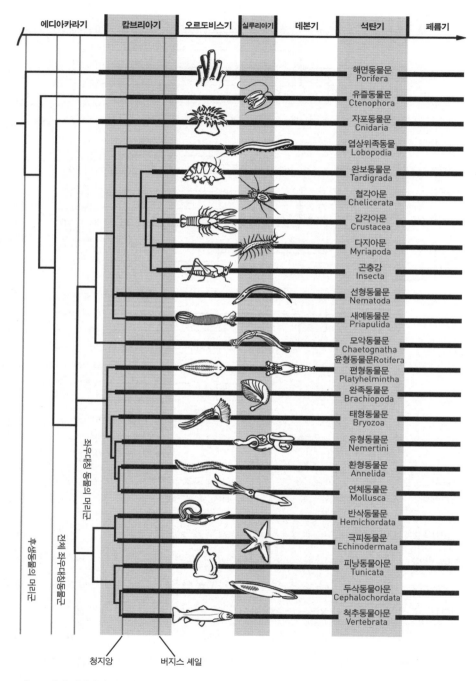

에디아카라기 | 캄브리아기 | 오르도비스기 | 실루리아기 | 데본기 | 석탄기 | 페름기

해면동물문
Porifera

유즐동물문
Ctenophora

자포동물문
Cnidaria

엽상위족동물
Lobopodia

완보동물문
Tardigrada

협각아문
Chelicerata

갑각아문
Crustacea

다지아문
Myriapoda

곤충강
Insecta

선형동물문
Nematoda

새예동물문
Priapulida

모악동물문
Chaetognatha
윤형동물문Rotifera

편형동물문
Platyhelmintha

완족동물문
Brachiopoda

태형동물문
Bryozoa

유형동물문
Nemertini

환형동물문
Annelida

연체동물문
Mollusca

반삭동물문
Hemichordata

극피동물문
Echinodermata

피낭동물아문
Tunicata

두삭동물아문
Cephalochordata

척추동물아문
Vertebrata

후생동물의 머리군

전체 좌우대칭동물군

좌우대칭 동물의 머리군

청지앙   버지스 셰일

그림 5-7 분자 데이터에 기초해서 그린 동물의 분기 역사(칼 뷰얼의 그림. 다음 그림을 수정했다. Briggs and Fortey 2005: fig. 2).

연구실에서 저마다 다른 분자들을 분석하여 동일한 결과를 얻었다면, 그건 아마 무언가를 제대로 쫓아가고 있다는 좋은 증거가 될 것이다.

가지를 뻗어나가는 생명나무

세상의 역사에서 가장 먼 시기부터 생물들의 서로 닮은 정도가 내림차순임을 보여 왔기에, 생물들을 위에서 아래로 차례차례 묶어서 분류할 수 있다. 이런 분류는 별들을 별자리로 묶는 것처럼 아무렇게나 하는 것이 아니다. 만일 어느 무리는 오로지 땅에서만 서식하도록 적응해왔고, 또 어느 무리는 오로지 물에서만 서식하도록 적응해왔고, 또 어느 무리는 고기만을 먹도록, 또 어느 무리는 식물만 먹도록 적응해온 식이라면, 무리의 존재라는 게 그리 큰 의미를 지니지 못했을 것이다. 그러나 현실은 많이 다르다. 왜냐하면 같은 하위 무리에 속한 구성원들이라 할지라도 서로 습성이 다른 경우가 얼마나 흔한지는 주지의 사실이기 때문이다. …… 이제까지 보아온 것처럼, 자연사학자들은 자연의 체계라고 부르는 것을 바탕으로 각각의 강 안에 종, 속, 과 순으로 정렬하려고 한다. 그런데 이 체계가 뜻하는 바가 무엇일까? 어떤 글쓴이들은 이것을 그저 가장 닮은 생물끼리는 한데 묶어서 정렬하고 가장 안 닮은 것끼리는 서로 멀리 떼어내는 도식 정도로만 본다. …… 그러나 자연의 체계가 뜻하는 바가 더 있을 것이라고 생각하는 자연사학자가 많다. 그들은 그 체계가 창조주의 계획을 게시한다고 믿는다. 그러나 그 체계를 시간 순이나 공간 순이나 시공간 순, 또는 창조주의 계획이 뜻하는 어느 순서로 명시하지 않는 이상, 내가 보기에는 우리가 가진 지식에 보태줄 게 아무것도 없다. …… 나는 이게 맞다고 믿는다. 한 유래를 가짐 community of descent—생물들이 서로 가까운 유사성을 보이는 한 가지 알려진 원인—이 서로를 묶어주고 있다. 이것이 비록 다양한 정도로 변형된 모습으로 관찰되기는 해도, 우리가 하는 분류를 통해 부분적으로 드러난다.

—찰스 다윈, 《종의 기원》

계통분류학을 살펴면서 보았다시피, 생명의 역사를 해독하는 방법은 많다. 겉과 속의 해부학적 특징들을 비교하는 것부터 해서, 배아발생의 역사에서 보이는 유사성을 비교하는 것, 모든 세포에 있는 분자들의 세부적인 면모를 비교하는 것까지, 생명이 가지를 뻗어온 역사는 생물이 가진 거의 모든 측면에서 드러난다. 너무나 많은 체계들이 동일한 답을 내놓는다는 사실이 바로 그 점을 매우 확고하게 해준다. 해부적 구조를 기초로 계통발생을 풀어내지 못할 경우에는, 아마 분자들이 도움을 줄 것이다. 어느 특정 군의 화석 기록이 빈약할 경우에는, 다른 자료를 얻을 곳으로 눈길을 돌리면 된다. 그러나 화석 기록이나 해부학적 자료가 더없이 훌륭한 경우 고생물학적으로 내린 측정값과 크게 다른 결론이 분자 쪽에서 나왔다면, 그 결론을 무턱대고 수용하는 일은 없어야 할 것이다. 따라서 비록 모든 경우에 완벽하게 적용할 수 있는 방법은 없지만, 각 방법은 저마다 나름의 강점과 약점을 지니기에, 이걸 쓰거나 저걸 쓰거나 하면서 문제를 풀어갈 수 있다.

더군다나 해부학적 세부 특징들과 분자적 서열들을 분지학적으로 분석해서 계통발생을 재구성하는 엄밀하게 시험 가능한 방법들을 얻게 되면서, 생명의 진정한 역사를 규정하고자 하는 우리의 노력이 과거 어느 때보다도 큰 성공을 거두었다. 내가 대학원에 다니던 1970년대에는 당시 얻을 수 있었던 증거에 기초해서는 논란을 해결하기 힘들었던 진화사의 영역이 많이 있었다. 그러나 그 고르디우스의 매듭들은 하나하나 잘렸다. 태반포유류의 계통발생은, 맬컴 맥키나Malcolm McKenna, 마이크 노바체크Mike Novacek, 얼 매닝Earl Manning과 나 같은 미국자연사박물관의 과학자들이 그 문제에 달려들었을 당시, 이미 두 세기 동안이나 풀리지 않고 있던 수수께끼였다. 늦은 1980년대에 이르러, 우리는 분지학적 분석을 이용해서 그 문제의 많은 측면들을 풀어냈으며(Benton 1998a, 1988b와 Szalay et al. 1993에 실린 논문들을 참고하라), 그 뒤로 발표된 연구들의 대부분이 처음에 우리가 제시한 위상분석 결과를 보강해주었다(그런데 분자생물학 쪽에서는 약간 다른 결과가 얼마 나왔는데, 이 차이들은 앞으로 해결해야 할 문제이다). 이와 마찬가지로, 생명의 계통발생(그림 5-6)과 주요 동물군들의 계통발생(그림 5-7)을 해독한 것도 한 세기가 넘게 논쟁을 벌인 끝에 마침내 풀어낸 위대한 업적이다. 오늘날에는 계통분류학자 수백 명이 새로운 데이터로 기존 가설들을 시험하고 더 나은 해법을 찾으려 애쓰면서 이 중요한 문제들에 매달리고 있다.

생명의 계보를 애매하게 정형화한 가설들이 발표된 때가 불과 한 세대 전인데, 지금 우리는 생명의 역사를 이해하는 데 있어 신세기에 살고 있다(Dawkins 2004를 참고하라). 그 역사의 진정한 패턴에 대해 아는 바가 몹시 적었던 적이 있었으나, 지금 우리에게는 다양한 증거 가닥들이 있고, 그 가닥들은 공통된 답으로 수렴해서 확고한 해답을 하나 제시하며, 수많은 방식으로 보강되고 시험되어서 이제 그 해답은 '진리'임이 거의 확실하다(이 말을 과학에서 쓸 수 있다면 말이다). 이어지는 장들에서 우리는 어떤 구간에는 화석 증거가 빠져 있고, 또 어떤 구간에는 해부학적 증거가 빠져 있음을 보게 될 것이다. 창조론자들의 주장과는 달리, 언제든지 다른 증거 가닥들을 따라갈 수 있기 때문에 우리는 계통발생 문제를 풀어낼 수 있다. 우리는 언제나 꾸준히 앞으로 나아가면서 새로운 답들을 찾아낸다. 그런데 지난 20년 동안에 우리가 배운 바는 그 이전 수천 년 세월 동안 배운 바보다 단연 더 많다. 우리는 창조론자들이 비난하는 어림짐작이라는 방법을 더는 사용할 필요가 없다. 왜냐하면 지금 우리는 자연의 거의 모든 다른 사실들만큼이나 생명의 나무를 잘 알고 있기 때문이다.

위대한 분자생물학자인 에밀 추커칸들Emile Zuckerkandl과 노벨상 수상자인 화학자 라이너스 폴링Linus Pauling은 50년 전에 이미 이를 더없이 훌륭하게 말했다.

유기체생물학organismal biology에서 얻은 결과들과 완전히 독립적인 분자적 데이터에서 이끌어낸 계통수가 유기체생물학을 기초로 해서 구축한 계통수와 어느 정도나 일치하게 될지 규정해볼 것이다. 만일 가지 뻗기의 위상과 관련해서 두 계통수가 대부분 일치를 보인다면, 대진화가 실재함을 보여주는 증거 가운데에서 우리가 가진 가장 훌륭한 단일 증거가 되어줄 것이다. 어느 수준이든 분자 수준 위에서 일어난 사건들이 분자 수준에서 일어난 사건들과 일치함을 깨달은 진화 이론만이, 독립적으로 얻은 증거 가닥들 사이에서 보이는 이런 일치를 조리 있게 설명해낼 수 있을 것이다. 그 증거 가닥의 하나는 상동 폴리펩티드 사슬을 이루는 아미노산 서열이고, 다른 하나는 유기체분류학과 고생물학이 거둔 성과들이다. 물론 이런 증거를 떠벌리는 일은 일부 사람들에게 지적인 만족감을 주는 것 말고는 죽은 말에게 채찍질하는 짓만큼이나 헛될 것이다. 죽은 말에게 채찍질을 하는 게 윤리적일 때도 있을 것이다. 몸 이곳저곳에서 뜻밖의 경련을 보이며 마치 살아 있는 것처럼 보일 때엔 말이다(Zuckerkandl and Pauling 1965: 101).

더 읽을거리

Adoutte, A., G. Balavoine, N. Lartillot, O. Lespinet, B. Prudhomme, and R. de Rosa. 2000. The new animal phylogeny: Reliability and implications. *Proceedings of the National Academy of Sciences USA* 97: 4453–4456.

Arthur, W. 1997, *The Origin of Animal Body Plans: A Study in Evolutionary Developmental Biology.* New York: Cambridge University Press.

Dawkins, R. 2004. *The Ancestor's Tale: A Pilgrimage to the Dawn of Evolution.* Boston: Houghton Mifflin.[《조상 이야기–생명의 기원을 찾아서》(까치, 2018)]

Foote, M. 1996. On the probability of ancestors in the fossil record. *Paleobiology* 22: 141–151.

Hennig, W. 1966. *Phylogenetic Systematics.* Urbana: University of Illinois Press.

Hillis, D. M. and C. Moritz, eds. 1990. *Molecular Systematics.* Sunderland, Mass.: Sinauer.

Lazarus, D. B., and D. R. Prothero. 1984. The role of stratigraphic and morphologic data in phylogeny reconstruction. *Journal of Paleontology* 58: 163–172.

Nielsen, C. 2001. *Animal Evolution: Interrelationships of the Living Phyla.* 2nd ed. New York: Oxford University Press.

Patterson, C. 1981. Significance of fossils in determining evolutionary relationships. *Annual Review of Ecology and Systematics* 12: 195–223.

Patterson, C., ed. 1987. *Molecules or Morphology in Evolution: Conflict or Compromise?* New York: Cambridge University Press.

Prothero, D. R. 2004. *Bringing Fossils to Life: An Introduction to Paleobiology.* 2nd ed. New York: McGraw-Hill.

Prothero, D. R., and D. B. Lazarus, 1980. Planktonic microfossils and the recognition of ancestors. *Systematic Zoology* 29: 119–129.

Runnegar, B., and J. W. Schopf, eds. 1988. *Molecular Evolution in the Fossil Record.* Lancaster, Pa.: Paleontological Society Short Course Notes 1.

Schaeffer, B., M. K. Hecht, and N. Eldredge. 1972. Phylogeny and paleontology. *Evolutionary Biology* 6: 31–46.

Schoch, R. M. 1986. *Phylogeny Reconstruction in Paleontology.* New York: Van Nostrand Reinhold.

Smith, A. B., and K. J. Peterson. 2002, Dating the time of origin of major clades: Molecular clocks and the fossil record. *Annual Reviews of Earth and Planetary Sciences* 30: 65–88.

Tudge, C. 2000. *The Variety of Life: A Survey and a Celebration of All the Creatures That Have Ever Lived.* Oxford: Oxford University Press.

Wiley, E. O. 1981. *Phylogenetics: The Theory and Practice of Phylogenetic Systematics.* New York: Wiley Interscience.

Woese, C. R., and G. E. Fox. 1977, Phylogenetic structure of the prokaryotic domain: The primary kingdoms. *Proceedings of the National Academy of Sciences USA* 74: 5088–5090.

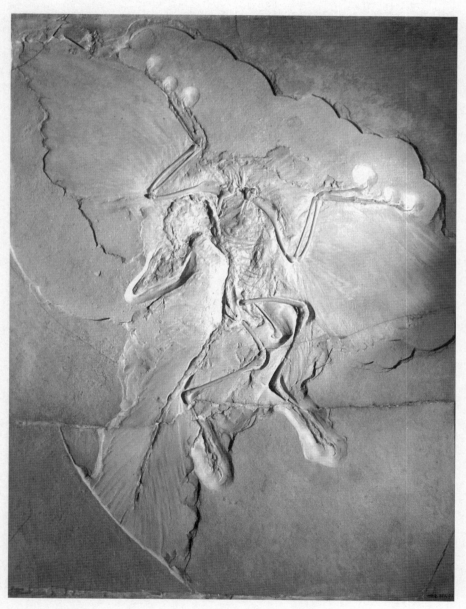

이 아름다운 모습의 완전한 표본은 공룡과 조류 사이의 과도기 화석인 시조새이다.

(H. 라압Raab의 사진, ⓒ Wikimedia Commons)

그림 6-1 양배추처럼 동심원층을 이룬 둥근 모양의 이 남세균 매트를 스트로마톨라이트라고 한다. 사진의 스트로마톨라이트는 빙하 때문에 꼭대기가 잘려나간 모습이다. 뉴욕의 레스터 파크에서 볼 수 있다(글쓴이의 사진).

6   생명의 기원들

타는 듯 뜨거운 노스폴을 향해

> 7월 하순의 어느 화창한 날, 나는 이 [고대 생명의] 흔적들을 살펴보기 위해 노스
> 폴North Pole을 향해 가는 중이다. 바퀴 자국들이 고랑을 낸 흙길을 덜커덩거리
> 며 달려가는 랜드로버의 운전석으로 열기와 먼지가 파고든다. 어디나 파리 천
> 지이다. 알다시피 이 노스폴은 오스트레일리아의 북서부에 자리하고 있는데,
> 지구상에서 가장 뜨거운 곳 가운데 하나인 이곳을 오스트레일리아 사람들은 특
> 유의 익살을 담아 이렇게 '북극North Pole'이라고 부른다.
>
> ─앤드루 놀,《생명, 최초의 30억 년》

지구에서 생명은 어떻게 시작되었을까? 이는 과학에서 가장 흥미로우면서도 가장
논란이 많은 주제 가운데 하나이다. 생명의 역사에 관해 나머지 장들에서 살펴볼
다른 많은 영역들과는 달리, 여기서는 우리에게 길잡이가 되어줄 화석이 얼마 없다.
산 것들에 의해 형성된 것이 분명한 가장 오래된 화석은 오스트레일리아 서부의 노
스폴 인근에 있는 와라우나 층군Warrawoona Group의 35억 살짜리 암석에서 나온 남세
균cyanobacteria(예전에는 '남조류blue-green algae'라고 불렀는데, 진짜 조류藻類가 아니므로
잘못된 이름이다)의 미화석들이다. 이것 말고도 스트로마톨라이트(그림 6-1)라고 하
는 둥글게 층진 구조도 있는데, 와라우나 층군(그림 6-2)의 남세균 매트가 만들어
낸 것이다(오늘날에도 남세균 매트는 이런 구조를 만들어내고 있다). 이것들보다 살짝
어린 미화석과 스트로마톨라이트는 많다. 남아프리카 피그트리 층군Fig Tree Group의
34억 살 된 암석에서 나온 미화석과 스트로마톨라이트는 상태가 훨씬 좋다. 이 책

이 인쇄에 들어갔을 무렵, 스트로마톨라이트일 가능성이 있는 38억 살짜리 화석이 그린란드에서 보고되었는데, 이것이 진짜 스트로마톨라이트라면 이제까지 알려진 가장 오래된 화석이 될 것이다.

이 미화석들은 모두 세포 여러 개가 늘어선 단순한 섬유 모양의 구조를 보인다. 그 특유한 구조는 오늘날의 남세균과 사실상 구분할 수 없을 만큼 똑같은 것들이 많다. 그래서 세균을 비롯해서 단순한 **원핵세포들**prokaryotic cells(따로 핵이 없는 세포)이 34억~35억 년 전에도 있었음을 우리는 확실히 알고 있다. 그러나 그보다 오래된 화석은 아직 찾아내지 못했다. 그리 놀랄 일은 아니다. 왜냐하면 지구상에는 35억 살보다 조금이라도 나이 많은 암석이 있는 곳들이 매우 드물기 때문이다. 그만큼 오래된 암석은 대부분이 이미 심하게 변형되었거나, 변성작용metamorphism을 당했거나, 이런저런 연유로 크게 변질된 탓에 화석이 하나라도 남아 있을 가능성은 거의 없다. 그린란드 서부의 이수아 상부지각암층Isua Supracrustals에는 독특한 유기 분자들을 함유한 암석들이 있다. 생체계에만 있는 분자들이기 때문에 생명이 38억 년 전에도 존재했음을 암시한다(Schidlowski et al. 1979; Mojzsis et al. 1996). 38억 년 전의 스트로마톨라이트일 가능성이 있는 화석도 바로 이 암석에서 나왔다(Nutman et al. 2016).

확실히 생명은 38억 년 전에 이미 자리를 잡은 것 같다. 그보다 일찍 생명이 지구상에 발판을 마련했을 가능성에 대해서는 아직 논쟁 중이다. 39억 년보다 더 전에는 태양계가 형성되고 남은 부스러기들이 지구를 여전히 심하게 폭격하고 있었다. 이것 때문에 아마 지구에 있던 바다는 여러 차례 증발했을 것이다(우리가 이를 아는 근거는, 같은 시기에 틀림없이 지구처럼 운석 폭격을 당했을 달에 있는 충돌 구덩이들 대부분이 39억 년 전 및 그보다 오래된 것들이기 때문이다). 과학자들은 이때를 '충돌로 꺾인 생명의 기원impact frustration of the origin of life' 시기라고 부른다. 대부분의 지질학자는 40억 년 전보다 이른 시기는 액체 상태의 물이 응축되어 바다를 형성할 정도로 지구가 식었을 만한 때라고는 생각지 않았다. 그런데 오스트레일리아에서 최근에 발견된 미세한 지르콘 알갱이들이 지닌 독특한 화학성은 일찍이 43억 ~44억 년 전에도 이미 바다가 있었음을 가리키는 것으로 보인다(Wilde et al. 2001;

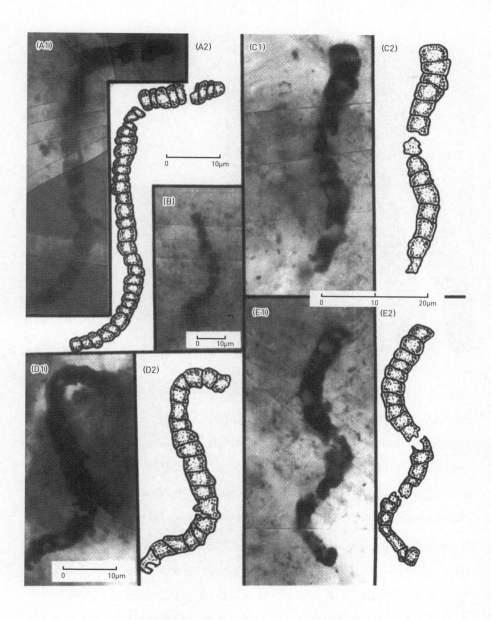

그림 6-2 (A-E) 오스트레일리아 서부의 노스폴에 있는 와라우나 층군의 34억 6000만 살짜리 암석에서 나온 섬유 모양 남세균 미화석들이 독특한 세포 사슬을 보여주고 있다. 이것들은 오늘날의 섬유 모양 남세균인 링비아 *Lyngbya*(다음 쪽에 있는 그림 F)와 크기며 모양이며 세포들의 배열이며 세부적인 모든 면에서 사실상 똑같다(J. W. 쇼프의 사진).

(F)

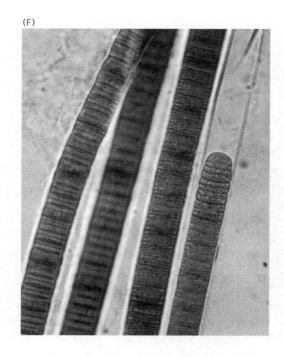

그림 6-2 (F)

Valley et al. 2002). 만일 그렇다면, 46억 5000만 년 전에 지구가 형성되고 불과 2억 5000만 년 만에 지표면이 섭씨 100도(물의 끓는점) 밑으로까지 식은 것이다. 바다가 처음 형성된 때와 화석임이 분명한 최초의 화석들 사이에 거의 10억 년이라는 간극이 있는데, 생명이 (필요하다면 한 번 이상) 형성되기에 충분히 긴 시간이다.

　그런데 이 최초기의 화석들이란 게 처트와 플린트 속에 보존된 탄화 상태의 미세한 박막들인 탓에, 생명을 형성시킨 화학적 과정에 대한 증거로 삼기는 어렵다. 그 화석에 들어 있던 유기 화학물질들은 모두 열과 압력을 받아 다른 탄소 화합물들로 꼴바꿈한 지 오래이다(보통은 흑연 꼴의 순수한 탄소로 바뀌는데, 연필에 박힌 '심'이 바로 흑연이다). 그 화석들이 한때 생명을 가진 것들이었음을 입증해주는 것은 오로지 그 모양새뿐이다(그림 6-2). 생명이 기원한 과정의 초기 단계에 대해서는 화석 기록을 사용할 수 없고 실험적 접근법을 써야 한다. 곧 지구의 역사와 유기화학의 성질에 대해 현재 우리가 가진 지식의 틀 안에서 가능한 해법을 찾아내야 한다는 말이다. 당연히 일부 사람들(특히 창조론자들)은 이 접근법에 '어림짐작'이라는 딱지를 붙이고는, 생명의 기원을 이해할 수 있게 해줄 실험적 증거를 하나도 받아들이려 하지 않는다. 그들은 그냥 "하나님께서 그리 하셨다"고 말하고는 거기서 멈춰버리는 쪽을 택한다. 물론 그런 소리도 의견이라면 의견이겠으나, 1장에서 설명했다시피, 진정한 과학자라면 누구도 이런 '빈틈을 메우는 신' 접근법에 의지하지 않는다. 초자연적인 가설은 전혀 시험할 수가 없기에, 그런 가설로는 아무것도 할 수가 없다. 생명의 기원 같은 대단히 복잡하고 어려운 문제에 과학자들이 아직 모든 답을 가지고 있지 않을지는 모르겠으나, 그들은 팔짱만 끼고 앉아 있지도 않고, 초자연적인 것에 호소하는 비과학적인 접근법에 굴복하지도 않는다. 과학자들은 줄기차게 새로운 실험적 접근법들을 써보면서 (우리가 곧 보게 되겠지만) 엄청난 진전을 이루어냈다. 창조론자들이 실감하는 것보다 훨씬 더 엄청난 진전을 말이다.

원시 국 조리법

> 생물이 처음 나오는 데에 필요한 모든 조건은 지금도 있는 조건들이고, 지금까지 줄곧 있었을 조건들이라고 흔히들 말한다네. 그런데 만일 말이야(아! 진짜 진짜 만일에 말이야) 암모니아며 인산염이며 빛이며 열이며 전기며 온갖 것들이 다 [갖춰져] 있어서, 단백질 화합물이 화학적으로 형성되고, 그 화합물이 한층 더 복잡한 변화들을 쉽사리 당하게 될 그런 작고 따뜻한 못이 있다고 상상해보면 어떨까? 오늘날이야 그런 물질은 즉시 [먹히거나] 흡수되겠지만, 생명을 가진 피조물이 형성되기 전이라면 그러지 않았을 테지.
> —찰스 다윈, 조지프 후커에게 보낸 편지에서.

생명의 기원에 대해 처음으로 과학적 의견을 내놓은 사람들은 여럿 있었는데, 다윈도 그중 한 사람이었다. 1871년에 식물학자인 친구 조지프 후커에게 보낸 한 편지(위에서 인용했다)에서 다윈은 화학적 화합물들이 올바로 조합되어 있고(보통 '원시 국primordial soup'이라고 부른다) 올바른 에너지원을 갖춘 '작고 따뜻한 못'이라면 단백질을 만들어낼 수 있을 것이라는 생각을 해보았다. 그러나 당시에는 유기화학이 아직 걸음마 단계였던지라, 이 생각을 좇아서 해볼 만한 것이 극히 적었다. 1920년대에 러시아의 생화학자 A. I. 오파린Oparin과 영국의 유전학자 J. B. S. 홀데인(4장에서 언급한 신다윈주의를 창시한 사람 가운데 하나이기도 하다)은 질소, 이산화탄소, 암모니아(NH_3), 메탄 또는 '천연가스'(CH_4)가 지구의 대기를 이룬다면 단순한 유기화합물들이 만들어질 이상적인 원시 국이 되었으리라는 생각을 각각 독자적으로 내놓았다.

가장 중요한 돌파구는 1953년에 나왔다. 시카고대학교의 젊은 대학원생이었던 스탠리 밀러Stanley Miller는 지도교수이자 노벨상 수상자인 화학자 해럴드 유리Harold Urey에게서 오파린의 가설에 대해 들었다. 두 사람은 오파린과 홀데인이 제시한 생각을 따라 실험을 하나 하여, 과연 그런 원시 국에서 기본적인 생화학물질들이 만들어질 수 있는지 보기로 마음먹었다. 밀러는 유리관들을 이어 순환 고리를 만들어 밀봉하고 공기를 모두 빼내서 진공 상태로 만들었다(그림 6-3). 공기를 빼낸 유리관 속에는 이산화탄소, 질소, 메탄, 암모니아, 물이 풍부한 (그러나 자유산소는 없는) 대기를 새로 넣었다. 그런 다음에 밀러는 실험 장치의 맨 아래에 있는 '바다' 플라스크 밑에다 열원을 하나 두어 증기 순환이 일어날 출발점으로 삼았고, 다른 플라스크 안은 전극을 이용해서 방전을 일으켜 에너지원인 '번개'를 본떴다(그림 6-3). '번개'실 밑에는 응축기를 연결해서 기체를 액체 상태로 되돌리고, 응축된 액체는 다시 '바다'로 돌려보내 재순환하도록 했다. 이 대학원생의 실험(이건 원래의 논문 주제도 아니었다)은 너무나 놀라운 결과를 내놓았다. 며칠이 지나자 바다는 새로운 화학물질들을 함유하면서 갈색을 띠었고, 한 주가 지나자 유기물이 풍부한 곤죽이 되었다. 밀러가 그 곤죽을 분석해보니, 생명이 단백질을 만드는 데 쓰는 20가지 아미노산 가운데 네 가지 아미노산과 더불어 시안화물(HCN)과 포름알데히드(H_2CO) 같은 유기분자들이 수없이 만들어져 있었다. 앤드루 놀Andrew Knoll은 이렇게 적었다(2003: 74). "그 놀라운 실험 하나로 밀러는 생명의 기원에 관한 연구에 확 시동을 걸었다. 자연에 있는 에너지로부터 동력을 얻은 단순한 기체 혼합물에서 생명과 관련된 복잡한 분자들이 만들어질 수 있었던 것이다." 출발 물질로 삼았던 화학물질

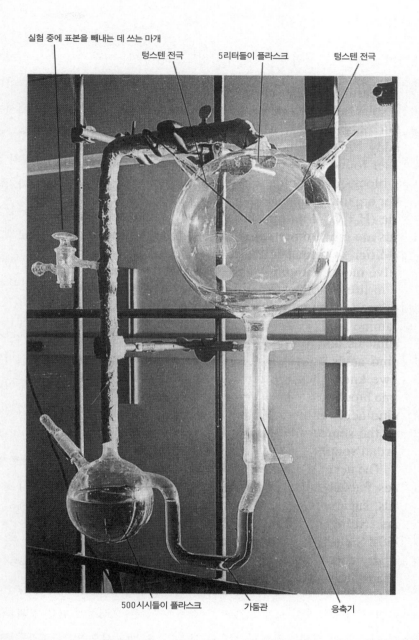

실험 중에 표본을 빼내는 데 쓰는 마개

텅스텐 전극

5리터들이 플라스크

텅스텐 전극

500시시들이 플라스크

가둠관

응축기

그림 6-3 1953년에 스탠리 밀러와 해럴드 유리가 초기 지구에서 복잡한 유기화합물이 합성될 만한 조건을 본뜨기 위해 쓴 장치가 이런 모습이다. 이 실험계에서 공기를 완전히 빼낸 다음 이산화탄소, 물, 질소, 암모니아, 메탄이 풍부한 (산소는 넣지 않았다) '대기'를 큰 플라스크에 채웠다. 전극에서 튀는 불꽃은 번개를 본뜬 것이었다. 이 반응의 생성물은 응축기를 통과해 흘러내려가 플라스크에 쌓이는데, 이것이 바로 '원시 국'이 되었다. 약 한 주가 지나자, 맑았던 용액이 짙은 갈색의 걸쭉한 곤죽으로 변했으며, 새로 합성된 유기화합물로 가득 차 있었다. 이 가운데에는 생명을 짓는 데 반드시 있어야 하는 아미노산도 많이 합성되어 있었다(S. 밀러의 사진).

보다 아미노산이 훨씬 복잡한데도 놀라울 정도로 쉽게 만들어질 수 있음을 밀러가 보여준 것이었다. 그 후에 이루어진 실험들에서는 생명에서 발견되는 20가지 아미노산 가운데 12가지가 만들어졌다. 묽은 시안화물 혼합물로 해본 다른 실험에서는 일곱 가지 아미노산이 만들어졌다. 이 실험들을 어떻게 뜯어보든 상관없이, 생명의 기본 밑감을 만들기 위해서 신이 개입할 필요도 없고 실험실에서는 며칠 이상의 긴 시간도 필요 없다. 밀러의 실험 이후, 과학자들은 운석에서 아미노산을 74가지나 발견했다(생체계에서 발견되는 20가지도 모두 포함되어 있었다). 따라서 유기화합물들이 만들어질 수 있는 장소가 우주에 많이 있다는 건 분명하다. 우주공간으로부터 지구에 유기화합물 '씨가 뿌려졌으며' 그것이 생명의 기원에 불꽃을 당겼다고 생각하는 과학자들도 있다. 그러나 지구상에서 이 화합물들이 얼마나 쉽게 만들어질 수 있는지를 감안하면, 그렇게 복잡한 가설은 필요 없다.

1980년대와 1990년대에 과학자들은 초기 대기에 암모니아와 메탄이 흔하지 않았다고 생각했다. 그러나 그렇다고 해서 유리-밀러의 실험이 타당성을 잃지는 않는다. 그저 유기물질 만들기가 조금 더 어려워지는 것뿐이다. 그 뒤에 이루어진 수많은 실험은 메탄과 암모니아의 수준을 낮춰 구성한 대기로 수행되었고, 그렇게 해도 처음의 실험과 동일한 결과를 얻었다. 그러나 그 이후에 과학자들은 초기 지구의 대기에 메탄뿐 아니라 아마 암모니아까지도 풍부했을 것이라는 생각으로 돌아갔기 때문에, 유리-밀러의 실험에 대한 비판은 이제 더는 타당하지 않다(Fegley and Schaefer 2005). 사실 수많은 운석에 아미노산이 있다는 사실은 유리-밀러의 실험에서 처음에 수행한 조건뿐 아니라, 우주 전체에 걸쳐 대단히 다양한 대기 조건에서 아미노산이 만들어질 수 있음을 말해준다. 그러나 웰스 같은 창조론자들은 오늘날의 사고를 대표할 수도 대표하지 않을 수도 있는 옛 실험들에만 초점을 맞추려고 한다. 이 책의 곳곳에서 보게 되겠지만, 창조론자들은 오래전에 나온 결과들을 비판해서 연구 분야 전체를 무효한 것으로 보일 수 있겠다 싶으면, 그 결과들보다 더 최근에 나온 결과들은 무시해버린다.

첫 단계의 밑감들은 믿기지 않을 만큼 만들어내기가 쉽다. 그래서 과거 지구의 바다에는 아미노산을 비롯해 단순한 유기분자들이 풍부해서 여기저기 떠다니고 있

었을 것이라고 가정해도 된다. 그다음 단계는 이보다 조금 어렵다. 곧 그 단순한 밑
감들을 엮어서 긴 사슬 모양의 분자, 곧 **중합체**polymer로 조립해야 하는 것이다. 아미
노산들이 엮여서 형성한 긴 중합체를 **단백질**이라고 하며, 대부분의 생체계를 구성
하는 기본 성분들이 바로 단백질이다(그림 6-4A). 단순한 지방산과 알코올이 엮이
면 **지질**脂質, 곧 지구상에 몹시 흔한 '기름', '지방'을 형성한다. 포도당과 자당 같은
단순한 당들이 함께 엮이면 복잡한 **탄수화물**과 녹말을 형성한다(그림 6-4B). 마지막
으로 뉴클레오티드 염기들(여기에 인산염과 당이 더해져서)이 엮이면 **핵산**을 형성하
는데, 생물의 유전부호인 RNA와 DNA가 이것이다(그림 6-4C).

단순한 분자들을 엮어서 단백질, 지질, 녹말, 핵산 같은 중합체를 만드는 이런
복잡한 문제에 다가갈 길은 많다. 원시 국 접근법을 이용해서 몇 가지 성과를 거두
기도 했다. 1950년대에 시드니 폭스Sidney Fox는 뜨겁고 마른 화산암에 아미노산이
튀면 생명에서 발견되는 단백질의 대부분이 즉각 생성됨을 보여주었다. 포름알데
히드가 있을 때에 일부 당은 쉽사리 탄수화물을 형성한다. 스탠리 밀러가 초기에
했던 몇몇 실험에서는 핵산을 이루는 성분들이 생성되었다. 이를테면 액체 상태의
시안화물 용액에 열을 가하면 뉴클레오티드 염기인 아데닌이 생성되었고, 묽은 시
안화수소에 자외선 복사를 가하면 아데닌과 구아닌이 생성되었다.

지질을 중합하기는 훨씬 쉽다. 다들 '기름과 물은 섞이지 않는다'는 걸 알겠지
만, 왜 그러는지 아는 사람은 별로 없다. 지방산은 극성을 가진 분자이다. 말하자면
자연스럽게 물에 끌려가는 '머리'와 물을 밀어내는 '꼬리'가 있다(그림 6-5). 지방산
을 물과 섞으면 곧바로 분자 하나하나가 자연스럽게 머리는 물을 향하고 꼬리는 반
대 방향으로 향하는 식으로 늘어선다. 그런 다음에 이 분자들이 뭉쳐서, 물이 많은
경우에는 기름방울, 기름이 많은 경우에는 물방울을 만들어낸다. 일단 이 방울이 형
성되면, 지방산으로 이루어진 외막이 저절로 생기고, 이것들이 엮여서 지질을 형성
한다. 사실 대부분의 단순 세포들이 가진 세포벽은 이와 똑같은 종류의 지질이중층
lipid bilayer으로 이루어져 있다. 이 지질 방울들이 마른 다음에 다시 수화되면 다시 둥
근 공을 형성하고, 그 과정에서 DNA 같은 분자가 100배까지 농축된 상태로 안에
담길 수도 있다. 그래서 작은 지질이중층 방울 안에 핵산이 갇히면 '원생명protolife'

(A)

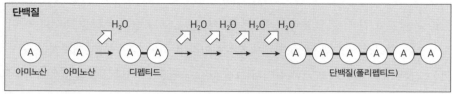

(B)

(C)

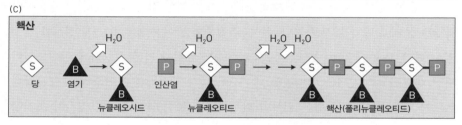

그림 6-4 생명의 기원에서 다음 단계는 작은 밑감들을 배열하여 더 길고 더 복잡한 사슬을 만드는 것이다(중합). 일반적인 중합반응에는 다음과 같은 것들이 있다. 여러 아미노산들이 엮이면 생명의 기본 밑감인 단백질이 형성되고, 단당류가 중합하면 세포벽의 기본 성분이자 대사의 중요 에너지원인 복잡한 탄수화물이 형성되고, 당, 인산염, 뉴클레오시드가 엮이면 모든 생명이 가진 기본 유전 부호인 핵산, 곧 DNA와 RNA가 만들어진다 (다음 그림을 수정해서 실었다. Schopf 1999: fig.4.12).

에 해당하는 모든 성질을 갖게 된다. 사실 시드니 폭스가 만들어낸 것이 바로 그런 구조물이었다. 폭스는 그걸 **단백질유사체**proteinoid라고 불렀고, 오파린은 자기가 만들어낸 방울을 **코아세르베이트**coacervate라고 불렀다. 이 구조들은 생체 세포와 퍽 비슷하게 행동한다. 말하자면 조건이 바뀌었을 경우에는 서로 뭉쳐서 성장하다가, 딸 방울들이 저절로 벋어 나오기도 하는 것이다. 그 방울들은 세균이 먹이를 먹고 노폐물을 배설하는 것과 비슷한 과정을 수행하면서 특정 화합물을 선택해 흡수하기도 하고 배출하기도 한다. 심지어 녹말을 대사하는 것들도 있다! 비록 그 방울들이 살아 있는 것은 아니지만, 살아 있는 세포가 가진 성질들을 대부분 가지고 있다. 그것도 단순한 화학반응과 열 말고 달리 많은 게 없어도 그 성질들을 다 가지는 것이다.

난무대, 바보의 금, 야옹이깃, 열수구, 진흙

> 저 세균들이 처한 곤경이 가슴 아프구나
> 그냥 보고 넘어가기가 힘들구나
> 화산열은 줄어들었고
> 유기물 국은 끝장이 났다
> 저들의 해법은 광합성이었더라
> ─리처드 코윈, 《생명의 역사》

생명의 기원 연구에서 가장 큰 난제는 더 길고 더 복잡한 중합체, 특히 생명에 몹시 중요한 긴 단백질을 조립하는 문제이다. 원시 국의 화학반응 실험들에선 대부분 짧은 단백질만 생성되었다. 그런데 우리가 그동안 잘못된 방법으로 그 문제에 매달렸다는 생각을 내놓은 과학자들이 여럿 있다. 비커 안에다 화학물질들을 무작위로 섞으면 짧은 길이로만 엮이고 말 뿐이다. 더 길고 더 복잡한 중합체를 만들려면 '비계飛階'나 '주형鑄型'이 필요하다. 다시 말해서 모든 유기분자들을 같은 방향으로 끌어당겨 늘어서게 해서, 마치 사람 많은 나이트클럽의 난무대亂舞臺(mosh pit)에서 춤추는 사람들처럼 그 분자들이 서로 가까이 뭉칠 수 있도록 해줄 어떤 다른 물질이 있어야 한다는 말이다. 일단 분자들이 (무대 쪽으로) 같은 방향을 바라보며 정렬해서 가까이 뭉치면, 나란히 엮어서 복잡한 유기 중합체를 만드는 건 일도 아니다. 댄스장에 조밀하게 모인 사람들이 팔과 팔을 서로 엮어 견고한 팔 융단을 쉽게 만들어서 그 위로 사람 몸을 태워 지나가게 할 수 있는 것처럼 말이다.

그렇게 유기분자들의 주형이 되어줄 수 있는 자연 물질 후보는 많다. 가장 유명한 후보는 **제올라이트**zeolite라고 하는 광물로, 용암 속에 남은 뜨거운 기체 거품 속에서 화산유리volcanic glass가 분해되어 형성된 복잡한 규산염 광물이다. 제올라이트가 가진 복잡하고 반복적인 광물 구조는 유기 반응을 촉매해서 훨씬 빠르게 반응이 일어나도록 해준다. 사실 바로 그런 용도로 산업 현장—특히 석유 정제, 여과, 화학물질 흡수(그래서 야옹이깃kitty litter으로도 쓰인다) 과정—에서 제올라이트가 크게 쓰

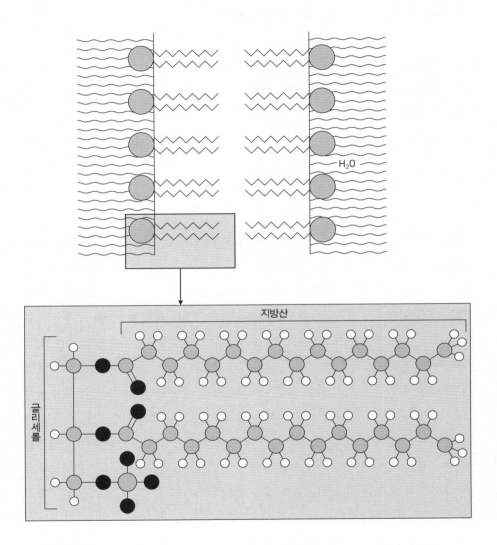

그림 6-5 일부 유기화학물질에는 복잡한 유기 반응이 없어도 자연스럽게 세포를 형성할 수 있는 성질이 있다. 지방과 기름의 밑감인 지질에는 물을 밀어내는 꼬리기와 물과 결합하는 머리기가 있다. 그래서 지질이 물과 섞이면 자연스럽게 머리는 물을 향하고 꼬리는 반대를 향하는 모습으로 늘어서고, 이것들이 결합되면 막을 형성한다. 기름이 물과 섞일 때마다 자연스럽게 방울을 감싸는 막이 형성되며, 이는 모든 세포를 두르고 있는 지질 이중층 막에 비견된다.

인다. 아마 원시 국에 제올라이트가 조금만 있어도 아미노산들이 정렬되어 훨씬 복잡한 단백질이 만들어질 수 있을 것이다.

알렉산더 그래이엄 캐른스-스미스Alexander Graham Cairns-Smith는 이보다 훨씬 대담한 생각을 제시했다. 그는 제올라이트보다 더 소박한 주형을 하나 제시했는데, 바로 평범한 점토이다. 하느님이 진흙으로 아담과 이브를 만들었다고들 하는 것처럼, 캐른스-스미스는 점토 광물이 지닌 복잡하고 개방된 층진 구조(운모처럼 층상규산염sheet silicate 광물이다)가 유기분자들을 흡수해서 광물 구조를 따라 분자들을 정렬하기에 더없이 좋다고 논한다. 점토 광물이 지닌 기본 층상 구조는 계속 반복되지만, 결정에 사소한 결함이 있을 때도 있다. 이는 유전 부호에서 일어나는 돌연변이에 비견된다. 사실 캐른스-스미스는 이 생각을 한 걸음 더 끌고 나가, 생명이 점토 광물로 시작했다고 논한다. 다시 말해서, 결정이 되는 과정을 겪으며 (돌연변이가 일어나면서) 스스로를 거듭해서 복제했다는 말이다. 점토는 성장하고, 주변 환경을 바꿔가고, 매우 하급 기술을 가진 형태의 생명처럼 자기 복제를 할 수 있다. 자기 복제를 하는 이런 점토 '생명꼴'의 구조를 따라 어느 시점에인가 첨단 기술을 가진 핵산이 정렬되었고, 그러자 **유전자 승계 사건**genetic takeover event이 일어나서, 규산염에 기초한 무기적 복제자 대신 유기적 '복제자replicator'가 나타나게 되었다고 캐른스-스미스는 논한다.

고도로 사변적이니만큼 당연히 이 생각들은 큰 논란거리가 되고 있으나, 점토와 유기분자의 화학에 대해 우리가 아는 바를 감안하면 불가능한 생각은 아니다. 그런데 우리가 고려해볼 만한 주형 후보가 하나 더 있다. 황철석pyrite이라는 광물이 바로 그것으로, 화학식이 FeS_2인 황화철이며, '바보의 금'으로 더 많이 알려진 광물이다. 귄터 베히터쇼이저Günter Wächtershäuser가 보여준 바에 따르면, 황철석의 결정 표면은 양전하를 띠어서, 끝이 음전하를 띤 수많은 종류의 유기분자들을 끌어당길 수 있었다. 일단 유기분자들이 황철석 표면에 끌려가서 정렬하여 서로 바투 자리하게 되면, 서로 쉽게 엮여 복잡한 중합체를 형성할 수 있었다. 그리고 일단 서로 엮이면, 황철석 주형으로부터 풀려나서 자유 생분자 신세로 떠다닐 수 있었다.

이 생각은 또 하나의 놀라운 과학적 발견과 맞아떨어지면서 힘을 가지게 되었다. 그 발견이란 바로 해저에 있는 '열수구'를 말한다(그림 6-6). 1977년에 과학자들은 소형 잠수정을 이용해 심해저에 있는 중앙해령 위를 탐사했다. 그곳은 해저 확장이 일어나면서 새로운 해양지각이 만들어지는 곳이다. 그런데 화산열 때문에 바닷물이 과열되어 심해 온천이 만들어져서 끓는 상태에 가까운 물살이 황철석, 황산칼슘, 황화납, 황화아연으로 이루어진 굴뚝('검은 굴뚝black smokers'이라고 한다)을 통해 위로 솟구치는 곳들이 발견되자 과학자들은 입을 다물지 못했다. 이 뜨겁고 깜깜한 환경에는 황-환원 세균들이 빽빽한 개체군을 이루며 살고 있었다. 지구상에서 가장 원시적인 생명꼴에 해당하는 이 세균은 황화수소('썩은 달걀' 냄새를 풍기는 H_2S)를 섭취해서 대사하여, 물이 아니라 황화수소에서 수소를 얻는다. 따라서 이 세균들은 **화학합성**chemosynthesis을 해서 생명 에너지를 얻는 것이다. 왜냐하면 (지구상에 있는 대부분의 환경과 달리) 빛이 없으므로 광합성을 할 가능성이나 식물이 있을 가능성이 없기 때문이다. 그뿐 아니라 이전에 한 번도 본 적이 없는 괴상한 동물들로 이루어진 대규모 군집들이 이 세균 개체군을 먹이로 삼고 있었다. 이를테면 거대한 조개, 거대한 서관충tube worm, 기괴한 게, 그리고 과학에서 완전히 처음 보는 몇몇 동물들이 있었다. 내가 대학원생이었던 1978년 여름, 코드곶Cape Cod에 있는 우즈홀해양학연구소Woods Hole Oceanographic Institution에서 일했던 때를 생생하게 기억한다. 그 시절에 나는 잠수정에서 막 내린 그 과학자들이 이 놀라운 발견을 발표하는 자리에 참석했다. 화학합성에 의존하는 이 놀라운 군집은 지구 위 어디에나 있는 식물 기반의 광합성에 의존하는 생태계들과 전혀 다르다. 여기서 가장 중요한 단서는 지구에서 알려진 것 가운데 가장 원시적인 생명꼴인 황-환원 고세균이 그곳에 서식한다는 것이었다(그림 5-6). 이는 가장 단순한 이 생명꼴들이 다윈의 '작고 따뜻한 못'이 있는 지표면이 아니라 심해의 온천에서 생겨났음을 암시하는 것이라고 보는 과학자들이 많다. 이곳이라면 얕은 바다를 증발시켰던 운석 충돌 사건들로부터 안전했을 테기 때문이다.

그런데 생명의 기원을 연구하는 과학자들 사이에서 널리 논의되어온 문제가 하나 더 있다. 최초의 유전 물질은 무엇이었을까? 오늘날에는 생물이 생식해서 스스로를 복제하는 데 필요한 정보는 세포마다 들어 있는 핵산—RNA나 DNA—에

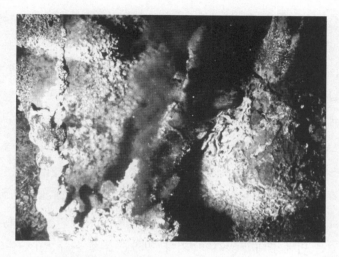

그림 6-6 바다 깊이 자리한 중앙해령의 화산열곡에서는 해양지각이 벌어지면서 뜨거운 용암이 그대로 분출한다. 뜨거운 마그마는 균열을 파고드는 바닷물을 매우 높은 온도까지 과열시킨다. 그러면 끓는 물과 용해된 광물들이 '검은 굴뚝'이라고 하는 깃털 모양의 구조를 형성한다. 이 반응으로 생성된 주요 침전물이 바로 황철석(황화철, 또는 '바보의 금')으로, 유기분자들을 서로 엮어 복잡한 유기 물질을 만들어줄 좋은 주형이기도 하다. 생물학자들은 유전적으로 가장 단순한 생명꼴인 고세균이 열수구에 흔하다는 걸 발견했는데, 생명이 심해 열수구에서 기원했다는 가설과 부합했다. 이 세균들이 먹이사슬의 기초가 되며, 거대한 조개, 서관충, 게를 비롯하여 이 깜깜한 해저 군집들에서만 발견되는 수많은 독특한 생물이 먹이사슬을 이루고 있다. 이만한 깊이에는 빛이 전혀 들지 않기 때문에, 이 계 전체는 광합성이 아니라 화학합성에 의존하며, 그 먹이사슬의 기초에는 (식물 대신) 황-환원 세균이 자리한다(NOAA의 사진).

부호화되어 있다. 그 핵산은 단백질 끈들을 부호화하고, 이 단백질 끈들은 생명의 재료가 된다. 그러나 핵산을 만들어내는 일은 단백질보다 훨씬 복잡하고 어렵다. 앞서 보았다시피 단백질은 긴 사슬의 생분자들 중에서 가장 쉽게 만들 수 있다. 오래전부터 시드니 폭스 같은 단백질생화학자들은 최초의 자기 복제하는 생물의 입장에서는 주변에서 쉽사리 가져다 쓸 수 있는 단백질 사슬들(오늘날에도 핵산이 내린 명령들을 실행한다)로 유전 부호를 만드는 것이 더 쉬웠을 것이라고 주장해왔다. 그러다가 어느 시점에 이르러 단백질보다 복잡한 핵산이 만들어졌고, 마침내 복제계는 단백질에서 그 후예에게로 넘어가게 되었다는 것이다.

다른 한편으로는, 먼저 단백질로 유전 부호를 구축했다가 나중에 더 복잡한 유전 부호가 대신하게 되었다는 가설은 절약의 원리에 크게 위배되어 가당성이 적은 가설이라는 생각을 제시하는 과학자들도 많았다. 그런 가설 대신, 비록 화학반응에서 핵산이 단백질보다 생성되기가 어렵기는 해도, 처음부터 핵산 유전 부호가 진화했다고 보는 쪽이 더 말이 된다고 그 과학자들은 논한다. 이렇게 해서 우리는 '닭이 먼저냐 달걀이 먼저냐'는 고전적인 문제에 봉착하게 된다. 어느 쪽이 먼저였을까? 단백질 복제계였을까, 핵산 복제계였을까?

다행스럽게도 이 난제를 풀 방도가 하나 있다. 1968년에 DNA 공동 발견자였던 프랜시스 크릭은 가장 이른 형태의 원세포protocell는 RNA 가닥이라는 생각을 처음으로 제시했다. 이른 1980년대에 토마스 체크Thomas R. Cech를 비롯한 과학자들이 리보자임ribozyme이라고 하는 유형의 RNA를 발견했다. 여러 기능을 수행하는 리보자임의 발견은 워낙 중대한 발견이었기에, 1989년 노벨 화학상이 수여되었다. 이 분자들은 유전 부호로도 활동하고 반응을 촉매하기도 하고 단백질들을 서로 엮는 일도 한다. 세포에는 RNA를 단백질로 번역하는 리보솜ribosome이 있는데, 사실 리보솜에서 기능적인 역할을 담당하는 것이 바로 리보자임이다. 그래서 리보자임은 복제자로서의 본연의 친숙한 역할만 수행하는 것이 아니라, 단백질이 하는 역할까지도 수행하는 것이다. 연구가 더 진행되면서, 자기 복제하는 생체계의 기원을 가장 단순하게 설명하는 각본은 바로 'RNA 세계'일 것이라는 생각으로 이어졌다(이 용어는 1986년에 월터 길버트Walter Gilbert가 처음 제안했으나, 이미 늦은 1960년대에 프랜시스 크릭, 레슬리 오걸Leslie Orgel, 칼 워즈를 비롯한 과학자들도 RNA 복제계가 먼저 있었을 것이라는 생각을 했다). 최초의 자기 복제하는 생명꼴은 홑가닥 RNA였을 것이고, 아마 지질이중층으로 이루어진 막이 감쌌을 것이며, 아마 단순한 탄수화물을 식량 창고로 이용했을 것이다. 복제자와 효소로 모두 기능할 수 있는 힘을 이용해서 그 RNA는 스스로를 더 복제해내는 동시에 단백질 구실까지 하다가, 나중에 서로 다른 수많은 단백질들이 관여하는 더욱 복잡한 반응들이 진화했을 것이다.

생명의 기원과 RNA 세계를 더욱 상세히 이해하도록 해주는 발견이 해마다 이어지고 있다. 이를테면 생명 이전의 평범한 조건에서 아미노산 서열을 작은 RNA 주형 위에 부호화하는 일은 쉽게 해낼 수 있다(Lehmann et al. 2009). RNA 세계에서 최초의 리보자임들은 훨씬 길고 안정적이었음을 보여준 실험들도 있다(Santos et al.

2004; Kun et al. 2005). 또 어떤 실험들은 물속에서 뉴클레오티드들이 쉽사리 뭉쳐서 뉴클레오티드 100개가 넘는 길이의 RNA가 형성될 수 있음을 보여주었다(Costanza et al. 2009). 지구의 정상적인 조건에서 RNA 분자들이 쉽사리 긴 사슬로 엮일 수 있음을 입증한 실험도 있다(Pino et al. 2008). 그리고 마지막으로, 진화에 의해서 새로운 유전자들이 거듭해서 만들어질 수 있음을 보여준 실험도 많다(Long 2001; Long et al. 2003; Patthy 2003).

현재 'RNA 세계' 가설은 진정으로 '생명'이라고 부를 만한 최초의 자기 복제계의 기원을 가장 가능성 있게 설명해내는 각본으로 인정받고 있다. 물론 현재 과학자들이 씨름 중인 난관들이 있다. 곧 RNA 세계가 어떻게 해서 오늘날의 DNA 세계로 대체되었을까? RNA 세계 이전에는 무엇이 있었을까? (몇몇 학자들이 내놓은 생각처럼) 핵산 사슬에 당 리보오스 대신에 아미노산이 있었던 PNA 세계(펩티드-핵산peptide-nucleic acid 세계)가 과연 있었을까? 또는 다른 세계가 있었을까? 여느 훌륭한 과학적 문제가 그러는 것처럼, 여기서도 수수께끼 하나를 풀면 더 풀어내야 할 새롭고도 더 흥미로운 문제들이 이어진다. 과학은 이런 식으로 돌아가야 한다.

과학자들이 하지 않는 일은, 복잡한 계를 손가락으로 가리키고는 그 계가 어떻게 자연적 원인으로 생겨날 수 있을지 상상이 안 간다고 말하면서, 창조론자들이 하는 대로 두 손 들고 항복해버리는 것이다. 생명의 기원 문제가 결코 풀어낼 수 없는 문제라고 주장하면서 시험이 불가능하고 비과학적인 '빈틈을 메우는 신' 논증에 의존하는 대신, 이제까지 과학자들은 생명이 어떻게 생겨났을지 보여주는 일에 어마어마한 진전을 이루어냈다. 비생명에서 생명이 진화하는 모습을 시험관 안에서 눈으로 결코 볼 수 없을지도 모르지만(그러나 목하 거기에 가까이 다다르고 있다), 생명 발생의 거의 모든 단계가 일어나는 방식에 대한 훌륭한 실험적 증거가 있음은 확실하다. 그래서 생명의 기원 문제를 푸는 일에 무슨 초자연적인 간섭을 끌어들일 필요도 없고 손 떼고 포기할 필요도 없다.

공동생활이 복잡한 세포를 짓는다

우리는 공생이 이루어지는 행성에 사는 공생자들이다. 관심만 가진다면, 우리
는 어디에서나 공생관계를 찾아볼 수 있다. 서로 다른 수많은 생명꼴에게 신체
적 접촉이란 타협의 여지가 없는 필수조건이다.
　—린 마굴리스,《공생자 행성》

창조론자들은 진핵세포(그림 6-7)의 복잡성을 즐겨 지적한다. 과학에 문외한인 청
중에게 진핵세포가 가진 온갖 다양한 세포소기관들(미토콘드리아, 엽록체, 편모 같은
것)을 보여주고는 진화로는 그런 놀라운 장치들을 결코 구성해낼 수 없을 것이라고
강변한다. 그런데 복잡한 진핵세포를 만드는 해법을 과학자들이 수십 년 전부터 알
고 있었으며, 서로 평화롭고 조화롭게 어울려 사는 것 말고 따로 더 복잡한 것은 아
무것도 필요치 않다는 것을 창조론자들은 언급하지 않는다. 만일 세균 같은 단순한
원핵생물 안에다 세포소기관들을 모두 무無에서부터 개발해서 넣으려 한다면, 그
건 이룰 가망이 전혀 없는 어려운 문제로 보일 것이다. 그런데 1967년에 린 마굴리
스Lynn Margulis가 이 문제를 풀어낼 급진적인 생각을 하나 내놓았다(그녀가 독자적으
로 해낸 생각이긴 하지만, 그전인 1905년에 K. S. 메레즈코프스키Merezhkovsky가 모호하게
제시한 생각을 자기도 모르게 되살려낸 것이었다). 그녀가 제시한 것은 훨씬 단순한 해
법으로서, **내부공생**endosymbiosis이 바로 그것이다. 미토콘드리아나 엽록체 같은 것들
을 무에서부터 '발명하는' 대신, 그 소기관들이라는 게 처음에는 독립적으로 살아
가는 원핵세포였다가 먹이를 제공하거나 보호를 해주는 대가로 더 큰 세포의 벽 안
쪽에서 살아가게 된 것들이라고 마굴리스는 논한다(그림 6-8). 엽록체는 남세균으
로 출발한 것이 분명하다. 남세균은 세포소기관이 없는 원핵세포임에도 광합성을
한다. 자색비황세균puple nonsulfur bacteria은 미토콘드리아와 구조와 기능이 거의 같기
때문에, 분명 이들에게서 미토콘드리아가 유래했을 것이다. 편모에는 9 + 2 섬유구
조(복판에 있는 홑미세관 한 쌍 둘레를 아홉 개의 두짝미세관이 싸고 있는 모습)가 있는
데, 이는 스피로헤타spirochaete라고 하는 원핵생물—매독을 일으킨다—이 가진 것

과 동일한 구조이다. 이 각각의 작은 원핵생물들이 더 큰 세포 안에 살게 되자, 각자 가지고 있던 기능을 숙주의 기능으로 승화시켰고, 그 결과 남세균은 엽록체가 되어 광합성이 일어나는 본거지 구실을 하고, 자색비황세균은 미토콘드리아가 되어 세포의 에너지 변환기 구실을 하게 되었다.

이 원핵생물들이 세포소기관과 세부적인 면에서 서로 비슷함을 보이는 데에서 그치지 않고, 마굴리스는 시사적인 다른 증거 가닥들도 많이 짚어냈다. 세포소기관들은 대개 진핵세포의 막으로 싸여 있지 않고 저마다 막을 따로 가지고 있어서 다른 기관들과 분리되어 있다. 이는 세포소기관들이 원래 자기보다 더 큰 세포 안에 부분적으로 통합된 외래 생체임을 강하게 시사한다. 또한 미토콘드리아와 엽록체는 저마다 나름의 생화학 경로로 단백질을 만들며, 세포 내 다른 기관들이 사용하는 경로와는 다르다. 또한 엽록체와 미토콘드리아는 세균을 비롯해 원핵생물을 죽이는 능력이 뛰어난 스트렙토마이신과 테트라사이클린 같은 항생물질에 취약하다.

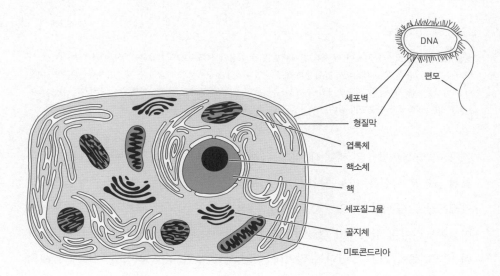

그림 6-7 고세균과 진정세균 같은 원핵생물은 지름이 몇 마이크로미터에 불과한 작은 세포들이다. 그들이 가진 유전물질(DNA)은 핵 속에 담겨 있지 않고 세포 속을 떠다니며, 세포소기관이 없다. (원핵생물을 제외한 모든 생물에 해당하는) 진핵생물의 세포는 더 크고 더 복잡하며, 핵이 따로 있어서 DNA를 속에 담고 있다. 그 세포 안에는 세포소기관들도 많이 있다. 미토콘드리아, 엽록체, 골지체, 세포질그물, 섬모, 편모를 비롯해 세포 수준 이하의 구조들이 바로 그것들이다.

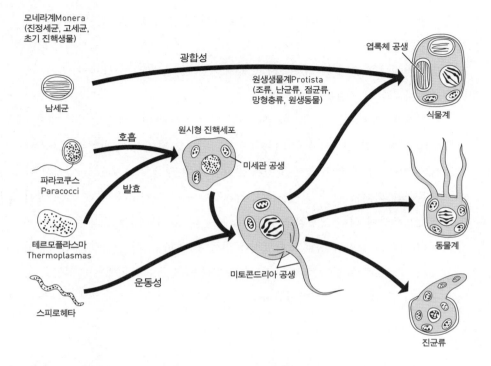

모네라계Monera
(진정세균, 고세균,
초기 진핵생물)

광합성

엽록체 공생

원생생물계Protista
(조류, 난균류, 점균류,
망형충류, 원생동물)

식물계

남세균

호흡

원시형 진핵세포

미세관 공생

파라코쿠스
Paracocci

발효

테르모플라스마
Thermoplasmas

동물계

운동성

스피로헤타

미토콘드리아 공생

진균류

그림 6-8 린 마굴리스에 따르면, 복잡한 진핵세포는 둘 이상의 원핵세포가 결합하여 공생관계를 이뤄 살면서 생겨났다. 남세균은 식물 세포에서 광합성을 해주는 엽록체의 선구세포가 분명하다. 자색비황세균은 세포 내에서 에너지를 제공하는 미토콘드리아와 구조 및 유전부호가 같다. 그리고 편모는 매독을 일으키기도 하는 스피로헤타라는 원핵세포와 구조가 같다.

반면 이 항생물질들은 세포 내 다른 기관들에는 아무 영향도 주지 않는다. 이보다 훨씬 놀라운 사실은, 미토콘드리아와 엽록체가 원핵생물처럼 분열하는 방법으로만 딸세포들로 증식할 수 있다는 것이다. 다시 말해서 세포를 채우고 있는 세포질로 미토콘드리아나 엽록체가 만들어지는 것이 아니라, 두 기관이 저마다 독립적인 생식 메커니즘을 가지고 있다는 말이다. 만일 세포가 미토콘드리아나 엽록체를 잃으면, 세포는 이것들을 더 만들어내지 못한다.

50년 전에 마굴리스가 이 놀랄 만한 생각들을 처음 내놓았을 때엔 반발이 대단했다. 그러나 생물학자들이 자연에 있는 공생관계의 예들을 점점 많이 보게 되면서, 마굴리스의 생각은 더욱더 가당성을 가지게 되었다. 사람의 몸속과 피부에도 우리와 공생관계에 있는 세균들이 많이 살고 있다. 우리 몸속의 창자는 대장균*Escherischia coli*(줄여서 *E. coli*라고 표기한다)이라는 세균으로 가득 차 있다. 샬레에서 배양되는 모습이라든가 하수 유출이나 부엌의 오염을 경고하는 뉴스 등을 통해 친숙하게 보고 듣는 세균이다. 우리를 위해 소화의 대부분을 실제로 해주는 것이 바로 이 대장균이다. 말하자면 창자를 집으로 삼는 대가로 음식물을 영양분으로 바수는 일을 해주는 것이다. 우리가 싸는 대변의 대부분은 사실 소화를 마치고 죽은 세균의 조직들이며, 여기에 소화할 수 없는 섬유질과 우리가 대사할 수 없는 여타 물질들이 섞여 있다. 이것 말고도 자연에는 내부공생의 예들이 많이 있다. 흰개미, 바다거북, 소, 염소를 비롯해서 수많은 생물에게는 소화 불가능한 셀룰로오스를 바수는 일을 거드는 특수한 내장균gut bacteria이 있어서, 이 동물들은 식물을 닥치는 대로 먹을 수 있다. 열대산호, 커다란 유공충, 자이언트조개는 모두 조직 속에 조류藻類가 깃들어 살며, 이것들이 산소를 만들어주고, 커다란 골격을 만드는 데 필요한 광물질을 분비하는 일을 거든다.

가장 강력한 증거는 세포소기관들을 더욱 면밀히 연구해나가면서 나왔다. 그 소기관들이 한때 독립 생활을 했던 원핵세포와 구조만 같은 것이 아니라, **저마다 고유한 유전부호까지 가지고 있음**을 발견한 것이다! 미토콘드리아와 엽록체 모두 저마다 고유한 DNA를 가지고 있으며, 세포핵 속에 있는 DNA와는 염기서열이 다르다. 만일 미토콘드리아와 엽록체가 한때 독립생활을 하면서 독자적으로 번식했던 원핵생물이 아니었다면, 이는 전혀 이해가 가지 않는 모습일 것이다. 사실 미토콘드리아DNA는 핵DNA와 충분히 다르고 진화 속도도 다르다. 그래서 핵DNA로는 풀지 못하는 진화의 문제들을 푸는 데 쓸 수 있다. 만일 진핵세포가 소기관들을 무에서부터 만들어내려 했다고 본다면(만일 정말 그랬다면 미토콘드리아와 엽록체는 유전부호를 갖지 않았을 것이다) 이는 전혀 이해가 가지 않는 증거일 것이며, 우리가 지금 보는 모습 그대로 세포가 창조되었다는 창조론자의 설명으로도 이해가 가지 않을 것임은 확실하다. 만일 세포가 창조되었다면, 왜 신은 소기관들에게 마치 한때 독립생활을 하던 원핵세포인 것처럼 보이게 저마다 고유한 DNA를 주었을까? 창조론자들은 다시 고스의 옴팔로스 관념에 매달리려 들겠지만, 그건 과학이 아니다.

최후의 결정타가 있다. 이 과정이 바로 지금도 일어나고 있음을 보여주는 **현생 과도기 꼴들**이 많이 있다는 것이다! 민물 아메바인 다핵아메바속*Pelomyxa*이라든가 람블편모충속*Giardia*(여행자가 오염된 물을 마셨을 때 이질에 걸리게 하는 것으로 유명하다) 같은 단순한 진핵생물들은 미토콘드리아가 없는 대신에 미토콘드리아가 하는 것과 똑같은 호흡 기능을 수행하는 공생적 세균을 담고 있다. 실험실에서 과학자들은 아메바가 조직 속에 몇몇 세균들을 내부공생자로 통합하는 모습을 관찰해 왔다. 흰개미의 내장에서 살아가는 파라바살리아류*parabasalid*는 편모 대신에 스피로헤타를 운동기관으로 이용한다. 이렇게 해서 1967년에는 무모한 사변이었던 마굴리스의 생각이 이제는 진핵세포와 세포소기관의 기원을 가장 잘 설명해낼 수 있는 것으로 인정받고 있다. 린 마굴리스는 획기적이고 대담할 만큼 독창적인 생각을 해낸 공로를 인정받아 미국과학훈장National Medal of Science까지 받았다.

마지막 요점 하나. 마굴리스는 진핵세포의 편모가 매독을 유발하는 원핵생물인 스피로헤타에서 유래했음을 보여주었다. 그런데 마침 편모는 ID 창조론자들이 즐겨 드는 '환원 불가능한 복잡성'의 예 가운데 하나이기도 하다(이를테면 Behe 1996). 마이클 비히는 편모의 구조가 너무 복잡해서 진화로는 설명할 수 없다고 주장한다. 비히는 편모가 가지는 독특한 9+2 구조가 이미 자연에 존재한다는 사실, 곧 진핵세포보다 훨씬 단순한 생명꼴인 원핵생물 스피로헤타의 구조 속에 이미 존재한다는 사실을 전혀 모르는 게 분명하다. 케네스 밀러(2004)가 보여주었다시피, 구조만 같은 게 아니라 생화학적 과정까지도 똑같다. 편모의 기저체basal body는 수많은 세균이 독소를 분비하는 데 쓰는 제3형분비계type III secretion system와 비슷하다는 게 밝혀졌다. '가져다 쓰기co-option'를 보여주는 이런 예들은 비히의 '환원 불가능한 복잡성'을 논박하는 강력한 증거로 간주된다.

확률, 그리고 생명의 기원

가장 하등한 생물에게서 정신 능력이 어떤 방식으로 처음 발생했는지는 생명이

처음에 어떻게 기원했느냐는 것만큼이나 답을 얻을 가망이 없는 문제이다. 이
건 먼 미래에나 풀릴 문제이다. 사람이 풀어낼 문제이기라도 하다면 말이다.
— 찰스 다윈, 《인간의 유래》

위의 인용이 보여주듯이, 다윈도 생명의 기원에 대해 책에서 사변을 펼치길 꺼렸다
(그러나 후커에게 보낸 사적인 편지에서는 사변을 펼쳤다). 생명이 기원한 이후의 화석
기록에는 진화의 증거가 매우 뚜렷하게 새겨져 있다(다음 몇 장에서 이를 보여줄 것
이다). 그러나 과학자라면 사변을 펼치고 화학적 및 물리학적 실험을 해서 생명의
기원을 재구성하려고 해야 한다. 우리는 지난 70년 동안 과학자들이 크나큰 걸음을
떼었음을 보았다. 유리-밀러의 첫 실험을 시작으로, 아미노산을 비생물적으로 합
성한 수많은 실험, 제올라이트나 점토나 황철석 같은 주형을 이용해서 단순한 성분
들로 단백질, 지질, 탄수화물, 핵산 같은 복잡한 중합체들을 조립할 수 있도록 해주
는 수많은 메커니즘, 그리고 마굴리스가 보여준 내부공생에 의한 진핵세포의 기원
에 이르기까지 말이다. 모든 문제가 다 풀렸거나 모든 답이 다 드러난 것은 아니지
만, 생명의 기원 연구는 비교적 젊고 활기찬 과학 분야로서 알아낼 것도 많고 할 것
도 매우 많다. 지금까지 이뤄낸 진전을 감안하면, 생명이 기원하기까지 거친 수많은
단계들을 머잖아 과학적으로 확정지을 수 있을 것으로 보인다.

그러나 창조론자들이 쓴 글을 읽어서는 결코 이를 알아내지 못할 것이다. 창조
론자들은 생명의 기원을 진화 이론의 약점으로 보고 즐겨 공격한다. 논쟁 형식으로
토론하거나 방어하기에는 생명의 기원이 너무 복잡하고 어려운 문제이기 때문이
다. 창조론자들은 자기네 글을 읽는 이들이 대부분 과학에 아무런 배경지식이 없으
며, 그래서 세포와 생화학 같은 온갖 이야기에 큰 인상도 받고 쩔쩔 매기도 하다가
직관적으로 이해가 안 가는 문제에 대해서는 지나치게 단순한 논증을 믿어버리도
록 쉽게 설득 당한다는 것을 잘 알고 있다. 창조론자들은 으레 세포의 복잡성과 세
포가 가진 수많은 생화학적 메커니즘들을 제시하여 청중을 압도해서 탄성을 자아
내게 하고, 이 어마어마한 복잡계를 우연으로 조립해보라며 진화론자에게 도전하
곤 한다.

다른 많은 사람이 보여주었다시피, 이런 도전을 꺾을 단순하고 명쾌한 답은 많이 있다. 제일 먼저, 차근차근 생명꼴이 지어지는 단계들, 곧 가장 단순한 화학물질에서 아미노산으로, 단백질을 비롯한 중합체들로, 원핵세포로, 진핵세포로 넘어가는 단계들을 이번 장에서 보았다. 이 모든 과정에서 사용되는 단계들은 비교적 작은 단계들로서 자연선택이 끌고 갈 수 있다. 정상을 벗어난 조건이 필요한 단계는 하나도 없으며, 가당한 범위를 벗어나 있는 단계도 없다. 대부분 각 단계는 실험실에서 본떠 볼 수 있거나, 오늘날 자연에서 여전히 이루어지고 있는 과정들(이를테면 내부공생)의 예를 통해 목도할 수 있다. 둘째, 이 모두가 우연에 의해 생겼다고 말하는 진화생물학자는 하나도 없다는 것이다. 2장에서 살펴보았다시피, 선택이 작용할 만한 변이의 원재료를 제공하는 것은 우연일 수 있지만, 결코 선택은 제멋대로인 작용자가 아니다('워드프로세서를 치는 원숭이' 유비를 앞에서 들었다). 창조론자들은 어떤 복잡한 생화학적 경로를 지적하면서 그것이 '환원 불가능할 만큼 복잡하기' 때문에 자연선택으로는 지어질 수 없다고 주장할 것이다. 그러나 수많은 생화학자가 이런 논증을 박살냈다. 왜냐하면 거의 모든 생화학적 과정 또는 경로가 단순한 것부터 복잡한 것까지 다양한 형태로 존재하며, 여기저기에 단계 몇 개만 추가하면 단순한 경로를 출발시킬 수 있고(이렇게 해도 여전히 적응성을 가진다), 점점 개선해 나가서 크렙스 회로Krebs cycle만큼이나 복잡하게 만들 수 있음을 보여주기는 쉽기 때문이다. 마지막으로, 창조론자들은 완성된 생성물을 가리키며 이 구조를 생성시키는 데 필요한 확률은 천문학적으로 낮다고 사후 논증하는 오류에 호소한다. 우리가 2장에서 이미 살폈다시피, 무엇이 일어날 확률은 사후에 **결코** 논할 수 없다. 왜냐하면 초기 조건들에서 출발하여 하나하나 지어나간다면, 거의 모든 사건이 일어날 확률이 극히 낮아지기 때문이다. 그럼에도 '일어날 확률이 극히 낮은' 그 사건들은 일어났다!

생명의 기원을 파고드는 연구의 성질이 사변적이라는 것에 아직 불편함을 느끼는 독자가 있다면, 당장은 이 문제 전체를 제쳐놓아도 된다. 우리가 자연주의적 방법들을 써서 생명의 기원을 설명할 수 있다는 데 여러분이 동의하든 안 하든, 생명이 기원한 이후로 생명이 진화해왔다는 사실은 논란의 대상이 되지 않으며, 어림

짐작을 넘어서 화석 기록, 분자, 생물의 배아발생과 해부 구조에서 나온 증거들이 놀라울 정도로 하나로 수렴하면서 증명되었다. 나머지 장들에서 이 증거들을 집중적으로 살펴볼 것이다.

더 읽을거리

Cairns-Smith, A. G. 1985. *Seven Clues to the Origin of Life*. New York: Cambridge University Press.

Cone, J. 1991. *Fire Under the Sea: The Discovery of the Most Extraordinary Environment on Earth — Volcanic Hot Springs on the Ocean Floor*. New York: Morrow.

Costanza, G., S. Pino, F. Ciciriello, and E. Di Mauro. 2009. Generation of long RNA chains in water. *Journal of Biological Chemistry* 284: 33206-33216.

Fry, I. 2000. *The Emergence of Life on Earth: A Historical and Scientific Overview*. Piscataway, N.J.: Rutgers University Press.

Hazen, R. M. 2005. *Genesis: The Scientific Quest for Life's Origins*. Washington, D.C.: Joseph Henry [《제너시스 — 생명의 기원을 찾아서》 한승: 2008].

Knoll, A. H. 2003. *Life on a Young Planet: The First Three Billion Years of Evolution on Earth*. Princeton, N.J.: Princeton University Press [《생명 최초의 30억 년》 뿌리와이파리: 2007].

Kun, A., M. Santos, and E. Szathmary, E. 2005. Real ribozymes suggest a relaxed error threshold. *Nature Genetics* 37: 1008-1011.

Lehmann, J., M. Cibils, and A. Libchaber. 2009. Emergence of a code in the polymerization of amino acids along RNA templates. *PLoS ONE* 4: e5773.

Long, M. 2001. Evolution of novel genes. *Current Opinions in Genetics and Development*. 11: 673-680.

Long, M., E. Betran, K. Thornton, and W. Wang. 2003. The origin of new genes: glimpses from the young and old. *Nature Review of Genetics* 4: 865-875.

Margulis, L. 1981. *Symbiosis in Cell Evolution*. San Francisco: Freeman.

Margulis, L. 1982. Early animal evolution: emerging view from comparative biology and geology. *Science* 284: 2129-2137.

Margulis, L. 2000. *Symbiotic Planet: A New Look at Evolution*. New York: Basic [《공생자

행성—린 마굴리스가 들려주는 공생 진화의 비밀》사이언스북스: 2007].

Miller, K. 2004. The flagellum unspun: the collapse of "irreducible complexity." In *Debating Design: From Darwin to DNA*. ed. M. Ruse and W. Dembski. New York: Cambridge University Press, pp. 81-97.

Miller, Stanley L. 1953. A production of amino acids under possible primitive earth conditions. *Science* 117: 528-529.

Nutman, A. P., V. C. Bennett, C. R. L. Friend, M. J. van Kranendonk, and A. R. Chivas. 2016. Rapid emergence of life shown by 3700-million-year-old microbial structures. *Nature* 537: 535-538.

Patthy, L. 2003. Modular assembly of genes and the evolution of new functions. *Genetica* 118: 217-231.

Pino, S., F. Ciciriello, G. Costanzo, and E. Di Mauro, E. 2008. Nonenzymatic RNA ligation in water. *Journal of Biological Chemistry* 283: 36494-36503.

Schidlowski, M., P. W. U. Appel, R. Eichmann and C. E. Junge. 1979. Carbon isotope geochemistry of the 3.7×10^9yr old Isua sediments, West Greenland; implications for the Archaean carbon and oxygen cycles. *Geochimica Cosmochimica Acta* 43: 189-200.

Schopf, J. W. 1999. *Cradle of Life*. Princeton, N.J.: Princeton University Press.

Schopf, J. W. 2002. *Life's Origin: The Beginnings of Biological Evolution*. Berkeley: University of California Press.

Shapiro, R. 1986. *Origins, A Skeptic's Guide to the Creation of Life on Earth*. New York: Summit.

Wächtershäuser, G. 2006. From volcanic origins of chemoautotrophic life to Bacteria, Archaea, and Eukarya. Philosophical Transactions of the Royal Society of London B 361: 1787-1806.

Wächtershäuser, G. 2008. Origin of life: life as we don't know it. *Science* 289: 1307-1308.

Wills, C. and J. Bada. 2000. *The Spark of Life: Darwin and the Primeval Soup*. New York: Perseus. 《생명의 불꽃—다윈과 원시 수프》아카넷: 2013)

그림 7-1 생명 역사의 처음 80퍼센트 가까이 되는 시간 동안(30억 년) 지구 위의 생명이 어떤 모습이었을지 그려본 입체 상상도. 가장 복잡한 생명꼴이라야 둥근 모양의 스트로마톨라이트를 형성하는 남세균 매트가 고작이었다. 만일 처음 35억 년 동안 거의 아무 때든 이 행성을 방문한 적이 있는 외계인이라면, 파도치는 구간에 자리한 더껭이 융단 말고는 복잡한 것을 아무것도 보지 못했을 것이고, 아마 지구상의 생명에 별 인상을 받지 못한 채 지구를 떠났을 것이다(칼 뷰얼의 그림).

7 캄브리아기 '폭발' 혹은 '느린 도화'?

창조론자들이 좋아하는 신화

캄브리아계 이전에 있었던 가장 이른 시기로 추정되는 시기에 속하는 퇴적층에서 화석이 풍부한 지층을 왜 찾아내지 못하느냐는 물음에 나는 만족할 만한 답을 줄 수가 없다. …… 그럼에도 캄브리아계 아래에 화석을 풍부하게 함유한 막대한 지층더미가 왜 없는지 괜찮은 이유 하나 들기가 몹시 어렵다. …… 그리고 이 책에서 펼친 시각에 대한 타당한 반론이라고 진정 역설할 만할 것이다.
—찰스 다윈,《종의 기원》

창조론자들이 화석 기록에 대해 조장하는 그 모든 왜곡 가운데에서 가장 나쁜 것은 창조론식 '캄브리아기 폭발'이다. 창조론자들은, 그 이전에는 화석이 하나도 없다가 캄브리아기가 시작하자마자 '갑자기' 대부분의 무척추동물 화석들이 처음으로 나타났을 것이라는 생각이 특별창조special creation가 있었음을 암시한다고 생각한다. 창조론자들은 캄브리아기 폭발의 '수수께끼'에 대해 다양한 분야의 정식 과학자들이 했던 말을 인용하길 좋아하는데, 그 인용들의 대부분은 심히 오래된 것들이고, 원전에서 인용한 부분 전체를 찬찬히 읽었을 때의 맥락과는 정반대되는 뜻을 담아서 인용하는 글이 많다. 위에서 인용한 다윈의 말이 대표적이다. 그러나 이 말은 150년도 더 전에 쓰인 것이고, 그때는 캄브리아기나 선캄브리아 시대에 대해 아는 바가 극히 적은 때였다. 이런 무지는 기시, 모리스, 조너선 사르파티 같은 영순위 창조론자들뿐 아니라, 특히 스티븐 마이어, 퍼시벌 데이비스Percival Davis, 딘 케니언Dean H. Kenyon 같은 지적설계(ID) 창조론자들에게도 해당된다. 자신의 전문 분야와는 많이 벗어나 있기 때문에 평소에는 화석에 대해 말하는 걸 꺼리는 ID 창조론 생화학자인 마이클 비히(1996)까지도 캄브리아기 폭발만큼은 거론하곤 한다.

창조론자들이 캄브리아기 폭발에 매료되는 것이 왜 문제냐면, 바로 **캄브리아기 폭발이라는 게 모두 그른 소리이기 때문이다**! 주요 무척추동물 화석군은 **캄브리아계의 기저부에서 모두 갑자기 나타나지 않는다**. 그 대신 8000만 년 세월에 걸쳐 있는 지층들의 여기저기에 흩어져 있다. 순간적인 '폭발'이라고는 도저히 볼 수가 없는 모습이다! 다른 군들보다 **수천만 년** 일찍 등장한 군들도 있다. 그렇게 '캄브리아기 폭발'에 앞서 오랜 기간 더디게 성장해오다가 마침내 캄브리아기의 전형인 껍질을 가진 무척추동물들이 처음 등장하게 된 것이다.

이번 장에서 우리는 캄브리아기 폭발을 '캄브리아기의 느린 도화'로 바꿔놓은 최근의 수많은 연구 성과를 따라가면서 그 단계를 하나하나 살펴나갈 것이다. 설사 창조론자들이야 과학에서 최근에 이루어낸 발견들을 따라잡지 못한다손 치더라도, 청중만큼은 그들이 헛소리를 할 때마다 그게 헛소리임을 알아보길 바라마지 않는다.

1단계: 더껑이로 덮인 행성

우리 역사의 5분의 4 동안, 우리 행성에 거주했던 것들은 수면을 떠다니는 더껑이였다.

—J. W. 쇼프, 《생명의 요람》

선캄브리아 시대에 명백한 화석이 없는 것을 놓고 다윈이 봉착했던 궁지를 풀어줄 해법은 바로 우리가 엉뚱한 방향에서 그 화석을 찾아 다녔음을 깨닫는 것이다. 화석은 언제나 거기 있었다. 다만 거의 언제나 마이크로 크기의 화석들이었을 따름이다. 1940년대와 1950년대에 스탠리 타일러Stanley Tyler와 엘소 바그훈Elso Barghoorn이 캐나다에 있는 20억 살짜리 건플린트처트Gunflint Chert 같은 처트와 플린트에 섬세한 미화석들이 보존되어 있음을 발견하면서, 드디어 그 화석들을 연구할 수 있게 되었다. 따라서 선캄브리아 시대의 화석 기록에 대해 창조론자들이 오해한 것과는 다르게, 삼엽충보다 이른 시기의 화석도 많이 있다. 다만 그 화석을 보려면 현미경이 있어야 하고, 일정한 환경에서만 그 화석들이 보존되어 있다는 것이 다를 뿐이다.

우리는 6장에서 이미 오스트레일리아의 35억 살짜리 암석과 남아프리카의 34억 살짜리 암석에서 나온 최초기의 화석에 대한 증거를 살펴보았고(그림 6-2), 38억 년 전의 것인 암석에서 유기 탄소 및 스트로마톨라이트일 가능성이 있는 것들이 나왔음도 보았다. 이것들은 모두 단순한 원핵성 세균과 남세균(예전에는 '남조류'라는 잘못된 이름으로 알려졌다)의 화석들이다. 현생 남세균 가운데에서 그것들에 대응하는 군들은 사실상 그 화석군들과 전혀 구분이 안 간다. 이는 남세균이 지난 35억 년 동안 아주 조금밖에 진화하지 않았음을 보여준다(적어도 외적인 해부학적 의미에서는 말이다). 최초기의 생명꼴들은 해저에 단순한 미생물 매트를 만들었고, 그렇게 살아가는 방식이 워낙 큰 성공을 거두었기 때문에, 그 뒤로 그 방식을 바꿔야 할 이유가 없었던 것이다.

처음(35억 년 전)이 그랬기 때문에, 그 뒤로 거의 20억 년 동안도 그랬다. 전 세계적으로 35억~17억 5000만 살 사이의 나이를 가진 암석에서 미화석이 발굴된 곳들은 수백 곳에 이르고(이 화석들을 기록한 자료는 다음과 같다. Schopf 1983, Schopf and Klein 1992), 훌륭한 원핵생물 표본들이 수없이 많이 발굴되고 있다(그리고 이따금 큰 규모의 퇴적성 구조도 나오는데, 화석이 된 충진 세균 매트로서, 스트로마톨라이트라고 한다). 제임스 윌리엄 쇼프James William Schopf(1999)는 이렇게 유난히 느린 속도로 진행하는 진화를 **초저속진화**hypobradytely라고 부르는데, 조지 게일로드 심프슨(1944)이 '느린 진화 속도'라는 뜻으로 쓴 말인 **저속진화**bradytely에다가 접두사 'hypo-'('밑'이라는 뜻)를 덧붙여서, 우리가 아는 어떤 생물보다도 남세균이 느리게 진화해왔음을 가리키는 말로 쓴 것이다. 사실 남세균은 35억 년 동안 눈에 띄는 변화를 거의 보여주지 않는다. 어디가 되었든 35억~17억 5000만 살짜리 암석을 들여다보면 원핵생물과 스트로마톨라이트보다 복잡한 것은 하나도 찾아볼 수가 없다. 진핵생물이라고 할 만큼 충분히 큰 첫 세포 화석은 17억 5000만 년 전에야 나타나고, 다세포 생명은 6억 년 전에 이르러서야 비로소 나타난다. 생명 역사의 약 60퍼

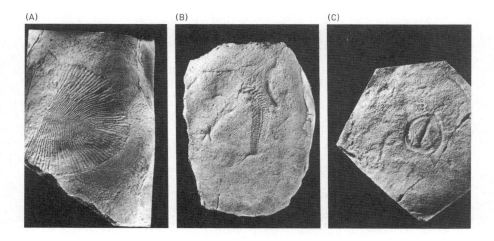

(A)   (B)   (C)

(D)

그림 7-2 에디아카라 동물상은 골격이 없는 연한 몸이 남긴 인상화석들로 이루어져 있으며, 생물학적 유연관계가 어떻게 되는지는 아직까지 논란이 되고 있다. (A) 바다벌레처럼 몸마디가 있는 디킨소니아*Dickinsonia*. 몸 길이가 거의 1미터에 달한다. (B) 몸마디가 있고 길쭉한 스프리기나*Spriggina*. (C) 기묘한 꼴을 한 파르반코리나 *Parvancorina*. 절지동물과 연결해서 보고 있다. (D) 에디아카라 동물군집을 재구성한 그림. 대부분의 화석이 오늘날의 해파리, 바다조름, 바다벌레와 관계가 있다고 가정해서 그린 것이다(스미소니언 협회에서 제공한 사진).

센트인 거의 20억 년 동안 이 지구상에는 세균이나 세균 매트보다 더 복잡한 것은 없었으며, 지구 역사의 85퍼센트인 거의 30억 년 동안 이 지구상에는 단세포 생물보다 더 복잡한 것은 없었다. 그야말로 '더껑이의 행성planet of the scum'이었다. 만일 외계인이 존재해서 오래전에 이 지구를 방문했다면, 십중팔구 남세균 매트보다 흥미로운 것은 하나도 볼 수 없었던 때(그림 7-1)에 왔을 것이다. 그리고 아마 이 행성이 너무 따분하기 때문에 곧장 다시 날아가 버렸을 것이다(그들이 남세균을 연구하고 있지 않았다면 말이다. 만일 그랬다면 지구는 흥미로운 장소였을 테니까).

　인류는 자신들이 특별하며 창조의 중심이라고 생각하길 좋아하지만, 그런 인간 중심적인 우주관은, 이 지구가 광막한 우주의 변두리에 자리한 어느 작은 태양계에 속한 어느 작은 행성임을 발견하면서(그 시작은 코페르니쿠스였다) 타격을 입었고, 지질 시간은 까마득히 오래며 지구 나이에서 아주 끝 시점에 와서야 인간이 등장했음을 발견하면서(그 시작은 제임스 허턴이었다) 또 한 번 타격을 입었다. 그것 말고도 생명 역사의 대부분을 특징짓는 것이 바다의 더껑이보다 조금도 복잡하지 않는 것들이었고, 생명 역사의 마지막 1퍼센트를 쪼개고 또 쪼갠 시간에 인간이 등장했다는 사실도 있다. 이것으로 우리가 가진 우주적 오만함은 마침내 끝장이 났다. 마크 트웨인Mark Twain이 이를 더없이 잘 말해주었다. "에펠 탑이 세계의 나이를 표상한다고 하면, 탑 꼭대기의 첨탑 끝마디에 칠해진 페인트 껍질이 바로 세계의 나이에서 인간이 차지하는 몫을 표상할 것이고, 그 페인트 껍질이 바로 에펠 탑이 지어진 목적이라고 누구나 생각할 것이다. 잘은 몰라도, 내 짐작에 그들은 그럴 것이다."

2단계: 에디아카라 동산

포부가 큰 고생물학자라면 으레 육식공룡이나 플라이스토세의 포유류 같은 크고 화려한 표본들에 끌리곤 한다. 그러나 진짜 괴물을 찾으려면, 곧 잃어버린 세계의 기이한 경이를 찾으려면, 반드시 무척추고생물학으로 눈길을 돌려야 한다. 화석이 된 그 모든 생물체 가운데에서 의심할 여지없이 가장 괴상한 것은 에디아카라의 화석들에서 찾아볼 수 있다.

—마크 맥메너먼,《에디아카라 동산》

단세포 생명에서부터 캄브리아기의 삼엽충까지 이르는 과정에서 우리가 살펴볼 다음 단계는 다세포 생명 화석의 등장이다. 창조론자들이 퍼뜨리는 신화와는 달리, 캄브리아기 초기보다 오래된(5억 4500만 년 전보다 이전) 암석에는 화석이 풍부하다. 이 화석 가운데에는 연대가 6억 년 전의 것들도 있는데, 이것들을 **에디아카라 동물상**Ediacaran fauna이라고 한다. 6억 년 전부터 5억 4500만 년 전에 캄브리아기가 시작할 때까지의 기간을 신원생대의 에디아카라기Ediacaran Period라고 한다. 에디아카라 동물상은 1946년에 레그 스프리그Reg Sprigg가 오스트레일리아의 에디아카라 구릉지대Ediacara Hills에 있는 론슬리 규암Rawnsley Quartzite에서 처음 발견했고, 지금은 중국, 러시아, 시베리아, 나미비아, 잉글랜드, 스칸디나비아, 캐나다의 유콘과 뉴펀들랜드에 있는 수많은 장엄한 화석 유적지를 비롯하여 세계 곳곳에서 널리 발견되고 있다. 이 화석들의 대부분은 골격이 없이 부드러운 몸을 가진 생물들의 인상화석impression이어서(그림 7-2A), 후대 화석 기록의 대부분을 이루는 단단한 부분들이 여기엔 전혀 없다. 일부 고생물학자들(이를테면 고전적인 오스트레일리아 에디아카라 동물상을 연구했던 마틴 글래스너Martin Glaessner)은 이 인상화석들을 보고 해파리, 바다벌레, 연산호를 비롯해 골격이 없는 단순한 생물들이 찍어놓은 인상을 떠올렸다. 지금까지 표본은 2000개가 넘게 알려져 있는데, 대개 약 30~40개의 속과 약 50~70개의 종으로 분류한다. 그래서 이 동물상은 비교적 다양하다고 볼 수 있다.

에디아카라 동물상이 다세포 생물 화석을 나타내는 것은 분명하지만(어떤 것은 몸길이가 거의 1미터에 달하기도 한다), 이 인상들을 남긴 것의 정체를 놓고 고생물학자들 사이에선 의견이 크게 분분하다. 보다 전통적인 관점에서는 이것들이 우리가 아는 현생 동물군들—해파리, 바다조름sea pen, 그리고 다양한 종류의 바다벌레들—의 화석과 비슷하다고 해석한다(그림 7-2D). 어떤 것들은 정말 해파리를 빼다 박았지만, 모습은 그렇다 할지라도 여느 현생 해파리와는 다른 대칭성을 가지고 있다. 알려진 바다벌레 몇 가지와 어슴푸레 닮은 것들도 있으나, 오늘날 바다에 사는 어느 벌레군과도 대칭성과 몸마디가 일치하지 않는다. 게다가 그 '벌레들'에게는 눈, 입, 항문, 이동용 다리는 물론이고 소화관이 있다는 증거도 없다.

　이런 까닭으로 일부 고생물학자는 에디아카라 동물상이 오늘날에 살고 있는 어느 것과도 같지 않은 생물들이 남긴 화석이라는 생각을 내놓았다. 그 학자들은 현생 동물군들에서 보이는 대칭 패턴이 그 동물상에 없는데다가 덩치가 뚜렷이 큰 화석들이 많다는 점을 지적하면서, 자연이 다세포성을 실험하던 초기 단계에서 실패한 실험들이었다고 논한다. 예를 들어 아돌프 자일라허Adolf Seilacher (1989)는 이것들을 일러 '벤드기생물Vendozoa'이라고 부르고, 표면적을 최대로 넓히는 누빔 방식 또는 '물을 채운 에어매트리스' 방식으로 구성되었다고 생각한다. 그는 이 단순한 생물들이 커다란 다세포 몸피를 가졌다는 문제를 내부에 소화계와 순환계가 자리한 것으로 해석하는 대신, 몸속 기관들은 없었고, 표면적이 엄청난 외부 막을 통해 모든 양분과 산소를 안으로 들이고 노폐물을 밖으로 내보냈다는 생각을 제시했다. 마크 맥메너민Mark McMenamin (1998)은 이 생물들이 공생관계에 있는 조류를 몸속에 거두어 살게 했다(산호초와 자이언트조개처럼 몸집이 큰 현생 무척추동물 가운데에는 이런 공생관계를 가지는 것들이 많다)는 생각을 제시했다. 맥메너민은 '에디아카라 동산Garden of Ediacara' 가설에서, 에디아카라 동물들의 넓은 표면적 덕분에 몸속의 공생 조류가 햇빛에 최대한 노출되었고, 그 대가로 조류는 덩치 큰 숙주생물의 대사를 거들었다는 생각을 제시했다. 이밖에 다른 가설들(이를테면 그렉 리톨랙Greg Retallack은 그 생물들이 지의류lichen라는 생각을 제시했다)도 제기되었다. 그러나 안타깝게도 에디아카라 동물상은 죄다 부드러운 해저에 남은 인상으로만 알려져 있고, 몸속 기관이나 다른 중요한 특징을 가진 몸체화석으로 알려진 것들이 아니기 때문에, 이 논란을 해결하기는 매우 어렵다. 그러나 생물학적으로 현생 동물군과 어떤 유연관계를 가지든 간에, 그것들이 동물이었든, 식물이었든, 진균류였든, 또는 현생 생물군의 어디에도 속하지 않은 초창기 실험 단계의 생물계였든 상관없이 에디아카라 동물상이 다세포 생물이었던 것만큼은 매우 명확하다.

　훨씬 흥미로운 사실은, 주요 무척추동물군들의 분기 시점에 대한 몇 가지 분자시계 측정값들(그림 5-7)이 그 분기점을 8억~9억 년 전까지로 매긴다는 것이다 (Runnegar 1992; Wray et al. 1996; Ayala et al. 1998). 이 예측을 뒷받침해줄 만한 화석, 또는 굴파기 생물이 남긴 것이 틀림이 없는 굴 흔적이나 여느 다른 증거가 우리에 겐 아직 하나도 없다. 그러나 6억 년 전에 고등한 다세포 생명(그러나 화석이 될 가능성이 있는 골격을 조금도 갖고 있지 않고 아직은 부드러운 몸만 가진 단계였다)이 있었음은 분명하고, 아마 일찍이 9억 년 전에도 있었을 것이다.

3단계: 작은 껍질 동물들

> 캄브리아기 최초기의 이야기를 다시 썼던 발견의 물결은 제2차 세계대전이 끝난 뒤에 구소련이 상당한 규모의 과학 연구진을 소집하여 시베리아의 지질 자원을 탐사하면서 시작되었다. 그곳엔 선캄브리아 시대의 퇴적암층이 두껍게 쌓인 위로 캄브리아기 초기의 퇴적층이 그보다 얇게 자리하는데, (잉글랜드 웨일즈에 있는 접힌 상태의 캄브리아기 층과는 달리) 후대에 일어난 조산운동으로 교란되지 않은 상태이다. 이 암석들은 레나강과 알단강을 따라 멋들어지게 노출되어 있으며, 드문드문 사람이 사는 광활한 시베리아 지역의 다른 곳들도 그렇다. 모스크바 고생물학연구소의 알렉시 로자노프Alexi Rozanov가 이끄는 연구진은 캄브리아기 연대인 가장 오래된 석회암층에 처음 보는 작은 골격들과 골격 성분들—1센티미터보다 큰 것은 거의 없었다—이 골고루 함유되어 있음을 발견했다. 이 화석들이 비록 라틴어 문자열로 포장되어 있기는 하지만, 이보다 평이하게 영어로 '작은 껍질 화석들small shelly fossils'(줄여서 SSF로 표기한다)이라는 세례명이 붙어 있기도 하다.
>
> —잭 셉코스키,《생명책》

연한 몸을 가진 (그러나 골격은 없는) 다세포의 에디아카라 동물상이 논리적으로 단세포 생명의 다음 단계라면, 그다음 단계는 화석이 될 수 있는 광물질 골격의 등장이 될 것이다. 그러나 생명이 광물로 껍질을 만들 능력을 개발하기까지 거의 30억 년이 걸린 것을 보면, 그것이 결코 쉽지 않은 과정이었을 것이며, 처음부터 완전한 형태로 등장하지는 않았으리라고 예상할 수 있을 것이다. 아나나 다를까, 캄브리아 기에서 가장 이른 시기의 조들stages(네마키트-달딘조Nemakit-Daldynian stage와 톰모트조 tommotian stage라고 하며, 5억 2000만~5억 4500만 년 전의 시기에 해당한다)에서 우점하 는 화석은 작디작은(겨우 몇 밀리미터에 불과하다) 화석들로서, 이 바닥에서는 '꼬마 껍질들little shellies' 또는 '작은 껍질 화석들(SSF)'이라는 별칭으로 불린다(그림 7-3). 사람들은 그 위에 있는 지층들에서 이보다 근사한 삼엽충 화석들을 뒤지느라고 이 꼬마 화석들을 수십 년 동안 소홀히 보아 넘겼다. 그런데 위에 인용한 셉코스키 의 말이 지적하다시피, 길고 복잡한 원생누대와 캄브리아기의 퇴적층 순서를 세밀 히 조사해서 캄브리아기를 이루는 조들의 이름을 지은 이들은 소련인들이 처음이 었다. 그들이 삼엽충 아래에 자리한 지층들을 더 면밀히 살피고 표본들을 연구실로 가져가 산에 녹이거나 얇은 절편으로 썰어서 조사하자, 오랫동안 무시되어왔던 이 지층에 자잘한 화석들이 꽉꽉 들어차 있음이 명백히 드러났다.

꼬마 껍질 가운데에는 단순한 모자 모양을 하거나 돌돌 말린 모양을 한 연체동 물 같은 것들도 있다. 반면 원시적인 조개처럼 생긴 것들도 있다(그림 7-3). 그러나 단순한 관 모양을 하거나 원뿔 모양을 한 화석이 많으며, 어느 현생 군과도 연관을 짓기가 힘들다. 소형 접속 장치나 작은 크리스마스 장신구처럼 생긴 뾰족한 화석들 도 많은데, 덩치가 더 큰 해면동물인 칸켈로리아Chancelloria 같은 생물의 피부에 박 혀 있던 '사슬갑옷'—뾰족하고 작은 이런 돌기들을 제외하고는 부드러운 몸을 지 녔다—의 일부인 것으로 보인다(상어나 해삼의 피부에 난 작은 가시돌기와 퍽 닮았 다). 꼬마 껍질들의 대부분은 인산칼슘으로 만들어졌고, 이는 척추동물의 뼈를 구성 하는 것과 똑같은 광물질이다. 오늘날 대부분 해양 무척추동물의 껍질은 탄산칼슘 (방해석과 아라고나이트)으로 이루어져 있다. 일부 과학자들은 이 차이를 모종의 환 경 조건 때문에(이를테면 대기 중 산소 수준이 낮은 것) 방해석 골격을 분비해내기는 힘들었지만 인산염 골격을 만들어내기는 더 쉬웠을 것임을 암시하는 것이라고 본 다. 그들은 석회화된 커다란 삼엽충을 비롯해 다른 화석들의 출현이, 대기 중 산소

2부 화석은 진화를 말한다

그림 7-3 캄브리아기 최초기를 이루는 조들(네마키트-달딘조와 톰모트조)에서는 삼엽충이 나오지 않고, '꼬마 껍질들'이라는 별명을 지닌 자잘한 인산염 화석들이 우점하고 있다. 연체동물의 껍질로 볼 만한 것들도 있지만 (E, H, I), 해면동물의 조각뼈spicule, 또는 이보다 큰 생물—이를테면 바다벌레—이 지닌 '사슬갑옷' 조각이 분명한 것들도 있다. (A) 클로우디나 하르트만나이*Cloudina bartmannae*. 알려진 것 가운데 가장 오래된 골격 화석에 해당하며, 중국에서 에디아카라 동물 화석들이 나온 곳과 똑같은 지층에서 나왔다. (B) 석회질 해면동물의 조각뼈. (C) 산호일 가능성이 있는 생물의 조각뼈. (D) 아나바리테스 섹살록스*Anabarites sexalox*. 관 속에 들어가 살던 동물로 세 방향 방사상 대칭성을 가졌다. (E) 초창기 연체동물일 가능성이 있는 생물의 조각뼈. (F) 라프워르텔라*Lapworthella*. 생물학적 핏줄사이가 확인되지 않은 원뿔 모양의 화석. (G) 스토이보스트로무스 크레눌라투스 *Stoibostromus crenulatus*의 골판. 이것도 핏줄사이가 확인되지 않았다. (H) 모베르겔라*Mobergella*의 골판. 연체동물일 가능성이 있다. (I) 키르토키테스*Cyrtocbites*의 모자 모양 껍질. 이것도 연체동물일 가능성이 있다. 축척 선분은 모두 1밀리미터이다(S. 벵스턴Bengston의 사진).

수준이 임계점을 지나 탄산칼슘을 이용한 화학적 광물화가 이루어질 수 있을 만큼 산소가 충분히 많아진 시점을 반영한다고 주장한다.

이유가 무엇이었든 거의 2500만 년 동안 캄브리아기 폭발은 느리게 도화하는 중이었다. 꼬마 껍질들은 풍부했지만, 그보다 큰 화석은 드물었다. 최초기 해면동물은 에디아카라기 후기에 이미 등장한 터였는데, 오늘날 살고 있는 동물 가운데에서 가장 원시적인 동물이 해면동물임을 보여주는 모든 증거 가닥들을 고려하면 이는 놀랄 일이 아니다(그림 5-6). 톰모트조(5억 3000만 년 전)에 이르자, 몸집이 커진 다른 무척추동물군들이 드문드문 천천히 나타나기 시작했다. 여기에는 최초의 '램프

조개'(완족동물)를 비롯해서 고배류archaeocyathans라고 하는 멸종한 해면동물형 군의 일원도 들어 있다. 톰모트조의 생물다양성은 겨우 50속 정도에 불과하며, 이는 에디아카라기의 생물다양성과 비슷한 수준이다. 나아가 캄브리아기 최초기의 퇴적층에는 굴 흔적이 많이 있다. 이는 몸이 부드럽고 몸속에 체액이 들어찬 진정한 의미의 체강coelom을 가진 수많은 형태의 벌레들이 당시에 틀림없이 살았음을 보여주는 증거이다. 그래서 캄브리아기 최초기는 다양성이 '폭발'한 게 아니라 에디아카라기부터 서서히 증가했다는 증거를 보여준다.

4단계: 쾅 터진 게 아니라, 나직하게 흐느꼈다

정말 캄브리아기 폭발이 있었을까? 이것을 의미론적 문제로 치부하는 이들이 있다. 말하자면 수천만 년에 걸쳐 진행된 것을 '폭발적'이라고 할 수는 없으며, 캄브리아기의 동물들이 '폭발'하지 않았다면, 아마 그 동물들은 정상적인 궤도를 밟아갔을 것이라는 말이다. 캄브리아기의 진화가 만화처럼 후딱 일어나지 않았음은 확실하다. …… 현생 동물들의 출현을 설명하기 위해서 독특하기는 해도 제대로 이해하지 못한 모종의 진화 과정을 상정해야만 하는 걸까? 나는 그리 생각지 않는다. 개체군유전학자들이 알지 못하는 과정들에 호소하지 않고도, 캄브리아기에는 원생누대에는 이루지 못했던 것을 이룰 만한 시간이 아주 많이 있었다. 곧 한두 해만에 새로운 세대를 만들어내는 생물들에게 2000만 년은 기나긴 세월이라는 말이다.

—앤드루 놀,《생명 최초의 30억 년》

캄브리아기 초기의 세 번째 조인 아트다반조Atdabanian Stage(5억 1500만~5억 2000만 년 전)에 이르러서야 우리는 마침내 생물다양성의 큰 증가를 보게 되며, 지금까지 600속 이상이 기록되었다(그림 7-4). 하지만 이 수치는 오해의 소지가 있고 조금 부풀려지기도 했다. 속들의 대부분은 삼엽충이며, 삼엽충은 쉽게 화석이 되기 때문에 큰 껍질 화석들의 분량과 다양성이 크게 늘어난 것이다. 다른 동물문의 대부분은 이 시기에 이르러 이미 나타났거나(이를테면 연체동물, 해면동물, 산호, 극피동물), 캄 브리아기 후반부(척추동물) 또는 그 뒤를 이은 오르도비스기(이를테면 '이끼동물'인 태형동물)에 나타나게 된다.

이렇게 다양성이 '폭발'하는 것 같은 모습에서 두 번째 오해의 소지가 될 만한 것은 아트다반조에서 연한 몸을 가진 훌륭한 화석 동물상을 처음 얻게 된다는 것 이다(중국의 청지앙 동물상). 그래서 동물문의 겉보기(그러나 실제는 아닌) 첫 출현에 대한 증거는 연한 조직을 통해서만 얻은 것이다. 그다음 시기인 캄브리아기 중기의 지층들—이를테면 캐나다의 버지스 셰일—에는 연한 몸을 가진 화석들이 놀랍도 록 훌륭한 상태로 보존되어 있다(그림 7-5). 스티븐 제이 굴드가 《생명, 그 경이로움 에 대하여Wonderful Life》(1989)에서 지적했다시피, 이 놀라운 퇴적층에 보존된 연한 몸을 가진 동물들 덕분에 우리는 그동안 빠져 있던 정상적인 화석 기록이 무엇인지 볼 수 있게 되었다. 괴상한 벌레 모양을 한 색다른 화석들이 많이 나오지만, 이 가운 데에는 어느 현생 동물문에도 들어맞지 않는 것들이 많다. 이를테면 눈이 다섯 개 이고 대롱주둥이 같은 코를 가진 오파비니아Opabinia(그림 7-5 왼쪽 위)라든가 부드 러운 꽃처럼 생긴 디노미스쿠스Dinomischus 같은 것들은 동물학자들이 보기에 완전 히 수수께끼의 동물이다. 부드러운 껍질을 가진 게 분명한 절지동물도 있다. 할루키 게니아Hallucigenia라는 적절한 이름이 붙은 어느 화석은 벌레 모양의 몸뚱이에 촉수 나 가시돌기가 난 것으로 보이는 괴상한 생물이다. 최근에 중국에서 상태가 더 나 은 화석이 나오기 전까지는 '벨벳벌레velvet worms', 곧 유조동물문Onychophora(8장에 서 살펴볼 것이다)과 핏줄사이인 것으로 보았다. 가장 큰 포식자(길이가 약 60센티미 터이다)는 몸이 연하고 물속을 헤엄치는 아노말로카리스Anomalocaris인데, 파인애플 을 한 조각 썰어놓은 것처럼 생긴 이상한 주둥이를 가지고 있으며, 처음에 발견했 을 때에는 해파리로 오인했다.

이렇게 해서 캄브리아기 폭발이라는 것이 신화임을 보았다. 폭발보다는 캄브 리아기의 느린 도화Cambrian slow fuse라고 묘사하는 게 더 나을 것이다. 이 사건은 몸 집이 크고 껍질을 가진 생물들(특히 삼엽충)로 이루어진 전형적인 캄브리아기의 동

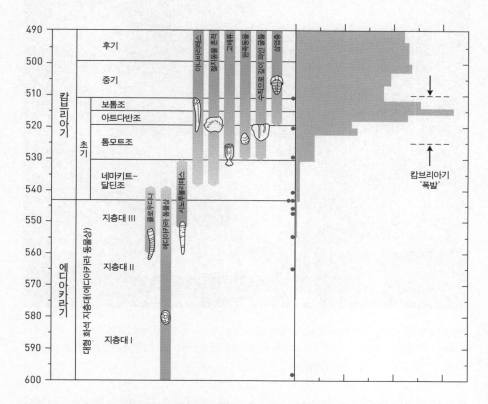

그림 7-4 선캄브리아 시대 후기부터 캄브리아기까지 층서에 나타난 화석 기록을 자세히 검토하면 생명이 캄브리아기에 '폭발'하지 않았으며 거의 1억 년 동안 여러 단계를 거치며 나타났음을 볼 수 있다. 몸이 연하고 크기가 큰 에디아카라 화석들(그림 7-2)은 6억 년 전 선캄브리아 시대 후기(에디아카라기)에 처음 등장했다. 그 동물들의 치세가 끝나갈 무렵에 자잘한 껍질 화석들이 처음 나타나는 모습을 보게 된다. 이를테면 단순한 원뿔 모양의 클로우디나*Cloudina*와 시노투불리테스*Sinotubulites*가 있다. 네마키트-달딘조와 톰모트조를 우점하는 화석은 '꼬마 껍질들'이고(그림 7-3), 그밖에 최초기 램프조개, 곧 완족동물, 그리고 원뿔 모양의 해면동물형인 고배류가 있으며, 딱딱한 골격을 가지지 않은 벌레형 동물들도 흔했음을 보여주는 굴 흔적도 많이 있다. 마지막으로 캄브리아기의 세 번째 조(5억 2000만 년 전 무렵인 아트다반조)에서는 삼엽충의 방산을 비롯하여 속의 총 수에서 다양화가 크게 일어났음을 볼 수 있다(그림 오른쪽의 도수분포도). 그래서 캄브리아기 폭발이란 것은 8000만 년에 걸쳐 전개되었고, 따라서 지질학적 기준으로 보더라도 결코 '갑작스러운' 사건이 아니었다(Dott and Prothero 2010: fig. 9.14와 Kirschvink et al. 1997: fig. 1을 수정한 것이다. ⓒ1997 미국과학진흥협회. 허락을 얻어 실었다).

그림 7-5 색다른 모습을 하고 부드러운 몸을 가진 캄브리아기 중기 동물상의 표본들. 캐나다 브리티시컬럼비아의 필드 인근에 있는 버지스 셰일에서 나왔다. 부속지를 비롯해 부드러운 조직들까지 최상의 상태로 세밀하게 보존된 모습을 눈여겨보라(스미소니언 협회의 사진).

물상이 마침내 발생하기 전인 6억~5억 2000만 년 전에 일어났다. 8000만 년이라는 시간은 아무리 상상력을 늘려 펼쳐도 폭발적이라고 할 만한 시간이 아니다! 그 폭발은 폭발이 아닌 느린 도화였을 뿐 아니라, 단순하고 작은 것에서 더 크고 복잡하고 광물 골격을 가진 것까지 일련의 논리적인 단계들을 거치며 일어난 것이기도 했다. 물론 맨 처음에는 아득히 35억 년 전까지 거슬러 올라가는 남세균과 진핵생물의 미화석들이 있으며, 그 이후로 고대의 화석 기록 전체를 이 미화석들이 차지하고 있다. 그러다가 약 6억 년 전에 이르러서 다세포 동물들이 있었음을 보여주는 훌륭한 증거를 처음으로 얻게 된다. 에디아카라 동물상이 그것이다. 그 동물들은 몸집이 더 크고 다세포로 이루어졌지만 딱딱한 껍질은 가지고 있지 않았다. 캄브리아기 최초기의 조들인 네마키트-달딘조와 톰모트조는 꼬마 껍질들이 우점한다. 광물화된 작은 골격이 그때 막 발달하기 시작한 것이다. 여러 단계를 더 거친 다음에야 비로소 우리는 온전한 캄브리아기의 동물상을 보게 된다. 간단히 말해서, 그 화석 기록은 단세포인 원핵생물에서 시작해 진핵생물로, 부드러운 몸을 가진 다세포 동물로, 작은 껍질을 가진 동물로, 그리고 마침내 캄브리아기 중기에 이르러 몸집이 더 커지고 껍질을 가진 무척추동물 일반에 이르기까지 차근차근 진행되어왔음을 보여준다. 몸 크기와 골격화에서 논리적 단계를 거치며 일어난 이 점진적 꼴바꿈은 성경과 일치한다고 볼 만한 순간적인 캄브리아기 폭발과는 닮은 점이 전혀 없고, 오히려 진화에 의해 차례차례 꼴바꿈을 해온 모습을 뚜렷이 보여준다.

이 모든 정보는 적어도 지난 몇 십 년 동안 알고 있던 것이고, 선캄브리아 시대의 미화석들이 처음 발견된 때는 70년도 더 전이다. 이것들은 수십 년 전부터 지질학과 고생물학의 표준 교과서에 모두 실려 있었다. 그런데 창조론자들은 이 발견들에 담긴 함의를 알고 싶어 하지 않거나 이해할 능력이 안 되는 것 같다. 창조론자들이 맥락을 무시하고 인용하는, 진짜 과학자들이 캄브리아기 폭발을 놓고 혼란스러워 하는 말들은 모두 우리가 최근에 이룬 발견들로부터 알아낸 바를 반영하지 못하는 옛 문헌들에서 나온 것들이다. 가장 최근에 창조론자들이 쓴 책들—'지적설계론' 교재들을 포함해서—마저도 이 한물 간 그림을 고집스럽게 견지하고 있다. 몇 년 전에 나는 로스앤젤레스의 KPCC 라디오 방송국에서 ID 창조론자와 논쟁을 벌인 일이 있었는데, 그가 캄브리아기 폭발을 입에 올리는 순간, 나는 그가 고생물학에 대해 아무것도 모르며 캄브리아기 폭발이 신화라는 얘기를 들어본 적도 없음이 분명하다는 생각이 들었다.

2013년에 ID 창조론자인 스티븐 마이어는 이 문제를 집중적으로 다룬 《다윈의 의문—동물 생명의 폭발적 기원과 지적설계의 증거Darwin' Doubt: The Explosive Origin of Animal Life and the Case for Intelligent Design》이라는 제목의 책을 발간했다. 대부분의 과학자는 그 책을 무시했지만, 시간을 허비하면서까지 그 책을 읽어본 소수의 과학자는 혹평을 쏟아냈다(Cook 2013; Marshall 2013). 내가 쓴 서평에서 적었다시피(Prothero 2013), 그 책은 처음부터 끝까지 아무 짝에도 쓸데없는 소리뿐이다. 거의 매 쪽 화석 기록에 대한 오류, 잘못된 진술, 인용문 채굴, 데이터 골라 집기, 불편한 사실 외면하기, 명백한 거짓말하기로 일관되어 있다. 놀랄 일이 아니다. 마이어는 정식으로 고생물학 훈련을 받아본 적이 없고(그는 과학사에서 박사학위를 받았다), 고생물학계에서 연구를 발표한 적도 없다. 그래서 그가 거론하는 모든 것은 아마추어적인 인상을 주고, 그가 가진 창조론적인 편견에 의해 걸러진 것들이다. 마이어가 그 책에서 저지른 모든 오류와 거짓을 이 짤막한 장에서 늘어놓을 여유는 없다(자세한 것을 알려면 Prothero 2013을 참고하라). 마이어가 저지른 가장 심각한 기만은 캄브리아기의 첫 두 조를 깡그리 무시해버린다는 것이다! 그 책 어디를 보아도 '꼬마 껍질'이나 네마키트-달딘조나 톰모트조 어느 것도 언급조차 않고 있다! 연한 몸의 덩치 큰 에디아카라 동물들(마이어는 이것들이 현생 동물문의 일원인지 확실치 않다는 이유로 중요치 않다면서 무시해버린다)부터 캄브리아기의 세 번째 조(아트다반조)에 등장하는 껍질을 가진 큰 삼엽충까지 생명이 진화해온 과정의 중간 단계에 대한 중대한 증거를 고의로 빼버린다면, 당연히 동물 발생의 모양새는 폭발에 더 가깝게 보일 것이다. 나는 이 문제를 놓고 2009년에 할리우드에서 마이어와 논쟁까지 벌였다. 그 자리에서 마이어는 그 문제를 철저하게 회피했다. 그는 결코 멋모르고 그러는 것이 아니다. 멋모르기는커녕 그는 이 증거가 자기 책 전체를 무효로 만들어버릴 것임을 명확히 알고 있다. 그래서 그걸 무시하는 것이다. 그리고 독자들이 그 차이를 알지 못하기를 기대하는 것이다.

설령 아트다반조에 많은 동물문이 등장한다는 전제(캄브리아기 최초기에 청지앙 동물상보다 오래된, 연한 몸을 가진 동물상이 없다는 이유만으로)를 인정해준다고 할지라도, 마이어는 아트다반조에 해당되는 500만~600만 년이라는 세월은 진화를 통해 모든 동물문이 만들어지기에는 지나치게 짧다고 주장한다. 이것도 틀렸다! 브루스 리버먼Bruce S. Lieberman(2003)은 '캄브리아기 폭발' 동안의 진화 속도는 생명의 역사에서 일어난 여느 적응방산과 조금도 다를 바 없이 전형적임을 보여주었다. 비조류형 공룡이 사라진 뒤 팔레오세에 포유류가 다양해져간 모습을 보아도 그렇고, 600만 년 전에 유인원과의 공통조상으로부터 인류가 갈라져 나와 다양해져간 모습을 보아도 그렇다. 하버드의 걸출한 고생물학자 앤드루 놀이《생명 최초의 30억 년》에서 말했다시피(이번 절의 머리글로도 인용했다), 그것은 '폭발'도 아니었고, '만화처럼 후딱 일어나지도' 않았다.

　마지막으로, 이런 의문이 들기도 할 것이다. '캄브리아기 폭발'을 가지고 뭔 난리를 그리도 피우는 걸까? 캄브리아기의 세 번째 조에서 진화가 빨리 일어났느냐 느리게 일어났느냐는 게 왜 그리 문제가 되는 걸까? 이런 의문에 당혹스러울 과학자도 있겠지만, 무엇보다도 여러분은 창조론자들의 마음속을 이해해야 한다. 그들의 모든 생각은 '빈틈을 메우는 신' 논증을 기준으로 하고 있다. 말하자면 현재 과학으로 쉽게 설명되지 않는 것은 모두 자동적으로 초자연적인 원인으로 돌리는 것이다. ID 창조론자들은 이 초자연적인 설계자가 아무 신이나 될 수 있고 심지어 외계인이 될 수도 있다고 말은 하지만, 생명의 복잡성과 '설계'를 들먹일 때 그들이 떠올리는 설계자가 바로 유대-기독교의 신이라는 것은 불문가지이다. 만일 과학자들이 캄브리아기 초기에 있던 모든 가능한 사건을 완전하게 설명해내지 못한다면, 과학은 실패한 것이고, 따라서 우리는 초자연적인 원인들을 고려해야 한다고 그들은 주장한다.

　적어도 70년은 뒤처진 캄브리아기 이야기를 창조론자들이 고집스럽게 되풀이해서 제시하는 까닭은 정말 몰라서 그러는 것이거나('창조론자는 멍청이' 가설) **실은** 잘 알고 그러는 것이다('창조론자는 사기꾼' 가설, 스티븐 마이어가 좋은 예이다). 어느 쪽이든, 그것은 나쁜 과학이다.

더 읽을거리

Ayala, F. J., and A. Rzhetsky. 1998. Origins of the metazoan phyla: molecular clocks confirm paleontological estimates. *Proceedings of the National Academy of Sciences USA* 95: 606–611.

Briggs, D. E. G., and R. A. Fortey. 2005. Wonderful strife: systematics, stem groups, and the phylogenetic signal of the Cambrian radiation. *Paleobiology* 31(2): 94–112.

Conway Morris, S. 1998. *The Crucible of Creation.* Oxford: Oxford University Press.

Conway Morris, S. 2000. The Cambrian "explosion": Slow-fuse or megatonnage? *Proceedings of the National Academy of Sciences USA* 97: 4426–4429.

Cook, G. 2013. Doubting "Darwin's doubt." *New Yorker*, July 2, 2013.

Erwin, D., and J. W. Valentine. 2013. *The Cambrian Explosion: The Construction of Biodiversity.* New York: Roberts.

Glaessner, M. F. 1984. *The Dawn of Animal Life.* New York: Cambridge University Press.

Gould, S. J. 1989. *Wonderful Life: The Burgess Shale and the Nature of History.* New York: Norton[《생명, 그 경이로움에 대하여》 경문사: 2004].

Grotzinger, J. P., S. A. Bowring, B. Z. Saylor, and A. J. Kaufman. 1995. Biostratigraphic and geochronologic constraints on early animal evolution. *Science* 270: 598–604.

Knoll, A. H. 2003. *Life on a Young Planet: The First Three Billion Years of Evolution on Earth.* Princeton, N.J.: Princeton University Press[《생명 최초의 30억 년—지구에 새겨진 진화의 발자취》 뿌리와이파리: 2007].

Knoll, A. H., and S. B. Carroll. 1999. Early animal evolution: emerging views from comparative biology and geology. *Science* 284: 2129–2137.

Lieberman, B. S. 2003. Taking the pulse of the Cambrian radiation. *Integrative and Comparative Biology* 43: 229–237.

Marshall, C. R. 2013. When prior beliefs trump scholarship. *Science* 341: 1344.

McMenamin, M. A. S. 1998. *The Garden of Ediacara*. New York: Columbia University Press.

McMenamin, M. A. S., and D. L. S. McMenamin. 1990. *The Emergence of Animals, the Cambrian Breakthrough*. New York: Columbia University Press.

Narbonne, G. M. 1998. The Ediacara biota: a terminal Neoproterozoic experiment in the evolution of life. *GSA Today* 8(2): 1-6.

Peterson, K., M. A. McPeek, and D. A. D. Evans. 2005. Tempo and mode of early animal evolution: inferences from rocks, Hox and molecular clocks. *Paleobiology* 31: 36-55.

Prothero, D. R. 2013. Stephen Meyer's fumbling bumbling Cambrian follies: a review of *Darwin's Doubt* by Stephen Meyer. *Skeptic* 18(4): 50-53.

Runnegar, B. 1992. Evolution of the earliest animals. In *Major Events in the History of Life*. ed. J. W. Schopf. New York: Jones and Bartlett, 65-94.

Schopf, J. W., ed. 1983. *Earth's Earliest Biosphere: Its Origin and Development*. Princeton, N.J.: Princeton University Press.

Schopf, J. W. 1999. *Cradle of Life: The Discovery of the Earth's Earliest Fossils*. Princeton, N.J.: Princeton University Press.

Schopf, J. W., and C. Klein, eds. 1992. *The Proterozoic Biosphere, a Multidisciplinary Study*. New York: Cambridge University Press.

Seilacher, A. 1989. Vendozoa: organismic construction in the Proterozoic biosphere. *Lethaia* 22: 229-239.

Seilacher, A. 1992. Vendobionta and Psammocorallia. *Journal of the Geological Society of London* 149: 607-613.

Valentine, J. W. 2004. *On the Origin of Phyla*. Chicago: University of Chicago Press.

Wray, G. A., J. S. Levinton, and L. H. Shapiro. 1996. Molecular evidence for deep Precambrian divergences among metazoan phyla. *Science* 274: 568-573.

그림 8-1 심해 시추심에서 전형적으로 나오는 갖가지 플랑크톤 미화석들. 각 화석은 크기가 대략 핀 대가리만 하거나 더 작으며, 퇴적물 1세제곱미터마다 수천 개씩 발견된다. 이들 가운데에는 유공충(큰 거품 모양의 껍질들)과 방산충(작은 원뿔 모양의 다공질 껍질들), 그리고 긴 가시 모양의 해면동물 조각뼈들이 있다(스크립스해양학 연구소의 사진).

8 등뼈 없는 동물의 경이로운 진화

무척추동물의 과도기들

> 전거가 미심쩍기는 해도, 영국의 저명한 생물학자 J. B. S. 홀데인에 대한 이야
> 기가 하나 있다. 그는 한 무리의 신학자들과 자리를 함께한 적이 있었다. 창조주
> 의 작품을 연구하고 나면 창조주의 성격에 대해 어떤 결론을 내릴 수 있겠느냐
> 는 질문을 받고, 홀데인은 이렇게 대답했다고 한다. "지나치리만큼 딱정벌레를
> 편애하신다는 것이죠."
>
> ─J. E. 허친슨, 〈산타 로살리아에게 경의를 표하며, 동물 종류가 왜 그리 많은 걸까?〉

사람들은 대부분 우리 척추동물이 속한 척삭동물문에만 관심을 둔다. 그들은 조개,
달팽이, '곤충'에 대해선 모르거나 관심을 두지 않는다(또는 그것들이 징그럽다 여기
고는 알려고도 하지 않는다). 대개 사람들은 절지동물문에 속한 동물의 대부분(곤충
만이 아니라 거미, 전갈, 쥐며느리, 순각류, 배각류, 이, 진드기를 비롯해 서로 관련 없는
많은 동물군)을 그냥 **곤충**이라 부르며, 식용이 될 만한 해양 무척추동물의 대부분을
싸잡아 '패류'라고 생각한다. 그렇지만 지구에 살고 있는 동물의 99퍼센트 이상을
차지하는 것이 바로 무척추동물이다. 사실 곤충만 따져도 총 다양성에서 보면 다른
생물군을 모두 합한 것보다 많다. 그 곤충 가운데에서도 딱정벌레는 다른 어느 동
물군보다도 종 수가 많고 더 다양하다. 사람들에게 친숙하지 않을 뿐이지, 무척추동
물은 오늘날 살고 있는 동물 가운데에서 가장 다양한 동물일 뿐 아니라, 지금까지
가장 훌륭하게 화석으로 보존된 군들도 무척추동물에 속하는 것들이다. 이 책의 나
머지 장들에서 우리는 이보다 더 친숙하고 더 인기 있는 동물군인 조류, 포유류, 파

충류의 예들을 살펴보겠지만, 무척추동물 내의 과도 단계들을 보여주는 뛰어난 화석 기록을 무시할 수는 없다. 포유류나 조류만큼 예쁘고 귀엽지 않을 수는 있겠으나, 무척추동물은 훨씬 불완전한 척추동물의 화석 기록보다 진화에 대해 훨씬 많은 것들을 우리에게 알려준다.

믿기지 않는 미화석 세계

다윈은 몰랐지만, 트인 바다, 특히 지진이 일어나지 않는 해령과 해저 대지에서는 아무 훼방도 받지 않고 퇴적이 일어난다. 입자들의 비가 바다 바닥으로 쉬지 않고 쏟아지는 이런 지역들은 지구에서 지질학적으로 가장 고적한 장소에 해당한다. 그 결과 퇴적물은 꾸준히 누적된다. …… 해당 퇴적물을 주로 이루는 것들은 유공충, 방산충, 규조류, 코코리토포레 같은 미세한 플랑크톤들의 껍질이다. 이 퇴적물에서는 수없이 많은 개체를 쉽게 뽑아낼 수 있다. 그것들의 진화는 지질적 시간을 거쳐 따라가 볼 수 있다. 그냥 가까이 자리한 표본들을 서로 비교하기만 하면 된다. 이렇게 하면 형태학적으로 격리된 계통과 연속된 계통이 드러난다. 그러면 그 계통들이 유전적 유래를 이어가는 계열들을 대표한다고 추론하는 게 합당하다. 이 계통들은 이따금 서로에게서 갈라져나가기도 하고, 종종 아득한 세월에 걸쳐 점진적으로 진화하기도 하고, 멸종하기도 한다. …… 종이 처음 출현한 때가 언제이고 마지막으로 있었던 때가 언제인지 과연 그 화석 기록이 참되고 정확한 기록을 제시해줄까? 그 답은 단연코 '그렇다'이다! 전 세계에 있는 수천 명의 전문가가 생물층서적 상관성을 알아내기 위해 늘 이용하는 것이 바로 미화석이다. 퇴적 기록이 훌륭하지도 미덥지도 못하다면 이는 불가능할 것이다. 지금 우리는 1억 년에 걸친 역사 속에서 광물 골격을 만드는 플랑크톤 가운데 언제 생겨났고 언제 멸종했는지 (상당한 정밀도로) 알고 있는 종이 수백 가지에 이른다.

—폴 피어슨,《눈부신 화석 기록》

공룡이나 인간의 진화가 훨씬 매혹적인 주제이기는 하겠으나, 지금까지 가장 좋은 화석 기록은 단세포 생물들이 깊은 바닷속에 남긴 미세한 화석들에서 찾을 수 있다. 드넓은 바다에는 이 원생생물들이 무수히 존재하기에, 그 생물들의 껍질이 얕은 해저를 말 그대로 융단처럼 덮고 있으며, 퇴적물 1세제곱센티미터마다 개체 표본이 수백 개에서 수천 개씩 들어차 있다(그림 8-1). 그 밀도는 퇴적물 1세제곱미터마다 표본 수가 100만 개를 넘을 수 있을 정도이며, 그 무게는 10그램까지 나갈 수 있다. 수심 3000미터 미만의 트인 해저는 대부분 미화석의 탄산칼슘 골격들로 이루어진 '석회흙calcareous ooze'으로 완전히 뒤덮여 있다. 열대 해변에는 백사장이 거의 미화석 골격들로만 이루어진 곳이 많다. 전형적인 열대 해양 퇴적물 표본은 60~70종까지 있을 수 있다. 유공충 같은 군의 경우에는 지금까지 서술된 속이 3600가지가 넘고, 종은 아마 6만 가지가 넘을 것으로 본다. 이 정도면 해양의 다른 어느 동물군이나 식물군보다 다양하다.

　개체 수와 가짓수가 엄청나다는 것 말고도, 미화석이 진화 연구에 이상적인 이유는 여러 가지가 있다. 심해저를 덮고 있는 퇴적물은 회전식 천공을 하는 방법과 긴 관을 바닥 속에 박아 넣는 방법('피스톤 심채취piston coring')으로 얻는다. 두 방법으로 얻은 심에는 시추한 구역의 해양 퇴적 기록이 끊어짐이 거의 없는 상태로 담겨 있다. 단 한 번의 단절이나 공백도 없이 수백수천만 년의 기록이 고스란히 담긴 시추심도 있다. 이 심들은 안정동위원소분석stable isotope analysis이나 자기층서magnetic stratigraphy 같은 방법은 물론이고, 심에 담긴 미화석군 자체의 생물층서를 써서도 연대를 정확히 측정할 수 있다. 이런 식으로 우리는 단일 지점에서 수백수천만 년에 걸친 수많은 미화석 계통들의 역사를 추적할 수 있다. 이는 얕은 바다의 무척추동물 화석 기록이나 육상의 척추동물 기록처럼 훨씬 불완전한 기록을 가지고는 도저히 할 수가 없는 일이다. 마지막으로, 미화석의 생물지리는 비교적 단순하다. 대부분의 미화석들은 수온이 일정한 몇 곳의 해역에만 국한되어 있고, 그 종들은 해당 수역 전체에 널리 분포한다(Prothero and Lazarus 1980). 그래서 해역 한 곳을 대표하는 한 구역에서 심을 몇 개만 뽑아내도 거기에는 그 해역에 있는 모든 개체군의 표본이 담겨 있을 것이며, 따라서 '주변부에 고립된' 소규모 개체군까지도 놓치는 일이 없을 것이다. 그래서 나와 래저러스(1980)는 일정한 시간 구간 동안 세계 주요 해역의 대부분을 대표하는 시추심들을 손에 넣으면, 그 속에 담긴 계통이나 군을 살펴서 그 골격의 진화에 대해 봐야 할 모든 것을 실제로 볼 수 있을 것임을 보여주었다. 나와 래저러스(1980)는 미화석이야말로 화석 기록에서 진화를 연구하기에 가장 좋은 '실험동물' 또는 '초파리'라고 논했다.

미화석을 이용한 진화 연구에도 당연히 결점이 몇 개 있다. 가장 크게 문제가 되는 것은 이것들의 현생 친척들의 생물성에 대해 아는 바가 아직까지도 비교적 적다는 것이다. 산 채로 포획했다고 해도 실험실까지 가져가 살려두기가 어려운 것들도 있다. 이제까지 연구자들이 연구한 것은 겨우 잠깐 동안만 배양할 수 있는 소수의 종뿐이다. 더군다나 그들의 생물성을 알려줄 가장 소중한 정보는 그들이 트인 바다에서 살아가는 방식과 관련되는데, 이를 실험실에서 본떠내기가 어렵다. 나아가 미화석이 가진 골격은 비교적 단순해서, 수많은 대형 무척추동물이나 척추동물에서 보는 것 같은 수많은 수준의 해부학적 세부 특징들이 없다. 그래도 한 차례 이상 수렴진화convergent evolution를 통해 진화한 꼴들이 몇 가지 있다는 훌륭한 증거가 있다(Cifelli 1969). 또한 해당 생물이 살아 있는 동안 골격이 한 모양을 그대로 유지하는지 분명치 않은 경우도 있다. 마지막으로, 이 생물들의 생물성에 대해 우리가 아는 바에서 보면, 적어도 생애의 일부는 성별이 없는 채로 보내며, 클론분열로 생식하는—특히 풍부한 먹잇감을 개척하기 위해 빠르게 증식해야 할 경우에 이렇게 생식한다—것들이 많다. 계통과 계통을 가로질러 이종교배hybridize를 할 수 있는 것들도 있는데(Goll 1976), 이는 다세포 동물의 특징인 종의 생식적 격리reproductive isolation of species를 무효로 만들어버린다. 그래서 유성생식을 하는 다세포 동식물에게 적용되는 종분화 및 진화의 규칙들(이 책 앞부분에서 살펴보았던 마이어의 이소성 종분화 같은 것)을 부분적으로 무성생식이나 이종교배를 했던 미화석 동물들에게도 적용할 수 있을지 확신하지 못할 때가 있다.

모든 연구 분야는 저마다 강점도 있고 한계도 있지만, 미고생물학의 강점은 워낙 대단해서 지구과학의 모든 분야 가운데 가장 비옥한 분야에 해당함을 줄곧 보여주었다. 미고생물학자 가운데에는 석유 회사에서 일하는 이들이 수백 명은 된다. 그들은 지층들의 연대를 정확히 측정하고 지층끼리의 상관성을 이용해서 구멍을 뚫어 석유를 찾아낼 만한 곳이 어디인지 알아내거나, 고대 해양 퇴적물이 침전되어 있는 곳의 수심을 측정하는 일을 거든다. 대부분의 시간을 해양지질학자와 고기후학자로 일하는 미고생물학자들도 있다. 이들은 미화석을 이용하여 지난 세월에 해류와 기후가 어떤 식으로 변해왔는지 판정한다. 소수이긴 해도, 미화석 생물들의 생물성과 껍질의 화학성을 연구하는 미고생물학자들도 있다. 그리고 이보다 더 소수이긴 해도, 진화의 본보기로 미화석을 관심 있게 이용하는 미고생물학자들까지 있다. 하지만 추세가 이렇기는 해도, 미화석 기록에는 진화 과정을 잘 정리해서 보여주는 예들이 수백 개나 있다. 그러나 여기서는 지면 관계상 몇 개만 언급할 것이다.

연구를 해볼 만한 미화석 유형이 많기는 하지만(Prothero 2013a: ch.12을 참고하라), 가장 중요한 것들은 몇 가지 군에 불과하다. 그중 두 군은 아메바와 핏줄사이에 있는 동물형 원생생물들이다. 이것들은 아메바처럼 원형질이 흐르면서 움직이지만, 아메바와 달리 몸속에 광물질 껍질이 있다. 가장 다양하고 널리 연구된 것은 유공충Foraminifera('foram'으로 줄여 표기하기도 한다)(그림 8-2A)이며, 탄산칼슘(광물인 방해석) 골격을 분비한다. 유공충은 대부분 해저 위나 속에 살지만(저서성benthic), 글로비게리나과Globigerinidae라는 군은 크기가 미세하고 부유성buoyant이며 해양 플랑크톤의 주요 부분을 이룬다. 두 번째 아메바형 플랑크톤군은 방산충Radiolaria(이 바닥에서는 'rad'로 표기하기도 한다)으로, 탄산칼슘 대신 단백석실리카opaline silica 골격을 분비한다. 이 섬세한 다공성 유리질 골격은 그 아름다움과 대칭성 때문에 소형 크리스마스 장신구와 비교된다(그림 8-2B).

또 다른 중요한 미화석 군들은 사실상 플랑크톤성 식물들로, 황갈조식물문Chrysophyta, 또는 황갈조류golden-brown algae에 속한다. 이 가운데 하나인 규조류는 실리카로 이루어진 골격을 분비하며, 전 세계의 바다와 민물에서 발견된다(그림 8-2C). 코코리토포레coccolithophorids도 여기에 속하며, 매우 작은(지름이 몇 마이크로미터에 불과하다) 단추 모양의 판 수백 개를 분비해서 공모양 세포를 덮는다(그림 8-2D). 이 식물성 플랑크톤phytoplankton(플랑크톤성 조류)들은 전 세계의 바다에서 전체 먹이사슬의 기초가 되어, 다른 모든 생물(유공충과 방산충부터 갑각류, 어류, 고래

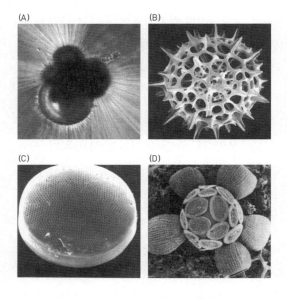

(A)

(B)

(C)

(D)

그림 8-2 흔히 보이는 플랑크톤성 미화석 군들의 예. (A) 유공충. 방해석으로 이루어진 거품 모양의 방들을 위족pseudopodia이라고 하는 긴 원형질 돌기들이 둘러싸고 있는 모습이다(J. 케네트Kennett의 사진). (B) 방산충. 실리카로 이루어진 특유의 다공성 가시 껍질이 보인다(Haq and Boersma 1978). (C) 규조류. 잔구멍들이 촘촘히 난 살레 모양의 실리카 껍질을 가지고 있다(J. 배런Barron의 사진). (D) 코코리토포레 조류. 방해석으로 이루어진 여러 장의 판들(코콜리스coccoliths)이 둘러싸고 있다(W. 시서Siesser의 사진).

같은 대형 포식자에 이르기까지)이 직간접적으로 이들을 먹이로 삼는다. 더군다나 식물성 플랑크톤들은 우리가 들이쉬는 산소의 생산자로서 가장 큰 부분을 차지하며 (육상 식물보다 훨씬 중요한 산소 생산자이다), 워낙 수가 많기에 무수히 많은 이들의 껍질로 해저가 닦인 곳이 바다에는 수없이 많다. 백악이라고 하는 암석은 사실상 코코리토포레와 몇 가지 유공충의 골격이 무수히 모여서 이루어져 있다. 지구에 사는 생명에게 식물성 플랑크톤이 워낙 중요하다 보니, 그들의 진화에 큰 위기가 닥칠 때마다 먹이사슬을 타고 위로 올라가면서 대멸종을 일으켰다. 식물성 플랑크톤이 방출하는 산소가 아니었다면, 그리고 그들이 바다 생명의 먹이가 되어주지 않았다면, 지금 우리는 여기에 존재하지 못했을 것이다.

잘 연구된 유공충에서 진화를 보여주는 수많은 사례 가운데 몇 가지를 먼저 보도록 하자. 유공충에서 장기간에 걸친 진화를 보여주는 한 가지 훌륭한 예는 방추충Fusulinidae이라고 하는 군이다(그림 8-3). 방추충은 저서성(바닥에서 사는) 유공충이기에, 크기가 꼭 작을 필요도 없었고 플랑크톤으로 떠다니지 않아도 되었다. 분비한 껍질은 쌀알만 한 것부터 무려 5센티미터에 이르는 것도 있는데, 단세포 생물치고는 어마어마한 크기이다. 현생하는 수많은 대형 저서성 유공충처럼, 방추충도 아

그림 8-3 바닥에 사는(저서성) 유공충인 방추충. 크기와 모양은 쌀알 정도이고, 고생대 후기 석회암에 기이할 정도로 많이 있다. 여기서 방추충의 수는 조 단위로 세야 할 정도이며, 방추충만으로 단위 암층 전체가 구성된 경우도 있다(W. 해밀턴Hamilton의 사진. 미국지질조사국의 허락을 얻어 실었다).

마 공생관계에 있는 조류를 조직 속에다 담아 건사했기에 그처럼 크게 자랄 수 있었을 것이다. 이 생각을 확증해주는 사실은 고생대 후기(미시시피기부터 페름기까지로, 3억 5500만~2억 5500만 년 전의 시기)에 얕은 해저(아마 빛이 충분히 투과할 만큼 얕았을 것이다)에서 엄청난 수의 방추충이 살았다는 것이다. 다른 건 없고 오로지 방추충만으로 거대한 석회암층이 이루어진 곳들도 많이 있으며(그림 8-3), 방추충의 개체 수는 조 단위로 세야 할 정도이다. 그렇게 한창 전성기를 구가하다가 지구 역사상 가장 규모가 컸던 페름기 대멸종에 의해 깡그리 사라져버렸다. 페름기 대멸종은 지구상 해양 생물종의 95퍼센트를 소멸시켜버린 사건이었다. 이 대멸종을 일으킨 원인이 무엇이었든 간에, 가장 두드러지게 희생된 생물 가운데 하나가 바로 방추충이었다.

방추충의 껍질은 물렛가락(방추) 또는 쌀알처럼 생겼다(그림 8-3과 8-4). 껍질이 성장하면서, 가락의 긴 축을 중심으로 껍질층이 나선 모양으로 켜켜이 추가되기 때문에, 가운데를 잘라보면 으레 나선무늬를 볼 수 있다. 그 단면을 들여다보면 작은 벽과 방들이 촘촘히 짜여 복잡하게 뒤얽힌 구조로 그 나선층을 지탱하고 있음을 볼 수 있다. 이 복잡한 벽 구조는 방추충의 속과 종마다 다르기 때문에, 전문가라면 쉽게 분간할 수 있다. 미시시피기 후기와 펜실베이니아기 최초기에 살았던 밀레렐라*Millerella*처럼 방이 몇 개뿐인 단순한 꼴이었던 방추충은 고생대 후기를 거치며 벽 구조가 점점 복잡해지고 물렛가락 모습의 대칭성에서 흥미로운 변이들이 일어나고 몸집이 더욱 커지면서 다양한 계통들로 빠르게 진화했다(그림 8-4). 기본 몸꼴에서

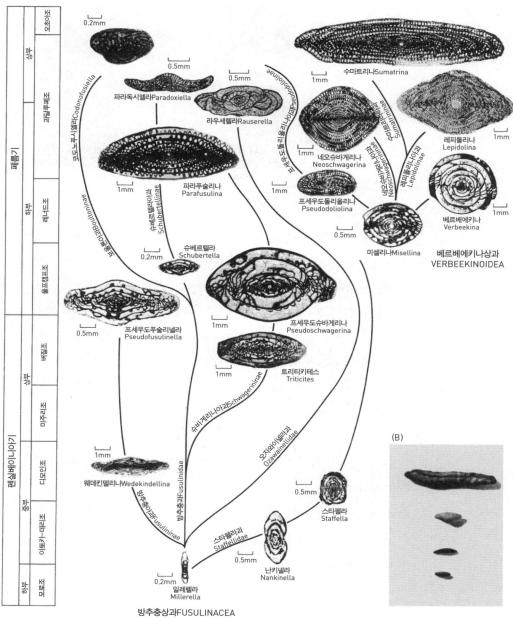

(A)

		오점이조
페름기	상부	과달루페조
	하부	레너드조
		울프캠프조
펜실베이니아기	상부	버질조
		마주리조
	중부	디머인조
		아토카-데러조
	하부	모로우조

0.2mm

0.5mm

0.5mm

1mm 수마트리나 Sumatrina

파라독시엘라 Paradoxiella

라우세렐라 Rauserella

Pseudodoliolininae

Sumatrininae

1mm 레피돌리나 Lepidolina

코도노푸시엘라 Codonofusiella

1mm 네오슈바게리나 Neoschwagerina

Neoschwagerininae

레피돌리나아과 Lepidolinae

1mm 파라푸술리나 Parafusulina

슈베르텔리아과 Schubertellinae

1mm 프세우도돌리올리나 Pseudodoliolina

1mm 베르베에키나 Verbeekina

보울토니아과 Boultoninae

0.2mm 슈베르텔라 Schubertella

0.5mm 미셀리나 Misellina

베르베에키나상과 VERBEEKINOIDEA

0.5mm 프세우도푸술리넬라 Pseudofusulinella

1mm 프세우도슈바게리나 Pseudoschwagerina

슈바게리나아과 Schwagerininae

1mm 트리티키테스 Triticites

1mm 웨데킨델리나 Wedekindellina

방추충과 Fusulininae

방추충과 Fusulinidae

오자와이넬라과 Ozawainellidae

0.5mm 스타펠라 Staffella

0.2mm 밀레렐라 Millerella

스타펠라과 Staffellidae

0.5mm 난키넬라 Nankinella

방추충상과 FUSULINACEA

(B)

그림 8-4 (A) 고생대 후기(펜실베이니아기와 페름기)에 방추충은 매우 빠르게 진화하면서 더욱 복잡한 방과 벽 구조를 발달시키고 물렛가락처럼 생긴 나선 모양을 기본 얼개로 해서 다양한 모양으로 발생해나갔다. (B) 자연 상태의 크기로 찍은 방추충 사진(Boardman et al. 1987에 나온 그림을 수정했고, 블랙웰 과학출판부의 허락을 얻어 실었다).

일어난 이런 엄청난 변이들은 비전문가의 눈으로 봐도 명백하기에, 단일 계통에서 진화가 극적인 모습으로 일어난 훌륭한 예가 되어준다. 전문가의 눈으로 보면 종마다 몹시 다르고 고생대 후기 석회암에 그 화석들이 대단히 널리 풍부하게 있기에, 고생대 후기 암석의 나이를 측정하는 주된 방법이 되어준다. 펜실베이니아기나 페름기의 해성 석회암의 나이를 알고 싶다면, 방추충 전문가에게 좀 봐달라고 부탁하면 된다. 그러면 가능한 가장 정확한 추정치를 얻을 것이다.

유공충에서 극적인 모습으로 꼴바꿈이 일어난 예들은 수없이 많이 보여줄 수 있다. 예를 들어 플라이오세에서 가장 흔히 보는 플랑크톤성 유공충 가운데 글로비게리노이데스 사쿨리페르*Globigerinoides sacculifer*(Kennett and Srinivasan 1983)가 있는데, 다공질의 길쭉한 거품들이 차례차례 나선형으로 배열되어 뭉친 모양을 한 껍질을 갖고 있었다(그림 8-5A). 플라이오세 바다의 표본이 담긴 수많은 시추심들의 위쪽으로 올라가다 보면 끄트머리의 방 몇 개 위를 길고 가는 손가락 모양의 확장물이 뒤덮은 표본을 더욱더 많이 찾아낼 수 있다. 심 위쪽으로 올라갈수록 이 작은 '손가락들'은 더 길어지고 더 흔해진다. 이것들은 조상 계통과 너무 다르기에 따로 글로비게리노이데스 피스툴로수스*Globigerinoides fistulosus*라는 학명을 부여받았다(정말이지 작은 주먹fist과 꼭 닮았다). 유공충에서 보이는 또 하나의 공통된 진화 흐름은, 원시적인 거품 모양의 방을 가진 종으로부터 가장자리를 따라 방과 용골이 점점 납작해지는 모습으로 점진적으로 진화했다는 것이다. 이런 추세들은 팔레오세 후기에 프라이무리카*Praemurica*로부터 용골을 가진 모로조벨라*Morozovella*가 진화한 것에서(그림 8-5B), 마이오세 초기의 용골을 가진 꼴인 글로보코넬라*Globoconella*에서(그림 8-5C), 그리고 역시 마이오세 초기의 용골을 가진 포셀라*Fohsella*에서(그림 8-5D) 볼 수 있다.

또 하나의 아메바형 동물군인 방산충을 살펴보자. 이미 말했다시피, 이 군은 유공충과 많이 닮았지만, 골격만큼은 탄산칼슘이 아니라 단백석실리카로 이루어져 있다(그림 8-2B). 저서성도 있고 플랑크톤성도 있는 유공충과 달리, 방산충은 모두 플랑크톤성이며, 따라서 방산충의 진화와 생태는 살고 자라는 곳의 수온과 화학성에서 일어나는 변화를 긴밀하게 반영한다. 방산충은 대부분 바닷속 깊은 곳에서 수면으로 양분이 올라오는 곳에서만 번성한다. 방산충에게 가장 얻기 힘들면서 가장 중요한 양분은 바로 실리카인데, 보통의 표층수에서는 고갈되고 없는 광물질이다. 바닷속 깊은 곳에서 용승하는 해류를 타고 실리카가 표층으로 올라오면, 방산충과 규조류가 수를 어마어마하게 불려 거의 모든 실리카를 즉시 소비한다. 방산충이 죽은 다음에는 섬세한 골격 수백수천만 개가 해저로 비처럼 쏟아진다. 그래서 용승이 일어나는 곳(대개 수역과 수역 사이에서 경계 해류boundary currents가 일어나는 곳)의 해양 퇴적물은 모두 방산충과 규조류 같은 실리카질 플랑크톤으로 가득 차 있다.

늦은 1970년대와 이른 1980년대에 컬럼비아대학교와 미국자연사박물관에서 대학원 생활을 하던 무렵, 나는 척추동물과 무척추동물의 화석을 공부한 것과 균형을 맞추도록 미고생물학을 배울 결심을 했다. 컬럼비아대학교와 제휴 관계에 있는 라몬트-도어티지질관측소Lamont-Doherty Geological Observatory(지금은 라몬트-도어티지구관측소Lamont-Doherty Earth Observatory)는 세계 일류 지질 연구소 가운데 한 곳으로, 1960년대에 판구조론이라고 하는 지질학 혁명을 이끌었다. 나는 셔틀버스를 타고 허드슨강을 따라 라몬트까지 가서 판구조론, 고지자기학, 지진학의 거장들에게서 강의를 들었다. 라몬트는 오래전부터 해양학과 해양지질학을 개척해온 곳이었기에, 둘째가라면 서러울 정도로 전 세계 바다에서 수많은 심해 시추심을 채취해 소장하고 있었다. 라몬트에 있는 동안 나는 시추심 실험실에서 미화석을 수천 개씩 검사하면서 대부분의 시간을 보냈고, 사이토 스네마사Saito Tsunemasa에게서는 유공충을, 짐 헤이스Jim Hays에게서는 방산충을, 로이드 버클Lloyd Burckle에게서는 규조류를 배웠다. 곧이어 동료 대학원생인 데이브 래저러스와 함께 연구 과제를 하나 수행했다. 우리는 방산충인 프테로카니움Pterocanium이라는 군을 대상으로 현미경으로 수백 개씩 표본의 수를 세고 측정해서 진화 패턴을 해독하려고 했다(Lazarus et al. 1983). 귀엽고 앙증맞은 이 '크리스마스 장신구들'은 레이스 종처럼 생긴 몸통(가슴 부위) 위에 혹 하나가 달렸고(머리 부위), 맨 위에는 돌기 하나가 솟아 있는 모습이다. 그리고 노출된 저부에는 긴 돌기 세 개가 벋어 나와 있다(그림 8-6). 700만 년 전에 살았던 조상 꼴인 프테로카니움 카리브데움 알리움Pterocanium charybdeum allium(가슴 부위가 쪽마늘처럼 생겼다고 해서 데이브가 이렇게 이름 지었는데, 마늘을 라턴어로 '알리움'이라고 한다)을 시작으로, 서로 다른 모양들 사이에 복잡한 분기 패턴이 있음을 우리는 기록했다. 구멍은 더 크게, 저부에서 벌어지면서 벌어 나온 돌기들은 더 튼튼하게 발달시키고, 맨 위 머리 부위의 특징적인 '혹'을 잃어버린 것도 있었다(프테로카니움 아우닥스Pterocanium audax). 원통에 가까운 상자 모양에다 독특한 '어깨'를 발달시킨 계통도 있었다(프테로카니움 프리스마티움Pterocanium prismatium. 플라이오세의 중요한 지표화석이다). 돌기를 크고 현란하게 키우고 가슴 부위 크기를 작은 공처럼 줄인 계통도 있었다(프테로카니움 코로트네비Pterocanium korotnevi). 두 계통은 수백 만 년 동안 서로 다른 모습으로 있다가(프테로카니움 프라이텍스툼Pterocanium praetextum과 프테로카니움 카리브데움 트릴로붐Pterocanium charybdeum trilobum), 플라이스토세 후기에 이종교배를 한 것처럼 보였다. 그림 8-6에 있는 도해는 수많은 시추심을 센티미터 단위로 차근차근 추적해서 시추심의 아래 끝에서 등장하는 껍질 모양과 위 끝에서 등장하는 껍질 모양 사이에 있는 모든 과도 단계들을 볼 수 있을 만큼 변화를 자세히 싣고 있지는 못하지만, 가슴 부위의 길이를 비롯한 수많은 특징을 서로 비교해볼 수 있기 때문에, 700만 년에 걸쳐 각 개체군에서 크기가 점진적으로 변해간 모습을 볼 수는 있다.

이는 방산충에서 일어난 진화적 변화의 예 하나에 불과하며, 수백 개는 더 들 수 있다. 사실 방산충은 아직 그리 잘 연구된 것들이 아니다(특히 유공충에 견주어서 말이다). 그래서 아직 알지 못한 예들이 수백 개는 더 있을 수 있다. 고전적인 예를 하나만 더 살펴보자. 아마 화석 기록에서 이제까지 찾아낸 것 가운데 가장 극단적인 형태상의 변화를 보여주는 예일 것이다. 에오세 중기(5000만 년 전)의 미화석 표본들을 살펴보면, 해면질 공 모양을 한 독특한 방산충인 리토키클리아 오켈루스Lithocyclia ocellus를 보게 될 것이다(그림 8-7). 수백만 년에 걸쳐 쌓인 퇴적물을 따라 위쪽으로 해면질 공 모양을 추적해보면, 점진적으로 해면질 겉층들이 사라지고 해면질 팔을 네 개 단 작은 핵으로 발달했다가(리토키클리아 아리스토텔리스Lithocyclia aristotelis), 다음에는 세 팔로(리토키클리아 앙구스타Lithocyclia angusta), 마지막에는 두 팔로 줄어들어 물렛가락 같은 모양을 하게 됨을(칸나르투스 투바리우스Cannartus tubarius) 볼 수 있다. 그다음에 칸나르투스 계통은 점진적으로 가운데 구에 '허리'

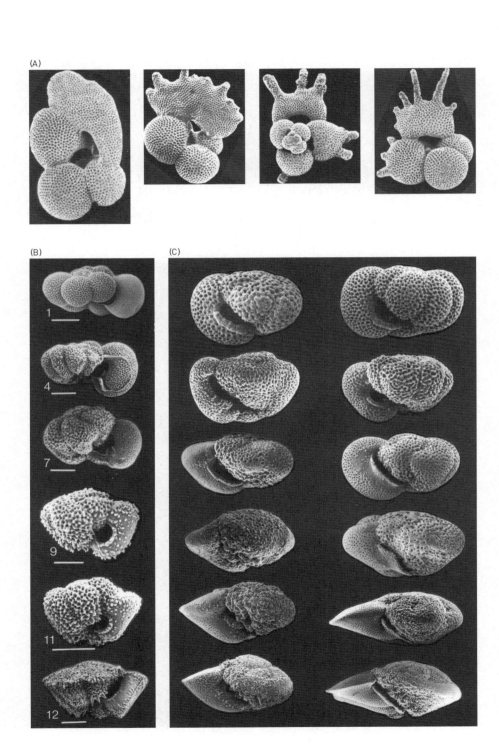

◀ **그림 8-5** 몇 가지 플랑크톤성 유공충 군들이 진화한 순서. (A) 플라이오세와 플라이스토세에는 부드러운 껍질을 가진 글로비게리노이데스 사쿨리페르로부터 손가락 모양의 돌출부를 가진 글로비게리노이데스 피스툴로수스가 진화했다. (B) 6300만 년 전에서 5900만 년 전 사이에 프라이무리카(맨 위)가 용골을 가진 모로조벨라(맨 아래)로 진화했다. (C) 마이오세 초기(1800만~2000만 년 전)에 일어났던 글로보코넬라의 진화. 용골이 없는 꼴(맨 위)에서 용골을 가진 글로보코넬라 코노이데아*Globoconella conoidea*(맨 아래)가 진화했는데, 약 600만 년 전에 사라졌다. (D) 포셀라에서도 비슷한 추세가 보인다. 용골이 없는 조상 꼴들(맨 위)에서 용골이 고도로 발달된 종들(맨 아래)로 진화했다((A)는 J. 케넷의 사진이고 (B-D)는 R. 노리스Norris의 사진).

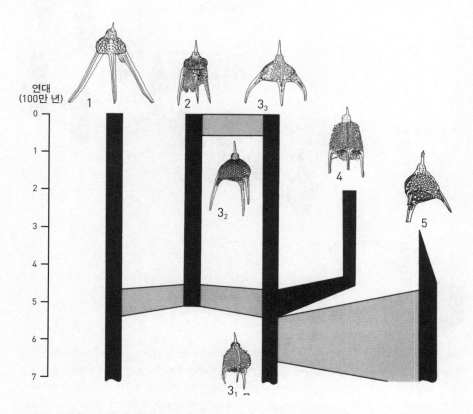

그림 8-6 신생대 후기의 방산충인 프테로카니움에서 보이는 진화 패턴. 까만 막대들은 주요 계통들이 분포한 시기를 나타내고, 회색 구간들은 중간 단계의 진화가 일어난 구간들을 나타내는데, 계통과 계통의 이종교배가 일어났을 가능성이 있다. 왼쪽의 시간 눈금은 '지금으로부터 몇 백만 년 전'을 가리킨다. 축척=10마이크로미터. 1. 프테로카니움 코로트네비. 2. 프테로카니움 프라이텍스툼. 3₁. 프테로카니움 카리브데움 알리움. 3₂. 프테로카니움 카리브데움 카리브데움*Pterocanium charybdeum charybdeum*. 3₃. 프테로카니움 카리브데움 트릴로붐. 4. 프테로카니움 프리스마티쿰. 5. 프테로카니움 아우닥스(Lazarus et al. 1985: fig. 21. 고생물학회의 허락을 얻어 실었다).

를 발달시키고, 팔은 점점 짧아지고 두꺼워지다가, 마침내는 칸나르투스 페테르소니*Cannartus petterssoni*와 옴마타르투스 후게시*Ommatartus bughesi* 두 계통으로 갈라진다. 칸나르투스속은 다중 해면질 층에 두 팔이 달린 꼴로 진화하고, 옴마타르투스속은 팔이 더 짧아지고 가운데 구는 더 뚱뚱해진다. 두 계통의 끝을 보면(해면질 공 모양

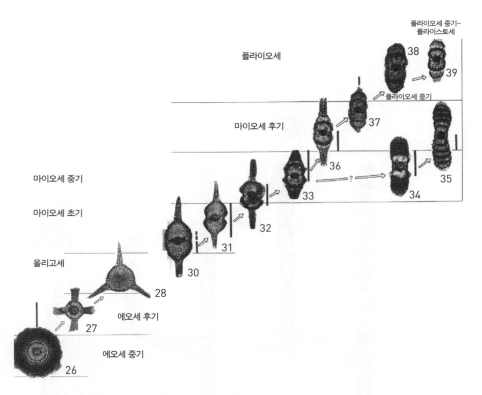

그림 8-7 지난 5000만 년에 걸쳐 방산충의 칸나르투스류-옴마타르투스류 계통에서 일어난 진화적 꼴바꿈. 해면질 공 모양이었던 것이 팔이 네 개 달린 것으로, 그다음에는 팔이 세 개 달린 것으로, 마지막에는 위아래 끝에 두 팔이 달린 구조로 바뀌었고, 진화 후기에는 해면질 갓에서 변이가 더 일어났다. 각 분류군은 다음과 같다. 26. 리토키클리아 오켈루스*Lithocyclia ocellus*, 27. 리토키클리아 아리스토텔리스*Lithocyclia aristotelis*, 28. 리토키클리아 앙구스타*Lithocyclia angusta*, 30. 칸나르투스 투바리우스*Cannartus tubarius*, 31. 칸나르투스 비올리나*Cannartus violina*, 32. 칸나르투스 맘미페루스*Cannartus mammiferus*, 33. 칸나르투스 라티코누스*Cannartus laticonus*, 34. 칸나르투스 페테르소니*Cannartus petterssoni*, 35. 옴마타르투스 후게시*Ommatartus bughesi*, 36. 옴마타르투스 안테페눌티무스*Ommatartus antepenultimus*, 37. 옴마타르투스 페눌티무스*Ommatartus penultimus*, 38. 옴마타르투스 아비투스*Ommatartus avitus*, 39. 옴마타르투스 테트라탈라무스*Ommatartus tetrathalamus*(Haq and Boersma 1978의 것을 수정했다).

이었던 것이 여러 갓을 가진 물렛가락 모양의 껍질로 변해간다), 그 둘이 가까운 핏줄사이라는 걸 결코 상상할 수 없을 것이다. 그러나 나는 시추심에서 채취한 시료들을 살펴 한쪽 끝에서 다른 쪽 끝으로 점진적으로 형태가 바뀌어가는 모습을 눈으로 직접 보았다.

규조류와 코코리토포레를 비롯한 다른 미화석들에서 일어난 진화 패턴과 과도 단계에 대해서도 많은 연구가 이루어지고 있다(Lazarus 1983과 《고생물학Paleobiology》 1983년 가을호 9권 4호에 실린 글들을 참고하라). 하지만 미화석에서 보이는 진기한 기록은 지면상의 이유로 이쯤에서 그만 살피고, 이보다 덩치가 크고 연구도 더 수월한 무척추동물에서 보이는 패턴을 살펴보도록 하겠다.

바다조가비가 들려주는 이야기

왜 고생물학자들은 사람들에게 계통과 계통 사이의 과도 단계들과 종과 종 사이의 과도 단계들을 자세히 알리려 들지 않을까? 그렇게 자세하게 다루는 건 불필요하다고 생각하기 때문이다. …… 분명 고생물학자들은 진화가 일어났느냐는 문제는 이미 끝난 문제라고 여긴다. 그들은 이렇게 생각한다. 시비를 따지는 논쟁을 할 필요가 없을 만큼 당연한데 뭐하러 그렇게 장황하게 상술해서 아까운 교과서의 지면을 낭비하겠는가?

—캐슬린 헌트, FAQ, www.talkorigins.org

값비싼 현미경으로만 연구할 수 있는 작디작은 화석들이 껄끄럽게 느껴진다면, 여러분이 사는 곳 근처에 화석을 함유한 노두를 곧장 찾아가서 직접 진화 패턴을 연구해볼 수도 있다. 예를 들어, 체서피크만의 해안을 따라 나 있는 유명한 절벽(그림 3-2A와 3-2B)은 마이오세(약 500만~1800만 년 전)에 살았던 연체동물들의 딱딱한 껍질로 이루어져 있다. 가장 흔하고 특징적인 화석 중 체사펙텐Chesapecten이라고 하는 대형 가리비들이 있다. 이 속에 해당하는 종인 체사펙텐 제페르소니우스

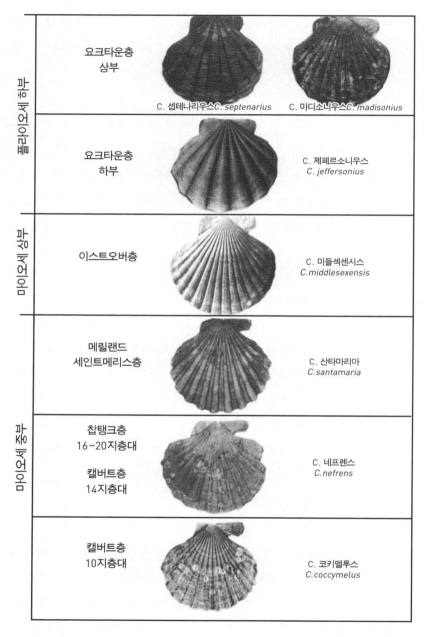

그림 8-8 마이오세와 플라이오세 동안 체사펙텐속 가리비의 진화. 체서피크만의 캘버트층을 따라 보존되어 있다(Miyazaki and Mickevich 1982, 도판 1에 맞춰 실었다. 원본 그림은 Ward and Blackwelder 1975에 기초했다. 플레넘출판사의 허락을 얻어 실었다).

*Chesapecten jeffersonius*는 버지니아주의 상징 화석이다. 수많은 연구가 보여주었다시 피(Ward and Blackwelder 1975; Miyazaki and Mickevich 1982; Kelley 1983), 이 가리비 의 조가비는 시간이 흐르면서 꾸준히 바뀌는 모습을 보여준다. 최초기 꼴은 체사 펙텐 코키멜루스*Chesapecten coccymelus*라는 종으로(그림 8-8), 마이오세 중기 캘버트 층Calvert Formation의 10지층대에 풍부하다. 캘버트층에서 참탱크층Choptank Formation 까지 올라가다보면 체사펙텐 네프렌스*Chesapecten nefrens*의 표본들이 나타나는데, 등 부터 배까지의 높이보다 앞에서 뒤까지의 길이가 더 긴 조가비를 가지고 있다. 통 series을 차례차례 따라 올라가 보면 이 경향이 이어지는 모습을 볼 수 있다. 또한 위로 올라갈수록 조가비의 이랑rib 수도 줄어드는데, 단 체사펙텐 미들섹센시스 *Chesapecten middlesexensis*는 예외이다. 이 종은 대세를 거슬러 이랑 수를 늘려간다. 이 것 말고도 조가비에서 나타나는 미묘한 차이들을 더 많이 찾아낼 수 있다(Ward and Blackwelder 1975). 이 차이들이 워낙 많은 터라 노련한 고생물학자라면 누구나 종 과 종을 쉽게 분간할 수 있기에, 가리비만 보고도 해당 지층이 마이오세나 플라이 오세에서 어느 시기의 것인지 판정할 수 있다.

영국에 살고 있다면, 도버와 인근 지역에 걸쳐 있는 화이트클리프White Cliffs로 가서 절벽 밑을 따라 걸어보라. 부드러운 백악질 석회암(앞서 말했다시피 코코리토포 레만으로 이루어져 있다)이 풍화되면서, 백악기 후기에 살았던 작은 염통성게류heart urchin의 껍질이 많이 노출되어 있다. 이것들은 원래 A. W. 로Rowe(1899)가 했던 고 전적인 연구의 대상이었다. 로는 크기가 작고 원시적인 특징을 가진 껍질들(조상꼴 인 에피아스테르*Epiaster*에서 유래한 것들)로부터, 위아래가 가장 길고 너비가 가장 넓 은 부분이 앞쪽으로 이동해 껍질이 더 넓어진 모습으로 점진적 꼴바꿈을 했다는 분 명한 사례를 찾아냈다고 생각했다. 앞쪽에 난 홈은 깊어지고 미세한 혹들이 들어차 있다. 그리고 주둥이는 입술이 더 도드라진 모습을 하고 앞쪽으로 이동했으며, 관 족tube feet 부위는 길게 펴졌다(그림 8-9). 하지만 후대에 이루어진 연구는 로의 표본 채취가 부적절했으며 통계 조사를 전혀 하지 않았음을 보여주었다. 1954년에 케네 스 커맥Kenneth Kermack은 더 면밀한 분석을 수행하여(그 결과는 나중에 Nichols 1959, Ernst 1970, Stokes 1977에서 새로 다듬어졌다), 비록 그 진행 순서가 부드러운 단선적

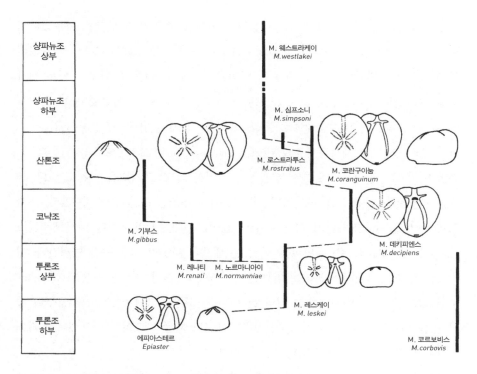

그림 8-9 도버 화이트클리프의 백악기 백악질 지층에서 나온 엽통성게류 에피아스테르와 미크라스테르가 보이는 진화 흐름(Nichols 1959. 런던왕립학회의 허락을 얻어 실었다).

경향을 보이지는 않아도, 종들이 갈라져나가는 순서가 두드러지게 보이며, 시대상으로 겹치는 부분도 있음을 발견했다(그림 8-9). 곧 미크라스테르 레스케이*Micraster leskei*에서 미스라스테르 코르테스투디나룸*Micraster cortestudinarum*('거북의 심장')으로, 그다음에 미크라스테르 코란구이눔*Micraster coranguinum*('뱀장어의 심장')으로 이어지며, 곁가지 하나가 미크라스테르 코르보비스*Micraster corbovis*('소의 심장')로, 그다음에 미크라스테르 기부스*Micraster gibbus*로 이어짐을 보았던 것이다. 이제 더 이상 이 화석들은 가지를 뻗지 않은 단일 계통 내에서 일어난 점진적 진화를 보여주는 증거가 되지 못하지만, 과도기 꼴들의 진화적 순서를 여전히 훌륭하게 보여준다.

　잉글랜드의 화이트클리프 서쪽에 자리한 쥐라기 지층에도 상태가 훌륭한 화석 층서가 많이 있다. 이 가운데 고전적인 예 하나가 바로 그리파이아*Gryphaea*라고 하는 괴상한 모양의 굴oyster 화석이다. 수집가들이 '악마의 발톱'이라고 부르는 이 생물의 껍질은 둘로 이루어졌는데, 하나는 돌돌 말린 받침접시 모양을 하고 오목한 면을 위로 향한 채 바닥에 반듯이 놓이고, 크기가 훨씬 작은 다른 하나는 위를 덮는 뚜껑을 이룬다(그림 8-10). 고전적인 어느 연구에서 A. E. 트루먼Trueman(1922)은 그리파이아의 똬리 모양이 점점 심하게 안쪽으로 휘어지다가 마침내는 껍질을 여닫는 일에 거치적거리는 지경까지 이르게 되었다고 논했다. 당시의 생각으로 보았을 때, 이는 진화가 걷잡을 길 없이 진행해서 퇴행이 되는 시점까지 다다른 끝에 더는 자연선택의 통제를 받지 않게 된 모습으로 보였다. 그러나 그 뒤에 더욱 면밀하게 이루어진 연구들은(Philip 1962, 1967; Hallam 1968, 1982; Gould 1972; Hallam and Gould 1974) 트루먼이 데이터를 잘못 해석했음을 보여주었다. 덜 굽이지고 덜 날씬해지며, 위아래 길이보다 좌우 너비가 훨씬 커지면서 더욱 접시 모양에 가까운 껍질을 가지게 되는 경향이 있었던 것이다(그림 8-10). 그러나 이 일은 쥐라기를 거치면서 여러 종의 계통들에서 일어난 일이었고, 모양의 변화는 주로 덩치가 점점 커진 것에 기인한 탓이 컸다.

이것들 말고도 연체동물에서 찾아낸 예들을 수없이 더 보여줄 수 있다. 예를 들면(Rodda and Fisher 1964) 텍사스주, 루이지애나주, 미시시피주, 앨라배마주의 멕시코만 연안을 따라 있는 에오세(5500만~3400만 년 전) 암석들에는 바다달팽이류인 아틀레타Athleta가 몹시 흔하다(그림 8-11). 이것들은 꾸밈이 밋밋하고 단순한 껍질을 가진 볼루토코르비스 리몹시스Volutocorbis limopsis에서 진화했지만, 서로 매우 다른 여러 계통으로 빠르게 갈라졌다. 윌콕스 지층Wilcox beds에는 널따란 껍질을 가진 거대한 아틀레타 투오메이Athleta tuomeyi도 있고, 이보다 모양과 크기가 평범한 계통인 아틀레타 페트로사Athleta petrosa도 있다. 웨치스 지층Weches beds에는 곁가지로 뻗어나간 종으로서 껍질의 꾸밈이 밋밋한 아틀레타 달리Athleta dalli와 이보다 모양이 볼록한 아틀레타 리스보넨시스Athleta lisbonensis가 있다. 아틀레타속의 주 계통은 상부 에오세의 리스본 지층Lisbon beds에서 장식 치레가 심한 아틀레타 페트로사 심메트리카Athleta petrosa symmetrica로 끝맺는다.

다들 좋아하는 화석인 삼엽충은 어떨까? 삼엽충의 진화 패턴을 다룬 연구는

(A)

(B)

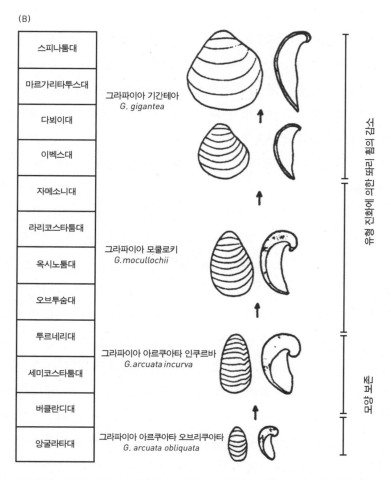

| 스피나툼대 |
| 마르가리타투스대 |
| 다뵈이대 |
| 이벡스대 |
| 자메소니대 |
| 라리코스타툼대 |
| 옥시노툼대 |
| 오브투숨대 |
| 투르네리대 |
| 세미코스타툼대 |
| 버클란디대 |
| 앙굴라타대 |

그라파이아 기간테아
G. gigantea

그라파이아 모쿨로키
G.mocullochii

그라파이아 아르쿠아타 인쿠르바
G.arcuata incurva

그라파이아 아르쿠아타 오브리쿠아타
G. arcuata obliquata

유형 진화에 의한 뙈리 휨의 감소

먼저 먼옛

그림 8-10 쥐라기의 굴인 그리파이아에서 일어난 진화. (A) 일련의 그리파이아 껍질들. 시간이 흐르면서 뙈리의 휨이 덜해지는 모습을 보인다(글쓴이의 사진). (B) 차례차례 껍질의 뙈리 휨이 점점 덜해지는 모습을 잉글랜드 남부 쥐라기 지층에서 볼 수 있다(Hallam 1968, fig. 26에 맞췄다. 런던왕립학회의 허락을 얻어 실었다).

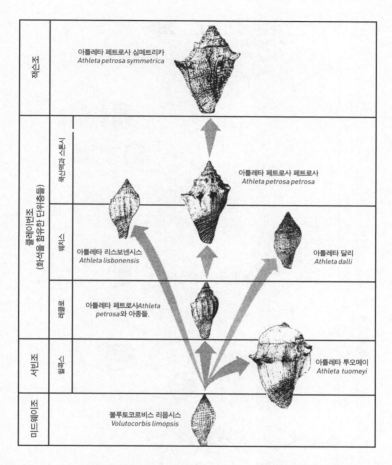

그림 8-11 멕시코만 연안 평야의 에오세 지층에서 나온 바다달팽이류 계통인 아틀레타의 진화(Rodda and Fisher 1964. 진화연구협회의 허락을 얻어 실었다).

수없이 많다. 대부분의 연구에서 보여준 삼엽충의 진화 경향은 대단히 미묘한 변화들에 따른 것이다. 이를테면 피터 셸던Peter Sheldon(1987)이 중부 웨일스의 오르도비스기 지층에서 여덟 계통에 해당하는 삼엽충 표본을 1만 5000개가 넘게 채집해 300만 년에 걸친 진화 순서를 기록했는데, 가슴 부위 늑막엽rib의 수 변화(그림 8-12)를 기준으로 삼았다. 오기기누스Ogyginus 같은 계통은 늑막엽 수에서 알짜 변화net change를 거의 보여주지 않지만(정체 상태), 닐레우스류nileids, 오기기오카렐라Ogygiocarella, 그리고 특히 노빌리아사푸스Nobiliasaphus는 300만 년 사이에 늑막엽 수

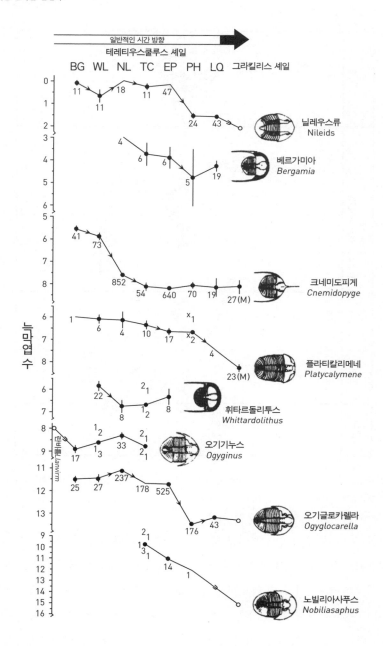

그림 8-12 중부 웨일스에 있는 오르도비스기 지층의 수많은 삼엽충 계통들에서 나타나는 진화 경향. 오르도비스기를 이루는 시기들을 거치며 대부분의 계통에서 가슴 부위의 늑막엽 마디 수가 점차 늘어나는 모습을 보인다(Sheldon 1987에 따랐다. 네이처출판그룹의 허락을 얻어 실었다).

가 급격하게 증가하는 모습을 보여준다. 이 예는 정체 상태와 점진적 진화 모두를 보여주지만, 결론은 명확하다. 곧 이 삼엽충들은 순간적으로 창조된 것이 아니라 세월이 흐르면서 꾸준히 변해왔다는 것이다. 다른 삼엽충 군들도 시간이 흐르면서 미묘한 변화들이 더 일어났음을 보여준다. 이를테면 눈이 더 복잡해졌다든가, 덩치가 더 커졌다든가, 꼬리의 마디 나뉨(**꼬리 부위**pygidium)이 더 복잡해졌다든가, 가시돌기들이 발달했다든가 한 것이다(Eldredge 1977; Fortey and Owens 1990). 이 예들의 대부분은 셸던이 기록했던 것과는 다르게 점진적이지 않고 단속과 정체가 있었음을 보여준다. 그렇다 해도 창조론자들이 오해한 바와는 다르게, 삼엽충은 시간이 흐르면서 정말로 변화해왔으므로 진화를 뒷받침하는 훌륭한 예들이다(다만 점진적 진화가 아닐 따름이다).

이런 예들을 수없이 많이 늘어놓을 수 있다. 하지만 지면의 제약이 있기 때문에, 다음 얘기로 넘어갈 생각이다. 더 많은 예들을 알고 싶다면, 다음 자료들을 참고하길 바란다. Hallam 1977, Boardman et al. 1987, McNamara 1990, Clarkson 1998, Prothero 2013a.

대진화 쪽은 어떨까?

이제 더는 화석 기록이 부족하다고 양해를 구할 필요가 없다. 어떤 면에서 보면 화석 기록은 거의 주체가 안 될 만큼 풍부해졌고, 발견 속도가 집대성 속도를 앞지르고 있다. 이를테면, 발견된 유공충류의 종 수가 점점 늘어나다보니, 아직까지 미처 서술되지 못한 채 석유 회사들의 수납장 속에 보관되어 있는 것이 족히 수천 종은 될 것이다. 다른 생물군의 대부분은 유공충만큼 충분하게 수집되지는 않았지만, 새롭게 추가되는 발견물 대 그것들을 연구하는 고생물학자 수의 비는 꾸준히 벌어지고 있다. 그러나 아직 발견하지 못한 것들이라 해도 크게 새로운 면을 밝혀내는 문제에서 보면 그 근본적인 중요성은 점점 줄 것 같고, 이미 그 윤곽을 알고 있는 화석 계열들을 더욱 촘촘하게 채워나가는 것으로 그칠 것 같다. 화석으로 대표되는 경우에 한해서, 주요 문들은 이제 분지군 계통 분류를 거듭 적용해서 3차원으로 구성해낸 길고도 완전한 역사를 가지고 있다. 빈틈을 좁혀주는 것은 주요 연결 꼴들, 다시 말해서 다윈의 속을 그토록 끓였던 '빠진 고리들'만이 아니다. …… 그것과 더불어 새로운 화석 꼴들의 발견, 생물학적으로 순차적인 자잘한 변화들로 틈을 메우기, 생물의 상biofacies 해석, 화석 형태학과 화석 처치 과정에 새로운 기법들을 적용하기, 그리고 지질연대를 점점 좋게 다듬어 정립해나가는 것이 오늘날의 고생물학에 힘을 보태어, 다윈의 이론이 가진 본질과 완전하게 부합하는 관점에서 진화 사실과 진화 과정을 가장 강력하게 뒷받침하며 진화를 입증해내는 '증거'가 되어준다.

—T. 조지 네빌, 〈진화의 관점에서 본 화석〉, 1960

우리가 방금 살펴본 예들을 창조론자들에게 일러주면, 이런 변화들은 모두 성경에 적혀 있는 '창조된 종류들' 안에서 보는 모습이라고 논함으로써 이 문제를 얼버무리곤 한다. 하지만 5장에서 지적했다시피, '종류'라는 개념은 생물학적으로 아무 의미도 없다. 그런데 창조론자들은 소진화 규모에서 일어나는 변화들은 허용하되(무엇이 진화하든 한 종류 안에서만 일어나는 것일 뿐이라고 말한다) 주요 대진화적 변화가 일어날 수 있음은 부정하기 위한 편리한 술책으로 이 개념을 사용한다. 물론 이렇게 하면 엄청나게 많은 진화가 일어나고 있음을 인정하는 셈이 된다. 왜냐하면 화석 기록에 나타난 거의 모든 군에서 상당한 진화를 보이며, 이것들 모두가 창조된 종류일 리는 없기 때문이다. 게다가 4장에서 이미 언급했다시피, 이것들 모두가 노아의 방주에 들어가지도 못할 테기 때문이다. 그러나 그래도 그들이 마련한 엉터리 규칙에 따라주어서, 대진화임이 분명한 변화인 몸꼴과 생태에서 일어난 몇 가지 급격한 변화들을 한번 살펴보도록 하겠다.

연잎성게류sand dollar라면 어떨까? 관광객들과 해변의 조가비 수집가들에게 크게 인기 있는 이 귀엽고 앙증맞고 납작한 껍데기들은 실제로 성게류, 염통성게류, 그 친척들과 핏줄사이에 있다. 이것들은 극피동물문의 일원이며, 불가사리, 거미불가사리, 해삼은 물론 멸종한 수많은 군도 극피동물문에 속한다. 현생 연잎성게들은 매우 납작하고, 모래를 얇게 얹은 채 해저 바로 밑에 묻힌 상태로 많은 시간을 보낸다. 그러나 먹이를 먹을 때면 보풀 같은 짧은 돌기들과 관족을 움직여 해저에서 몸을 비스듬히 일으켜 세우는데, 그 모습이 꼭 지붕에 얹은 널 같다(그림 8-13A). 주둥이는 밑면에 있어 물이 주둥이로 흘러들게 되기에 먹이 입자들을 포획할 수 있다. 연잎성게를 바라보고 있노라면, 해저에 있는 다른 어느 '종류'와도 같은 구석이 하나도 없는 것 같으며, 무언가 다른 것에서 진화했을 수 있다고는 상상하기가 어렵게 보인다. 그러나 녀석들도 진화를 했다! 포터 키어Porter Kier(1975, 1982)가 기록한 것에서 볼 수 있다시피, 연잎성게는 팔레오세 후기와 에오세 초기에 빠르게 진화한 것으로, 카시둘루스류cassiduloids라고 하는 비스킷 모양의 성게로부터 몸이 약간 더 납작해진 올리고피구스류oligopygoids를 거쳐, 이보다 훨씬 더 납작해진 과도기의 토고키아무스Togocyamus까지 거쳐 왔으며, 이 과도기 화석은 서아프리카 토고의 팔레오세 후기 지층에서 나온다(그림 8-13B). 연잎성게는 점점 납작해지기만 하는 게 아니라, 크기는 점점 줄어드는 반면 껍데기에 난 돌기와 혹의 수는 점점 늘어나는 모습도 보인다. 그래서 거칠고 뾰족뾰족한 모습에서 자잘한 돌기와 혹들로 뒤덮인 거의 '털북숭이' 같은 모습(이러면 굴파기가 더 쉬워진다)으로 바뀐다. 주둥이는 껍데기 바닥의 앞쪽 가장자리에 있었던 것이 껍데기 저부의 가운데 쪽으로 옮겨가고, 항문은 원시 꼴들에서 껍데기 위쪽에 있었던 것이 바닥면의 뒤쪽 가장자리로 옮겨간다. 진화 후기 단계에 이르면 껍데기 가장자리에 작은 구멍들과 홈들이 발달해서, 모래 속에 엎드려 있을 때 껍데기 주변의 물 흐름을 쉽게 바꿀 수 있다. 팔레오세와 에오세 초기(6600만~4000만 년 전)의 표본들에 이 꼴바꿈들이 모두 잘 기록되어 있으며, 서아프리카 중부 지역에서 출발하여 마침내는 전 세계로 퍼져나갔다.

'살아 있는 화석'의 고전적인 예인 '투구게horseshoe crab'는 어떨까? 미국 대서양 연안의 해변 어디라도 훑고 다녀본 사람이라면 누구나 이 게들이 눈에 익을 것이다. 자주 파도에 쓸려 올라오기 때문이다. 일 년에 한 번, 특별히 만조가 높은 시기를 골라 투구게 수백 마리가 해변으로 기어 올라와 고대부터 쭉 해온 난교를 벌이며 짝짓기를 하고 모래 속에다 알을 슨다. 그러나 투구'게'는 진짜 게가 아니라 거미류와 전갈류가 포함된 협각아문Chelicerata이라고 하는 군의 일원이다. (진정한 게는

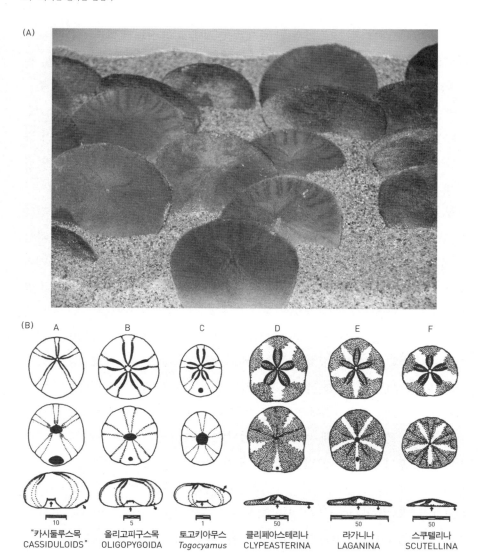

그림 8-13 연잎성게류의 진화. (A) 현생 연잎성게류가 먹이를 먹는 자세. 모래 속에 몸을 반쯤 묻고 지붕널처럼 비스듬히 몸을 일으켜 세웠다. 밑면에 자리한 주둥이 쪽으로 먹이가 담긴 물살이 흐른다(글쓴이의 사진). (B) 납작한 연잎성게의 진화. 비스킷 모양의 카시둘루스류 성게와 그보다 약간 납작한 올리고피구스류 성게로부터 서아프리카 팔레오세의 과도기 화석꼴인 토고키아무스를 거쳐 점점 더 납작해지고 점점 더 분화한 모습의 연잎성게로 진화했다. 껍데기 윗면의 꽃잎 모양 구역에 관족이 달려 있고, 주둥이는 껍데기의 바닥면에 자리하며, 진화하면서 바닥면의 가운데에서 가장자리의 낮은 쪽으로 점차 옮겨갔다. 그 사이에 굴 파는 능력이 점점 더 분화되고 향상되면서 항문은 껍데기 윗면 가운데에서 껍데기 뒤쪽 가장자리로 옮겨갔다(Mooi 1990에 따랐다. 고생물학회의 허락을 얻어 실었다).

이와는 전혀 다른 동물군인 갑각아문 내의 한 과를 이룬다.) 아무리 봐도 투구게는 여느 절지동물군들과 닮지 않았다. 그리고 누구 말마따나 투구게가 수백만 년 동안 불변했다면, 어느 다른 종류에서 '투구게 종류'를 나올 수 있게 했을 과도기 꼴은 하나도 없을 것이다. 그렇지 않은가? 그런데 아니다! 위스콘신에 있는 상부 캄브리아기 지층에서 화석을 수집할 당시의 내게 가장 근사한 화석 중 하나였던 것이 바로 아글라스피스류aglaspid라고 하는 원시 절지동물의 판plate이었다(그림 8-14A). 이 큼직한 생물들은 오늘날의 투구게와 전혀 닮지 않았지만, 투구게의 조상과 가깝거나 (Newell 1959; Fisher 1982, 1984) 투구게와 삼엽충 두 쪽 모두와 핏줄사이를 이루고 있다(Briggs et al. 1979; Briggs and Fortey 1989). 그래서 삼엽충과 투구게 모두 어느 쪽과도 닮지 않은 화석으로 유래를 추적해갈 수 있다. 고생대의 나머지 기간 동안, 투구게 계통(검미아강Xiphosura, 그리스어로 '칼꼬리'를 뜻한다)에 속하는 종들이 더 있었고, 투구의 크기는 점점 키우고 가슴 부위의 체절 수는 줄여나갔다. 그리고 이 동물군 특유의 긴 꼬리 돌기를 발달시켰는데, 이 꼬리 때문에 이 군에 '검미劍尾'라는 이름이 붙었다. 마지막으로 쥐라기에 이르면, 우리는 메소리물루스 왈치*Mesolimulus walchi*의 표본을 보게 된다. 이것들은 현생종인 리물루스 폴리페무스*Limulus polyphemus*와 많이 비슷하지만, 아직은 현생 종만큼 가슴 부위가 강하게 접합되지 않았고, 현생 종보다 훨씬 꼬리가 뾰족하다. 그래서 검미아강에 속하는 동물들은 지난 1억 년 동안 크게 달라지지는 않았지만, 그 이전에는 큰 변화를 겪었다. 더군다나 기묘한 진화 실험도 있었다. 이를테면 아우스트로리물루스 플레체리*Austrolimulus fletcheri*(그림 8-14B)는 투구 모서리마다 부메랑 모양의 긴 돌기가 나 있으며(오스트레일리아의 트라이아스기층에서 나왔으니만큼 부메랑 모양이라고 말하는 게 그럴듯하다), 리오메사스피스*Liomesaspis*(그림 8-14C)는 매끄러운 단추 모양의 갑옷 두 개가 머리와 가슴을 덮고 꼬리 돌기는 거의 사라진 모습이다.

　　이 정도 대진화로도 충분치 않은가? 주요 몸얼개와 몸얼개, 강과 강, 문과 문 사이의 '빠진 고리들'은 어떨까? 이 문제는 더 어렵다. 왜냐하면 캄브리아기의 동물 대방산은 초기 캄브리아기 후기, 곧 아트다반조에 이르러 큰 껍질들이 나타나기 이전에, 화석이 되지 못하는 부드러운 몸을 가진 동물문들 사이에서 대부분 일어

(A)

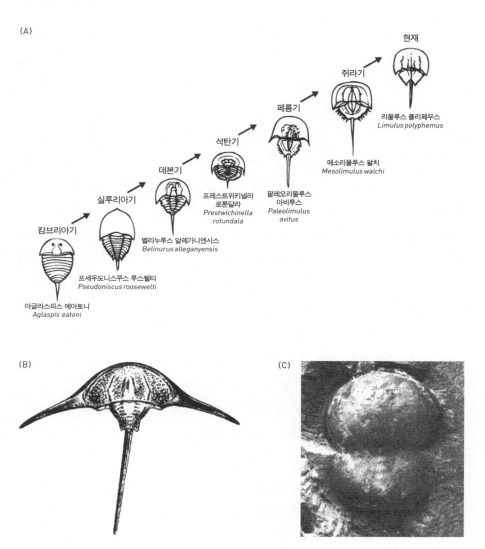

(B)

(C)

그림 8-14 투구게의 진화. (A) 투구게 계통에서 보이는 진화 흐름. 캄브리아기의 원시적인 아글라스피스류에서 출발해 점점 분화하는 과정들을 거치며 오늘날 같은 모양을 갖춘 투구게가 나왔다. (B) 오스트레일리아의 기묘한 '부메랑 모양'의 투구게. 아우스트로리물루스*Austrolimulus*라고 한다. (C) 두 단추 모양의 특이한 투구게. 리오메사스피스*Liomesaspis*라고 한다((A)는 Newell 1959에서 가져왔다. 미국철학협회의 허락을 얻어 실었다. (B)와 (C)는 D. 피셔의 그림과 사진이다).

낳기 때문이다. 그러나 우리에게는 주요 동물문이 서로 얼마만큼 핏줄사이가 멀고 가까운지 입증해주는 뛰어난 분자적, 해부적, 발생적 증거가 있다(그림 5-7). 이 증거가 보여주는 바에 따르면, 연체동물은 현생 동물문 가운데에서 환형동물segmented worm과 핏줄사이가 가장 가깝다. 그렇다면 환형동물과 연체동물 사이의 과도기 꼴은 어떤 모습일까? 구하라, 받게 될 것이다. 캄브리아기의 것으로 알려진 가장 이른 시기의 연체동물 화석 가운데에는 모자 모양의 단순한 껍질들이 있어 모자를 뜻하는 그리스어 필로스pilos를 따서 필리나Pilina라는 이름이 붙은 것이 있다. 그러나 그 부드러운 몸속의 해부 구조가 어땠는지 알려줄 증거는 전혀 없었다. 그러던 차에, 1952년에 한 저인망 어선이 코스타리카 앞바다의 심해에서 여러 표본들을 건져 올렸다. 그중에 네오필리나 갈라테아이Neopilina galatheae(그림 8-15)라는 또 하나의 고전적인 '살아 있는 화석'이 있었다. 네오필리나는 외투막mantle에서 분비한 모자 모양의 껍질을 가진 연체동물이 분명하고, 주둥이, 소화관, 항문, 아가미도 가지고 있다.

그러나 이 녀석들은 오늘날 살고 있는 어느 연체동물과도 다르다. 왜냐하면 네오필리나는 환형동물형 조상들이 가졌던 마디나뉨segmentation을 아직도 유지하고 있기 때문이다. 외투막의 가장자리 위와 껍질의 입술 부위 아래에는 마디가 나뉜 아가미, 콩팥, 심장, 생식샘, 그리고 껍질을 당기는 수축근 쌍들이 동심원 모양으로 정렬되어 있다. 이보다 훌륭한 과도기 꼴을 보여 달라고 요구할 수 없을 정도이다. 네오필리나는 거의 완전한 연체동물이면서, 아직도 환형동물 조상이 가졌던 특징들도 가지고 있기 때문이다. 1952년 이후, 과학자들은 부드러운 몸을 가진 환형동물형 동물군 두 가지, 곧 미강강Caudofoveata과 무판강Aplacophora이 껍질이 없어서 겉모습으로는 환형동물과 더 닮았지만 사실은 대단히 원시적인 연체동물이기도 하다는 걸 깨닫게 되었다. 지금 우리에게는 몸마디가 나뉜 환형동물로부터 껍질이 없는 환형동물형 연체동물로, 껍질을 가졌지만 마디나뉨이 잔존해 있는 연체동물로, 그리고 마지막으로 조개류, 달팽이류, 오징어류, 문어류, 그리고 그들의 멸종한 모든 친척들이 포함된 마디나뉨이 없는 연체동물의 대방산으로 이어지는 멋진 과도 과정의 증거들이 있다.

세계에서 가장 규모가 크고 가장 다양한 문, 곧 곤충, 거미류, 전갈류, 갑각류

(A)

입

아가미

발

항문

그림 8-15 '살아 있는 화석' 네오필리나*Neopilina*. 캄브리아기 초기의 잔존 생물이면서 환형동물과 연체동물을 잇는 과도기 꼴이다. (A) 몸 양편에 마디가 나뉜 아가미쌍들이 있는 모습을 보여주는 도해(마디가 나뉜 수축근쌍들도 있다). 마디나뉨이 없는 여느 연체동물들이 환형동물처럼 마디나뉨이 있는 조상들로부터 진화했음을 이것이 입증한다(그리고 분자 데이터가 이를 확증해준다). (B) 살아 있는 상태의 네오필리나 밑면을 찍은 사진. 마디나뉨의 잔재가 보인다. (C) 모자처럼 생긴 껍질을 위에서 본 모습(미시건 대학교의 J. B. 버치Burch의 사진).

(게, 새우, 가재, 따개비), 투구게, 삼엽충, 순각류, 배각류를 비롯해 수많은 군들이 속해 있는 절지동물문, 곧 '다리가 관절로 이어진jointed legged' 동물들에서는 과도기 꼴들이 어떤 모습일까? 생명의 나무(그림 5-7)가 보여주는 바에 따르면, 절지동물은 현생 생물 중에서 선형동물 및 윤형동물과 핏줄사이가 가깝다. 그렇다면 선형동물 '종류'와 배각류 같은 절지동물 '종류' 사이에 어떤 과도 과정을 상상할 수 있을까? 밝혀진 바에 따르면, 그 과도기 꼴들은 오늘날에도 여전히 살고 있다. '벨벳벌레velvet worm' 또는 유조동물Onychophora이라고 하는 이 문에는(그림 8-16) 약 80종

그림 8-16 선형동물과 절지동물을 이어주는 살아 있는 과도기 꼴. '벨벳벌레' 또는 유조동물문이라고 한다. 몸마디가 있는 벌레형 몸을 가지기는 했으나, 관절로 이어진 부속지와 더듬이도 있으며, 절지동물처럼 각피까지 벗는다(IMSI Master Photo Collection에서).

이 속해 있으며, 대부분 열대 밀림에서 살고 있다. 그런데 이것들을 처음 서술한 1826년 당시는 '민달팽이'로 오인했다. 그러나 더 면밀히 관찰한 결과(그림 8-16), 그것들이 겉모습은 벌레처럼 생겼다고 볼 수는 있어도 절지동물이 가진 특징들도 많이 있음이 드러났다. 마디나눔이 없는 선형동물과 달리, 유조동물은 몸마디가 있고, 다리는 애벌레의 다리와 닮았다. 부분적으로 마디가 나뉜 다리의 끝에는 뿔 모양으로 굽은 '발톱'이 있다. 유조동물에게는 절지동물처럼 **키틴**chitin으로 이루어진 표피가 있으며, 몸집이 더 커지려면 주기적으로 허물을 벗어야 한다(이것들 말고는 오직 절지동물에서만 볼 수 있는 특징이다). 유조동물에게는 절지동물에게서 볼 수 있는 것들과 매우 흡사한 더듬이, 겹눈, 구기口器도 있다. 리처드 브루스카Richard C. Brusca와 게리 브루스카Gary J. Brusca(1990: 683)가 개괄했다시피, 이것 말고도 유조동물과 절지동물을 묶어서 볼 만한 특징들, 그리고 선형동물문과 절지동물문 사이를 이어주는 탁월한 과도기 꼴로 볼 수 있을 만한 특징들이 많이 있다.

　여기서 결정타는 이 동물들이 캄브리아기에도 있었다는 것이다. 캐나다의 버지스 셰일과 중국의 청지앙 화석유적지에서는 엽상위족동물lobopod이라고 하는 놀라운 해양 유조동물 화석들이 다양하게 출토된다. 이를테면 버지스 셰일에서는 아이셰아이아Aysbeaia(그림 8-17A)와 할루키게니아Hallucigenia(그림 8-17B), 청지앙에서는 미크로딕티온Microdictyon이 출토된다. 아이셰아이아는 현생 유조동물 몇 가지와 거의 구분할 수가 없을 정도이다. 그러나 할루키게니아를 비롯해 캄브리아기에 살았던 몇 가지 꼴은 가시돌기들이 근사하게 늘어선 것 같은 특징들을 보이며, 현생 친척들만 보고 헤아린 것보다 그 다양성이 훨씬 높다.

　일단 절지동물이 진화하자, 길쭉한 몸에 다리가 많이 달린 순각류와 배각류부

(A)

그림 8-17 캐나다의 캄브리아기 중기 버지스 셰일에서 출토된 해양 엽상위족 유조동물 화석의 예들. (A) 아이셰아이아. (B) 할루키게니아(S. 콘웨이 모리스의 사진).

(B)

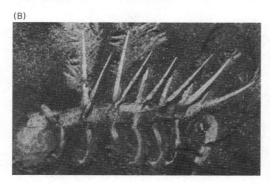

터 다리가 여섯 개인 곤충과 다리가 여덟 개인 거미류, 어마어마하게 다양한 갑각류에 이르기까지 널리 다양한 몸꼴들로 갈라져 나갔다. 유조동물 '종류'가 어떻게 배각류 '종류', 곤충 '종류', 거미 '종류', 갑각류 '종류' 등등으로 변신했을까? 4장에서 보았다시피, 그 답은 유전자 조절의 작은 변화만으로도 몸꼴을 극적으로 변화시킬 수 있는 혹스유전자에 있다. 혹스유전자에서 일어난 사소한 변화가 어떻게 머리에 다리가 달린 파리나 날개가 네 개 달린 파리 같은 호메오유전자 돌연변이체를 만들어내는지 우리는 이미 보았다(그림 4-5). 절지동물은 특히나 이런 식의 진화가 이루어지기에 알맞은 동물이다. 왜냐하면 몸뚱이가 모듈식으로 구성되어 있기 때문이다. 말하자면 몸이 여러 마디로 나뉘어 있고, 각 마디마다 부속지가 달려 있으며, 다리가 날개로, 더듬이로, 집게로, 구기로 쉽게 바뀔 수 있기 때문이다. 실험을 해본 결과, 혹스유전자 몇 개는 절지동물이 몸마디를 더 갖게 하거나 덜 갖게 하고, 또 어떤 혹스유전자들은 필요한 부속지를 무엇이든 만들어낼 수 있는 것으로 밝혀졌다(그림 8-18). 매슈 론스하우겐Matthew Ronshaugen의 연구진(2002)은 새우의 Ubx 혹스유전자 하나를 곤충의 유충 속에 넣어 곤충의 다리 발생을 이 유전자가 어떻게 억제하는지 보여주었다(곤충은 다리가 여섯 개이지만, 대부분의 갑각류는 다리가 열 개

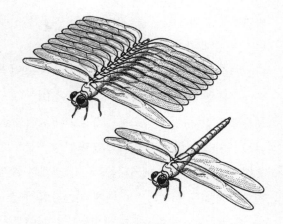

그림 8-18 혹스유전자가 절지동물의 몸마디와 부속지 수와 배열에서 극적인 변화를 일으킬 수 있게 하는 진화 메커니즘. 간단한 돌연변이 몇 개만으로도 대진화적 변화가 일어날 수 있다(그림 4-6을 보라)(칼 뷰얼의 그림).

이다). 데이비드 루이스David L. Lewis의 연구진(2000)과 조지프 피어슨Joseph C. Pearson의 연구진(2005)은 혹스유전자를 조작하면 절지동물의 각 몸마디에 부속지를 그야말로 어떤 유형이든 몇 개가 되었든 발생시킬 수 있음을 보여주었다. 따라서 이는 유전자의 단순한 변화만으로도 몸얼개에 급격한 변화를 줄 수 있음을 보인 것이었다. 그리고 원시 절지동물들이 잠자리처럼 날개가 두 벌 이상 달렸음을 보여주는 화석이 많이 있다. 이는 그림 8-18에 그린 생물이 결코 가상이 아님을 보여주는 것이다(Kulakova-Peck 1978; Raff 1998). 얄궂게도 창조론자들은 그림 8-18에만 초점을 맞추고 그림 속의 생물이 '지어낸' 것이라고 주장하면서 이 책의 초판을 공격했다. 그러나 창조론자들은 워낙 무식한지라, 날개가 여섯 개나 여덟 개, 또는 그보다 더 많이 달린 곤충 화석들이 있음을 전혀 알아채지 못하고 있다. 하물며 날개가 여럿인 이 그림 속의 생물은 그 화석들에 비하면 조금은 퍽 보수적이다 싶을 정도이다.

더군다나 절지동물은 탈피하면서 외골격을 벗을 때마다 몸꼴의 급격한 변화를 겪을 수 있다. 애벌레가 성체 나방이나 나비로 바뀔 때, 또는 구더기가 성체 파리로 바뀔 때에 그 몸이 얼마나 철저하게 다른 모습으로 재배열되는지 생각해보면 된다. 그래서 우리는 한 몸꼴에서 다른 몸꼴—몸마디와 부속지의 수가 완전히 다른 꼴—로 바뀌는 대진화적 과도 단계가 대단히 쉬운 과정임을 실험으로 얼마든지 보일 수 있다. 절지동물이 지구에서 가장 번성하고 수가 많고 다양한 생물인 것은 전혀 놀라운 일이 아니다. 우리 인간이 지구에서 사라지고 오랜 시간이 지난 뒤에도 바퀴벌레를 비롯한 곤충들은 여전히 지구를 지배하고 있을 것이다. 지금까지 3억 년 넘게 그래왔던 것처럼 말이다.

간추려보자. 동물계의 분자적-해부적-발생적 계통도(그림 5-7)는 연체동물과 환형동물을 연결한다. 이 두 문을 이어주는 과도기 꼴들이 화석으로도 있고 현생 생물로도 있다. 이 계통도는 선형동물과 절지동물도 연결한다. 이 두 문을 이어주는 과도기 꼴들 또한 화석으로도 있고 현생 생물로도 있다. 혹스유전자를 이용하면, 비교적 단순한 유전적 메커니즘들이 몸얼개의 급격한 변화들을 어떻게 제어하고 대진화적 변화를 어떻게 일어나게 하는지 입증할 수 있다. 다음 장에서 보게 되겠지만, 우리에게는 척추동물과 극피동물을 이어주는 과도기 꼴들도 풍부하게 있어서, 척추동물의 최초기 조상들이 부드러운 몸을 가진 조상들에서 갈라져 나왔음을 볼 수 있다.

더 읽을거리

Benton, M. J. and P. N. Pearson. 2001. Speciation in the fossil record. *Trends in Ecology and Evolution* 16: 405-411.

Boardman, R. S., A. H. Cheetham, and A. J. Rowell, eds. 1987. *Fossil Invertebrates*. Cambridge, Mass.: Blackwell.

Clarkson, E. N. K. 1998. *Invertebrate Palaeontology and Evolution*. 4th ed. Oxford, U.K.: Blackwell Science.

Eldredge, N., and S. M. Stanley, eds. 1984. *Living Fossils*. New York: Springer-Verlag.

Fisher, D. C. 1982. Phylogenetic and macroevolutionary patterns within the Xiphosurida. *Proceedings of the Third North American Paleontological Convention* 1: 175-180.

Gould, S. J. 1972. Allometric fallacies and the evolution of *Gryphaea*. *Evolutionary Biology* 6: 91-119.

Hallam, A. 1968. Morphology, palaeoecology, and evolution of the genus *Gryphaea* in the British Lias. *Philosophical Transactions of the Royal Society of London B* 254: 91-128.

Hallam, A., ed. 1977. *Patterns of Evolution as Illustrated in the Fossil Record*. New York: Elsevier.

Hallam, A. 1982. Patterns of speciation in Jurassic *Gryphaea*. *Paleobiology* 8: 354-366.

Haq, B. U., and A. Boersma, eds. 1978. *Introduction to Marine Micropaleontology*. New York: Elsevier.

Kier, P. M. 1965. Evolutionary trends in Paleozoic echinoids. *Journal of Paleontology* 39: 436-465.

Kier, P. M. 1975. Evolutionary trends and their functional significance in the post-Paleozoic echinoids. *Paleontological Society Memoir* 5: 1-95.

Kier, P. M. 1982. Rapid evolution in echinoids. *Palaeontology* 25: 1-10.

Kukalova-Peck, J. 1978. Origin and evolution of insect wings and their relation to metamorphosis, as documented by the fossil record. *Journal of Morphology* 156: 53-125.

Lazarus, D. B., 1983. Speciation in pelagic Protista and its study in the microfossil record: a review. *Paleobiology* 9: 327-340.

Lazarus, D. B., 1986. Tempo and mode of morphologic evolution near the origin of the radiolarian lineage *Pterocanium prismatium*. *Paleobiology* 12: 175-189.

Lazarus, D., H. Hilbrecht, C. Spencer-Cervato, and H. Thierstein. 1995. Sympatric speciation and phyletic change in *Globorotalia truncatulinoides*. *Paleobiology* 21: 975-978.

Lazarus, D. B., R. P. Scherer, and D. R. Prothero, 1985. Evolution of the radiolarian species-complex *Pterocanium*: a preliminary survey. *Journal of Paleontology* 59: 183-221.

Malmgren, B. A., and W. A. Berggren. 1987. Evolutionary change in some late Neogene planktonic foraminifera lineages and their relationships to paleoceanographic change. *Paleoceanography* 2: 445-456.

Malmgren, B. A., and J. P. Kennett. 1981. Phyletic gradualism in a Late Cenozoic planktonic foraminiferal lineage, DSDP Site 284, southwest Pacific. *Paleobiology* 7: 230-240.

Malmgren, B. A., W. A. Berggren, and G. P. Lohmann. 1983. Evidence for punctuated gradualism in the Late Neogene *Globorotalia tumida* lineage of planktonic foraminifera. *Paleobiology* 9: 377-389.

McNamara, K. J., ed. 1990. *Evolutionary Trends*. Tucson: University of Arizona Press.

Miyazaki, J. M., and M. F. Mickevich. 1982. Evolution of *Chesapecten* (Mollusca: Bivalvia, Miocene-Pliocene and the biogenetic law). *Evolutionary Biology* 15: 369-409.

Pearson, P. N. 1993. A lineage phylogeny for the Paleogene planktonic foraminifera. *Micropaleontology* 39: 193-232.

Pearson, P. N. 1998. The glorious fossil record. *Nature*, November 19. www.nature.com/nature/debates/fossil/fossil_1.html

Pearson, P. N., N. J. Shackleton, and M. A. Hall. 1997. Stable isotopic evidence for the sympatric divergence of *Globigerinoides trilobus* and *Orbulina universa* (planktonic foraminifera). *Journal of the Geological Society of London* 154: 295–302.

Prothero, D. R. 2013. *Bringing Fossils to Life: An Introduction to Paleobiology* 3rd ed. New York: Columbia University Press.

Raff, Rudolf A. 1998. *The Shape of Life: Genes, Development, and the Evolution of Animal Form*. Chicago: University of Chicago Press.

Rodda, P. U., and W. L. Fisher. 1964. Evolutionary features of *Athleta* (Eocene, Gastropoda) from the Gulf Coastal Plain. *Evolution* 18: 235–244.

Sheldon, P. R. 1987. Parallel gradualistic evolution of Ordovician trilobites. *Nature* 330: 561–563.

Smith, A. B. 1984. *Echinoid Palaeobiology*. London: George Allen and Unwin.

Ward, L. W., and B. W. Blackwelder. 1975. *Chesapecten*, a new genus of Pectinidae (Mollusca: Bivalvia) from the Miocene and Pliocene of eastern North America. *U.S. Geological Survey Professional Paper* 861.

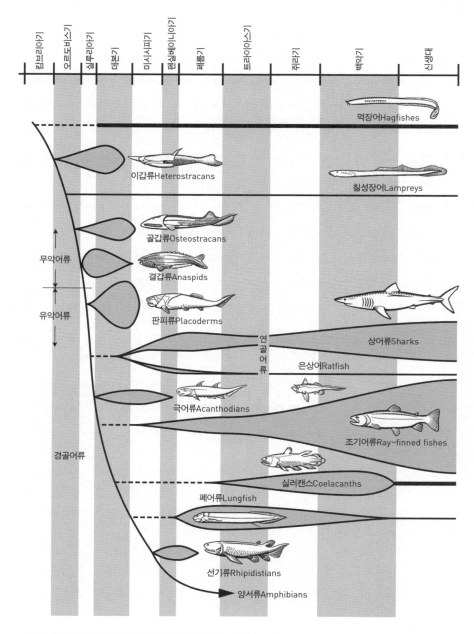

캄브리아기 | 오르도비스기 | 실루리아기 | 데본기 | 미시시피기 | 펜실베이니아기 | 페름기 | 트라이아스기 | 쥐라기 | 백악기 | 신생대

먹장어Hagfishes

이갑류Heterostracans

칠성장어Lampreys

골갑류Osteostracans

결갑류Anaspids

판피류Placoderms

무악어류

유악어류

상어류Sharks

연골어류

은상어Ratfish

극어류Acanthodians

조기어류Ray-finned fishes

경골어류

실러캔스Coelacanths

폐어류Lungfish

선기류Rhipidistians

양서류Amphibians

그림 9-1 어류와 여타 초창기 척추동물들의 진화사(칼 뷰얼의 그림).

9

물고기 이야기

등뼈 좀 보여줘!

> 우리는 언제든지 똑같은 법칙에 따라 포유류에서 인류의 진화, 파충류에서 포
> 유류의 진화, 양서류에서 파충류의 진화, 어류에서 양서류의 진화, 절지동물에
> 서 어류의 진화, 환형동물[몸이 마디 나뉜 벌레]에서 절지동물의 진화를 단절 없
> 이 추적할 수 있기에, 그것과 똑같은 법칙을 쓰면 동물계에 있는 모든 군을 질
> 서정연하게 배열할 수 있으리라고 기대해도 될 것이다.
> ―월터 개스켈,《척추동물의 기원》

사람들은 대부분 연잎성게나 달팽이나 가리비의 진화라든가 미화석에는 별로 흥미를 느끼지 못하지만, 우리가 속한 동물군인 척추동물의 유래 문제에는 크나큰 관심을 보인다. 척추동물에 이르는 과정에 대해서는 화석 기록에서 나온 증거뿐 아니라 발생학에서 나온 증거와 수많은 '살아 있는 화석', 곧 척추동물이 진화해온 단계들을 보존하고 있으면서도 오늘날까지 그대로 살고 있는 동물들에서 나온 증거도 풍부하다.

인류는 척삭동물문의 일원이다. 이 군에는 포유류, 조류, 파충류, 양서류, 어류(그림 9-1) 같은 척추동물(진정한 등뼈를 비롯해서 다른 종류의 뼈들도 갖고 있는 동물들)이 들어 있다. 척삭동물문에는 척추동물에서만 볼 수 있는 분화 특징들을 일부 가지고 있으면서도 등뼈는 없는 유사척추동물near-vertebrates도 다양하게 있다. 이 유사척추동물 가운데에는 단단한 골질의 등뼈 대신 **척삭**notochord이라고 하는 길고 유연한 연골 막대를 가진 것들이 많으며, 이것이 바로 척삭동물문이라는 동물군을 정

의한다. 배아였을 때 여러분에게는 척삭이 있었으며, 나중에 이 연골 대신 온전한 척추가 들어서게 된다.

척삭동물은 어디에서 유래했을까? 한 세기 넘게 모아온 해부학적 및 발생학적 증거들은 모두 (그리고 더 최근에는 분자적 증거들도 모두) 현생 동물 가운데에서 우리와 가장 가까운 친척이 불가사리, 성게, 해삼 등이 속한 극피동물임을 분명하게 보여준다. 불가사리를 보고 여러분의 가까운 친척이라는 생각이 안 들 수도 있겠지만 (또는 불가사리를 동물로 생각하지 않을 수도 있겠지만), 생물학적 사실들이 분명하게 보여주는 바가 바로 그것이다. 이를 가장 인상적으로 입증해주는 증거는 우리 사람의 배아발생 과정에서 나온다. 수정이 되고 나서 몇 차례 난할이 일어난 뒤에 단순한 세포공(**주머니배**blastula)이었던 여러분에게는 **주머니배구멍**blastopore이라고 부르는 작은 구멍이 있었다. 여러분이 환형동물이나 절지동물의 배아였다면, 그 주머니배구멍은 소화관의 한쪽 끝인 입으로 발생했을 것이다. 그러나 **후구동물**deuterostome(극피동물과 척삭동물)의 배아라면, 주머니배구멍은 항문이 되고, 입은 주머니배의 반대쪽에서 발생한다. 이밖에도 발생 과정에는 유사성이 많이 보인다. 대부분의 동물에서 수정란 속의 세포들은 나선 패턴으로 분할되지만, 후구동물의 수정란을 이루는 세포들은 방사 패턴으로 분할된다. 후구동물의 배아에는 불확정 상태의 세포들이 있다. 무슨 말이냐면, 그 세포들의 운명이 (대부분의 동물들에서처럼) 처음부터 결정된 것이 아니고, 필요에 따라 새로운 기관의 일부가 되거나 심지어 기관을 재생할 수도 있다는 뜻이다. 발생 초기 단계에 있는 성게의 유생을 조각조각 잘라내면, 세포들로 이루어진 공 하나하나가 완전한 동물로 변신할 수 있다. 마지막으로, 후구동물문Deuterostomata에서 속에 체액이 차 있는 **체강**coelom은 안쪽의 세포층인 내배엽의 팽출outpocketing로 형성되는데, 환형동물과 절지동물에서는 중간 세포층인 중배엽이 분열해서 체강이 형성된다.

극피동물과 척삭동물의 유생 발생 단계에서 나타나는 이 모든 독특한 분화가 바로 서로 매우 다른 이 두 동물문을 잇는 공통 고리가 되어준다. 지난 20년 동안 검토를 거친 분자계들은 모두 후구동물문이 자연군인 단계통군임을 확증해주었으며, 따라서 생물학자들은 불가사리와 성게가 우리와 가까운 친척임을 더는 의심하

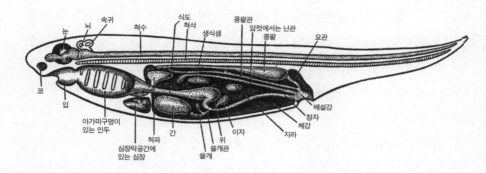

그림 9-2 척삭동물 몸얼개의 기본 구성. 몸의 앞부분에는 감각 기관(눈, 코), 인두바구니와 함께 입이 있어서 먹이와 산소를 걸러낸다. 신경삭과 척삭은 등을 따라 자리하고, 소화관은 배를 따라 자리한다. 항문은 몸의 맨 끝에 있지 않고, 몸 밑의 중간쯤에 있으며, 그 뒤로 긴 꼬리와 V자 모양의 마디 나뉜 근육들(근마디)이 쭉 이어진다(Romer 1959에 맞춰 그렸다. 시카고대학교 출판부의 허락을 얻어 실었다).

지 않는다. 공통된 유생 발생 패턴을 거친 뒤, 한쪽의 발생 명령어 집합은 극피동물의 유생을 만들어가고, 다른 쪽의 발생 경로 집합은 전형적인 척삭동물의 배아를 만들어낸다. 이 연약한 배아들이 화석 기록에 보존되어 있으리라고 기대할 수는 없을 것 같지만, 놀랍게도 바로 몇 년 전에 중국의 더우샨투오陡山沱에서 선캄브리아시대 후기의 배아들이 발견되었다. 이는 우리 최초기 공통조상들이 약 6억~7억 년 전에 살았음을 보여주는 것으로 보인다(분자시계 측정 결과도 같다).

척삭동물을 정의하는 것으로 척삭 외에 또 무엇이 있을까? 척삭동물의 기본 몸얼개(그림 9-2)의 한쪽 끝에는 감각 기관(눈, 콧구멍)과 함께, **인두**pharynx라고 하는 목구멍으로 이어지는 입구멍이 있다. 사람의 경우에는 인두에 성대가 자리하지만, 어류에서 인두는 아가미와 아가미바구니gill basket가 자리하는 구역이고, 일부 동물군에서는 먹이 섭취가 인두에서도 일어난다. 척삭동물은 등줄기를 따라 척삭 위로 신경삭nerve cord이 있고, 배를 따라 척삭 밑으로 소화관이 있다는 점에서도 독특하다. 환형동물과 절지동물은 이와 반대여서 등을 따라 소화관이 있고 배를 따라 주主신경삭이 있다. 그리고 척삭동물 가운데에는 마디가 나뉘어 기다랗게 늘어선 V자 모양의 근육인 **근마디**myomere를 가진 것들이 많다. 이 근마디들이 척삭을 당겨 구부려서, 거의 모든 어류에서 보이는 것처럼 몸을 좌우로 움직여 헤엄치는 동작을 가능케 한다. 마지막으로 거론하기는 하지만 다른 것만큼 중요한 점이 있다. 곧 소화관이 항문으로 끝나지만 몸의 맨 끝에 항문이 있는 것이 아니라(환형동물과 절지동물은 몸 끝에 항문이 있다) 몸의 맨 끝에서 어느 정도 앞 지점에 있으며, 항문 뒤로는 대개 꼬리(척삭과 근마디로 이루어져 있다)가 이어져 있다는 점에서 척삭동물은 환형동물 등속과 다르다.

이렇게 척삭동물의 몸얼개가 가진 기본 부분들의 윤곽을 그려보았으니, 우리는 이제 척추가 없는 후구동물에서 어떤 단계들을 거쳐 척추동물이 나오게 되었을지 볼 수 있다(그림 9-3). 척삭동물의 현생 친척들 가운데 가장 원시적인 것들은 척삭동물문과 핏줄사이가 가까운 문인 반삭동물문Hemichordata('절반은 척삭동물'이라는 뜻)에 속하는 동물들이다. 오늘날 반삭동물에는 장새류acorn worms(그림 9-3)와 아울러 익새류pterobranchs라고 하는 플랑크톤 섭식자 군도 포함되어 있는데, 척추동물과 닮은 구석이 거의 없어 보인다. 장새류는 약 80종이 알려져 있다. 모래 속에 U자 모양의 굴을 파고 살며, 근육질 주둥이proboscis를 써 굴을 파면서 주둥이 뒤에 자리한 목깃collar을 이용해 먹이 입자들을 가둔다. 반면에 익새류는 작은 군집성 동물로, 반지를 세로로 이어붙인 것 같은 긴 관 속에서 산다. 이 동물의 몸을 이루는 가장 큰 부분은 U자 모양의 소화관이고, 한쪽 끝에는 부채를 닮은 여과섭식장치가 달려 있다. 조수 웅덩이 사이사이나 해변의 모래사장을 무심히 거니는 사람의 눈으로 보면 장새류나 익새류 어느 쪽도 사람은커녕 물고기와도 전혀 닮지 않았다. 그러나 이 동물들을 면밀히 들여다보면 중요한 실마리들이 드러난다. 반삭동물에게는 아직 척삭이 없지만, 배아 단계에는 척삭의 전구체가 있다. 나아가 장새류와 익새류 모두 진정한 인두를 가지고 있는데, 이것은 척삭동물과 그 친척들 말고는 어느 동물군에도 없는 것이다. 마지막으로 두 군 모두 등을 따라서는 신경삭이 있고 배를 따라서는 소화관이 있는데, 이런 배치 또한 이들 말고는 척삭동물에서만 볼 수 있다.

반삭동물이 우리와 가장 가까운 친척임을 보여주는 발생학적 증거도 많이 있다. 이 동물만의 특징적인 토르나리아tornaria 유생은 원시 척삭동물의 유생과 거의 똑같고, 일부 극피동물의 유생과도 대단히 비슷하다. 최근에 이루어진 모든 분자적 분석은 극피동물을 제외하고는 반삭동물이 우리와 가장 가까운 친척임을, 또는 반삭동물이 극피동물과 약간 더 가깝지만 그래도 여전히 척삭동물과 하나로 묶인다는 것을 일관되게 보여준다. 마지막으로, 장새류는 화석이 되지 못하지만, 필석류 graptolite라고 하는 익새류의 멸종한 친척들은 고생대 초기의 암석층에 극도로 흔하다. 이번에도 역시 해부학, 발생학, 고생물학, 분자생물학에서 나온 증거들이 하나의 결론을 향해 수렴한다. 설사 우리 자신이 장새류나 익새류 같은 생물들에서 진화했다고 생각하고 싶지 않을지는 모르겠으나, 증거가 우리를 끌고가는 결론이 바로 그것이다.

그다음 단계는 어떻게 이어질까? 한 가설에 따르면(그림 9-4), 우리 척삭동물과 극피동물이 공유하는 조상형 유생ancestral larvae은 먼저 여과섭식성 익새류(원시 여과섭식성 극피동물과 많이 닮았다)로 발생한다. 그런데 익새류의 발생 단계들을 유지하면서 여과 용도의 팔을 잃게 되면, 익새류 대신 장새류가 그 배아에서 발생해 나온다. 그다음은 '해초류sea squirt' 또는 피낭동물tunicate이라고 하는 단계로(그림 9-5), 오늘날에는 바다에 사는 2000종이 넘는 동물들을 대표하는 군인데, 워낙 작고 반투명해서 대부분의 사람들은 그것들이 있는지도 모른다. 이 연약한 젤리 덩이들에게선 우리는커녕 물고기와도 닮은 구석을 찾기 힘들다. 이 동물들의 성체는 작은 자루처럼 생겼다. 맨 위에 있는 구멍으로 물을 빨아들인 다음, 바구니 같은 인두로 여과를 하고, 마지막으로 몸뚱이 옆에 난 작은 '굴뚝'으로 배출한다. 피낭동물의 성체는 척삭동물로 볼 만한 낌새를 별로 내보이지 않지만, 인두의 존재가 실마리가 되어준다. 그러나 가장 좋은 증거는 유생에서 찾을 수 있다(그림 9-5A 왼쪽). 피낭동물의 유생은 성체와는 전혀 닮지 않았고, 어류나 올챙이와 많이 닮았다. 피낭동물의 유생에게는 잘 발생된 척삭이 있고, 근마디 쌍들이 이어진 근육질 꼬리가 있으며, 등에는 신경삭이 있고 배를 따라서는 소화관이 있다. 이 독특한 유생은 여기저기 헤엄쳐 다니다가 좋은 암석 표면을 만나면 내려앉는다. 그리고 주둥이의 점착면을 이용해 암석 표면에 몸을 부착하고 나면, 5분 안에 꼬리가 퇴화하기 시작한다. 약 18시간이 지나면 피낭동물 성체로의 탈바꿈이 완료된다.

물론 성체 피낭동물은 너무 심하게 분화한 모습이기 때문에 우리 조상과 큰 관련이 없어 보이지만, 유생 단계를 보면 이야기가 달라진다. 척삭동물 진화의 다음

(A)

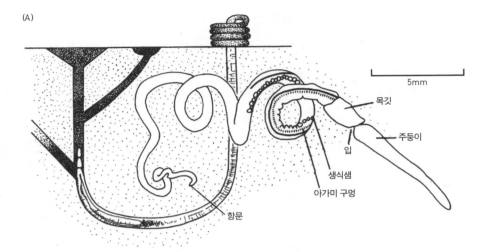

목깃

주둥이

입

생식샘

아가미 구멍

항문

5mm

(B)

그림 9-3 익새류와 장새류가 속한 반삭동물. 겉모습은 벌레처럼 생겼으나, 척삭동물의 특징인 아가미구멍이 있는 인두, 그리고 척삭의 전구체를 가지고 있다. 이뿐 아니라 등 쪽에는 신경삭이, 배 쪽에는 소화관이 있다(진정한 모든 '벌레들'과는 배치가 정반대이다). (A) 장새류 뒤에 장새류가 판 굴을 그려 넣었다. 굴 입구에는 장새류가 벗어놓은 허물이 있다(Barnes 1986에 따라 다시 그렸다). (B)는 ⓒ Wikimedia Commons.

단계는 성체로부터 나오지 않고, 유형성숙(3장에서 살펴보았다) 같은 메커니즘을 통해, 유생 단계에서 발견되는 특징들을 간직하면서도 성체로는 결코 탈바꿈하지 않는 생물로부터 나오게 된다. 실제로 그 단계(그림 9-4)는 피낭동물의 유생에서 멀리 나아가지 않은 모습이다. 창고기lancelet or amphioxus라고 알려진 이 단계는 점점 원시 무악어류를 닮아간다(그림 9-6). 이 작고 길쭉한 고기는 길이가 보통 몇 센티미터에 불과하고 헤엄치는 모습이 뱀장어와 많이 닮았지만, 진정한 머리나 턱, 이빨, 또는 뼈를 가지고 있지는 않다. 창고기 성체(그림 9-6A와 9-6B)는 모래질 해저에 꼬리부터 굴을 파고 들어간 다음에 입과 인두 주변에 있는 촉수들을 이용해서 먹이를 걸러 먹는다. 그러나 이 동물의 해부 구조에는 원시 어류와 놀랄 만큼 닮은 점이 담겨 있다. 창고기에게는 명확한 척삭이 있고, 등을 따라서는 신경삭이 있고 배를 따라서는 소화관이 있으며, 몸 뒷부분에는 V자 모양의 근마디가 많이 이어져 있다. 인두바구니pharyngeal basket도 잘 발달되어 있어서, 원시 어류의 인두바구니처럼 100개가 넘는 '아가미구멍'이 나 있다. 나아가 창고기는 간과 콩팥을 가진 가장 원시적인 척삭동물이며, 반삭동물이나 피낭동물에서는 볼 수 없는 기관계들도 있다. 진정한 눈은 없지만, 머리 앞쪽에 광감성 색소점들이 있어서 빛과 그림자를 감지한다. 분자생물학과 발생학에서 나온 증거들도 창고기를 척추가 없는 척삭동물 가운데에서 우리와 가장 가까운 친척으로 일관되게 자리를 매긴다. 무엇보다도 좋은 점은, 이렇게 연약한 동물도 화석이 될 때가 가끔은 있다는 것이다. 버지스 셰일에서는 피카이아Pikaia라고 하는 놀라운 화석이 출토된다(그림 9-6c). 피카이아는 창고기의 매우 원시적인 친척이다. 중국 청지앙의 캄브리아기 화석 동물상에는 윤나노조온Yunnanozoon이라는 꼴도 있다(그림 9-6D). 남아프리카의 페름기 암석층에는 팔라이오브란키오스토마Palaeobranchiostoma라고 하는 화석이 있으며, 현생 창고기와 많이 닮았다.

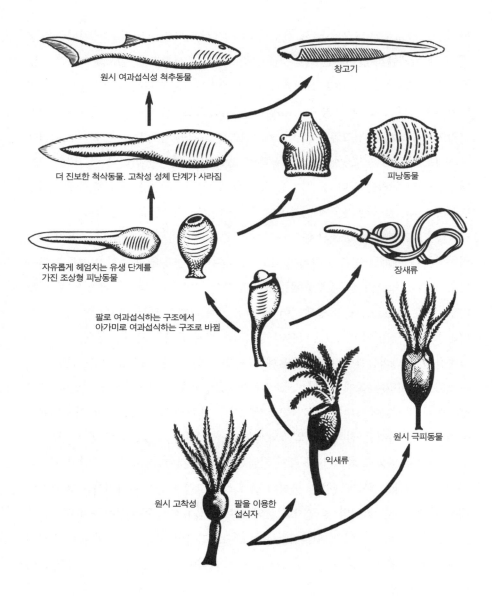

원시 여과섭식성 척추동물

창고기

더 진보한 척삭동물. 고착성 성체 단계가 사라짐

피낭동물

자유롭게 헤엄치는 유생 단계를
가진 조상형 피낭동물

장새류

팔로 여과섭식하는 구조에서
아가미로 여과섭식하는 구조로 바뀜

원시 극피동물

익새류

원시 고착성   팔을 이용한
섭식자

그림 9-4 원시적인 꼴들에서 척삭동물이 어떻게 진화했는지 도표로 그려본 계통수로, 월터 가스탕Walter Garstang 과 앨프리드 로머Alfred S. Romer가 제시했다. 반삭동물에서 피낭동물('해초류')로 넘어가는 경우나 피낭동물이 더 고등한 척삭동물로 넘어가는 경우를 비롯해 수많은 경우에서 나타난 바에 따르면, 헤엄치는 용도의 꼬리가 달 린 유생 꼴을 가진 덕분에 그 동물들은, 고도로 분화한 성체의 몸꼴이 맞닥뜨릴 수밖에 없는 막다른 궁지에서 벗어날 수 있었다(Romer 1959에 따라 칼 뷰얼이 다시 그렸다).

(A)

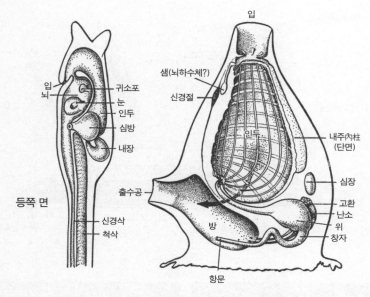

입

샘(뇌하수체?)

신경절

입
뇌   귀소포
                      눈
                      인두
                      심방
                      내장

인두

내주(內柱)
(단면)

심장

출수공

고환
난소
위
창자

등쪽 면

방

신경삭
척삭

항문

(B)

그림 9-5 (A) 피낭동물 또는 '해초류'의 성체 몸꼴(오른쪽 위)은 척삭동물과 조금도 닮지 않았다. 하지만 유생(왼쪽 위)은 자유롭게 헤엄치는 올챙이와 비슷한 꼴이며, 꼬리와 인두가 있다. 이런 꼴 덕분에 성체의 몸꼴이 맞닥뜨린 막다른 궁지에서 벗어나 더 고등한 척삭동물로 진화할 수 있었다(Romer 1959에 따라 칼 뷰얼이 다시 그렸다). (B) 먹이를 먹는 자세의 피낭동물 성체를 찍은 사진(ⓒ Wikimedia Commons).

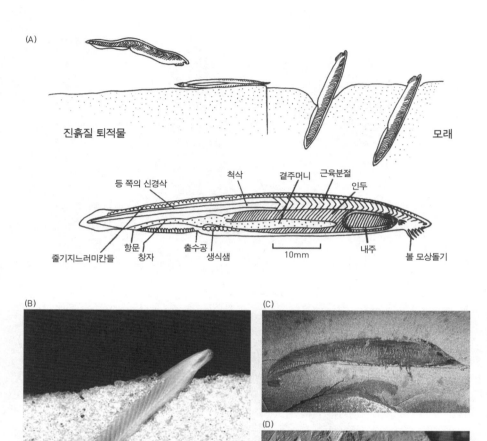

그림 9-6 (A) 창고기(브란키오스토마*Branchiostoma*)는 척추가 없는 척삭동물 가운데에서 가장 어류와 닮았고 가장 분화가 많이 되었다. 창고기는 뱀장어를 닮은 기다란 몸을 가졌고, 앞부터 뒤까지 몸 전체를 근육이 둘러싸고 있으며, 척삭이 몸 전체를 지탱하고 있다. 그러나 입은 여전히 단순한 여과섭식용 인두이다. 살았을 적에는 (맨 위) 퇴적물 속에 몸을 묻고 머리만 쏙 내민 채, 흐르는 물속의 작은 먹이 입자들을 입으로 붙들어 걸러 먹는다(Barnes 1986에 따라 칼 뷰얼이 다시 그렸다). (B) 살아 있는 창고기의 사진(IMSI Photo Images, Inc. 제공). (C) 캄브리아기 중기의 버지스 셰일에서 나온 화석 창고기 피카이아. (D) 캄브리아기 초기의 청지앙 화석군에서 나온 화석 창고기 윤나노조온(C와 D는 D. 브리그스Briggs의 사진).

창고기에서 출발한 머나먼 여정

오, 어느 날 환형동물 가운데에서 물고기처럼 생긴 것이 하나 나타났더라.
딸린 다리 하나 없었고 강모 한 올 보이지 않았으며
눈도 턱도 복부의 신경 다발도 하나 없었더라.
허나 아가미구멍은 많았고 척삭을 가지고 있었으니.

창고기에서 출발한 먼 길이었다.
멀리 우리까지 이르는 길이었고,
그 먼 길은 창고기에서 시작하여
가장 대단한 사람 녀석에까지 이르렀다.
그래, 잘 가거라 지느러미와 아가미구멍들아
어서 오너라 허파와 털들아.
창고기에서 걸음을 떼었던 멀고도 먼 길이었다.
허나 우리 모두가 거기에서 비롯되었더라.

내 척삭은 척추뼈들이 차례차례 이어진 모습으로 바뀔 테고
내 뒷가슴막 주름들은 지느러미처럼 바닷물을 휘저을 테고
내 작은 등 쪽의 신경삭은 막강한 뇌가 될 테고
척추가 동물의 영토를 지배하게 될 터이다.

—필립 포프, 노래 〈티퍼레리까지 가는 머나먼 길It's a Long Way to Tipperary〉에 맞추어

원시 척삭동물인 캄브리아기의 창고기 피카이아와 윤나노조온 다음의 진화 단계는
턱 없는 어류, 곧 무악어류이다. 이 무악어류는 화석과 현생 꼴에서 모두 찾아볼 수
있다. 알려진 현생 무악 척추동물에는 두 군이 있으며, 우리가 화석을 볼 때 이것들
이 많은 통찰력을 준다. 두 군 가운데 더 원시적인 쪽은 먹장어hagfish(그림 9-7A)로,

(A)

(B)

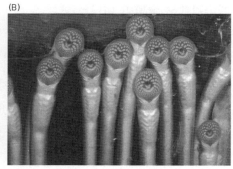

그림 9-7 현생 무악 유두동물craniate의 두 예. (A) 현생 먹장어인 믹신*Myxine*(NOAA의 사진). (B) 현생 칠성장어. 빨판처럼 생긴 입으로 유리에 들러붙어 있는 모습이다. 먹잇감 옆면에 구멍을 뚫어 체액을 빨아먹는 데 사용하는 줄칼이빨이 드러나 있다(J. 마스던Marsden의 사진).

포식자를 피할 때 점액을 다량 분비하기 때문에 흔히 '끈적끈적한 뱀장어slime eel'라고 불린다. 먹장어는 해저에 굴을 파고 숨어 있다가 벌레를 휙 잡아채서 먹거나, 죽었거나 죽어가는 물고기의 몸속을 파고들어가 줄칼이빨rasping teeth을 써서 안에서부터 파먹어 나온다. 가장 원시적인 척삭동물인 먹장어는 척삭뿐 아니라 명확한 머리 부위도 있고, 뇌, 감각 기관(눈, 코, 귀), 그리고 연골로 이루어진 완전한 골격도 있다. 심실이 둘인 심장도 있고, 배아 단계에는 신경능선세포neural crest cell라고 하는 독특한 세포들도 있는데, 척추동물의 발생에서 반드시 필요한 세포들이다. 그러나 이보다 더 고등한 특징들이 먹장어에게는 없다. 이를테면 뼈, 적혈구, 갑상샘을 비롯하여 다른 현생 무악 척추동물인 칠성장어lamprey(그림 9-7B)에서 발견되는 수많은 형질들이 먹장어에게는 없다. 칠성장어는 겉모습이 뱀장어를 닮았지만, 사실은 턱이 없다. 칠성장어는 빨판 같은 입을 물고기 옆면에 부착해 기생생물로 살면서 줄칼이빨을 이용해 숙주의 체액을 빨아먹는다.

　밥맛없게 생긴 이 두 녀석들이 우리가 좋아할 만한 사촌들은 아닐지 모르겠지만, 오늘날 살고 있는 무악 척추동물은 이 녀석들뿐이다. 하지만 오늘날과 다르게 지난날에는 무악 척추동물이 상당한 성공을 구가했음을 화석 기록은 보여준다. 우리는 녀석들의 계보를 캄브리아기까지 추적할 수 있다. 중국의 캄브리아기 암석층에서 부드러운 몸을 가진 인상화석들이 발견되었고(Shu et al. 1999), 밀로쿤밍기아

Myllokunmingia, 하이코우엘라*Haikouella*, 하이코우이크티스*Haikouichthys*라는 이름이 붙었다(그림 9-8과 9-9). 최근에 이루어진 이 발견들 덕분에 최초기 척추동물이 출현했던 시기를 멀리 캄브리아기 초기까지 잡게 되었는데, 기존 화석들(캄브리아기 후기에 나온 갑옷피부 조각들에 기초한 화석들이다)보다 훨씬 이른 시기이다. 캄브리아기의 나머지 기간과 오르도비스기 동안의 척추동물 화석 기록에는 진정한 뼈로 이루어진 판들의 파편, 그리고 코노돈트conodont라고 하는 이빨 모양의 미세한 구조 말고는 아무것도 보이지 않는다. 따라서 그동안 최초기 척추동물들은 여전히 크기가 작았고 한동안은 부드러운 몸으로만 이루어졌음이 명백하다. 그러다가 약 4억 3000만 년 전인 실루리아기 초기에 와서야 거의 몸 전체를 갑옷으로 두른 무악어류가 처음 등장하고, 데본기 후기에 이르러 이 군이 폭발적으로 방산하면서 다양해졌다. 데본기에 일어난 이 무악어류 방산(그림 9-1)의 규모는 굉장해서, 갑옷을 두른 물고기들이 무척 다양했다. 이들에게는 아직 턱도 없었고 뼈에 근육이 붙은 골격도 없었지만, 그 대신 몸 전체를 딱딱한 뼈가 뒤덮었다. 이를테면 머리는 굽어진 커다란 투구로 보호하고 꼬리까지는 '사슬갑옷'을 두른 녀석들도 있었다. 그러나 오늘날 살고 있는 대부분의 어류와는 달리, 조종을 할 때 쓰는 강인한 가슴지느러미나 배지느러미를 가진 녀석은 하나도 없었다. 그 지느러미를 지탱해줄 뼈가 없었기 때문이다. 그 대신 갑옷이 몸뚱이의 상당 부분을 뒤덮었다. 그런데 그런 갑옷이 필요할 정도로 위협적인 포식자가 무엇이었는지는 확실치 않다. 이 무악어류 가운데에서 두갑류cephalaspids나 갑주어류ostracoderms는 바닥이 납작한 커다란 말굽 모양의 투구를 썼고, 해저에서 먹이를 걸러 먹었던 게 분명하다. 반면에 이갑아강heterostracans, 텔로돈티강thelodonts, 아나스피다강anaspid에게는 틈처럼 벌어진 단순한 입이 있었고, 꼬리에는 큰 지느러미잎이 아래를 향해 나 있어서, 머리를 위로 한 채 헤엄칠 수 있었다. 이 어류들은 오늘날 살고 있는 많은 물고기들이 하는 것처럼, 입으로 물을 빨아들여 아가미를 통해 걸러냈음이 분명하다.

따라서 원시 장새류를 기점으로 우리는 점점 척추동물의 모양새를 갖춰가는 일련의 과도기 꼴들을 추적해나갈 수 있다. 장새류에 척삭을 추가하면 창고기가 되고(그림 9-9), 여기에 머리와 지느러미쌍들을 추가하면 중국 캄브리아기의 초기 꼴

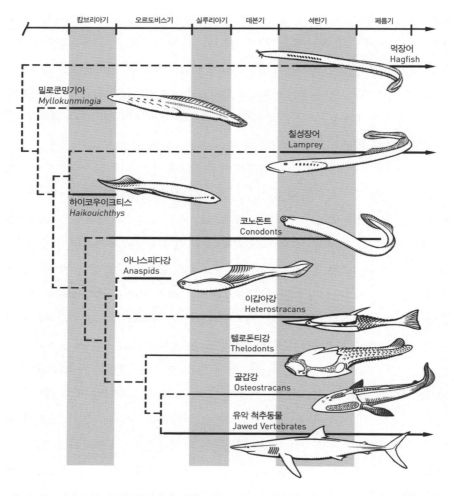

그림 9-8 최초기 척추동물의 진화사. 중국의 캄브리아기 지층에서 새로 발굴된 화석 밀로쿤밍기아와 하이코우이크티스가 다른 무악어류 및 유악어류에 대해서 진화상 어떤 위치에 있는지를 보여준다(Shu et al. 1999에 기초해서 칼 뷰얼이 다시 그렸다).

들인 하이코우엘라와 하이코우이크티스가 된다(그림 9-9와 9-10). 마지막으로 몸을 좀 더 유선형으로 만들고 골질 비늘을 추가하면 무악어류가 된다(그림 9-8). 따라서 무척추동물에서 척추동물로 넘어갔던 모습은 살아 있는 화석들만이 아니라 지난날의 화석 기록으로도 입증되며, 그 화석 기록은 계속해서 좋아지고 있다.

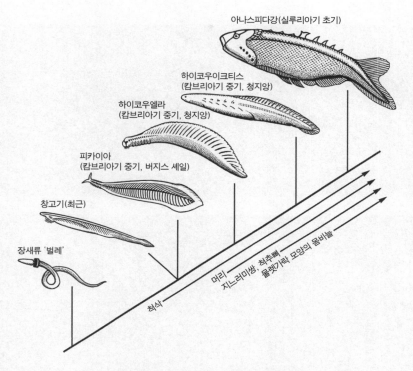

아나스피다강(실루리아기 초기)

하이코우이크티스
(캄브리아기 중기, 청지앙)

하이코우엘라
(캄브리아기 중기, 청지앙)

피카이아
(캄브리아기 중기, 버지스 셰일)

창고기(최근)

장새류 '벌레'

머리
지느러미살·척추뼈·
물렛가락 모양의 몸비늘

척삭

그림 9-9 원시 척삭동물 친척들부터 최초기 척추동물까지 진화해온 단계들(Shu et al. 1999에 기초해서 칼 뷰얼이 다시 그렸다).

턱: 진화 이야기

'어류'는 식당 차림표에서, 낚시꾼들에게, 물고기 키우는 사람들에게, 층서학자들에게, 성경의 상징에 대한 신학적 논의에서 가치 있는 용어이다. 많은 계통분류학자들은 이 용어를 심사숙고해서 신중을 기해 사용한다. 어류란 네발동물의 형질을 가지지 않는 유악류이다. 우리는 비교적 쉽게 어류를 개념화할 수 있다. 어류와 어류의 가장 가까운 현생 친척들 사이의 진화적 간극이 크기 때문이다. 그러나 그렇다고 해서 어류가 자연군을 이룬다는 뜻은 아니다. 어류를 단계통군으로 만들려면 여기에 네발동물을 포함시켜서 네발동물을 그저 어류의 한 종류로 여기는 방도 말고는 없다. 그렇게까지 하더라도 '어류'라는 용어는 '유악

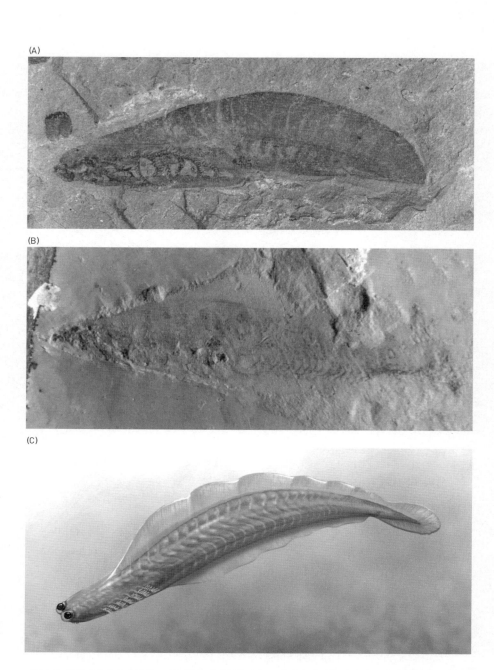

그림 9-10 캄브리아기 초기에 부드러운 몸을 가진 척추동물들. 알려진 것 가운데 가장 오래된 척추동물 화석이다. (A) 하이코우이크티스. (B) 하이코우엘라(D. 브리그스와 준위안천의 사진). (C) 칼 뷰얼이 그린 하이코우이크티스 복원도.

류'(또는 계통발생 사다리를 타고 어디까지 내려가길 원하느냐에 따라 '유두동물')를
불필요하게 굳이 일상어로 말한 것에 지나지 않을 것이다.

—존 메이지, 〈유악류〉

척추동물의 역사에서 크나큰 진화적 돌파구가 된 것 가운데 하나가 바로 턱이 생겨
난 것이다. 턱이 등장하기 전의 척추동물은 먹을거리 선택에 심하게 제한을 받았고
(대부분이 먹이를 걸러서 먹거나 퇴적물을 먹거나, 칠성장어와 먹장어처럼 기생했다), 따
라서 생활 방식과 덩치에도 제한이 많았다. 그러다가 턱을 가지면서 척추동물은 먹
잇감을 붙잡아 바술 수 있게 되었으며, 이는 곧 물고기부터 식물, 연체동물 등등까
지 널리 다양한 먹이를 먹을 수 있게 되었음을 뜻했다. 그 덕분에 척추동물은 어마
어마하게 다양한 생태자리로 진화해 들어갔고 덩치도 매우 다양해졌다. 이 가운데
에는 다른 모든 종류의 해양 생명을 먹이로 삼은 거대 포식자들도 있었다. 결정적
으로 척추동물은 먹기 말고도 수많은 용도로 턱과 이빨을 사용하게 되었다. 입으로
물건을 다룬다든가, 구멍을 판다든가, 둥지 지을 재료를 물어 나른다든가, 새끼를
물고 나른다든가, 소리를 낸다든가, 말을 한다든가 할 수 있게 되었다는 말이다.

　일단 실루리아기에 턱이 등장하자, 턱이 있는 갖가지 척추동물, 또는 더 적절
한 이름으로 **유악류**gnathostome(그리스어로 '턱이 있는 입'이라는 뜻이다)의 어마어마한
진화 방산이 일어났다(그림 9-1). 위에서 인용한 존 메이지John Maisey의 말이 짚어주
다시피, 우리는 이런 척추동물의 대부분을 묘사하는 말로 '어류'를 사용하는 데 익
숙하지만, 계통분류학에서는 아무 의미도 없는 말이다. 어류란 그저 물속에 살고 육
상 동물—네발동물—이 아닌 척추동물 또는 유악류를 일컫는 말일 따름이다. 어
류라는 군은 생태군이고 측계통군일 뿐, 자연분류군이 전혀 아니다. 그래도 이 책의
목적상 **어류**라는 말을 그냥 계속 쓸 생각이지만, 생물학적으로 의미가 있는 실제 군
이 아니고 편의상 쓰는 명칭임을 염두에 두길 바란다.

　유악류의 방산은 데본기의 우점군인 멸종한 **판피류**placoderm에서 시작되었다(그
림 9-1). 판피류는 두꺼운 골질 판들이 머리와 어깨를 덮고 있었으나, 나머지 골격
은 연골로 이루어져 있었다. 어떤 것들은 주둥이 보호갑 가장자리에 먹이를 물 수

있는 날카로운 판들이 있었고, 몸길이는 무려 10미터에 달해서, 세상에서 일찍이 본 적이 없는 가장 큰 포식자였다. 어떤 것들은 몸무게를 줄이고 몸뚱이의 앞부분 절반을 전부 갑옷으로 덮었으며(가슴지느러미 위는 관절로 이어진 갑옷으로 덮었는데, 게의 발과 닮았다), 해저에서 작고 느린 먹잇감을 잡아먹었음이 분명하다. 또 어떤 것들은 가오리와 홍어처럼 몸을 납작하게 만들었다. 이렇게 갖가지인 몸 모양들 모두 데본기에 빠르게 진화했고, 데본기 말에 사라졌다.

유악류 계통수(그림 9-1과 9-11)에서 그다음으로 가지를 뻗어나온 것은 상어, 곧 연골어류chondrichthyans였다. 상어 하면 우리는 영화 〈조스Jaws〉의 공포를 떠올리거나, 상어가 다이버들을 공격하는 모습을 찍은 다큐멘터리들을 생각하지만, 사실 상어는 그보다 훨씬 복잡하고 흥미로운 생물이다. 대부분의 상어는 면도날처럼 날카로운 이빨을 주줄이 달고 있는 고도로 효율적인 포식자이지만, 가장 덩치 큰 상어들(고래상어whale shark, 넓은주둥이상어megamouth shark, 돌묵상어basking shark)은 이빨이 자잘하고, 아가미를 통해 플랑크톤을 걸러 먹는다. 으깨기에 적합한 이빨로 연체동물을 잡아먹는 데 특화된 상어들도 있는데, 특히 몸이 납작한 가오리와 홍어가 그렇다. 상어의 골격은 연골로 이루어져 있어서 화석이 잘 되지 않기 때문에, 우리가 상어를 연구하는 일차적인 수단은 이빨(뼈와 사기질로 만들어진다)이고, 많은 상어가 몸과 지느러미 속에 가지고 있는 골질 가시돌기도 종종 수단이 되어준다. 비록 상어 몸의 기본 설계가 4억 년이 넘는 세월 동안 성공을 거두었지만, 창조론자들이 쓴 책과 웹사이트에서 말하는 바와는 다르게, 상어는 그동안 진화적 변화를 상당히 많이 겪었다(그림 9-11). 최초기 상어인 데본기의 클라도돈트cladodont에게는 대단히 원시적이고 큰 '머리뼈'(사실 머리뼈의 연골질 전구체로서 연골머리뼈chondrocranium라고 한다), 면이 대단히 넓고 뻣뻣한 가슴지느러미, 등지느러미 앞의 두꺼운 돌기, 거의 대칭을 이루는 단단한 꼬리가 있었다. 중생대의 히보돈트 상어hybodont sharks는 상당히 고등해져서, 연골머리뼈가 작아지면서 더 유연해졌고, 가슴지느러미의 면은 더 좁아져서 더 원활하게 움직일 수 있었고, 이빨은 더 분화되었고, 꼬리는 더 유연해져서 힘찬 헤엄이 가능해졌다. 이런 경향들 모두는 현생 상어류인 네오셀라키아강Neoselachii에서도 이어진다. 곧 이들의 연골머리뼈는 크게 작아져서 위턱과 아래

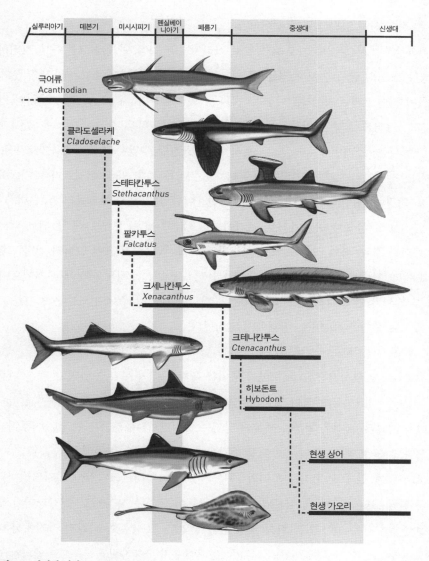

그림 9-11 상어의 진화(칼 뷰얼의 그림).

턱을 앞쪽으로 매우 멀리까지 돌출시킬 수 있고, 가슴지느러미를 대단히 자유롭게 움직일 수 있으며, 이빨의 유형도 매우 다양해졌고, 꼬리는 훨씬 더 유연해졌다. 오랫동안 이 세상에 상어들이 있어 왔지만, 이 역사 동안 상당한 정도의 진화가 일어났음을 보여준다. 이와는 다른 주장을 펼치는 창조론자라면 상어의 실제 화석 기록을 본 적이 전혀 없는 사람일 것이다.

계통수에서 상어와 가오리가 서로 갈라져나간 다음 단계에(그림 9-1) 자리하는 분지도상의 군들은 모두 **경골어류**osteichthyans, 곧 '뼈를 가진 물고기'라고 부른다. 경골어류는 크게 두 군으로 나뉜다. 하나는 '육기어류lobe-finned fish'로서 폐어와 실러캔스, 그리고 물론 네발동물까지 포함하는데, 이는 다음 장에서 살펴볼 것이다. 다른 하나는 '조기어류ray-finned fish'로서, 길고 골질인 수많은 지느러미줄기로 지느러미를 지지하기 때문에 이렇게 불린다. 현생 어류 종의 약 98퍼센트가 조기어류이다. 먹장어, 칠성장어, 폐어, 실러캔스, 연골어류만이 이 군에 속하지 않는다. 다른 주요 어류군들과 마찬가지로 조기어류도 데본기에 등장했으나, 그 뒤로 빠르게 진화한 결과, 화석 기록과 현재 세계에서 수백 속과 수천 종이 알려져 있다(그림 9-12와 9-13). 상어와 마찬가지로 조기어류 계통도 4억 년 정도 세상에 존재했으며, 그 긴 역사 동안 놀라운 변화들을 겪었다. 이 가운데에서 주요 변화들은 먹이를 먹는 방식과 물속을 헤엄치는 방식에서 일어났다.

최초기(대부분 고생대)의 조기어류(측계통적 쓰레기통군 이름인 '연질어류chondrosteans'로 알려진 군이다)는 머리 부위를 두터운 뼈가 두르고 있었고, 턱은 단순한 '쥐덫식'이어서 유연성이 떨어지며, 턱을 다물게 하는 근육이 들어갈 공간이 넉넉하지 않았다. 골격을 이루는 뼈들이 많기는 하지만, 큰 부분들은 연골로 이루어져 있으며, 이는 또 하나의 원시 상어형 특징이다. 몸은 무거운 능면체형rhombohedral 비늘로 뒤덮여 있으며, 꼬리는 상어와 매우 비슷해서 윗지느러미잎이 밑지느러미잎보다 훨씬 크다. 중생대에 이르면 이 원시 군들이 대부분 사라지고, 철갑상어와 주걱철갑상어 같은 살아 있는 화석 몇 가지만 남았다. 그 군들이 사라진 자리에서 더욱 고등한 조기어류('전골어류holosteans'라는 측계통적 쓰레기통군 이름으로 알려져 있다)가 또 한 번 크게 방산했는데, 원시 친척들과 쉽게 구별된다. 머리뼈는 여전히 상당히 단단한 뼈로 이루어져 있으나, 위턱을 이루는 뼈들(앞위턱뼈와 위턱뼈)은 머리뼈 앞쪽에서 맞물려 있기에, 입을 더 넓게 벌려서 더욱 큰 먹잇감을 붙잡을 수 있었다. 머리뼈의 뒷부분은 덜 단단한 골질이고 더 크게 벌어져 있어서 턱 근육을 더 키워 더 강하게 물 수 있었다. 연질어류와 달리, 전골어류에게는 골격에 연골이 거의

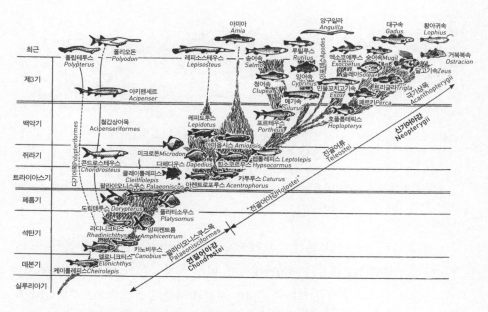

최근
제3기
백악기
쥐라기
트라이아스기
페름기
석탄기
데본기
실루리아기

폴립테루스 *Polypterus*
폴리오돈 *Polyodon*
레피소스테우스 *Lepisosteus*
아미아 *Amia*
송어속 *Salmo*
루틸루스 *Rutilus*
장어목 *Apodes*
엑소코에투스 *Exocoetus*
숭어속 *Mugil*
거북복속 *Ostracion*
양구일라 *Anguilla*
대구속 *Gadus*
황아귀속 *Lophius*

아키펜세르 *Acipenser*
청어속 *Clupea*
잉어속 *Cyprinus*
넙치속 *Solea*
달고기속 *Zeus*

철갑상어목 *Acipenseriformes*
레피도투스 *Lepidotus*
메기속 *Silurus*
꼬치고기속 *Esox*
페르카 *Perca*
트리글라 *Trigla*
극기상목 *Acanthopterygii*

콘드로스테우스 *Chondrosteus*
미크로돈 *Microdon*
다페디우스 *Dapedius*
아미옵시스 *Amiopsis*
렙톨레피스 *Leptolepis*
힙소코르무스 *Hypsocormus*
신기어아강 *Neopterygii*
진골어류 *Teleostei*

클레이톨레피스 *Cleitholepis*
팔라이오니스쿠스 *Palaeoniscus*
아켄트로포루스 *Acentrophorus*
카투루스 *Caturus*

다기어목 *Polypteriformes*
도립테루스 *Dorypterus*
플라티소무스 *Platysomus*
전골어강 *Holostei*

라디니크티스 *Rhadinichthys*
암피켄트룸 *Amphicentrum*
카노비우스 *Canobius*
팔라이오니스쿠스목 *Palaeonisciformes*

엘로니크티스 *Elonichthys*
케이롤레피스 *Cheirolepis*
연질어아강 *Chondrostei*

그림 9-12 경골어류의 진화 방산(Kardong 1995, 맥그로힐의 허락을 얻어 실었다).

없고 완전히 뼈로 이루어져 있다. 비늘은 더 얇아지고 작아져서, 원시 조기어류만큼 갑옷치레가 심하지는 않았다. 꼬리는 거의 대칭을 이루고 있지만, 꼬리의 윗지느러미잎 속에 있는 척주가 위쪽으로 굽어 있다(그림 9-13). 중생대의 이 어류군들은 대부분 멸종했지만, 민물꼬치고기와 아미아고기 같은 생존군이 몇 가지 남아 있다.

어류 진화의 마지막 단계(그림 9-12)는 진골어류teleost의 대방산이다. 오늘날 살고 있는 모든 어류 가운데 98퍼센트가 진골어류이다. 여러분이 먹는 물고기, 수족관이나 호수, 강, 바다에서 보는 물고기는 거의 모두가 진골어류이다. 진골어류에는 약 2만 종이 있는데, 양서류, 파충류, 조류, 포유류 종을 모두 합한 것보다 많다. 진골어류가 이전의 원시 어류에서 갈라져 나온 때는 백악기였고, 그 뒤에 수백 과로 폭발적으로 진화했으며, 대부분 오늘날에도 살고 있다. 포유류 우월주의자인 우리는 지난 6600만 년이 '포유류의 시대'였다고 생각하길 좋아하지만, 다양성의 관점에서 보았을 때 포유류보다 훨씬 빠르게 진화해온 것은 바로 진골어류였고, 따라서 주저 없이 지난 6600만 년이 '진골어류의 시대'였다고 생각해도 될 것이다.

(A)　　　　　　　　　　　　(B)　　　　　　　　　　　　(C)

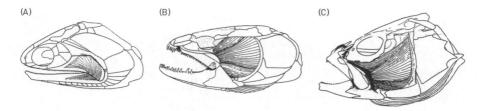

그림 9-13 과도기 단계들. (A) 원시 경골어류('팔라이오니스쿠스류palaeoniscoids'). 단단하고 단순한 '쥐덫식' 턱을 가지고 있으며, 두터운 뼈들이 머리뼈를 이루고 있다. (B) 더 고등한 '전골어류'(여기에 실은 그림은 아미아고기인 아미아*Amia*의 머리뼈이다). 턱을 앞으로 더 내밀 수 있고, 머리뼈는 덜 단단하다. (C) 오늘날의 진골어류. 머리뼈 는 대단히 가벼운 뼈들로 이루어졌고, 턱을 더 앞으로 내밀 수 있어서 먹잇감을 빨아들일 수 있다(Schaeffer and Rosen 1961. 허락을 얻어 실었다).

　　진골어류는 이전의 원시적인 연질어류 및 전골어류와 쉽게 구분된다(그림 9-13). 대부분의 진골어류는 머리뼈에 있는 뼈를 크게 줄여서, 원시 꼴들에서 보이 는 것 같은 골질의 단단한 벽들이 아니라 힘살과 힘줄로 연결된 가느다란 골질 버 팀대들로 이루어진 틀로 머리를 지탱한다. 특히 입을 이루는 뼈들이 몹시 작아지고 유연한 힘줄로 이어졌기 때문에, 입을 쑥 내밀어 대단히 쉽게 벌릴 수 있다. 많은 진 골어류는 낡은 쥐덫식 턱 메커니즘을 써서 턱과 이빨로 물어 먹잇감을 붙잡는 방식 을 버렸다. 그 대신 입을 순식간에 벌려서 흡인력을 만들어내 먹잇감을 확 빨아들 이는 방식을 쓴다. (다음에 어항에 있는 물고기에게 밥을 줄 때, 녀석들이 먹이를 무는 게 아니라 입을 쑥 내밀어 먹이를 빨아들이는 모습을 유심히 보길 바란다.) 진골어류는 골격의 나머지 부분을 이루는 뼈들도 계속 줄여갔다. 그래서 뼈들의 대부분이 굉장 히 가볍고 연약하다. 마지막으로, 진골어류의 꼬리는 완벽한 대칭을 이룬다. 다만 꼬리 밑 근처의 가시줄기가 살짝 위로 굽어 있다는 차이만 있다.

　　간추려 보면, 장새류, 피낭동물, 창고기, 칠성장어를 거쳐 현재 믿기지 않을 정 도로 물속 세상에 가득 포진해 있는 진골어류에 도달하기까지 척추동물은 먼 길을 걸어왔다. 이 짧은 장 하나로는 그들의 길고도 믿기지 않을 만큼 풍성한 진화 이야 기를 제대로 다룰 수 없다. 관심이 있다면 이 주제를 다룬 글들을 더 읽어보길 강력 히 권한다.

더 읽을거리

Benton, M. J. 2014. *Vertebrate Palaeontology* 4th ed. New York: Wiley-Blackwell.

Carroll, R. L. 1988. *Vertebrate Paleontology and Evolution*. New York: Freeman.

Forey, P., and P. Janvier. 1984. Evolution of the earliest vertebrates. *American Scientist* 82: 554–565.

Gee, H. 1997. *Before the Backbone: Views on the Origin of Vertebrates*. New York: Chapman & Hall.

Long, J. A. 2010. *The Rise of Fishes*. 2nd ed. Baltimore, Md.: Johns Hopkins University Press.

Maisey, J. G. 1996. *Discovering Fossil Fishes*. New York: Holt.

Moy-Thomas, J., and R. S. Miles. 1971. *Palaeozoic Fishes*. Philadelphia: Saunders.

Norman, J. R., and P. H. Greenwood. 1975. *A History of Fishes*. London: Ernest Benn.

Pough, F. H., C. M. Janis, and J. B. Heiser. 2002. *Vertebrate Life* 6th ed. Upper Saddle, N.J.: Prentice Hall.

Prothero, D. R. 2013. *Bringing Fossils to Life: An Introduction to Paleobiology* 3rd ed. New York: Columbia University Press.

Schaeffer, B., and D. E. Rosen. 1961. Major adaptive levels in the evolution of actinopterygian feeding mechanisms. *American Zoologist* 1: 187–204.

Shu, D.-G., H.-L. Luo, S. Conway Morris, X.-L. Zhang, S.-X. Hu, L. Chen, J. Han, M. Zhu, Y. Li, and L.-Z. Chen. 1999. Lower Cambrian vertebrates from China. *Nature* 402: 42–46.

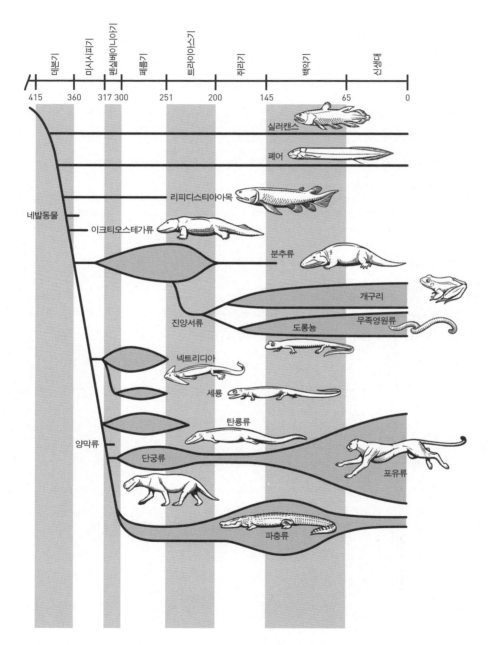

그림 10-1 다리가 넷 달린 동물들, 곧 네발동물들의 핏줄사이(칼 뷰얼의 그림).

10 물 밖으로 나온 물고기

땅 위를 향한 큰 도약

> 창조론자들이 진화론자들에게 한번 보여달라고 요구하는 것은 '10점 만점짜리'
> 과도기 꼴인 듯싶다. 이를테면 어류와 양서류 사이 정확히 중간에 자리하는 꼴
> 같은 것 말이다. 그런데 그런 '어서류fishbian'는 화석에서 발견된 적이 한 번도
> 없다고 창조연구재단은 말한다.
>
> ─로널드 에커,《과학과 창조론 사전》

이제 우리는 모든 진화 과정에서 가장 뜻 깊은 과도 과정 가운데 하나에 이르렀다.
곧 물속에 살던 척추동물이 어떻게 뭍으로 기어 나와 네 발 달린 육상동물이 되었
을까? 이 주제는 한 세기 넘는 세월 동안 고생물학자들과 생물학자들을 사로잡았
고, 당연히 그동안 논란도 실수도 잘못 잡은 실마리도 수없이 많았다(어려운 문제를
탐구하는 과학 영역이라면 어디나 그렇다). 물론 창조론자들은 이 과도 과정이 정말로
일어났다고 인정할 수가 없기에 격렬하게 공격한다. 그 방법이라는 게 주로 한물
간 문헌자료를 인용하고(비교적 최근에 나온 Gish 1995 같은 책에서조차 그렇다) 자기
네 관점에 들어맞지 않는 증거는 몽땅 무시하는 것이다. 그러나 여기서도 창조론자
들은 도리 없이 무릎을 꿇고 말 뿐이다. 지난 30년 동안의 극적이고 새로운 발견들
덕분에, 이 과도 과정이 어떻게 이루어졌을까 한때 우리가 생각했던 바가 완전히
뒤집히게 되었다. 창조론자들이 발간한 책자 같은 걸 여러분이 가지고 있다면, 그걸
로 죽은 물고기나 싸길 바란다. 왜냐하면 우리가 지난 10년 동안 알게 된 것들 덕에
거기 적힌 소리들이 헛소리임이 완전히 밝혀졌기 때문이다. 어류와 네발동물 사이

에 있을 만한 모든 과도기 꼴이 우리에게 있는 것은 아니지만, 이 과도 과정이 일어 났음을 부정하는 것은 신나치가 홀로코스트를 부정하는 것과 진배없을 만큼 이 과 정을 이루었던 단계들이 지금은 수없이 많이 발견되어 있다. 이 과도 과정이 있었 음은 자명한 사실이며, 수많은 화석 증인들이 이를 증언해주고 있다.

이 과도 과정을 자세히 살피기 전에, 몇 가지 용어의 의미론적 문제들(창조론 자들이 의도적으로 써먹는 것들도 있다)을 명확히 할 필요가 있다. 옛 린네식 동물 분 류 도식에서는 척추동물을 '어류', '양서류', '파충류' 등 눈으로 구별하기 쉬운 여러 군으로 나누었다. 양서류가 개구리나 도롱뇽처럼 물속에서도 살고 뭍에서도 사는 ('양서류amphibian'란 글자 그대로 '두 삶을 산다'는 뜻이다) 동물이라는 것을 우리 모두 어렸을 때부터 배웠다. 그러나 오늘날의 계통발생학적 또는 분지학적 분류의 맥락 에서 보면, **자연군은 반드시 그 군의 후손들을 모두 포함해야 한다.** 파충류로 이어지는 계 통은 양서류에 속하는 한 군에서 진화했으므로, 양서류는 네 다리를 가진 모든 척 추동물(네발동물)을 포함해야 하거나, 그게 아니면 양서류는 파충류와 어류의 중간 에 자리하는 진화의 측계통적 '계층군grade'이 되어야 할 것이다(그림 10-1). 이 문 제를 피하기 위해 오늘날 대부분 분지학적 분류 도식에서는 **양서류**라는 낡은 말을 더는 쓰지 않고, 대신 '네발동물tetrapod'(다리가 넷 달린 모든 육상동물과 그 친척들) 이라는 자연 단계통군을 쓴다. 만일 **양서류**라는 개념을 쓰고자 한다면, '진양서류 Lissamphibia'에 속하는 세 가지 현생 군(개구리 및 두꺼비, 도롱뇽, 그리고 열대지방에 사 는 다리 없는 군인 무족영원류)이 아마 자연 단계통적 분지군이 될 수 있을 것이고, 여기서 '양서류'라는 말을 쓸 수 있을 것이다. 그러나 그렇게 하면 양서류라고 불린 다양한 화석들이 모두 갈 곳을 잃고 만다. 분추류temnospondyl 같은 일부 멸종군(그림 10-1)은 현생 군들과 핏줄사이가 가까울 수 있기에 진정한 양서류라고 할 만할 것 이다.

반면 공추류lepospondyl 같은 멸종군들은 분추류-진양서류 분지군과 핏줄사이 일 수도 있고 아닐 수도 있기 때문에, 이들을 양서류에 포함시켜야 하는지는 분명 치가 않다. 그리고 '탄룡류anthracosaurs'(그림 11-3)라는 멸종군은 네발동물의 한 계 층군으로서, 파충류(더 알맞은 말은 '양막류'이며, 다음 장에서 살펴볼 것이다)의 자매군이다. 탄룡류는 파충류 또는 양막류를 정의하는 형질들을 공유하지 않기 때문에, 예로부터 고생물학자들은 탄룡류를 양막류가 아닌 다른 네발동물들과 함께 양서류 쓰레기통군에다 버려두었다. 이번 장에서는 '양서류'라는 말을 더는 쓰지 않을 것이며, 개구리와 도롱뇽을 비롯해서 대부분의 사람들이 '양서류'라고 부르는 것들을 지칭할 경우에는 어설프지만 '양막류가 아닌 네발동물nonamniote tetrapod'이라는 정확한 용어를 고수할 것이다.

살지느러미가 길을 이끌다

편지를 옆으로 돌려 그림을 보았다. 처음에는 보면 볼수록 당혹스러웠다. 우리에게 그런 물고기가 있는지 또는 그런 물고기가 사는 바다가 있는지 알 수가 없었기 때문이다. 생김새는 물고기라기보다 도마뱀에 더 가까웠다. 그런데 내 머릿속에서 폭탄이 하나 터진 듯한 기분이 들었다. 그 그림과 편지지 너머로 나는 머릿속 영사막에 하나씩 비치는 일련의 어류형 생물들을 보고 있었다. 더는 이 세상에 살지 않고, 아득히 오래전에 살다가 사라진 물고기들이었다. 그 녀석들에 대해 알려진 것은 종종 암석에 파편으로 남아 있는 유해들뿐이었다. 바보 같은 생각 말라고 나 자신에게 준엄하게 말했다. 그러나 그 그림에는 내 상상력을 사로잡는 무언가가 있었고, 그건 우리 세상의 바다에서 보통 보는 종류의 물고기들을 까마득히 넘어선 것임을 말해주고 있었다. …… 나는 그게 두려웠다. 만일 그게 진짜 그것이라면 그게 무엇을 뜻할 것인지 볼 수 있었기 때문이다. 그리고 그것이 아닌데 그것이라고 말한다면, 그게 무엇을 뜻할 것인지 또한 너무나 잘 깨달았기 때문이기도 했다.
—J. L. B. 스미스, 《옛 네발동물들: 실러캔스 이야기》

1938년 12월 23일, 지난 세기의 과학적 발견 가운데 가장 놀라운 발견 가운데 하나가 남아프리카 연안의 이스트런던 인근에 있는 찰룸나강 어귀에서 이루어졌다. 저인망 어선인 네린호의 그물에 반짝반짝 은빛이 감도는 파랑색을 띠고 물고기처럼 생긴 거대한(길이는 거의 1.5미터에 무게는 58킬로그램에 달했다) 생물체가 걸려들었는데, 입때껏 어부들이 한 번도 본 적이 없는 것이었다(그림 10-2). 그곳으로 불려 나간 지역 박물관의 학예연구사 마저리 코트니-래티머Marjorie Courtenay-Latimer는 그게 과학적으로 크게 중요한 생물임을 곧바로 알아차렸다. 말하자면 남아프리카 연안에서 이제까지 한 번도 잡힌 적이 없는 새로운 종임을 알아본 것이다. 그녀는 나중에 이렇게 적었다. "내가 본 것 가운데 가장 아름다운 물고기였다. 몸길이가 5피트였고, 엷게 자줏빛이 도는 옅은 파랑색을 띠었고, 무지개 빛깔의 은색 점들이 있었다." 그러나 안타깝게도 이미 죽은 상태여서 남국의 뜨거운 여름 날씨에 빠르게 부패하고 있었다. 그녀는 최선을 다해 보존하려 했으나, 덩치가 너무 크고 부패 속도가 너무 빨라서, 결국 내장의 대부분을 버릴 수밖에 없었고, 겨우 거죽만 건질 수 있었다. 그녀는 그 물고기의 모습을 그려서 편지와 함께, 남아프리카 어류의 일류 권위자인 제임스 레너드 브라이얼리 스미스James Leonard Brierly Smith에게 보냈다. 앞에서 인용한 글은 스미스가 그녀의 편지를 뜯고 그 그림을 본 뒤에 보인 반응이다. 1939년 1월 3일에 스미스는 마침내 그 표본을 직접 눈으로 보았고, 나중에 이렇게 적었다.

> 실러캔스라니, 진짜네, 하느님 맙소사! 단단히 마음의 준비를 하고 왔건만, 그 첫 대면은 뜨겁디 뜨거운 돌풍처럼 후려쳐 나는 어지러움이 일어 부들부들 떨며 몸을 가누기 힘들었다. 나는 돌이 된 듯 서 있었다. 그래, 의심할 건더기는 하나도 없었다. 비늘 하나하나, 뼈 하나하나, 지느러미 하나하나가 진짜 실러캔스였다. 2억 년 전에 살았던 생물 하나가 다시 살아난 것인지도 몰랐다. 나는 다른 건 다 잊고, 오직 보고 또 볼 뿐이었다. 그리고는 거의 겁에 질린 모습으로 가까이 다가가 손으로 만져보고 툭툭 두들겨보았다(Smith 1956: 73).

스미스는 이 기절초풍할 발견물의 속명을 발견자의 이름을 따서 라티메리아 *Latimeria*로, 종명은 발견된 장소를 따서 찰룸나이*chalumnae*로 명명했고, 이 발견은

트라이아스기(2억 3000만 년 전)

백악기(8000만 년 전)

현생 실러캔스 라티메리아

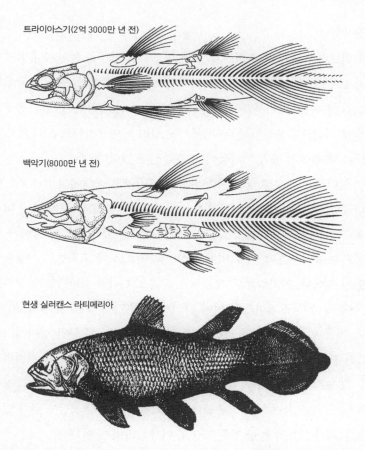

그림 10-2 실러캔스가 거쳐온 진화적 꼴바꿈들. 트라이아스기의 원시 꼴들은 초창기의 다른 육기어류와 많이 닮았다. 이것이 고도로 분화하여 오늘날의 살아 있는 화석인 라티메리아(맨 아래 그림)까지 이르렀다. 생김새에 극적인 변화가 있기는 하지만, 이 동물들은 모두 실러캔스만이 지니는 특징들을 그대로 간직하고 있다. 이를테면 꼬리 끝에는 여분의 살지느러미가 있고, 삼각형 덮개뼈가 아가미를 덮고 있으며, 독특한 모양을 한 가슴지느러미, 배지느러미, 뒷지느러미는 살지느러미이지만, 등지느러미는 줄기지느러미이다(Clack 2002, 허락을 얻어 실었다).

1939년의 과학계에 큰 파문을 일으켰다. 그러나 실러캔스를 더 찾아 헤맸지만, 그 뒤로 13년이 지나도록 스미스와 남아프리카의 어부들은 아무 성과도 거두지 못해 절망에 빠지고 있었다. 표본에서 내장을 들어낸 탓에 중요한 정보가 너무 많이 손실되어 있었던 것이다! 그들은 현상금 100파운드를 걸고 그 물고기 사진과 함께 '수배' 전단지를 만들어 아프리카의 연안 지역 전체에 돌렸다. 그러던 중 1952년에 행운이 찾아왔다.

에릭 헌트라는 어부가 스미스가 보낸 현상수배 전단을 동아프리카 연안의 위아래 지역 모두에 배포해둔 터였는데, 마다가스카르 북쪽에 있는 작은 코모로 군도Comoros Islands에 사는 한 어부가 실러캔스를 또 한 마리 발견한 것이다. 총리가 직접 내린 명령에 따라, 그 물고기는 곧 비행기에 실려 남아프리카로 보내졌고, 덕분에 보존 상태가 퍽 좋아서 몸속 기관들이 그대로 남아 있었다.

1952년 이후로 코모로 군도 주변과 남아프리카의 심해에서 100개가 넘는 표본들을 더 건져 올렸고, 몇 년 전에 인도네시아에서는 새로운 종이 하나 더 발견되기까지 했다. 밝혀진 바에 따르면, 실러캔스는 대단히 깊은 물속에 살다가 어둔 밤에만 수면으로 올라오는데, 바로 이런 습성 때문에 그토록 오랫동안 사람들의 눈에 띄지 않았던 것이다. 안타깝게도 지금은 실러캔스가 워낙 값나가는 물고기이다 보니 지역 어부들이 마구 잡아들인 탓에 다시 멸종 위기에 몰린 것 같다. 이 살아 있는 화석이 처음 발견되고 불과 75년 남짓 만에 말이다. 오랫동안 실러캔스는 화석 기록으로만 알려져 있었고(그림 10-2), 알려진 것 가운데 맨 마지막 시기의 실러캔스 화석은 공룡들이 아직 지구 위를 어슬렁거리고 있던 백악기로 거슬러 올라간다. 그래서 적어도 7000만 년 전에 멸종했다고 생각했던 동물이 지금도 살아 있음을 발견했으니, 세계가 그토록 놀란 것은 조금도 이상한 노릇이 아니다.

실러캔스는 '살지느러미를 가진 물고기lobe-finned fishes', 곧 육기어류Sarcoptrygii라고 하는 척추동물군의 일원이다. 육기어류에는 실러캔스만이 아니라 폐어도 포함되고, '선기류rhipidistia'라는 측계통군으로 분류하는 여러 멸종 꼴들을 비롯해서 그 후손인 네발동물들도 포함된다. 육기어류와 조기어류의 공통조상은 데본기에 있었다(그림 9-1). 최근에 이루어진 DNA 서열분석 결과는 실러캔스와 폐어 각각이 네발동물과의 핏줄사이보다는 둘 사이의 핏줄사이가 더 가까움을 보여주었다. 지금은 전 세계의 물속을 조기어류(줄기지느러미를 가진 어류)가 지배하고 있으며, (고생대와 중생대 초기에 흔했던) 육기어류는 계속 줄어들어 지금은 현생 실러캔스, 세 가지 속의 폐어, 그리고 물론 네발동물까지 해서 자취만 희미하게 남아 있다. 수많은 골질 지느러미줄기가 지느러미를 지탱하는 대신(앞장에서 서술한 어류처럼 말이다),

육기어류는 튼튼한 뼈와 근육으로 지느러미를 지탱해서 지느러미잎lobe을 형성하고, 그것을 지느러미줄기들이 둘러싸고 있다.

최초로 발견되어 과학적으로 서술된 현생 육기어류는 남아메리카의 폐어인 레피도시렌Lepidosiren으로, 회초리 같은 지느러미를 가진 모습으로 고도로 분화한 생물임에도 아가미 대신 폐를 가지고 있다. 1837년, 아프리카의 폐어 프로톱테루스Protopterus(그림 10-3)의 표본 하나가 잉글랜드의 일류 해부학자이자 고생물학자인 리처드 오언Richard Owen의 눈길을 끌었다. 그 표본을 해부한 오언은 이 물고기가 폐를 가지고 있다는 명명백백한 증거와 맞닥뜨렸다. 그러나 창조론적 성향을 가졌던 터라, 오언은 이 물고기가 네발동물과 친척 관계에 있음을 보여준다고 인정하려 들지 않았다. 이빨은 크고 이랑진 깨물기용 판들로 이루어져 있었는데, 이는 오랫동안 화석으로만 알려져 있던 것이었다. 그런데 그 수수께끼 같은 화석들의 원본 생물이 바로 눈앞에 있었던 것이다. 오스트레일리아의 폐어인 네오케라토두스Neoceratodus의 발견이 마침내 결정타를 날렸다. 네오케라토두스에는 폐만 있는 것이 아니라, 아프리카와 남아메리카에서 발견된 종들만큼 지느러미가 심하게 변형되지는 않았어도 전통적인 살지느러미의 꼴을 여전히 보였던 것이다. 그 이후로 수없이 많이 발견된 화석 폐어들은 최초기 실러캔스(그림 10-2)와 최초기 '선기류'를 훨씬 많이 닮았다. 그래서 시간을 거슬러 올라가면 올라갈수록 현생 폐어와 실러캔스를 구분해주는 특성들은 사라진다.

현생 육기어류를 더욱 깊이 연구한 결과 놀라운 특징이 또 하나 드러났다. 지느러미가 가느다란 골질 지느러미줄기들로 구성된(대부분의 어류가 이렇다) 것이 아니고 튼튼한 뼈와 근육으로 구성되었다는 것(네발동물의 사지처럼) 그뿐 아니라 대부분의 현생 어류와는 다른 방식으로 지느러미를 사용한다는 것이었다. 실러캔스와 폐어의 지느러미 움직임을 연구해보니, 네발동물이 보이는 네 다리의 움직임과 비슷하게 지느러미를 '걷는 순서step cycle'로 움직인다는 사실이 드러났다. 다리가 넷 달린 동물들 특유의 다리 움직임 순서가 땅 위를 걸어본 적도 없는 육기어류에 이미 나타나 있던 것이다.

이렇게 현생 육기어류 꼴들이 보여주는 고도로 분화한 해부 구조는 창조론자

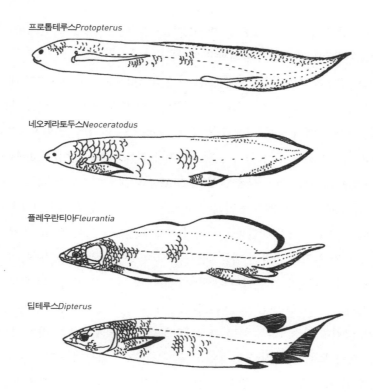

프로톱테루스*Protopterus*

네오케라토두스*Neoceratodus*

플레우란티아*Fleurantia*

딥테루스*Dipterus*

그림 10-3 최초기 실러캔스와 선기류를 많이 닮은 데본기의 원시 화석 폐어인 딥테루스를 시작으로 고도로 분화한 현생 꼴들까지 폐어가 거쳐온 진화적 꼴바꿈들(에든버러 왕립학회와 P. 알베르그의 허락을 얻어 다시 실었다. Ahlberg and Trewin 1995).

들의 머릿속을 몹시 어지럽힌다. 그들은 현생 라티메리아속이 가진 특성들이나 일부 폐어의 분화한 지느러미를 가리키며 그것들이 네발동물의 조상일 수는 없을 것이라고 주장한다. 그러나 이번에도 창조론자들은 우리가 지금 얘기하고 있는 것은 가지를 뻗어나가는 덤불인데 엉뚱하게 존재의 사다리를 생각하고 있는 것이다. 현생 종 가운데 네발동물의 조상이 되는 것은 하나도 없으며, 그게 있다고 주장하는 고생물학자는 단 한 명도 없다. 네발동물을 기준으로 했을 때에 폐어, 실러캔스, 선기류는 서로 다른 곁가지들 또는 자매분류군들이며, 그 관계를 뒷받침하는 독특한 해부적 형질들을 서로 많이 공유하고 있다. 그러나 그것들은 데본기에 갈라져 나간 뒤로 자기들만의 역사를 이어온 것들이다(그림 9-1). 데본기의 화석 꼴들을 비교하면 이들이 한때 서로 얼마나 가까웠는지 볼 수 있다(그림 10-3). 오늘날 존재하는 저마다의 후손들이 네발동물에서 보이지 않는 분화 특징들을 가지고 있다 해도 상관없다. 진화는 덤불이지 사다리가 아니다. 그 생물들은 인류로 이어지게 되는 자매 분류군들로부터 갈라져 나간 뒤로 오랫동안 계속 진화하고 변화해왔다. 창조론자들이 이를 똑바로 보지 못하는 까닭이 과연 아둔해서인지, 잘못 알아서인지, 아니면 그저 진실과 대면하고 싶지 않아서인지 분간하기 힘들다.

잠시 폐어와 실러캔스는 제쳐놓고, 선기류에서 네발동물로 꼴바꿈한 단계를 기록하고 있는 화석들에 집중해보자.

네 발로 바닥을 딛다

내가 젊었을 때에는 다들 물고기가 있을 자리는 물속이라고 믿었다. 더할 나위 없이 바른 생각이기도 했다. 이런저런 이유로 물고기를 잡고 싶다면, 어디로 가야 찾을 수 있을지 우리는 알고 있었다. 나무 위에 물고기가 있을 리는 없었다. 지금도 물고기와 물을 조금도 떼어서 생각하지 못하는 사람들이 많다. 내 생각을 말한다면, 물고기는 언제나 물과 결부될 것이라고 본다. 그런데 이와 생각이 다른 것 같은 물고기들이 있다. 사실 요새 들어서 언덕을 오르는 등목어, 걸어다니는 망둑어, 구보하는 뱀장어 이야기를 워낙 많이 듣는지라, 이것들을 알맞게 부를 말이 필요한 지경이다.
물론 시대는 변한다―더 좋아지는 쪽으로 변한다고 말할 수 있기를 바랄 따름이다. 단언컨대 여러분은 물고기가 네 다리를 딛고 물 밖으로 나온다든가, 공터를 거닌다든가, 도보로 국토를 횡단한다든가 하는 게 온전하고 정상적인 생명관이 되어 가고 있다고 나를 설득하지는 못할 것이다. 나라면 그런 물고기란 제정신 박힌 물고기가 아니라고 당당히 말하기까지 할 것이다.
―윌 커피,《멸종되는 법》

유머가인 윌 커피Will Cuppy가 적었다시피(위의 인용), 우리는 물고기를 물에 속하는 동물로 생각하며, 물고기가 땅 위로 기어 나올 수 있다는 생각을 하기 힘들어 한다. 진화생물학자와 고생물학자들은 물고기들을 마침내 땅 위로 기어나오게 한 힘이 무엇이었는지를 놓고 오랫동안 서로 입씨름을 벌이고 사변을 펼쳤다. 그 건너감은 믿기지가 않을 만큼 놀라운 과정으로 보인다. 물속에 사는 물고기가 뭍으로 올라오려면, 공기를 호흡할 방도, 물의 부력 없이도 땅 위에서 몸뚱이를 지탱하고 피부가 마르는 것을 막고 땅 위에서도 보고 들을 방도, 그밖에도 생리적으로 수많은 조절을 해낼 방도가 있어야 한다. 이렇듯 도무지 해낼 길이 없어 보이는 이 여정에 왜 물고기들이 나섰느냐는 문제를 놓고, 지난날의 고생물학자들은 한도 끝도 없이 궁리에 궁리를 거듭했다. 말라가는 웅덩이에서 벗어나기 위함이었다고 논하는 고생물학자들도 있었고, 개체 수가 과밀한 데본기 물속의 포식자들로부터 벗어나고자 함이었다는 생각을 내놓는 이들도 있었고, 땅 위에서 새로운 먹잇감을 개척하고자 함이었다고 생각한 이들도 있었다(이미 곤충류, 거미류, 전갈류, 배각류를 비롯한 여러 절지동물이 척추동물보다 1억 년도 더 전부터 땅 위에 자리를 잡고 살고 있었기 때문이다). 그러나 안타깝게도 잘못된 가정과 부적절한 표본에 입각한 사변이 많았고, 지금 와서 보면 헛짚은 것들이 대부분이다.

밝혀진 바에 따르면, 땅 위로 기어 올라가는 것은 그렇게까지 대단한 일이 아니다. 진골어류(튼튼한 살지느러미가 아니라 무른 줄기지느러미를 가지고 있다) 가운데에는 이 일을 늘 하는 것들이 많다. 조수 웅덩이에 사는 다양한 물고기, 이를테면 망둑어와 둑중개 같은 물고기들은 물이 썬 뒤에 물 밖에서 많은 시간을 보내며 방심한 먹잇감들을 사냥한다. 미국 남동부에 사는 걷는 메기walking catfish(그림 10-4A)는 웅덩이에서 웅덩이로 꿈틀거리며 건너가는 능력 때문에 전설이 된 유해 동물인데, 줄기지느러미만 써서 앞으로 나아간다. 뱀장어도 새로운 웅덩이를 찾아 상당한 거리를 꿈틀거리면서 땅 위를 이동할 수 있다. 아프리카와 동남아시아에 사는 등목어climbing perch인 아나바스 테스투디네우스Anabas testudineus는 연못이 말라붙으면 물을 찾아 길을 나선다. 녀석은 아가미판의 뾰족뾰족한 가장자리로 몸을 지탱하고 지느러미와 꼬리로 추진력을 얻어 걸으며, 키 작은 나무를 오를 수도 있다. 모든 '육

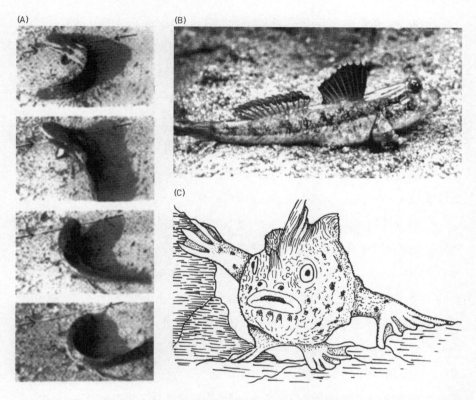

그림 10-4 조기어류 가운데에는 땅 위를 기어 다니면서 살 수 있는 능력을 진화시켰거나 해저를 기어 다니는 데 쓸 수 있게 줄기지느러미를 걷는 기관으로 변형시킨 녀석들이 많이 있다. (A) '걷는 메기'는 고향 연못이 말라 붙거나 개체 수가 과밀해지면 땅 위를 꿈틀꿈틀 기어서 다른 연못으로 건너갈 수 있다. (B) 말뚝망둑어는 개펄이나 망그로브 뿌리 위에 자리 잡고 앉아서는 생애의 대부분을 물 밖에서 보낸다(A와 B는 Romer 1959를 따랐다). (C) 씬벵이는 줄기지느러미를 '손가락'으로 변형시켜서 바다를 기어 다닐 수 있다(Clack 2002, 그림 4.15. 허락을 얻어 실었다).

상 어류land fish' 가운데에서 가장 분화가 크게 되고 양서성이 뚜렷한 것은 말뚝망둑어mudskipper(그림 10-4B)로, 땅과 물의 경계에서 사는 데 완벽하게 적응했다. 심지어 눈이 잠망경처럼 위로 볼록하게 튀어나와 있어서, 물속에서 헤엄치는 동안에도 물 밖을 볼 수 있다. 말뚝망둑어는 망그로브 습지대의 개펄에 출몰해서 진흙 속에 있는 먹잇감을 잡아먹는다. 땅 위에서는 꿈틀거리며 이동할 수 있고, 물속에서는 헤엄칠 수 있는 능력을 활용해서 땅 위나 물속에서 다가오는 포식자들을 피할 수 있고, 노출된 망그로브나무 뿌리를 타고 오를 수도 있다.

2014년에 놀라운 연구가 하나 발표되었다(Standen et al. 2014). 에밀리 스탠든Emily Standen 연구진은 비시르bichir라고 하는 아프리카의 조기어류인 폴립테루스 *Polypterus*(철갑상어 및 주걱철갑상어의 먼 친척이다) 개체군을 하나 택해 녀석들이 마른 땅을 되풀이해서 질러가도록 했다. 여덟 달이 흐르는 동안, 땅 위에서 키웠던 녀석들은 줄기지느러미와 근육을 변형시켜서 더 효율적으로 걸을 수 있도록 제어했다. 반면에 평소처럼 물속 서식지에서만 살도록 했던 녀석들은 아무 변화도 보이지 않았다. 이 걷는 물고기의 모습을 찍은 영상은 인터넷에서 찾아볼 수 있다. '걷는 물고기 폴립테루스walking fish Polypterus'로 검색해보라.

이 물고기 가운데 어느 것도 육상 생활에 완벽하게 적응하지는 못했고, 일정 임무를 수행하기에 충분할 만큼만 오래 땅 위에서 살도록 '땜질되어 있다.' 이 물고기들은 반드시 습한 기후에서 서식해야 하고, 말라 죽지 않도록 물 가까이에 머물러야 하며, 수분 균형을 회복하기 위해 자주 물로 돌아가야 한다. 폐는 없지만 아가미와 부레와 공기 중 습기를 이용해서 폐 없이도 상당한 시간 동안 호흡할 수 있다. 다리와 발 구실을 해줄 튼튼한 살지느러미를 지니지는 못했지만, 비교적 무른 줄기지느러미를 최선으로 이용해서 배를 땅에 대고 몸을 앞으로 밀어내어 땅 위를 꿈틀거리며 이동할 수 있다. 사실 이렇게 이동할 수 있으면서도 완전하게 수서성인 진골어류는 다양하게 있다. 손가락을 가진 돛양태류dragonet인 닥틸로푸스*Dactylopus*, 꿀꿀거리는 둑중개 종인 람포코투스 리카르드소니*Rhamphocottus richardsonii*가 그 예로, 줄기지느러미를 갈라 '손가락을 닮은' 모습으로 변형시켜 해저를 기어 다닐 수 있는데, 그 움직이는 모양새가 거미나 가재를 닮았다. 하지만 이 '지느러미 손가락들'은 네발동물이 가진 손가락만큼 튼튼하지도, 근육질이지도, 유연하지도 않다. 그래서 그 손가락들로는 물체를 쥐고 다룰 수가 없다. 이 손가락들은 다른 구조(줄기지느러미)를 땜질해서 만들어냈고, 비록 최적의 상태는 아니어도 '손가락에 준하는 것'이 되도록 변형된 것들이다(이것도 '지적설계론'에 일격을 가한다). 씬벵이류frogfish인 안테나리우스*Antennarius*는 손가락을 닮은 줄기지느러미를 이용해서 네발동물의 걸음새와 몹시 흡사한 모습으로 바닥을 걷는다(그림 10-4C).

육기어류가 어떻게 땅 위로 기어 나왔는지를 알아내는 문제와 관련해서 우리에게는 그 몇 가지 단계를 입증해주는 놀라운 화석이 몇 가지 있다. 물론 골질 골격 화석만 가지고는 피부나 아가미나 폐 같은 부드러운 조직이 어떤 특징을 가졌는지 입증할 수 없다. 측계통군의 성격을 가진 데본기의 선기류에는 에우스테놉테론 *Eusthenopteron*(그림 10-5)처럼 튼튼한 살지느러미를 가진 독특한 물고기들이 다양하게 포함되어 있다. 비록 선기류가 수서성 몸과 여러 개의 지느러미를 가진 어류형 동물이긴 하지만, 그 살지느러미에는 네발동물의 사지와 뼈 하나하나가 상동이 되는 핵심 성분들이 있다. 예를 들어 가슴지느러미에서 몸통과 가장 가까이 있는 튼튼한 뼈는 원시 네발동물의 위팔뼈, 곧 상완골과 대단히 비슷하게 생겼다. 이 뼈의 아래쪽 끝에 달린 한 쌍의 뼈는 네발동물의 아래팔을 이루는 노뼈 및 자뼈와 상동이다(그리고 대단히 비슷하게 생겼다). 이 뼈들 다음에는 작은 막대 모양의 뼈들이 늘어서 있는데, 이것들은 손목과 손가락을 이루는 뼈들과 상동이다. 그 지느러미를 둘러싸고 있는 것은 일련의 지느러미줄기들이고, 이 줄기들이 지느러미막을 지탱한다. 배지느러미를 살펴보면, 넓적다리뼈(대퇴골), 정강이를 이루는 뼈들(정강이뼈와 종아리뼈), 발목과 발을 이루는 뼈들(발목뼈와 중간발뼈)과의 상동성도 마찬가지로 명백하다.

유사성은 그뿐 아니다. 에우스테놉테론의 척주 구조를 자세히 뼈 대 뼈 대응을 해보면, 원시 네발동물의 척주 구조를 빼다 박았으며, 여느 어류군의 척주 구조와는 전혀 다름을 볼 수 있다. 머리뼈를 이루는 뼈들의 패턴을 자세히 대조해보아도 원시 네발동물의 머리뼈와 뼈 대 뼈 대응을 한다. 다만 네발동물에 가서는 그 뼈들의 상대적인 비율만 달라져서, 아가미를 덮는 뼈들은 크게 작아지고, 주둥이의 전면에 자리하는 뼈들은 커졌다(그림 10-5). 물론 폐나 아가미 자체는 화석이 되지 못하지만, 에우스테놉테론에게 이미 폐가 있었다고 가정하는 것이 합당하다. 왜냐하면 에우스테놉테론의 원시 자매군(폐어)과 고등한 자매군(네발동물)에게 폐가 있기 때문이다. 간단히 말해서, 에우스테놉테론보다 더 나은 어서류를 찾아내라고 요구할 수는 없을 정도라는 말이다. 해부학자의 눈으로 에우스테놉테론을 자세히 조사해보면(창조론자들처럼 에우스테놉테론에 관한 글을 겉핥기식으로 읽는 대신에 말이다), 네발동물이 가지는 요소 모두가 이미 자리 잡혀 있음을 볼 수 있다. 수많은 현생 어류가 얼마나 쉽게 땅 위를 걷는지 감안하면, 에우스테놉테론도 그만큼 잘 걸었으리라 상상하기는 어렵지 않다.

에우스테놉테론 이후로 네발동물이 되어가는 단계 하나하나를 입증해주는 일련의 놀라운 화석들이 있다(그림 10-5~8). 이 가운데에는 데본기 후기 지층에서 나온 부분 표본들로만 알려졌으나 네발동물에 더욱 가까이 갔음을 보여주는 어류가 다양하게 포함되어 있다(판데리크티스*Panderichthys*, 엘기네르페톤*Elginerpeton*, 벤타스테가*Ventastega*, 메타크시그나투스*Metaxygnathus*). 판데리크티스(그림 10-6, 10-7, 10-10)는 네발동물을 많이 닮은 육기어류였다. 에우스테놉테론과 달리 판데리크티스는 네발동물처럼 몸통이 납작하고 눈은 위를 향해 나 있고 네발동물처럼 이마뼈(전두골)가 있고 지느러미가 잘 발달된 꼬리가 쭉 뻗어 있었다. 처음에는 판데리크티스의 뇌머리뼈를 어류가 아니라 네발동물에 속하는 것으로 분류했으나, 나중에 몸의 나머지 부분이 발견되면서 정정되었다. 이빨은 사기질이 독특하게 주름져 있는데('미치류 labyrinthodont' 이빨), 이는 후대에 등장하는 네발동물 이빨의 특징이다. 판데리크티스는 아가미와 더불어 잘 발달된 폐와 콧구멍도 가졌기에 어느 쪽으로도 숨을 쉴 수 있었다. 가장 중요한 점은, 네발동물의 모습처럼 판데리크티스도 등지느러미와 뒷지느러미를 버리고, 놀랄 만큼 발을 닮은 살지느러미인 가슴지느러미와 배지느러미만 남겨두었다는 것이다. 이건 훌륭한 어서류의 모습이다. 곧 머리뼈와 몸통과 뇌머리뼈와 폐는 네발동물을 닮았으며, 나중에 진정한 손과 발이 될 지느러미만 남겨두고 나머지 어류형 지느러미들은 모두 버린 것이다.

최근에 중요한 발견이 또 하나 있었다. 제니 클랙Jenny Clack, 마이클 코츠Michael Coates, 페르 알베르그Per Ahlberg를 비롯한 과학자들이 아칸토스테가*Acanthostega*(그림 10-6~8)의 거의 완전한 골격을 여러 점 발견했다. 잘 발달된 지느러미가 꼬리에 달려 있고, 커다란 아감구멍이 있으며, 골격 내부에는 아가미까지 보존되어 있었다! 땅 위가 아니라 물속에서 소리 듣기에 적응한 귀 부위가 있었다. 게다가 살지느러미가 네발동물의 사지 모습으로 변형되기까지 했고, 그 끝에는 손가락이 일고여덟 개 달려 있었으나, 손과 발은 걷기에 잘 적응된 상태가 아니었고, 아직은 물속을 헤엄치거나 바닥을 기는 데 훨씬 더 알맞은 상태였다. 사지의 비율을 보아도 이를 알

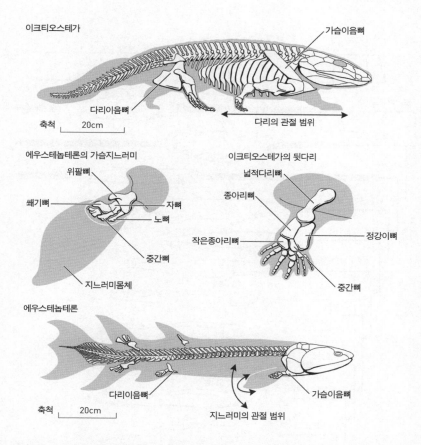

이크티오스테가

가슴이음뼈

다리이음뼈

축척 20cm

다리의 관절 범위

에우스테놉테론의 가슴지느러미

위팔뼈

쐐기뼈

자뼈

노뼈

중간뼈

지느러미몸체

이크티오스테가의 뒷다리

넓적다리뼈

종아리뼈

작은종아리뼈

정강이뼈

중간뼈

에우스테놉테론

축척 20cm

다리이음뼈

지느러미의 관절 범위

가슴이음뼈

그림 10-5 에우스테놉테론 같은 '선기류'에서 이크티오스테가 같은 네발동물로 바뀌어가면서 머리뼈, 사지, 그 외 골격에서 보이는 진화적 변형.

수 있다. 그 비율은 네발동물보다는 에우스테놉테론과 더 비슷하며, 이는 사지가 육 상 보행을 하기에는 썩 좋지 않았음을 가리킨다. 아칸토스테가는 튼튼한 척추뼈들 이 척주를 이루고 있어서 물 밖에서도 몸무게를 지탱할 수 있었다. 이는 완벽한 어 서류이다. 곧 아가미, 지느러미, 귀는 어류와 닮았지만, 척주와 사지는 네발동물을 닮은 것이다. 클랙과 코츠는 아칸토스테가가 육상 보행을 어느 정도 해낼 수 있는 사지를 가지기는 했어도 아마 대부분의 시간은 물속에서 보냈을 것임을 설득력 있 게 보여주었다. 앞서 살펴보았던 진골어류처럼, 아칸토스테가는 필요할 때만 잠깐 씩 땅 위로 기어나왔을 뿐, 생애의 대부분은 물속에서 보냈을 것이다. 이런 면에서

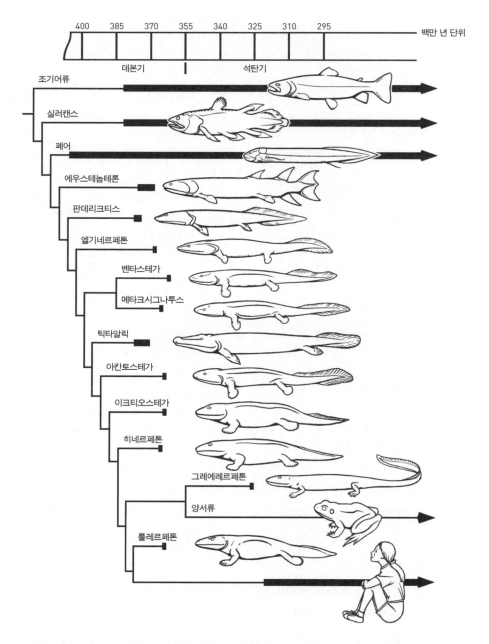

그림 10-6 '선기류'에서 출발하여 원시 네발동물을 거쳐 이어져온 과도 단계들의 계통발생도(칼 뷰얼의 그림).

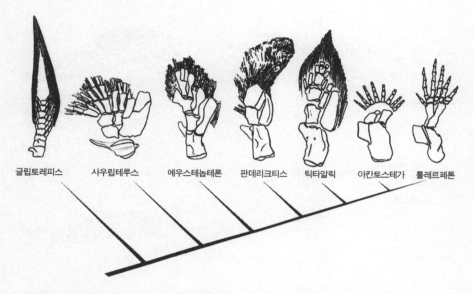

글립토레피스　사우립테루스　에우스테놉테론　판데리크티스　틱타알릭　아칸토스테가　툴레르페톤

그림 10-7 육기어류의 가슴지느러미가 원시 네발동물의 손과 팔로 꼴바꿈해가는 모습. 살지느러미를 이루는 뼈 하나하나는 네발동물의 사지를 이루는 뼈 하나하나와 상동이며, 모양과 튼튼한 정도에서 주로 차이가 난다. 그리고 지느러미줄기를 잃은 대신 그 자리에 손가락이 들어섰다(Shubin et al. 2006, fig. 4. 네이처출판그룹의 허락을 얻어 실었다).

보면, 대부분의 현생 도롱뇽류와 영원류도 거의 전적으로 수서성이며, 사지는 일차적으로 헤엄치는 용도와 물 밑의 수초 숲을 헤쳐 나가는 용도로 쓴다.

　　결정타가 되어줄 증거 조각이 불과 10여 년 전에 발표되었다(Daeschler et al. 2006; Shubin et al. 2006). 처음에는 '발 달린 물고기Fishapod'라는 별칭으로 불렸다가 정식으로 틱타알릭*Tiktaalik*이라는 이름이 붙은 데본기 후기 화석이 캐나다 북극 지방의 엘즈미어섬Ellesmere Island에서 발견된 것이다(그림 10-9). 틱타알릭은 이크티오스테가나 아칸토스테가보다 더 물고기를 닮기는 했지만, 사지는 지느러미와 발 사이의 완벽한 과도 단계에 있음을 보여준다(그림 10-7). 비늘, 아래턱, 지느러미줄기, 입천장은 어류형이지만, 여느 어류와는 다르게 머리뼈 천정은 짧아지고 목을 움직일 수 있었으며(고개를 좌우로 휙휙 돌리며 먹이를 잡았을 것이다), 땅 위와 물속에서 모두 소리를 들을 수 있는 귀 부위와 후대의 육상 네발동물에서 보게 될 조건을 미리 알려주는 듯한 손목 관절을 가졌다. 이 발견 덕분에 지금 우리에게는 에우스테

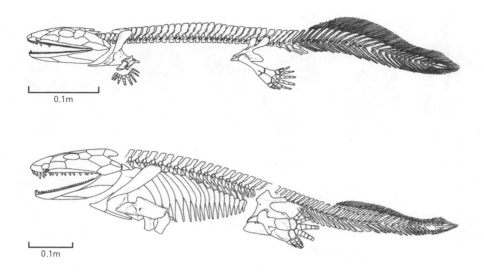

0.1m

0.1m

그림 10-8 아칸토스테가(위)와 이크티오스테가(아래)의 골격 그림. 어류형 특징들(꼬리지느러미, 옆줄, 아가미구멍)과 네발동물의 특징들(튼튼한 사지와 어깨와 엉덩이뼈, 작아진 머리뼈 뒷부분, 커진 주둥이)이 섞인 모습이 보인다(M. 코츠의 그림).

놉테론 같은 완전한 수서성 육기어류부터 해서 양서류에 더 가까워진 판데리크티스와 틱타알릭 같은 꼴들을 거쳐 아칸토스테가와 이크티오스테가처럼 완전한 네발을 갖춘 꼴들(그러나 아직 어류형 아가미, 꼬리지느러미, 얼굴의 옆줄이 있었다)로 이르는 근사한 과도 단계들의 순서가 손에 들어왔다. 이 순서는 워낙 부드럽게 차근차근 진행되는 모습이기 때문에, 어디에서 어류가 끝나고 어디에서 양서류가 시작하는지 분간하기가 어렵다. 그러나 창조론자의 눈으로 보더라도 에우스테놉테론이 어류이고 이크티오스테가가 양서류임은 분명하다.

초창기의 네발동물이 일고여덟 개의 손가락을 가졌다는 발견은 처음에는 충격으로 다가왔다. 모든 현생 네발동물의 손가락과 발가락이 각각 다섯 개뿐이라는 (또는 그보다 적다는) 사실에 워낙 익숙한 터라, 우리는 네발동물의 손가락과 발가락이 언제나 그만큼이었다고 가정했다. 아는 바가 보잘것없던 이크티오스테가의 손을 초창기에 복원한 그림들을 보면 손가락이 다섯 개인 손으로 흔히 그리곤 했다. 손가락이 다섯 개라는 증거가 전혀 없었는데도 말이다. 그런데 또 어떻게 보면, 이렇게 손발가락 수가 많았던 건 그렇게까지 수수께끼로 보이지는 않는다. 컬럼비아 대학교 시절에 내 학우였고, 좋은 친구이고, 글도 같이 쓴 시카고대학교의 닐 슈빈 Neil Shubin이 하버드에서 대학원을 다니던 시절에 이 문제로 학위논문을 썼다. 그전까지 사람들은 살지느러미에 있는 지느러미 줄기들이 중심축 아래로 대칭을 이루며 갈라져서 손가락이 형성되었다고 줄곧 가정했다. 그러나 배아 단계에서 도롱뇽 사지의 발생을 연구하던 닐은(Subin and Alberch 1986) 손가락이 (중심축 밑으로 대칭을 이루며 갈라진 것이 아니라) 손의 한쪽 면에서 다른 쪽 면까지 활 모양으로 벋어 나옴을 발견했다. 이는 아칸토스테가의 손과 근사하게 일치한다. 왜냐하면 이런 배아발생 패턴으로 벋어 나온 여분의 손가락들이 (여분의 지느러미줄기가 있는 것처럼) 아칸토스테가에게도 분명 있기 때문이다. 오늘날과 같은 다섯 손가락 패턴에 이르려면, 그 발생 과정이 조금 일찍 끝나기만 하면 된다. 이 발견이 있고 나서, 이 발생 순서를 제어하는 혹스유전자들이 확인되었고, 따라서 일고여덟 개의 손가락을 가진 사지에서 다섯 개의 손가락만 가진 사지로 바뀌는 게 전혀 대단한 일이 아님이 분명해졌다. 그저 사지가 벋어 나오는 발생 시간을 약간만 조절하면 되기 때문이다.

　　마지막으로 우리는 훌륭한 과도기 꼴인 이크티오스테가와 만난다(그림 10-6~8). 1930년대에 덴마크와 스웨덴의 탐사단이 그린란드의 상부 데본기 암석에서 발견했고, 1932년에 군나르 세베-쇠데르베리Gunnar Sävae-Söderbergh가 간략하게 서술했지만, 1996년에야 에릭 야르빅Erik Jarvik이 이크티오스테가를 상세하고 완전하게 서술해냈다. 이 생물은 아칸토스테가와 대단히 비슷하게 생겼지만, 다만 보존 상태는 그만큼 완전하지 못했다. 이크티오스테가는 네발동물로 가는 선상에서 아칸토스테가보다 살짝 앞섰다. 말하자면 꼬리지느러미는 더 작고 사지는 약간 더 길어서 네발동물에 더 가까워진 모습이다. 하지만 꼬리지느러미, 아가미구멍을 덮는 뼈(덮개뼈), 특히 얼굴에 줄지어 난 홈들(옆줄관lateral line canals)—물밑에서 움직임과 전류를 감지하는 용도로 쓴다—같은 어류형 특성을 여전히 많이 간직하고 있었다. 옆줄계는 대부분의 상어류와 진골어류를 비롯해 수많은 수서성 동물들에게서 발견되는 특징이다. 따라서 이것 또한 우리에게는 훌륭한 어서류가 되어준다. 곧 사지와 척주는 네발동물을 닮았지만 꼬리지느러미, 아가미, 옆줄관은 어류를 닮은 것이다.

(A)

(B)

그림 10-9 새로 발견된 '어서류' 틱타알릭. (A) 뼈들이 거의 완전하게 이어진 골격 사진. (B) 살았을 적의 모습이 어땠을지 복원해서 화석 표본의 옆에 두었다(시카고대학교의 N. 슈빈과 필라델피아 자연과학학술원의 T. 데실러 Daeschler의 사진).

물론 창조론자들은 이 동물이 진정한 과도기 꼴임을 인정할 수가 없기에, 이 동물이 어서류적 특징을 가졌음을 부정하기 위해 온갖 부정직한 논증에 의존하는 비루한 모습을 보인다. 기시가 그런 패거리의 전형적인 인물이다(Gish 1978, 비교적 최근에 나온 1995년판을 보아도 기시가 새로이 배운 것이 전혀 없음을 알 수 있다). 기시는 이크티오스테가에게는 팔다리와 손발이 있었으니까 틀림없이 양서류라고 말하고는, 그것에 대해 케케묵은 생각들을 인용해나간다. 기시는(Gish 1978, 1995) 지느러미에서 발로 넘어가는 과정이 담긴 화석은 하나도 없다고 줄기차게 주장한다. 그러나 지금 우리에게는 사지에 손발가락이 일고여덟 개씩 있는 판데리크티스와 틱타알릭과 아칸토스테가 화석이 있고, 이 사지는 분명 손이나 발이 아닌 지느러미로 여전히 사용되었을 것이다. 기시는 아감덮개나 옆줄계나 꼬리지느러미처럼 대부분의 네발동물에게선 보이지 않는 수서성 특징들을 이크티오스테가가 가지고 있음을 전혀 언급하지 않는다. 이는 증거를 가려서 인용하고 고의적으로 오도성 논증을 펼치는 분명한 사례이다. 기시는 이크티오스테가에게 어류형 특징과 네발동물형 특징이 모두 있음을 이해할 만큼 화석에 대한 서술을 충분히 잘 읽어낼 능력이 안 되거나, 아니면 이 화석들에 잘 기록된 명백한 어류형 특징들을 부정함으로써 고의로 독자들을 우롱하려고 하는 것이다. 어느 쪽이든, 기시가 펼치는 것은 극도로 모자란 과학이고 대단히 부정직한 과학이다.

창조론자의 논증은 대개 딱 거기에서 멈춘다. 말하자면 이크티오스테가가 가진 모든 어류형 특징들은 언급하지 않은 채 그것이 '그저' 양서류일 뿐이라고 독자들이 생각하도록 오도한 다음에, 그냥 다른 주제로 넘어가버리는 것이다. 그것으로 논증을 완전히 끝냈다는 듯이 말이다. 그러나 새로 발견된 일련의 놀라운 과도기 화석들(그림 10-6)이 그 과도 과정을 워낙 상세히 담아내고 있기 때문에, 창조론자들은 이크티오스테가의 신뢰성만 무너뜨리면 그만이라 여기고 도망갈 수 있는 처지가 더는 아니다. 아칸토스테가와 틱타알릭의 발견 덕분에 네발동물의 기원에 대해 우리가 가진 지식은 대폭 개선되었다. 이 둘은 최초기 네발동물들이 땅 위를 걸을 용도가 아니라 일차적으로 물 밑을 걸어 다닐 용도로 다리를 사용했음을 분명히 보여준다! 다른 웅덩이로 기어가기 위해서나 새로운 먹잇감을 쫓아가기 위해서 네발동물에게 튼튼한 팔다리가 필요했다는 그 모든 낡은 논증들은 지금 완전히 폐기되었다. 이크티오스테가와 아칸토스테가가 가진 사지의 일차적인 기능이 물 밑을 걷는 것이었음을 알게 되었기 때문이다. 그리고 그 녀석들이 어류형 귀 부위, 옆줄관, 꼬리지느러미 등을 가진 것은, 드물게만 땅 위로 기어 올라오는 현생 도롱뇽류 및 영원류와 비교할 만한 동물이라고 생각해보면 납득이 간다. 앞에서 살펴보았던 그 모든 걷는 진골어류에서 보았다시피, 물 밖으로 기어 나오는 일은 그리 대단한 묘기가 아니다. 특히 물속에서 대부분의 시간을 보낸다면 말이다. 이런 측면에서 보면, 대부분의 양서류는 생애의 전부는 아니라 할지라도 대부분을 물속에서 보내기 때문에, 양서류는 한때 옛 학설들이 제시했던 것만큼 큰 진화적 도약을 한 것은 아니었다.

이 진기한 증거를 ID 창조론자들은 어떻게 다룰까? 그들은 이 화석들이 존재한다는 걸 부정하거나, 왜곡해서 그릇되게 말함으로써 이 문제를 흐지부지 만들어버린다. 데이비스와 캐니언(Davis and Kenyon 2004: 103, figs.4-8)은 65년 전에 그린 이크티오스테가와 에우스테놉테론 그림을 보여주면서도, 2004년에 자기네 책이 출간되기 전까지 잘 기록되어온 다른 과도기 화석들은 하나도 언급하지 않는다. 그들은 이 두 생물의 지느러미와 사지의 뼈들을 보여주면서도(그림 4-9), 지난 60년 동안 기록되어온 근사한 과도기 화석들은 모조리 무시해버린다. 그들은 이 과도 과정이 얼마나 극적이었는지 요란을 떨면서도, "그런 과도기 종이 발견된 적은 없다"고 그릇된 주장을 펼친다. 판데리크티스와 아칸토스테가와 틱타알릭 덕분에 이제 그 거짓말을 영영 잠재울 수 있다. 그러나 나는 창조론자들이 장차 책에서 이 화석들의 존재를 인정하리라고는 전혀 기대하지 않는다. 이제까지 그들이 내내 해온 대로, 이미 무너진 케케묵은 논증들을 앞으로도 계속 되풀이할 것이라고 나는 확신한다.

석탄기에는 네발동물이 이크티오스테가와 아칸토스테가 같은 원시 꼴들로부터 더욱 고등해진 육상 꼴들로 크게 방산하기 시작했다. 그레에레르페톤 *Greererpeton*(그림 10-6과 10-10) 같은 일부 꼴들의 몸은 아칸토스테가의 몸과 별로 다르지 않은 기다란 어류형 몸이었다. 반면 사지와 어깨뼈들은 아칸토스테가의 것들보다 상당히 고등해졌고 육상 이동에 더 적합해졌다. 그러나 옆줄관 같은 어류형

그림 10-10 완전한 수서성이었던 '선기류'부터 머리뼈, 어깨이음뼈, 앞다리뼈의 진화적 과도 단계들을 그려본 것. (A) 선기류인 에우스테놉테론. (B) 네발동물을 조금 닮은 판데리크티스. (C) 더 고등해진 아칸토스테가. (D) 완전한 육서성 네발동물인 그레에레르페톤. 어깨이음뼈를 구성하는 어류형 요소들, 이를테면 의쇄골과 상의쇄골 같은 뼈들은 서서히 작아지고, 쇄골(우리가 가진 '빗장뼈')이 어깨이음뼈에서 가장 큰 뼈가 되었다. 그 사이에 아가미구멍들을 덮었던 주요 뼈들(회색으로 칠한 곳들)은 크기가 줄어들다가 사라졌고, 주둥이가 커지고 뺨 부위가 줄어들면서 눈이 뒤쪽으로 이동했다(Clack 2002, fig. 6.4. 허락을 얻어 실었다).

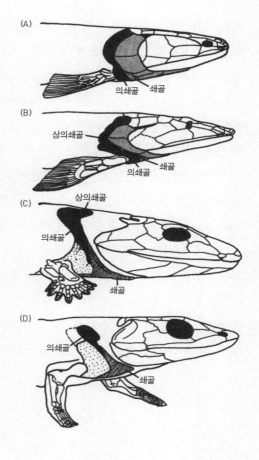

특징들은 그대로 있었다. 석탄기 중기에 이르면 네발동물이 수많은 계통들로 갈라진 모습을 보게 된다. 여기에는 크고 납작한 몸통과 납작한 머리뼈를 가진 분추류(그림 10-1), 이보다 더 연약한 공추류(이 가운데에는 다리가 사라지고 뱀류와 무족류로 수렴된 것들도 있다), 그리고 양막류로 이어지게 될 탄룡류 계통이 있다. 그리고 석탄기 중기에 이르면, 우리는 최초의 진정한 양막류도 보게 된다. 다음 장에서 이걸 살펴볼 것이다.

'개구룡눙'

종종 창조론자들은 개구리만큼 고도로 분화한 생물의 그림을 들어 보이고는 개구리와 기타 양서류를 잇는 과도 단계의 화석이 무엇일지 자기들은 도저히 상상할 수 없노라고 말하며 과학자들을 비아냥거리곤 한다. 그런데 2008년에 그 물음을 잠재울 화석이 하나 발표되었다(Anderson et al. 2008). 정식 명칭은 게로바트라쿠스 호토니*Gerobatrachus bottoni*이지만, 개구리와 도롱뇽의 특징을 모두 가지고 있다는 이유로 언론에서 '개구롱뇽frogamander'이라는 별명을 얻었다(그림 10-11). 긴 꼬리와 도롱뇽형 몸을 가졌지만, 개구리처럼 머리는 짧고 주둥이는 둥글다. 녀석이 가진 큰 눈과 큰 고막은 개구리에서는 보이지만 도롱뇽에서는 안 보이는 것들이다. 가장 중요한 특징은, 턱에 부착된 이빨들이 독특한 기초를 가진 작은 잇대 위에 자리한다는 것이다. 이는 현생 개구리와 양서류를 자연군으로 정의하는 특징이다.

이뿐 아니라 트라이아스기에는 트리아도바트라쿠스*Triadobatrachus* 같은 화석 개구리들도 있다. 이 녀석들은 현생 개구리의 모습과 조금 더 닮았지만, 현생 개구리만큼 몸통이 짧아지지도, 척추뼈 수가 적어지지도, 긴 볼기뼈가 있지도, 펄쩍 뛸 때 쓰는 극도로 긴 뒷다리가 있지도 않다. 간추려보면, 원시 양서류에서 현생 개구리로 건너온 과정은 현재 과도기 화석들로 완전히 채워졌다.

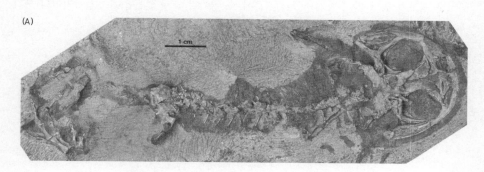

그림 10-11 (A) 게로바트라쿠스 호토니의 유일한 표본(다이앤 스콧Diane Scott과 제이슨 앤더슨Jason Anderson 제공). (B) 살았을 적의 모습을 복원한 그림(노부미치 타무라Nobumichi Tamura의 그림).

더 읽을거리

새로운 정보가 워낙 많이 발견되었기 때문에 그 이야기 전체를 들을 수 있는 지머의 책 (1998)과 클랙의 책(2002)을 읽어볼 것을 강력히 추천한다. 유용한 다른 자료들도 아래에 열거했다(그 새로운 발견들이 이루어진 다음에 출간된 자료도 있다).

Anderson, J. S., R. R. Reisz, D. Scott, N. B. Fröbisch, and S. S. Sumida. 2008. A stem batrachian from the Early Permian of Texas and the origin of frogs and salamanders. *Nature* 453: 515-518.

Benton, M. J. 2014. *Vertebrate Palaeontology*. 4th ed. New York: Wiley-Blackwell.

Carroll, R. M. 1988. *Vertebrate Paleontology and Evolution*. New York: Freeman.

Clack, J. A. 2002. *Gaining Ground: The Origin and Early Evolution of Tetrapods*. Bloomington: Indiana University Press.

Daeschler, E. B., N. H. Shubin, and F. A. Jenkins Jr. 2006. A Devonian tetrapod-like fish and the evolution of the tetrapod body plan. *Nature* 440: 757-773.

Long, J. A. 2010. *The Rise of Fishes*. 2nd ed. Baltimore, Md.: Johns Hopkins University Press.

Maisey, J. G. 1996. *Discovering Fossil Fishes*. New York: Holt.

Moy-Thomas, J., and R. S. Miles. 1971. *Palaeozoic Fishes*. Philadelphia: Saunders.

Prothero, D. R. 2013. *Bringing Fossils to Life: An Introduction to Paleobiology*, 3rd ed. New York: Columbia University Press.

Shubin, N. H., E. B. Daeschler, and F. A. Jenkins Jr. 2006. The pectoral fin of *Tiktaalik roseae* and the origins of the tetrapod limb. *Nature* 440: 764-771.

Standen, E. M., T. Y. Du, and H. C. E. Larsson. 2014. Developmental plasticity and the origin of tetrapods. *Nature* 513: 54-58.

Thomson, K. S. 1991. *Living Fossil*. New York: W. W. Norton.

Weinberg, S. 2000. *A Fish Caught in Time: The Search for the Coelacanth*. New York:

HarperCollins.

Zimmer, C. 1998. *At the Water's Edge: Macroevolution and the Transformation of Life.*
New York: Free Press.

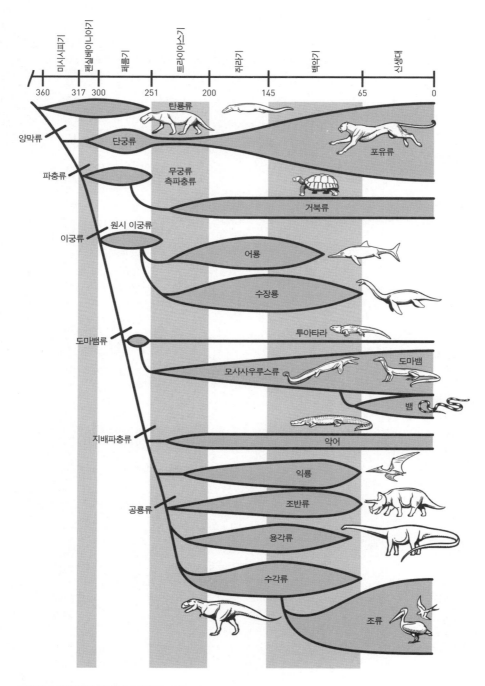

그림 11-1 양막류의 계통수(칼 뷰얼의 그림).

11

양막류: 땅 위로 올라온 동물과 바다로 돌아간 동물

혁신을 일으킨 알

가장 근본이 되는 혁신은 바로 유체를 안에 채운 또 하나의 주머니인 양막의 진화이다. 양막 안에서 배아는 둥둥 떠 있다. 양수의 성분은 대략 바닷물과 동일하다. 그래서 어떤 의미에서 보면 진정으로 양막은 원래의 어류나 양서류 알의 연속선상에 있으며, 그 안에 나름의 미시 환경을 담고 있다. 마치 우주복 안에 우주비행사와 함께 지구의 대기를 모방한 유체가 담겨 있는 것처럼 말이다. 양막류의 알을 이루는 나머지 부분들은 모두 외계 환경에 살기 위해서도 꼭 필요한 부가 기술이다. 그런 의미에서 그 나머지 부분들은 우주정거장의 식량 창고, 연료 공급 장치, 기체 교환 장치, 배설물 처리 장치에 대응한다.

—리처드 코윈,《생명의 역사》

'어류'에서 '양서류'로 넘어가는 과정처럼 '양서류'에서 '파충류'로 넘어가는 과정도 오랫동안 오해와 부적절한 용어 사용으로 혼탁했다. '어류', '양서류', '파충류'를 전통적인 의미로 사용하게 되면, 그것들은 자연적인 단계통군이 아니라 진화의 '계층군'이 되고 만다. 왜냐하면 각 군의 후손들을 모두 포함하지 못하기 때문이다. 10장에서 우리는 '양서류'라는 고루한 용어보다 단계통군인 '네발동물'을 선호하는 연유를 이미 살펴보았다. 우리가 '파충류'라고 부르는 계층군의 경우도 마찬가지이다. 현생 거북류, 뱀류, 도마뱀류, 악어류를 보면, 다들 피부에 비늘이 있고 물질대사가 느리다. 그래서 이렇게 서로 공유하는 원시 형질들에 기초해서 이들을 하나로 묶기가 쉽다. 그러나 다음 장에서 자세히 살필 생각이지만, 새들도 이들의 후손이다. 따라서 파충강Repitilia 안에 조류를 포함시키지 않는다면, 파충강은 비자연적인 측계통 '쓰레기통' 군이 되고 만다(그림 5-4와 11-1). 오랫동안 잘못 써온 이 개념과의 혼동을 피하려고 대부분의 현대 계통분류학자들은 '파충강'이라는 용어를 거북류, 뱀류, 도마뱀류, 악어류는 물론 조류까지 포함하는 분지군을 뜻하는 말로 쓴다. 그런데 이른바 '포유류형 파충류'(더 적절한 말은 단궁류)라는 것은 진정한 파충류가 갈라져 나온 분기점 이전에 계통수에서 갈라져 나갔으므로, 그런 한물간 용어로 단궁류를 칭하는 것은 옳지 않다(비록 사람들이 계속 그 말을 사용하고는 있지만 말이다). 또한 단궁류도 아니고 파충류도 아니지만 앞장에서 우리가 살펴본 동물들보다 더 고등한 원시 네발동물이 많이 있다. 오해의 여지가 있는 파충강이라는 용어로 이 동물들을 칭하는 것을 피하기 위해, 대부분의 현대 계통분류학자들은 '양막류amniote'라는 용어를 선호하며, 이는 전통적인 의미의 양서류보다 고등한 척추동물들을 모두 지칭하는 용어이다. 그래서 양막류Amniota는 전통적인 파충강, 포유강, 조강(새) 개념을 모두 포함하는 용어이다.

현생 양막류 모두가 공유하는 특징적인 형질은 땅에 낳는 알land egg, 곧 양막을 가진 알amniotic egg(그림 11-2)이다. 어류와 양서류처럼 껍질이 부드럽고 자잘한 알을 수백 개씩 물속에 스는 대신, 양막류는 이보다 수는 적지만 크기는 더 큰 알들을 낳으며, 이 알들은 물 밖의 환경도 견뎌낼 수 있다. 알 하나하나는 껍질(거북알처럼 가죽질이거나 달걀처럼 딱딱하다)로 덮여 있으며, 이 껍질은 안에 든 연약한 조직과 배아를 포식자들로부터 보호하고 말라붙지 않도록 해준다.

알 속의 배아는 수없이 많은 특수한 계들의 보살핌을 받는다. 배아를 둘러싼 막은 양막amnion이라 하고, 양막 안쪽은 양수로 채워져 있어서 충격과 온도 변화로부터 배아를 보호한다. 난황주머니yolk sac는 배아의 내장에 부착되어 있으나 양막 바깥에 있으며, 배아가 비교적 발생이 잘 진행되어 세상과 대면할 준비를 마쳐 알을 깨고 나갈 수 있을 때까지 배아에게 먹이를 공급한다. 배아의 후장hindgut에서 비어져 나온 막이 하나 더 있는데, 이를 요막allantois이라고 하며, 노폐물을 수거하고 호흡을 돕는다. 마지막으로 이 모둠 전체—양막, 난황주머니, 요막—를 또 다른 유체인 알부민albumin('흰자위')이 둘러싸면서 알 내부의 나머지 부분을 다 채운다. 껍질 바

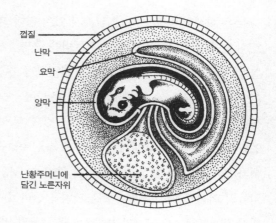

그림 11-2 양막류의 '땅에 낳는 알'을 이루는 부분들을 보여주는 도해(Romer 1959, 시카고대학교 출판부의 허락을 얻어 실었다).

껍질
난막
요막
양막

난황주머니에
담긴 노른자위

로 밑에는 **난막**chorion이라고 하는 다공질 막이 있어서, 안에 담긴 유체를 붙들어두는 동시에 산소는 안으로 들이고 노폐물인 이산화탄소는 빠져나가게 해준다.

　　양막란이 함축하는 의미는 더 있다. 알 하나를 만들어내는 데 에너지가 더 들기 때문에 낳을 수 있는 알의 수는 더 적고, 배아는 발생이 더 완전하게 진행되어 더 독립적인 상태로 알을 깨고 나올 것이다. 더군다나 그 알은 (대부분의 어류와 양서류에서 이루어지는 것처럼) 물속에 슨 알 주변을 수컷이 헤엄쳐 다니며 정자를 흩뿌리는 식으로 수정될 수 없다. 그래서 양막란은 체내에서 수정되어야 하는데, 대개 성교를 통해 이루어진다. 정자가 암컷의 몸속에 있는 알까지 도달할 수 있으려면 수컷과 암컷이 반드시 교미를 해야 하고, 알은 물속이 아니라 암컷의 몸속에서 발생 과정의 상당 부분을 거친다. 물론 체내수정의 진화는 양막류 쪽에서만 이루어진 것이 아니다. 대부분의 육서성 절지동물(곤충, 거미류, 전갈류 등)은 양막류와 똑같은 이유로 교미를 해야 한다. 그 절지동물들은 물속 여기저기에 알과 정자를 흩뿌리지 못한다. 바다로 가보면, 양막류가 아니면서 체내수정을 하는 소수의 동물 가운데에 상어류가 있다. 상어는 다른 어류보다 큰 알을 더 적게 낳으며, 어떤 상어는 발생을 완전히 마친 새끼를 출산하기도 한다.

　　원시 네발동물에서 양막류로 어떤 과정을 거쳐 넘어갔을까? 화석으로만 알려진 멸종 생물 가운데에서 무엇무엇이 양막란을 낳았는지 분간할 수는 없다. 알이 부모와 함께 보존되는 일은 거의 없기 때문이다. 최초의 양막류가 살았던 시대에서 나온 화석알은 몇 개밖에 알려져 있지 않다. 따라서 우리는 골격에 나타난 특징들을 조사해서 해당 화석이 양막류임을 규명하게 해줄 해부학적 형질이 무엇인지 결정해야만 한다. 이번에도 우리는 양막류형 형질들을 점점 갖춰가는 과도기 꼴들('탄룡류'라고 하는 측계통군)을 길게 늘어놓을 수 있으며, 이번에도 역시 이 연속된 꼴들의 어디에다 선을 그어야 할지 난감할 정도이다(그림 11-3). 우리는 탄룡류가 양막류로 진화하는 과정에서 여러 흐름을 추려볼 수 있다. 그 하나는 탄룡의 머리뼈가 위아래는 몹시 길고 주둥이는 좁고 눈 뒤의 부위는 짧아졌다는 사실이다. 녀석들의 머리뼈에서 뒤쪽의 고막 패임은 사라졌다. 이와 대조적으로 다른 대부분의 원시 네발동물들(이를테면 분추류와 공추류)의 머리뼈와 몸통은 상대적으로 납작하고 주둥이는 넓고 눈 뒤의 두개 부위는 크고, 고막이 자리하는 패임이 잘 발달되어 있다. 이것과 상관시켜 볼 수 있는 증거는, 탄룡류의 사지가 튼튼하고 똑바로 펴졌기 때문에 종종 땅에서 배를 떼고 걸었다는 것이다. 분추류와 공추류의 자세는 이보다 훨씬 납작 엎드린 모습이어서, 배를 질질 끌지 않고는 이동하기 힘들었을 것이다. 탄룡의 손목뼈와 발목뼈도 다른 원시 네발동물들보다 훨씬 더 활동적인 이동에 알맞게 변형되었다. 탄룡의 목을 이루는 척추뼈들은 두 가지 뼈로 분화했다. 하나는 고리뼈atlas(고대 그리스 신화에서 아틀라스가 세상을 떠받쳤듯이, 이 뼈가 머리뼈를 받쳐준다)이고 다른 하나는 중쇠뼈axis(목에 상대적인 방향으로 머리뼈를 돌릴 수 있게 해주는 중쇠관절pivot joint)이다. 이 뼈들은 후대의 모든 양막류에서 보이는 특징이며, 이 뼈들 덕분에 탄룡들은 머리를 홱 돌려서 먹잇감을 잡을 수 있었다. 마지막으로, 탄룡류의 입천장을 이루는 근육과 뼈는 훨씬 세게 물 수 있게끔 변형되었다. 이와 대조적으로 분추류와 공추류의 입천장은 입을 '다무는' 움직임이 훨씬 약해서, 무는 힘이라고 할 만한 게 없었다.

탄룡류의 진화 순서를 차례차례 따라가다 보면, 이 특징들이 모자이크 진화의 패턴으로 차곡차곡 쌓이는 모습을 보게 된다(그림 11-3). 이를테면 더 원시적인 솔레노돈사우루스Solenodonsaurus의 고막 패임은 원시적이지만 턱 근육은 고등하다. 게피로스테가Gephyrostega도 원시적인 고막 패임을 간직했고 척추와 사지도 원시적이지만, 발목 관절은 고등하다. 림노스켈리스Limnoscelis와 세이모우리아Seymouria는 원

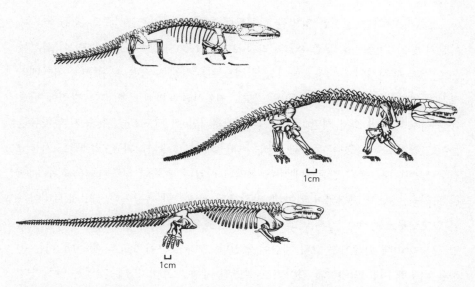

그림 11-3 수많은 '탄룡' 가운데 몇 가지의 골격. 이것들은 '양서류'와 가장 원시적인 양막류 사이의 과도기 화석들이다. 맨 위는 원시적인 게피로스테구스과gephyrostegid에 속하는 브룩테레르페톤*Bruktererpeton*의 골격이다. 가운데는 이보다 고등한 꼴인 세이모우리아이다. 맨 밑은 네발동물에 많이 다가선 림노스켈리스이다. 하나하나는 원시 네발동물의 형질들과 그보다 고등한 양막류의 형질들이 모자이크처럼 뒤섞여 있기에, 양서류가 끝나는 곳은 어디이고 양막류가 시작되는 곳은 어디인지 판정하기가 대단히 어렵다(Carroll 1988, fig. 9-22. W. H. 프리먼과 R. L. 캐럴의 그림).

시적인 고막 패임을 버렸고, 사지는 더 고등하고 튼튼해졌다. 크기가 돼지만 한 초식동물인 디아덱테스*Diadectes*(지금까지 알려진 최초의 초식성 육상 척추동물이다)는 양막류와 대단히 가깝다. 곧 목에는 고리뼈와 중쇠뼈가 있고, 강인한 사지에는 고등한 손발목이 있다. 그러나 여전히 원시적인 고막 패임을 간직하고 있다.

이 탄룡류의 대부분은 아직까지 화석 기록으로 알려지지 않은 초창기의 계통들을 대표하는 어느 멸종한 곁가지의 마지막 구성원들이었음이 분명하다. 대부분의 고생물학자가 동의하는 가장 오래된 양막류 화석은 이보다 이른 석탄기 초기의 지층에서 나오기 때문이다. 발견자인 스탠 우드Stan Wood가 '도마뱀 리지Lizzie the lizard'라는 별칭으로 부른 이 화석의 공식 이름은 웨스트로티아나 리지아이*Westlothiana lizziae*(그림 11-4)이고, 스코틀랜드의 유명한 이스트커크턴 지층East Kirkton beds에서 발굴되었다(Smithson et al. 1994). 그로부터 얼마 지나지 않아, 힐로노무스

*Hylonomus*라고 하는 진정한 양막류 화석들이 캐나다 노바스코샤주의 조긴스Joggins 석탄기 중기 지층에서 발굴되었다('리지'보다 약 1500만 살 정도 어리다). 이 화석들은 이전의 원시적인 네발동물들과는 극적으로 달라진 모습을 보여준다. 이를테면 크기가 작다(몸길이가 약 20센티미터 정도로 전형적인 도마뱀 크기이다). 반면에 탄룡류는 이보다 훨씬 커서 개만 하거나 심지어 돼지만 한 것도 있었다. 초기 양막류는 몸이 연약하고 가늘었다. 몸통과 꼬리는 대단히 길고, 팔다리와 손발가락도 가늘고 길쭉했으며, 대부분의 탄룡류에 비해 머리가 작았다. 튼튼한 척추뼈들은 척주 위에 활 모양을 이루며 연결되어 있는데, 양막류의 전형적인 특징이다. 웨스트로티아나와 힐로노무스는 속이 깊은 머리뼈를 가졌고, 효율적인 턱근육이 머리뼈에 붙어 있었으며, 머리뼈 뒤쪽에는 고막 패임이 없었다. 그리고 눈이 비교적 컸는데, 이는 곤충을 비롯해 작은 먹잇감을 잡아먹고 살았던 야행성 포식자였을 것임을 암시한다. 상태가 가장 좋은 힐로노무스 표본들은 그 유명한 조긴스 화석 산지에서 발굴되었다. 그 표본들은 속이 빈 썩은 나무줄기 내부에 보존된 채로 발견되었기에, 녀석들이 이 깊은 구멍 속에 갇힌 뒤에 죽었을 것이라고 생각했다. 그런데 더 최근에 와서 고생물학자들은 녀석들이 가진 길쭉하고 연약한 사지와 발가락으로 보건대 오늘날의 수많은 도마뱀들처럼 솜씨 좋은 나무타기꾼들이었으며, 아마 속이 빈 나무 속에서 살았던 것 같고, 그곳에 묻힌 채로 화석이 되기도 했을 것이라고 주장했다.

웨스트로티아나와 힐로노무스 같은 초창기 꼴들을 시작으로, 양막류는 석탄기 후기에 이르러 수많은 군들로 방산했다(그림 11-1). 가장 먼저 갈라져 나온 계통 가운데 하나가 단궁류였고, 이 계통에서 마침내 포유류가 나왔다. 단궁류는 13장에서 살펴볼 것이다. 또 하나는 바로 우리가 진정한 파충강이라고 부르게 될 계통이었다. 파충강에서 가장 원시적인 갈래는 무궁아강Anapsida이라고 하는 군으로, 거북류뿐 아니라 멸종한 여러 군도 여기에 포함된다. 그다음의 중요한 갈래는 광궁아강Euryapsida으로, 대부분의 해양 파충류가 여기에 들어간다. 셋째 갈래는 인룡상목Lepidosauria으로, 현생 도마뱀류와 뱀류뿐 아니라 모사사우루스류 같은 멸종한 해양 파충류 군들도 여기에 포함된다. 마지막 갈래는 지배파충류로, 여기에는 악어류, 익룡, 공룡, 조류 같은 친숙한 동물이 많이 들어 있다. 지면에 제약이 있기 때문에, 이

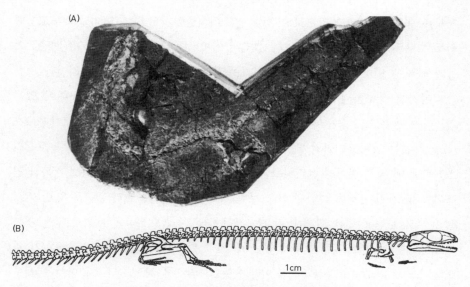

(A)

(B)

1cm

그림 11-4 알려진 것 가운데 가장 오래된 진정한 양막류인 웨스트로티아나 리지아이. (A)는 실제 화석 표본이고, (B)는 그 골격을 복원한 그림이다(에든버러 왕립학술원과 R. L. 캐럴의 허락을 얻어 실었다. Smithson et al. 1994).

군들을 하나하나 자세히 파고들거나 모든 계통의 과도기 꼴을 다 살필 수는 없다. 그 대신 우리는 몇몇 계통들에서 발견되는 수많은 과도기 꼴들 가운데 몇 가지만 집중해서 살펴, 이 동물들의 화석 기록이 얼마나 훌륭한지 입증해보일 것이다.

딱지가 절반뿐인 거북

창조론자들은 '절반만 거북'인 생물을 상상할 수나 있겠냐며 과학자들을 조롱하곤 한다. 그러나 이번에도 화석 기록은 완벽한 과도기 꼴로 창조론자들에게 답을 주고(Li et al. 2008), 비난의 화살을 그들에게 돌려준다. 이 과도기 화석의 공식 명칭인 오돈토켈리스 세미테스타케아*Odontochelys semitestacea*는 글자 그대로 '이빨이 있고 딱지가 절반뿐인 거북'을 뜻한다. 중국의 트라이아스기 퇴적층에서 여러 점 발굴된 이 녀석들은 진정 놀라운 모습이다(그림 11-5). 이 거북들에게는 배에 완전히 발달한 딱지가 있지만(배딱지plastron), 등은 넓게 벌어진 갈비뼈들뿐이고 딱지(등딱지 carapace)가 없다. 말 그대로 '딱지가 절반뿐인 거북'이다. 더군다나 녀석들은 알려진

435

거북류 가운데에서 마지막으로 이빨을 가진 녀석들이기도 하다. 녀석들보다 고등한 거북은 모두 주둥이에 이빨이 없다. 그래서 이 녀석들은 도마뱀에 가까운 파충류와 등과 배를 완전히 발달한 딱지가 덮고 있는 거북류 사이를 이어주는 다리이다.

여기서 창조론자가 "이 화석과 다른 파충류 사이의 과도기는 어디에 있는 가?"라는 물음으로 응수한다면, 그 화석들도 보여줄 수 있다. 에우노토사우루스 *Eunotosaurus*는 남아프리카의 페름기 지층에서 나온 멸종한 양막류인데, 오돈토켈리스처럼 등에 넓게 벌어진 갈비뼈들이 있으면서도, 머리뼈와 골격에 현생 거북과 연결되는 몇 가지 특징들을 가진 더 고등한 거북이기도 하다. 그러나 훈련을 받지 않은 눈으로 보면 녀석은 그저 덩치 크고 뚱뚱한 도마뱀으로밖에 보이지 않을 것이다. 2015년에 스미소니언 협회에 있는 내 친구 한스-디터 수스Hans-Dieter Sues가 파포켈리스*Pappochelys*('조부祖父 거북'이라는 뜻)의 발견을 보고했다. 이 녀석은 에우노토사우루스처럼 넓은 등갈비뼈가 있었지만, 복부에 널따랗게 퍼진 뼈들('배뼈 gastralia')도 있다. 나중에 이 뼈들이 합쳐져서 마침내는 오돈토켈리스의 배딱지가 된다. 이는 녀석이 에우노토사우루스와 나머지 모든 거북을 이어주는 훌륭한 과도기 꼴—등과 배에는 뼈들이 아직 딱지로 합쳐지지 않고 넓게 퍼진 갈비뼈들만 있었다—임을 보여준다.

그래서 도마뱀과 매우 흡사한 에우노토사우루스부터, 지금 우리에게는 파포켈리스, 오돈토켈리스를 거쳐 창조론자들마저 거북임을 알아볼 수 있을 만한 화석들까지 차례차례 이어지는 완벽한 과도기 꼴들이 있다. 이 발견들은 이 책 초판(2007년)이 출간되고 불과 10년 사이에 이루어졌다. 그러니 앞으로 10년이 더 흐르는 동안 얼마나 많은 과도기 화석들이 우리 손에 들어올지 상상해보라!

거대한 바다용들의 진화

중생대에 진짜 바다뱀은 없었지만, 그에 버금가는 것이 바로 수장룡이었다. 수장룡은 물속으로 돌아간 파충류였다. 당시에는 그게 좋은 생각 같았기 때문이

그림 11-5 오돈토켈리스*Odontochelys*. 위는 알려진 화석 가운데에서 가장 상태가 좋은 표본. 등딱지는 불완전하지만(왼쪽) 배딱지는 완전하다(오른쪽). 아래는 살았을 적의 모습을 복원한 그림(위는 리 춘Li Chun의 사진. 아래는 노부미치 타무라의 그림)이다.

다. 수장룡은 수영에 대해서는 잘 모르거나 아예 몰랐기 때문에, 똑똑한 해양 동물들처럼 꼬리를 써서 추진력을 얻는 게 아니라, 지느러미발 네 개를 저어서 물속을 돌아다녔다. (어룡 같은 똑똑한 해양 동물은 몸의 균형을 잡고 방향을 조종하는 일에 지느러미발을 썼는데, 수장룡은 모든 면에서 엉망이었다.) 그런 탓에 물고기를 잡아먹기에는 너무 느렸다. 그래서 수장룡은 목에다가 척추뼈를 계속 추가해 넣었고, 급기야 나머지 몸 전체보다 목이 더 길어지는 지경에 이르렀다. …… 물고기 말고는 아무도 겁내지 않았다. 그래가지고서는 목을 길게 늘인 보람이 없었다. 녀석들의 관심은 활동에 있지 않았다. 너무나 조잡하게 만들어졌기 때문에, 수장룡은 별 재미를 못 보았다. 녀석들은 알을 낳는 것 등등의 일을 하려면 해변으로 올라가야만 했다. (어룡은 물속에 그냥 있었고, 물속에서 새끼를 낳았다. 방법만 알면 할 수 있는 일이다.)

— 윌 커피, 《멸종되는 법》

'공룡의 시대'인 중생대의 바다는 수많은 형태의 생명으로 바글바글했다. 플랑크톤과 해저의 거대한 조개류는 말할 것도 없고, 그리파이아(그림 8-10) 같은 이상하게 생긴 굴도 헤아릴 수 없이 많았으며, 정형성게와 염통성게(그림 8-9)도 많았고, 오징어처럼 생긴 벨렘나이트와 암모나이트도 많이 있었고, '전골어류'와 더불어 진골어류(그림 9-11)까지 대단히 다양하게 있었다. 그러나 이 모든 생물들의 위에 자리한 지배 포식자는 바로 해양 파충류였다. 여기에는 몸길이가 7미터까지 이르는 거대한 바다거북과 게오사우루스류geosaurs라고 하는 악어—발에는 물갈퀴가 달렸고 꼬리지느러미가 있었다—뿐 아니라, 중생대의 바다에만 있던 주요 동물군 세 가지도 포함되었다. 이 세 동물군이란 돌고래처럼 생긴 어룡, 목이 길고 지느러미발이 있는 수장룡, 그리고 바다로 간 코모도왕도마뱀인 모사사우루스류를 말한다.

세계 곳곳의 해성층에는 상태가 매우 훌륭하고 종종 완전한 상태로 보존된 이들 동물의 골격이 있다. 그레이트플레인스Great Plains의 서부(특히 사우스다코타주, 네브래스카주, 캔자스주)에는 멕시코만부터 허드슨만까지 평원 지역을 널따란 내륙해가 덮고 있던 백악기에 퇴적된 해성 퇴적층이 광활하게 노출되어 있다. 이 동물 하나하나는 워낙 독특한지라 창조론자들에게는 분명히 '창조된 종류들'로 보일 것이다. 그러나 우리에게는 이 세 동물군 모두의 기원과 핏줄사이에 대해 과도기 화석들에서 나온 증거뿐 아니라, 그 군들의 핏줄사이에 대한 분지학적 분석에서 나온 탁월한 증거도 있다. 그 동물들이 멸종하지 않았다면, 우리는 그 동물들의 분자 수준의 계통발생까지 확인할 수 있었을 것이다.

　이 세 군들과 관련해서 가장 놀라운 점은, 이 군들이 분명 파충류이기에 땅에 알을 낳는 육상동물들의 후손임에도 각자 독자적으로 바다로 돌아갔다는 것이다 (악어, 바다거북, 바다뱀, 물범과 바다사자, 그리고 물론 고래도 바다로 돌아갔다). 바다에는 먹잇감이 굉장히 풍부했기 때문에, 그 차고 넘치는 먹을거리를 거둬들일 방도를 찾아낸 육서성 파충류가 있었고, 그 일은 적어도 다섯 개 군에서 일어난 것이 명백하다. 이 일 자체만으로도 놀랍게 보이지만, 이런 일이 여러 차례 일어났다는 사실은 이런 생활방식을 갖도록 하는 자연선택의 힘이 얼마나 강력한지 보여준다. 생태 쪽에서 일어난 이런 급격한 변화는 대개 몸꼴에서 상당한 정도의 수렴이 일어나도록 했다. 그래서 우리는 어류에서 볼 수 있는 어뢰 같은 모양의 유선형 몸을 어룡과 고래가 어떻게 독자적으로 진화시켰는지 볼 수 있다. 바다로 돌아가기 위해서는 몸을 유선형으로 만들어 헤엄치기 쉽게 하고 손과 발을 지느러미발로 변형시키는 것 말고도 번식과 생리 면에서도 몇 가지 변화가 필요하다. 예를 들어 바다로 돌아간 파충류라 해도 어떻게든 번식을 해야 한다. 바다거북과 바다악어가 땅 위로 기어 올라와 둥지에 알을 낳는다는 걸 우리는 알고 있다. 그래서 짐작컨대 모사사우루스류와 수장룡도 그랬을 수 있다. 그러나 어룡은 몸꼴이 워낙 돌고래와 닮았기 때문에, 해변으로 기어 올라가 지느러미발로 둥지를 파지는 못했을 것이다. 고래와 돌고래가 새끼를 낳는다는 걸 우리는 알고 있다. 이 녀석들은 자궁에서 새끼를 밀어낸 다음, 첫 호흡을 할 수 있도록 새끼를 수면으로 밀어 올린다. 첫 호흡을 한 뒤에 새끼는 저 혼자 헤엄을 칠 수 있다. 분명 어룡도 그랬을 것이다. 독일의 쥐라기층인 홀츠마덴 셰일Holzmaden shales에서 놀라운 어룡 표본들이 여러 점 발굴되었는데, 그 가운데에는 새끼를 낳는 와중에 죽어서 화석이 된 것으로 보이는 표본도 있다(그림 11-6).

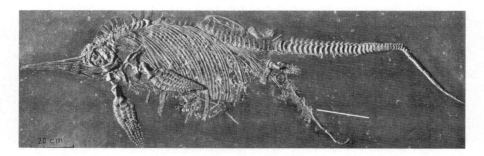

그림 11-6 새끼를 낳고 있는 어룡 암컷의 유명한 표본. 출산 중에 죽어 화석이 되었다. 독일의 쥐라기층인 홀츠마덴 셰일에서 출토(슈투트가르트 주립자연사박물관의 사진).

먼저 어룡에 초점을 맞춰보자. 해양 생활에 알맞도록 가장 심하게 변형되고 분화했기 때문에, 가장 큰 도전을 치렀다고 볼 수 있는 동물이 바로 어룡이다. 어룡의 몸은 어류와 매우 가까울 정도로 유선형을 이루고, 물고기와 오징어를 잡아먹기에 알맞게 주둥이는 길고 이빨이 나 있으며, 어둡고 탁한 물속에서도 볼 수 있게 눈이 크고, 등지느러미가 잘 발달되어 있으며, 손과 발은 지느러미발로 완전히 변형되었다. 마지막으로 꼬리에는 수직으로 뻗은 꼬리지느러미도 있었다. 그런데 대부분의 어류가 지닌 꼬리지느러미와는 다르게, 어룡에서는 지느러미를 지탱하는 척주가 지느러미 아랫잎으로 휘어져 내려가는데, 상어를 비롯해 원시 어류에서는 척주가 지느러미 윗잎으로 휘어 올라간다. 어룡의 골격에 나타난 형질들을 자세히 분석해보면, 다음에 살펴볼 수장룡과 더불어 광궁아강에 속함을 볼 수 있다(그림 11-1). 이 광궁아강은 나머지 파충류들의 자매군이다.

중생대 초기 지층들에서 깜짝 놀랄 만한 중간 꼴들이 여럿 발굴되었다(그림 11-7). 먼저 중국의 트라이아스기 지층에서 나온 난창고사우루스*Nanchangosaurus*가 있다. 이것은 비록 몸이 살짝 유선형이고 주둥이가 어룡처럼 기다랗지만(그러나 이빨은 없다), 골격에 나타난 나머지 특징들은 모두 원시적이다. 척추도 원시적이고, 사지도 지느러미발로 변형되지 않았고, 손목과 발목과 발가락을 이루는 뼈들 모두 크기와 비율이 정상이고, 꼬리는 길고 곧게 뻗었으나 꼬리지느러미가 있었다는 표시는 없다. 이것을 처음 발굴해서 서술한 이들은 화석이 워낙 원시적이었기 때문에 어떻게 자리를 매겨야 할지 확신하지 못했다. 그러나 머리뼈에 기초해서 보면, 어룡이 되어가는 도상에 있는 수서성 도마뱀으로 보인다.

알려진 것 가운데 확실하게 어룡이라고 부를 수 있는 가장 오래된 화석은 일본의 트라이아스기 초기 지층에서 발굴된 우타추사우루스*Utatsusaurus*이다(그림 11-7B). 이 녀석은 어룡의 일반적인 몸꼴을 가졌지만, 파충류 조상들에서 보이는 것 같은 원시적인 특징들도 섞여 있다. 예를 들어 머리뼈를 보면 주둥이는 짧고 이빨은 아직 분화하지 못한 상태이며, 척추는 매우 원시적이고(특히 목 부분), 손과 발은 아직 지느러미발로 심하게 변형되지 않았으며, 손가락과 발가락이 붙지 않은 채 그대로 갈라져 있고, 길고 곧은 꼬리에는 척추가 아래로 휘어 수직 꼬리지느러미를 지탱했다는 증거가 보이지 않는다. 스피츠베르겐의 트라이아스기 초기 지층에서 나온 또 다른 표본 그리피아*Grippia*는 주로 머리뼈로만 알려져 있다. 그 머리뼈를 보면, 주둥이는 비교적 짧고, 눈은 작으며, 이빨은 물고기를 잡아먹는 대부분의 어룡처럼 뾰족하지 않고 연체동물을 바수기에 알맞게 단순한 혹 모양이다. 중국의 트라이아스기 초기 지층에서 나온 또 다른 표본인 차오후사우루스*Chaohusaurus*(그림 11-7A와 B)도 주둥이가 짧고, 이빨은 단순하고, 척추는 원시적이고, 튼튼한 팔다리는 지느러미발을 형성하기 시작하고는 있으나, 손발가락의 뼈들은 여전히 서로 붙어 있지 않고 개수도 정상이다(고등한 어룡의 지느러미발 뼈를 이루는 추가적인 뼈들이 없다―그림 11-7A를 보라). 네바다주의 트라이아스기 중기 지층에서 나온 킴보스폰딜루스*Cymbospondylus*는 여전히 원시적인 손발 구조와 함께 비교적 짧은 주둥이와 작은 눈을 간직하고는 있지만, 꼬리는 아래로 휘어지기 시작하고 있다. 이는 작은 꼬리지느러미가 있었음을 가리킨다.

가장 유명하고 보존 상태도 가장 좋은 초기 어룡은 독일의 트라이아스기 중기 지층을 비롯해 많은 곳에서 출토된 믹소사우루스*Mixosaurus*(그림 11-7B)이다. 몸은 전형적인 어룡의 모양이고, 주둥이는 길고, 눈은 크고, 등지느러미가 있다. 손과 발은 지느러미발을 형성하기 시작하고는 있지만, 아직 후대의 어룡만큼 손발가락의 개수가 늘지는 않았다. 그리고 꼬리는 살짝만 아래로 굽었을 뿐이다. 몸의 윤곽이 보존된 일부 표본들을 보면 꼬리에 지느러미 윗잎이 작게 있었음을 알 수 있다. 따

(A)

(B)

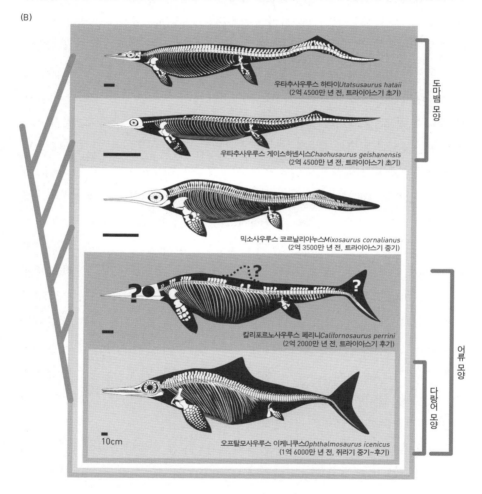

우타추사우루스 하타이*Utatsusaurus hataii*
(2억 4500만 년 전, 트라이아스기 초기)

우타추사우루스 게이스하넨시스*Chaohusaurus geishanensis*
(2억 4500만 년 전, 트라이아스기 초기)

믹소사우루스 코르날리아누스*Mixosaurus cornalianus*
(2억 3500만 년 전, 트라이아스기 중기)

칼리포르노사우루스 페리니*Californosaurus perrini*
(2억 2000만 년 전, 트라이아스기 후기)

10cm

오프탈모사우루스 이케니쿠스*Ophthalmosaurus icenicus*
(1억 6000만 년 전, 쥐라기 중기~후기)

도마뱀 모양

어류 모양

다랑어 모양

그림 11-7 어룡의 진화. 비대칭형 꼬리(우타추사우루스와 차오후사우루스), 원시적인 양막류 머리뼈, 원시적인 손과 발을 가진 도마뱀형 꼴에서, 대칭형 꼬리, 커다란 등지느러미, 큰 눈, 물고기를 잡는 긴 주둥이, 원뿔 모양 이빨, 심하게 변형된 지느러미발을 가진 고도로 분화한 모습의 어룡으로 진화했다. (A) 중국의 트라이아스기 초기 지층에서 발굴된 대단히 원시적인 도마뱀형 어룡인 차오후사우루스의 골격이 완전하게 이어져 있는 모습. (B) 원시 어룡부터 고도로 분화한 어룡까지 거쳐 온 진화적 꼴바꿈을 보여주는 도해(ⓒ Ryosuke Motani, http://ichthyosaur.org).

라서 믹소사우루스에게는 고등한 특징들이 많이 있었으나, 여전히 원시적인 손과 발을 간직한 상태였고, 지느러미의 위아랫잎이 완전히 발달한 어룡 꼬리를 아직 가지지는 못했다.

이렇듯 어룡은 고도로 분화한 모습을 보이는데, 수장룡은 어룡과는 다른 방향으로 분화한 모습을 보인다. 수장룡 가운데 고등한 꼴들은 모두 몸통이 볼록하고, 어깨뼈와 볼기뼈가 튼튼하며, 크고 잘 발달된 지느러미발이 네 개 있었다(그림 11-8). 일부 수장룡(특히 엘라스모사우루스류elasmosaurs)은 뱀처럼 긴 목과 작은 머리를 가졌고, 또 어떤 군(플리오사우루스류pliosaurs)은 머리와 주둥이가 길고, 목은 훨씬 짧고 더 튼튼하다. 어룡은 돌고래처럼 빠르게 헤엄치는 방식을 채택했으나, 수장룡은 지느러미로 물을 저으면서(바다거북처럼) 느리고 꾸준하게 헤엄치는 방식에 적응한 것으로 보이며, 먹잇감이 사정거리에 들어오면 긴 머리와 목을 이용해 낚아챘던 것 같다.

그런 독특한 '종류들'이 어떻게 진화할 수 있었을까? 수장룡의 경우는 어룡의 경우보다 중간 단계의 화석들이 훨씬 훌륭하게 이어진다. 그 단계는 마다가스카르에서 발굴된 페름기 후기의 화석 클라우디오사우루스Claudiosaurus(그림 11-8A)에서 출발한다. 이것은 워낙 원시적이어서, 알려진 것 가운데 사실상 최초의 광궁류euryapsid이며, 수장룡과 어룡 모두에게 자매군이라고 할 수 있다. 매우 원시적임에도 불구하고 이 화석은 수장룡과 어룡, 이 두 광궁류가 진화해 나오게 된 조건을 보여준다. 대부분의 특징은 페름기의 다른 많은 원시 파충류와 다를 게 없어 보인다. 다만 머리뼈에 특징적인 구멍들이 나 있고, 입천장의 생김새, 측두막대temporal bar를 잃었다는 것만 다를 뿐이며, 이것들 때문에 이 화석을 광궁류로 분류한다. 나아가 가슴뼈를 버리고 물속 환경에 적응하기 시작했음도 보여주는 것 같다. 가슴뼈가 없으면, 도마뱀의 걸음새처럼 팔다리를 번갈아 놀리는 것이 아니라 팔다리를 한꺼번에 놀려서 헤엄을 칠 수 있다. 클라우디오사우루스의 팔다리는 비교적 길었고 손발가락은 특히나 길었다. 이는 물갈퀴발이 있었음을 가리킨다. 사실 클라우디오사우루스의 팔다리 비율은 갈라파고스 바다이구아나 같은 현생 수서성 도마뱀의 팔다리와 꽤 닮았다. 마지막으로, 골격의 많은 부분이 연골로 환원되었는데, 이는 수서성

생활 방식을 보여주는 또 하나의 표시이다. 연골은 뼈의 무게를 줄여주는데, 물속에 살면 물이 몸을 지탱해주어서 튼튼한 골질 골격이 없어도 되기 때문이다.

클라우디오사우루스 다음에 살펴볼 군은 노토사우루스류nothosaurs라고 하는 트라이아스기의 해양 파충류이다(그림 11-8B). 이들이 가진 머리뼈와 몸은 클라우디오사우루스 같은 원시 광궁류와 별반 다르지 않다. 가장 큰 차이는 목에 있다. 목이 훨씬 길어졌는데, 이는 후대의 수많은 수장룡이 가지게 될 긴 목을 미리 보여주는 것이다. 팔다리는 원시 친척들보다 물속 이동에 그다지 크게 특화되지는 않았으나, 뼈는 더 많이 연골로 바뀌었으며, 이는 대부분의 시간을 물속에서 보냈다는 또 하나의 표시이다. 하지만 팔다리를 지탱하는 어깨이음뼈와 볼기뼈가 훨씬 튼튼해지고 판처럼 평평해졌던 것은 후대 수장룡의 특징이다.

완전한 수장룡에 이르기 전의 마지막 단계는 독일의 트라이아스기 중기 지층에서 출토된 피스토사우루스Pistosaurus(그림 11-8C)이다. 이 동물의 머리는 비교적 원시적이고 노토사우루스류보다 주둥이가 약간 더 길지만(그러나 코뼈는 그대로 간직했는데, 수장룡에게는 없는 뼈이다), 입천장은 수장룡의 것에 더 가깝다. 몸의 나머지 부분도 꽤 고등해졌다. 목은 상당히 길어졌고, 몸통이 깊어졌고, 배를 따라 많은 뼈들이 더 있고(배뼈gastralia), 사지는 아직 분화하지 않은 노토사우루스류의 발과 고도로 분화한 수장룡의 지느러미발 사이의 중간 단계로서, 손발가락의 뼈가 수십 개 더 있다(어룡의 지느러미발에서 일어난 모습과 비슷하다—그림 11-7).

마지막으로, 이제 이 두 광궁류 군을 떠나, 중생대에 살았던 대형 해양 파충류의 세 번째 예를 살펴보도록 하자. 이 동물군은 모사사우루스류라고 하는데, 그 본질에서 볼 때 헤엄치기에 적응한 거대한 코모도왕도마뱀 같은 외모이고, 실제로도 그랬다. 모사사우루스류는 왕도마뱀과Varanidae(왕도마뱀류monitor lizards)에 속하며, 이 과에는 코모도왕도마뱀뿐 아니라 텔레비전 프로그램인 〈악어 사냥꾼The Crocodile Hunter〉에서 유명세를 떨친 오스트레일리아의 모든 고아나왕도마뱀goanna도 포함된다. 비록 수장룡과 어룡만큼 고도로 분화하지는 않았지만, 모사사우루스류는 완전히 수서성이며, 몸통이 길고, 지느러미발은 완전히 발달했고, 꼬리에는 수직으로 뻗은 지느러미가 있었다. 모사사우루스류의 경우에도 근사한 과도기 꼴들이 있다. 아

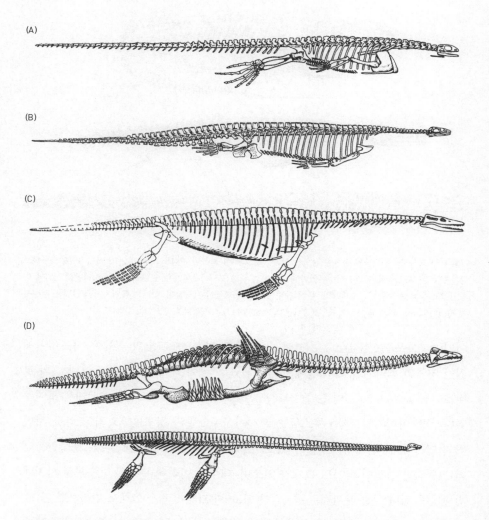

그림 11-8 원시 양막류와 크게 분화한 수장룡 사이를 차례차례 이어주는 과도기 화석들. (A) 마다가스카르의 페름기 지층에서 나온 클라우디오사우루스. 원시적인 짧은 목, 긴 꼬리, 아직 지느러미발로 변형되지 않은 비교적 큰 손과 발을 가지고 있다. (B) 트라이아스기의 노토사우루스류인 파키플레우로사우루스*Pachypleurosaurus*. 목은 더 길어지고 꼬리는 더 짧아진 대신 더 튼튼해졌고, 손과 발은 헤엄치기에 알맞게 더욱 고도로 변형되었다. (C) 트라이아스기의 피스토사우루스. 비교적 원시적인 수장룡으로, 팔다리는 더 길어지고 부분적으로 지느러미발로 변형되었고, 목은 더 길어졌고, 꼬리는 더 짧아졌고, 머리뼈는 더 길어졌다. (D) 고등한 수장룡인 크립토클리두스*Cryptoclidus*(위)와 엘라스모사우루스과elasmosaurid인 히드로테로사우루스*Hydrotherosaurus*(아래). 목이 훨씬 길어졌고, 머리는 더 작아졌으며, 꼬리는 더 짧아졌고, 손과 발은 지느러미발로 완전히 변형되었다(Carroll 1988, figs. 12-2, 12-4, 12-10, 12-12. W. H. 프리먼Freeman과 R. L. 캐럴Carroll의 허락을 얻어 실었다).

(A)

(B)

(C)

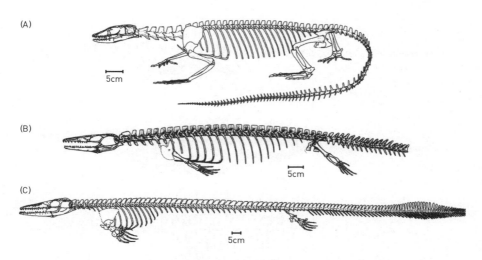

그림 11-9 모사사우루스류의 진화적 과도기 꼴들. (A) 육서성 도마뱀 바라누스*Varanus*. (B) 아이기알로사우루스류라고 하는 과도기 화석. 반수서성이었다. (C) 완전한 해양 모사사우루스. 팔다리가 지느러미발로 심하게 변형되었고, 기다란 주둥이는 물고기를 물어 잡는 원뿔형 이빨들이 가득하며, 꼬리는 헤엄치기에 알맞게 평평하게 펴졌다(Carroll 1997, fig. 12.17, 케임브리지대학교 출판부와 R. L. 캐럴의 허락을 얻어 실었다).

이기알로사우루스류aigialosaurs(그림 11-9)라고 하는 이 과도기 꼴들은 아드리아해 연안 지역의 백악기 중기 지층에서 출토되었다. 마이클 드브래거Michael DeBraga와 로버트 캐럴Robert L. Carroll이 쓴 논문(1993)과 캐럴이 쓴 책(1997: 324-325)에서 보여주었다시피, 아이기알로사우루스류는 모사사우루스류와 왕도마뱀과의 조상들 사이의 완벽한 중간 단계이다. 아이기알로사우루스류에게는 왕도마뱀과의 조상들보다 더 고등해진 형질이 적어도 42개가 있으며, 대부분 머리뼈 부위와 반수서성 사지에 집중되어 있다(다른 부위들은 원시적인 왕도마뱀과의 골격을 그대로 간직하고 있다). 아이기알로사우루스류와 가장 원시적인 진정한 모사사우루스류 사이에서는 33개의 형질이 꼴바꿈을 했는데, 대부분 지느러미발을 발달시키고 몸뚱이를 크게 키우고 꼬리 끝에 수직 지느러미를 발달시키는 것과 관련되어 있다. 더 자세한 내용을 알고 싶으면 드브래거와 캐럴의 논문(1993)을 읽어보길 권한다. 거기에서 독자들은 과도기 단계의 화석들을 얼마나 멋지게 차례대로 늘어놓을 수 있는지 보게 될 것이다.

발 달린 뱀과 깡충 뛰는 악어

뱀은 척추동물이고, 척추동물은 고등한 동물로 분류된다. 여러분이 뱀을 좋아하든 말든 상관없이 말이다. 내 말은, 여러분이 고등한 동물이면서 동시에 여전히 뱀일 수 있다는 뜻이다. 뱀과 고등한 동물이라니, 확실히 이는 좀 생뚱맞게 배치한 것처럼 보인다. 그러나 여러분이 더 나은 배치를 생각해낼 수 있다면 알려주길. ⋯⋯ 한마디로 뱀은 알 만한 가치가 있는 녀석이다. 단 뱀을 아느니 다른 걸 알겠노라 하지만 않는다면 말이다. 글을 마치는 이 자리에서 나는 뱀에 관한 글을 읽으려 들지 않는 사람들—왜냐하면 그들을 펄쩍 뛰게 할 테기 때문이다—에게 여러분이 전해주었으면 하는 짤막한 전언이 하나 있다. 곧 아이슬란드, 아일랜드, 뉴질랜드에는 뱀이 없으며, 당연히 뱀에 관한 글도 없다고 말이다.
—윌 커피,《멸종되는 법》

전형적인 '창조된 종류'가 있기라도 한다면, 그건 바로 뱀이어야 할 것이다. 따지고 보면, 에덴동산에서 이브를 꼬드긴 죄로 영원히 배로 기는 형벌을 받은 녀석이 바로 뱀이니까 말이다. 사람들은 대부분 뱀에 대해 안 좋은 느낌을 가지며, 그 까닭이 무엇인지 정신의학자들은 오래전부터 다양한 사변을 펼쳤다. 아마 상당 부분은 많은 뱀종이 독뱀이기 때문일 것이다. 그래서 (우리 자신을 비롯해서) 온갖 동물이 뱀에 대해 자연스럽게 두려움을 진화시켰다. 그러나 뱀은 멋진 동물일 수도 있다. 뱀은 놀랍기 짝이 없는 적응기계이다. 뱀은 머리뼈와 입을 완전히 벌려서 자기 머리보다 훨씬 큰 먹잇감을 삼키는 능력을 갖췄으며, 사막부터 해서 밀림의 우듬지와 트인 바다에 이르기까지 온갖 환경에서 살아내는 믿기지 않는 적응력을 지녔다. 오직 극지방과 그 주변 지역의 차가운 기온만이 뱀들이 못 살게 막을 뿐이다. 뱀은 어마어마하게 다양하기도 하다. 오늘날 살고 있는 뱀은 20과가 넘고, 수백 속에 수천 종이나 된다.

'뱀 종류'에서 '빠진 고리'를 찾을 가능성을 따져보면 천문학적으로 적을 것 같다. 뱀의 머리뼈와 골격을 이루는 수백 개의 뼈들은 자잘하고 가벼워서 뱀이 죽은

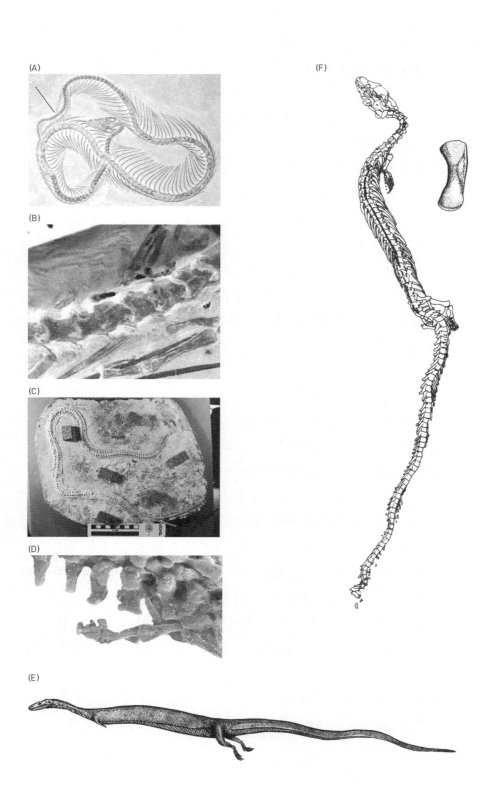

(A)

(B)

(C)

(D)

(E)

(F)

뒤에는 쉽게 분해되기 때문에 화석이 될 가능성이 몹시 적다. 골격이 완전한 상태로 보존된 뱀 화석은 몇 개 되지 않는다. 뱀 화석종들의 대부분은 몸에서 떨어져 나온 척추뼈들로만 알려져 있는 형편이다. 그래서 화석으로 보존될 가능성이 몹시 낮은 동물의 경우에 예상할 수 있다시피, 뱀 일반에 대해 우리가 가진 화석 기록은 몹시 누덕누덕한 상태이다.

그러나 운이 좋을 때도 있다. 독일에 있는 메셀 호수Messel lake의 에오세 지층처럼 이색적인 장소들에서 뼈들이 완전한 상태로 이어진 뱀의 골격이 발굴되었으며, 본질 면에서 볼 때 현생 뱀과 꼭 같이 생겼다. 그리고 우리는 백악기에 뱀이 도마뱀 조상들로부터 처음으로 갈라져 나왔던 시절의 화석까지 운 좋게 가지고 있다. 이스라엘, 레바논, 크로아티아의 백악기 중기 지층에서 뒷다리를 가진 뱀 화석들이 여럿 나왔으며(그림 11-10), 이 가운데에는 에우포도피스Eupodophis, 파키라키스Pachyrhachis, 하아시오피스Haasiophis 같은 것들이 있다. 2006년에는 이보다 약간 오래된 뱀 화석인 나자시 리오네그리나Najash rionegrina가 아르헨티나의 백악기 중기 지층에서 발굴되어 보고되었다. 이 화석에는 뒷다리만 있는 게 아니라, 완전하게 기능하는 볼기뼈도 있었다. 그리고 2007년에는 슬로베니아의 9500만 살 된 암층에서 이보다 훨씬 상태가 좋은 과도기 화석이 발굴되어 보고되었다. 아드리오사우루스 미크로브라키스Adriosaurus microbrachis라는 이름이 붙은 이 녀석은 몸통이 극도로 긴 바다도마뱀으로서, 완전한 기능을 하는 뒷다리를 가졌지만, 앞다리도 미세한 흔적으로 남아 있다(그림 11-10E와 F). 이는 보통의 도마뱀과 완전히 다리를 잃은 뱀 사이를 잇는 또 한 단계를 보여주는 것이다. 마지막으로, 2015년에는 브라질의 백악기 초기 지층에서 테트라포도피스Tetrapodophis('네 다리를 가진 뱀'이라는 뜻) 화석이

그림 11-10 뱀이 다리뼈와 볼기뼈의 흔적을 가졌던 과도기 화석 여러 개가 백악기 지층에서 출토되었다. (A) 에우포도피스 데스코우엔시Eupodophis descouensi. 작은 뒷다리 흔적이 있다. (B) 같은 표본에서 다리뼈들을 확대한 모습(M. 콜드웰의 사진). (C) 뼈들이 완전하게 이어진 백악기의 다리 달린 뱀 하아시오피스Haasiophis의 골격. 커다란 육면체들은 표본이 뒤집히더라도 화석이 손상되지 않도록 붙여놓은 코르크 받침점들이다. (D) 볼기 부위를 확대한 모습. 뒷다리의 흔적이 보인다(남부감리교대학 M. 폴친의 사진). (E-F) 과도기 화석인 아드리오사우루스Adriosaurus. 뒷다리는 기능을 하지만 앞다리는 퇴화했다. 그리고 뱀처럼 긴 몸뚱이를 가졌다(A. Palci and M. W. Caldwell 2007. *Journal of Vertebrate Paleontology* 27: 1-7).

발견되었다. 이 녀석에게는 자잘한 다리가 네 개 있지만, 실제로 무슨 기능을 하기에는 분명 지나치게 작다. 따라서 퇴화한 흔적기관임이 틀림없다(Martill et al. 2015).

이는 전혀 놀랄 일이 아니다. 몸을 꾸불꾸불 움직여서 이동하는 것에 역점을 둔 도마뱀으로부터 뱀이 진화해 나왔음을 우리는 알고 있기 때문이다. 사실 뒷다리가 심하게 작아져 거의 기능을 하지 않는 도마뱀들이 꽤 있다(이를테면 스킹크skink라고 불리는 도마뱀들). 게다가 척추동물 안에서는 다리를 없앤 뱀형 몸꼴이 여러 차례 진화했다. 뱀은 물론이고, 지렁이도마뱀류amphisbaenids라고 하는 현생 파충류 군, 무족영원류apodans라고 하는 현생 양서류 군, 결각류aispods라고 하는 멸종한 공추류계 양서류 군에서 각각 뱀형 몸꼴을 진화시켰다. 마지막으로 현생 뱀에서도 증거를 찾아볼 수 있다. 말하자면 뒷다리와 골반의 흔적을 아직도 지니고 있는 군이 많이 있는 것이다(이를테면 왕뱀류boids)(그림 4-9).

뱀은 무엇에서 유래했을까? 뱀과 가장 가까운 친척은 무엇일까? 뜨겁게 논쟁이 벌어지는 쟁점이다. 뱀과 해양 모사사우루스류를 잇는 증거를 지적하는 과학자들도 있고(Caldwell and Lee 1997), 뱀을 지렁이도마뱀과 묶는 과학자들도 있으며(Rieppel et al. 2003), 분자생물학적 증거에 따르면 무족도마뱀류anguimorph와 이구아나류iguanid 도마뱀과 이어진 것처럼 보이기도 한다(Harris 2003). 분명 판정은 아직 나지 않았고, 우리에게는 할 일이 많이 남아 있다. 가장 큰 문제는 뱀의 골격이 워낙 심하게 분화한 모습이기에—작아지거나 사라진 요소들이 수없이 많다—다른 파충류 군과 비교하기가 어렵다는 것이다. 그러나 뱀의 자매군이 무엇인지 제대로 알고 모르고와는 상관없이, 뱀에게 한때 다리가 달렸으며, 땅 위를 걸을 수 있던 어느 도마뱀 군에서 유래했음을 우리는 볼 수 있다.

안타깝게도 이번 장에서는 다른 수많은 흥미로운 파충류 군의 과도기 꼴들을 살펴볼 여지가 없고, 공룡은 다음 장에서 따로 떼어 다룰 생각이기에 여기서는 건너뛸 것이다. 그러나 또 다른 놀라운 예 하나만큼은 거론하지 않을 수 없다. 바로 악어의 기원이다. 오늘날 우리가 생각하는 악어란 우람하고 갑옷을 둘렀으며 위험하기 짝이 없는 파충류의 모습, 물속에서 갑자기 나타나 떠다니는 통나무로 위장해서 먹잇감에 접근해서는 순식간에 돌진하여 잡아 물고 물밑으로 끌고 들어가 '죽음의 회전death roll'으로 갈기갈기 찢어발기는 모습이다. 〈크로커다일 던디Crocodile Dundee〉 같은 영화나 작고한 스티브 어윈의 〈악어 사냥꾼〉 같은 텔레비전 프로그램 덕분에 우리는 다른 파충류에 비해 악어에 대해서만큼은 많이 알고 있다.

악어의 화석 기록은 어마어마하게 다양하다. 아침으로 공룡을 먹은 15미터짜리 거대한 녀석부터 지느러미발과 꼬리지느러미가 달린 고도로 분화한 바다악어, 턱이 깊은 '불독' 악어 세베쿠스Sebecus, 물고기를 잡아먹는 독특한 가비알gavial에 이르기까지 수없이 많은 꼴들이 있다(그림 11-11과 11-12). 정말로 놀라운 점은, 악어가 처음부터 우람한 중량급이나 긴 턱을 가진 모습으로 출발하지 않았다는 것이다. 최초기 악어는 나중에 나올 후손들 및 현생 종들과도 전혀 닮지 않았다. 덩치는 작았고(0.5~1미터 정도 되었다) 가냘팠으며, 다리는 길었고, 주둥이는 비교적 짧았으며, 꼬리는 가늘고 길었다. 트라이아스기에는 살토포수쿠스Saltoposuchus 같은 가냘픈 녀석들이 있었다. 그다음에 그라킬리수쿠스Gracilisuchus(그림 11-11A) 같은 녀석들은 분명 두 발로 걸었던 것 같다. 앞다리가 너무 짧았기 때문에 주로 긴 뒷다리로 서서 걸었을 것이다. 그다음에 테레스트리수쿠스Terrestrisuchus(그림 11-11B) 같은 것들은 네 발로 걸었으나, 다리가 길고 가늘어 극도로 연약했으며, 아마 달리기가 뛰어났을 것이다. 마지막으로 쥐라기 초기에 이르면, 프로토수쿠스Protosuchus(그림 11-11C)가 있었다. 이 이름은 '최초의 악어'라는 뜻인데, 처음 서술된 초기 악어 가운데 하나였기 때문이다. 이 녀석은 네 발로 서는 전형적인 자세에 더 가까워졌으나, 사지는 여전히 길고 연약했으며, 주둥이는 아직 짧고 가늘었다.

이 가냘픈 녀석들이 악어류라는 걸 어떻게 아는 걸까? 악어를 전혀 닮지 않았잖은가! 그러나 겉모습만 보고 속으면 안 된다. 악어류는 모두 고유한 해부학적 특징들을 갖추고 있다. 특히 머리뼈와 발목이 그러한데, 악어류에서만 보이기 때문에 놓칠 수 없는 특징들이다. 우리가 무엇무엇을 악어류의 화석이라고 알아보는 기준은 이빨이 많이 달린 기다란 주둥이가 아니라 이렇게 더욱 미묘하고 더욱 미더운 특징들이다. 이 동물들이 다들 가진 신체 비례는 핏줄사이가 가까운 트라이아스기의 다른 원시 지배파충류와 별반 다르지 않다. 그래서 우리는 악어의 기원을 추적할 수 있는 것이다. 트라이아스기 초기에 수많은 지배파충류 계통들이 크게 갈라져

(A)

(B)

(C)

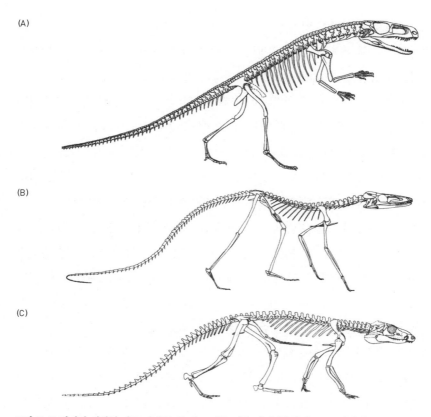

그림 11-11 악어의 진화적 과도 단계들. 두 발로 걷는 작은 지배파충류인 (A) 그라킬리수쿠스—해부 구조에는 악어형 특징이 몇 개에 불과하다—와 (B) 테레스트리수쿠스—네 발 달린 모습에 더 가까워지고 주둥이는 더 길어졌으나 아직 체격은 경량급이다—로부터 (C) 프로토수쿠스까지 진화한 모습. 프로토수쿠스는 전형적인 악어형 특징들을 더 많이 가졌으나, 아직은 여느 현생 악어류에 비해 몸집이 작고 체격도 훨씬 경량급이다(Carroll 1988, figs. 13-22, 13-24, 13-25. R. L. 캐럴의 허락을 얻어 실었다).

나간 사건이 있었고, 가냘프고 작은 다양한 꼴을 거치면서 프로토수쿠스까지 이르렀고, 쥐라기 중기가 되어서는 우리가 악어라고 알아볼 만한 모습과 닮은 악어류가 나오게 된다(그림 11-12).

마지막으로, 악어류가 쥐라기 이전까지 왜 그처럼 몸집이 작고 연약한 상태를 유지했는지 궁금할 수도 있다. 그 답은 아마 경쟁에 있을 것이다. 트라이아스기에는 피토사우루스류phytosaurs라고 하는, 거대한 몸을 갑옷으로 두른 반수서성 지배파충류가 있었다. 나중에 가서 악어가 차지하게 될 생태자리들을 당시 채우고 있던 것

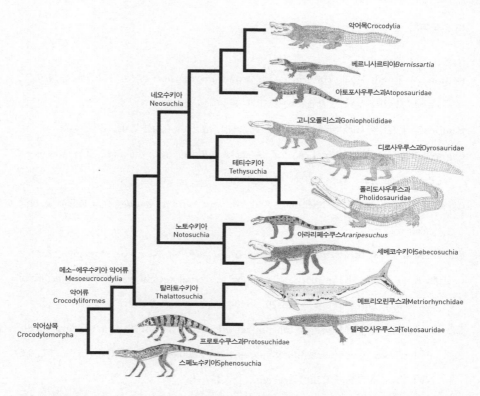

그림 11-12 경량급인 스페노수쿠스와 프로토수쿠스(왼쪽 아래)를 시작으로 악어는 널리 다양한 형태의 몸과 머리뼈를 가지고 다양한 생태자리로 방산해나갔다. 이 가운데에는 지느러미발과 꼬리지느러미를 가진 완전한 바다악어인 탈라토수키아, 공룡처럼 긴 다리와 깊은 머리뼈를 가진 악어인 세베코수키아, 길고 좁은 주둥이를 가진 악어 테티수키아를 비롯해서 수없이 다양한 모양을 한 현생 악어목 친척들(오른쪽 위)이 있다(D. 나이시Naish 의 도해).

이 바로 피토사우루스류였다. 피토사우루스류는 대강 우람한 덩치 하며 몸을 두른 갑옷 하며 어기적어기적하는 걸음새 하며 이빨 촘촘한 기다란 주둥이 하며, 악어를 쏙 빼다 박은 것처럼 생겼다. 그러나 면밀히 살펴보면 그게 악어가 아니라는 걸 곧바로 분간할 수 있다. 모든 악어류는 주둥이 끄트머리에 콧구멍이 있다. 그런데 피토사우루스류의 콧구멍은 머리뼈 맨 위, 눈 바로 앞에 자리한다. 피토사우루스류가 악어류 대신 '악어 생태자리들'을 차지하고 있다가, 트라이아스기 후기에 피토사우루스류가 사라지면서 그 생태자리들이 텅 비자, 프로토수쿠스처럼 연약한 형태의 악어류가 덩치 큰 수서성 포식자들로 빠르게 진화한 것이 분명하다.

더 읽을거리

Benton, M. J., ed. 1988. *The Phylogeny and Classification of the Tetrapods*. Vol. 1,
  Amphibians, Reptiles, Birds. Oxford, U.K.: Clarendon.

Benton, M. J. 2014. *Vertebrate Palaeontology* 4th ed. New York: Wiley-Blackwell.

Caldwell, M. W., and M. S. Y. Lee. 1997. A snake with legs from the marine Cretaceous of
  the Middle East. *Nature* 386: 705-709.

Callaway, J. M., and E. M. Nicholls. 1996. *Ancient Marine Reptiles*. San Diego, Calif.:
  Academic.

Carroll, R. L. 1988. *Vertebrate Paleontology and Evolution*. New York: Freeman.

Carroll, R. L. 1992. The primary radiation of terrestrial vertebrates. *Annual Review of
  Earth and Planetary Sciences* 20: 45-84.

Carroll, R. L. 1996. Mesozoic marine reptile as models of long-term large-scale
  evolutionary phenomena. In *Ancient Marine Reptiles*, ed. J. M. Callaway and E. M.
  Nicholls. San Diego, Calif.: Academic, pp. 467-487.

Carroll, R. L. 1997. *Patterns and Processes of Vertebrate Evolution*. New York:
  Cambridge University Press.

DeBraga, M., and R. L. Carroll.. 1993. The origin of mosasaurs as a model of
  macroevolutionary patterns and processes. *Evolutionary Biology* 27: 245-322.

Gauthier, J. A., A. G. Kluge, and T. Rowe. 1988. The early evolution of the Amniota. In
  The Phylogeny and Classification of the Tetrapods. Vol. 1, *Amphibians, Reptiles,
  Birds*. M. J. Benton, ed. Oxford, U.K.: Clarendon, 103-155.

Laurin, M., and R. R. Reisz. 1996. A reevaluation of early amniote phylogeny. *Zoological
  Journal of the Linnean Society of London* 113: 165-223.

Li, Chun, Xiao-Chun Wu, Olivier Rieppel, Li-Ting Wang, and Li-Jun Zhao. 2008. An
  ancestral turtle from the Late Triassic of southwestern China. *Nature* 456: 497-501.

Martill, D. M., H. Tischling, and H. R. Longrich. 2015. A four-legged snake from the

Early Cretaceous of Gondwana. *Science* 349: 416-419.

McGowan, C. 1983. *The Successful Dragons: A Natural History of Extinct Reptiles*. Toronto: Stevens.

Prothero, D. R. 2013. *Bringing Fossils to Life: An Introduction to Paleobiology* 3rd ed. New York: Columbia University Press.

Rieppel, O. 1988. A review of the origin of snakes. *Evolutionary Biology* 25: 37-130.

Rieppel, O., et al., 2003. The anatomy and relationships of *Haasiophis terrasanctus*, a fossil snake with well-developed hind limbs from the mid-Cretaceous of the Middle East. *Journal of Paleontology* 77: 536-558.

Schoch, R., and H. D. Sues. 2015. A Middle Triassic stem-turtle and the evolution of the turtle body plan. *Nature* 523: 584-587.

Schultze, H. P., and L. Trueb, eds. 1991. *Origins of the Higher Groups of Tetrapods: Controversy and Consensus*. Ithaca, N.Y.: Cornell University Press.

Smithson, T. R., R. L. Carroll, A. L. Panchen, and S. M. Andrews. 1994. *Westlothiana lizziae* from the Visean of East Kirkton, West Lothian, Scotland, and the amniote stem. *Transactions of the Royal Society of Edinburgh* 84: 383-412.

Sumida, S., and K. L. M. Martin, eds. 1997. *Amniote Origins: Completing the Transition to Land*. San Diego, Calif.: Academic.

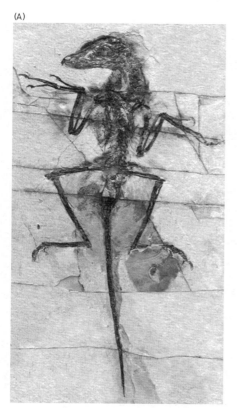

그림 12-1 (A) '데이브Dave'로 알려진 유명한 화석 표본. 중국 랴오닝성의 하부 백악기 지층에서 나온 이 녀석의 정식 이름은 시노르니토사우루스*Sinornithosaurus*로, 깃털이 달렸으나 날지는 못한 공룡이다. (B) 시노르니토사우루스가 살았을 적의 모습을 복원한 그림(미국자연사박물관의 M. 엘리슨과 M. 노렐의 사진과 그림).

12 공룡이 진화하다. 그리고 하늘을 날다.

공룡으로 넘어가는 과정들

여러분과 내가 태어나기 오래 오래전에 뉴질랜드를 제외하고 지구 위 어디에 나 공룡이 있었다. 공룡들은 중생대에 살면서 사랑을 나누었다. 그 시대는 파충 류의 시대로, 2억 년 전에 시작해서 6000만 년 전까지 이어졌다. (이런 것을 아는 사람들이 있다. 안심이 되지 않은가?) …… 공룡이 가진 뇌는 고작 견과 한 알만 했 고, 이것 때문에 녀석들이 멸종하게 되었다고 생각하는 이들도 있다. 그러나 그 건 이유가 될 수 없다. 왜냐하면 그것보다 작은 뇌로도 살아내는 동물들을 나는 많이 알고 있기 때문이다. …… 파충류의 시대가 끝난 까닭은 충분히 오래 지속 되었기 때문이고, 뭐니 뭐니 해도 그게 바로 실수였다.

—윌 커피, 《멸종되는 법》

오늘날에 공룡은 큰 돈벌이가 되는 사업이다. 공룡 관련 상품들만 수백수천만 달러 어치에 달하고, 역대 최고 수익을 거둔 영화 순위에 드는 네 편이 만들어졌고(〈쥬 라기공원〉 3부작과 〈쥬라기월드〉), 유선방송에서 방영된 다큐멘터리가 수십 편에 이 른다. 네 살부터 열 살 사이의 아이들은 거의 모두 공룡에 마음을 빼앗긴다. 선사 시대의 생명 가운데 대부분의 사람들이 알고 있거나 신경 쓰는 생명은 공룡 말고 는 없으며, 멸종한 짐승이면 죄다 '공룡'이라고 부르는 사람도 많다(선사시대의 포 유류뿐 아니라 공룡과 먼 핏줄사이조차 없는 다른 많은 생물까지도 말이다). 선사시대 하면 아직도 만화영화 〈프린스톤 가족The Flintstones〉이나 연재만화 〈B.C.〉를 머리 에 떠올리고 공룡과 인류가 함께 살았다고 믿는 이들마저 있다. 그러나 곧 보게 되겠지만, 새들을 제외하고—새들은 공룡이다—(그림 12-1) 조류가 아닌('비조류형 nonavian') 나머지 공룡들은 6600만 년 전에 모두 멸종했으며, 우리 사람과가 등장한 때는 500~700만 년 전이다. 그렇기 때문에 비조류형 공룡과 인류 사이에는 적어도 5900만 년이라는 세월이 격하고 있다. 일부 창조론자들은 텍사스주의 팰럭시강 지층에 사람 발자국과 공룡 발자국이 함께 찍힌 화석이 있다고 주장하면서, 공룡과 인류가 공존했다는 신화를 계속해서 살려내려고 했다. 그러나 그 화석이 엉터리임을 까발린 이들은 창조론자 자신들이었다. 그래서 대부분의 창조론자들은 그 주장을 골칫거리로 여기고 있다(Morris 1986; http://paleo.cc/paluxy/sor-ipub.htm에 실린 글렌 쿠반Glen Kuban의 논평문을 참고하라).

그럼에도 창조론자들은 대중이 공룡과 인류의 진화에만 신경 쓴다는 걸 알기 때문에, 책을 쓰거나 논쟁을 벌일 때나 켄터키의 '창조론박물관'에서나 근사하게 생긴 공룡들의 예를 꺼내들지 않으면 안 된다는 느낌을 가지고 있다. 그러고는 어느 공룡의 경우도 과도기 꼴은 없다고 주장한다. 그러나 이는 뻔뻔스러운 거짓말일 뿐 아니라, 그들이 최소한의 숙제조차 하지 않았음을 여실히 보여주는 것이기도 하다. 왜냐하면 공룡을 다룬 어린이 책들만 펼쳐 봐도 수많은 과도기 꼴과 주요 과들에 속한 원시 구성원들의 그림을 볼 수 있기 때문이다.

공룡 화석이 얼마나 드문지 감안하면(특히 8장에서 살펴본 해양 무척추동물의 화석과 비교해서 말이다), 우리가 과도 단계의 공룡 화석을 하나라도 가지고 있다는 것 자체가 믿기지 않을 일이다. 그런데도 지금 우리에게는 거의 모든 주요 공룡군과 군 사이를 잇는 과도 과정들이 존재함을 보여주는 표본들이 충분히 많이 있으며, 나아가 다른 형태의 과도 과정, 이를테면 육식공룡이 초식공룡으로 되어가는 과정을 보여주는 놀라운 화석도 많이 있다.

옛날 옛적 거대한 덩치들이 산 방식

지금까지 산 모든 생물 가운데에서 사람들, 특히 아이들의 마음을 가장 크게 사로잡는 생물이 바로 공룡이다. 그 까닭은 아마 공룡의 덩치가 어마어마하게 큰 경우가 많기 때문일 것이고 …… 해부학적으로 신기한 특징을 수없이 많이 가지고 있기 때문일 것이다. 지금은 멸종한 피조물 가운데에서 아마 가장 분명하게 창조론의 손을 들어주는 것이 바로 공룡의 화석 기록일 것이다.

—듀에인 기시,《진화: 여전히 화석 가로되, 진화는 안 일어났다!》

1983년 10월 1일, 퍼듀대학교에서 듀에인 기시와 논쟁을 벌였을 당시, 나는 그 한 주 전에 기시의 발표회를 미리 본 터라, 기시가 공룡 슬라이드 사진을 몇 장 보여줄 것임을 알고 있었다(대부분이 찰스 나이트Charles R. Knight가 그린 그림들로, 100살은 먹었을 만큼 끔찍하게 후진 것들이었다). 기시가 그렇게 하는 까닭은 청중이 '포유류형 파충류'니 '어서류'니 하는 것보다 공룡을 훨씬 재미있어 할 것이기 때문이었다. 그래서 내게 할당된 발표 시간(네 시간짜리 논쟁의 처음 두 시간 가운데에서 첫 번째와 세 번째 30분) 동안 나는 기시가 공룡 얘기를 꺼내기 전에 그가 공룡에 대해 가진 그릇된 정보를 미리 논박하기로 했다. 자, 기시가 발표 내용을 바꾸거나, 자신이 그 존재를 부정했던 과도기 꼴들을 방금 전에 내가 보여주었다는 사실을 인정했을까? 아니었다. 마치 로봇처럼 기시는 일주일 전과 조금도 다를 게 없는 슬라이드 사진을 그대로 보여주면서 똑같은 발표를 했다. 자기가 제시한 예들을 내가 앞서 박살냈다는 사실을 조금도 알아채지 못한 것처럼 굴었다. 그때 기시가 대체 무슨 생각을 하고 있었는지 모르겠지만, 논쟁이 끝난 뒤에 내게 와서 내가 논쟁에서 이겼다고 말해준 사람들 가운데 많은 이들은 기시가 공룡을 부정직하게 다룬 걸 보고 생각을 바꾸게 되었다고 말했다.

기시(Gish 1978, 1995)를 비롯해서 창조론자 저자들은 (열역학 제2법칙을 그릇되게 제시하는 경우와 전혀 다를 바 없이) 공룡에 대해서 새로 배우는 바가 전혀 없고, 예나 지금이나 똑같이 잘못된 생각들을 줄기차게 책 속에 집어넣는다. 그렇게 해야만 공룡 말고는 선사시대 동물들에 전혀 신경을 쓰지 않는 독자들에게 큰 인상과 흥미를 주기 때문이다. 기시의 책(1995)에서 공룡을 다룬 장을 통독해보면, 정말로 오래되고 후진 책들, 특히 지나치게 단순하게 공룡을 소개하는 대중 서적들에서 발췌한 인용들이 전체 논증을 이루고 있음을 볼 수 있다. 그런 책들보다 공룡을 더 전문적으로 다룬 책을 읽을 생각이 기시에게는 전혀 없는 듯했다. 아마 그런 책을 읽을 만한 훈련이 안 되어 있어서 뼈와 뼈를 구분조차 못하기 때문일 것이다. 바로 이것이 몹시 중요한 문제점을 보여준다. 곧 기시에게는 공룡 화석을 해석하거나 무슨 무슨 판단을 내릴 자격이 터럭만큼도 없다는 것이다. 기시가 애들 책을 읽고 얻은 감상을 갈무리해놓고 맥락을 무시한 채 인용을 하려는 거야 자기 마음이겠지만, 그토록 지나치게 단순한 독서감상문을 기초로 해서 뭐라뭐라 단언할 자격이 기시에게는 평균적인 고등학생만큼이나 없다(기시가 가진 박사학위가 이와는 조금도 상관이 없는 생화학 분야에서 얻은 것임을 기억하라). 이보다 더 중요한 점은, (실제 표본들을 조사하는 대신) 애들 책을 읽는 것은 과학도 아닐 뿐더러 진정한 연구도 아니라는 것이다. 만일 기시가 과도기 공룡 화석의 존재 여부를 정말로 알아내고 싶다면, 척추고생물학 분야에서 제대로 교육을 받고 현장으로 나가 직접 화석을 연구해야 할 것이다. 그게 아닌 이상, 자기가 공부해본 적도 없는 화석에 대해 이러쿵저러쿵 내놓는 의견은 그저 헛소리에 지나지 않는다.

　　과도기 꼴이 없다고 기시가 주장하는 수많은 공룡의 예들 가운데 몇 개만 살펴보자. 기시가 언제나 맨 처음에 보여주는 공룡은 그가 '브론토사우루스*Brontosaurus*'라고 부르는 덩치 크고 목이 긴 용각류sauropod이다. 그런데 기시는 고생물학자들이 그 이름을 쓰지 않은 지 오래라는 걸 들어본 적이 없는 것 같다. 그 용각류 공룡을 아파토사우루스*Apatosaurus*라는 알맞은 이름으로 부른 지 한 세기가 넘었는데 말이다(어린이 책에서도 지금은 대부분 '브론토사우루스'라고 쓰지 않고 아파토사우루스라는 올바른 이름을 쓰고 있다). 1983년에 나와 맞붙었던 논쟁에서 기시는 아파토사우루스와 브라키오사우루스*Brachiosaurus*(〈쥬라기공원〉의 공룡 스타 가운데 하나이다)의 한 물간 슬라이드 사진을 몇 장 보여주고 다음 예들로 넘어가면서, 그 공룡들과 다른 공룡들 사이에는 과도기 꼴이 하나도 없다고 주장했다. 1995년에 쓴 책(1995: 124)에서도 기시는 그때와 똑같은 주장을 하고 있다.

　　분명 기시에게는 애들 책마저도 꼼꼼하게 읽을 생각이 전혀 없는 듯싶다. 공룡을 다룬 책들은 거의 모두가 전용각류prosauropod라고 하는 트라이아스기 생물군의 그림을 싣고 있는데, 이 이름이 함축하는 바대로, 덩치가 큰 용각류의 원시 친척들이다(그림 12-2A). 이 가운데에서 독일의 트라이아스기층에서 나온 플라테오사우루스*Plateosaurus*(그림 12-2B)가 가장 유명하지만, 세계 곳곳의 트라이아스기 층에서 발견된 속이 열 가지가 넘는다. 이 녀석들은 대부분 몸길이가 5~8미터 정도에 지나지 않았는데, 쥐라기의 거대한 용각류의 덩치에 비하면 4분의 1에 불과하지만, 그 조상들보다는 크다. 긴 목과 긴 꼬리를 가진 모습을 보이기 시작했어도, 아직 녀석들은 후대의 거대한 용각류가 가지게 될 어마어마하게 긴 목이나 꼬리에는 미치지 못한 상태이다. 팔다리를 보면 손가락과 발가락의 구성은 전형적인 용각류이지만, 아직은 거대한 용각류만큼 튼튼하지는 못했고, 앞다리는 길고 연약해서, 네 발로 걷다가도 충분히 뒷다리로 버티고 일어서서 손을 사용할 수도 있었던 것으로 보인다. 용각류가 거대한 덩치를 가지고 나서야 전적으로 네 발로만 걸을 수밖에 없게 되었으며, 어마어마한 몸무게를 지탱하려다 보니 네 다리도 훨씬 육중해졌다.

코네티컷주, 애리조나주, 남아프리카의 트라이아스기층에서 나온 안키사우루스*Anchisaurus*는 플라테오사우루스보다 훨씬 원시적이었다. 몸길이는 겨우 2.5미터로, 사람보다 약간 더 큰 정도에 불과했다. 목과 꼬리는 한층 짧았고, 다리와 발은 훨씬 가냘팠다. 사실 이것은 도마뱀 모양에 더 가까웠던 초기 용반류saurischian 공룡—이를테면 라고수쿠스*Lagosuchus*(곧 보게 되겠지만, 덩치가 훨씬 작았다)—과 원시 용각류 사이를 잇는 완벽한 과도기 꼴이다. 그러나 겉으로 보이는 모습이 그렇다 할지라도, 안키사우루스의 머리뼈에는 용각류만 가지는 특징들이 모두 담겨 있으며, 척추뼈를 비롯하여 특히 손과 발에서 수많은 분화—이것들이 나중에 용각류의 특징이 된다—가 이미 일어났음을 보여준다. 초창기의 용반류('도마뱀 엉덩이를 가진' 공룡)는 주로 두 발로 섰으나, 안키사우루스는 두 발과 네 발로 선 자세 모두 가능했던 것 같으며, 플라테오사우루스는 몸무게가 훨씬 많이 나갔기에 네 발로 걸었을 가능성이 더 높다. 우리가 아는 것 가운데 가장 이른 시기의 공룡인 에오랍토르*Eoraptor*(12-3B~D)에서 출발하여 안키사우루스와 플라테오사우루스를 거쳐 더욱 덩치를 키운 용각류에 이르는 과정에서 크기가 꾸준히 커졌음을 보여주는 증거뿐 아니라, 해부학적 특징들을 비롯하여 두 발로 선 자세에서 네 발로 선 자세로 부드럽게 넘어갔음을 보여주는 증거도 있다.

용반류에서 갈라져 나온 또 다른 주요 갈래는 육식공룡인 수각류theropod였다. 우리는 대개 수각류 공룡 하면 티라노사우루스 렉스*Tyrannosaurus rex*라든가 쥐라기의 포식자였던 알로사우루스*Allosaurus* 같은 거대한 모습에 친숙하지만, 사실 수각류에 속한 속은 수십 가지에 이르고, 종마다 모양과 크기가 가지각색이다. 수각류에 대한 고정관념에서 벗어난 것 가운데 하나가 '타조공룡ostrich dinosaurs'으로, 다리도 길고 목도 긴 데다 이빨 없는 부리주둥이 머리가 오늘날의 타조를 많이 닮았지만, 꼬리는 길고 골질이다(현생 조류에게는 골질 꼬리가 없다). 기시(1995: 124)는 원시 수각류도 몇 가지 짤막하게 언급하지만, 시대에 맞는 새로운 정보에 어두운 게 분명하다.

기시는 부정하지만, 원시 수각류 가운데에는 실제로 훌륭한 과도기 꼴인 것들이 있다(그림 12-3). 몸길이가 고작 70센티미터인 것(콤프소그나투스*Compsognathus*)부터 3미터에 이르는 것(코엘로피시스*Coelophysis*)까지, 얼추 닭만 한 크기부터 사람 어른만 한 크기 사이가 대부분이다(그림 12-4). 덩치 큰 후손들과는 다르게 이 녀석들의 체격은 가냘파서, 머리는 작고 목은 길고 팔다리와 꼬리는 가늘다. 그러나 머리뼈를 비롯하여 특히 손(엄지손가락, 집게손가락, 가운뎃손가락, 이렇게 세 손가락뿐인 독특한 조합)과 발에는 후대의 수각류에서 보이는 것 같은 분화된 해부학적 특징이 모두 있다.

코엘로피시스 같은 원시 수각류로부터 우리는 한층 더 멀리 에오랍토르(그림 12-3B~D), 스타우리코사우루스*Staurikosaurus*, 헤레라사우루스*Herrerasaurus*(그림 12-3E)까지 계보를 거슬러 올라갈 수 있다. 이 녀석들은 코엘로피시스와 체격이 많이 비슷했지만, 아직은 수각류 특유의 분화한 구조를 다 지닌 상태는 아니었다. 무심히 보는 사람의 눈에는 서로 별로 다를 게 없어 보이겠지만, 해부학 훈련을 받은 고생물학자의 눈에는 차이가 명확하다. 에오랍토르, 스타우리코사우루스, 헤레라사우루스에게는 고도로 분화한 세 손가락 손이 없었고(아직 다섯 손가락을 다 가진 녀석들도 있었다), 척추는 비교적 분화가 덜 이루어졌고(용각류와 수각류에게는 모두 고도로 분화한 특징적인 척추가 있다), 미끄럼 턱관절, 완전히 안쪽으로 휜 육식성 이빨, 그

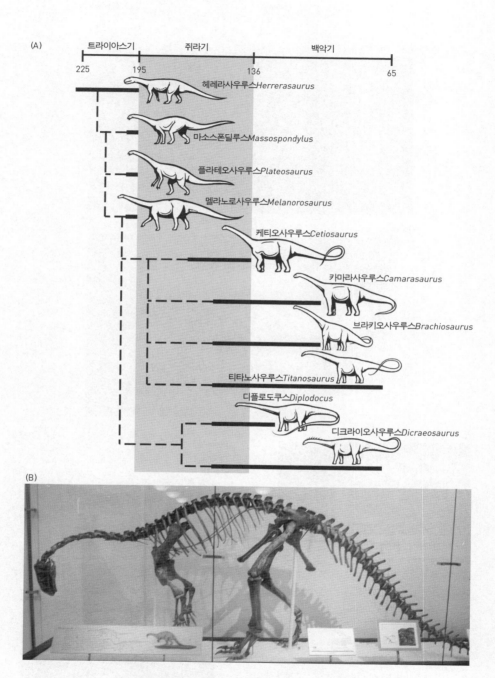

그림 12-2 전용각류는 에오랍토르 같은 원시적이고 덩치 작은 두발보행 공룡과 용각류 사이를 잇는 과도기 꼴들이다. (A) 용각류의 계통도(칼 뷰얼의 그림). (B) 플라테오사우루스는 두 발과 네 발로 모두 걸을 수 있었고, 목과 꼬리의 길이는 그보다 작은 공룡과 거대한 긴목 용각류 사이의 중간이었다(R. 로스먼의 사진).

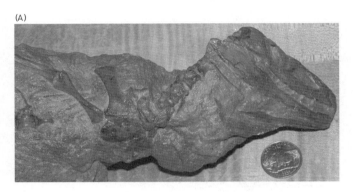

(A)

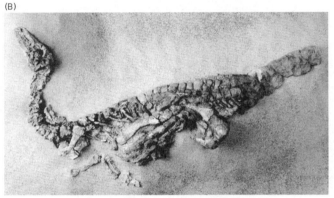

(B)

(C)

(D)

그림 12-3 (A) 남아프리카의 트라이아스기 초기 지층에서 출토된 에우파르케리아*Euparkeria*의 부분 골격. 원시적인 지배파충류이며 공룡의 친척이다(글쓴이의 사진). (B-D) 알려진 공룡 가운데 가장 이르고 가장 원시적인 공룡인 에오랍토르*Eoraptor*. 아르헨티나의 트라이아스기 후기 지층에서 나왔다. (B) 완전하게 이어진 골격. (C) 머리뼈를 가까이에서 찍은 사진. (D) 살았을 적의 에오랍토르를 복원한 모습. (E) 아르헨티나의 트라이아스기 후기 지층에서 출토된 또다른 원시 공룡 헤레라사우루스*Herrerasaurus*의 머리뼈(B-E는 시카고대학교의 P. C. 서리노의 사진).

(E)

그림 12-4 에오랍토르 같은 최초기 공룡과 이보다 고등한 군들 사이에는 과도기 꼴들이 많이 있다. 이 사진은 코엘로피시스로, 가장 작고 가장 원시적인 수각류 육식공룡 가운데 하나이다(L. 테일러의 사진).

리고 코엘로피시스를 비롯해 더욱 고등한 단계에서 보이는 것 같은 수각류 특유의 변형된 발목과 발이 없었다. 마지막으로, 우리는 에오랍토르, 스타우리코사우루스, 헤레라사우루스 같은 녀석들로부터 에우파르케리아*Euparkeria*(그림 12-3A) 같은 원시적이면서 공룡이 아닌 지배파충류까지 거슬러 올라갈 수 있다. 에우파르케리아의 겉모습은 최초기 공룡과 닮았으나, 모든 공룡이 가지는 개방형 볼기뼈확open hip socket이라든가 머리뼈에서 보이는 독특한 특징들 같은 분화된 구조가 없다.

그래서 우리는 용각류 쪽에서도(원시적인 전용각류를 거쳐), 수각류 쪽에서도(원시적인 코엘로피시스 같은 녀석들을 거쳐) 에오랍토르, 스타우리코사우루스, 헤레라사우루스의 계보를 따라 용반류 공통조상으로 거슬러 올라갈 수 있고, 거기서 다시 더 원시적이고 공룡이 아닌 에우파르케리아 같은 지배파충류까지 거슬러 올라갈 수 있다. 이보다 멋지게 과도기 꼴들이 이어지는 모습을 보여 달라고 요구할 수 없을 정도이다. 기시는 분명 이런 얘기를 전혀 들어본 적이 없나 보다.

그런데 이 육식공룡 이야기에는 근사한 마지막 반전이 하나 있다. 2005년에 내 친구인 제임스 커클랜드James Kirkland의 연구진은 유타주의 쥐라기층에서 팔카리우스 유타헨시스*Falcarius utabensis*(그림 12-5)라고 하는 새롭고 놀라운 화석을 발견했다고 공표했다. 이 색다른 녀석은 이보다 훨씬 색다른 테리지노사우루스류therizinosaurs라는 동물군의 일원인데, 공룡 **내에서** 이 군이 정확히 어디에 자리하느냐는 문제는

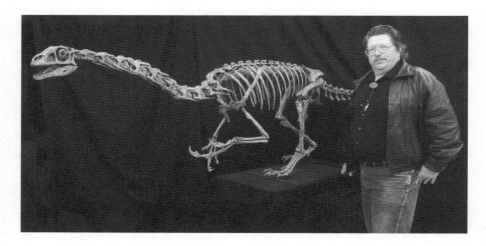

그림 12-5 테리지노사우루스류인 팔카리우스*Falcarius*. 이 독특한 수각류 공룡군에서 육식성과 초식성을 잇는 중간 단계를 볼 수 있다. 그 옆에는 이 화석을 발견하고 서술했던 제임스 커클랜드 박사가 서 있다(J. 커클랜드의 사진).

오래전부터 논란거리였다. 이 짐승들에게는 벨로키랍토르*Velociraptor* 같은 수각류가 가진 특징들이 많이 있다. 이를테면 손가락에는 기다란 손톱이 달려 있고, 목은 길었고, 긴 꼬리로 균형을 잡았다. 그러나 주둥이에는 이빨이 없으며, 초식성이 분명하다. 최근에 와서는 테리지노사우루스류가 사실은 어찌어찌해서 초식성으로 되돌아간 수각류라고 보는 게 중론이다. 이렇게 식성이 변해가는 과정에서 '빠진 고리'가 되어준 게 바로 팔카리우스였다. 왜냐하면 '랍토르(육식조)' 공룡이 가진 특징을 많이 간직하고 있음에도, 이빨이 없고 초식성인 주둥이를 가진 가장 원시적인 테리지노사우루스류이기 때문이다. 따라서 해부학적으로 테리지노사우루스류와 랍토르 공룡을 이어준다는 점뿐 아니라, 육식동물에서 초식동물로 돌아간 놀라운 모습을 보여준다는 점에서도 팔카리우스는 훌륭한 과도기 꼴이다.

공룡의 또 다른 주요 갈래는 조반류 공룡*Ornithischia*으로, 오리주둥이공룡duckbill, 이구아노돈류iguanodonts, 거북 같은 갑옷을 두른 곡룡류ankylosaurs, 골침을 가진 검룡류stegosaurs, 돌머리를 가진 후두류pachycephalosaurs, 주름덜미와 뿔이 달린 각룡류ceratopsians를 비롯해서 (용각류를 제외한) 거의 모든 초식공룡이 여기에 속한다. 최초기 조반류로는 트라이아스기의 레소토사우루스*Lesothosaurus*, 파브로사우루스

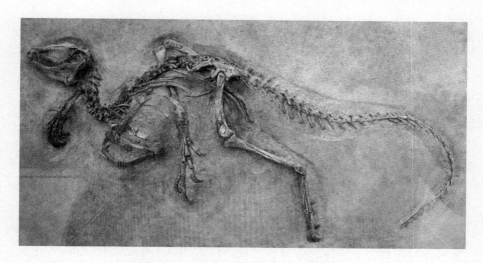

그림 12-6 알려진 것 가운데 가장 원시적인 조반류 공룡인 헤테로돈토사우루스. 작은 덩치 하며 두 발로 선 자세 하며, 겉으로 보면 에오랍토르와 코엘로피시스를 닮았지만, 독특한 전치골과 뒤로 돌아선 두덩뼈를 비롯해 조반류의 특징들을 가지고 있다(R. 로스먼의 사진).

Fabrosaurus, 헤테로돈토사우루스*Heterodontosaurus* 같은 원시 꼴들이 있으며, 겉모습은 에오랍토르나 코엘로피시스처럼 생겼고 두 발로 걸었던 작은 공룡들이다(그림 12-6). 그러나 찬찬히 뜯어보면, 조반류 특유의 특징들이 모두 보인다. 이를테면 엉덩이의 두덩뼈 일부 또는 전부가 뒤로 돌아가 있어서 궁둥뼈와 평행을 이루고, 어금니는 턱 내부 깊숙이 삽입되어 있으며(이는 먹이를 씹을 동안 먹이를 가두어둘 볼이 있었음을 암시한다), 아래턱 끝에 전치골predentary bone이라고 하는 독특한 뼈가 하나 더 있다. 이 특징들 모두 조반류만 가진 것들이지만, 트라이아스기의 헤테로돈토사우루스 같은 과도기 꼴들에게 이미 이런 특징들이 있음을 볼 수 있다. 비록 겉모습은 그 당시의 다른 원시 공룡들과 여전히 닮은 채였지만 말이다.

기시가 늘 꺼내 보이는 또 한 예가 바로 트리케라톱스*Triceratops*로, 뿔 달린 공룡인 각룡류의 마지막 후손 가운데 하나이다. 기시는 1995년에 쓴 책에서도 (119~122쪽) 트리케라톱스를 비롯해 각룡류 몇 가지를 얘기하면서 과도기 꼴이 하나도 없다고 주장하는데, 자기가 읽은 그 모든 글의 논지를 완전히 놓치고 있다! 뿔과 주름덜미를 가진 고도로 분화한 꼴들, 그보다 훨씬 원시적이어서 다른 공룡 계통들과의 공통조상과 더 닮은 꼴들, 이 둘 사이를 이어주는 훌륭한 과도기 꼴들의 사례를 각룡류에서도 볼 수 있다.

각룡류의 경우에도 과도 과정이 명확하게 보인다. 뿔을 가진 녀석들은 모두 프로토케라톱스Protoceratops(그림 12-7)라는 대단히 유명한 녀석으로 거슬러 올라갈 수 있다. 이 녀석의 목 위에는 주름덜미가 있고, 주둥이와 아래턱에는 특징적인 뼈들이 있지만, 뿔은 없다. 처음부터 고생물학자들은 프로토케라톱스가 뿔 달린 각룡류와 원시적인 공룡 사이를 잇는 멋진 과도 단계라고 짚어냈으나, 분명 기시는 이게 무슨 말인지 알아듣지 못했던 것 같다. 기시는 프로토케라톱스과Protoceratopsidae의 특색을 다룬 데이비드 웨이샴펠David B. Weishampel의 책 초판본(Weishampel et al. 1990)에 나온 말을 맥락을 무시한 채 인용하고는(이렇게 한다고 해도 프로토케라톱스가 좋은 과도기 꼴이라는 사실을 조금도 해치지 못한다는 점을 기시는 완전히 놓치고 있다), 이것들이 백악기 후기에 나타나므로 조상이 될 수 없다는 소리까지 한다. 첫째, 고생물학자들이 찾는 것은 조상이 아니라 자매군이다(5장을 참고하라). 둘째, 프로토케라톱스는 백악기 후기의 **초기**에 살았는데, 백악기 후기의 **후기**에 살았던 각룡류 가운데에서 그 후손들이라고 짐작되는 것들 모두보다 수백만 년은 일찍 존재한 것이다.

그런데 이것보다 훨씬 좋은 과도기 꼴들이 있다. 바가케라톱스Bagaceratops는 프로토케라톱스에 비해 주름덜미와 주둥이가 약간 작고, 몸뚱이는 완전하게 네발로 서지 못했다. 아르카이오케라톱스Archaeoceratops의 주름덜미와 주둥이는 이보다도 더 작고, 몸은 많이 가벼웠으며, 대부분 두 발로 걸었다. 주둥이(각룡류만이 가진 주둥이뼈rostral bone로 이루어졌다)가 앵무새를 닮았다고 해서 '앵무도마뱀'이란 뜻의 프시타코사우루스Psittacosaurus라는 이름이 붙은 녀석들은 목 위로 주름덜미를 걸치기 시작했고, 체격은 훨씬 가벼웠으며, 두발보행을 했다. 그리고 무거웠던 프로토케라톱스에 비해 골격이 가늘었다. 프시타코사우루스는 주름덜미가 없는 머리뼈에서 주름덜미가 작은 머리뼈를 거쳐 주름덜미가 커진 프로토케라톱스로 넘어가는 과정을 보여줄 뿐 아니라, 두 발로 서는 가벼운 몸(거의 모든 원시 공룡이 이랬다)에서 네 발로 서는 무거운 몸(더 분화한 군들의 몸)으로 넘어가는 과정도 보여준다.

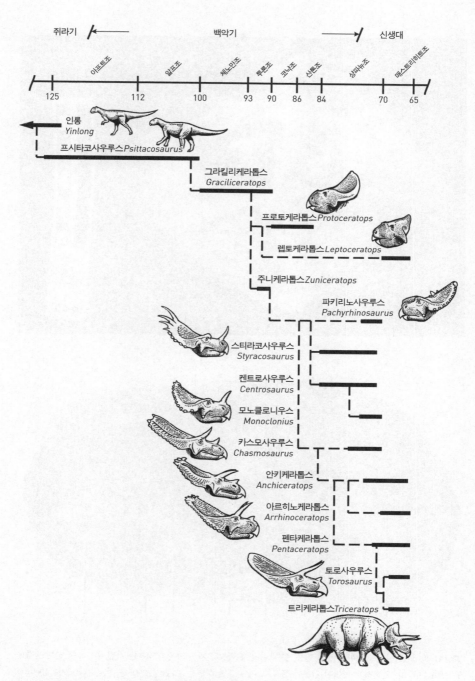

아프트조   알프조   체노민조   투론조   코냐조   산토조   샹파뉴조   매스트리히트조

125   112   100   93   90   86   84   70   65

인룡
Yinlong

프시타코사우루스*Psittacosaurus*

그라킬리케라톱스
Graciliceratops

프로토케라톱스*Protoceratops*

렙토케라톱스*Leptoceratops*

주니케라톱스*Zuniceratops*

파키리노사우루스
Pachyrhinosaurus

스티라코사우루스
Styracosaurus

켄트로사우루스
Centrosaurus

모노클로니우스
Monoclonius

카스모사우루스
Chasmosaurus

안키케라톱스
Anchiceratops

아르히노케라톱스
Arrhinoceratops

펜타케라톱스
Pentaceratops

토로사우루스
Torosaurus

트리케라톱스*Triceratops*

그림 12-7 인룡부터 원시적인 주식두류까지 뿔 달린 공룡의 계통수(칼 뷰얼의 그림).

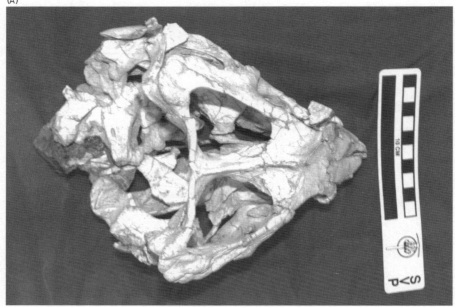

(A)

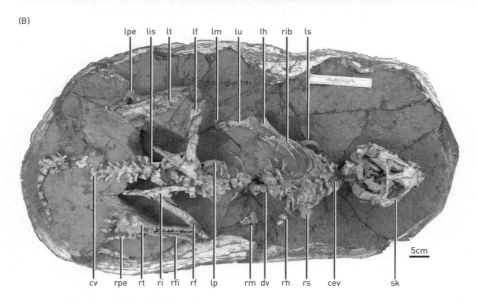

(B)

lpe lis lt   lf   lm   lu   lh   rib   ls

cv   rpe rt   ri rfi   rf   lp   rm dv   rh   rs   cev   sk

5cm

그림 12-8 (A) 원시 주식두류 공룡인 인룡. 뿔 달린 공룡(각룡류)과 두꺼운 머리뼈를 가진 후두류를 잇는 특징들을 보여준다. (B) 완전하게 이어진 인룡의 골격. 표시에 대한 설명은 Xu et al. 2006을 참고하라(조지워싱턴대학교 J. 클라크의 사진).

마지막으로 이 계열에서 가장 놀라운 과도 단계가 2004년 인롱*Yinlong*(그림 12-8)의 발견으로 세상에 드러났다(Xu et al. 2006). 중국의 쥐라기 후기층 가운데에서도 한참 이른 시기의 층에서 나온 인롱은 중국어로 '숨은 용'을 뜻하는 이름으로, 인기를 끈 영화〈와호장룡臥虎藏龍〉에서 따왔다. 마침 이 영화의 일부는 화석이 발굴된 곳과 가까운 곳에서 찍었다. 훌륭한 상태로 보존된 인롱의 골격은 프시타코사우루스와 신체 비율이 크게 다르지 않은 두발보행 공룡의 모습을 보여준다. 인롱의 윗부리 끝에는 각룡류에게만 있는 주둥이뼈가 있다. 그러나 머리뼈의 천장을 이루는 뼈들은 '돌머리 공룡'인 후두류―작디작은 뇌를 두껍디두꺼운 돔 모양 뼈로 보호한 것으로 유명한 공룡이다―특유의 뼈 구성을 보이고 있다. 오래전부터 고생물학자들은 각룡류와 후두류가 서로 대단히 가까운 친척이라고 논해왔는데, 머리뼈의 뒷가두리를 주름덜미뼈가 두르고 있다는 사실에 근거한 것이다(그래서 '가두리 머리margin heads'라는 뜻으로 '주식두류Marginocephalia'라는 이름이 붙었다). 그러나 인롱이 발견되면서 각룡류와 후두류가 가진 특징들을 모두 보여주는, 다시 말해서 오늘날 모든 아이들이 금방 알아보는 친숙한 두 과로 계통이 갈라지기 이전의 모습을 보여주는 근사한 과도기 꼴이 우리 손에 들어왔다.

평소와 다름없이 이번에도 기시는 숙제를 하지 않은 모습 또는 최근에 나온 자료를 읽을 생각을 하지 않았던 모습을 보인다. 맥락을 무시하기는 했어도, 웨이샴펠이 쓴 책(Weishampel et al. 1990)에서 글을 발췌해 인용했다는 사실은 기시가 좀 더 권위를 가진 문헌 자료를 읽을 수는 있음을 분명 보여준다. 그러나 글을 발췌한 곳과 똑같은 장에서 프시타코사우루스 같은 과도기 꼴들이 언급되고 있음을 알아볼 만큼 충분히 제대로 읽어낼 정도는 못 되거나, 선입견이 워낙 강해서 자기 편견에 들어맞는 짤막한 토막글이나 간신히 찾아내는 정도이거나 하다는 것도 보여준다. 어느 쪽이 되었든, 기시는 나무만 보느라 숲을 완전히 놓치고 만 것이다. 게다가 자기 눈으로 직접 화석을 살핀 적도 없고, 자기가 들여다보고 있는 것을 이해하는 데 필요한 훈련을 받지도 못했음이 분명하다. 기시와 논쟁을 벌이는 자리에서 나는 이 점을 집중 공략했다. 과도 단계의 각룡류가 없다는 소리를 한도 끝도 없이 기시가 지껄이는 걸 듣고 나서, 나는 방금 앞에서 살펴보았던 예들을 그에게 보여주었을 뿐 아니라, 내가 개인적으로 직접 연구한 이야기도 들려주었다. 내가 대학원에 다니던 시절, 미국자연사박물관의 내 사무실은 상태 좋은 프시타코사우루스 표본과 프로토케라톱스 표본들로 몇 달 동안 어질러져 있었다. 나와 사무실을 함께 썼던 댄 추어Dan Chure(40년 가까이 국립공룡유적지Dinosaur National Monument의 고생물학자로 재직하다가 지금은 은퇴했다)가 학위 논문 주제로 그 표본들을 연구하는 중이었기 때문이다. 이 과도기 화석들에 대해 나는 기시보다 그냥 더 많이 아는 게 아니라, 실제로 이 화석들을 연구하기까지 했던 것이다.

이밖에도 공룡에 대해서 창조론자들이 하는 거짓말을 계속해서 까발릴 수 있다. 누구든 공룡에 적당히 관심을 가진 사람이라면 이번 장의 끝에 열거한 책들 가운데 몇 권(이를테면 Norman 1985, Weishampel et al. 2004, Fastovsky and Weishampel 2005)에 실린 장들을 정독해보면, 과도기 꼴이 없다고 기시가 주장하는 거의 모든 공룡군에서 근사한 중간 단계 화석들이 있음을 볼 수 있을 것이다. 오리주둥이공룡의 원시 친척들(조각류ornithopod라고 부른다), 갑옷을 두른 원시 곡룡류인 노도사우루스류nodosaurs(거대한 안킬로사우루스Ankylosaurus에 비하면 갑옷을 두른 부위가 몹시 적고 골격은 대단히 원시적이고 가냘프다), 스켈리도사우루스Scelidosaurus 같은 원시 검룡류(스테고사우루스Stegosaurus에 비하면 갑옷치레가 적고, 몸집은 더 작고, 팔다리는 가냘프고, 골격은 매우 원시적이다)의 훌륭한 표본들이 있다. 이 모든 조반류 공룡(아울러 각룡류 공룡)은 가장 원시적인 꼴, 이를테면 트라이아스기의 헤테로돈토사우루스(그림 12-6)와 파브로사우루스 같은 꼴들로 거슬러 올라갈 수 있다. 이 녀석들의 외적인 특징들은 최초기 공룡인 에오랍토르와 헤레라사우루스와 대단히 비슷하게 생겼으나, 미묘한 차이가 몇 가지 있다. 이를테면 아래턱의 말단에 전치골이 있고, 원시 조반류의 엉덩이 구조를 가졌다. 편견 없이 문헌 자료를 꼼꼼히 읽어보면, 이 과도 단계들이 있음을 똑똑히 볼 수 있다. 그러나 기시가 가진 것 같은 색안경—기시는 맥락은 무시하고 자기 시각을 뒷받침해주는 듯 보이는 글만 찾아낸다—을 끼고 책을 읽으면, 기시가 제시하는 것 같은 왜곡되고 그릇된 생각을 가지게 될 것이다.

공룡은 지금도 살고 있다!

> 덜 부화한 병아리의 엉덩뼈부터 발가락까지 몸의 뒤쪽 마지막 4분의 1 부분의
> 전체 크기가 확 커져서 골화되어 그 모습 그대로 화석이 될 수 있다면, 그것은
> 조류와 파충류 사이를 잇는 과도 과정의 마지막 단계가 되어줄 것이다. 그 형질
> 들을 공룡과 결부시키지 못하게 가로막을 것이 전혀 없을 테기 때문이다.
> —토머스 헨리 헉슬리, 〈공룡류 파충류와 조류 사이의 유연관계를 더욱 뒷받침해주는 증거〉

다윈의 책이 세상에 나오고 불과 두 해 뒤인 1861년, 독일 남부 바이에른주 졸른호
펜의 석회암 채석장에서 놀라운 화석이 하나 발견되었다. 졸른호펜 채석장은 결이
지극히 고운 석회암 판석이 나오기 때문에 오래전부터 채석이 되어온 곳이었다. 예
로부터 출판사는 이 판석을 산으로 부식새김해서 석판화를 그려 책 삽화를 만들었
다. 이따금 이 석회암에서는 놀라울 만큼 정교한 상태로 보존된 화석이 출토되기도
했다. 꼬마 공룡인 콤프소그나투스(《쥬라기공원》의 인기스타 '콤피')도 그 가운데 하
나였고, 상태가 훌륭한 첫 익룡류 화석 몇 점도 발견되었다. 그런 곳에서 1860년에
깃털의 인상화석이 발견되었고, 그로부터 여섯 달 뒤에 인부들은 뼈는 공룡 같은데
깃털이 달려 있는 특이한 생물의 부분 골격을 발견했다.

　두말할 것 없이 이 화석은 큰 파문을 일으켰고, 런던의 대영박물관은 가장
높은 액수를 불러서 다른 박물관들을 제치고 그 표본을 확보했다. 표본이 런던
에 도착하자마자(소장된 장소의 이름을 따서 아직도 '런던 표본London specimen'이라
고 부른다) 대영박물관 학예연구사였던 리처드 오언—'공룡Dinosauria'이라는 이
름을 지은 사람—이 서술할 책임을 맡았다. 그보다 앞서 그 표본은 이미 시조새
Archaeopteryx('고대의 날개'라는 뜻)라는 이름으로 불리고 있었고, 오언도 기본적으로
그걸 새라고 서술하기는 했으나, 공룡이 가진 모든 형질들이 그 골격에 담겨 있음
을 보지 않을 수 없었다. 그러나 저명한 생물학자 가운데에서 진화론에 반발한 마
지막 인물 가운데 한 사람이었던 오언은 이 화석을 그 친척들과 결부시키려 하지
않았다.

하지만 오언의 맞수였던 토머스 헨리 헉슬리―이 무렵에 그는 '다윈의 불독'이 되어 말과 글로 다윈의 이론을 지지하고 있었다―는 시조새에서 보이는 그 공룡 형질들을 놓치지 않았다. 현생 조류를 처음으로 해부학적으로 연구한 사람들 가운데 하나이자 콤프소그나투스 같은 공룡도 여럿 연구한 헉슬리는 시조새가 새와 공룡 사이를 이어주는 훌륭한 '빠진 고리'임을 놓치지 않고 알아보았다. 1863년에 왕립학회 연단에서 했던 유명한 발표회에서 헉슬리는 조류가 공룡에서 유래했으며, 비조류형nonavian 공룡과 조류만 공유하는 35개 특징을 열거했다(이 가운데 17개는 지금도 현대 고생물학자들이 사용하고 있다). 1887년에는 이보다 훨씬 상태가 좋은 화석이 발견되었다. '베를린 표본Berlin specimen'이라고 하는 이 시조새 화석은 알려진 표본 12개 가운데 보존 상태가 가장 좋다. 그 즈음에 이르러 독일인들도 시조새의 중요함을 깨닫게 되었다. 그래서 독일의 기업가들이 그 표본을 구입해서 다른 나라로 넘어가지 않도록 했고, 지금은 베를린 자연사박물관Museum für Naturkunde에 전시되어 있다. 이 표본은 제2차 세계대전의 폭격에도 무사했다. 나는 런던 표본과 베를린 표본의 원본을 모두 가까이에서 보았다. 그토록 놀랍고 역사적 가치를 가진 화석을 사진이나 주물이 아니라 실물로 보러 가는 것은 성배를 찾아 순례하는 것과 다를 바가 없다.

헉슬리가 애쓰기는 했으나, 또 다른 고생물학자인 해리 고비어 실리Harry Govier Seeley가 이의를 제기하면서 공룡-새 가설은 인기가 시들해졌다. 1926년에 예술가인 게르하르트 하일만Gerhard Heilmann은 공룡보다 더 원시적인 지배파충류(당시에는 '테코돈트thecodont'라고 불렀다)에서 새들이 기원했다는 생각을 내놓았고, 그 뒤로 반세기 동안 이 생각이 지배적인 견해가 되었다. 헉슬리의 가설을 반박할 만한 증거가 하일만에게는 많지 않았으나, 새들과 핏줄사이에 있을 만한 공룡, 곧 우리가 아는 수각류 공룡 가운데에는 쇄골이나 빗장뼈를 가진 것이 하나도 없으나, 모든 새들에서는 빗장뼈들이 합쳐져 '차골wishbone'―깃을 칠 때 중요한 '용수철' 구실을 한다―이 되었다는 주장을 내세웠다. (그런데 그 뒤로 수많은 수각류 화석에서 빗장뼈가 발견되면서 이 반론은 사라졌다. 빗장뼈는 연약한 뼈이기에 보존되는 경우가 드물 뿐이었다.) 물론 이는 순전한 조상숭배에 지나지 않는다. 하일만이 지배파충류에 속한 것들(에우파르케리아 같은 녀석들)을 후보로 선호한 까닭은 단순히 모든 공룡에 비해 더 원시적이기 때문일 뿐이었다. 헉슬리가 입증했던 공룡과 새가 가진 형질들 사이의 파생적 유사성을 하일만이 모두 무시해버린 까닭은, 당시 대부분의 고생물 학자들이 공룡을 덩치 크고 고도로 분화한 동물로 생각했기에 이 거대한 육상동물 에서 새가 기원했다고 상상할 수 없었던 탓이 컸다. 그뿐 아니라, 새들이 가지에서 가지로 활공하다가 비행이 진화했다는 각본('나무에서 내려오다 날기trees down' 가설) 도 하일만의 생각에 영향을 주었는데, 덩치 큰 육서성 공룡은 이 각본에 들어맞지 않았던 것이다.

'새는 공룡' 가설은 그 뒤로 내내 인기 없는 가설로 남아 있다가, 1970년대에 예일대학교의 고생물학자 존 오스트롬John Ostrom(내 좋은 친구였는데 2005년에 세상 을 떴다)이 유럽에 있는 표본들을 다시 살피면서 상황이 바뀌었다. 네덜란드의 테일 러스박물관Teylers Museum에서 1855년에 익룡으로 잘못 동정되었던 표본을 하나 찾 아낸 오스트롬은 표본을 더욱 면밀히 살핀 결과 희미한 깃털 인상이 있음을 보았 고, 또 하나의 시조새 표본임을 알게 되었다. 한편 1951년에 발견된 아이히슈테트 박물관Eichstätt Museum의 표본은 졸른호펜의 공룡인 콤프소그나투스로 잘못 동정된 채로 있다가, 그로부터 20년 뒤에 F. X. 마이어Mayr가 그 표본에서 깃털 인상을 찾아 냈다. 작은 공룡과 시조새가 그처럼 쉽게 혼동된다는 사실이 바로 오스트롬에게 계 시가 되어주었다. 그는 헉슬리의 가설을 다시 살려냈고, 그 가설을 더욱 확실히 뒷 받침해줄 증거 목록을 길게 추가했다. 1960년대에 오스트롬은 고도로 분화한 공룡 데이노니쿠스Deinonychus(영화 〈쥬라기공원〉에서 '벨로시랩터'라고 했던 공룡)를 발견 해서 서술했는데, 그 공룡이 최초기 조류와 해부학적으로 놀라울 만큼 비슷한 구조 를 보여준다는 사실도 '새는 공룡'이라는 생각에 힘을 실어주었다.

처음에 오스트롬이 논문들을 발표한 이후로 '새는 공룡' 가설을 둘러싸고 여러 해 동안 논란이 극심했으나, 얼마 가지 않아 그 가설을 뒷받침하는 증거가 압도적 으로 쌓이면서 논란은 금방 해소되었다. 이 가설을 뒷받침하는 분화된 공유-파생 형질이 수백 개에 이르는데(Gauthier 1986), 경쟁하는 가설 가운데 뒷받침하는 형질 이 이만큼은커녕 몇 개라도 있는 이론은 하나도 없다. 그 얼마 되지도 않는 데이터에 설득당한 고생물학자들은 극소수에 지나지 않는다(1퍼센트 미만). 특히 조금 있다가 잠깐 살펴보게 될 화석인 깃털 달린 비조류형 공룡 화석이 중국에서 발견되면서 추가 확 기울었다. '새는 공룡이 아니다'고 주장하는 그 소수의 학자들에게는 '새는 공룡이다'는 가설과 겨룰 만큼 힘 있는 증거의 뒷받침을 받는 가설이 전혀 없으며, 그들의 주장을 이루는 것은 그저 새와 공룡에서 모두 나타나는 형질 몇 개를 골라 흠을 잡으려 하는 게 대부분이다. 그들은 그 몇 개 말고는 압도적인 수의 나머지 대부분의 형질들을 전혀 언급하지 않는다. 사실 그들은 분지학을 사용하지도 않고 분지학을 이해하지도 못하는 것처럼 보이는데, 이것도 문제가 된다. 또 하나 문제가 되는 것은, 비행의 기원을 '나무에서 내려오다가 날게 되다'로 설명하는 가설에 집착하는 탓에, 육서성 공룡이 '땅을 달려 올라가기ground up'를 하다가 비행을 진화시켰다는 상상을 그들이 하지 못한다는 것이다. 켄 다이얼Ken Dial(2003)은 그들이 비행의 기원으로 '나무에서 내려오기'에 역점을 두는 것이 잘못임을 보여주었다. 추카 자고새chukar partridge처럼 가파른 비탈을 뛰어서 올라갈 때에 날개의 양력을 사용할 뿐 비행용으로 사용하는 일은 거의 없는 새들이 많이 있다. 공룡(밑에서 곧 보게 되겠지만, 이미 깃털로 단열을 했다)이 가파른 비탈을 더 쉽게 올라가기 위해 이런 신체 구조를 만들어낼 수 있었을 것이고, 그러다가 잠깐씩 활공을 하게 되었을 테고, 그러다가 마침내 진정으로 하늘을 날게 되었을 것임을 쉽게 볼 수 있다.

그러나 진화론적인 각본을 쓰려면, 그 소수의 학자들처럼 분석해서는 안 된다. 마땅히 여기에서도 과학자들은 과학의 규칙을 준수해야 하고, '그럴 뿐이다' 식의 이야기가 아니라 긍정적인 증거로 잘 뒷받침을 받는 대안적 가설을 내놓아야 한다. 마크 노렐Mark Norell(2005: 215-229)이 자세히 들려주다시피, 널리 받아들여지는 가설에 대해 저들이 가하는 공격은 대부분이 터무니없는데다가 종종 자기 모순적인 저격으로 끝날 뿐이며, 직접 대안적 가설을 제시하는 일이 없다. 그런 점에서 그들은 창조론자들과 닮았다. 창조론자들은 해당 주제에서 자잘한 것 하나를 골라 공격만 할 뿐, 나머지 증거들은 전혀 거론하지 않기 때문이다.

수각류 공룡이 해부학적 구조만이 아니라 습성에서도 새와 비슷했음을 더욱 확실히 해주는 새로운 발견들이 이어졌다. 1990년대에 미국자연사박물관 탐사대가 몽골의 고비사막을 탐사하면서 몇 가지 놀라운 발견을 했는데, 공룡 오비랍토르 *Oviraptor*의 알둥지가 그 하나였다. 몽골에는 이런 알이 워낙 흔했던지라, 미국박물관이 1920년대에 처음 벌인 탐사에서는 그 알들을 해당 지층에서 가장 흔한 공룡이었던 원시적이고 뿔이 달린 프로토케라톱스(그림 12-7)의 알이라고 보았다. 일부 둥지 근처에서 발견된 작은 수각류의 뼈들에는 오비랍토르('알도둑')라는 이름을 붙였다. 그런데 최근에 이루어진 탐사는 이 이름이 명예훼손임을 보여주었다. 말하자면 오비랍토르는 그 알을 훔친 게 아니라 그 알을 낳은 어미였던 것이다! 알 바로 위에서 알을 품는 자세로 매장된 오비랍토르 암컷의 골격도 발견된 바 있다. 모래폭풍이 불던 중에 알을 품다가 모래에 묻혀 화석이 된 것이었다. 알을 품는 자세의 세세한 면모를 비롯해서 그 모습이 화석으로 보존된 방식을 보면, 많은 수각류 공룡이 파충류보다는 조류에 더 가깝게 행동했음을 알 수 있다.

데이비드 패스토브스키David E. Fastovsky와 데이비드 웨이샴펠(2005: 261)은 또 다른 문제를 하나 지적하는데, 언론이 바로 그것이다. 이제까지 그 논쟁이 부자연스럽게 질질 늘어진 까닭은 언론의 주목 때문이었다. 새의 기원은 지난 스무 해 동안 크나큰 대중적 관심사였다. 그 관심이 워낙 컸던지라, 앞장서서 이를 주장한 이들은 신문 기사와 텔레비전 특집 방송을 위해 빈번하게 인터뷰를 당했다. 언론의 규정에 따르면, 각 관점을 대표하는 이들에게 '균등 시간'을 주어야 한다. 그래서 새가 공룡이라는 관점을 지지하는 사람들에게 할애된 만큼의 방송 시간이, 기저 이궁류basal diapsid에서 새가 기원했다는 관점을 지지하는 사람에게도 종종 주어지곤 했다. 비록 현역 척추고생물학자 가운데 아마 99퍼센트 이상을 대표하는 관점이 바로 '새는 공룡'이라는 관점일 텐데도 말이다.

창조론자들이 시조새를 왜곡한 얘기를 다루기에 앞서, 정식 과학자의 99퍼센트로 하여금 새가 공룡임을 확신하게 해주었던 증거가 무엇인지 검토해보도록 하자. 그 증거의 상당 부분은 시조새 자체에서 볼 수 있으며(그림 12-9A), 헉슬리가 애초에 짚어냈던 것들이다. 아마 다윈이었다면 시조새보다 좋은 과도기 꼴을 보여달라고 할 수는 없었을 것이다. 앞서 보았다시피, 시조새의 골격은 대부분이 워낙 공룡과 닮았기에, 작은 수각류 공룡인 콤프소그나투스로 오인된 표본까지 있을 정도였다. 대부분의 수각류 공룡처럼 (그러나 현생하는 어느 조류와도 다르게) 시조새에게는 기다란 골질 꼬리, 이빨이 있고 구멍이 많이 뚫린 머리뼈, 수각류 특유의 (그러나 새들과는 다른) 척추뼈들, 어깨끈처럼 생긴 어깨뼈, 전형적인 용반류 공룡과 후대 조류 사이의 중간 단계 모습을 보이는 골반, 배뼈(공룡의 배 부위에 있는 갈비뼈들), 팔다리에서 보이는 독특한 분화들이 있다. 이 가운데에서 가장 도드라진 증거는 손목에 있다. 새들을 비롯해서 일부 수각류 공룡─이를테면 드로마이오사우루스류 dromaeosaurs(데이노니쿠스와 벨로키랍토르 및 그 친척들)─에게는 반달 모양의 손목뼈가 하나 있는데, 손목을 이루는 여러 뼈들이 하나로 합쳐져서 형성된 뼈로, **반달형손목뼈**semilunate carpal라고 한다(그림 12-9B). 손목을 움직일 때 이 뼈가 주요 경첩 구실을 하기에, 드로마이오사우루스류는 팔을 쭉 뻗어 손목을 확 폈다가 오므려서 먹잇감을 붙잡을 수 있었다. 새들이 아래쪽으로 깃을 칠 때에도 바로 이 움직임이 있다. 대부분의 다른 수각류 공룡처럼 시조새도 손가락이 세 개이고(엄지손가락, 집게손가락, 가운뎃손가락), 둘째 손가락(집게손가락)이 단연 가장 길다. 더군다나 시조새의 손톱도 수각류 공룡과 대단히 흡사하다.

시조새의 뒷다리에도 공룡에서만 보이는 특징이 많이 있다. 이 가운데에서 가장 두드러지는 특징은 발목에 있다(그림 12-9C). 모든 익룡, 공룡, 조류에게는 발목에 **중간발목뼈관절**mesotarsal joint이라고 하는 독특한 뼈 배열이 있다. 전형적인 척추동물의 발목은 정강이뼈(경골)와 첫째 열 발목뼈가 맞물려 경첩을 이루는 반면(여러분의 발목이 바로 그러하다), 익룡과 공룡과 조류는 첫째 열 발목뼈와 둘째 열 발목뼈가 맞물리는 경첩 관절을 발달시켰다. 말인즉슨 경첩이 발목 안에 있다는 뜻이다(중간발목뼈mesotarsus). 그래서 첫째 열 발목뼈는 수동적인 경첩 구실 말고는 별다른 기능을 하지 않으며, 수많은 분류군에서는 이 뼈가 사실상 정강이뼈의 끝과 합쳐져서 작은 '뚜껑' 뼈를 이룬다. 나중에 닭 다리나 칠면조 다리(모두 정강이뼈이다)를 먹을 때, 다리 끝에 고기가 덜 붙어 있어 손으로 잡고 뜯는 '손잡이' 구실을 하는 곳에 자리한 안 먹는 연골 뚜껑이 사실은 새들의 조상인 공룡이 남긴 유물임을 눈여겨보길 바란다! 나아가 이 첫째 열 발목뼈의 일부에는 골질인 며느리발톱spur이 정강이 앞면에 나와 있는데(목말뼈의 오름돌기ascending process of the astragalus), 용반류 공룡과

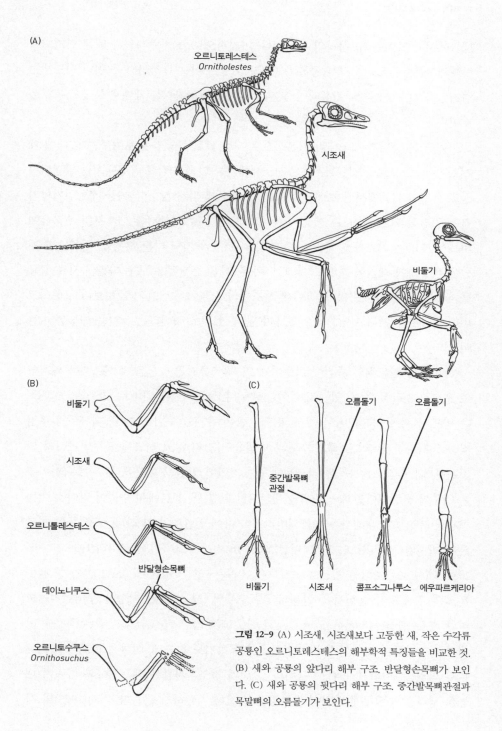

(A)

오르니토레스테스
Ornitholestes

시조새

비둘기

(B)

비둘기

시조새

오르니톨레스테스

반달형손목뼈

데이노니쿠스

오르니토수쿠스
Ornithosuchus

(C)

오름돌기

오름돌기

중간발목뼈
관절

비둘기

시조새

콤프소그나투스

에우파르케리아

그림 12-9 (A) 시조새, 시조새보다 고등한 새, 작은 수각류 공룡인 오르니토레스테스의 해부학적 특징들을 비교한 것. (B) 새와 공룡의 앞다리 해부 구조. 반달형손목뼈가 보인다. (C) 새와 공룡의 뒷다리 해부 구조. 중간발목뼈관절과 목말뼈의 오름돌기가 보인다.

새들에서만 보이는 또 하나의 특징이다. 마지막으로, 발가락뼈들과 짧은 엄지발가락뼈의 세부 구조도 수각류 공룡과 새들에서만 보이는 특징이다. 그러나 시조새는 엄지발가락이 다른 발가락들과 맞보지 않았기에 나뭇가지를 제대로 붙들지 못했을 것이다.

이 모든 증거가 시조새란 기본적으로 깃털 달린 공룡임을 보여주는데, 대체 왜 시조'새'라고 부르는 것일까? 사실 시조새에게는 다른 수각류 공룡에서는 발견되지 않고 오로지 새들에서만 보이는 특징이 몇 개밖에 되지 않는다. 이를테면 엄지발가락은 완전히 뒤로 가 있고, 이빨이 톱니처럼 나지 않았고, 다른 대부분의 수각류에 비해서 꼬리는 비교적 짧지만 팔은 길다. 시조새가 지닌 다른 특징들, 이를테면 깃털을 비롯하여 쇄골이 하나로 합쳐진 '차골' 같은 특징들은 모두 다른 수각류 공룡들에게서도 찾아볼 수 있다. 그런데 시조새의 깃털이 수각류의 깃털보다 고등하고 비대칭 구조를 지니고 있기에 시조새가 날 수 있었을 것이라는 생각을 내놓는 이들이 있다.

이 모든 압도적인 증거에 비추어 보면, 창조론자들이 어떻게 시조새를 왜곡하고 오도하는 글을 쓸 수 있는지 괴이할 뿐이다. 그들이 생각하기로, 창조된 '종류들'은 반드시 서로 구분되어야 해서 과도기 꼴은 존재할 수가 없기에, 제아무리 부정직하고 비과학적이라고 해도 수단과 방법을 가리지 않고 시조새를 무너뜨리려 할 것이다. 대개 창조론자들은 시조새에게는 깃털이 있었기 때문에 새 '종류'를 이루는 일부가 틀림없다면서 시조새를 새라고만 말할 뿐, 표본에서 수없이 많이 보이는 공룡형 특징들에 대해서는 왜곡해버리거나 아예 언급조차 안 한다. 예를 들어 창조론자 퍼시벌 데이비스와 딘 케니언(2004: 104-106), 조너선 사르파티(1999: 57-68, 2002: 130-132), 조너선 웰스(2000: 111-135), 듀에인 기시(1995: 129-139)가 쓴 책들은 대부분 한물간 문헌들을 인용해서 시조새와 '새는 공룡' 가설을 무너뜨리려고 한다. 또는 앨런 페두치아Alan Feduccia와 작고한 레리 마틴Larry Martin 같은 극소수 반대파 과학자들이 오래전에 쓴 논문들을 인용하기도 하는데, 이들은 학계의 99퍼센트와 의견을 달리하는 과학자들이다. 그런데 창조론자들은 페두치아와 마틴이 내놓은 생각을 통렬하게 반박했던 논증들은 전혀 거론하지 않는다. 기시(1995)와 사르파티(1999)는 시조새의 이빨이 수각류 공룡의 이빨과는 비슷하지 않고 이빨을 가진 다른 새들의 이빨과 비슷하다고 논하지만(그런데 이는 맞는 소리가 아니다. 시조새의 이빨은 수각류의 이빨과 원시적인 유사성도 가지고 파생된 특징도 독자적으로 가지고 있다), 이 논증 전체가 놓치는 게 있다. 곧 어떤 현생 조류도 이빨을 가지고 있지 않으며, 시조새 같은 화석 조류에 이빨이 있다면, 공룡과 조류를 잇는 고리가 된다는 것이다. (4장의 내용을 상기해보라. 새들에게는 배아 단계에서 이빨을 관장하는 유전자들이 여전히 있지만, 정상적인 경우에는 발생 도중에 억제된다.) 기시(1995)와 사르파티(1999)는 시조새의 긴 꼬리를 잠깐 언급한 다음, 파충류와 조류 가운데에는 긴 꼬리를 가진 것도 있고 짧은 꼬리를 가진 것도 있다는 말을 생각 없이 늘어놓는다. 여기서 요점은 현생 조류 가운데에는 긴 **골질 꼬리**를 가진 것이 없지만(현생 조류가 가진 꼬리뼈는 모두 합쳐져서 '목사의 코parson's nose', 곧 꽁무니뼈pygostyle가 되었으며, 꼬리뼈 대신 깃대가 꼬리를 지탱한다), 시조새—기시도 시조새가 새라고 본다—에게는 공룡처럼 길고 골질인 꼬리가 있다는 것이다. 기시는 중앙아메리카에 사는 호아친hoatzin 새가 새끼일 때 시조새처럼 손가락 세 개를 가진다는 점을 지적하면서 시조새가 손톱이 달린 골질의 세 손가락을 가졌다는 사실을 문제 삼으려 한다(그러나 둘의 손가락 구성이 전혀 다르다는 점은 무시한다). 그러나 그런 격세유전 하나만 가지고는 시조새의 손이 근본적으로 공룡의 손이라는 사실을 조금도 무너뜨리지 못한다. 새끼 호아친 말고는 현생 조류 가운데 이런 형태의 손—고도로 분화한 형태이기에 시조새의 손과는 조금도 닮지 않았다—을 가진 것은 하나도 없다. 간단히 말해, 기시와 사르파티를 비롯한 창조론자들은 시조새를 공룡이라고 볼 수 있게 하는 특징을 하나 언급하고는, 그때마다 증거를 왜곡하고, 해부학적 세부 구조에 무지함을 드러내고, 자기네 주장을 무너뜨릴 만한 반론이나 세부적 특징들은 무시하고 넘어간다. 어디에서도 창조론자들은 다른 100여 개의 해부학적 특징들—이를테면 중간발목뼈관절과 반달형손목뼈 같은 공룡 특유의 특징들—을 거론하지 않는다. 이것만 놓고 봐도 창조론자들이 펼치는 논증은 아무 가치가 없으며, 그저 이 생물들의 해부 구조에 대한 이해가 얼마나 형편없는지만 드러낼 뿐이다.

창조론자들은 서로 뚜렷이 구분되는 '종류들'에 지나치게 집착하는 탓에 중간 단계 꼴들의 존재를 상상조차 하지 못한다. 여러 논쟁에서 기시는 바로 이래서 궁지에 몰리곤 했다. 상대가 현생 조류의 앞다리와 수각류 공룡의 앞다리 영상을 보여준 다음에(그림 12-9B) 둘 사이에서 가능한 중간 단계의 해부 구조를 그려보라고 기시에게 요구하면, 기시는 거부한다(그게 함정이라는 걸 알기 때문이다). 그러면 으레 상대는 시조새의 앞다리야말로 조류와 공룡을 잇는 완벽한 중간 단계임을 보여준다. 그러면 기시는 엉뚱한 소리를 웅얼거리다가 주제를 바꾸려고 한다. 더군다나 자기가 거짓말을 하고 있음이 드러났을 때에도 그 잘못을 결코 바로잡지 않고 다음 토론 자리에서도 똑같은 사기 행각을 계속 벌인다는 건 참으로 부정직한 짓이다.

ID 창조론자들은 훨씬 교묘하고 삿되게 글을 쓴다. 그들은 이 경우에 적용되지 않는 글을 몇 개 맥락을 무시한 채 인용하고, 진화란 단일 계통 내의 부드럽고 점진적인 '존재의 사슬'이어야 한다는 낡고 잘못된 생각에 의존한다. 데이비스와 케니언(2004: 106)은 이렇게 적고 있다. 시조새는 "계통을 이루는 한 부분일 경우에만, 다시 말해서 차례차례 이어지는 세대의 하나일 경우에만 과도기 꼴이며, 이런 중간 단계들을 거치면서 점진적으로 한 군에서 다른 군으로 넘어간다."(두 사람이 쓴 책 106쪽 그림 4-11에서 이걸 분명히 그리고 있다.) 이 한 문장으로 그들은 진화에서 근본이 되는 개념들을 완전히 오해하고 있음을 드러내고 있다. 시조새가 꼭 점진적으로 진화하는 단일 계통의 일부여야만 과도기 꼴이 되는 것은 아니다. 이는 전적으로 진화를 오해한 것으로서, 이미 수십 년 전에 무너진 생각이다. 덤불 가지를 뻗어나가는 생명의 나무에서는 과도기 특징을 보이는 수많은 종 가운데 하나이기만 하면 과도기 꼴이 된다. 바로 이런 점에서 시조새는 더할 나위 없이 훌륭한 중간 단계의 과도기 꼴이다. 웰스(2000)는 고생물학자들이 시조새를 "가만히 치웠다"면서, 현생 조류가 시조새에서 유래하지 않았기 때문에 시조새는 '조상'이 아니라고 주장한다. 이런 주장은 완전히 논점을 헛짚은 것이다. 시조새가 꼭 새들의 실제 조상이어야지만 공룡으로부터 새들이 진화해 나온 방식을 보여줄 수 있는 것은 아니다. 시조새에게는 조류의 자매군 또는 '방계 조상'이라고 했을 때 기대할 만한 과도기적 특징들이 모두 보인다(게다가 시조새만이 가진 분화 특징들 가운데에는 조류의 실제 조상으로 보지 못하게 할 만한 특징은 없다). 그리고 아무도 시조새를 '가만히 치우지' 않았다. 꾸준히 커나가고 있는 중생대조류고생물학 분야에서 시조새는 계속 해서 발표되고 연구되고 거론되고 있다.

마지막으로 데이비스와 케니언, 사르파티, 웰스, 기시는 다들 시조새와 그 공룡 쪽 친척들이 같은 시대를 살았기 때문에 (또는 공룡 쪽 자매군들의 일부가 시조새보다 나중에 등장하기 때문에) 공룡이 새의 조상이 될 수 없다고 논한다. 이제까지 우리가 거듭해서 말해온 대로, 진화는 덤불이지 사다리가 아니다. 시조새와 여타 수각류는 자매분류군들이며, 둘의 핏줄사이는 공유파생형질들로 뒷받침된다. 연대 관계는 상관이 없다(덩치가 작은 공룡과 새들처럼 화석이 되기 어려운 동물들의 경우에는 특히 그렇다). 그들은 쥐라기 중기—그 시대에 해당되는 육상 척추동물의 화석 기록은 전 세계적으로 매우 드물다—에 공통조상을 가졌으며, 쥐라기 후기에 이르러 계통 이 갈라지면서 수각류 공룡과 시조새가 나란히 한 시대를 살았다.

창조론자들이 펼치는 이 모든 논증은 말할 것도 없고 마틴과 페두치아 같은 소 수파 과학자들이 지지하는 '새는 공룡이 아니다'는 주장 또한 지난 30년 동안 이어 진 새롭고 놀라운 발견들 덕에 지금은 완전히 폐기 처분되었다. 설사 아직까지도 공룡-새의 과도기 화석이 시조새뿐이라 하더라도 모자람이 없겠지만, 지금은 시조 새 말고도 과도기 화석이 더 있다. 일련의 놀랍고도 새로운 과도기 조류 화석과 깃 털 달린 비조류형 공룡 화석이 발견되어 서술되면서(그림 12-1, 12-6, 12-10, 12-11) 수각류와 고등한 조류 사이의 빈틈 대부분이 채워졌다. 그 결과 지금 우리에게는 과도기 꼴이 풍부하게 있으며, 시조새는 여기서 고리 하나에 지나지 않는다.

세상을 가장 크게 뒤흔든 발견은 중국 랴오닝성에 있는 유명한 백악기 하부 화석층에서 나왔다. 그래서 지금 이곳은 세계에서 가장 중요한 화석 퇴적층 가운 데 한 곳이 되었다. 이 고운 호성 셰일층에는 그 생물 화석이 가진 놀라운 특징들 이 굉장히 훌륭한 상태로 보존되어 있다. 이를테면 몸의 윤곽, 깃털, 털뿐 아니라 뼈 하나 빠진 곳 없이 완전하게 이어진 골격이 고스란히 보존되어 있는 것이다. 지난 20년에 걸쳐 이 퇴적층에선 두어 달마다 중요한 발견이 새로 이루어져왔으며, 새 와 공룡에 관한 기존의 생각들은 거의 모두 이 발견들로 빠르게 폐기되었다(Norell 2005에서 이 상황을 간추려 들려주고 있다). 여기서 발견된 모든 화석 가운데에서 가

그림 12-10 중국 랴오닝성의 화석층에서 발견된 깃털 달린 공룡 메일롱*Meilong*. 몸을 말고 잠자는 자세 그대로 3차원적으로 뛰어나게 보존된 표본(미국자연사박물관의 M. 엘리슨과 M. 노렐의 그림과 사진).

장 놀라운 화석은 날지 못하는 게 분명하고 새가 아니면서 깃털이 잘 발달되어 있는 여러 점의 공룡 화석이었다(그림 12-1, 12-10~12). 이 믿기지 않을 만큼 완전한 표본으로는 시노사우롭테릭스*Sinosauropteryx*, 프로타르카이옵테릭스*Protarchaeopteryx*, 시노르니토사우루스*Sinornithosaurus*, 카우딥테릭스*Caudipteryx*, 덩치 큰 수각류 베이피아오사우루스*Beipiaosaurus*, 쪼끄마한 미크로랍토르*Microraptor* 같은 것들이 있다.

이 비조류형 공룡들의 대부분에게는 분명 날개깃이 없었고, 깃털을 비행 용도로 사용했다는 표시도 없다. 그 대신 깃털이 수각류 공룡들에게서 (그리고 어쩌면 다른 공룡과 지배파충류는 물론이고 특히 익룡에게서도) 널리 나타나는 특징이 분명함을 보여준다. 그렇다면 깃털은 비행 용도로 진화한 게 아니라, 짐작컨대 체온을 보전하는 용도로 수각류 공룡에게 전부터 있던 것이고, 나중에 변형되어 비행을 위한 구조가 되었을 것이다.

리처드 프럼*Richard O. Prum*과 앨런 브러시*Allan H. Brush*(2003)는 깃털의 기원을 완전히 처음부터 다시 생각한 결과, (한때 믿었던 바처럼) 비늘이 변형되어 깃털이 된

그림 12-11 중국의 백악기 하부 랴오닝층에서 출토된 것으로, 깃털이 달렸으나 날지는 못했던 공룡들. 공룡에서 조류로 진화하는 과정의 초기 단계들을 보여준다. (A) 미크로랍토르*Microraptor*. 손과 다리에 깃털이 달려 있다. 그러나 날았느냐의 여부는 아직 논란거리이다. (B) 시노사우롭테릭스*Sinosauropteryx*. 발견된 것 가운데 최초의 비조류형 깃털 달린 공룡. 털처럼 생긴 깃털이 훌륭하게 보존되어 있다(특히 척추를 따라 나 있는 깃털이 도드라진다)(뉴욕 미국자연사박물관의 M. 엘리슨과 M. 노렐의 사진).

(A)

(B)

것이 아니라, 이것과 비슷한 배아의 원기primordium*에서 왔고, 그것의 발생을 서로 다른 혹스유전자들이 제어함을 보여주었다. 제1형 깃털(그림 12-13)은 깃대의 속이 비고 끝이 뾰족한 단순한 모양으로, 원시 수각류인 시노사우롭테릭스에게서 나타난다. 제2형 깃털은 깃가지가 없는 단순한 솜털이고, 제3형 깃털은 깃가지와 깃대가 있기는 있으나 그 가지와 대를 찍찍이처럼 이어주는 미늘깃가지가 없다. 2형과 3형 깃털은 덩치 큰 테리지노사우루스류인 베이피아오사우루스에게서 발견되는데, 이는 거의 모든 수각류 공룡에게 이미 깃털이 있었음을 암시한다(그림 12-13). 제4형 깃털은 미늘깃가지가 깃가지끼리 이어주어서 매끄러운 표면을 이루지만, 깃대는 깃털 좌우가 대칭이 되게 중앙을 똑바로 가른다. 이런 종류의 깃털은 카우딥테릭스에게서 나타나며, 이는 더 고등한 수각류(여기에는 티라노사우루스 렉스도 포함된다) 또한 이 깃털을 가지고 있었음을 암시한다. 깃대가 깃의 안쪽 면 가까이에 자리하는 전형적인 비대칭형 날개깃은 시조새에게서 처음 나타나며, 바로 이런 까

---

*   옮긴이―배아 단계에서 보이는 기관이나 조직

485

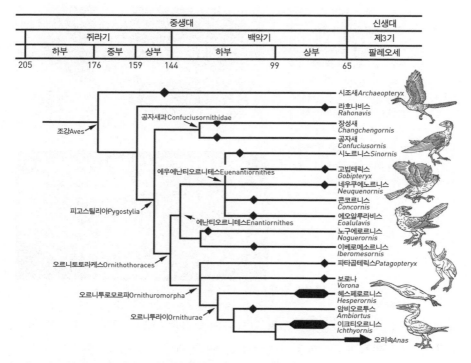

중생대						신생대
쥐라기			백악기			제3기
하부	중부	상부	하부		상부	팔레오세
205	176	159	144		99	65

조강Aves

시조새Archaeopteryx

공자새과Confuciusornithidae

라호나비스Rahonavis

장성새Changchengornis

공자새Confuciusornis

시노르니스Sinornis

에우에난티오르니테스Euenantiornithes

고빕테릭스Gobipteryx

네우쿠에노르니스Neuquenornis

콘코르니스Concornis

피고스틸리아Pygostylia

에오알룰라비스Eoalulavis

에난티오르니테스Enantiornithes

노구에로르니스Noguerornis

이베로메소르니스Iberomesornis

파타곱테릭스Patagopteryx

오르니토토라케스Ornithothoraces

보로나Vorona

헤스페로르니스Hesperornis

오르니투로모르파Ornithuromorpha

암비오르투스Ambiortus

이크티오르니스Ichthyornis

오르니투라이Ornithurae

오리속Anas

그림 12-12 중생대 조류의 계통도. 최근에 발견한 화석 몇 가지를 강조했다(L. 치아페의 그림).

닭에 수많은 과학자는 오랫동안 물려받아온 깃털을 진정한 비행 용도로 변형시킨 첫 동물 가운데 하나가 바로 시조새라고 생각하는 것이다.

　조류 분지도(그림 12-12)에서 시조새의 다음 단계를 따라가다 보면, 마다가스카르의 백악기 층에서 발견된 라호나비스Rahonavis를 만나게 된다(Forster et al. 1998). 크기가 대략 까마귀만 한(그림 12-14A) 라호나비스는 뒷발에 낫 모양의 원시적인 발톱이 있었고, 이빨과 길고 골질인 꼬리를 비롯해서 수각류의 특징이 많았다. 그러나 등뼈의 저부와 골반이 합쳐진 모습(**합엉치뼈**synsacrum), 현생 조류에서 보이듯이 척추뼈 속에 혈관을 모두 갈무리해두는 용도의 구멍이 있는 것과 공기주머니를 가진 것, 깃혹quill knobs이 있는 손가락—이는 라호나비스가 깃털을 가졌고 날 수 있었음(이 시점에서는 놀랄 일이 아니다)을 암시한다—, 발목까지 이르지 못하는 종아

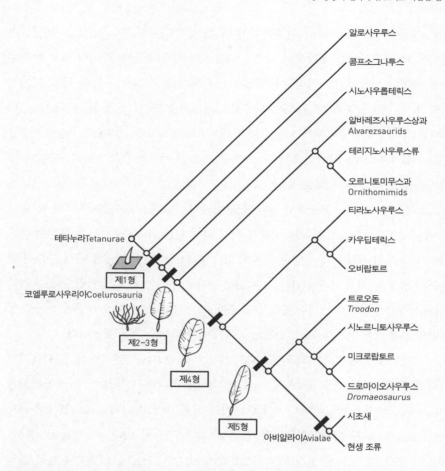

알로사우루스

콤프소그나투스

시노사우롭테릭스

알바레즈사우루스상과
Alvarezsaurids

테리지노사우루스류

오르니토미무스과
Ornithomimids

티라노사우루스

카우딥테릭스

오비랍토르

트로오돈
Troodon

시노르니토사우루스

미크로랍토르

드로마이오사우루스
Dromaeosaurus

시조새

현생 조류

테타누라Tetanurae

제1형

코엘루로사우리아Coelurosauria

제2-3형

제4형

제5형

아비알라이Avialae

그림 12-13 단순한 핀 모양 깃대부터 솜털 깃을 거쳐 깃가지와 깃대가 비대칭을 이루는 복잡한 날개깃까지 깃털 유형의 진화. 중국의 랴오닝성 화석 산지에서 발굴된, 깃털이 달렸으나 날지 못하는 다양한 공룡의 모습에 기초해서, 우리는 대부분의 육식공룡(티라노사우루스 렉스도 해당된다)도 아마 깃털을 가졌을 것임을 입증할 수 있다(Prum and Brush 2000을 수정해서 실었다).

리뼈(더 작아진 경골) 같은 조류형 특징들도 함께 가졌다. 새의 종아리뼈는 가늘고 조그마한 뼈로 줄어들었는데, 닭 다리나 칠면조 다리를 뜯을 때 이에 걸리는 뼈가 바로 그것이다. 그러나 시조새의 종아리뼈는 공룡처럼 완전히 발달되어 있었다.

이다음 단계에 자리매김된 것들은 공자새*Confuciusornis*와 그 친척들로(그림 12-14B), 고등한 새들이 모두 가진 독특한 특징을 하나 가지고 있다. 꽁무니뼈가 그것으로, 옛 공룡 꼬리 부위의 척추뼈들이 하나로 합쳐져서 형성된 것이다. 또한 이 고등한 새들에서는 등 저부의 척추뼈들이 더 많이 합엉치뼈synsacrum로 합쳐졌고, 더 길어진 뼈들로 어깨를 보강하여 비행 능력을 향상시켰다. 이들은 이빨 없는 부리를 가진 최초의 새들이기도 하다. 이 과도기 끝에 이어 분기점이 또 하나 있고, 여기서 갈라진 가지는 멸종한 에난티오르니스류Enantiornithes 또는 '거꿀새backwards birds'(다리뼈들이 현생 조류에서 보이는 것과 반대 방향으로 골화되었기 때문에 이렇게 이름을 지었다)로 이어진다. 에난티오르니스류에는 스페인 라스호야스Las Hoyas 지방의 백악기층에서 발굴된 이베로메소르니스Iberomesornis, 중국에서 발굴된 시노르니스Sinornis(그림 12-14C), 몽골에서 발굴된 고빕테릭스Gobipteryx, 아르헨티나에서 발굴된 에난티오르니스Enantiornis를 비롯해 여러 속이 있다. 이 새들 모두는 몸통 부분의 척추뼈 수가 줄어들었고, 유연한 차골이 있으며, 더 잘 날 수 있게끔 어깨 관절이 만들어져 있고, 손뼈들이 완전골carpometacarpus이라고 부르는 뼈로 합쳐졌으며, 손가락뼈(닭 날개에서 고기가 안 붙어 있는 골질 부분으로 먹지 않는 부위이다)들이 하나로 합쳐졌다는 점에서 시조새, 라호나비스, 공자새보다 더욱 분화한 새들이다.

분지도를 따라 계속 올라가면 백악기의 새들을 여럿 만나게 된다. 이를테면 마다가스카르에서 발굴된 보로나Vorona, 아르헨티나에서 발굴된 파타곱테릭스Patagopteryx, 캔자스주의 백악층에서 발굴된 유명한 수생 조류aquatic bird인 헤스페로르니스Hesperornis와 이크티오르니스Ichthyornis 같은 새들이 있다. 이 새들을 하나로 묶을 수 있는 잘 정의된 형질들은 최소한 열다섯 가지가 있다. 이를테면 복부 갈비뼈인 배뼈가 사라진 것, 두덩뼈가 현생 조류처럼 궁둥뼈와 나란하게 위치가 재정비된 것, 몸통의 척추뼈 수가 줄어든 것, 비행 능력을 높여주는 손과 어깨의 다른 많은 특징들이 이에 해당된다. 이크티오르니스는 가슴뼈에 비행용 근육이 자리할 용골이 있고 위팔뼈에 옹이 모양의 말단이 있어서 날개를 더 유연하게 만들었다는 점에서 현생 조류에 훨씬 가깝다. 마지막으로, 조강의 모든 현생 구성원을 포함하는 분지군은 이빨을 완전히 잃은 것, 그리고 다리뼈들이 부척골tarsometatarsus로 합쳐진 것처럼 해부적으로 분화한 여러 특징들로 정의된다.

홍수처럼 쏟아지는 이런 새로운 발견들에 창조론자들은 어떤 반응을 보일까? 대부분 그들은 아무 반응도 보이지 않는다. 최근에 나온 책들(이를테면 Sarfati 1999,

그림 12-14 지금은 시조새 말고도 중생대의 새로운 과도기 조류가 수십 가지 있다. 시조새처럼 공룡에 가까운 꼴부터 많은 면에서 현생 조류와 비슷한 꼴에 이르기까지 각각의 꼴은 진화적 변화들이 모자이크처럼 뒤섞여 있다. (A) 마다가스카르의 백악기 층에서 발굴된 라호나비스. 아직 시조새처럼 이빨을 가졌고, 손가락은 길고 손톱이 달렸고, 꼬리는 길고 골질이었지만, 엉덩이 척추뼈들은 현생 조류에서 보는 것 같은 볼기뼈(합엉치뼈)로 합쳐졌다(Forster et al., 1998. ⓒ1998 과학진흥협회). (B) 중국의 백악기 층에서 발굴된 공자새. 꼬리의 척추뼈들이 합쳐져 꽁무니뼈가 되었고, 이빨은 사라졌지만, 공룡형인 긴 손가락을 아직 가지고 있었다(Hou et al., 1995. 네이처출판부의 허락을 얻어 실었다). (C) 중국의 백악기 층에서 발굴된 원시적인 에난티오르니스류 조류인 시노르니스. 아직 이빨이 있고, 하나로 합쳐지지 않은 상태의 부척골, 합쳐지지 않은 상태의 골반을 가졌으나, 손가락은 더 짧아졌으며, 다른 손가락과 완전히 맞보는 엄지가 있어서 가지를 붙들 수 있었고, 비행용 근육이 부착될 수 있게 넓은 가슴뼈를 가졌으며, 꼬리의 꽁무니뼈는 한층 짧아졌다(Sereno and Rao 1992, 그림 2. 네이처출판그룹의 허락을 얻어 실었다).

2002)을 비롯해서 꾸준히 내용이 경신되는 창조론 웹사이트들조차도 이 발견들을 철저히 무시해버린다. 웰스(2000)는 '아르카이오랍토르*Archaeoraptor*'라고 부르는 표본 하나 말고는 거의 모두 무시한다. 그 표본은 어느 중국인 화석상이 진짜 화석 두 개로 위조한 합성 화석이었다. 중국에서 밀수한 그 표본을 아마추어 공룡 삽화가들이 사들여 (동료 심사를 거쳐 표본의 진위가 검사되기를 기다리지 못하고 특종을 잡길 원한《내셔널 지오그래픽National Geographic》과 함께) 크게 터뜨렸다. 그러나 잘 훈련된 고생물학자들이 그 표본을 살피자마자, 값을 올리려고 서로 다른 두 표본을 하나로

짜 맞춘 합성 화석인 데다가, 동료 심사가 이루어지는 학술지에 공식적으로 발표된 적이 한 번도 없는 표본임이 금방 들통났다. 웰스(2000)는 그 교묘한 사기 하나를 거론하며(진짜 고생물학자들이 그걸 살피자마자 금방 드러난 사실이다) 중국에서 나온 화석 **모두**가 가짜임을 함축한다거나 자격을 갖춘 고생물학자들도 가짜에 쉽사리 속아 넘어간다는 식으로 말함으로써 고생물학자 전부를 물 먹이려 든다. 그러나 이 이야기를 이루고 있는 사실들이 보여주다시피, 웰스는 모든 면에서 틀렸다.

이렇게 쏟아져 나오는 새로운 조류 화석들과 해부학적 형질들이 버겁다 싶은 느낌이 든다면, 여러분은 제대로 된 인상을 받은 것이다. 지난 20년 동안 새로운 화석과 새로운 생각이 폭발적으로 나온 결과, 1990년 이전에 우리가 중생대 조류에 대해 알고 있다고 생각한 모든 것이 폐기되고 말았기 때문이다. 그리고 새롭고 놀라운 표본들이 해마다 쏟아져 나오면서, 조류의 진화에 대해 우리가 안다고 생각한 것들이 더욱 크게 바뀌어가고 있다. 최종 그림은 아직 그려지고 있는 중이기 때문에, 새로운 발견이 더는 이루어지지 않을 때까지 조류 분지도를 얼마만큼 더 바꾸어야 할지 뭐라고 말할 수가 없는 형편이다. 그러나 하나만큼은 더할 나위 없이 분명하다. 지금 우리에게는 공룡에서 새로 넘어가는 근사한 과도기 꼴이 수십 가지 있다는 것이다. 오로지 시조새에만 초점을 맞춰서 그 화석 기록을 왜곡하는 일에만 골몰하는 창조론 책들은 이 새로운 발견들 때문에 우스꽝스러울 만큼 후진 것이 되어버렸으니, 새장 바닥 깔개용으로나 쓸 만할 뿐이다.

더 읽을거리

Benton, M. J., ed. 1988. *The Phylogeny and Classification of the Tetrapods*. Vol. 1, *Amphibians, Reptiles, Birds*. Oxford, U.K.: Clarendon.

Benton, M. J. 2014. *Vertebrate Palaeontology*. 4th ed. New York: Wiley-Blackwell.

Carroll, R. L. 1988. *Vertebrate Paleontology and Evolution*. New York: Freeman.

Chiappe, L. M. 1995. The first 85 million years of avian evolution. *Nature* 378: 349–355.

Chiappe, L. M., and G. J. Dyke 2002. The Mesozoic radiation of birds. *Annual Review of Ecology and Systematics* 33: 91–124.

Chiappe, L. M. and L. M. Witmer, eds. 2002. *Mesozoic Birds: Above the Heads of Dinosaurs*. Berkeley: University of California Press.

Chiappe, L. M., and Meng Qingjin. 2016. *Birds of Stone: Chinese Avian Fossils from the Age of Dinosaurs*. Baltimore, Md.: Johns Hopkins University Press.

Currie, P. J., E. B. Koppelhus, M. A. Shugar, and J. L. Wright, eds. 2004. *Feathered Dragons: Studies on the Transition from Dinosaurs to Birds*. Bloomington: Indiana University Press.

Dial, K. 2003. Wing-assisted incline running and the evolution of flight. *Science* 299: 402–405.

Dingus, L., and T. Rowe. 1997. *The Mistaken Extinction*. New York: Freeman.

Dodson, P. 1996. *The Horned Dinosaurs*. Princeton, N.J.: Princeton University Press.

Fastovsky, D. E., and D. B. Weishampel. 2005. *The Evolution and Extinction of the Dinosaurs*. 2nd ed. New York: Cambridge University Press.

Fastovsky, D. E. and D. B. Weishampel. 2016. *Dinosaurs: A Concise Natural History*. 3rd ed. New York: Cambridge University Press.

Forster, C. A., S. D. Sampson, L. M. Chiappe, and D. W. Krause. 1998. The theropod ancestry of birds: new evidence from the Late Cretaceous of Madagascar. *Science* 279: 1915–1919.

Gauthier, J. A. 1986. Saurischian monophyly and the origin of birds. *California Academy of Sciences Memoir* 8: 1–56.

Gauthier, J. A., and L. F. Gall, eds. 2001. *New Perspectives on the Origin and Early Evolution of Birds*. New Haven, Conn.: Yale University Press.

Hou, L.-H. Z., Zhou, L. D. Martin, and A. Feduccia. 1995. A beaked bird from the Jurassic of China. *Nature* 377: 616–618.

Long, J., and H. Schouten. 2008. *Feathered Dinosaurs: The Origin of Birds*. New York: Oxford University Press.

McGowan, C. 1983. *The Successful Dragons: A Natural History of Extinct Reptiles*. Toronto: Stevens.

Naish, D., and P. Barrett. 2016. *Dinosaurs: How They Lived and Evolved*. Washington, D.C.: Smithsonian Books.

Norell, M. 2005. *Unearthing Dragons: The Great Feathered Dinosaur Discoveries*. New York: Pi.

Norman, D. 1985. *The Illustrated Encyclopedia of Dinosaurs*. New York: Crescent.

Ostrom, J. H. 1974. *Archaeopteryx* and the origin of flight. *Quarterly Review of Biology* 49: 27–47.

Ostrom, J. H. 1976. *Archaeopteryx* and the origin of birds. *Biological Journal of the Linnean Society* 8: 91–182.

Padian, K., and L. M. Chiappe. 1998. The origin of birds and their flight. *Scientific American* 278: 28–37.

Pickrill, J. 2014. *Flying Dinosaurs: How Reptiles Became Birds*. New York: Columbia University Press.

Prothero, D. R. 2013. *Bringing Fossils to Life: An Introduction to Paleobiology*. 3rd ed. New York: Columbia University Press.

Prum, R. O., and A. H. Brush. 2003. Which came first, the feather or the bird? *Scientific American* 288: 84–93.

Schultze, H.-P., and L. Trueb, eds. 1991. *Origins of the Higher Groups of Tetrapods: Controversy and Consensus.* Ithaca, N.Y.: Cornell University Press.

Shipman, P. 1988. *Taking Wing: Archaeopteryx and the Evolution of Bird Flight.* New York: Simon & Schuster.

Weishampel, D. B., P. Dodson, and H. Osmolska, eds. 2004. *The Dinosauria.* 2nd ed. Berkeley: University of California Press.

Xu, Xing, C. A. Forster, J. M. Clark, and J. Mo. 2006. A basal ceratopsian with transitional features from the Late Jurassic of northwestern China. *Proceedings of the Royal Society of London B* 273: 2135–2140.

그림 13-1 오피아코돈을 비롯해서 돛등을 가진 디메트로돈 같은 원시 단궁류로부터 육식성 고르고놉스류와 족제비를 닮은 트리낙소돈을 거쳐 마지막으로 진정한 포유류에까지 이르는 꿀바꿈 과정은 전체 화석 기록에서 가장 훌륭하게 기록된 과도 계열 가운데 하나이다(칼 뷰얼의 그림).

13

포유류 폭발

양막류에서 단궁류로, 단궁류에서 포유류로

> 척추동물 내의 주요 구조적 계층군 사이를 잇는 그 모든 중대한 과도 과정 가운
> 데, 기저 양막류에서 기저 포유류로 넘어가는 과정은 가장 온전하고 연속적인
> 화석 기록으로 나타나며, 펜실베이니아기 중기부터 트라이아스기 후기까지 대
> 략 7500만~1억 년에 걸쳐 이루어졌다.
> ―제임스 홉슨, 〈단궁류의 진화, 그리고 진수하강이 아닌 포유류의 방산〉

이제까지 우리가 검토한 주요 척추동물군 사이를 잇는 그 모든 과도기 화석 계열
가운데에서 가장 잘 기록된 것 중 하나는 원시 양막류로부터 단궁류를 거쳐 포유
류로 넘어가는 과정이다. 예전에는 단궁류를 '포유류형 파충류'라고 했다. 그러나
앞에서 설명했다시피(그림 11-1), 포유류로 진화한 단궁류는 파충류가 아니며, 파
충류로 이어진 계통과는 아무 관계도 없다. 최초기의 진정한 파충류(석탄기 초기
의 웨스트로티아나, 그림 11-4)와 최초기 단궁류(석탄기 초기의 프로토클렙시드롭스
*Protoclepsydrops*와 석탄기 중기의 아르카이오티리스*Archaeothyris*) 모두 똑같은 정도로 오
래되었으며, 이는 두 계통이 석탄기 첫머리에 갈라졌음을 입증한다. 분지학 이전
의 낡은 해석에서는 단궁류를 원시 양막류의 측계통 쓰레기통군인 '무궁류 파충류
anapsid reptiles'로부터 진화한 것으로 보았다. 지금은 이 생각이 완전히 무너졌기에,
포유류형 파충류라는 폐기되고 그릇된 용어를 아직도 쓰는 자가 있다면, 그 사람은
분명 척추동물의 진화에 대해 현재 이해하고 있는 바를 별로 잘 알지 못하는 사람
이라고 할 수 있다.

　　단궁류 계통에 초점을 맞추어보면, 잘 보존된 화석들(그림 13-1부터 13-4)을 끊임이 거의 없는 모습으로 차례차례 이어 맞출 수 있다. 이 화석들은 석탄기부터 페름기까지 걸쳐 있고, 트라이아스기까지 점점이 이어지다가, 결국 대부분의 계통이 멸종하게 되고(새로이 출현한 공룡과의 경쟁이 그 원인이었을 수 있다), 남은 계통들이 마침내 진정한 포유류로 이어지게 된다. 그 과정에서 각각의 분류군은 모자이크식 포유류 형질들을 보인다. 말하자면 화석 계열 상에서 일찍부터 고등한 특징들이 나타나는 경우도 있고, 꽤 느직하게 나타나는 경우도 있다는 말이다. 가장 원시적인 군은 '반룡류pelycosaurs'(그림 13-2A와 B)라고 하는 측계통 쓰레기통군으로서, 여기에는 가장 오래되고 가장 원시적인 분류군들뿐 아니라(이를테면 프로토클렙시드롭스와 아르카이오티리스) 페름기 초기의 가장 덩치 큰 육상동물에 속했으며 '돛등finbacks'이 장관인 디메트로돈(그림 13-2B)과 에다포사우루스*Edaphosaurus*도 들어 있다. 비록 대부분의 특징을 놓고 볼 때 이 최초기 꼴들은 최초기의 진정한 파충류와 거의 구분이 안 가지만, 그럼에도 프로토클렙시드롭스와 아르카이오티리스 같은 녀석들에겐 단궁류에서만 분화한 특징들이 여러 가지 보인다. 이를테면 두개골 옆면, 곧 뒤안와뼈와 인상골 아래에 구멍이 있고(측두구멍temporal opening), 진정한 송곳니형 이빨이 나타나기 시작하고, 머리뼈와 입천장에도 자잘한 특징들이 여러 군데 있다. 이보다 고등한 디메트로돈 같은 '반룡류'조차도 대부분의 특징은 아직 원시적이지만, 머리뼈에 아래측두구멍이 있고 주둥이 앞면에 커다란 송곳니들이 있는 모습이 분명하게 보인다.

　　분지도에서 다양한 단궁류 군들을 따라 올라가 보면(그림 13-3), 포유류 형질들이 군데군데 나타나면서 점점 많아지는 모습을 보게 된다. 반룡류의 다음 단계는 페름기 후기의 풍경을 우점했던 '수궁류therapsid'로, 커다란 칼니 모양의 송곳니가 달리고 늑대만큼 덩치가 큰 여러 군으로 진화했다(그림 13-2C). 그뿐 아니라 거대한 초식성 수궁류 계통도 있었다. 이 가운데에는 입부리는 있으나 이빨은 거의 없는 녀석들도 있었고, 머리뼈가 두껍고 얼굴에는 과시용과 박치기용으로 쓰였을 못생긴 뼈혹이 있는 녀석들도 있었다. 간단히 말해서 페름기 후기 육상 생태계의 수많은 생태자리에서 우점했던 녀석들이 바로 이 수궁류였다. 이 녀석들은 디메트로

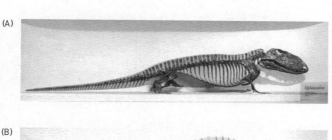

(A)

(B)

(C)

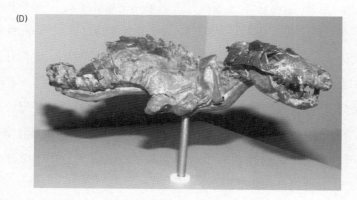

(D)

그림 13-2 단궁류 계통에서 보이는 다양한 과도기 화석들의 골격. (A) 대단히 원시적인 페름기 초기의 '반룡류' 오피아코돈*Ophiacodon*. (B) 돛등을 가진 '반룡류' 디메트로돈. (C) 육식성 고르고놉스류인 리카이놉스*Lycaenops*. 늑대를 닮은 커다란 머리뼈, 큰 송곳니, 더 곧추선 자세가 보인다. (D) 포유류를 많이 닮은 키노돈트류인 트리낙소돈*Thrinaxodon*. 크기는 족제비만 하다(R. 로스먼의 사진).

돈(그림 13-2B) 같은 전형적인 반룡류보다 상당히 고등하기도 했다. 머리뼈 옆면에 있는 측두구멍은 이제 훨씬 더 커져서 턱 근육도 확장되었을 것으로 짐작되며, 따라서 무는 힘이 더욱 세졌을 것이고, 씹는 운동까지도 어느 정도 가능했을 것이다. 머리뼈에서 입천장을 살펴보면, 초기 단계의 이차입천장secondary palate이 있음을 볼 수 있다. 이것은 위턱 가장자리에서부터 자라나온 천장뼈로서, 원래 있던 파충류형 입천장을 관 속에 싸 담은 모습이다. 이차입천장 덕분에 고등한 단궁류와 포유류는 숨쉬기와 먹기를 동시에 할 수 있는데, 파충류는 하지 못하는 일이다(단 악어는 독자적으로 이차입천장을 진화시켰기에 이를 할 수 있다). 파충류는 물질대사가 느리기 때문에, 커다란 먹잇감을 삼키는 사이 오랫동안 숨을 참을 수 있다. 반면에 단궁류에게 이차입천장이 있다는 것은 틀림없이 활동적인 '더운피' 물질대사를 발달시켰으며, 따라서 생존하기 위해서는 먹이를 빠르게 처리해야만 했을 것임을 보여준다. 나아가 머리뼈와 첫 번째 목 척추뼈를 연결했던 낡은 단일 공이관절ball joint이 이젠 이중 공이관절로 나뉘었고, 그 덕분에 머리를 더 유연하게 움직일 수 있었을 것으로 짐작된다.

수궁류에서는 송곳니가 훨씬 커지고, 나머지 이빨 가운데 일부 역시 더욱 분화하여 스테이크용 칼처럼 가장자리가 깔쭉깔쭉하다. 팔다리에도 놀라운 차이가 보인다(그림 13-4). 팔이음뼈는 훨씬 강해지고 더욱 유연해졌으며, 등 저부의 척추뼈가 더 많이 볼기뼈로 합쳐졌다. 마지막으로, 수궁류의 팔다리는 더 이상 원시 단궁류에서 보이는 것 같은 납작하게 좌우로 뻗은 자세를 취하지 않고, 그 대신 팔다리가 몸통 아래로 똑바로 달려 있어서 완전히 다리를 편 자세로 걸었다. 그 결과 팔다리를 이루는 모든 뼈들의 모양과 근육 조직에서 자잘한 변화가 수없이 많이 일어났으며, 손가락을 이루는 뼈들은 훨씬 짧아졌다. 왜냐하면 더는 도마뱀처럼 발가락이 밖으로 벌어진 편평발로 납작 엎드려 걷지 않고, 대부분의 포유류가 하는 것처럼 발가락 끝으로 걷기 시작했기 때문이다.

그다음 단계는 '키노돈트류cynodonts'라고 부르는 군으로, 페름기 후기에 등장했으며, 페름기 말에 있었던 지구 역사상 최악의 대멸종을 견디고 살아남아서 트라이아스기 초기의 세상을 지배했다. 키노돈트류(그리스어로 '개의 이빨'을 뜻하는 이

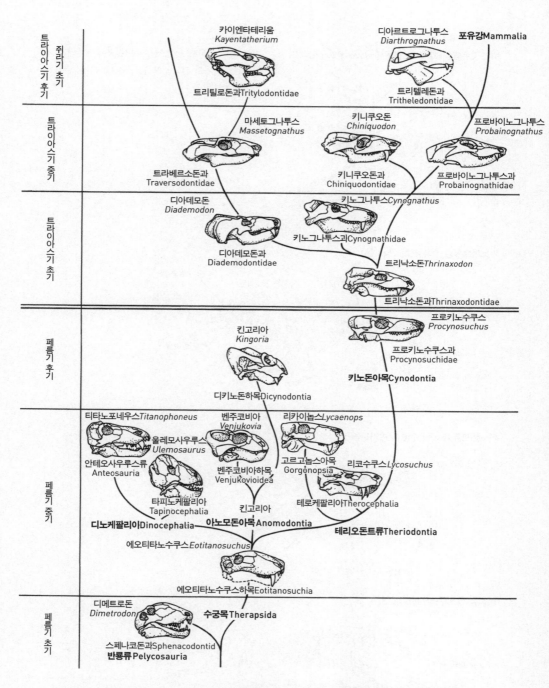

그림 13-3 원시 반룡류로부터 수궁류와 키노돈트류를 거쳐 진정한 포유류까지 단궁류 머리뼈의 진화(Kardong 1995. 맥그로힐 출판사의 허락을 얻어 실었다).

초기 포유류(메가조스트로돈*Megazostrodon*)

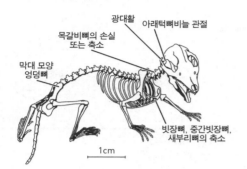

광대활
목갈비뼈의 손실
또는 축소
아래턱뼈비늘 관절
막대 모양
엉덩뼈
빗장뼈, 중간빗장뼈,
새부리뼈의 축소
1cm

그림 13-4 디메트로돈 같은 원시 '반룡류'로부터 키노돈트류를 거쳐 진정한 포유류까지 단궁류의 골격이 꼴바꿈해온 과정.

키노돈트류인 수궁류(트리낙소돈)

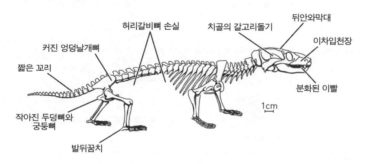

커진 엉덩날개뼈
허리갈비뼈 손실
치골의 갈고리돌기
뒤안와막대
짧은 꼬리
이차입천장
작아진 두덩뼈와
궁둥뼈
분화된 이빨
발뒤꿈치
1cm

키노돈트류가 아닌 수궁류(리카이놉스)

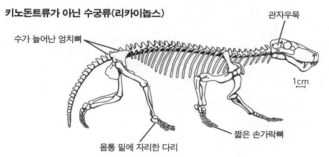

수가 늘어난 엉치뼈
관자우묵
몸통 밑에 자리한 다리
짧은 손가락뼈
1cm

반룡류(합토두스*Haptodus*)

마루뼈구멍
긴 꼬리
아래턱뼈
1cm
큰 빗장뼈,
중간빗장뼈,
새부리뼈
긴 손가락뼈
큰 두덩뼈와 궁둥뼈
꼬리척추뼈에 난 큰 돌기들

름이다)는 많은 면에서 포유류와 아주 많이 닮았다(그림 13-2D와 13-3). 머리뼈 뒤쪽에 있는 측두구멍이 한층 커진 덕분에 여러 턱 근육이 발달할 수 있었고, 이 근육 덕분에 키노돈트류의 턱은 물기뿐 아니라 씹기도 가능해졌다. 송곳니는 컸고, 송곳니 다음에 난 이빨들(작은어금니와 큰어금니)은 씹기에 알맞도록 다교두성multicuspid으로 분화했다. 무슨 말이냐면, 파충류와 원시 단궁류의 이빨처럼 단순한 원뿔 모양으로 찌르는 이빨이 아니었다는 것이다. 이차입천장은 이제 거의 완전하게 발달해서, 안쪽의 기도 구멍이 입 속이 아니라(원시 단궁류가 이랬다) 목 뒤쪽에 자리했다(포유류가 이렇다). 팔다리(그림 13-4)는 한층 더 곧추서서 재고 빠르게 달리기에 알맞게 분화했으며, 팔이음뼈는 가벼워졌고 볼기뼈 부위는 작아졌다(단 척주를 따라 있는 볼기 부위의 엉덩날개뼈iliac blade는 커졌다). 발뒤꿈치에는 종골calcaneum이라고 하는 발목뼈가 길어져서 아킬레스힘줄이 자리할 수 있게 되었다. 이는 달리기가 훨씬 효율적이고 빨라졌다는 표시이다. 꼬리도 짧아졌다. 가슴우리는 등 저부부터 사라졌고, 일부 표본에서는 갈비뼈 모서리끼리 맞붙어 있기도 하다. 이는 키노돈트류가 갈비뼈들을 부풀려서 숨을 들이쉬고 내쉬고 하는 것이 아니라(파충류가 이렇게 한다), 가슴우리는 단단히 고정시키고 폐강과 복강 사이에 있는 근육벽인 가로막diaphragm을 이용해 공기를 펌프질해서 허파 속으로 들이고 밖으로 내보냈음을 암시한다. 트리낙소돈Thrinaxodon(그림 13-2D) 같은 일부 고등한 키노돈트류는 실제로 주둥이에 작은 오목들이 있는데, 이는 수염이 있었음을 암시한다(보통의 경우에 털은 화석이 되지 않기 때문에, 화석에 털이 있었는지 없었는지 알아내기는 힘들다). 만일 그렇다면, 아마 키노돈트류에겐 다른 곳에도 털이 있었을 것이며, 아마 단궁류의 진화 초기에 덩치가 작은 수궁류가 진화하면서 털이 나타났을 것이다.

트라이아스기 초기의 트리틸로돈류trytylodonts와 트리텔로돈류trithelodonts 같은 가장 고등한 키노돈트류(그림 13-3)는 족제비를 닮은 덩치가 작은 꼴들로서 머리뼈는 고도로 분화되었고, 큰 측두구멍과 여러 벌의 턱근육이 있었으며, 큰어금니와 작은어금니도 고도로 분화되었고, 골격은 개와 매우 흡사하며, 포유류에 전형적인 특징들을 거의 모두 가지고 있었다. 이 특징들을 비롯해서 다른 특징들을 보아도 녀석들은 워낙 포유류를 닮아 있어서 종종 포유류로 불렸다. 사실 가장 원시적인 단궁류에서 포유류로 넘어가는 과정 전체는 대단히 부드럽게 이어지기 때문에, 그 연속된 순서의 어디를 끊어서 어느 단궁류부터 포유류라고 부를지는 고생물학자마다 생각이 퍽 다를 수 있다. 그러나 대부분의 고생물학자는 뉴멕시코주, 중국, 남아프리카의 트라이아스기 후기층에서 출토된 아델로바실레우스*Adelobasileus*, 시노코노돈 *Sinoconodon*, 메가조스트로돈*Megazostrodon*(그림 13-4), 모르가누코돈*Morganucodon* 같은 생물들이 진정한 포유류라는 데는 이견이 없다. 왜냐하면 덩치가 극적으로 작아졌고(쥐만 하거나 더 작았다), 목척추뼈에서 갈비뼈가 사라졌고, 팔이음뼈에 있던 파충류형 뼈 요소들(빗장뼈, 중간빗장뼈, 새부리뼈)이 작아졌고, 볼기뼈의 엉덩뼈 부위가 척주를 따라 난 단순한 막대뼈 하나로 작아졌기 때문이다. 가장 중요한 점은, 이 녀석들에게는 턱의 치골dentary bone과 머리뼈의 인상골squamosal bone 사이에 턱관절이 있다는 것이다. 이것이 바로 포유강을 정의하는 한 가지 형질이다.

이 점진적인 과도 과정을 쭉 따라가다 보면, 이 동물들의 턱과 귀에서 훨씬 놀라운 이야기를 찾을 수 있다(그림 13-5). 디메트로돈 같은 초기 단궁류에게는 전형적인 원시 양막류형 턱이 있었다. 턱 앞부분은 치골(이빨이 포함된 뼈)로 이루어져 있지만, 그 뒷부분에는 다른 뼈들이 많이 있었다. 곧 턱근육들이 턱을 잡아당기도록 해주는 갈고리뼈coronoid bone, 턱 경첩에 자리한 관절골articular bone, 턱 저부의 뒷부분 (구석)에 있는 각골angular bone, 그리고 여러 부속 뼈들이 있었다. 아래턱의 관절골은 양막류 머리뼈의 방골quadrate bone과 맞물려 경첩을 이룬다. 이 두 뼈 모두 가운데귀와 '등자鐙子'뼈(등골stapes)에 맞닿아 있어 아래턱에서 귓속으로 소리를 전달하는 일을 거든다. 그런데 단궁류가 점점 더 고등해지는 단계를 따라가다 보면, 턱에서 몇 가지 놀라운 변화가 일어나는 모습을 보게 된다. 치골을 제외한 모든 성분들(그림 13-5의 오른쪽 줄에서 색칠한 뼈들)이 점점 작아지다가 고등한 키노돈트류가 나타나는 시기에 이르면, 이 뼈들의 대부분이 턱의 안쪽 뒷부분에 그저 자잘한 쪽뼈들로 자리하게 된다. 그리고 치골은 더욱 커져서 턱의 거의 전부를 이루게 된다. 이런 꼴바꿈이 일어날 만한 이유를 따져보면, 일련의 뼈들이 하나로 봉합된 것보다는 단일한 뼈(치골)가 훨씬 강하기 때문일 것이며, 단궁류가 더욱 적극적으로 먹이를 씹게 되면서 그때 걸리는 모든 부하를 처리할 턱이 필요했을 것이다. 치골에서 갈고리

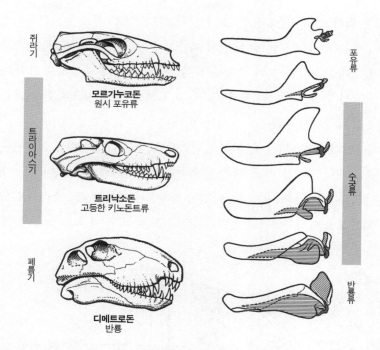

그림 13-5 단궁류 내에서 일어난 턱뼈의 점진적인 꼴바꿈. 치골이 아닌 턱뼈들(색칠한 부분: 각골, 상각골, 관절골, 갈고리뼈, 비골 등등)이 턱 뒷부분 안쪽에 있는 자잘한 쪽뼈들로 점진적으로 작아졌고, 치골(색칠하지 않은 부분)이 주요 턱뼈의 자리를 물려받았다. 그러다가 종당에는 치골이 아닌 턱뼈들이 포유류에서 사라졌다. 단 관절골은 예외로, 가운데귀의 '망치뼈'(추골)가 되었다(칼 뷰얼의 그림).

돌기coronoid process라고 하는 부분은 위쪽으로 확장해서 측두근의 부착점이 되어 원시 양막류의 갈고리뼈를 대신했다. 머리뼈의 방골과 맞물린 원시적인 관절골은 크게 작아졌다. 이런 변화가 일어나는 동안, 치골의 한 부위가 위쪽으로 확장하여 인상골 부위에서 머리뼈와 만나 새로운 턱관절의 시발점이 되었다. 그러다가 마침내 치골-인상골 턱관절이 완전히 자리매김하게 되고, 원시적인 관절골-방골 턱관절은 사라지게 된다.

그런데 훨씬 놀라운 화석이 하나 있다. 디아르트로그나투스Diarthrognathus(그림 13-6)라고 하는 트리텔로돈류는 이런 과도 과정이 어떤 식으로 일어났는지 보여 준다. 이 녀석의 이름은 '턱관절이 두 개'라는 뜻으로, 턱관절이 정말 두 개 있다. 곧 옛 양막류형 관절골-방골 턱관절이 머리뼈 양편에 여전히 자리하면서, 새로운 치

503

골-인상골 턱관절도 나란히 있는 것이다. 이보다 완벽한 과도기 화석을 내놓아보라고 요구할 수 없을 정도여서, 한 벌의 턱관절이 다른 한 벌의 턱관절로 넘어가는 과정에서 그대로 붙들린 듯한 모습을 보여준다. 그러다가 종당에는 관절골-방골 턱관절이 점점 작아져서 더는 턱관절 구실을 못하게 되고, 치골과 인상골이 그 자리를 완전히 대신하게 되었다.

그렇다면 방골과 관절골은 어떻게 되었을까? 아래턱에서 치골을 제외한 뼈들이 대부분 그랬던 것처럼, 이 두 뼈 또한 완전히 사라져버릴 수 있었다. 그런데 앞에서 잠깐 했던 얘기를 기억하는가? 곧 원시 양막류는 아래턱으로 소리를 들었으며, 소리가 턱관절에서 가운데귀로 전달되었다는 것 말이다. 예를 들어 몸을 세워 뱀

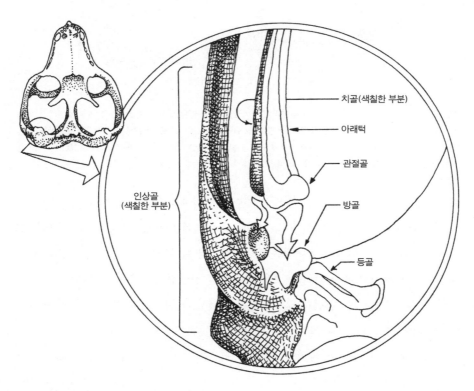

그림 13-6 실제로 디아르트로그나투스에게는 원시 단궁류가 가진 구식 관절골-방골 턱관절과 포유류형인 치골-인상골 턱관절이 머리뼈 양편에서 나란히 작동했다(McLoughlin 1980, Viking, New York에 나온 그림. 허락을 얻어 실었다).

부리는 사람과 마주한 뱀은 사실 소리를 듣지 못한다. 턱이 지면과 접촉하지 않으면 진동을 잡아내지 못하기 때문이다. 뱀은 뱀 부리는 사람의 몸짓에 반응하는 것이지, 피리 소리에 반응하는 것이 아니다. 피리 소리는 관광객들을 위한 것이며, 뱀은 그 소리를 전혀 듣지 못한다. 그래서 설령 방골과 관절골이 쪼그라들어서 턱관절 기능과 무관한 뼈가 되었다고 해도, 그 두 뼈는 사라진 것이 아니다. 바로 지금 여러분의 가운데귀 속에 그 두 뼈가 있다(그림 13-7)! 방골은 **침골**砧骨, 곧 '모루뼈'로 변했고, 이 뼈는 소리를 **등골**鐙骨, 곧 등자뼈로 전달한다. 관절골은 **추골**槌骨, 곧 '망치뼈'로 변했고, 이 뼈는 고막에서 모루뼈로 소리를 전달한다. 그래서 여러분이 소리를 들을 때, 그 소리는 애초에 턱과 머리뼈 관절의 일부로 출발한 뼈들을 거쳐 전

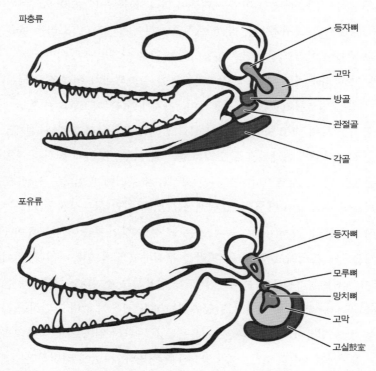

그림 13-7 귀 부위도 극적인 꼴바꿈을 겪었다. 아래턱 쪽 경첩의 관절골과 머리뼈 쪽 턱 경첩의 방골이 가운데귀로 이동해서 침골과 추골('모루뼈'와 '망치뼈')이 되었다. 화석만이 아니라 포유류의 배아발생 과정에서도 이와 똑같은 꼴바꿈을 볼 수 있다. 여러분이 배아였을 때, 가운데귀는 턱에서 출발했다.

달되는 것이다. 이 이야기가 도무지 믿기지 않는다면, 이것만 생각해보면 된다. 여러분이 배아였을 때, 귀뼈들은 처음에 아래턱과 머리뼈 속의 연골로 나타났으며, 배아발생을 거치면서 자리를 이동하다가 마침내 가운데귀에 이르게 되는데, 이는 진화하는 동안에 이 뼈들이 거친 경로를 되밟는 것이다!

하지만 가장 큰 결정타가 된 놀라운 화석이 있다. 내 친구인 루오 저시Luo Zhexi와 동료들이 허베이성에 있는 이시엔 성층Yixian Formation의 백악기 하부층에서 발굴해 서술한 야노코노돈Yanoconodon이라는 화석이 그것이다(Luo et al. 2007). 이 지층은 앞장에서 서술한 그 모든 새들이 출토되었던 랴오닝성의 지층과 연대가 같다. 아름답고 완전한 상태의 표본인 야노코노돈은(그림 13-8) 죽을 당시의 자세 그대로 모든 뼈들이 연결된 상태로 부드러운 호성 퇴적물 속에 보존되었다. 이 표본에서 가장 놀라운 점은 가운데귀를 이루는 뼈들이 **아직 아래턱과 연결되어 있다**는 것이다! 이 동물은 다른 여느 포유류처럼 방골-관절골(모루뼈-망치뼈)로 소리를 들을 수 있었지만, 그 뼈들이 아직 가운데귀로 이동하지는 않은 상태였던 것이다!

물론 이 놀라운 증거 모두는 창조론자들이 소화해내기 어려운 것들이다. 듀에인 기시 같은 창조론자들은 이 동물들이 "자기네 턱을 재조립하는 동안에 씹기도 하고 듣기도 하네"라고 농을 치며 이 생각 전체를 조롱하려고 한다. 실제로 대부분의 파충류가 어떻게 아래턱으로 소리를 듣는지, 또는 두 가지 턱관절 조합이 동시에 작동했던 디아르트로그나투스 같은 화석들이 우리에게 있다는 사실, 또는 사람의 귀뼈들이 원래 배아발생 초기 단계에는 턱에 있었다는 사실을 기시는 청중에게 밝히지 않는다. 기시(1995: 147-173)는 늘 쓰던 방법으로 이 단궁류의 근사한 진화 순서를 무너뜨리려고 한다. 곧 맥락을 무시하고 글을 인용하거나, 현재 우리가 가진 지식을 반영하지 못하는 후진 자료를 인용하는 것이다. 기시는 톰 켐프Tom Kemp(1982)의 35년 된 책을 뒤져서, 단궁류에는 과도 과정이 없다고 말하는 듯이 보이는 글을 찾아 인용한다. 그러나 그 인용문들을 찬찬히 읽어보면, 각각의 단궁류 속들(이 가운데에는 소수의 화석으로만 알려진 속이 많다) 사이에 점진적인 꼴바꿈이 일어난다는 증거가 우리에게 많지 않다고 켐프가 말하고 있음을 알 수 있다. 그러나 그렇다고 해서 우리가 그 속들을 (이번 장에서 우리가 한 대로) 차례차례 늘어놓

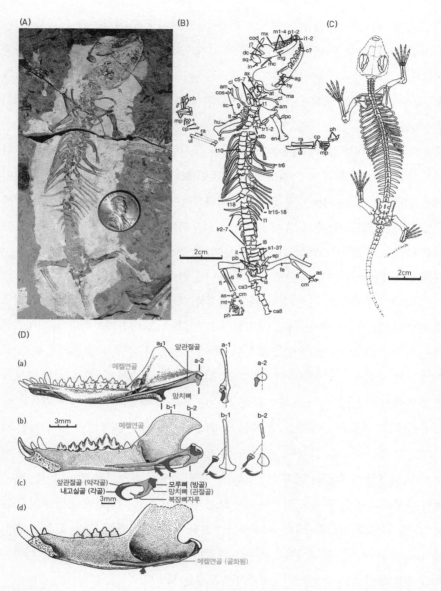

그림 13-8 중국의 백악기 하부 지층에서 나온 원시적인 트리코노돈트triconodont 포유류 종인 야노코노돈 알리니 *Yanoconodon allini*. 아래턱에 귀뼈들이 부착된 상태를 그대로 간직하고 있다. (A) 원래 표본을 찍은 사진. (B-C) 골격 스케치. 뼈에 분류 표식을 한 그림과 골격을 복원한 그림. (D) 아래턱의 세부도. 귀뼈 고리가 아래턱에 여전히 부착되어 있으면서도 듣는 기능을 했음을 보여준다. 표본 (a)는 트라이아스기의 원시 포유류인 모르가누코돈*Morganucodon*의 턱이다. (b)는 야노코노돈의 턱이고, (c)는 귀뼈의 세부도이다. (d)는 트리코노돈트인 레페노마무스*Repenomamus*의 아래턱이다. 더 자세히 알려면 Luo et al. 2007: 288-293을 보라(카네기자연사박물관의 저시 루오의 사진과 그림).

고 그 속들 사이의 근사한 진화 순서(그림 13-3)를 보여줄 수 없다는 뜻은 아니다. 기시는 중생대에는 빠진 화석들의 블랙홀이 있다고도 주장한다. 그러나 그 빈틈은 오래전에 몇 가지 놀라운 화석들로 이미 채워진 터였다. 기시가 펼친 나머지 비판들의 대부분도 기시가 이 화석들이나 이 화석들의 해부 구조에 대해 직접 익힌 지식이 단 하나도 없음을 보여주고, 그저 다른 사람들이 쓴 책을 뒤지며 자기 편견을 뒷받침하는 듯이 보이는 글들을 찾아내서 맥락을 무시한 채 인용하고는 저자가 전혀 의도치 않은 말을 마치 저자가 하고 있는 것처럼 보이게 만드는 것에만 몰두한다. 이번에도 기시가 보인 태도는 부정직하고 비과학적이다. 만일 기시가 정말로 진실에 관심이 있었다면, 나름대로 숙제를 하면서 해부학과 고생물학을 어느 정도 배우고 직접 화석을 공부했을 테고, 그러다가 이제까지 두 주요 동물군 사이에서 기록된 것 가운데 가장 좋은 대진화적 과도 과정의 하나를 마침내 보게 되었을 것이다.

ID 창조론자들은 이 굉장한 과도 과정을 어떤 식으로 다루고 있을까? 웰스 (2000)는 이를 언급조차 안 하고, 사르파티(1999, 2002)도 마찬가지이다. 데이비스와 케니언(2004: 100-101)은 맥락을 무시한 채 진화론자 몇 사람의 말을 인용하고, 심지어 이렇게 인정하기까지 한다. "의심할 여지없이 수궁류는 다윈주의적인 계통을 크게 연상시킨다." 그러나 그래놓고 두 사람은 진화에 대한 이해가 전혀 없음을 드러내면서, 그 계통은 단일한 조상 계통이 아니라 서로 다른 계통들이 많이 섞인 것이라고 논하는 식으로 그 전체 사례를 미심쩍은 것으로 만들려고 한다. 그러나 서로 다른 계통들이 수없이 많이 섞인 모습이 **바로** 덤불처럼 가지를 뻗어나가는 체계에서 대부분의 진화적 과도 과정이 작용하는 방식이다. 그 계통들은 존재하지도 않는 '존재의 사슬'(창조론자들이 흔히 빠지는 오해이다)에서 '빠진 고리'로 있는 것이 아니라, 서로 가까운 핏줄사이를 이루는 다양한 계통들로 있으며, 각 계통은 차츰차츰 포유류에 가까운 형질들을 갖춰나가는 모습을 보인다.

공룡의 시대를 산 털뭉치들

망치뼈로 미리 계획된
포유류가
귀에 가득 담고 있는
자기네 조상들의 턱
—존 번스, 《생물학낙서》

중생대, 곧 공룡의 시대에 산 생명을 생각할 때면, 공룡이 지구를 지배했으니 포유류는 아직 진화하지 않았을 거라고 여기는 사람들이 있다. 사실 최초기 포유류는 최초기 공룡이 진화한 때와 똑같은 트라이아스기 후기에 키노돈트류로부터 진화했다(한때 트라이아스기를 지배한 덩치 큰 단궁류의 마지막 자손들을 공룡이 경쟁에서 이겼을 것이다). 그러나 곧이어 그다음 1억 3000만 년 동안 공룡이 지구를 지배하게 되었으며, 그동안 포유류는 계속 덩치가 작아서 눈에 잘 띄지 않는 동물이었고, 집고양이보다 큰 포유류는 거의 없었다. 포유류의 대부분은 수풀 사이에서 숨어 지내다가 주로 밤에만 돌아다니는 등 '무시무시한 도마뱀들' 세상의 외진 구석에서 살았던 것이 분명하다. 사실 포유류의 역사에서 첫 3분의 2는 중생대의 이런 작디작은 포유류 이야기로 채워져 있다. 백악기 말에 비조류형 공룡들이 사라지고 난 뒤에야 비로소 포유류에게 세상의 문이 열렸고, 마침내 포유류가 지구를 지배할 수 있게 된 것이다.

한 세기가 넘도록 중생대의 포유류에 대해 아는 바는 몹시 적었다. 녀석들의 덩치가 너무 작고 연약했던 까닭에, 우리가 찾을 수 있는 최상의 화석이라고 해보았자 땃쥐만 한 크기의 동물들에서 떨어져 나온 핀 대가리만큼 자잘한 이빨과 턱의 일부가 고작이었다. 그것들 말고 골격의 다른 부분에 대해서는 알려진 것이 거의 없었다. 비록 한 세기가 지난 뒤였어도, 내가 석사학위 논문을 쓰려고 쥐라기의 포유류를 처음 연구하기 시작한 1977년의 형편도 여전했다. 그 시절에 나는 와이오밍 주 코모블러프Como Bluff의 유명한 쥐라기 상부 모리슨 성층Morrison Formation에서 새

509

로 수집된 턱과 이빨들을 가까이에서 직접 살폈다. 그 덕분에 나는 당시 알려진 초창기의 모든 중생대 포유류를 조사해서, 아직 이해된 바가 보잘것없던 이 모든 종들에 대해 처음으로 분지학적 분석을 수행할 수 있었다. 나는 그 연구 결과를 여러 편의 논문으로 발표했다. 당시 내가 보여줄 수 있던 한 가지 결론은, 오랫동안 남용된 '전수목Pantotheria'이라는 측계통군이 가망 없는 '쓰레기통 군'이니까 폐기해야 한다는 것이었다. 실제로 그 이후로 대부분의 고생물학자는 이 낡은 개념을 더는 쓰지 않았다. 1977년의 긴 현장 조사 기간 중에 내 대학원 지도교수 맬컴 맥키나 및 동료 대학원생들과 나는 모닥불 앞에 둘러앉아 절망스러울 만큼 불완전하고 자잘한 이빨과 턱 조각 대신에 이 녀석들의 머리뼈가 있었다면, 아니 하다못해 부분 골격이라도 있었다면 사정이 어떻게 달라졌을까 자주 공상에 빠지곤 했다. 우리 이전의 한 세기 동안, 중생대 포유류를 연구한 모든 이들이 틀림없이 우리와 똑같은 기분이었을 것이다. 그래도 그들은 당시 가진 것들로 할 수 있는 최선을 다했다.

그 뒤로 곧 나는 중생대 포유류에서 손을 뗐다. 당시엔 연구할 표본이 더는 새로 나오지 않았기 때문이다. 또한 나는 낙타, 말, 코뿔소처럼 덩치가 더 크고 연구하기도 더 수월한—관찰하고 사진 찍을 때 현미경이 필요 없었다—포유류를 선호했다. 그런데 그 이후로 중생대의 새로운 포유류 화석이 실로 폭발적으로 많이 발견되었다. 턱과 이빨에 기초해서 동정한 새 종들이 더욱 많아졌을 뿐 아니라, 머리뼈가 양호한 상태인 굉장한 화석도 있었고(그림 13-9), 비록 얼마 안 되어도 뼈들이 잘 연결된 골격이 많은 군들에서 발견되었다. 이 표본들이 보여주는 바에 따르면, 중생대 포유류는 대부분 덩치가 작았고, 곤충을 잡아먹었으며, 사는 습성도 대부분 오늘날의 땃쥐와 매우 흡사했다. 덩치가 이보다 약간 더 큰 녀석들도 얼마 있었다. 중국의 백악기층에서 발굴된 레페노마무스Repenomamus라고 하는 표본은 몸길이가 1미터가 넘고, 뱃속에는 공룡 프시타코사우루스의 새끼까지 있는 모습으로 보존되었다. 하지만 일반적으로 보았을 때, 당시의 포유류는 공룡을 피해 살았고 공룡과 경쟁할 만한 처지가 전혀 아니었던 것으로 보인다. 하물며 공룡을 잡아먹을 처지는 더더욱 아니었을 것이다.

가장 놀라운 중생대 포유류 표본들은 앞장에서 살핀 수많은 깃털 달린 공룡과

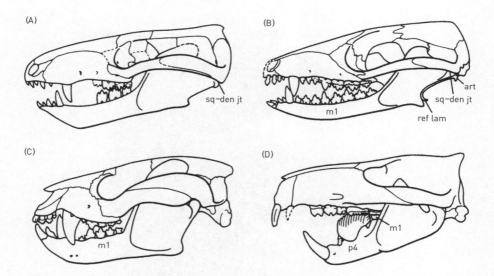

그림 13-9 중생대 포유류 가운데 잘 알려진 머리뼈 몇 가지. (A) 쥐라기 초기의 시노코노돈. (B) 쥐라기 초기의 모르가누코돈*Morganucodon*. (C) 백악기 초기의 빈켈레스테스*Vincelestes*. (D) 팔레오세의 다구치목multituberculates 동물인 프틸로두스*Ptilodus*. 중생대에 방산된 뒤로 오랫동안 존속한 다구치목 동물을 대표한다. sq-den jt는 인상골-치골 관절squamosal-dentary joint, ref lam은 거울상 판reflected lamina, art는 관절골articular bone, m1은 첫째 아래어금니 first lower molar, p4는 넷째 작은아래어금니fourth lower premolar를 뜻한다(Hopson 1994, 그림 9에서. J. 홉슨의 그림).

13-10 (A)

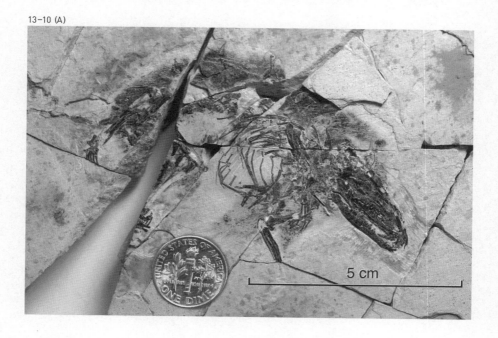

13-10 (B)

그림 13-10 알려진 것 가운데 가장 오래된 유대류인 시노델피스 스잘라이*Sinodelphys szalayi*의 화석이 온전한 모습으로 훌륭하게 보존되었다. 중국의 백악기 하부층에서 출토되었다. (A) 전형적인 표본의 온전한 골격. (B) 칼 뷰얼이 시노델피스의 생김새를 그림으로 복원했다. Luo et al. 2003: 1934-1940을 참고하라(카네기자연사박물관의 저시 루오의 사진).

13-11 (A)

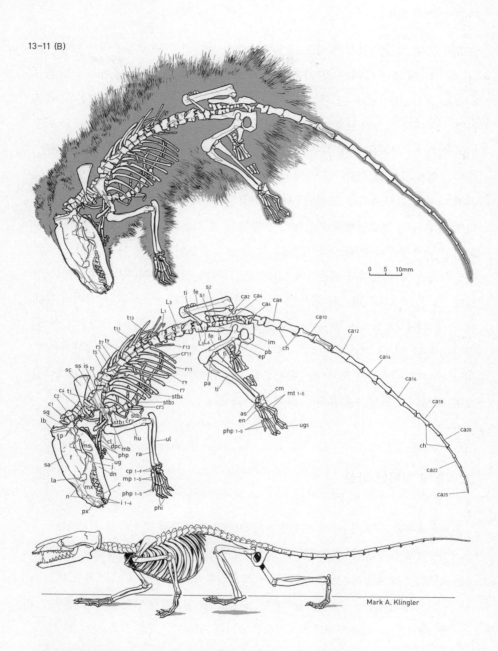

그림 13-11 알려진 것 가운데 가장 오래된 태반포유류인 에오마이아 스칸소리아*Eomaia scansoria*의 화석이 온전한 모습으로 훌륭하게 보존되었다. 중국의 백악기 하부층에서 출토되었다. (A) 전형 표본 사진. (B) 골격 스케치와 살았을 적에 보였을 모습대로 골격을 복원한 그림. Ji et al. 2002: 816-822를 참고하라(카네기자연사박물관의 저시 루오의 사진과 그림).

초창기 조류 화석이 출토된 바로 그 랴오닝성의 백악기 하부 호성층에서 발굴되었다. 이 가운데에는 알려진 것 가운데 가장 오래된 유대류인 시노델피스 스잘라이 *Sinodelphys szalayi*(그림 13-10)가 완전한 상태로 보존된 표본이 있다. 이 표본은 서로 연결된 상태의 뼈들만 보존된 것이 아니라, 털과 부드러운 조직의 인상까지도 보존되어 있다. 이 화석은 유대류(주머니를 가진 포유류를 말하며, 오늘날에는 주머니쥐, 캥거루, 코알라 등이 해당된다)가 이미 1억 2000만 년 전에 주요 포유류 줄기로부터 갈라져 나왔음을 보여준다. 그리고 주머니쥐형 유대류의 이빨은 백악기 대부분의 시기에 발견된다. 랴오닝성의 지층에서는 알려진 것 가운데 가장 오래된 태반포유류 화석인 에오마이아 스칸소리아*Eomaia scansoria*도 발굴되었으며, 이 표본에도 털과 부드러운 조직의 흔적이 보존되어 있다(그림 13-11). 중국의 쥐라기 지층에서는 이보다 더 이른 시기의 태반류 화석인 주라마이아*Juramaia*가 출토되었다. 그래서 유대류와 태반류(새끼를 낳은 포유류로, 현생 포유동물의 대부분이 여기에 해당된다)의 갈라짐은 불과 몇 년 전까지 우리가 생각했던 것보다 훨씬 이른 시기의 백악기에 일어난 일이었다. 백악기 후기에는 유대류와 태반류 모두 대단히 빠르게 진화해나갔으며, 중생대의 고형 포유류 군은 대부분 사라졌다.

그 이후에 일어난 방산

태반포유류 또는 진수하강 포유류는 약 20개의 현생 목과 멸종한 여러 목으로 이루어져 있다. 이 군의 형태적 및 적응적 범위는 굉장하다. 다양한 꼴들로 분화하면서 온갖 계통이 나왔다. 곧 사람과 그 영장류 친척들, 하늘을 나는 박쥐, 바다를 헤엄치는 고래, 개미를 잡아먹는 개미핥기와 천산갑과 땅돼지, 뿔이 기괴할 만큼 과도하거나 가지뿔을 치렁치렁 달거나 기다란 관 모양 코를 가진 초식동물(유제류)뿐 아니라, 쥐, 생쥐, 비버, 호저 같은 어마어마하게 다양한 쥐목도 있다. 이런 적응적 다양성은 말할 것도 없고 수천에 이르는 현생 및 화석 종들의 출현 역시 6500만 년 전에서 8000만 년 전 사이의 중생대 후기에 시작된 방산이 낳은 결과임은 분명하다. 척추동물의 역사에서 더욱 흥미로운 한 장이 되어주는 것이 바로 이 폭발적 방산이다.
—마이클 J. 노바체크, 〈태반포유류의 방산〉

6600만 년 전인 백악기 말에 비조류형 공룡들이 지상에서 사라졌다. 우주에서 온 커다란 바윗덩어리 하나가 지구와 충돌해서 녀석들을 죽여 없앴다고 논하는 과학자들도 있고, 그처럼 극단적인 격변을 견뎌낼 능력이 없었을 텐데도 살아남은 생물이 너무나 많았다는 사실을 지적하는 과학자들도 있다. 후자의 과학자들은 운석 충돌보다는 더 점진적인 변화가 그 멸종의 원인이었고, 화석 기록이 보여주는 증거가 이를 뒷받침한다고 주장한다(이 문제를 검토한 글을 보려면 Prothero 2016을 참고하라). 멸종의 원인이 무엇이었든, 팔레오세 초입에는 지상에서 덩치 큰 동물을 찾아볼 수 없었다. 그래서 요행히 살아남은 녀석들 누구나 차지할 수 있는 빈 생태자리가 널려 있었다. 백악기가 끝나고 100만 년이 흐르는 사이에 포유류는 폭발적으로 진화 방산evolutionary radiation을 하기 시작했고, 이 무렵의 화석 기록에서 수많은 새 종들이 처음으로 등장했으며, 대부분 땃쥐만 했던 중생대의 포유류가 덩치를 한층 키워 개만 한 동물, 심지어 소만 한 동물들로까지 진화해나갔다. 비조류형 공룡들이 사라지고 겨우 1500만 년밖에 지나지 않은 에오세 중기에 이르자, 거의 모든 현생 포유류 목들(쥐목, 토끼목, 박쥐목, 고래목, 식육목, 영장목 따위)이 등장했다. 그러나 그 녀석들은 현생 후손들과는 닮은 구석이 전혀 없는 과들에 속한 매우 원시적인 일원들이었다. 고생물학자들은 경쟁이 돌연 사라지면서 수없이 많은 새로운 생태 자원과 생태자리들이 텅 빈 채로 남았을 때 생명이 무얼 할 수 있는지 보여주는 훌륭한 본보기로 신생대에 일어난 포유류의 진화 방산을 종종 들곤 한다.

이 진화적 폭발의 비밀을 해독하는 것이 한 세기 넘게 고생물학자들이 씨름한 주요 도전 과제의 하나였다. 여기서 크게 문제가 된 것은 백악기와 팔레오세 암석에서 굉장히 오랜 기간 동안 포유류의 화석 기록이 몹시 빈약하다는 것이었다. 고생물학자들은 이빨과 턱의 파편들만 가지고 연구할 수밖에 없었고, 그마저도 북아메리카와 유럽 등지의 몇 곳에서만 발굴되는 형편이었다. 완전한 상태의 뼈대는 극히 드물었고, 머리뼈도 희귀했으며, 그마저도 이만큼 오래된 퇴적물은 대개 그 위로 퇴적된 암석의 수백수천만 톤 무게에 깔려 뭉개지기 일쑤인데다가 후대에 일어난 조산운동으로 뒤틀리는 경우도 종종 있으므로 심하게 왜곡되거나 손상된 상태인 경우가 흔했다. 고생물학자들은 최선을 다해 팔레오세의 이빨 패턴과 백악기의 이빨 패턴을 비교해서 조상-자손 순서를 구성해내려고 애썼다. 이빨을 덮은 딱딱한 사기질은 종종 골격에서 가장 오래가는 부분이기 때문에, 청소부 동물이며 강 물살이며 짓밟힘이며 온갖 것들이 가하는 시련을 견뎌내는 유일한 부분은 이빨과 턱인 경우가 보통이다. 포유류를 이해할 때 대부분 이빨에 기초하는 것이 부적절하게 보일 수도 있겠지만, 다행스럽게도 대부분의 포유류에서 정체 식별력이 가장 큰 부분이 바로 이빨이다. 심지어 나머지 골격 화석까지 손에 넣는 호사를 누릴 때조차도 이빨은 어김없이 중요한 단서가 되어준다. 이빨은 융기와 능선의 복잡하고 세밀한 면면에서 조상이 가진 패턴을 보존할 뿐 아니라, 해당 동물의 식성까지도 (다양한 정도로) 반영해준다. 그래서 포유동물의 골격에서 꼭 보존되었으면 하는 부분을 하나만 골라야 한다면 바로 이빨이 될 것이고, 다행히도 가장 유용한 그 부분이 마침 화석으로 남아 있는 것이다. 척추고생물학자들 가운데에는 (포유류의 이빨에 난 안쪽혀쪽융기protocone, 안쪽볼쪽융기paracone, 먼쪽볼쪽융기metacone 등등의 융기에 대해서 서로 얘기를 나누는 모습을 보고) 우리 '안쪽혀쪽융기학자들protoconologists'은 이빨 하나가 다른 이빨을 낳고 그 이빨이 다른 이빨을 낳고 하는 게 무한히 계속된다고 생각하는 것 같다는 농담을 하는 이들도 있다. 그러나 좋아서 상황이 그리된 게 아니라 어쩔 수 없이 그리된 것이다. 이와는 달리 어류고생물학자나 파충류고생물학자들은 대개 이빨이나 여타 파편들을 가지고는 할 수 있는 게 별로 없기 때문에 거의 완전한 상태의 표본으로만 연구를 하는 게 보통이다. 모든 척추동물군 가운데에서 포유류의 화석 기록이 가장 완전하고 세밀하고 밀도 높은 까닭의 하나가 바로 이것이다. 여느 척추동물군의 화석으로는 하지 못하는 많은 것들을 포유류의 화석을 가지고는 할 수 있기 때문이다.

대학 학부생 시절, 척추고생물학 수업에서 내게 주어졌던 마지막 과제는 와이오밍주 빅혼 분지Bighorn Basin에서 나온 에오세 초기 포유류의 이빨 화석들을 동정한

다음에 학술 문헌 자료를 읽어 그것들의 기원을 찾아내는 것이었다. 나는 당시 발표된 자료들을 이용해서 최선을 다해 과제를 해냈다. 그런데 1976년에 컬럼비아대학교에서 대학원 공부를 시작하면서 미국자연사박물관에 갔을 때, 나는 충격에 빠졌다. 이곳에서는 이 분야 최고의 지성들이 모든 포유류 군들이 남긴 것 가운데 최고 상태의 화석들로 연구하고 있었다. 그들은 다들 열정적으로 표본들을 연구하면서 분지도를 그려나갔으며, 한 세기 넘게 풀리지 않은 화석 포유류와 현생 포유류의 주요 군들의 핏줄사이를 이 새로운 접근법을 이용해서 풀어내고 있었다. 대학원을 졸업하고 화석유물 관리자로 있던 친구 얼 매닝에게 나는 내가 쓴 변변찮은 학부 졸업 논문을 한 부 주었는데, 그는 그걸 북북 찢어버렸다. 학부 시절에 내가 읽은 낡은 문헌 자료들에서는 결코 얻을 수 없던 관점을 그는 새로운 분지학적 접근법을 통해 얻은 터였기 (그리고 실제 표본에 대해 더 잘 알고 있었기) 때문이다. (이게 창조론자들에게 교훈이 되어준다. 문헌 자료에 실린 다른 사람들의 연구를 읽는 것만으로는 연구가 되지 못한다는 것이다. 실제 표본을 가지고 직접 연구를 하지 않는 한, 그 표본들에 대해 이러쿵저러쿵 말할 자격은 없다.) 오래지 않아 나는 포유류의 핏줄사이를 해독할 획기적으로 새로운 사고방식을 스스로 찾아나갔으며, 그 결과 포유류 목들 사이의 핏줄사이에 대한 100년 묵은 문제를 곧 풀어낼 수 있게 되었다.

내가 뉴욕으로 가기 꼭 1년 전, 내 대학원 지도교수 맬컴 맥키나가 화석 포유류를 분지학적으로 분석한 논문을 처음으로 발표했다. 그 논문이 발표되자, 충격과 분노의 아우성이 일었다. 그 당시에 이르러서 곤충학자와 어류학자에게는 분지학이 이미 제2의 천성과도 같이 된 터였지만, 이들에 비해 척추고생물학과 포유류학자들은 보수적인 성향을 띠고 있었다. 비록 분지학에 대해 들어본 이들이 많았고, 자기가 연구하는 생물군에 분지학을 시험해본 이들도 얼마 있기는 했지만, 그보다 높은 목 수준에서 포유류의 핏줄사이를 풀어내는 일에 분지학을 사용한 이는 그전까지 단 한 사람도 없었다. 그러나 한 세기가 넘게 해법을 찾을 수 없던 이 복잡한 문제와 씨름하는 데 꼭 있어야 하는 도구가 바로 이 분지학이었다. 더 이른 지층에서 더 원시적인 조상 이빨을 찾으려 하는 대신, 이제 고생물학자들은 이빨만이 아니라 생물 전체의 해부 구조를 이용해서도 분지학을 할 수 있게 되었다. 이 방법은 화석 기록이 적거나 전무하지만 부드러운 조직과 뼈대에 대한 모든 해부학적 데이터를 가진 현생 군들에게 특히나 효력을 발휘했다. 이렇게 화석 기록이 얼마 안 되는 현생 군들이 분석의 대상이 되지 못한 경우는 수없이 많았다. 왜냐하면 고생물학자들은 발굴지의 지층에 실제로 보존된 이빨들을 놓고 '점 잇기'에만 몰두했기 때문이다.

늦은 1970년대와 이른 1980년대에 이르자 포유류 고생물학자들은 표본을 연구하는 한편, 현생 포유류가 가진 모든 생체계에 대해 다량의 해부학적 데이터를 수집하고, 화석 포유류의 뼈대에 대해서도 중요한 정보를 수집했다. 맬컴 맥키나, 마이클 노바체크, 앤디 와이스Andy Wyss는 모든 태반포유류를 아우르는 최초의 분지도를 몇 개 발표했으며, 그 사이에 나는 발굽 달린 포유류, 곧 모든 유제류를 아우르는 최초의 분지도 작성 작업을 얼 매닝과 공동으로 해나갔다(원래 이 분지도는 1977년에 얼 매닝이 작성해둔 터였다). 이 분지도들은 모두 1980년대 중반 이후에 발표되었으며(Novacek and Wyss 1986; Novacek et al. 1988; Novacek 1992, 1994; Prothero et al. 1986, 1988), 특히 1986년 런던 심포지엄에서 양막류의 핏줄사이를 다룬 기념비적인 책자(Benton 1988a, 1988b)와 나중에 포유류 내의 핏줄사이를 주제로 한 1990년 미국박물관 심포지엄을 토대로 발간된 책자(Szalay et al. 1993)에 발표되었다.

1990년대 중반에 이르자, 비록 해소되지 못한 사소한 의견차가 좀 있기는 해도, 포유류의 핏줄사이를 그린 분지도의 거의 모두가 공통된 형세로 수렴하는 듯 보였다(그림 13-12). 하지만 다양한 방향에서 잘 뒷받침을 받고 잘 보강된 분석에 기초한 매우 명료한 점들도 있었다. 1975년에 맥키나가 예측한 대로, 태반류에서 가장 원시적인 군은 식충성 포유류가 아니라(오랫동안 고생물학자들은 이렇게 생각했다) 빈치류xenarthrans(나무늘보, 아르마딜로, 개미핥기, 그 친척들)이다. 쥐와 토끼는 역시 핏줄사이가 가까우며(대부분의 고생물학자들은 두 군이 수렴한다고 생각했다), 설치동물Glires이라고 하는 자연군을 형성한다. 영장류와 가장 가까운 친척은 나무두더지이고(인류학자들에겐 전혀 놀랍지 않은 사실일 것이다), 날원숭이colugo(아시아에 사는 괴상한 종으로 '날여우원숭이flying lemur'라고 잘못 불리고 있다. 그러나 이 녀석

518

들은 여우원숭이도 아니고, 나는 게 아니라 활공을 한다)도 영장류와 가깝다. 이 군들을 싸잡아 지배동물Archonta이라고 부른다. 식육성 포유류는 독자적인 분지군을 형성하고, 진정한 식충동물들(땃쥐, 두더지, 고슴도치)도 따로 분지군을 이룬다. 마지막으로, 발굽 달린 포유류(다음 장의 주제이다)도 따로 잘 뒷받침을 받는 분지군인 발굽동물Ungulata을 형성한다. 이 모두를 함께 보았을 때, 이 군들은 수십 년 동안 고생물학의 거장들을 당혹스럽게 했던 포유류 내부의 핏줄사이 문제라는 고르디우스의 매듭을 잘라버린 듯 보였다.

그러나 과학은 결코 이 정도로 단순하지 않다. 일단 우리가 합의에 도달한 듯 보였다고 해도, 반드시 고려해야 하는 정보가 더 있었다. 분자 데이터가 그것이다. 1980년대와 이른 1990년대에는 각 목에 속하는 소수 표본군들의 단백질 서열만 몇 개 있었을 뿐이고, 이 데이터의 대부분은 해부학에 기초한 분지도들이 그려내던 형세와 일치하는 것처럼 보였다. 그런데 늦은 1990년대에 이르러 포유류의 미토콘드리아DNA와 핵DNA 자체를 서열분석하고 있던 분자생물학자들은 해부 구조와 화석 기록이 가리킨다고 여겼던 바와 아직 일치하지 않는 결과를 몇 가지 얻었다(Springer and Kirsch 1993; Stanhope et al. 1993, 1996; Madsen et al. 2001; Springer et al. 2004, 2005; Murphy et al. 2001a, 2001b). 이를테면 고슴도치붙이과tenrecs 동물들은 다른 식충동물들과 핏줄사이가 없는 듯 보이고, 코끼리땃쥐는 설치동물과 하나로 묶이지 않고, 코끼리, 땅돼지, 바위너구리는 발굽동물과 하나로 묶이지 않는다. 그 대신 이 군들은 (다른 몇 가지 아프리카 식충동물군과 더불어) 아프로테리아상목Afrotheria이라는 분자생물학적 분지군으로 묶인다. 그리고 그 분기점은 빈치류가 갈라진 시점보다 훨씬 오래전이다. 유제류(코끼리와 그 친척들을 제외한)는 여전히 발굽동물로 한 무리를 이루지만, 식육성 동물들을 자매군으로 두고 있으며, 그 다음에는 박쥐, 그다음에는 식충동물이 한데 모여 분자생물학자들이 로라시아상목Laurasiatheria이라고 부르는 분지군을 형성한다. 쥐목과 토끼목은 여전히 설치동물로 묶이고, 그 자매군인 지배동물(영장류, 나무두더지, 날원숭이, 그러나 박쥐는 **해당 안 된다**)과 더불어 영장상목Euarchontoglires이라고 하는 군을 형성한다. 그래서 해부 구조를 바탕으로 한 계통수가 보이는 거의 모든 형세는 그대로 유지되며, 서로 완전히 독립적인 이 두 원천에서 나온 데이터는 우리가 태반포유류의 진정한 핏줄사이 패턴에 가까이 다가가고 있음이 틀림없다는 것을 힘 있게 뒷받침해준다. 해부학적 데이터 집합과 분자생물학적 데이터 집합이 불일치하는 곳들은 결국 해결될 테지만, 적어도 지금 우리가 '큰 그림'의 대부분을 가지고 있음은 분명하다.

　　해부학과 분자생물학에 각각 기초한 포유류 계통발생도가 모두 일관되게 보여주는 바는 백악기 말에 비조류형 공룡이 사라지기 전부터 이미 포유류의 대규모 방산이 진행되고 있었다는 것이다. 우리가 알기로 가장 원시적인 태반류와 유대류 화석은 약 1억 4000만 년 전인 쥐라기 후기까지 거슬러 올라간다. 그러나 태반류의 주요 목들이 갈라져 나온 역사는 이빨만 가지고는 풀어내기가 힘들다. 백악기 후기에서 팔레오세 최초기 사이의 것으로, 유제류(젤레스테스과zhelestids와 프로퉁굴라툼Protungulatum), 영장류(푸르가토리우스Purgatorius), 식육성 친척들(키몰레스테스Cimolestes)이 분명한 이빨들이 있기는 하지만, 백악기 후기의 태반류 이빨들은 대부분 식충성 포유류의 것으로서, 진정한 식충목Insectivora(현생 두더지, 땃쥐, 고슴도치와 핏줄사이에 있다)이었거나 식충동물과는 핏줄사이가 아니지만 때마침 같은 식성을 가진 군들에 속한 일원이었다. 그런데 분자생물학 쪽에서 나온 계통도들은 태반류의 거의 모든 목들이 백악기에 분기되었음을 시사하며, 이는 전통적인 계통도에서 보는 것보다 약간 더 이른 시기이다. 이 불일치는 아직 해결해나가고 있는 중이지만, 두 분야에서 나온 계통도가 같은 방향을 가리키고 있음은 분명하다. 곧 비조류형 공룡들이 사라지기 전에 그 포유류 계통들의 원시 성원들로부터 폭발적 방산이 이미 진행 중이었다는 것이다. 그러다가 지상에서 덩치 큰 동물들이 깨끗이 사라지고 난 다음에야 비로소 이 계통들이 생태와 덩치가 다양한 군으로 갈라지면서 빈 생태자리들을 새로이 차지해나갔다. 그러다가 종당에는 박쥐와 고래만큼이나 색다른 모습으로까지 분화했다.

　　물론 창조론자들은 이 어느 것도 따라오지도 못하고 이해하지도 못하며, 찾아 읽는 것마저도 대부분 제대로 알아듣지 못한다. 이번에도 역시 기시(1995: 184)는 포유류 목들 사이에 과도기 꼴들이 없다고 비난하면서, 끔찍할 만큼 후진 글들을 인용해서 자기 주장을 뒷받침하려고 한다. 지난 30년 동안 우리가 이뤄낸 발전

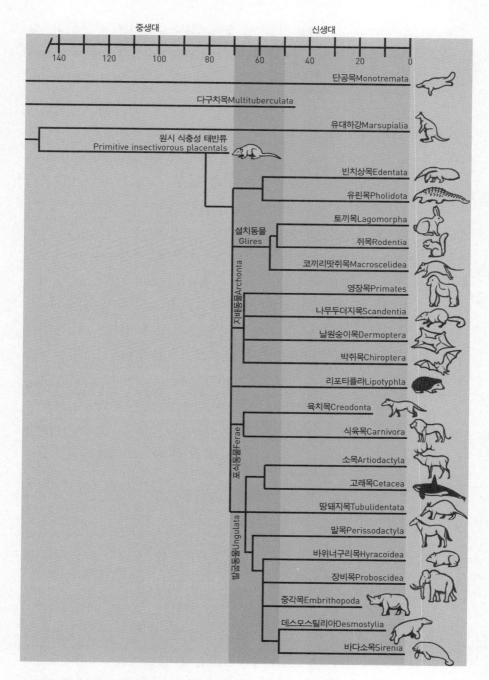

그림 13-12 태반포유류의 진화 방산. 노바체크의 책(1994)에 나온 그림을 수정했다(칼 뷰얼의 그림).

이 얼마나 대단한지 기시는 까맣게 모르는 게 분명하다. 기시가 아예 헛소리를 하는 경우도 있다. 그는 설치류의 경우에 과도기 꼴이 전혀 없다고 주장하면서(188쪽) 앨프리드 로머Alfred S. Romer가 쓴 60년이나 묵은 교재를 출처로 해서 글을 인용한다. 만일 그 책보다 뒤에 나온 글을 하나라도 신경 써서 읽었더라면(말하자면 기시의 1995년판 책이 나오기 오래전인 1970년대나 1980년대에 출간된 책이라도 읽었더라면 말이다. 가장 최근에는 다음의 책들이 이 주제를 간추리고 있다. Meng et al. 2003; Meng and Wyss 2005), 중국의 팔레오세 지층에서 아나갈레과anagalids(그림 13-13)와 미모토나과mimotonids를 발견한 놀라운 사실을 알았을 것이다. 지금 이 화석들은 팔레오세에 아시아에서 설치류와 토끼류를 탄생시킨 전형적인 원시 고리분류군linking taxon으로 대우받는다. 과도 단계의 아나갈레과 말고도, 가장 원시적인 진정한 설치류와 토끼류가 아시아에서 등장했고, 에오세 초기에 다른 대륙들로 퍼져나갔다. 그런데 아시아에 처음 등장한 녀석들과 다른 대륙으로 퍼져나간 녀석들의 차이는 워낙 미미해서 전문가만이 분간할 수 있을 정도이다. 기시가 감히 언급할 엄두를 내지 못하는 사실이 있다. 나머지 북반구 대륙들의 에오세층 화석 기록에 일단 설치류가 등장한 이후로 굉장한 화석 기록을 남겼다는 것이다. 사우스다코타주의 빅배들랜즈Big Badlands 같은 곳에서는 1미터 구간마다 표본들이 수백 개씩 들어차 있다. 로버트 마틴Robert A. Martin(2004)이 지적하다시피, 신생대 지층의 많은 곳에서 퇴적층 1미터마다 서로 다른 설치류의 이빨을 수백 개씩 찾아낼 수 있기에, 그것을 이용해서 해당 암석의 연대를 대단히 정확하게 추정할 수 있다. 그리고 기시가 설치류고생물학을 다룬 **최근의** 글을 하나라도 읽었다면, 설치류의 주요 군 사이에 과도기 꼴이 매우매우 많다는 걸 알았을 것이다. 그뿐 아니라, 현재 설치류의 분자생물학적 계통도들은 전통적인 해부학적 계통도를 그대로 반영하고 있기도 하다. 따라서 우리는 설치류의 진화에 대해 대단히 공고한 데이터베이스를 가지고 있는 것이다.

다른 경우들을 보아도 창조론자들의 비난은 완전히 그릇되고 비합리적이다. 기시(1995) 및 데이비스와 케니언(2004: 102)은 화석 기록이 워낙 좋으니 박쥐도 마땅히 손쉽게 화석이 되어야 했을 것이라고 논한다. 그러고는 에오세의 최초기 박쥐들이 현생 박쥐와 많이 비슷하게 보인다는 사실을 주구장창 되뇐다. 만일 그들이

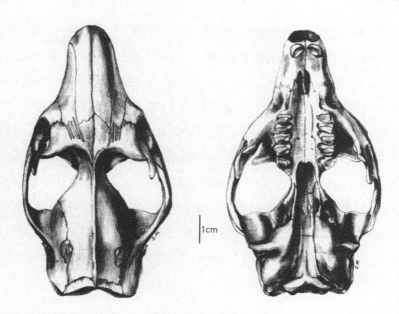

1cm

그림 13-13 중국에서 발굴된 팔레오세와 에오세의 화석들에는 아나갈레과와 에우리밀루스과eurymylids가 포함되어 있다. 이 녀석들은 토끼류와 설치류를 다른 포유류와 이어주는 과도기 꼴들이다. 이 그림은 롬보밀루스*Rhombomylus*의 머리뼈로, 설치류형 특징과 토끼류형 특징을 모두 가지고 있다. 이를테면 끌 모양의 앞니, 치아틈, 어금니가 그렇다. 따라서 두 군 사이의 과도 단계에 해당한다(진밍Meng Jin의 허락을 얻어 실었다).

박쥐와 화석화 과정에 대해 조금이라도 알았다면, 박쥐의 골격이 대단히 연약하고 뼈도 자잘하고 속이 비어 있기 때문에 화석이 되는 경우가 몹시 드물다는 사실을 (Simmons and Geisler 1998; Simmons 2005) 깨달았을 것이다. 신생대 전체에 걸쳐 우리가 가진 박쥐 화석은 한 줌에 불과하고, 그마저도 대부분은 턱과 이빨뿐이다. 보기 드물게 날개막까지 남아 있는 완전한 상태의 박쥐 표본은 몇 개 되지 않으며, 독일의 메셀과 와이오밍주의 그린리버 셰일 같은 특별한 곳들에서 발굴되었다. 이곳들은 모두 고인 상태에서 퇴적된 호성 퇴적층이어서 마침 근사한 화석들이 보존되어 있는 것이지만, 한둘에 불과한 이 특별한 표본들을 창조론자들이 강조하다 보니, 이런 행운의 사건을 우리가 언제든지 찾아내야 마땅하다는 잘못된 인상을 주곤 한다. 만일 충분히 운이 좋아 팔레오세의 경우에도 랴오닝성이나 메셀 같은 특별한 퇴적층이 우리에게 있다면, 아마 상태가 더 좋은 과도기 박쥐 화석들을 찾아냈을지 모르겠지만, 한 세기 넘게 찾아다녔어도 아직 그런 곳을 찾아내지 못했다. 이보다 중요한 점이 있다. 에오세의 이 박쥐가 현생 박쥐와 꼭 닮았다는 창조론자들의 주장은 틀렸다는 것이다. 훈련을 받지 않고 관찰력이 없는 아마추어의 눈에는 이게 맞는 소리처럼 들릴 수도 있겠으나, 박쥐의 해부 구조를 아는 사람이라면 누구나 이 화석들이 얼마나 원시적인지 알아볼 수 있다. 그 예를 하나 들어보면, 최초기의 박쥐에게는 현생 박쥐가 비행 중에 곤충을 잡을 때 쓰는 반향정위echolocation 체계에 필요한 귀 구조가 아직 없었다. 커다란 머리뼈와 눈을 보면, 아마 녀석들이 밤에 반향정위를 써서 사냥을 한 게 아니라 낮에 시력을 써서 사냥했을 것임을 알 수 있다. 이뿐 아니라 에오세 박쥐의 머리뼈와 손과 발에는 여느 현생 박쥐에서는 볼 수 없는 원시적인 특징도 많이 있다. 녀석들에게 날개가 있었을 수도 있겠지만, 녀석들의 화석과 포유류를 실제로 알고 있는 사람이 보면, 박쥐가 **그냥** 박쥐가 아니다!

사자와 호랑이와 곰

> 사자는 배가 고플 때에만 일한다. 일단 사자가 배가 부르면, 포식자와 피식자는
> 평화롭게 어울려 산다.
> ―애니메이터 척 존스

보통 박쥐와 쥐는 사람들의 관심을 그리 끌지도 못하고(사람들에게 해를 줄 때 말고는) 빈치류(화석 기록이 뛰어나서 땅늘보와 몸뚱이를 갑옷으로 두른 아르마딜로의 과도기 화석이 많이 있다)나 식충동물(놀라운 화석 기록이 백악기까지 거슬러 올라간다) 같은 다른 포유류 목들도 대부분 관심 밖이다. 그래서 지면의 제약도 있고 해서 이 예들을 더 살펴보지는 않을 테고, 사람들의 관심을 당기는 큰 포유류군 두 가지에만 초점을 맞출 것이다. 하나는 발굽달린 포유류(유제류)로서 다음 장에서 살필 주제이고, 다른 하나는 육식성 포유류이다.

  많은 이들이 고양이와 개를 좋아하고, 애완동물로 키우는 이들도 많다. 그래서 육식동물은 우리 가까이에 있고 많은 이들에게 친근하다. 선사시대의 포유류를

다룬 케이블 텔레비전의 과학 다큐멘터리와 어린이 책은 칼니호랑이saber-toothed cat 와 다이어울프dire wolf와 동굴곰cave bear을 즐겨 보여준다. 그러나 육식동물의 진화에는 이 멋들어진 녀석들 말고도 이야깃거리가 훨씬 많이 있다. 대개 육식성 포유류는 먹잇감인 초식성 포유류만큼 흔하게 화석이 되지는 않는다. 보통의 경우, 포식자 한 마리를 먹여 살리려면 피식자 동물이 많아야 하기 때문에, 육식동물의 개체 수는 언제나 적고, 따라서 화석이 될 가능성도 훨씬 적어진다. 그럼에도 신생대 전체에 걸쳐 육식동물의 화석 기록은 훌륭하며, 현생 고양잇과, 갯과, 곰과, 그 친척들에서 볼 수 있는 것보다 꼴이 훨씬 다양하다. 현생 식육목을 거슬러 올라가서 이를 수 있는 가장 원시적인 군들은 북반구 대륙의 팔레오세 지층에서 발굴된 미아키스과miacids라고 하는 대단히 원시적인 식육목 동물들의 화석이다(그림 13-14). 이 녀석들은 모두 덩치가 작았으며, 자손 과들과는 닮은 구석이 전혀 없는 족제비만 한 크기의 고대 꼴인 녀석들이지만, 식육목에서 보이는 특징은 모두 가졌다. 그다음에 이어지는 에오세와 올리고세의 몇 백만 년 세월을 살펴보면, 여러 현생 과들이 분기해가는 모습이 금방 눈에 들어온다(그림 13-15). 예를 들어 갯과 동물은 에오세 중기에 등장하고 곧이어 수십 속 수백 종으로 엄청난 진화 방산을 했다. 이 녀석들은 온갖 꼴들로 진화해나갔다. 족제비보다 크기가 작은 녀석들(헤스페로키온 *Hesperocyon*)부터 이빨로 뼈를 바수는 하이에나 비슷한 꼴인 덩치 큰 보로파구스아과 borophagines에 이르기까지, 오늘날의 갯과 동물이 보여주는 것보다 훨씬 다양했다(그림 13-16).

진정한 고양잇과 동물은 올리고세 초기에 등장한다. 프세우다일루루스 *Pseudaelurus*라고 하는 녀석은 생김새가 고양이보다는 족제비에 더 가깝다(그림 13-17). 그러나 마이오세에 이르면 고양이형 형질들을 갖추기 시작하면서 다양한 꼴들로 진화해나갔다. 이 가운데에는 칼 같은 송곳니를 획득한 것들이 여럿이었다. 그뿐 아니라, 일찍이 고양이와 비슷한 꼴인 님라부스과nimravids라고 하는 군이 있었다. 이 과는 많은 면에서 고양잇과의 진화와 나란히 가지만('칼니를 가진' 여러 꼴들의 진화도 이에 해당된다), 고양잇과와는 관계가 없다.

곰의 역사도 올리고세 초기로 거슬러 올라가지만, 초창기 곰들은 거의 모두 작

그림 13-14 미아키스과라고 하는 가장 원시적인 진정한 식육목 동물. 대략 족제비나 너구리 같은 생김새이지만, 훨씬 원시적이다. 거의 모든 현생 식육목 동물들의 조상이 아마 이 녀석들일 것이다(칼 뷰얼의 그림).

은 오소리형 꼴이었다. 그러다가 개처럼 생기고 빠르게 달리는 헤미키온*Hemicyon* 같은 꼴들로 발달했다. 진화 후반에 이르러서야 곰은 덩치가 커졌고 잡식성에 알맞은 이빨이 발달했다. 족제빗과mustelids(족제비, 스컹크, 수달, 오소리, 울버린, 그 친척들)와 아메리카너구리과와 그 친척들의 화석 기록 또한 퍽 좋다(Baskin 1998a, 1998b를 참고하라). 그러나 이 과들에 속하는 초창기 구성원들은 모두 매우 원시적이어서, 오늘날 여러분이 그 모습을 본다면 현생 후손들과 닮은 구석이 전혀 안 보일 것이다. 그럼에도 녀석들의 이빨, 머리뼈, 골격의 세부는 대단히 특징적이어서 혼동의 여지가 없다. 그 희소성을 감안하면 식육목 동물 대부분의 화석 기록은 놀라울 정도로 좋기 때문에, 화석의 다양성은 물론이거니와 알려진 거의 모든 화석 군들 사이를 잇는 과도기 꼴의 다양성도 전혀 부족함이 없다.

마지막으로, 포유류의 모든 과도 과정 가운데에서 가장 놀라운 과정의 하나는 기각류pinnipeds(물범, 바다사자, 바다코끼리)의 기원이다. 한때 고생물학자들은 물범이 족제비와 핏줄사이이고, 바다사자와 바다코끼리는 곰과 핏줄사이라고 생각했으나, 최근에 이루어진 분지학 및 분자계통분류학의 분석들은(Wyss 1987, 1988) 모든 기각류가 단계통이며, 유일하게 곰과만 핏줄사이가 가까움을 단적으로 보여주었다(그림 13-15). 더군다나 이들을 잇는 근사한 과도기 화석들도 있다. 유럽의 올리고세 퇴적층에서는 암피키노돈과amphicynodontids라고 하는 곰 화석들이 나오는데, 육서성 동물이기는 했어도 기각류와 연결되는 특징을 많이 가지고 있었다. 캘리포니

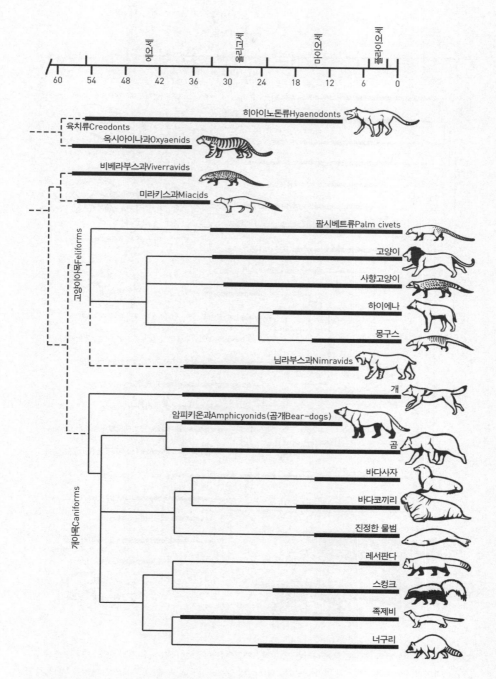

그림 13-15 육식성 포유류의 진화사(Prothero 1994a, 칼 뷰얼의 그림).

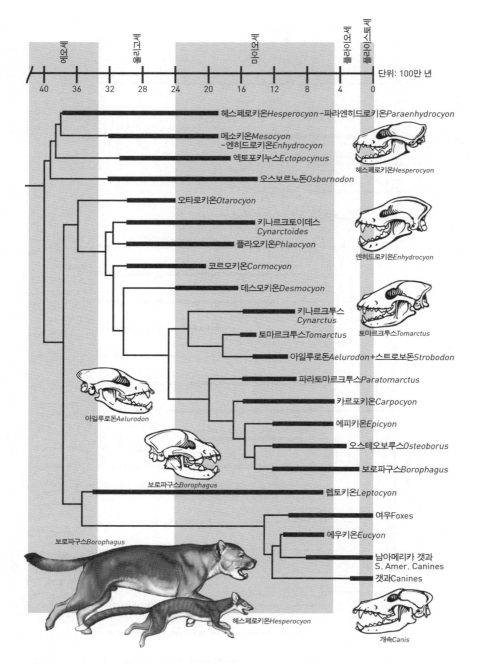

40 36 32 28 24 20 16 12 8 4 0

에오세 · 올리고세 · 마이오세 · 플라이오세 · 플라이스토세

헤스페로키온*Hesperocyon*–파라엔히드로키온*Paraenhydrocyon*

메소키온*Mesocyon*
–엔히드로키온*Enhydrocyon*
엑토포키누스*Ectopocynus*

오스보르노돈*Osbornodon*

헤스페로키온*Hesperocyon*

오타로키온*Otarocyon*

키나르크토이데스
Cynarctoides

플라오키온*Phlaocyon*

코르모키온*Cormocyon*

엔히드로키온*Enhydrocyon*

데스모키온*Desmocyon*

키나르크투스
Cynarctus

토마르크투스*Tomarctus*

아일루로돈*Aelurodon*+스트로보돈*Strobodon*

토마르크투스*Tomarctus*

파라토마르크투스*Paratomarctus*

카르포키온*Carpocyon*

에피키온*Epicyon*

오스테오보루스*Osteoborus*

보로파구스*Borophagus*

아일루로돈*Aelurodon*

렙토키온*Leptocyon*

여우Foxes

에우키온*Eucyon*

남아메리카 갯과
S. Amer. Canines

갯과Canines

보로파구스*Borophagus*

헤스페로키온*Hesperocyon*

개속*Canis*

그림 13-16 갯과 동물의 계통도. 족제비처럼 생긴 헤스페로키온부터 하이에나처럼 뼈를 바수는 덩치 큰 보로파
구스아과의 개들에 이르기까지의 변이를 보여준다(샤오밍 왕Xiaoming Wang이 제공한 정보에 기초해서 그렸다. 칼 뷰
얼의 그림).

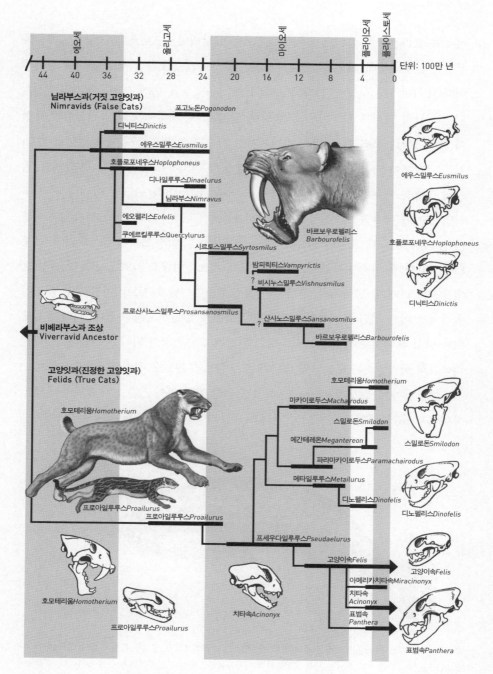

그림 13-17 진정한 고양잇과와 '거짓 고양잇과'인 님라부스과의 계통도. 많은 면에서 나란히 가지만, 핏줄사이가 가깝지는 않다(칼 뷰얼의 그림).

아주와 오리건주의 마이오세 하부층에서는 에날리아르크토스아과enaliarctines의 화석들이 출토되는데, 물범 및 바다사자와 핏줄사이인 최초의 진정한 해서성 친척들이다(Mitchell and Tedford 1973; Barnes 1989; Berta et al. 1989; Berta and Ray 1990). 이 녀석들의 머리뼈에는 비록 곰을 닮은 암피키노돈과에서 보이는 원시적인 특징이 많이 있기는 하지만, 물범과 바다사자가 가지는 몇 가지 분화된 형질들도 있다. 이를테면 눈이 커졌고, 비강이 커져서 헤엄칠 때 피의 온도를 조절할 수 있었고, 입술과 수염을 제어하는 근육이 자리하는 구멍들이 더 커졌다. 그뿐 아니라 뇌의 후각엽 크기가 작아졌고(수서성 포유류 포식자들에겐 후각이 그다지 중요하지 않기 때문이다), 잠수하는 데 도움이 되도록 뇌로 들어가는 혈액의 흐름이 향상되었다. 몸통(그림 13-18)은 유선형이었고 미숙한 상태의 지느러미발도 있었으니 분명 현생 물범을 떠올리게 할 만하지만, 생김새는 매우 원시적이었고 지느러미발도 현생 기각류에서 보이는 것만큼 뚜렷하게 고등한 모습으로 발달하지는 못했다. 게다가 몸뚱이는 아직 후대의 물범과 바다사자만큼 완전하게 수서성이 되지는 못했다. 그 대신 녀석들의 생활방식은 오늘날의 해달과 크게 다르지 않았을 것이다.

에날리아르크토스아과가 등장하고 오래지 않아 마이오세 초기 후반부터 중기 사이에서 우리는 현생하는 모든 기각류 군들의 첫 구성원들을 보게 된다. 여기에

그림 13-18 알려진 것 가운데 가장 이른 물범의 친척인 에날리아르크토스. 물범형 특징이 많이 있지만, 머리뼈를 비롯해서 코 부위나 귀 부위는 현생 물범류와 바다사자류만큼 완전하게 분화하지 못한 상태이다. 물갈퀴가 달린 손과 발은 지느러미발로 완전히 변형되지 않았으며, 수달에서 보이는 조건과 더 비슷하다(A. 베르타Berta의 그림).

는 최초의 진정한 물범류인 유럽 마이오세 중기의 폰토포카*Pontopboca*, 프라이푸사 *Praepusa*, 크립토포카*Cryptopboca*와 북아메리카 마이오세 중기의 렙토포카*Leptopboca*, 최초의 바다사자류인 북아메리카 태평양 북서부 마이오세 중기의 피타노타리아 *Pithanotaria*, 최초의 바다코끼리류인 북아메리카 마이오세 초기의 데스마토포카아과 desmatophocines와 일본 마이오세 초기의 프로토타리아*Prototaria*가 있다.

이 과도 과정 가운데 가장 잘 기록된 것이 바로 바다코끼리의 진화이다. 마이오세 중기의 프로네오테리움*Proneotberium*과 네오테리움*Neotberium*(그림 13-19A) 같은 가장 원시적인 바다코끼리는 에날리아르크토스*Enaliarctos*와 다른 점이 거의 없다. 다만 덩치가 더 크고 더 튼튼할 뿐이다. 그리고 수컷과 암컷 사이에 덩치와 엄니의 차이가 이미 보이기 시작하는데, 이는 에날리아르크토스아과가 아닌 바다코끼리의 큰 특징이다. 마이오세 중기 조금 후대에 보이는 이마고타리아*Imagotaria*는 크기가 얼추 현생 바다코끼리만 하고, 귀뼈들은 이미 물속에서 듣기에 맞춤해졌다. 이마고타리아는 엄니형 송곳니는 물론이고 모든 바다코끼리들이 어금니 부위에 가지고 있는 단순해진 형태의 나무집게형 큰어금니와 작은어금니를 발달시키기 시작하고 있었다. 마이오세 후기와 플라이오세 초기에 이르면, 환태평양을 따라 바다코끼리가 적어도 여덟 종류 있었고, 대부분은 덩치가 비정상적으로 큰 바다사자를 닮았으며, 엄니 크기는 짧은 것도 있었고 중간 것도 있었다. 이 가운데 폰톨리스*Pontolis*, 곰포타리아*Gompbotaria*(그림 13-19C), 두시그나투스*Dusignatbus*는 완전한 나무집게 모양의 단순한 어금니, 커다란 아래엄니, 작은 윗송곳엄니를 가졌고, 아이부쿠스 *Aivukus*(그림 13-19B)는 약간 더 큰 윗엄니, 넓은 어금니, 우묵한 아래턱과 작은 송곳니를 가졌다. 아이부쿠스는 얕은 바다에서 저서성 섭식자로 살았고, 오늘날의 바다코끼리처럼 먹이를 으깨 먹었던 것이 분명하다. 그다음에 마이오세 최후기와 플라이오세 초기에는 바다코끼리류가 중앙아메리카 해로를 통해(플라이오세 중기 이전에는 파나마 육교가 없었다) 대서양 연안으로 올라가 유럽과 지중해까지 퍼져나갔다. 유럽을 비롯해 지중해 아프리카 연안의 플라이오세 초기 지층에서는 알라크테리움*Alacbtberium* 화석이 발견된다. 이 속은 오늘날의 바다코끼리와 조금 더 닮은 모습으로, 엄니는 커다랗고, 나무집게 모양의 어금니는 작아졌으며, 우묵한 아래턱에는 송곳니가 없었고, 다른 어금니는 몇 개에 불과했다. 거의 모든 측면에서 보았을 때, 원시 바다코끼리와 현생 군 사이를 잇는 이상적인 중간 단계가 바로 이것이다. 마지막으로, 마이오세 후기와 플라이오세에는 훨씬 훌륭한 과도기 꼴인 발레닉투스Valenictus(그림 13-19D)도 있었다. 이 속이 가진 엄니는 길었고(그래도 현생 바다코끼리속인 오도베누스Odobenus[그림 13-19E]가 가진 엄니에 견주면 아직 퍽 짧았다), 아래턱에는 이빨이 전무하다시피 했다. 이 바다코끼리들에게는 현생 바다코끼리에서 보이는 것처럼 입천장이 바다코끼리 특유의 궁형을 이루고 있었다. 현생 바다코끼리는 이 궁형 입천장arched palate과 혀의 운동을 결합해서 먹잇감(대부분 연체동물)을 입 속으로 빨아들일 수 있다. 그런 다음 입 속에서 먹잇감의 껍질을 바수고 속에 있는 것을 빨아먹는다.

　　이 과도기 화석 계열의 양끝에 자리한 구성원들을 본 창조론자들은 우리가 그 둘 사이에 과도기 화석들을 모두 집어넣고 육상동물이 해양 생활에 적응해가는 이 극적인 사례를 입증해 보이기 전까지는 그 두 구성원들이 서로 이어져 있으리라고는 짐작도 못 할 것이다. 특히 바다코끼리는 바다사자를 닮은 초창기 꼴들에서 출발해 중간 단계의 엄니와 어금니를 가진 꼴들까지 과도기 꼴들이 주줄이 이어지는 놀라운 모습을 보여준다. 이 '과도 단계의' 바다코끼리 가운데에서 상태가 가장 좋은 표본 몇 개가 샌디에이고자연사박물관에 전시되어 있는데, 얄궂게도 예전의 창조연구재단 본부에서 차로 잠깐이면 갈 수 있는 거리에 있다. 진열장에 들어 있는 그 화석들을 바라보면, 과도기 꼴들이 실재한다는 가장 힘 있는 증거의 하나를 보는 것이다. 14장에서 고래를 검토할 때에는 이보다 훨씬 훌륭하게 과도 단계들이 이어지는 모습을 보게 될 것이다.

그림 13-19 바다사자를 닮은 원시 꼴들로부터 바다코끼리류가 진화해온 모습. (A) 마이오세 초기의 프로네오테리움. 송곳니가 짧고 이빨도 비교적 원시적이지만, 바다코끼리에서만 발견되는 고유한 특징을 여럿 가지고 있다. (B) 마이오세 후기의 아이부쿠스. 송곳엄니는 더 커지고 어금니는 더 단순한 나무집게 모양이었다. (C) 두시그나투스류 바다코끼리인 곰포타리아. 윗엄니와 아래엄니가 크다. (D) 더 고등해진 바다코끼리 발레닉투스. 윗엄니는 거의 현생 종들의 엄니만큼 커졌다. 입천장은 높은 궁형을 이루었고, 어금니는 대폭 작아졌다. (E) 현생 바다코끼리인 오도베누스 로스마루스Odobenus rosmarus((C)는 L. 반스Barnes의 사진이고, (B)는 미국지질조사국의 허락을 얻어 Repenning and Tedford 1975의 것을 실었고, 나머지는 모두 T. 드메레Demére의 그림과 사진이다).

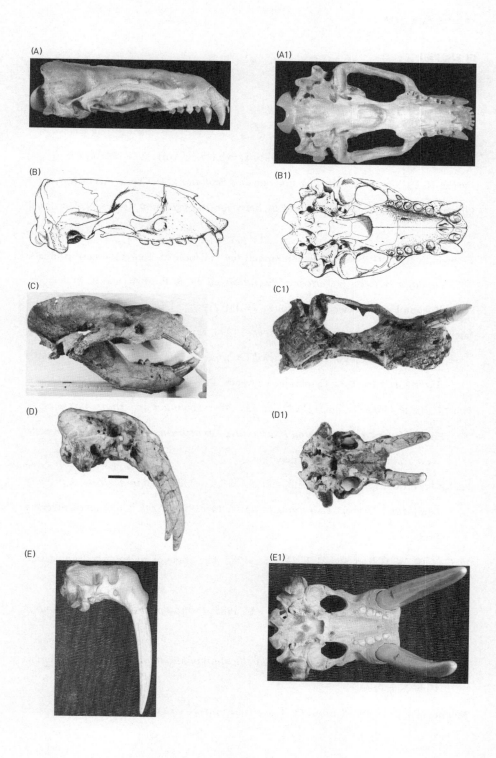

(A)

(A1)

(B)

(B1)

(C)

(C1)

(D)

(D1)

(E)

(E1)

더 읽을거리

Benton, M. J. ed. 1988. *The Phylogeny and Classification of the Tetrapods.* Vo.. 2, *Mammals.* Oxford, U.K.: Clarendon.

Benton, M. J. 2014. *Vertebrate Palaeontology* 4th ed. New York: Wiley-Blakcwell.

Carroll, R. L. 1988. *Vertebrate Paleontology and Evolution.* New York: Freeman.

Gittleman, J. ed. 1996. *Carnivore Biology, Behavior, and Evolution.* Ithaca, N.Y.: Cornell University Press.

Hopson, J. A. 1994. Synapsid evolution and the radiation of non-eutherian mammals. In *Major Features of Vertebrate Evolution,* ed. D. R. Prothero and R. M. Schoch. Paleontological Society Short Course 7: 190–219

Janis, C., K. M. Scott, and L. L. Jacobs, eds. 1998. *Evolution of Tertiary Mammals of North America..* Vol. 1, *Terrestrial Carnivores, Ungulates and Ungulate-Like Mammals.* New York: Cambridge University Press.

Janis, C., G. F. Gunnell, and M. D. Uhen, eds. 2008. *Evolution of Tertiary Mammals of North America.* Vol. 2, *Small Mammals, Xenarthrans, and Marine Mammals.* New York: Cambridge University Press.

Kielan-Jaworowska, Z., R. L. Cifelli, and Z.-X. Luo. 2004. *Mammals from the Age of Dinosaurs: Origins, Evolution, and Structure.* New York: Columbia University Press.

Li, C. K., R. W. Wilson, and M. R. Dawson. 1987. The origin of rodents and lagomorphs. *Current Mammalogy* 1: 97–108.

Luckett, W. P., and J.-L. Hartenberger, eds. 1985. *Evolutionary Relationships Among Rodents.* New York: Plenum.

McKenna, M. C., and S. K. Bell. 1997. *Classification of Mammals.* New York: Columbia University Press.

McLoughlin, J. C. 1980. *Synapsida: A New Look into the Origin of Mammals.* New York:

Viking.

Novacek, M. J. 1992. Mammalian phylogeny: shaking the tree. *Nature* 356: 121–125.

Novacek, M. J. 1994. The radiation of placental mammals. In *Major Features of Vertebrate Evolution*, ed. D. R. Prothero and R. M. Schoch. Paleontological Society Short Course 7: 220–237.

Novacek, M. J., and A. R. Wyss. 1986. Higher-level relationships of Recent eutherian orders: morphological evidence. *Cladistics* 2: 257–287.

Peters, D. 1991. *From the Beginning: The Story of Human Evolution*. New York: Morrow.

Prothero, D. R. 1994. Mammalian evolution, In *Major Features of Vertebrate Evolution*, ed. D. R. Prothero and R. M. Schoch. Paleontological Society Short Course 7: 238–270.

Prothero, D. R. 2006. *After the Dinosaurs: The Age of Mammals*. Bloomington: Indiana University Press [《공룡 이후—신생대 6500만 년, 포유류 진화의 역사》(뿌리와이파리: 2013)].

Prothero, D. R. 2013. *Bringing Fossils to Life: An Introduction to Paleobiology*. 3rd ed. New York: Columbia University Press.

Prothero, D. R. 2016. *The Princeton Field Guide to Prehistoric Mammals*. Princeton, N.J.: Princeton University Press.

Rose, K. D., and J. D. Archibald, eds. 2005. *The Rise of Placental Mammals*. Baltimore, Md.: Johns Hopkins University Press.

Savage, R. J. G., and M. R. Long. 1986. *Mammal Evolution: An Illustrated Guide*. New York: Facts-on-File.

Szalay, F. S., M. J. Novacek, and M. C. McKenna, eds. 1993. *Mammal Phylogeny*. New York: Springer-Verlag.

Turner, A., and M. Anton. 2004. *National Geographic Prehistoric Mammals*. Washington, D.C.: National Geographic Society.

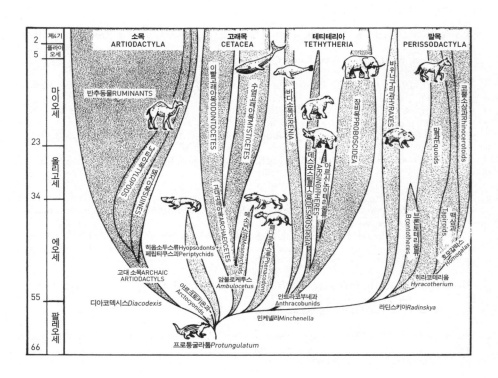

그림 14-1 발굽달린 포유류, 곧 유제류의 진화적 방산(D. R. 프로세로의 그림. Prothero 1994b에 실린 그림).

14   소와 분수구멍

지축을 울리는 발굽 소리

우리가 사는 세상에서 대부분의 이목을 붙잡고 있는 동물은 육식동물이다. 포유류도 예외가 아니다. 〈송곳니Fangs〉라는 제목의 텔레비전 쇼는 있지만, '어금니Molars'라는 제목이 붙은 쇼는 하나도 없다(오호 통재라!). 게다가 발굽 달린 포유류를 하찮은 동물 정도로 보는 경우가 흔하다.

—크리스틴 재니스, 2003

설치류와 박쥐류를 이어 세 번째로 큰 태반포유류 군은 유제류, 곧 발굽포유류이다. 발굽포유류는 현생 포유류와 멸종 포유류 속 가운데 약 3분의 1을 차지하며, 덩치 큰 초식성 포유류는 거의 모두가 유제류이다. 대부분의 사람들은 말, 당나귀, 소, 양, 염소, 돼지 등 먹을거리나 부림동물이 되어주는 흔한 가축은 물론이고, 코끼리, 낙타, 알파카 같은 동물들에게도 친숙하며, 코뿔소, 기린, 영양, 하마 등 동물원이나 야생에 사는 이채로운 발굽포유류도 알 것이다. (코끼리가 아프로테리아상목Afrotheria의 일원이라면, 코끼리는 유제류가 아닐 것이다. 어쨌든 이번 장에서 이 우람한 녀석도 살펴볼 것이다.)

그러나 오늘날 살고 있는 녀석들을 이렇게 꼽아본 것과는 비교도 할 수 없을 만큼 과거 발굽포유류의 다양성은 매우 커서, 멸종한 과와 속의 수가 무려 지금의 두 배에 달했다. 이 가운데 뿔 없는 코뿔소들이 매우 다양했으며, 그중에 인드리코테리움류indricotheres는 코끼리를 누르고 입때껏 산 가장 덩치 큰 육상 포유류였다. 외모가 별난 칼리코테리움류chalicotheres는 맥tapir과 핏줄사이에 있으나, 땅늘보가 가진 것 같은 발톱이 있고 고릴라처럼 기다란 앞다리의 발을 오므려 발가락의 등을 대고 걸었다는 것 말고는 생김새가 말을 닮았다. 북아메리카 낙타의 종류도 어마어마하게 다양했다. 혹이 달린 녀석은 하나도 없었고, 가젤영양과 기린을 빼박다시피 한 녀석들도 있었다. 멸종한 기린도 여러 가지였고, 긴 목을 가진 녀석은 하나도 없었다. 뿔 달린 돼지들도 있었고, 엄니는 없고 맥을 더 닮은 코끼리도 있었으며, 육상 발굽포유류에서 고래가 어떤 식으로 진화했는지 보여주는 굉장한 모습의 과도기 꼴들도 있었다. 이 모두가 화석 기록에 잘 보존되어 있다. 왜냐하면 유제류가 대부분 덩치가 크고 뼈가 육중한 동물이어서 대개는 화석으로 잘 남기 때문이다.

그러나 최근까지도 이 화석들의 대부분은 제대로 이해되지도, 제대로 기록되지도 못했다. 그렇게 된 데에는 물량 처리 문제도 한몫 했다. 뉴욕의 미국자연사박물관이 소장하고 있는 어마어마한 수의 유제류 화석들은 1970년대에 연구용으로 쓸 수 있게 된 이후로 아직까지도 전부 서술되어 발표되지 못한 형편이기 때문이다. 이것들은 박물관의 건물 한 동에 따로 소장되어 있다. 10층짜리 건물에 수장고와 연구실과 사무실이 있고, 마스토돈류와 매머드류, 북아메리카 코뿔소류, 북아메리카 낙타류, 말 화석들이 각각 한 층 전체를 차지하고 있으며, 나머지 포유류는 모두 다른 세 층에 보관되어 있다. 운 좋게도 1976년에 나는 대학원생으로 그곳에 가서 수많은 포유류 군들을 연구했다. 특히 그 이전까지 파편적인 이빨과 턱으로만 알려져 있었던 수많은 종들의 완전한 머리뼈와 골격이 새로 발굴되어 수납장을 가득 채우고 있었다. 예를 들어, 당시 나는 말과 페커리와 낙타에 대해서 많은 연구를 했으나(현재도 하고 있다), 내 주요 과제는 북아메리카 코뿔소의 장구한 역사를 기록하는 것이었다. 이 군에 대해서는 한 세기 동안이나 새로 더해진 지식이 없던 형편이었다. 그러다가 나는 20년 넘게 북아메리카 코뿔소를 연구한 결과를 집대성한 연구서를 발간했다(Prothero 2005).

또 하나 문제가 된 것은 개념적인 부분이었다. 곧 수많은 유제류 군들에 대한 초창기 연구들이 원시 조상을 찾아내서 자손과 연결시키는 일에 지나치게 자주 초점을 맞춘 나머지, 공유파생형질을 무시해버리고 만 것이었다. 분지학이 전면에 등장하여 수많은 주요 군에 대한 분지학적 분석이 완료되면서 유제류 연구도 한층 엄밀해졌다(코뿔소 연구는 Prothero et al. 1986을, 유제류 연구는 Prothero et al. 1988, 말목 동물 연구는 Prothero and Schoch 1989, 소목 동물 연구는 Prothero and Foss 2007, 가장 최근의 정보는 Prothero 2016을 참고하라). 또 문제가 되는 것은 '과절목Condylarthra'이라고 하는 측계통 '쓰레기통' 군으로서, 그동안 현생 목에 속하지 않는 모든 고대 유제류를 통칭하는 이름이었다. 그러나 분지학을 쓸 수 있게 되면서 이 쓰레기통은 부서졌기 때문에, '과절목'이라는 낡고 폐기된 용어를 아직도 사용하는 사람이 있다면(창조론자 같은 이들) 현재의 연구 시류에 무지함을 드러내는 것이다.

우리는 유제류의 기원을 멀리 8500만 년 전의 이른 백악기 후기, 우즈베키스탄에서 발굴된 젤레스테스과zhelestids라고 하는 화석으로 거슬러 올라갈 수 있다(Archibald 1996). 백악기 최후기(6700만 년 전)에는 프로통굴라툼Protungulatum이라고 하는 원시 유제류가 있었는데, 백악기 최후기의 여느 포유류보다 덩치가 컸고, 이빨의 융기부가 더 둥글둥글해졌고, 발목 부위가 특이한 모습을 보이는 것 같은 독특한 특징을 많이 가졌다. 비조류형 공룡이 멸종한 뒤, 팔레오세에 유제류는 나무 아래 땅 위의 서식지들을 빠르게 우점하면서 매우 급속하게 방산했다. 그래서 와이오밍주의 빅혼 분지나 뉴멕시코주의 산후안 분지San Juan Basin 같은 곳의 팔레오세 지층에서 단연 가장 흔한 화석 가운데 하나가 바로 유제류 화석이다. 이 고대 유제류의 대부분(한때 과절목이라고 불렸다)은 발굽달린 현생 포유류와는 생김새가 닮은 구석이 전혀 없고 핏줄사이만 먼 멸종한 군들에 속한 것들이었다(그림 14-1). 팔레오세 후기에 이르면, 현생하는 주요 유제류 목들이 기원했음을 분명하게 나타내 주는 최초의 화석들을 보게 된다. 이를테면 몽골의 팔레오세 층에서 출토된 라딘스키아Radinskya는 발가락이 홀수 개인 **기제류**perissodactyl(**말목 동물**), 곧 말, 코뿔소, 맥의 원시 친척이다. 아프리카와 아시아에서 발굴된 포스파테리움Phosphatherium, 에리테리움Eritherium, 다오우이테리움Daouitherium, 민케넬라Minchenella는 코끼리-마스토돈 일족elephant-mastodont clan의 최초기 구성원들이다. 디아코덱시스Diacodexis와 디코부네Dichobune는 발가락이 짝수 개인 **우제류**artiodactyl(**소목 동물**)의 최초기 구성원들이고, 메소닉스과mesonychid는 고래와 먼 핏줄사이에 있다. 에오세 초기에 이르면, 이 유제류 군 모두 수많은 과와 속으로 빠르게 진화했으나, 지금은 대부분 멸종했다.

이 이야기는 흥미로우면서도 워낙 상세하기 때문에, 이렇게 짧은 장 하나로는 몇 가지만 부각해서 살필 수밖에 없다. 자세하게 알고 싶으면 최근에 내가 새로 쓴 책인 《선사시대 포유류에 대한 프린스턴 현장 안내서The Princeton Field Guide to Prehistoric Mammals》(프린스턴 대학교 출판부에서 2016년에 발간했다)를 읽어보기를 권한다.

꼬맹이 말, 뿔 없는 코뿔소, 소리가 우렁찬 짐승들

> 말의 계보에 대한 지질 기록은 진화를 보여주는 훌륭한 본보기의 하나이다.
> —윌리엄 딜러 매슈, 〈말의 진화: 화석 기록과 해석〉

포유류의 진화를 보여주는 가장 친숙한 예인 말의 기원부터 살펴보자(그림 14-2와 14-3). 화석 기록에서 진화를 뒷받침해주는 예로 가장 오래전부터 쓰인 사례 가운데 하나가 이것이고, 아직도 으뜸가는 사례에 해당한다. 그래서 창조론자들이 가장 왜곡도 많이 하고 그릇된 소리도 가장 많이 하는 사례이다. 다윈의 《종의 기원》이 출간되고 얼마 뒤, 토머스 헨리 헉슬리, 프랑스의 고생물학자 장 알베르 고드리Jean Albert Gaudry, 러시아의 고생물학자 블라디미르 코발레프스키Vladimir Kovalevsky는 유럽에서 출토된 말 화석들을 진화적 순서가 분명하게 보이는 모습으로 이어냈다. 그 뒤 1876년에 북아메리카를 방문한 헉슬리는 예일대학교에서 선구적인 고생물학자 오스니얼 마시를 위해 일했던 사람들이 모아놓은 놀라운 화석 말 소장품을 구경했다. 헉슬리는 유럽에 있는 소수의 화석 말들이 연속된 한 계통이 아니라 북아메리카에서 구세계로 때때로 이주한 것들이며, 말 진화의 대부분은 북아메리카에서 일어났음을 금방 알아차렸다. 마시는 표본이 든 서랍을 하나씩 열어 헉슬리에게 보여주었는데, 덩치가 작고 발가락이 네 개와 세 개인 에오세 초기의 말들부터 오늘날의 말속인 에쿠스Equus까지 차례차례 거쳐 온 단계들이 완벽하게 기록되어 있었다. 크게 놀란 헉슬리는 미리 준비해둔 강의 노트를 내던지고, 마시의 표본을 이용해서 특강을 했다. 말에 대한 이런 초창기 연구가 이어져 나가다가, 윌리엄 딜러 매슈

William Diller Matthew(1926)가 말의 진화를 다룬 유명한 책을 세상에 내놓으면서 최고 조에 이르렀다(그림 14-2).

전체적으로 보면, 100년 가까이 묵은 이 도해는 아직도 타당하다. 처음에 말은 크기가 비글만 한 작은 동물이었다. 앞발가락은 네 개이고 뒷발가락은 세 개이며, 이빨의 치관은 낮아서 부드러운 잎사귀를 먹는 데 적합하고, 뇌는 비교적 작고 주둥이는 짧았다. 에오세 초기의 이 말들은 오래전부터 에오히푸스*Eohippus*(그런데 당시 대부분의 말들에게는 알맞은 이름이 아니다)와 히라코테리움*Hyracotherium*(그러나 J. J. 후커Hooker[1989]는 히라코테리움이 진정한 말이 아니라 팔라이오테리움류 palaeotheres라고 하는 유럽 토종 군의 일원임을 보여주었다)라고 불렸다. D. J. 프뢰리크Froehlich(2002)는 북아메리카에서 나온 말 화석들을 자세히 분석해서 에오히푸스라는 옛 이름을 붙일 만한 종은 에오히푸스 안구스티덴스*Eohippus angustidens* 하나뿐임을 알아냈다. 반면에 에오세 초기의 이 말들 가운데 많은 수는 프로토로히

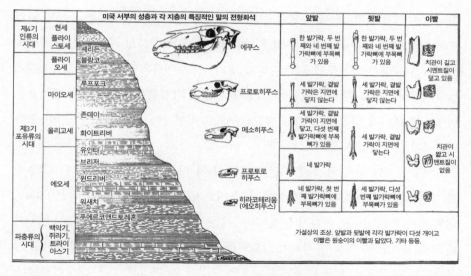

그림 14-2 말 화석이 비교적 적었던 한 세기 전에 그린 말의 진화. 시간의 흐름에 따른 전반적인 추세는 명확하다. 덩치는 점점 커지고, 다리는 점점 길어지고, 곁발가락은 점점 축소되고, 주둥이는 점점 길어지고, 뇌는 점점 커지고, 특히 억센 풀을 먹을 수 있게끔 어금니의 치관이 점점 높아졌다. 하지만 지난 한 세기 동안 말 화석을 더욱 많이 수집해서 살핀 결과, 말의 진화가 이렇게 지극히 단순하게 선형적으로 이어진 모습이 아니라, 더 복잡한 덤불 모양으로 가지를 뻗는 나무의 모습임을 알게 되었다(Matthew 1926에 따라 그렸다).

푸스*Protorohippus*에 속하고, 그 외의 것들에게는 다양한 속명이 부여되었다. 이를테면 크세니코히푸스*Xenicohippus*, 시스테모돈*Systemodon*, 플리올로푸스*Pliolophus*처럼 기존에 제시된 속명도 있고, 시프르히푸스*Sifrhippus*, 미니푸스*Minippus*, 아레나히푸스*Arenahippus*처럼 새로 지은 속명도 있다. 에오세 초기의 말들을 모두 (에오히푸스나 히라코테리움 어느 쪽으로든) 한 속으로 뭉뚱그려 묶을 수 있던 옛 시절은 오래전에 지나고 없다!

이 에오세 초기의 말들에서 출발하여 에오세의 오로히푸스*Orohippus*와 에피히푸스*Epihippus* 같은 꼴들을 거치면서 전반적으로 덩치가 점점 커지다가, 에오세 후기와 올리고세의 셰퍼드만 했던 메소히푸스*Mesohippus*와 미오히푸스*Miohippus*에서 정점에 이르렀다(Prothero and Shubin 1989). 이 녀석들의 앞발과 뒷발에는 튼튼한 발가락이 세 개씩 있었고, 이빨의 치관은 살짝 높아졌으며, 주둥이와 머리뼈에도 말에 더 가까워진 특징이 많이 있었다. 마이오세 초기에 이르자, 말들은 다양한 계통으로 폭발적으로 방산하기 시작했다(그림 14-3). 마이오세에 살았던 이 말들 가운데에는 잎사귀를 먹기에 적합하게 이빨의 치관이 낮은 상태를 그대로 유지한 것들도 있었으나(안키테리움아과*anchitherines*), 억센 풀잎을 먹기에 적합하게 치관이 높은 이빨을 진화시킨 것들이 대부분이었고, 다리와 발가락(곁발가락은 축소되었다)도 더 길게 발달시켜서 초원을 빠르게 달릴 수 있었다. 이렇게 다양했던 말 계통들의 대부분은 마이오세 후기에 멸종했고, 현생 에쿠스속으로 이어지는 계통만이 살아남아 플라이오세와 플라이스토세에 번성했다.

옛날에 그렸던 말의 진화 패턴(그림 14-2)과 비교해서 오늘날에 그린 말의 진화 패턴(그림 14-3)이 가장 크게 다른 점은 바로 덤불스럽다는 것이다. 늦은 1800년대와 이른 1900년대로 돌아가 보면, 각 단계를 이루는 말 화석이 얼마 되지 않았기 때문에, 연속된 한 계통이 세월이 흐르면서 '사다리' 같은 방식으로 진화했다고 상상하기가 쉬웠다. 그러나 1920년대 이후로 수집된 말 화석은 수만 점에 이르렀다. 다른 모든 경우에서 우리가 보았던 모습과 조금도 다르지 않게, 말의 진화 또한 덤불처럼 가지를 뻗어가는 패턴을 보이며, 다양한 계통이 같은 시대에 공존했다(그림 14-3). 필립 진저리치Philip D. Gingerich(1980, 1989)와 프뢰리크(2002)는 에오세 초기에 다양한 종의 말이 공존했음을 입증했다. 닐 슈빈과 나(1989)는 와이오밍주의 에오세 상부층 몇 군데에서 메소히푸스속의 세 종과 미오히푸스속의 두 종이 공존했음을 알아냈다. 네브래스카주의 마이오세층 채석장 몇 곳—이를테면 네브래스카주 중북부에 자리한 발렌타인 성층Valentine Formation의 레일로드채석장A—에서는 당시 함께 살았던 말이 열두 종이나 발굴되었다. 심지어 오늘날을 보아도 에쿠스속에는 종이 매우 다양하다. 이를테면 사람이 길들인 말과 그 조상 혈통인 프르제발스키말Przewalski's horse뿐 아니라, 얼룩말이 세 종이고, 야생나귀와 당나귀도 여러 종이다. 따라서 그림 14-2의 고전적인 계통도에 나타난 일반적인 진화 경향은 사실면에서는 올바르지만 지나치게 거칠고 단순화한 모습이기 때문에, 우리가 현재 인식하고 있는 덤불 모양의 진화 패턴을 잡아내지는 못하고 있다.

이 예도 워낙 자주 거론되어왔기 때문에, 당연히 창조론자들은 필히 이걸 공격해서 왜곡하고 그 막강한 위력을 꺾어야 한다고 여긴다. 이번에도 역시 그들은 진짜 말 표본을 실제로 살피거나 직접 연구를 해보지도 않았으면서 말의 진화 이야기에 대해서 거짓말을 늘어놓는다. 고작해야 맥락을 무시한 채 글을 인용해서 저자가 실제로 말하고 있는 바를 왜곡하거나, 현재의 지식 상태를 담아내지 못하는 까마득히 오래된 문헌을 인용하는 짓이나 할 뿐이다. 예를 들어 기시(1995: 189-197)는 아홉 쪽이나 할애해서 이 주제를 다루지만, 하나같이 몹시 그릇되고 부정직하다. 기시가 가장 흔하게 쓰는 책략은 맥락을 무시한 인용으로서, 지나치게 단순한 지난날의 선형적인 말 진화 이야기(그림 14-2)가 더는 타당하지 않다는 점을 저자들이 지적하는 글들이다. 기시는 이 글들을 인용하면서, 말의 화석 기록 상태가 지금은 훨씬 **좋고** 말의 계통발생이 대단히 덤불스럽다는 것을 저자가 지적하는 나머지 내용은 전혀 인용하지 않는다! 또 어떤 경우를 보면, 기시는 종과 종 사이에 점진적 과도 과정이 거의 없다는 글들을 인용하는데, 제4장에서 보았다시피, 단속평형 모형에서 보면 우리는 말의 진화에서 점진성을 기대하지 못한다. 그럼에도 차례차례 이어지는 각 종들의 특징을 살펴보면, 그 군의 진화 경향이 명확하게 나타남을 볼 수 있다. 기억해두길. 그저 점진적이고 연속적인 변화를 보이지 않는다고 해서 아무 진화도 보이지 않는다는 뜻이 아니라는 것을! 사실 말의 종과 종 사이는 점진적인 변화를 보일 수 있다고 논하는 고생물학자들도 있다. 필립 진저리치(1980, 1989) 같은 사람이 그 예인데, 와이오밍주의 빅혼 분지에서 나온 에오세 초기의 말들에 대해 뛰어나고 자세하게 기록한 것을 기초로 논증을 펼친다. 닐 슈빈과 내가(Prothero and Shubin 1989) 빅배드랜즈를 비롯해 관련 지역들에 있는 에오세와 올리고세 퇴적층에서 나온 말들을 면밀히 살핀 결과, 그때껏 메소히푸스속에서 미오히푸스속으로의 점진적 꼴바꿈이라고 해석했던 것이 덤불 모양의 진화 패턴으로 해석했을 때 더 납득이 간다는 것을 알아냈다. 그렇지만 한 종에서 다른 종으로의 꼴바꿈은 대단히 미묘하다. 브루스 맥패든Bruce J. MacFadden(1984, 1992)은 마이오세의 말 종들 사이의 미묘한 차이들을 기록해왔다. 이 차이들은 종간 꼴바꿈이 근사하게 연속된 모습을 보여주는데, 기시(1995)는 그 말들이 전혀 진화하지 않았음을 말하는 것으로 맥패든의 글을 잘못 인용하고 있다! 이번에도 어김없이 기시는 종과 종 사이에 과도기 꼴이 하나도 없다는 그릇된 주장을 펼친다. 그러나 만일 자기가 인용한 문헌 원본을 찬찬히 신경 써서 읽었더라면, 또는 글을 읽는 것보다 실제 표본을 살폈더라면, 기시는 에오세의 말들부터 현생 에쿠스속까지 화석 종들이 보이는 연속적이고 점진적인 진화의 모습에 압도당했을 것이다. 마지막으로, 기시는 (50년 전에 쓴 오래된 글을 맥락을 무시한 채 인용한 것에 기초해서) 말과 다른 동물을 이어주는 과도기 꼴은 하나도 없다는 그릇된 주장을 펼친다. 그러나 그런 과도기 꼴들은 오래전부터 알려져 왔다. 페나코두스과phenacodontids라고 하는 고대 유제류가 이에 해당하고(Radinsky 1966, 1969에 기록되어 있다), 몽골의 팔레오세 지층에서 나온 라딘스키아Radinskya(그림 14-4)도 그렇다. 이 속은 초기 말목과 그 친척들(아르시노이테리움류arsinoitheres와 코끼리)을 워낙 훌륭하게 이어주는 고리이다 보니, 맥키나의 연구진(McKenna et al. 1989)은 그걸 어느 군에 넣어야 할지 결정하기까지 어려움이 많았다.

ID 창조론 쪽에서 나온 책들도 말의 진화를 언급하고는 있으나 자세하게 살피는 경우는 하나도 없다. 데이비스와 케니언(2004: 96)은 말이 진화해온 순서가 있음을 부정하고는, 이를 책 어디에서도 더는 언급하지 않는다. 웰스(2000: 195-207)는 말이 진화했다는 생각이 어떻게 해서 선형적인 낡은 '직선' 관념으로부터 오늘날의 복잡한 계통발생도로 옮겨갔는지 살피고는 있으나, 말의 진화가 실제로 일어났음

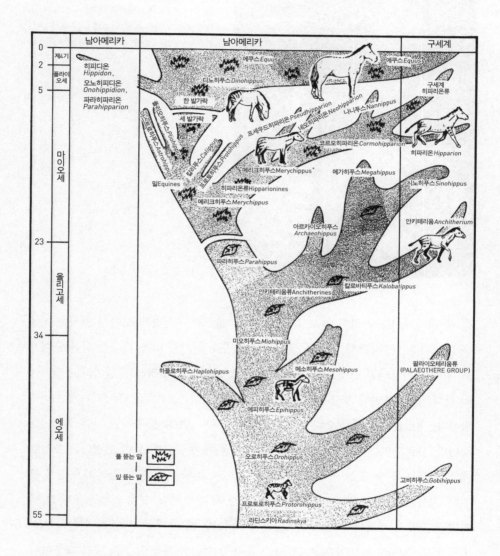

그림 14-3 말의 진화를 보는 오늘날의 시각. 그동안 수많은 화석이 더 발견되고 새로운 종이 더 명명되었기 때문에, 말의 진화사도 덤불스러운 가지 뻗기를 보이는 모습이 강조되어 있다. 하지만 이빨의 치관이 높아지고(잎 뜯기나 풀 뜯기 기호로 이를 나타냈다), 덩치가 커지고, 다리가 길어지고, 곁발가락이 축소되는 쪽으로 흘러가는 전반적인 경향은 변함없다(D. R. 프로세로의 그림. Prothero 1994b에 따랐다).

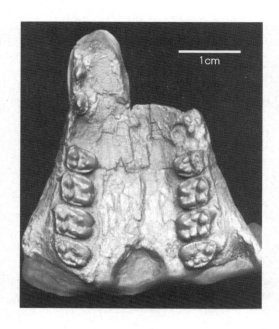

그림 14-4 중국의 팔레오세 화석인 라딘스키아. 말목의 원시 친척으로서, 말목 동물이 팔레오세에 아시아에서 기원했음을 보여준다. 라딘스키아의 머리뼈와 최초기 말과 코뿔소의 머리뼈 사이의 차이는 대단히 미미하다(M. C. 맥키나의 사진).

을 책 어디에서도 논하지 않고 있다. 그 대신 웰스가 복잡하게 꼬아서 펼치는 논증을 따라가 보면, 지극히 단순한 선형적인 모형을 버리고 더욱 복잡한 덤불 모형으로 생각을 바꾼다면 그것으로 우리는 말이 진화했음을 부정하는 셈이라고 말하는 것 같다! 물론 우리의 생각은 바뀌었다. 더 많은 화석과 더 많은 데이터가 있으니까 말이다. 새로운 데이터를 앞에 두고 생각을 바꾸지 **않는다면** 우리는 나쁜 과학자일 것이다. 사르파티(2002)는 "그 순서상에 있는 다른 동물들이 보이는 변이는 오늘날에 말 **내**에서 볼 수 있는 변이보다 조금도 심하지 않다"(133쪽)는 엉터리 주장을 펼친다. 그는 실제 표본을 한 번도 본 적이 없는 게 분명하다. 실제 표본을 봤다면, 콜리만큼 작았던 에오세의 말들이나 그레이트데인만 했던 메소히푸스를 현존하는 어떤 말과도 (심지어 가장 작은 조랑말과도) 혼동할 사람은 아무도 없을 테기 때문이다. 그 녀석들은 현생 말들에 비해 크기가 현저히 작았을 뿐만 아니라, 해부적으로도 온갖 원시적인 특징들(앞발과 뒷발에 제 기능을 하는 세 발가락뼈가 있었고, 주둥이는 더 짧았으며, 이빨의 치관도 훨씬 낮았고, 그 외에도 다른 특징이 많이 있었다)을 가졌기 때문에, 크기를 상관하지 않는다 할지라도 현존하는 모든 말과 뚜렷하게 구분된다.

　　사실 창조론자들이 조금이라도 짬을 내어 진짜 화석을 살펴보는 수고를 해봤다면, 페나코두스과와 라딘스키아에서 초창기 말목으로 넘어가는 과정이 얼마나 미묘한지 깨닫고 깜짝 놀랐을 것이다. 이보다 훨씬 놀라운 점은, 에오세의 최초기 말, 코뿔소, 맥을 서로 분간해내기도 몹시 힘들다는 것이다. 오늘날의 말은 현생 맥이나 코뿔소와는 전연 닮은 구석이 없는데 말이다. 내가 학부 시절에 와이오밍주의 빅혼 분지에서 나온 에오세 초기의 포유류를 연구하는 과제를 수행했을 때 큰 인상을 받은 사실이 바로 그것이었다. 비록 이 주제를 다룬 문헌에서는 명료하게 구분하고는 있으나, 사실 최초기 말의 이빨과 코뿔소-맥 계통의 최초기 구성원인 호모갈락스Homogalax의 이빨을 분간하기는 여간 어려운 일이 아니었다. 두 쪽의 이빨은 크기는 물론 융기부와 융기부가 이어지는 세부에서도 사실상 똑같다(그림 14-5). 다만 호모갈락스의 이빨은 융기부 사이를 잇는 능선의 연결 상태가 대개는 약간 더 좋다는 것만 다를 뿐이다. 눈이 예리하지 못하면 이 차이를 완전히 놓쳐버릴 것이며, 머리뼈와 골격의 경우도 마찬가지이다.

　　진화를 시작했을 무렵의 초창기 말목 동물들(말, 코뿔소, 맥, 브론토테리움류brontotheres)은 모두 너무나 비슷하게 생겼기 때문에, 훈련을 받은 눈으로만 녀석들을 구별할 수 있다. 비록 그렇다 해도 우리는 시간이 흐르면서 이 각각의 계통이 어떻게 진화해갔는지 추적해낼 수 있다. 이 계통들은 진화를 시작하고 얼마 안 되어 생김새가 크게 달라지기 시작해서, 에오세 후기에 이르면 덩치와 몸뚱이 모양에서 서로 판이하게 달라지기 때문에, 어린아이라도 분간할 수 있을 정도이다. 오늘날에는 서로 구분이 되는 수많은 계통들의 기원을 추적하다 보면 사실상 서로 분간이 되지 않을 만큼 거의 같은 모습으로 수렴되는 조상들을 만나게 되는데, 이를 보여주는 최선의 사례 가운데 하나가 바로 이것이다.

　　말의 진화만으로 충분히 확신이 서지 않는다면, 내가 좋아하는 동물군인 코뿔소도 살펴보자. 코뿔소의 화석 기록도 말만큼이나 오래고 조밀하고 자세하지만, 수십 년 동안 코뿔소의 계통 분류가 가닥을 못 잡고 있었던 터라 새로 수집한 화석들을 이용해 종들을 타당하게 규정하기 전까지는(Prothero 2005) 아무 결론도 내릴 수 없었기 때문에, 그동안 거의 아무런 주목도 받지 못하고 있었다. 하지만 일단 종들을 타당하게 규정하고 나자, 북아메리카의 코뿔소에서도 우리는 대단히 덤불스럽게 가지를 뻗어가는 계통수(그림 14-6)를 보게 되었다(유라시아에서도 비슷한 패턴을 보인다). 말하자면 거의 5000만 년에 걸쳐 과, 속, 종이 수없이 많이 나타난 것이다. 코뿔소의 최초기 친척은 에오세 초기의 호모갈락스속이며, 맥도 이 속에서 나왔다. 그런데 호모갈락스는 에오세 초기의 말과 사실상 동일하다(그림 14-5). 에오세 중기에 이르면, 맥상과의 계통과 코뿔소상과를 이루는 세 가지 주요 과들로 이어지는 계통들이 갈라지는 모습이 보인다. 말이 북아메리카에서 주로 진화했고 어쩌다가 가끔씩 유라시아로 건너갔던 것과 달리, 코뿔소는 북반구와 남반구 모두에서 진화하면서 서로 왔다 갔다 했다. 그래서 코뿔소의 계통수는 말의 계통수보다 훨씬 덤불스러우며, 갑작스러운 이주 사건들로 점철되어 있다(그림 14-6). 비록 대부분의 종이 서로 구별되기는 하지만, 그 와중에도 진화의 경향은 볼 수 있다. 특히 주둥이 앞면(그림 14-7A)이 그러한데, 원시 꼴들에게는 앞니와 작은 송곳니가 많이 나 있었지만, 코뿔소가 진화하면서 앞니 대부분이 사라졌고, 남은 앞니들 사이에 날카롭고 짧은 엄니를 발달시켰다. 그뿐 아니라 어금니(그림 14-7B)도 진화의 경향을 보여준다. 이를테면 원시적인 작은어금니가 큰어금니 같은 능선으로 변형되어왔으며, 그 모양이 그리스어 문자 'π'를 닮았다. 내가 쓴 코뿔소 연구서(Prothero 2005)에선 이외의 다른 변화들도 많이 기록했는데, 점진적인 변화도 있었고 단속적인 변화도 있었다. 이를테면 수많은 계통에서 보이는 크기의 변화도 그렇고, 특히 디케라테리움*Diceratherium*이라는 속에서 뿔이 점진적으로 발달한 것도 그렇다. 말처럼 코뿔소도 진화하는 동안 점점 덩치가 커졌고 더욱 분화되었다. 처음에는 앞발에 네 발

그림 14-5 말목의 진화 방산. 말, 코뿔소, 맥, 칼리코테리움류, 브론토테리움류(메가케롭스), 그 외 다른 멸종한 군들의 주요 갈래를 보여준다. 왼쪽 윗어금니의 치관 모습에서 볼 수 있다시피, 라딘스키아, 초창기 브론토테리움류인 팔라이오시옵스, 원시 말인 프로토로히푸스(오랫동안 '히라코테리움'으로 불렸다), 원시 모로포모르프아목 *moropomorph*인 호모갈락스, 칼리코테리움류인 리톨로푸스, 맥상과인 헵토돈, 원시 코뿔소인 히라코돈의 이빨 능선과 융기의 세부 모습은 극도로 비슷하다. 윗어금니 그림 옆에는 말, 맥, 코뿔소의 전형적인 머리뼈가 보이는데, 말목 진화의 초기 단계에서는 모두 서로 얼마나 비슷하게 생겼는지 역설해준다. 숫자로 매긴 분기점은 다음과 같다. 1. 말목*Perissodactyla*, 2. 티타노테리오모르프아목*Titanotheriomorpha*, 3. 히포모르프아목*Hippomorpha*, 4. 모로포모르프아목*Moropomorpha*, 5. 이섹토로푸스과*Isectolophidae*, 6. 칼리코테리움상과*Chalicotherioidea*, 7. 맥상과, 8. 코뿔소상과(계통발생은 Prothero and Schoch 1989를 따라 칼 뷰얼이 다시 그렸다).

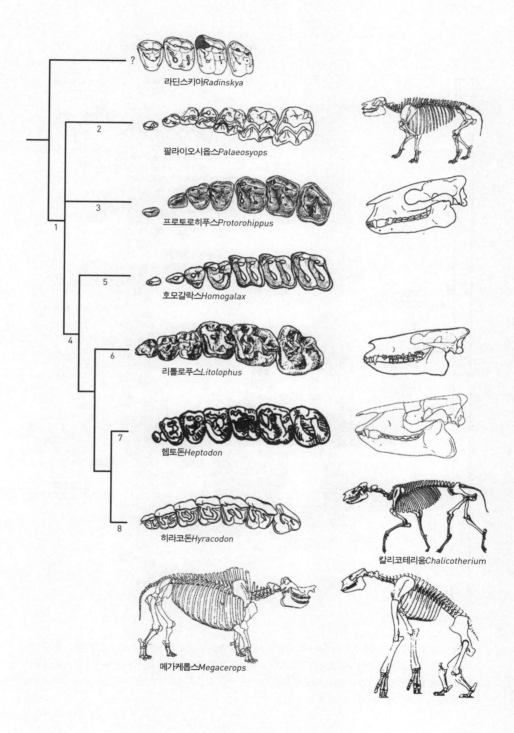

라딘스키아*Radinskya*

팔라이오시옵스*Palaeosyops*

프로토로히푸스*Protorohippus*

호모갈락스*Homogalax*

리톨로푸스*Litolophus*

헵토돈*Heptodon*

히라코돈*Hyracodon*

칼리코테리움*Chalicotherium*

메가케롭스*Megacerops*

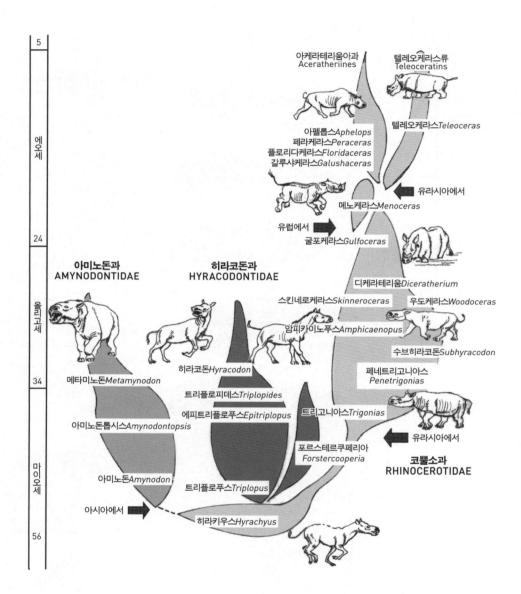

그림 14-6 북아메리카 코뿔소의 진화사. 에오세에 세 과로 갈라졌다. 하마형인 아미노돈과, 긴 다리로 달리는 히라코돈과, 그리고 현생 과인 코뿔소과가 그것이다. 진화하는 동안 코뿔소는 덩치, 사지와 골격의 크기뿐 아니라 뿔의 수와 위치(또는 뿔이 없는 상태), 이빨의 세부적인 면, 기타 수많은 특징들에서도 다양했다(D. R. 프로세로의 그림, Prothero 2005를 따랐다).

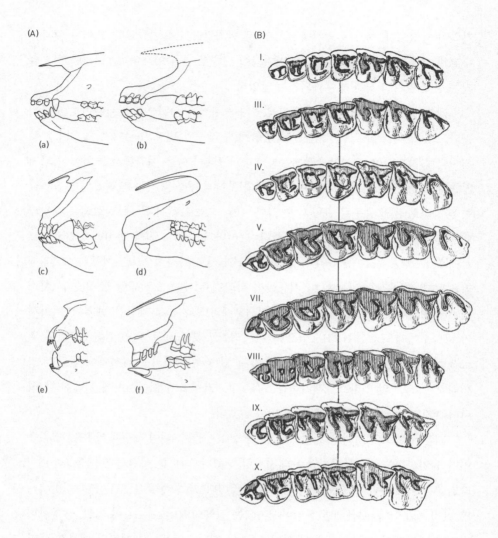

그림 14-7 코뿔소상과에 속하는 여러 과들은 대부분 이빨의 변형을 기준으로 구분할 수 있다. (A) 원시 꼴인 히라키우스는 (a) 이빨 조건이 맥과 비슷하지만, 히라코돈류hyracodonts인 아르디니아*Ardynia*와 (b) 히라코돈은 (c) 송곳니를 줄이고 앞니를 변형시켰다. 거대한 인드리코테리움류indricothere인 파라케라테리움은 (d) 앞니를 모두 잃고 커다란 원뿔 모양의 엄니를 앞에 두었다. 아미노돈류amynodonts인 메타미노돈은 (e) 앞니를 줄이고 끌 같은 육중한 위아래 송곳니를 발달시켰다. 반면에 진정한 코뿔소인 트리고니아스는 (f) 앞니와 송곳니를 거의 모두 가지고 있으며, 윗앞니는 끌 같고, 아래앞니는 엄니 같다(칼 뷰얼의 그림). (B) 히라코돈의 어금니가 거쳐 온 진화적 꼴바꿈. 작은어금니가 큰어금니 모습에 가까운 능선으로 점진적 꼴바꿈을 했음을 보여준다(Prothero 2005를 따랐다).

가락이 달렸으나, 에오세 중기에 이르면 세 발가락으로 줄어들었다. 그러나 말과는 다르게 코뿔소는 오늘날까지도 세 발가락이 그대로 남아 있으며, 한 발가락으로 달리는 현생 말처럼 심하게 분화되지는 않았다.

대부분의 화석 코뿔소에게 뿔이 없었다는 사실을 충격으로 받아들이는 사람이 많다. 오늘날의 코뿔소가 가진 뿔은 촘촘하게 압축된 털로 이루어져 있으며 뼈로 지지되지 않는다(소나 영양의 뿔과는 다르다). 그래서 뿔은 여간해서는 화석이 되지 않는다. 보통 우리는 주둥이나 이마에 뿔의 부착점 구실을 하는 해면질의 까끌까끌한 뼈자리로 뿔의 유무를 판별할 수 있다. 이를 기초로 해서 볼 때, 진화해온 세월의 대부분 동안 코뿔소에게는 뿔이 없었다. 그러다가 올리고세(약 2800만 년 전)에 코 끝에 뿔 한 쌍을 가진 두 가지 유형의 코뿔소가 서로 독자적으로 진화했다(디케라테리움과 메노케라스Menoceras). 이 계통들이 사라진 뒤에는 오랫동안 뿔 없는 코뿔소가 우점했는데, 코에 뿔 하나를 가진 텔레오케라스Teleoceras 계통은 예외였다. 아시아 코뿔소에게도 코뿔이 하나 있으나, 아프리카 코뿔소의 두 속인 검은코뿔소와 흰코뿔소에게는 뿔 두 개가 앞뒤로 나란히 나 있다. 빙하기의 유라시아에 살았던 코끼리만 한 크기의 엘라스모테리움류elasmotherine 코뿔소에게는 이마에 거대한 뿔 하나(길이가 1.5미터)가 있었고 코에는 뿔이 없었다!

맥은 코뿔소와 가까운 친척으로, 발가락 수가 홀수 개이고 주둥이 또는 코주둥이가 유연하다는 것 말고는 얼추 돼지처럼 생겼다. 대부분 사람들은 맥을 (한 번이라도 본 적이 있다면) 동물원에서나 보았을 것이다. 현생 종들은 모두 열대지방에서만 살기 때문이다. 이를테면 동남아시아에는 말레이맥Malayan tapir이 살고, 중앙아메리카와 남아메리카에는 세 종이 산다. 그러나 지난 5000만 년 세월의 대부분 동안 맥은 북아메리카와 유라시아에 널리 퍼져 있었다. 다만 맥이 가진 이빨은 잎사귀를 잘라먹는 데 적응했기 때문에, 서식지는 언제나 숲이 우거진 지역으로 국한되었다. 맥의 진화도 화석 기록에 인상적으로 남아 있다(그림 14-8). 위에서 언급한 호모갈락스(그림 14-5) 같은 원시적인 초창기 꼴은 최초기 말과 코뿔소와 거의 구별하기 힘들었다. 구별 가능한 유일한 실마리는 맥의 큰어금니에 있는 교차능선이 말이나 코뿔소보다 약간 더 발달되어 있다는 것이다(이는 후대의 맥이 가지게 될 강한 어금니

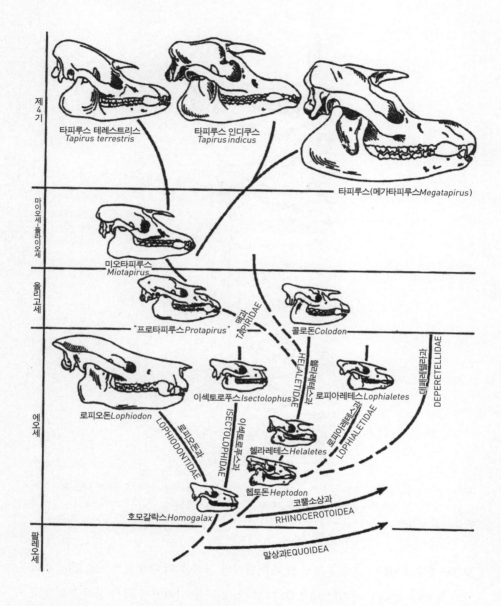

그림 14-8 맥의 진화. 머리뼈가 에오세의 말과 코뿔소와 무척 흡사한 원시 꼴들에서 출발하여, 코패임이 차츰 뒤로 물러나면서 점점 더 크게 분화해나갔다. 이는 코주둥이가 점점 커졌음을 가리킨다(Prothero and Schoch 2002에 나온 것을 수정했다).

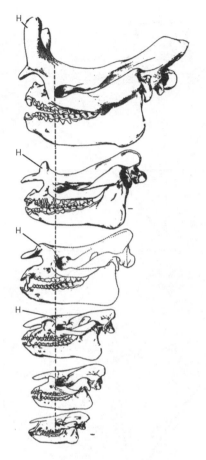

그림 14-9 에오세 동안 브론토테리움류의 진화를 보는 전통적인 선형적 시각. 팔라이오시옵스 같은 원시 꼴들은 당시 살았던 말들과 거의 구분이 안 되었다(그림 14-5). 그 뒤로 점점 덩치가 커지다가 마침내 코 위에 뭉툭한 뿔(H)을 두 개 발달시켰다(Osborn 1929를 따랐다).

능선의 전조가 된다). 그러나 그것 말고 머리뼈와 골격은 최초기 코뿔소와 말의 것과 거의 똑같이 생겼다. 하지만 에오세의 나머지 기간을 거치면서 맥은 점점 분화해나갔고, 점점 현생 맥을 닮아갔다. 에오세 중기에만 이르러도 맥의 이빨은 교차능선이 더욱 튼튼하게 발달한 상태였다. 내 친구인 매슈 콜버트Matthew W. Colbert는 샌디에이고의 에오세층(옛 창조연구재단 본부에서 멀지 않은 곳이다)에서 나온 새로운 맥 종을 하나 서술했는데, 머리뼈에 코주둥이가 부착된 자리인 코패임nasal notch의 증거를

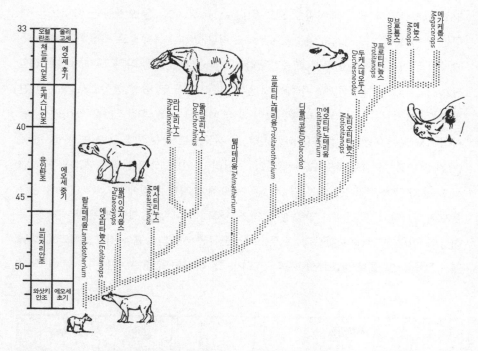

그림 14-10 브론토테리움류의 진화를 보는 오늘날의 시각. 세월이 흐르면서 가지를 더 많이 뻗어나가는 덤불스러운 패턴을 보인다. 브린 메이더Bryn J. Mader의 연구에 기초했다(Prothero 1994b).

보여주는 최초의 화석이다. 지난 4000만 년에 걸쳐 맥의 머리뼈에서 코패임은 점점 뒤로 깊이 물러났으며, 이는 코주둥이가 더 커지고 더 훌륭하게 발달했음을 시사한다. 그러다가 현생 맥에 와서 코주둥이가 가장 커진 모습을 보게 되는 것이다. 이 시기 동안 맥의 큰어금니는 점점 고도로 분화했고, 마침내 나뭇잎을 잘라먹기에 더할 나위 없이 적합한 단순한 교차능선을 갖게 되었다.

　마지막으로 말목에서 하나 더 들어야 하는 예는 브론토테리움류로서, 티타노테리움류titanotheres라고도 한다(그림 14-9와 14-10). 에오세 최후기에 진화의 정점에 이르러 덩치가 코끼리만 했던 이 짐승들은 코 위에 한 쌍으로 달린 골질의 뭉툭한 파쇄망치를 과시한다. 그러나 처음에 이 녀석들은 분화가 아직 안 된 비글만 한 크기의 에오세 초기 조상들(팔라이오시옵스Palaeosyops)에게서 진화했고, 이 조상들은 에오세 최초기의 말과 맥-코뿔소 조상들과 구별하기가 어려웠다. 한 세기 전에 유

명한 고생물학자 헨리 페어필드 오즈번Henry Fairfield Osborn은 오랫동안 이것들을 연
구한 끝에 형편없는(당시의 기준으로 보아도 형편없었다) 분류도로 빽빽하게 채운 두
권짜리 두껍디두꺼운 연구서를 출간했다(Osborn 1929). 더군다나 그가 제시한 **정향
진화**orthogenesis—자연선택에 구애되지 않고 아무 통제 없이 한 방향으로 직선적 진
화가 일어난다는 것—라는 비정통적인 생각 때문에 더욱 혼란스러운 책이었다. 안
타깝게도 브론토테리움류의 진화를 단직선 계통으로 잘못 그리고 있는 이 낡은 예
(그림 14-9)는 오늘날에도 교과서에 계속 실리고 있다. 사실 브론토테리움류의 진
화 또한 대단히 덤불스럽다(그림 14-10). 에오세 중기와 후기에 다양한 계통이 공존
했으며, 그 뒤에 군 전체가 멸종했다. 창조론자들이 내 말을 잘못 인용할 생각을 못
하도록 이렇게 말해야 하겠다. 브론토테리움류는 **시간의 흐름에 따라 덩치와 뿔 발달
에서 진화적 변화들을 정말로 보여준다.** 그러나 그 진화는 수많은 종들이 가지를 뻗어

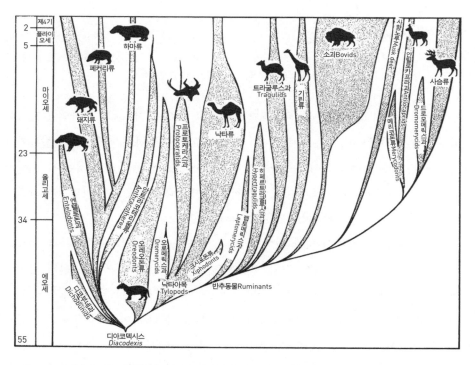

그림 14-11 발가락이 짝수 개인 유제류인 소목의 진화사(D. R. 프로세로의 그림. Prothero 1994b).

그림 14-12 처음으로 짝수 개의 발가락을 가진 발굽포유류, 곧 최초기의 소목 동물인 디아코덱시스와 디코부네는 오늘날의 후손들인 돼지, 하마, 낙타, 사슴, 기린, 가지뿔영양, 소, 양, 영양, 염소와는 하나도 안 닮은 작고 원시적인 꼴이었다. 그래도 모든 원시 소목 동물들에게서 보이는 특징적인 이빨이 있었고 머리뼈와 발목 부위에도 소목 특유의 특징들이 있기 때문에, 이 크나큰 포유류 목인 소목 동물의 조상들로 자리매김한다(칼 뷰얼의 그림).

나가는 맥락 속에서 일어났지, 한때 오즈번이 생각했던 것처럼 단일 계통이 최후에 멸종할 때까지 쭉 이어나간 것이 아니다.

발굽이 갈라진 동물들의 왕국

그러나 새김질만 하거나 굽만 갈라진 짐승은 잡아먹을 수 없습니다. 낙타와 토끼와 사반은 새김질은 하지만 굽이 갈라지지 않았기 때문에 여러분에게 부정한 짐승입니다. 돼지의 경우에는 굽은 갈라졌지만 새김질을 하지 않기 때문에 역시 여러분에게 부정한 짐승입니다. 여러분은 돼지고기를 먹지 말고 돼지의 주검도 만지지 마십시오.

—〈신명기〉 14: 7-8

말목 다음으로 살펴볼 큰 현생 발굽포유류 목은 발가락이 짝수 개인 우제류, 곧 소목Artiodactyla이다. 이 녀석들이 '발가락이 짝수 개' 또는 '발굽이 갈라진' 까닭은 발의 대칭축이 세 번째 발가락과 네 번째 발가락 사이를 지나기 때문이며, 그래서 이 녀석들은 보통 발가락이 두 개 아니면 네 개이다. 오늘날에 소목은 지구상에 사는 유제류 가운데 가장 다양하고 수가 많다. 현생 종만 190가지가 넘고, 돼지, 페커리, 하마, 낙타와 라마, 사슴, 가지뿔영양, 기린, 양, 염소, 소를 비롯해 수십 종의 영양이 이에 속한다(그림 14-11). 우리가 길러먹는 거의 모든 가축이 소목 동물이고(돼지, 양, 염소, 소, 사슴), 우리가 먹는 젖(소젖, 염소젖, 낙타젖 등)과 우리가 입는 모직물(양털이나 알파카털)도 모두 이 동물들에게서 얻는다. 얼룩말, 코뿔소, 코끼리를 제외하고 동아프리카에서 볼 수 있는 덩치 큰 초식동물은 거의 모두 소목 동물이다. 오늘날을 보면 소목이 성공한 동물들이긴 하지만, 그 지배력은 점진적으로 확보한 것이었다. 말하자면 발가락이 홀수 개인 말목 동물들(특히 말, 코뿔소, 맥, 브론토테리움류)이 에오세를 지배하다가 점차 자리를 내주는 사이에, 소목 동물들(특히 낙타, 양, 염소, 소 같은 반추동물)이 우월한 소화 방식을 갖추고 지구상을 지배하게 되었다.

이번에도 에오세 초기의 알려진 첫 소목 동물을 보면 누구도 그 녀석을 소나 기린이나 낙타와 연결 짓지 못할 꼴로 나타난다(그림 14-12). 디아코덱시스Diacodexis와 디코부네Dichobune는 크기가 대략 토끼만 한 작은 녀석들이었고, 네 다리는 길고 가늘었으며, 이빨과 머리뼈는 단순하고 원시적이었다. 녀석들 가운데에는 뒷다리가 대단히 긴 것들도 있어서, 뜀뛰기에도 잘 적응했던 것으로 보인다. 유제류의 해부학적 분지도(Prothero et al. 1988)와 분자생물학적 계통발생도(Murphy et al. 2001a, 2001b) 모두 이 녀석들의 분기점을 유제류 방산의 근저에 두고 있다(그림 14-1). 케니스 로즈Kenneth D. Rose(1987)는 팔레오세의 고대 유제류인 크리아쿠스Chriacus가 최초기 유제류와 소목을 이을 만한 과도기 꼴일 가능성이 대단히 크다는 생각을 내놓았다. 일단 소목 동물들이 에오세 초기에 등장하자, 많은 특징에서 소목 동물 특유의 전형성을 가지게 되었다. 처음에는 단순한 형태의 융기부를 가진 이빨이 곧이어 반달 모양의 능선을 지닌 이빨로 진화해서, 소목 특유의 **반달치아**selenodont가 되었다. 다리와 발은 처음 출발할 때부터 길고 가늘었으며, 곧이어 가운데에 자리한 발가락들은 길어지고 곁발가락들은 작아지기 시작했다(그러나 그 방식은 말목 동물과 달랐다). 모든 소목 동물은 특징적인 이중 도르래 형식의 뼈를 발목에 가지고 있는데, **목말뼈**astragalus라고 하는 이 뼈는 다리를 앞뒤로 저어서 달리는 움직임을 대단히 효율적으로 만들어주었다(또한 발이나 뒷다리가 돌아가는 바람에 앞뒤 방향 운동면front-to-back에서 이탈하는 일이 없도록 해주기도 한다).

에오세 중기에 이르면 소목 동물들이 수많은 과로 폭발적 방산을 하고 있었으나, 지금은 대부분 멸종했다(그림 14-11). 하지만 돼지의 원시 친척들, 최초의 낙타, 최초의 반추동물들은 남아 있었다. 그리고 올리고세에 또 한 번 폭발적인 진화 방산이 일어났으며, 이때에는 낙타류와 초기 반추동물을 비롯해서 대부분의 현생 과들이 있었다. 마이오세에 이르러서는 가지뿔영양, 기린, 영양, 소도 갈라져 나오기 시작했다. 이 과들 가운데에는 화석 기록이 뛰어난 것들도 있어서, 에오세까지 계통을 추적해간 다음에, 올리고세와 마이오세에 녀석들이 어떻게 널리 다양한 꼴들로 진화해나갔는지 짚어나갈 수 있다. 지면의 제약이 있기 때문에, 여기서 우리는 낙타와 기린, 이 두 사례만 살펴볼 것이다.

대부분 사람들은 멸종한 낙타들에게 혹이 없었고 낙타과가 북아메리카에 고립된 상태로 진화했음을 알고는 놀란다(그림 14-13A). 낙타는 신생대 후기에 와서야 이 대륙을 탈출했다. 300만 년 전에는 남아메리카로 가서 라마, 구아나코, 비쿠냐로 진화했으며, 약 700만 년 전에는 유라시아로 건너가서 아프리카 단봉낙타와 아시아 쌍봉낙타로 진화했다. 이렇게 성공을 구가한 뒤, 마지막 빙하기가 끝날 무렵인 1만 년 전에 낙타는 조상 대대로 산 북아메리카에서 자취를 감추었다. 생태적 면모에서 보아도 화석 낙타들은 놀랍도록 다양한 모습을 보이며, 우리가 오늘날 보는 얼마 안 되는 꼴들과는 비교도 할 수 없을 만큼 다양했다(Honey et al. 1998). 최초기 낙타들은 토끼만 한 크기의 *쪼끄*마한 녀석들이었고(포이브로돈*Poebrodon*), 유타주, 텍사스주, 캘리포니아주의 늦은 에오세 중기 지층에서 나온 이빨과 턱 조각들을 통해 알려져 있다. 그런데 에오세 후기와 올리고세 초기에 이르러서는 포이브로테리움*Poebrotherium*이라는 양만 한 크기의 녀석들로 진화했으며(Prothero 1996), 사우스다코타 주의 빅배드랜즈에서 흔하게 발견된다.

(A)

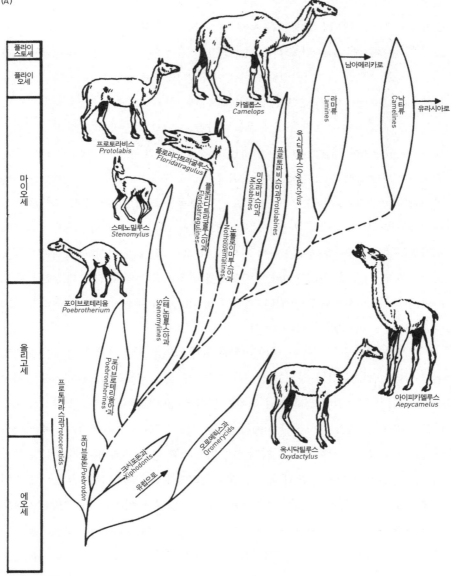

플라이
스토세

플라이
오세

마이오세

올리고세

에오세

남아메리카로

유라시아로

카멜롭스
Camelops

라마류
Lamines

낙타류
Camelines

옥시닥틸루스 *Oxydactylus*

미오라비스아과
Miolabines

프로토라비스아과Protolabines

노톨로미루스아과"
Notholdematines

프로토라비스
Protolabis

플로리다트라굴루스
Floridatragulus

플로리다트라굴루스아과
Floridatragulines

스테노밀루스
Stenomylus

스테노밀루스아과
Stenomylines

포이브로테리움
Poebrotherium

"포이브로테리움에아과"
Poebrontherines

아이피카멜루스
Aepycamelus

옥시닥틸루스
Oxydactylus

프로토케라스과Protoceratids

포이브로돈*Poebrodon*

크시포돈과
Xiphodonts

유럽으로

오로메릭스과
Oromerycids

(B)

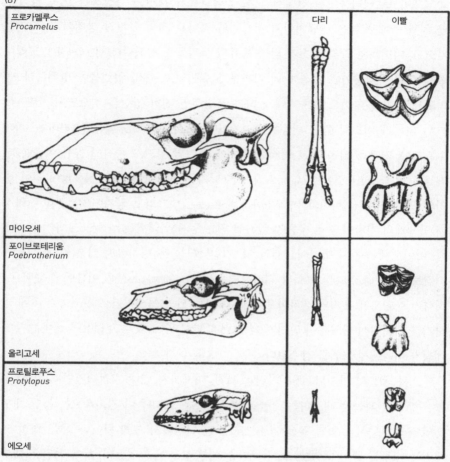

프로카멜루스 *Procamelus*	다리	이빨
마이오세		
포이브로테리움 *Poebrotherium*		
올리고세		
프로틸로푸스 *Protylopus*		
에오세		

그림 14-13 북아메리카에서 낙타가 거친 진화. (A) 낙타의 계통수. 사슴처럼 생긴 작고 원시적인 것들부터 가젤을 닮은 스테노밀루스아과, 다리가 짧은 프로토라비스아과와 미오라비스아과, 다리와 목이 긴 '기린낙타' 그리고 오늘날 남아메리카의 혹 없는 낙타(알파카, 라마, 비쿠냐, 구아나코)에 이르기까지 꼴이 굉장히 다양했음을 보여준다. 전체 과에서 보면 혹 없는 낙타들이 전형에 더 가까우며, 아프리카의 현생 단봉낙타와 혹이 두 개인 아시아의 쌍봉낙타만 혹을 가지고 있다(D. R. 프로세로의 그림. Prothero 1994b를 따랐다). (B) 에오세의 조그마한 오로메릭스과 동물인 프로틸로푸스에서 출발해 올리고세의 낙타인 포이브로테리움을 거쳐 더욱 고등해진 마이오세의 프로카멜루스에 이르기까지 낙타류 안에서 보이는 진화의 흐름. 비록 낙타류의 진화사가 직선이 아니라 덤불스럽게 가지를 뻗는 패턴이기는 하지만, 덩치는 더 커지고 앞니는 사라지고 주둥이는 더 길어지고 눈은 더 커지고 다리와 발가락(발가락들이 서로 합쳐져 단 두 개로 줄어들었다)은 더 길어지고 어금니의 치관은 더 높아지는 쪽으로 진화해가는 경향이 있다(Scott 1913에 따랐다).

포이브로테리움에겐 전형적인 초기 낙타류가 보이는 특징들이 모두 있었다. 곧 치관이 매우 높은 반달치아와 정강이뼈 하나로 거의 합쳐진 상태의 긴 다리를 가졌고, 머리뼈와 골격도 초기 낙타 특유의 특징들을 가졌다(그림 14-13B). 그러나 신체 비례는 영양이나 가젤에 더 가까운 모습이었고, 혹도 없었음이 명백하다. 올리고세 후기와 마이오세 초기에 낙타는 폭발적인 진화 방산을 겪으면서(그림 14-13A) 다리가 비교적 짧은 변종들(프로토라비누스아과protolabines와 미오라비누스아과miolabines), 가젤을 닮은 작고 연약한 덩치에 특이할 정도로 치관이 높은 이빨을 가진 꼴들(스테노밀루스아과stenomylines), 오늘날의 구아나코나 비쿠냐를 많이 닮아 다리와 목이 긴 꼴들(아이피카멜루스아과aepycamelines), 그리고 심지어 긴 목을 진화시켜 구세계의 기린이 점한 우듬지 잎사귀 먹는 동물의 역할을 한 군으로까지 진화했다. 마이오세 후기와 플라이오세의 이 '기린낙타들'은 덩치까지 커서, 그에 걸맞게 기간토카멜루스*Gigantocamelus*와 티타노틸로푸스*Titanotylopus* 같은 이름이 붙었다. 그러다가 마이오세 후기와 플라이오세에 유라시아와 남아메리카로 퍼져나간 뒤에 빙하기를 거치면서 다양성이 떨어져 겨우 몇 종만이 남게 되었고, 1만 년 전에는 북아메리카 대륙에서 자취를 감추었다.

소목 동물의 마지막 예로 기린을 보자. 이제까지 내내 지적해왔던 것처럼, 수많은 포유류 과들을 대표하는 오늘날의 동물들은 그 과들이 진화해오는 동안 대부분의 구성원들이 보였던 꼴을 기준으로 보면 전형에서 크게 벗어나 있다. 화석 코뿔소는 대부분 뿔이 없었고, 화석 낙타는 대부분 혹이 없었으며, 화석 기린은 대부분 목이 길지 않았다. 멸종한 기린과giraffids 동물들(Solounias 2007)은 뿔 모양과 몸 크기에서 널리 다양한 모습을 보였다(그림 14-14). 화석 기린들은 대부분 짧은 목을 가진 오카피okapi를 더 닮았는데(그림 14-14B), 오카피는 기린을 제외하고 현생하는 유일한 기린과의 동물로서, 아프리카의 열대우림에 서식하고, 흰색과 갈색 줄무늬를 가진 경계심 많은 동물이다. 시바테리움*Sivatherium* 같은 화석 기린들은 말코손바닥사슴moose처럼 손바닥 모양의 뿔이 달린 거대하고 육중한 동물이었다. 마이오세 후기에 이르러서야 우리는 마침내 오늘날의 기린속*Giraffa*으로 이어지는 계통을 만나게 된다. 그런데 이빨 화석은 충분히 흔한데, 목뼈까지 갖춘 완전한 골격 화석은 드물다. 그래서 그 계통이 어떤 식으로 진화했는지는 볼 수 있으나, 목이 어떤 식으로 길어졌는지를 보여주는 화석은 아직 우리에게 없는 형편이다. 기린속에 속하는 것 가운데 알려진 가장 오래된 화석종인 기라파 주마이 *Giraffa jumae*는 아프리카의 마이오세 후기 지층에서 발굴되었으며, 이미 긴 목을 가졌던 것으로 보인다. 그래서 마이오세의 더 이른 시기에서 화석을 찾을 필요가 있다. 한편 나이코스 솔로우니아스 Nikos Solounias(1999)가 기린의 목이 길어지는 메커니즘이 무엇인지 보여주자, 당시 널리 퍼져 있던 생각을 수정해야 했다. 기린은 목을 이루는 척추뼈 하나하나를 조금씩 늘이기는 하지만, 실제로는 목에 척추뼈를 하나 더 추가한 다음에 맨 밑의 목뼈를 어깨 부위로 이동시킨다. 그래서 기린의 목은 앞다리 뒤에서 시작하며, 앞다리가 앞으로 툭 튀어나오고, 목이 몸통의 거의 중심 위에서 균형을 잡는 특유의 자세를 취한다. 반면에 대부분의 포유동물들에선 목이 언제나 앞으로 쑥 나와 있다. 마지막으로, 최근에 솔로우니아스는 훌륭한 과도기 꼴 하나를 서술해서 발표했다(그림 14-15). 그 꼴은 중간 길이의 목을 가진 기린 화석으로서, 오카피는 물론이고 멸종한 다른 꼴들보다는 길지만, 현생 기린보다는 짧다. 사람들은 기린이 어떻게 긴 목을 가지게 되었는지 오랜 세월 궁리를 해왔는데, 이제야 마침내 그 일이 어떻게 일어났는지 똑바로 보여주는 화석이 손에 들어온 것이다! 이번에도 역시, 창조론자들이 결코 존재할 수 없다고 주장했던 과도기 꼴을 화석 기록은 보여준 것이다.

발로 걷는 고래

교묘하게 혓바닥을 놀려 흰 것을 검게 검은 것을 희게 만들 수 있는 이 독단론자들은 그 무엇에도 설득되지 않을 것이다. 그런데 암불로케투스속은 그들이 이론적으로 불가능하다고 주장한 바로 그 동물이다. 과학을 이렇게 훌륭하게 대변해주는 이야기, 또는 창조론자의 끈덕진 반대를 이보다 더 흡족하게 지성적인 면에 기초해서 정치적으로 이기는 이야기를 나는 상상할 수 없다.
—스티븐 제이 굴드, 〈그 과거로 레비아탄을 낚기〉

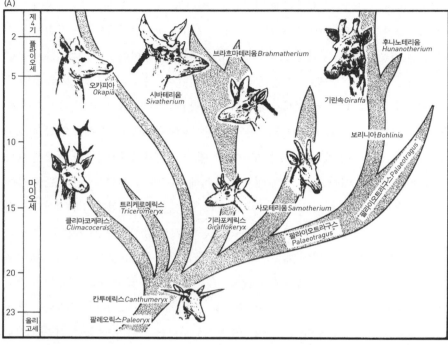

(A)

제4기

2 ― 플라이오세

5 ―

10 ―

마이오세

15 ―

20 ―

23 ―

올리고세

오카피아
Okapia

시바테리움
Sivatherium

브라흐마테리움 *Brahmatherium*

후나노테리움
Hunanotherium

기린속 *Giraffa*

보리니아 *Bohlinia*

팔라이오트라구스 *Palaeotragus*

사모테리움 *Samotherium*

팔라이오트라구스
Palaeotragus

트리케로메릭스
Triceromeryx

기라포케릭스
Giraffokeryx

클리마코케라스
Climacoceras

칸투메릭스 *Canthumeryx*

팔레오릭스 *Paleoryx*

(B)

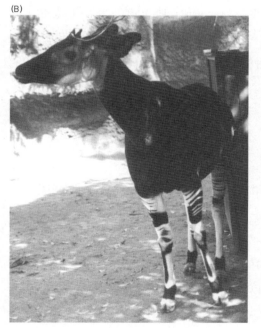

그림 14-14 기린과의 진화. (A) 오늘날의 오카 피가 기린과의 전형에 더 가깝다. 목은 짧고 뿔―'기린뿔ossicone'이라고 한다―도 비교적 짧다. 하지만 일부 화석 기린과의 동물들에게 는 대단히 특이하게 갈라지고 벌어진 두개부속 지cranial appendages가 있다. 현생 기린과의 계통 에서만 긴 목이 진화했다(D. R. 프로세로가 그렸 고 Prothero 1994b를 따랐다). (B) 오늘날의 오카 피. 긴 목을 가진 사촌보다 기린과의 전형에 훨 씬 더 가까운 모습이다(글쓴이의 사진).

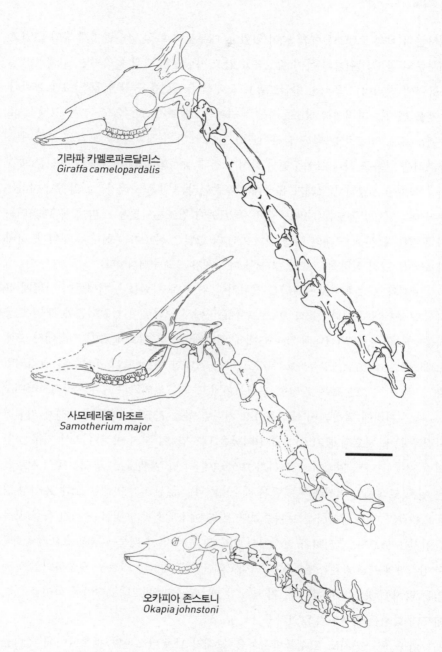

기라파 카멜로파르달리스
Giraffa camelopardalis

사모테리움 마조르
Samotherium major

오카피아 존스토니
Okapia johnstoni

그림 14-15 최근에 발견된 기린과 동물 화석인 사모테리움 마조르의 목뼈. 원시 기린과 동물들의 목뼈 길이와 오늘날의 목 긴 종에서 보이는 목뼈 길이의 중간이다. 이 놀라운 발견은 오카피(아래)와 긴 목을 가진 현생 종(위)을 잇는 진정한 '빠진 고리'이다(N. 솔로우니아스의 그림).

대부분의 화석 코뿔소들에게 뿔이 없었고, 대부분의 화석 낙타들에게 혹이 없었고, 대부분의 화석 기린들의 목이 짧았음을 알고 사람들은 깜짝 놀라지만, 고래가 발굽 포유류와 친척이고 육식성 발굽포유류 군에서 유래했음을 알면 훨씬 크게 놀란다. 논쟁을 벌이는 자리에서 창조론자들은 귀여운 소 '보시Bossie'와 물 뿜는 고래 '블로 우홀Blowhole'의 그림을 담은 슬라이드와 함께 소와 고래의 중간 모습을 그린 우스 꽝스러운 만화를 하나 보여주면서 화석 기록과 동물학에 대한 대중의 무지를 즐겨 이용해먹는다. 그러나 고래가 유제류의 후손이라는 말은 고래가 '소'의 후손이라는 뜻이 아니다. '발굽포유류'라는 말을 들었을 때 창조론자들은 소밖에 못 떠올리는 게 분명하다. 사실 고래의 현생 친척으로 더 알맞은 본보기는 하마일 것이다. 하마 와 고래는 그리 심하게 다르지 않다(둘 다 덩치가 크고 수서성이다).

　　고래와 돌고래가 포유류임을 알아차린 뒤로 쭉 사람들은 녀석들이 어떻게 육 서성 포유류에서 진화했을까, 어느 포유류 군에서 녀석들이 기원했을까, 궁리에 궁 리를 거듭했다. 1830년대와 1840년대에 앨라배마주의 에오세 중기 지층에서 고대 고래아목archaeocetes(그림 14-16)이라고 하는 거대한 원시 고래 표본들이 발견되었 다. 그런데 이 표본들은 완전한 수서성이었고, 지느러미발과 수평꼬리지느러미tail fluke와 24미터에 달하는 구불구불하고 기다란 몸을 가졌다. 따라서 고래가 기원한 사건은 분명 에오세 중기 이전에 일어났을 테지만, 이 시기 이전의 화석 기록은 알 려진 것이 하나도 없었다. 그러다가 1966년에 리 반 발렌Leigh van Valen 등의 사람들 은 원시 고래들의 머리뼈와 이빨이 메소닉스과mesonychids라고 하는 고대 포식성 발 굽포유류와 매우 흡사함을 보여주었다. 비록 메소닉스과가 발굽을 가진 육상 포유 류이기는 했으나, 머리뼈와 골격에서 비슷한 점이 많기 때문에(특히 크고 깔쭉깔쭉 한 삼각형의 칼날 같은 이빨), 이는 고대고래아목 고래들과 가까운 핏줄사이였을 것 임을 암시했다. 그러나 한 세기가 넘도록 메소닉스과와 고대고래아목 사이를 잇는 과도기 화석은 발견되지 않았다.

　　아주 최근까지도 고생물학자들은 고래가 메소닉스과와 핏줄사이에 있다는 생각에 안주했고, 화석 기록에서 나타난 증거도 이를 뒷받침하는 듯 보였다. 그런 데 늦은 1990년대에 현생 포유류 가운데에서 소목 동물들(특히 하마)이 고래의 가

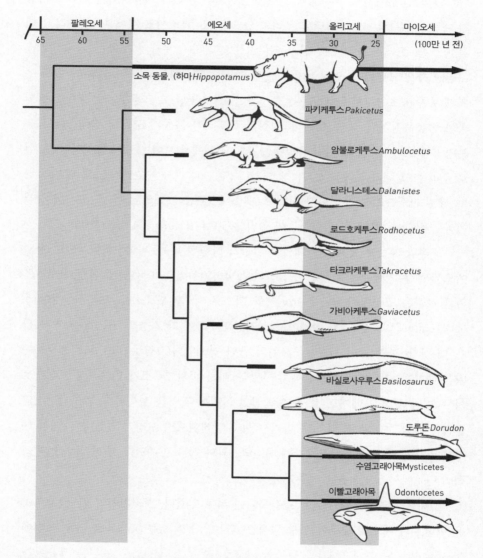

그림 14-16 육상동물에서 진화해온 고래. 아프리카와 파키스탄의 에오세 지층에서 새로 발견된 수많은 과도기 화석들을 보여주고 있다(칼 뷰얼의 그림).

장 가까운 친척임을 분자생물학 연구들이 보여주었다. 그리 놀랍지는 않은 일이었다. 왜냐하면 유제류의 분지도에서 소목 동물들과 고래의 핏줄사이는 대단히 가깝기 때문이다(그림 14-1). 그러나 우리는 언제나 그 둘이 서로 자매분류군이라고 생각했을 뿐, 고래가 소목 안에 안겨 있다고는 생각하지 못했다(Prothero et al. 1988). 그러던 중 2001년에 두 연구진이(Gingerich et al. 2001; Thewissen et al. 2001) 발목 부위가 보존된 초창기의 고래 표본들을 발견했다(그림 14-17). 놀라운 발견이었다. 이 화석들은 특징적인 '이중 도르래' 형식의 목말뼈가 초창기 고래의 발에 있었음을 분명하게 보여주었는데, 이런 목말뼈는 소목 전체에서 보이는 표지 특징이다. 그 뒤로 우리는 그 증거를 다시 생각하게 되었다. 그 결과 지금은 고래가 소목 내부의 하마-돼지 계통으로부터 진화한 군이고, 메소닉스과는 고래와 소목 모두와 먼 친척이라는 생각에 대부분의 과학자들이 동의할 것이다(Geisler and Uhen 2005).

고래의 계보를 이해하는 데서 돌파구가 마련된 때는, 과학자들이 파키스탄의 에오세 하부 지층에서 화석을 수집하기 시작하면서였다. 1983년에 필립 진저리치와 동료들은 그곳에서 발견된 머리뼈를 기초로 파키케투스*Pakicetus*를 서술했는데, 고대고래아목의 두개골을 가지기는 하지만 반향정위가 가능한 귀는 없으며, 이빨은 메소닉스과와 고대고래아목 사이의 중간 단계였다(그림 14-16). 파키케투스는 얕은 해협에 면한 하천 퇴적층에서 나왔다. 이는 파키케투스가 반수서성 포식자로서, 먹이를 구하러 때때로 강 속을 헤집고 다녔을 것임을 시사한다. 파키케투스의 골격은 아직 늑대와 퍽 닮아서, 다리는 길고 날씬했으며 꼬리가 있었다. 그래서 대부분의 특징에서 보면 아직까지는 메소닉스과와 닮은 상태였다. 뼈의 화학성은 녀석이 민물에서 살았음을 보여주었다.

그다음 단계의 진전은 그로부터 몇 년 뒤에 있었다. 진저리치의 연구진(1990)은 이집트의 에오세 중부와 상부 퇴적층(피라미드들이 있는 곳의 바로 서쪽 지역)에서 새로 발굴된 고대고래아목 동물인 바실로사우루스*Basilosaurus* 표본을 서술했다. 완전히 수서성이라는 점에서는 다른 고대고래아목 동물과 같았지만, 이전의 표본들에서는 보존된 적이 한 번도 없던 것이 이 표본에 있었다. 바로 뒷다리였다. 고래류의 대부분을 보면, 바깥으로 노출된 뒷다리는 없으나, 볼기뼈와 넓적다리뼈의

그림 14-17 파키스탄에서 발견된 에오세 중기의 고래인 로드호케투스 발로키스타넨시스*Rodhocetus balochistanensis*(왼쪽)와 아르티오케투스 클라비스*Artiocetus clavis*(오른쪽)의 발목뼈를 가지뿔영양인 안틸로카프라 아메리카나 *Antilocapra americana*(가운데)의 발목뼈와 비교한 모습. 소목 포유동물이 특징적으로 가지는 이중 도르래 목말뼈를 눈여겨보라(미시건 대학교 고생물박물관의 P. D. 진저리치의 사진).

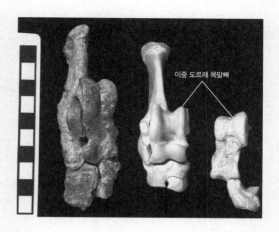

이중 도르래 목말뼈

잔재가 하반신의 척주를 따라 근육 속에 묻혀 있다(그림 4-9). 그런데 이 표본들에는 쪼그마한 뒷다리가 밖에 달려 있던 것이다(24미터나 되는 기다란 몸뚱이에 얼추 사람 팔만 한 길이로 나와 있다)! 이 뒷다리는 분명 이동용으로 기능하지 않았다. 현생 고래들의 몸속에 묻혀 있는 뒷다리의 흔적처럼, 이 작은 다리도 '고래'가 땅 위를 걷던 시절이 남긴 유물로 이미 기능을 잃은 상태였다. 이 발견 이후 타크라케투스*Takracetus*와 가비아케투스*Gaviacetus* 같은 다른 고대고래아목 동물들에게도 뒷다리 흔적이 있음이 발견되었다.

그러나 가장 중요한 발견은 그다음에 있었다. J. G. M. 더위센Thewissen의 연구진(1994)은 암불로케투스 나탄스*Ambulocetus natans*—글자 그대로 '걷고 헤엄치는 고래'라는 뜻이다—를 발견해서 서술했다. 파키스탄의 에오세 중기 해성층에서 발견된 이 녀석은 크기가 얼추 바다사자만 하고(그림 14-18), 앞다리와 거대한 뒷다리 모두에 제 기능을 하는 물갈퀴발이 있었다(뒷다리에는 발굽 흔적도 그대로 있었다). 하지만 머리뼈와 이빨은 여전히 메소닉스과와 닮은 상태였다. 더위센의 연구진 (1994)은 이 종이 지닌 대단히 유연한 척추를 기초로 하여, 암불로케투스가 펭귄이나 물범이 하는 것처럼 발을 젓거나 물고기처럼 좌우로 몸을 꿈틀거려서 헤엄을 치기보다는, 수달이 헤엄치는 동작과 비슷하게 몸을 위아래로 굽혔다 펴며 헤엄을 쳤다는 생각을 내놓았다. 현생 고래가 물속을 헤엄쳐나갈 때 수평꼬리지느러미를 위아래로 젓는 동작의 전신이 바로 이것이었다.

(A)

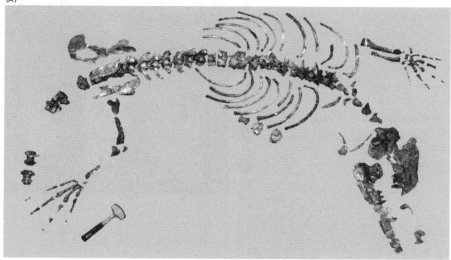

(B)

그림 14-18 파키스탄의 에오세층에서 출토된 원시 고래인 암불로케투스 나탄스*Ambulocetus natans*. 메소닉스과형 머리, 기능성 물갈퀴가 달린 커다란 손과 발, 반수서성 생활방식을 아직 간직하고 있었다. (A) 거의 완전한 골격을 해부도 자세로 펼쳐 놓고 찍은 사진(J. G. M. 더위슨의 사진). (B) 에오세의 다른 포유류를 잡아먹으려고 물 밖으로 솟아오르는 암불로케투스의 모습을 재구성한 그림(칼 뷰얼의 복원도).

　　그 뒤로도 많은 발견이 더 이어졌다(대부분이 파키스탄의 에오세 중기층에서 나왔다). 예를 들어 달라니스테스*Dalanistes*에게는 완전한 기능을 하는 앞뒷다리에 물갈퀴발이 달렸고 기다란 꼬리가 있었으나, 주둥이가 더욱 길어진 모습은 고래에 훨씬 더 가까워졌다. 로드호케투스*Rodhocetus*는 돌고래와 훨씬 많이 닮은 모습이지만, 기능을 하는 뒷다리를 여전히 간직하고 있었다. 다른 한편으로 인도히우스*Indohyus*는 파키케투스, 고래와 하마의 원시 육서성 친척인 안트라코테리움류anthracotheres, 이 둘을 이어주고 있다. 해가 갈수록 과도기 단계의 고래들이 더욱 많이 발견되고 있어서, 육상 포유동물에서 고래로 꼴바꿈을 한 이 놀라운 과정이 지금은 진화적 과도 과정이 화석 기록에 나타난 가장 좋은 예의 하나가 되어주고 있다(그림 14-16). 창조론자들이야 기분이 좋지 않겠지만, 그 화석들은 부정할 수 없는 것들이다.

　　이 모든 새로운 증거 앞에서 창조론자들은 쩔쩔 맸다. ID 창조론자들이 쓴 교과서인 《판다와 사람에 대해: 생물학적 기원의 중심 문제Of Pandas and People: The Central Question of Biological Origins》(Davis and Kenyon 2004: 101-102)에서는 "육상 포유류와 고래를 잇는 과도기 화석은 없다"고 주장한다. 더없이 잘못된 주장이다. 1989년판에서 썼던 이 그릇된 진술이 2004년판에도 그대로 실렸는데, 1980년대와 1990년대는 육서성 포유류와 완전한 수서성 고래류를 분명하게 이어주는 일련의 놀라운 과도기 고래 화석들이 발굴되던 시절이었다. 이 화석들은 《사이언스Science》와 《네이처Nature》 같은 일류 과학 학술지에 발표되었을 뿐 아니라, 수많은 텔레비전 쇼와 웹사이트, 칼 짐머Carl Zimmer의 《물의 가장자리에서: 대진화, 그리고 생명의 꼴바꿈At the Water's Edge: Macroevolution and the Transformation of Life》(1989) 같은 대중 서적들에서도 잘 제시되었다. 그래서 창조론자들에게는 이 화석들을 몰랐다거나 부정할 핑계가 있을 수 없다. 데이비스와 케니언(2004: 101, 그림 4-5)은 고래의 진화 순서에서 양 끝에 있는 것들(육서성 메소닉스과와 수서성 고대고래아목)을 그려놓고는, 이 둘 사이에 과도기 꼴이 하나도 없다는 그릇된 소리를 한다. 사르파티(2002: 135-141)는 이 굉장한 고래 화석 몇 개가 100퍼센트 완벽하지 않다는 사실을 저격하고는, 80퍼센트만 완벽한 화석들로부터는 어떤 결론도 끌어낼 수 없다는 소리를 한다! 또한 사르파티는 만일 고래가 뚜렷한 조상-자손 계열을 이루지 못한다면 진화적 과도 과정을 보여주지 않는 것이라는 그릇된 생각에 의지한다. 그러나 그림 14-16이 보여 주다시피, 완전한 육서성 포유류와 완전한 고래형 화석들을 이보다 명확하게 이어 주는 일련의 중간 단계 꼴들을 내놔보라고 요구할 수는 없을 것이다.

듀에인 기시가 논쟁에 나설 때마다, 상대 논객은 마음이 열린 사람이라면 누구 나 고래가 진화해온 모습을 볼 수 있도록 암불로케투스를 비롯해서 일련의 놀라운 과도기 고래 화석들을 차례차례 꺼내 보이곤 한다. 기시(1995: 199-208)는 책에서 아홉 쪽에 걸쳐 이 새로운 발견들을 놓고 호통을 친다. 그러나 그가 보여주는 논의 는 대단히 혼란스럽고 자기 모순적이다. 그는 주요 증거는 전혀 거론하지 않은 채, 전문가들끼리 서로 사소하게 티격태격하는 문제들을 저격한다. 상관도 없는 점들 에 대해서 수없이 딴소리를 하면서 연막을 친 뒤에, 그는 다음과 같이 계시 같은 소 리를 한다(Gish 1995: 203). "혼란스럽다고? 우리도 그렇다." 기시는 책 어디에서도 중간 단계임이 명백한 암불로케투스, 달라니스테스, 로드호케투스를 비롯한 이 모 든 새로운 화석들을 하나도 거론하지 않는다. 기시가 펼치는 횡설수설은 기본적으 로 이렇게 요약된다. 그 화석이 뒷다리가 없는 현생 고래라면 그건 진짜 고래이지 만, 그 화석이 머리는 고래의 머리이되 중간 단계의 앞다리와 뒷다리를 (땅 위를 걸 을 용도로든 물을 저을 용도로든) 가진 과도기 꼴이라면 그건 고래일 수가 없고 다른 미지의 화석이라는 것이다! 본질에서 보았을 때, 기시는 중간 단계 꼴이 있을 가능 성을 가질 수 없게끔 멋대로 고래를 정의하는 방법으로 문제를 피해가고 있는 것이 다. 이는 지성적으로나 과학적으로나 정직한 짓이 아니며, 기시의 비논리적인 사고 가 완전히 파탄 났음을 보여준다. 그리고 마지막 결정타가 되는 증거는, 현생 고래 에게 뒷다리가 **실제로 있다**는 사실이다. 다만 볼기뼈와 넓적다리뼈의 흔적으로만 남 아 있을 뿐이고, 대개는 근육 속에 깊이 파묻혀 있어서 겉으로는 보이지 않는다(그 림 4-9). 그렇다고 해도 이는 실제로 고래가 네 발을 가진 육상 포유류에서 유래했 다는 결정적인 증거이다(모든 분자생물학적 증거와 화석만으로도 아직 충분치 못하다 면 말이다).

덤보와 인어

> 세상의 모든 짐승들 가운데에서 전능하신 하느님의 권능과 지혜를 코끼리만큼
> 크고 넘치게 보여주는 생물은 없다.
>
> —에드워드 톱셀,《네 발 가진 짐승과 뱀의 역사》

덩치 크고 인기 있는 발굽포유류의 대부분—말, 코뿔소, 낙타, 기린, 고래—이 뛰어
난 화석 기록을 가지고 있어서 멀리 백악기까지 과도기 꼴들이 이어져 있음이 입증
되는 모습을 줄곧 보았는데, 여기서 군 하나를 더 살펴볼 필요가 있다. 코끼리 및 그
친척들이 바로 그것이다. 코끼리 역시 올리고세 후기를 비롯하여 더 후대의 암석층
에서도 뛰어난 화석 기록을 보여준다. 약 1800만 년 전에 마스토돈류mastodonts가 아
프리카를 벗어나 북반구 대륙 곳곳으로 이주했기 때문이다(그림 14-18). 그런데 안
타깝게도 걸림돌이 좀 있다. 코끼리의 초기 진화는 대부분 아프리카에서 일어났는
데, 올리고세 초기 이전의 아프리카에서 나온 화석 기록은 비교적 빈약하기 때문이
다. 그럼에도 우리는 코끼리의 계통을 거슬러 올라갈 수 있다. 말하자면 현생 아시
아코끼리와 아프리카코끼리로부터 지금은 멸종한 친척들인 매머드와 마스토돈을
거쳐, 널리 다양한 형태의 엄니와 다양한 길이의 코를 가진 더욱 원시적인 계통들
로 거슬러 올라갈 수 있다는 것이다. 이 가운데에는 길고 거대한 두 엄니가 머리뼈
에서 앞으로 곧게 뻗어 나온 것들도 있고(아난쿠스아과anancines), 기다란 엄니 네 개
가 쭉 뻗은 것들도 있다(스테고테트라벨로돈류stegotetrabelodonts). 아래턱에서 두 엄니
가 아래로 굽어 나온 것들도 있고(데이노테리움류deinotheres), 아래엄니가 커다란 삽
날 모양으로 납작해진 것들도 있다(아메벨로돈류amebelodonts). 시간을 더 거슬러 올
라가면, 올리고세 초기의 유명한 이집트 파이윰 지층Fayûm beds(작은 뒷다리가 있는
고대고래아목 화석들이 발굴된 곳이다)에서 팔라이오마스토돈Palaeomastodon과 피오
미아Phiomia라고 하는, 턱이 짧고 엄니는 더욱 짧으며 덩치가 작은 대단히 원시적인
마스토돈류가 출토된다.
　올리고세 초기에는 다양한 장비목proboscideans 계통들(코끼리류, 매머드류, 마스

토돈류)이 있었으며, 진화 방산의 초기 단계들이 으레 그렇듯이, 그 계통들도 대단히 원시적이어서 서로 구분하기가 힘들다(그림 14-19와 14-20). 이 원시 꼴들은 다시 최종적인 과도기 꼴인 이집트 에오세 후기의 모에리테리움Moeritherium까지 거슬러 올라갈 수 있다. 겉으로만 보면 모에리테리움은 코끼리보다는 맥이나 피그미하마와 더 닮았고, 아마 긴 코가 아니라 짧은 비죽코proboscis를 가졌을 것이다. 그러나 머리뼈를 찬찬히 뜯어보면, 위턱과 아래턱에 매우 짧은 엄니가 있었고, (맥이나 하마의 것이 아니라) 원시 마스토돈류의 이빨을 가졌으며, 머리뼈에서 귀 부위를 비롯하여 다른 부위들의 세부적인 면면도(이를테면 광대활의 광대뼈 상태) 장비목에서만 볼 수 있는 특징들이다.

이 화석들은 모두 지난 수십 년 동안 알려져 왔던 것들이며, 지난 몇 년 사이에는 고생물학자들이 훨씬 오래되고 훨씬 상태가 좋은 과도기 꼴들을 발견했다. 1984년에는 알제리의 에오세 초기 지층에서 훨씬 원시적인 장비목 동물인 누미도테리움Numidotherium을 발견했다(Mahboubi et al. 1984). 비록 그 표본의 상태가 굉장히 불완전했으나, 이마가 높고, 콧구멍이 뒤로 물러나 있고(비죽코가 짧았음을 가리킨다), 윗엄니가 짧고, 이빨은 마스토돈류의 것을 닮았고, 아래턱의 앞면이 넓은 주걱 모양으로 발달하기 시작한 모습—마스토돈류의 표지 특징이다—을 이미 보여주고 있었다. 어깨 높이는 1미터에 지나지 않지만—모에리테리움보다도 작다—덩치가 더 커졌던 후대의 마스토돈류에게서 특징적으로 발견되는 다리의 특징들을 이미 가지고 있었다. 1996년에는 에마누엘 게르브랑Emmanuel Gheerbrant의 연구진이 모로코의 팔레오세 후기 지층에서 이보다 훨씬 오래된 장비목 동물인 포스파테리움Phosphatherium을 발견했다고 보고했다. 그 화석은 머리뼈의 일부에 불과했지만(전 세계적으로 팔레오세의 포유류 화석이 제대로 보존되어 있지 않기 때문에 으레 이런 상태이다), 장비목이 처음 진화할 때부터 이빨이 마스토돈류 특유의 패턴을 가지고 있었음을 보여준다. 그래서 현생 코끼리로부터 수많은 과도기 꼴들을 거쳐 거의 6000만 년 전의 꼴들까지 끊어짐 없이 추적해나가, 모든 발굽포유류 계통들이 갈라져 나가던 시기 가까이까지 거슬러 올라갈 수 있게 해주는 화석들이 지금 우리에게 있다.

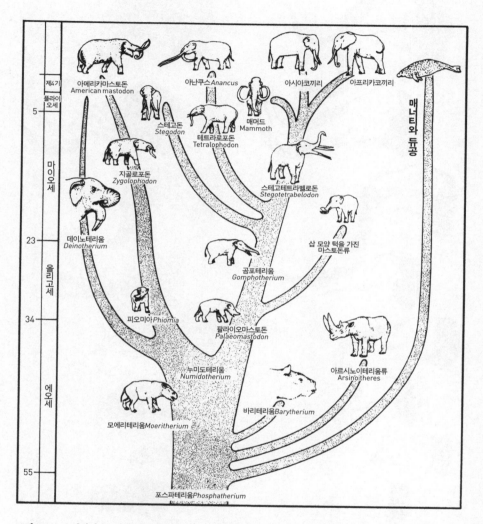

제4기
플라이
오세
5 ─
마이오세
23 ─
올리고세
34 ─
에오세
55 ─

아메리카마스토돈
American mastodon

아난쿠스 *Anancus*

아시아코끼리

아프리카코끼리

매너티와 듀공

스테고돈
Stegodon

테트라로포돈
Tetralophodon

매머드
Mammoth

지골로포돈
Zygolophodon

스테고테트라벨로돈
Stegotetrabelodon

데이노테리움
Deinotherium

삽 모양 턱을 가진
마스토돈류

곰포테리움
Gomphotherium

피오미아 *Phiomia*

팔라이오마스토돈
Palaeomastodon

아르시노이테리움류
Arsinoitheres

누미도테리움
Numidotherium

바리테리움*Barytherium*

모에리테리움*Moeritherium*

포스파테리움*Phosphatherium*

그림 14-19 코끼리와 그 일가붙이들(장비목)의 진화사. 출발점은 피그미하마를 닮은 모에리테리움으로, 긴코와 엄니가 없다. 그다음에는 짧은 긴코와 엄니를 가진 마스토돈류를 거쳐, 거대한 매머드류와 두 가지 현생 종에 이른다. 진화사의 이른 시점에 다른 테티테리아 동물들tethytheres이 장비목에서 갈라져 나왔다. 여기에는 매너티, 바다소목, 멸종한 데스모스틸루스목desmostylians, 멸종한 뿔 달린 아르시노이테리움류가 포함된다(D. R. 프로세로의 그림, Prothero 1994b에 따랐다).

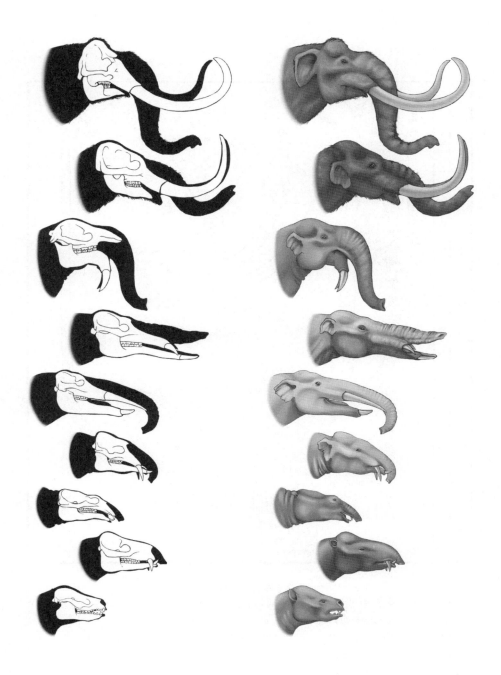

그림 14-20 피그미하마를 닮은 모에리테리움에서 출발하여 엄니와 긴코가 길어진 마스토돈류를 거쳐 매머드에 이르기까지 장비목 동물들의 머리뼈, 엄니, 긴코의 세부적 진화(M. P. 윌리엄스Williams의 그림).

　　그러나 이 분지군을 이루는 구성원에는 장비목 동물들만 있는 것이 아니다. 맬컴 맥키나는 포유류의 분지학적 분류를 다룬 1975년의 획기적인 논문에서 코끼리와 가장 가까운 현생 친척들이 바다소목sirenians —우리에게는 매너티manatee와 듀공dugong으로 더 잘 알려져 있다—이라는 생각을 내놓았다. 바다소목 동물들이 비록 지느러미발과 넓적한 꼬리지느러미를 가졌으나 뒷다리가 없는 수서성 꼴들이어서 겉으로만 보면 코끼리와 닮은 구석이 하나도 없지만, 모든 증거들은 이 둘의 핏줄 사이가 가까움을 보여준다. 머리뼈와 턱은 물론이고 이빨에도 초기 마스토돈류를 가까이 닮은 구석들이 많이 있다. 나아가 바다소목에 속하는 현생 종들은 모두 코끼리와 똑같은 방식으로 독특한 이갈이를 한다. 대부분의 포유동물은 젖니를 밑에서부터 밀어내는데, 코끼리와 바다소목 동물들은 가로 방향으로 이갈이를 한다. 이 녀석들의 잇바디는 어금니로 이루어진 기다란 '컨베이어벨트'로 이루어져 있어, 턱 뒤편에서 간니가 뚫고 나와서는 잇바디를 이루는 나머지 이빨들을 앞으로 밀어내어 낡고 닳은 이빨이 입 앞면에서 뚝 떨어지게 한다. 이런 독특한 이갈이 방식은 다른 어느 포유류 군에서도 보이지 않기에, 맥키나(1975)가 '테티테리아Tethytheria'라고 부른 분지군으로 장비목과 바다소목을 묶어 넣을 수 있다는 강력한 증거가 되어준다.

　　처음에 맥키나가 과감한 가설을 내놓은 뒤, 추가로 이루어진 수많은 해부학적 분석들이 그의 테티테리아 가설을 뒷받침했다. 그래서 매너티와 코끼리의 핏줄사이는 과학의 모든 면에서 더없이 잘 정립된 것에 해당한다. 나아가 단백질부터 미토콘드리아DNA와 핵DNA까지 모든 분자계를 조사한 결과도 언제나 이 두 동물군을 하나로 묶는다. 따라서 증거의 수렴이 완벽하게 이루어진다. 바다소목 말고도, 이전까지 수수께끼로 남아 있던 여러 다른 화석 포유류 군들도 지금은 테티테리아 안으로 묶이는 모습을 보인다. 여기에는 이집트의 올리고세 지층에서 나온, 거대한 뿔을 두 개 가지고 덩치도 코끼리만 했던 아르시노이테리움류arsinoitheres가 들어 있다(그림 14-19). 한때 동물학적으로 완전한 수수께끼였던 이 녀석들은 딱히 알맞은 자리가 없던 탓에 독자적인 목인 중각목Embrithopoda으로 자리가 매겨졌다. 그런데 맥키나와 E. 매닝(1977)이 이 녀석들을 몽골의 팔레오세 지층에서 나온 수수께끼의 화석인 페나콜로푸스*Phenacolophus*와 연결 지었고, 그 이후에 터키와 루마니아의 에오세 지층에서도 다른 아르시노이테리움류의 화석들이 발견되었다. 그런데 데스모스틸루스목desmostylians이라는 또 하나의 수수께끼 화석 동물군이 있었다. 하마처럼 생긴 해양 포유류인 이 녀석들은 북태평양의 올리고세층과 마이오세층에서만 발견된다. 이 녀석들 또한 더 나은 가설이 없었기 때문에 독자적인 목으로 자리가 매겨졌다. 그러던 차에 대릴 돔닝Daryl P. Domning과 클레이턴 레이Clayton E. Ray와 맬컴 맥키나(1986)가 베헤모톱스*Bebemotops*라고 하는 대단히 원시적인 데스모스틸루스목 동물의 화석을 서술했고, 턱과 이빨이 테티테리아에 특징적인 구성을 가지고 있음을 보여주었다. 이번에도 화석 기록은 이전에 독자적으로 분리되었던 군이 다른 포유류 군들을 이어주는 과도기 꼴임을 보여준 것이었다.

마지막으로, 열대의 얕고 따스한 물속에서 한가롭게 잠자면서 시간을 보내다가 해초를 우적우적 뜯어먹는 동물인 매너티를 살펴보자. 몇몇 역사학자들에 따르면, 인어 전설은 매너티가 똑바로 선 채로 떠 있으면서 한 쌍의 젖가슴(사람과 코끼리에서도 젖가슴이 이렇게 한 쌍을 이룬다)으로 새끼들에게 젖을 먹이는 모습을 본 뱃사람들에게서 나왔을 것이라고 한다. 아마 녀석들의 몸 위로 바닷말이 드리워진 모습이 머리털처럼 보였을 테기에 뱃사람들은 매너티를 인어로 상상했을 것이다. 물론 가까이에서 보면 워낙 못생긴 녀석들이라서 반은 여자이고 반은 물고기인 아름다운 인어와 혼동하는 일은 결코 없을 것이다. 그러나 몇 달씩 바다에서 지내면서 집이 그립고 여자에 굶주린 뱃사람들에게 이것이 무슨 조화를 부릴지 절대 과소평가하지 말기를! 이 전설과 더불어, 세이렌이 아름다운 외모와 매혹적인 노래로 오디세우스의 선원들을 유혹하여 죽음으로 몰아넣었다는 신화도 바로 바다소목에 'Sirenia'라는 이름을 붙이게 된 연유이다.

매너티를 찬찬히 살펴보면, 놀라운 모습으로 분화한 면모들이 많이 보인다. 머리뼈에는 독특한 특징이 많이 있다. 특히 머리뼈의 위쪽 뼈들이 주둥이로 변형된 방식에서 독특한 모습을 보인다. 매너티는 가로 방향 이갈이를 하며, 어떤 녀석들은 짧은 엄니까지 있다. 갈비뼈가 극도로 밀도 높고 무겁다는 점은(**뼈비대증**pachyostotic) 포유류 중에서도 독특하다. 이 갈비뼈는 잠수용 바닥짐 구실을 해서, 매너티가 적당

그림 14-21 페조시렌 포르텔리의 골격 표본. 지느러미발 대신 그냥 발을 가진 매너티이다. 옆에는 이 동물을 서술하고 명명한 대릴 돔닝이 서 있다(레이먼드 버노어 Raymond L. Bernor 박사의 사진).

한 깊이에서 떠 있을 수 있도록 해준다. 마지막으로(그러나 다른 것만큼 중요한 것이다) 앞다리는 지느러미발(고래나 어룡의 지느러미발에서 보이는 뼈구성과는 세세한 면에서 다르다)로 변형되었고, 뒷다리는 완전히 사라졌으며, 꼬리는 고래에서 보이는 것처럼 넓적하고 평평한 수평지느러미이다. 매너티의 꼬리지느러미는 모양이 둥글지만, 듀공의 지느러미잎은 끝이 뾰족하다.

바다소목의 화석은 잘 알려져 있다. 비록 그 화석들은 바다소목 특유의 유난히 밀도 높고 무거운 갈비뼈 파편들이 대부분이지만, 진화 과정을 보여줄 만큼 상태가 쓸 만한 머리뼈도 몇 점 있다(Domning 1981, 1982). 그런데 2001년에 육상 포유류에서 진화해나가는 도상에 있는 바다소목의 모습을 분명하게 담아낸 놀라운 과도기 꼴 하나가 발견되었다. 페조시렌 포르텔리*Pezosiren portelli*(글자 그대로 '포르텔의 걷는 바다소'라는 뜻이다)(그림 14-21)라는 이름의 이 화석은 자메이카의 에오세층에서 나온 거의 완벽한 상태의 골격이며, 대릴 돔닝이 서술했다(2001). 머리뼈는 다른 많은 원시 바다소목 동물들과 크게 닮아서, 머리를 이루는 뼈들과 이빨에 원시 바다소목의 특징이 모두 있다. 갈비뼈는 두껍고 무거워서 이 동물 역시 대부분의 시간을 물속에서 생활했음을 보여준다. 그러나 지느러미발 대신 걷기에 더없이 알맞은 네 다리가 있고, 강한 팔이음뼈, 볼기뼈는 물론이고 잘 발달된 앞발과 뒷발까지 있다! 이보다 좋은 과도기 꼴을 상상할 수는 없을 것이다. 곧 머리뼈와 골격은 매너티에서 볼 수 있는 모든 특징들을 가지고 있으면서, 땅 위를 걸을 수 있는 능력까지도 여태 가지고 있는 것이다.

수많은 면에서 보았을 때, 페조시렌은 땅 위를 걷는 고래가 수서성 생물로 넘어가는 과정을 보여주는 근사한 본보기인 암불로케투스와 비견되고, 육서성 곰을 물범을 비롯해 다른 기각류와 이어주는 과도기 꼴인 에날리아리크토스류와도 비견된다. 몇 년 전까지만 해도 우리에게는 바다소목, 고래류, 물범류 같은 해양 포유류의 육서성 조상들이 어떻게 해서 바다로 돌아가 수서성이 되었는지 보여주는 과도기 꼴이 하나도 없었지만, 지금 우리에게는 이 세 군 모두에서 과도 과정을 보여주는 뛰어난 화석 기록이 있다! 창조론 웹사이트들은 페조시렌을 깎아내리려고 애써왔으나, 그들이 펼치는 논의를 읽어보면 해부학이나 고생물학에 얼마나 우스울 만큼 무능한지만 드러날 따름이다. 그들이 펼치는 기본 논증을 요약하면, 페조시렌은 육서성이기 때문에 바다소목 동물일 리가 없다는 것이다! 그들은 머리뼈(특히 주둥이와 이빨을 비롯해 가로방향 이갈이에서 보이는 특징)와 특히 바닥짐 용도로 쓰였던 무거운 갈비뼈에서 보이는 바다소목 특유의 특징들을 하나도 보지 못한다. 이는 이 동물이 하마처럼 육서성 특징과 수서성 특징을 모두 갖추고 있음을 보여주는데, 육상 생활에서 수중 생활로 넘어가는 과정에 있는 꼴이 가질 것이라고 기대할 만한 특징들이다. 창조론자가 보기에 그것은 완전히 수서성인 바다소목 '종류'이거나 다른 부류의 육서성 포유류여야만 하는데, 개념적 시야가 좁은 탓에 자기들이 말하는 두 가지 '창조된 종류'를 완벽하게 이어주는 중간 단계의 화석을 전혀 알아보지 못한다. 페조시렌은 창조론자에게 악몽감이다. 반은 매너티이고 반은 땅을 걷는 육상 포유동물이니, 이보다 나은 과도기 화석을 상상할 수가 없기 때문이다.

이렇게 해서 우리는 발굽포유류의 화석 기록에 과도기 꼴들이 **가득함**을 보았다. 이는 우리에게 친숙한 덩치 큰 유제류(말, 코뿔소, 기린, 코끼리 따위)의 거의 모두가 어떤 식으로 진화했는지, 그리고 두 가지 해양 포유류 군(고래류와 바다소목)이 어떻게 해서 땅 위의 조상들에서 진화했는지를 보여준다. 내가 새로 쓴 책인 《선사시대 포유류에 대한 프린스턴 현장 안내서》에 더 많은 예들이 실려 있다. 앞장에서 우리는 다른 태반포유류 군들에도 과도기 꼴들이 넘칠 만큼 많다는 걸 보았다. 그러니 지면의 여유가 더 있었다면, 아마 거의 모든 군에 대해서 과도기 꼴들을 제시할 수 있었을 것이다. 그러나 이젠 우리 흥미를 가장 크게 당기는 진짜 6만 4000달

러짜리 문제*를 다룰 때가 되었다. 우리 사람의 경우는 과연 어떠할까? 그 물음이
바로 15장의 주제가 될 것이다.

---

* 옮긴이 —⟨64,000달러짜리 문제The $64,000 Question⟩는 1950년대에 미국에서 인기를 끈 게임 쇼로, 가장 흥미
로우면서도 가장 어렵고 가장 답을 찾기 어려운 문제를 이르는 관용어로 종종 쓰인다.

더 읽을거리

Benton, M. J., ed. 1988. *The Phylogeny and Classification of the Tetrapods.* Vol. 2, *Mammals.* Oxford, U.K.: Clarendon.

Benton, M. J. 2014. *Vertebrate Palaeontology..* 4th ed. New York: Wiley-Blackwell.

Carroll, R. L. 1988. *Vertebrate Paleontology and Evolution.* New York: Freeman.

Janis, C., K. M. Scott, and L. L. Jacobs, eds. 1998. *Evolution of Tertiary Mammals of North America.* Vol. 1, *Terrestrial Carnivores, Ungulates and Ungulate-like Mammals.* New York: Cambridge University Press.

Janis, C., G. F. Gunnell, and M. D. Uhen, eds. 2008. *Evolution of Tertiary Mammals of North America.* Vol. 2, *Small Mammals, Xenarthrans, and Marine Mammals.* New York: Cambridge University Press.

MacFadden, B. J. 1992. *Fossil Horses.* New York: Cambridge University Press.

McKenna, M. C., and S. K. Bell. 1997. *Classification of Mammals.* New York: Columbia University Press.

Novacek, M. J. 1992. Mammalian phylogeny: shaking the tree. *Nature* 356: 121–125.

Novacek, M. J. 1994. The radiation of placental mammals. In *Major Features of Vertebrate Evolution,* ed. D. R. Prothero and R. M. Schoch. Paleontological Society Short Course 7: 220–237.

Novacek, M. J., and A. R. Wyss. 1986. Higher-level relationships of Recent eutherian orders: morphological evidence. *Cladistics* 2: 257–287.

Prothero, D. R. 1994. Mammalian evolution. In *Major Features of Vertebrate Evolution,* ed. D. R. Prothero and R. M. Schoch. Paleontological Society Short Course 7: 238–270.

Prothero, D. R. 2005. *The Evolution of North American Rhinoceroses.* New York: Cambridge University Press.

Prothero, D. R. 2006. *After the Dinosaurs: The Age of Mammals.* Bloomington: Indiana

University Press[《공룡 이후—신생대 6500만 년, 포유류 진화의 역사》(뿌리와이파리: 2013)].

Prothero, D. R. 2013. *Bringing Fossils to Life: An Introduction to Paleobiology* 3rd ed. New York: Columbia University Press.

Prothero, D. R. 2016. *The Princeton Field Guide to Prehistoric Mammals*. Princeton, N.J.: Princeton University Press.

Prothero, D. R., and S. Foss, eds. 2007. *The Evolution of Artiodactyls*. Baltimore, Md.: Johns Hopkins University Press.

Prothero, D. R., and R. M. Schoch, eds. 1989. *The Evolution of Perissodactyls*. New York: Oxford University Press.

Prothero, D. R., and R. M. Schoch. 2002. *Horns, Tusks, and Flippers: The Evolution of Hoofed Mammals*. Baltimore, Md.: Johns Hopkins University Press.

Rose, K. D., and J. D. Archibald, eds. 2005. *The Rise of Placental Mammals*. Baltimore, Md.: Johns Hopkins University Press.

Savage, R. J. G., and M. R. Long. 1986. *Mammal Evolution: An Illustrated Guide*. New York: Facts-on-File.

Szalay, F. S., M. J. Novacek, and M. C. McKenna, eds. 1993. *Mammal Phylogeny*. New York: Springer-Verlag.

Thewissen, J. G. M., ed. 1998. *The Emergence of Whales: Evolutionary Patterns in the Origin of Cetacea*. New York: Plenum.

Turner, A., and M. Anton. 2004. *National Geographic Prehistoric Mammals*. Washington, D.C.: National Geographic Society.

그림 15-1 다윈 시대에 그려진 풍자만화. 당시 대부분의 영국인들을 쩔쩔 매게 했던 문제를 제기하고 있다. 우리는 유인원의 반영일까(대영박물관의 허락을 얻어 실었다)?

15

유인원의 반영?

단 하나 진짜 문제가 되는 과도 과정

하지만 사람이 그 모든 고귀한 성질들을 지니고 있음에도 몸을 이루는 틀 속에
는 열등한 것에서 기원했다는 지울 수 없는 자국을 간직하고 있음을 우리는 인
정해야 한다고 본다.

—찰스 다윈,《인간의 유래》

이 책의 후반부에서 우리는 미화석부터 연체동물을 거쳐 포유동물까지 모든 동물
군에서 화석으로 기록된 과도기 꼴의 예를 계속해서 들어보였다. 우리는 이런 식으
로 수백 쪽은 더 이어나갈 수 있다. 그러나 그렇게 한들, 창조론자들을 비롯해서 그
들로 인해 혼란스러워 하고 그릇된 길을 가는 이들에게는 사실상 아무 차이도 없을
것이다. 물론 그들에게 정말로 문제가 되는 과도 과정은 바로 인간의 진화뿐이다.
비록 '창조된 종류들' 내에서 일어나는 변이일 뿐이라고 여기기는 해도, 많은 창조
론자는 우리가 방금까지 살펴본 많은 예들을 진화로 쉽사리 인정하기는 한다. 그러
나 누가 어떻게 '종류'를 정의하든 그걸 뛰어넘는 대진화적 변화들이 있음을 보여
주는 예를 우리는 수없이 많이 기록해왔다. 그렇지만 이 예들이 그저 미물들에 대
한 이야기에 지나지 않는다고 보는 사람이 많다. 그들이 관심을 가지는 것은 오로
지 인간뿐이다. 곧 우리가 하느님의 형상대로 특별히 창조된 존재인지 아니면 '그
저 또 하나의 유인원'일 뿐인지만 신경 쓰는 것이다.

 1859년에《종의 기원》이 출간되고 나서 우리가 유인원과 친척일 수도 있다는
생각이 처음 제기되었을 때에 사람들은 큰 충격을 받았다. 다윈은 이미 논란이 되

585

고 있는 그 책에서는 일부러 그 주제를 다루지 않고 피했다가, 만년에 이르러《인간의 유래와 성선택The Descent of Man and Selection in Relation to Sex》(1871)에서 마침내 사람 문제를 다루었다. 하지만 토머스 헨리 헉슬리는 빅토리아 시대 사람들의 감성을 공격하기를 두려워하지 않고, 1863년에《자연에서 사람의 지위를 보여주는 동물학적 증거Zoological Evidences of Man's Place in Nature》라는 책을 과감하게 세상에 내놓았다. 이 책에는 사람의 골격과 대형유인원류의 골격 사이의 유사성을 세세하게 노골적으로 보여주는 도해들이 실려 있었다. 그러나 19세기에는 종교적 믿음의 위세가 대단했기 때문에, 대부분 사람들은 여전히 그 생각을 받아들이기를 거부했다. 그들은 거울을 들여다보고 자신의 형상을 유인원으로 보게 될까 봐 겁을 먹었다(그림 15-1).

하지만 세월이 흐르면서 인간과 나머지 유인원들 사이의 아득했던 간극은 크게 좁아졌다. '꽥꽥 소리 지르는 원숭이'라는 낡은 고정관념 대신, 우리는 유인원이 실제로 얼마나 사람과 비슷한지 발견했다. 지난 수십 년에 걸쳐 선구적인 인류학자들이 해온 현장 연구—이를테면 제인 구달Jane Goodall은 침팬지를 연구하고 고故 다이앤 포시Dian Fossey는 산악고릴라를 연구했다—는 이 위풍당당한 생물들의 신비를 벗겨냈고, 그들이 놀랍도록 사람과 비슷하게 행동함을 밝혀내서 우리를 놀라게 했다. 침팬지와 고릴라는 수화를 배워서 간단한 문장으로 의사소통을 할 수도 있고, 간단한 도구를 만들어 쓸 줄도 안다. 그들이 이루는 사회는 여느 동물들의 사회에 비해 대단히 정교해서, 그들의 사회를 통해 인간 사회의 복잡성을 들여다볼 수많은 통찰을 얻을 수 있다. 수백에 이르는 인류학자들이 한 세기 넘게 연구한 결과들은 유인원과 사람이 이어져 있음을 점점 더 분명하게 입증해주었다. 서구화된 다른 거의 모든 나라에서 행한 여론조사를 보면, 교육받은 사람들 가운데 대다수는 사람과 유인원이 친척 사이라는 생각에 더는 반대하지 않거나, 사람이 동물이나 자연 위에 있는 것이 아니라 동물계의 일부이자 자연의 일부라는 사실만큼은 받아들이고 있음을 알 수 있다.

그런데 미국에는 이 생각을 아직도 불쾌하게 여기는 사람들이 많다. 우리가 유인원과 친척임을 미국인의 대다수가 아직도 받아들이지 못하고 있음을 많은 여론조사들이 보여준다. 물론 이런 반감을 일으키는 원인은 거의 모두 강한 종교적 신앙 때문이고, 거기에 유인원에 대한 일반적인 오해(수많은 텔레비전 다큐멘터리에서 침팬지의 놀라운 모습을 다루었음에도 아직까지 이 오해를 불식시키지는 못한 형편이다)가 더해진 탓이며, 특히 창조론자들이 작정하고 캠페인을 벌여 잘못된 정보를 퍼뜨린 탓이 크다. 다윈의 책이 세상에 나온 지 150년 이상이 흘렀는데도, 생물학과 화석 기록에서 나온 압도적인 증거를 우리가 아직도 받아들이지 못하고 있다는 건 정말 기가 막힐 일이다. 전국 대학의 인류학과에 있는 내 동료들은 늘 이 문제와 맞닥뜨린다. 다른 어느 과학자 무리보다도 거센 공격을 받는 과학자들이 바로 인류학자들이다. 이제까지 인류학자들은 창조론자들이 끼친 해악을 바로잡고 유인원과 사람의 진화를 일반 대중에게 명확히 알리는 일에 많은 시간을 허비해야 했다. 그럴 시간에 진짜 연구를 해서 새롭고 유용한 것들을 발견해야 할 텐데 말이다.

사람과 사람의 '특별함'에 대해 저마다 종교적으로 무슨 믿음을 가지고 있든, 과학자인 우리는 객관적인 증거와 시험 가능한 가설에서 벗어나면 안 된다. 수많은 종교적 믿음들이 인류에 대해서 그리고 인류와 유일신 또는 인류와 다신의 관계에 대해서 저마다 수없이 다른 개념을 가지고 있지만, 과학을 하는 자리에서는 그런 개념들에 휘둘려서는 안 된다. 1장에서 살펴보았다시피, 과학은 초자연적인 것이나 시험 불가능한 가설을 다룰 수도 없고 다뤄서도 안 된다. 종교의 관점에서 볼 때에는 중요하지만 과학의 방식으로는 다룰 수 없는 영혼 같은 개념들을 과학은 다룰 수도 없고 다뤄서도 안 된다. 이렇게 말한다고 해서 영혼이 존재하지 않는다거나(과학은 영혼이 존재하는지 안 하는지 판가름할 수 없다) 하느님이 가지는 어떤 특별한 요소를 사람이 지니고 있지 않다고(이것 역시 과학적 문제가 아니다) 말하는 것이 아니다. 어느 가설에 대해서든 (그 가설이 코뿔소의 진화에 대한 것이든 사람의 진화에 대한 것이든 상관없이) 그것을 뒷받침하는 과학적 증거에 대해 말하는 한, 우리는 반드시 과학의 규칙을 고수해야 하고 초자연적인 가설을 배제해야 한다. 왜냐하면 초자연적인 가설은 과학적으로 시험할 방도가 없기 때문이다. 물론 누구나 저마다 개인적인 믿음을 가질 자격이 있지만, 그 믿음을 다른 사람에게 강요할 자격은 없으며, 분명 과학적이지 않는데도 자기 생각을 과학적이라고 부를 자격도 없다.

그런데 바로 거기에서 우리는 창조론자들이 퍼뜨리는 가장 터무니없는 거짓말과 왜곡을 만나게 된다. 다른 동물들의 진화에 대해서 창조론자들이 사람들을 현혹시키는 솜씨는 퍽 조잡한데, 사람의 화석 기록을 살피는 경우가 되면 그야말로 최악의 모습을 보인다. 창조론자들이 보기에는 사람 화석이란 모두 어떻게든 무너뜨려야 하는 것이다. 왜냐하면 그 화석들의 존재를 인정하게 되면 자기들이 깊이깊이 간직한 믿음을 거스르는 게 되기 때문이다. 지난 수십 년 동안 사람과hominid의 화석 기록은 엄청나게 증가했다. 그래서 유인원과 사람을 이어주는 것은 물론이고 동물계의 나머지 모두와 사람을 이어주기도 하는 사람과의 화석들을 근사하게 펼쳐 놓을 수 있다(그림 15-2). 이렇게만 해도 인류 진화 기록의 질이 얼마나 좋은지 감을 잡을 수 있다. 만일 이 화석들이 사람과가 아닌 다른 동물과의 화석이었다면, 대부분의 사람들은 그 모습에 충분히 감명을 받을 테고, 이 과의 경우는 진화 기록이 잘 정립되었다고 수긍할 것이다. 그러나 사람과의 경우가 되면, 이 화석들이 단순히 우리 친척들이라는 이유만으로 판돈은 확 올라가고, 인류가 진화했다는 생각과 그 표본들에 대한 창조론자들의 공격은 훨씬 격렬해진다.

안타깝게도 지나치게 순진한 인류학자들도 있어서 오해를 사거나 창조론자들이 왜곡할 만한 갖가지 빌미를 만들어내기도 한다. 인류 화석 연구 분야는 이제까지 내가 본 어느 과학 분야보다도 사람이 가장 바글바글하고 논쟁이 가장 많이 벌어지는 분야에 속한다. 비록 현재 인류의 화석 기록이 대단히 인상적이고 표본만 해도 수천 점에 이르기는 해도(그림 15-2), '발표하지 않으면 도태될' 수밖에 없기에 어떻게 해서든 경력을 쌓아야 하는 형질인류학자의 수도 수천에 이른다. 가장 상태가 좋은 화석들의 대부분은 으레 연구 지원금을 받아 아프리카 등지의 중요 화석 산지에 접근할 수 있는 이들이 연구하기 때문에, 나머지 학자들은 저마다 힘닿는 대로 경력을 쌓아나가야 한다. 그 결과 고인류학에서 나오는 모든 생각과 모든 표본은 수없이 도전을 받고 다시 연구되고 다시 해석되기 때문에, 인용문을 채굴하고 싶어 하는 창조론자라면 맥락과 상관없이 주어진 화석의 타당성을 부정하는 듯 보이는 말을 하는 사람을 얼마든지 찾아낼 수 있다(그 사람이 얼마나 그 말을 할 자격이 있는지는 상관하지 않고 말이다).

인류학자들도 사람이기에 실수를 한다는 걸 잊지 말도록 하자. 새로운 정보

그림 15-2 창조론자들이 하는 거짓말과는 달리, 현재 사람과의 화석 기록은 대단히 완전해져가고 있다. 사진 속의 탁자 위에는 도널드 조핸슨과 티모시 화이트가 에티오피아에서 발견하고 서술한 다량의 오스트랄로피테쿠스 아파렌시스 화석들이 진열되어 있다. 앞쪽에는 알려진 것 가운데 가장 오래되고 거의 완벽한 상태의 사람과 골격인 '루시'의 부분 골격이 놓여 있다. 뒤쪽에는 비교를 위해 현생 침팬지의 머리뼈들을 선별해서 놓았고, 호모 사피엔스의 골격도 옆에 세워놓았다. 케냐국립박물관 수장고에 있는 수천 점의 사람과 화석들을 모두 늘어놓는다면, 이보다 훨씬 인상적인 광경이 펼쳐질 것이다(인류기원연구소의 D. 조핸슨이 찍은 사진).

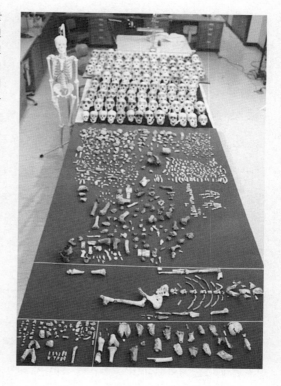

를 찾아내려는 사람들이 다들 그러하듯이, 인류학자들도 이따금 데이터를 앞서 가기도 하고 사전에 품은 기대로 해석이 물들기도 한다. 로저 르윈Roger Lewin이 쓴 뛰어난 책인 《논쟁의 골자: 인류의 기원 탐구에서 불거진 논란들Bones of Contention: Controversies in the Search for Human Origins》(1987)은 인류학에서 보이는 이런 면모를 매우 훌륭하게 보여준다. 인류학이라는 학문이 실제로 어떤 모습으로 이루어지는지 보고 싶다면 누구에게나 이 책을 높이 추천한다. 인류학자들이 이따금 보이는 이런 식의 편견들은 심각한 실수로 이어질 수도 있다. 이를테면 한 영리한 위조꾼이 필트다운인Piltdown man을 날조해서 영국의 인류학계를 감쪽같이 속인 예가 있다. 당시의 인류학자들은 인류가 큰 뇌를 먼저 진화시켰다는 선입견을 가지고 있었는데, 필트다운인은 그 생각에 부합하는 화석이었고, 레이먼드 다트가 발견한 오스트랄로피테쿠스 아프리카누스Australopithecus africanus를 인류의 진화와는 무관한 것으로 제쳐놓게 하는 것처럼 보였다. 또 한 예를 들면, 헨리 페어필드 오즈번은 사람족 hominin의 것과 몹시 닮은 것처럼 보이는 기묘한 이빨을 보고 흥분해서는 그것을 '네브라스카인Nebraska man'이라 부르고 보고서를 섣부르게 발표했으나, 그 뒤에 다른 과학자들이 그 잘못을 바로잡았다.

이 모든 예에서 핵심은 **과학은 스스로를 바로잡아간다**는 것이다. 과학자 한 사람 한 사람은 실수를 할 수도 있고 편견으로 인해 그릇될 수도 있으나, 학계에는 그런 걸 두고 못 보는 회의적인 과학 비평가들이 워낙 많이 있기 때문에 그런 실수는 금방 잡아내서 고친다. 필트다운인 위조는 그 부정한 실상을 보여줄 수 있을 새로운 과학적 방법이 나오면서 밝혀졌다. 그러나 그전에도 이미 필트다운인은 가짜라는 의심을 받고 있었다. 당시 아프리카에서 출토되고 있던 화석 기록과 부합하지 않았기 때문이다.

'네브라스카인'을 인정한 고생물학자는 오즈번 말고는 한 명도 없었고, 오즈번의 판단을 그르치게 한 그 닮은 이빨이 프로스텐놉스Prosthennops라고 하는 페커리류 화석의 이빨임을 보여주는 더욱 상태가 좋은 표본들이 발견되자 금방 바로잡혔다(현재 나는 북아메리카의 페커리류 화석에 대한 책을 쓰고 있기에 이 화석들을 잘 알고 있다). 페커리는 창조론자들의 주장과는 달리 '돼지'가 **아니다**. 대부분의 생물학적 문제들에 으레 무지한 모습을 보였던 것처럼, 이번에도 창조론자들은 돼지와 페커리가 서로 다른 대륙에서 진화한 별개의 두 과임을 알만큼 충분한 동물학 지식이 없음을 보여준다. 이 둘은 먼 친척일 뿐이다. 사실 오즈번의 실수는 창조론자들이 애써서 그리 보이려 하는 것만큼 바보 같은 실수가 아니다. 그 이빨 자체는 대단히 심하게 닳은 나머지, 이틀socket 속에서 회전된 모습을 하고 있어 모양새가 독특하다. 더군다나 페커리와 돼지는 모두 잡식성이어서 이빨의 치관이 네모지고 융기부는 낮고 둥글다. 이는 또 다른 잡식동물인 영장류와 **매우** 흡사하다. 내가 사람의 이빨과 페커리의 이빨을 나란히 놓고 창조론자들을 놀래킨 적이 한두 번이 아니다. 물론 그들은 두 이빨의 차이를 알아보지 못했다.

창조론자들이 쓴 홍보 책자와 책 몇 권을 슬쩍 보기만 해도 거기 적힌 글이 얼마나 그릇되고 부정직한지 드러난다. 창조론자인 잭 칙Jack T. Chick이 펴낸 작은 홍보 책자인 《빅 대디?Big Daddy?》는 이 장르의 전형이다. 이 책자는 쉽게 마음이 흔들리는 어린이들을 대상으로 한 음흉한 만화로, 한 교수가 등장하여 인류의 진화에 대한 사실들을 거론하는데, 공손한 젊은 기독교인이 그 교수가 가진 과학 관념을 박살내서 생각을 '바로잡아주는' 내용이다. 책자 중간에 노란색으로 화려하게 접어넣은 그림에는 우리가 앞서 5장에서 살펴본 바 있는 '인류의 행진' 그림이 실려 있는데, 인류의 진화가 수많은 종들이 덤불스럽게 가지를 뻗어가는 모습이 아니라 단선적 순서로 이루어진 모습이라는 잘못된 생각을 끊임없이 되살려내는 그림이다. 게다가 만화에서는 예를 하나 들 때마다 사람족의 화석을 하나씩만 뽑아서 그것만 무너뜨리려고 한다. 그들은 하나씩 하나씩 사람족의 화석 기록을 왜곡하거나 아예 마음대로 화석 기록을 만들어버린다.

예를 들어 창조론자들은 '베이징원인Peking Man'에 대해서는 "모든 증거가 사라졌다"고 말하는데, 그렇지 않다! 베이징원인의 원본들(베이징 인근의 저우커우뎬 동굴에서 발견된 호모 에렉투스 표본으로, 특별한 종이 아니다)은 1939년에 일본군이 침략했을 때 중국인과 미국인이 그 화석들을 가지고 피난을 하던 중에 분실되었다. 그러나 원본을 훌륭하게 주물로 떠낸 표본도 많이 있고, 뒤이은 발굴 조사에서 새롭고 더 좋은 표본들이 많이 발견되었다. 창조론자들은 필트다운인도 지적한다. 이 위조물이 한동안 진짜로 인정을 받았기 때문이다. 그러나 물론 이것이 위조임을 알아낸 이들은 (창조론자들이 아니라) 과학자들이었다. 이미 앞에서 개괄했던 것처럼 '네브라스카인'은 과학자 한 명이 저지른 실수였고, 한 해가 채 가기 전에 바로잡혔다. 게다가 그 이빨은 돼지의 이빨도 아니었다! 창조론자들은 네안데르탈인이라는 게 관절염이 있는 골격에 근거한 화석에 지나지 않는다고 주장하는데, 그렇지 않다! 유명한 네안데르탈인 표본 하나가 실제로 관절염이 있었고, 관절염으로 인한 골격의 기형적인 모습이 초창기에 네안데르탈인을 복원할 때 영향을 주었지만, 지금은 질병이 기록되지 않은 정상 표본들이 수십 점에 이르고, 네안데르탈인이 현대인인 호모 사피엔스가 아닌 별개의 종을 대표하고 있음을 분명히 보여준다. 네안데르탈인은 우리보다 팔다리가 훨씬 튼튼하고 무거웠으며, 뇌는 우리 것보다 더 컸으나 머리뼈는 우리 것보다 확연히 더 납작하고 커다란 이마능선이 있었으며, 얼굴은 툭 튀어나오고, 끝턱chin이 없으며, 머리뼈 뒷면에 돌출부가 있다(그림 15-6을 보라). 수수께끼의 '뉴기니인New Guinea man'은 창조론자들이 쓴 문헌에만 등장한다. 그것이 오늘날의 호모 사피엔스가 아닌 무엇이라고 실제로 주장한 정식 인류학자는 한 명도 없다. 마지막으로, 크로마뇽인은 **언제나** 현대인인 호모 사피엔스로 간주되었기에, 이걸 달리 보려는 창조론자들의 시도는 기만적이고 그릇되다.

더 중요한 점이 있다. 창조론자들은 이 몇 가지 사례를 이용해서 인류의 화석 기록 전체를 무너뜨리려고 하지만, 이 사례들 말고 그들이 무너뜨리지 못하는 다른 사람 종들(지금은 수십 종이 있다)에 대해서는 모두 속 편하게 아예 거론조차 안 한다. 이는 사기를 치고 왜곡하려는 것이 분명하다. 창조론자들이 사람족의 화석을 공격하는 사례 하나하나가 모두 **완전히 잘못되었음**을 이렇게 간단히 요약해보았는데, 그들이 쓰는 전략이 무엇이고 인류 화석에 대한 이해 수준이 얼마나 낮은지 대표적으로 보여주고 있다. 창조론자들에게는 학자들이 저지른 사소한 실수라든가 화석의 신뢰성을 무너뜨릴 듯싶은 얘기라면 무엇이나 길이길이 두고두고 써먹을 거리로 충분하다. 창조론자들이 쓴 문헌과 웹사이트 거의 어디에서나 이와 똑같은 예들이 툭툭 튀어나오는데, 종종 낱말 하나 안 빠트리고 그대로 베껴 넣곤 하는지라 실수도 똑같이 하고 오탈자도 똑같다.

사람족의 화석 기록에 대해 창조론자들이 하는 거짓말을 하나하나 모두 바로잡느라 이번 장에서 지면을 더 허비하는 것은 의미가 없다. 위에서 든 예들이 바로 매우 전형적이며, 그들이 쓴 다른 문헌들 어디에서도 그런 조잡함을 벗어나 들을 만한 소리를 하는 것을 본 적이 없다. 우리가 앞서 이미 살펴보았던, 창조론자들이 잘못 말한 모든 경우들과 마찬가지로, 여기서도 보통 그들은 맥락을 무시하고 인용하기, 화석에 대한 현재의 지식을 반영하지 못하는 낡고 후진 문헌들을 인용하기, 과학자로서 활동할 때조차 괴짜로 여겨졌던 과학자들(이를테면 기시가 개인적으로 즐겨 인용하는 솔리 주커먼Solly Zuckerman 같은 사람)의 말을 인용하기 전략을 쓴다. 창조론자들은 동료 심사를 거치는 정식 인류학 연구를 전혀 하지도 않고, 화석을 실제로 연구할 생각도 않고, 화석이 실제로 어떤 모습인지 보는 데 필요한 인류학과 인간 해부학의 기초조차도 공부하지 않는다. 그들이 하는 일이라곤 그저 독서감상문이나 쓰고 맥락과 상관없이 마음에 드는 글이나 골라내는 것뿐이다. 그들의 과학적 호기심은 딱 거기까지다. 무언가 타격을 입힐 것처럼 생각되는 글을 찾아내기만 하면, 그들은 실제 문맥이 무엇인지 알아낼 생각은 하지도 않거니와, 설사 그 글이 쓰인 전체 문맥을 안다 해도 의도적으로 독자들에게 잘못 전달한다. 이는 사람들의 머릿속을 은밀히 헝클어뜨려서 내 편으로 끌어들이는 한 방법일 테지만, 부정직하고 비윤리적이고 비과학적인 방법이다.

그러니 창조론자들의 삐뚤어진 시각을 다루느라 시간 허비하는 짓은 그만하고, 사람족의 화석 기록이 **정말로** 보여주는 바가 무엇인지 간단히 살펴보도록 하자.

인류 화석의 진실

그러므로 고릴라 및 침팬지와 가까운 관계에 있는 멸종한 유인원들이 예전에 아프리카에서 거주했을 개연성이 있는 것 같은데, 지금 이 두 종은 사람과 가장 가까운 관계에 있기 때문에, 우리의 초창기 선조들도 어디 다른 곳이 아니라 아프리카 대륙에서 살았다고 보는 게 조금 더 개연성이 있다.

—찰스 다윈, 《인간의 유래》

1859년에 다윈이 《종의 기원》을 세상에 내놓을 당시는 다윈이 책에서 거론할 만큼 상태가 좋은 사람족의 화석이 아직 없는 형편이었다. 1871년에 다윈이 《인간의 유래》를 썼을 당시도 상황은 마찬가지였다. 비록 최초의 네안데르탈인 표본이 알려져 있기는 했으나, 동굴에서 죽은 병든 코사크Cossack 사람의 유골로 대개 잘못 해석되었던 터라, 인류 진화에 대한 초창기의 생각들에 등장하지는 못했다. 진정으로 우리와 다른 최초의 정식 사람족 화석은 외젠 뒤부아가 발견한 호모 에렉투스 표본인 유명한 '자바 원인'으로, 원래 1896년에는 피테칸트로푸스 에렉투스라는 이름으로 서술되었다. 칼 스위셔Carl C. Swisher의 연구진(2000)이 개괄했다시피, 오랫동안 그 표본들은 논란거리가 되었고 잘못 해석되었다. 왜냐하면 상태가 너무 불완전한데

다가(머리뼈 윗부분, 넓적다리뼈 하나, 다른 뼛조각 몇 개가 고작이었다) 당시 인류학계가 가지고 있던 편견에도 들어맞지 않았기 때문이다. 설상가상으로 뒤부아가 보인 편집증적인 행동 때문에 그의 생각들을 받아들이기가 더 힘들었다. 그래서 1924년에 레이먼드 다트가 서술한, 남아프리카에서 나온 '타웅아이'라고 하는 머리뼈인 오스트랄로피테쿠스 아프리카누스가 바로 사람족에 속하는 종이면서 사람속*Homo*에는 해당하지 않는 첫 번째 화석이었다. 거의 100년 전에 이루어진 그 발견 덕분에, 인류가 진화했다는 것, 그것도 아프리카에서 진화했다는 생각 쪽으로 결판이 날 수 있었다. 그럼에도 1924년 이후 수십 년 동안 사람족의 화석 기록(특히 다들 아프리카에 살았던 시절의 초창기 인류 조상들의 화석 기록)은 여전히 상당히 빈약한 상태였다. 왜냐하면 대부분의 인류학자가 시기가 대단히 늦은 유럽 쪽의 화석 자료들에만 집중한데다가, 우리와 가장 가까운 유인원 친척들이 아프리카에서 살았기 때문에 우리도 아마 아프리카에서 기원했을 것이라는 다윈의 통찰을 받아들이지도 못했기 때문이다.

창조론자들이 하는 말과는 다르게, 비록 인류의 화석 기록이 40년 전까지만 해도 빈약했으나 지금은 더 이상 그렇지 않다. 수백 명에 이르는 과학자가 수십 년 동안 현장에서 고생고생하면서 수천 점에 이르는 사람족 화석들을 발굴했으며(그림 15-2), 이 중에는 700만 년에 걸쳐 인류가 어떤 식으로 진화해왔는지 분명하게 보여주는 상태 좋은 골격이 몇 점 있고 상태 좋은 머리뼈는 많이 있다. 사람족의 화석들이 연약하고 희귀하며, 동아프리카의 같은 지층에서 돼지나 말의 화석 표본이 100개 발견될 때 겨우 한두 개 발견되는 정도에 불과하다는 악조건에도 불구하고, 해마다 새로운 발견이 수두룩하게 이루어진다. 나이로비의 케냐국립박물관에 있는 방탄 수장고에 소장된 사람족의 화석들을 둘러보면 눈이 확 떠지는 경험을 하게 된다. 우리 인류의 진화를 입증해주는 화석들, 그러나 창조론자들이라면 그 존재를 부정할 수밖에 없는 화석들이 방 하나를 가득 채우고 있다. 아프리카, 유럽, 아시아에 있는 수많은 박물관도 우리 초창기 조상들의 유골을 이와 비슷한 규모로 소장하고 있다. 그래서 지금은 가지고 연구할 수 있는 화석이 수없이 많다(그리고 그 화석들을 어떻게 해석하느냐를 놓고 이보다 훨씬 많은 생각들이 있는데, 당연히 과학에서는 그게 좋은 모습이다). 다행히 지금은 에릭 델슨Eric Delson이 쓴《조상들: 부정할 수 없는 증거Ancestors: The Hard Evidence》—이 책은 한때 박물관 전시회 기행의 동반자였다—같은 책들이 있다. 이런 책들과 전시회들 덕분에 대중은 이 귀한 화석들을 난생 처음으로 가까이에서 볼 수 있었고, 인류의 화석 기록에 대한 창조론자들의 시각이 거짓임을 깨달을 수 있었다. 그 이후로 인류학자들은 훨씬 수월하게 사람족의 화석 기록이 얼마나 훌륭한지 대중에게 보이고 알려왔으며, 어떤 화석도 따로 감춰두고 있지 않음을 확실히 해주었다. 발표된 실제 표본을 찍은 총천연색의 뛰어난 사진들과 근사한 삽화를 실은 책들이 지금은 많이 나와 있기에(이번 장의 끝에 그 책들을 열거했다), 그 화석들이 실제로 어떻게 생겼는지 보고는 싶은데 볼 수가 없다는 식의 핑계를 이제 더는 댈 수가 없다.

장 하나에서 다 이야기하기엔 인류의 진화가 워낙 길고 세세한 면이 많기 때문에, 여기서는 중요한 부분들만 일별하겠다. 인류의 진화를 짤막하게 한 문장으로 말하면 이렇다. 이제까지 알려진 사람 종과 속은 수십 개에 이르고, 거의 700만 년 세월에 걸쳐 진화해오면서 굉장히 덤불스러운 계통수를 형성하고 있다는 것이다(그림 15-3). 이 모든 화석을 어떻게 명명해야 하고 서로 어떤 핏줄사이를 이루는지 정확한 세부를 놓고는 논란이 끊이지 않는다. 왜냐하면 불완전한 표본들이 많고, 인류학자란 논쟁과 입씨름을 좋아하기로 유명한 이들이기 때문이다. 그러나 아무리 해를 이어가며 이런저런 논쟁이 벌어진다 한들, 사람족의 화석 기록이 질적으로 놀랍도록 훌륭하다는 것은 객관적인 사실이지 누군가의 해석이나 억측이 아니다.

먼저 넓은 맥락 속에 사람의 자리를 매겨보자. 우리는 영장목의 일원이다. 영장목은 우리와 대형유인원뿐 아니라 구세계원숭이(긴꼬리원숭이과Cercopithecidae), 신세계원숭이(꼬리감는원숭이과Cebidae), 여우원숭이, 늘보원숭이(로리스), 갈라고원숭이(부시베이비), 포토원숭이를 비롯하여 오늘날에도 살고 있는 다른 많은 고형 영장류archaic primates까지 모두 포함하는 동물군이다(그림 15-4). 이 계통들 대부분의 화석 기록은 백악기와 팔레오세의 영장류 푸르가토리우스*Purgatorius*까지 추적해 올라갈 수 있는데, 이 속명에는 흥미로우면서도 얄궂은 종교적 함의가 담겨 있다. 이 이름은 발견된 장소인 몬태나주 헬크리크층Hell Creek Formation의 퍼거토리힐Purgatory Hill

에서 딴 것이다.* 신생대 초기의 지구는 지금보다 훨씬 따뜻했고 식생도 더 조밀해서, 여우원숭이를 비롯하여 기타 '원원류prosimians'—플레시아다피스과plesiadapids, 아다피스과adapids, 오모미스과omomyids 등 수많은 군이 여기에 포함된다—와 먼 친척사이인 고형 영장류가 엄청나게 다양했다(이를 탁월하게 설명한 다음 자료를 참고하라. Beard 2004). 와이오밍주 빅혼 분지의 팔레오세나 에오세 초기 지층에서 화석을 수집해보면, 가장 흔한 화석 가운데 하나가 영장류임을 알 수 있다. 그래서 현재 영장류의 턱과 이빨이 엄청나게 많이 수집되어 세계 곳곳의 박물관에 소장되어 있다. 그런데 올리고세에 이르러 세계 기후가 점점 차가워지고 건조해지면서 숲이 사라져갔고, 그와 더불어 영장류도 점점 드물어졌다. 한때 영장류가 북아메리카와 유럽에서도 번성했으나 이 시기에 이르러서는 사라졌고, 서식지가 동남아시아와 아프리카로 좁아들었다. 올리고세에는 광비원류Platyrrhini 또는 신세계원숭이라고 하는 영장류 군이 남대서양을 건너가서 엄청나게 다양한 꼬리감는원숭이들로 방산했다. 여기에는 거미원숭이, 콜로부스원숭이, 고함원숭이, 마모셋원숭이 따위가 들어 있다. 영장류 진화의 대부분은 아프리카에 국한해서 이루어졌으며, 아프리카에서는 구세계원숭이들(개코원숭이, 마카크원숭이, 히말라야원숭이, 그리고 그 친척들)이 번성했고, 유인원 계통들의 최초기 구성원들(특히 아이깁토피테쿠스Aegyptopithecus, 프로플리오피테쿠스Propliopithecus, 아피디움Apidium)도 함께 번성했으며, 이는 이집트 파이윰의 올리고세층에 기록되어 있다.

마이오세에는 유인원이 원숭이보다 더 다양했고 더 번성했으며, 고향인 아프리카뿐 아니라 유럽에서도 더러 발견되었다. 마이오세 중기에 이르면, 파키스탄의 1200만 살 된 퇴적층에서 오랑우탄 계통의 원시 구성원들(시바피테쿠스)이 등장하고, 다른 현생 계통들에 속하는 최초의 유인원 화석도 이곳에서 몇 가지 출토된다. 그런데 비록 유인원 화석이 많이 있긴 하지만, 안타깝게도 명확하게 침팬지나 고릴라 일족에 해당하는 화석은 아직 없는 형편이다. 그 까닭은 아마 이 두 유인원이 늘 숲에서 살았고, 숲에서는 화석이 될 가능성이 적기 때문일 것이다. 마이오세 말기에

---

* 옮긴이—이 지명의 뜻은 '지옥의 개울에 자리한 연옥 언덕' 정도로 풀어볼 수 있다.

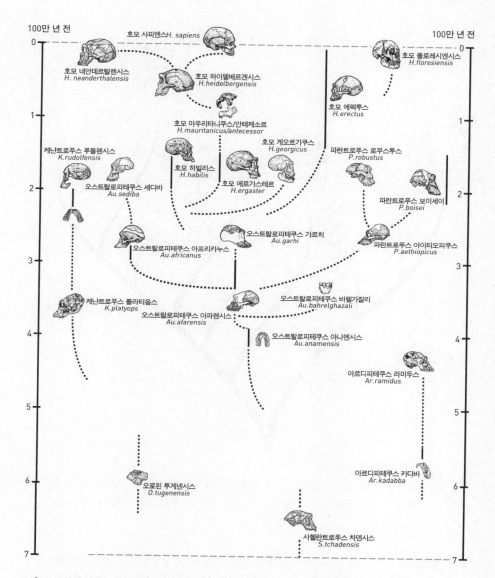

그림 15-3 현재 받아들여지고 있는 사람과의 계통수. 인류가 극도로 덤불스럽게 가지를 뻗어나가는 모습으로 진화했음을 보여준다. 말하자면 수많은 화석종이 같은 시대에 얼마 동안 함께 존재했던 것이다. 각 학명 옆에는 각 종마다 가장 상태가 좋은 표본을 그려 넣었다(이언 태터셜Ian Tattersall의 그림).

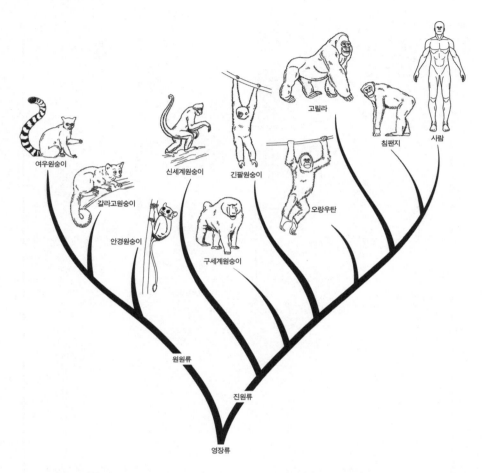

그림 15-4 현생 영장류 주요 군들의 계통수. 사람이 대형유인원과 핏줄사이가 가까우며, 이보다는 멀지만 구세계원숭이, 신세계원숭이, 여우원숭이, 늘보원숭이, 갈라고원숭이와도 핏줄사이임을 보여준다.

이르면 화석 유인원의 대부분이 쇠퇴하다가 멸종했으며, 그 뒤로 줄곧 구세계원숭이가 영장류의 생태자리들을 우점하게 되었다.

진정으로 우리 사람과에 속한다고 볼 수 있는 가장 오래된 표본이 발견되어 서술된 때는 불과 몇 년 전이다. 발견자가 '투마이Toumai'라는 별칭으로 부른 이 표본의 정식 학명은 사헬란트로푸스 차덴시스*Sahelanthropus tchadensis*이다. 상태가 가장 좋은 표본은 차드Chad의 사하라 사막 이남 사헬Sahel 지역에 있는 약 600만~700만 년

된 암석에서 나온 머리뼈(그림 15.5A)로, 상태가 거의 완전하다(Brunet et al. 2002). 비록 머리뼈 크기도 작고 뇌도 작고 이마능선이 커서 침팬지와 대단히 비슷하지만, 얼굴이 납작하고 송곳니가 축소되었고 어금니는 커졌으나 마모가 심하고 인류 진화의 시작 단계에 해당하는 곧선자세를 취한다는 점에서 놀라울 만큼 사람을 닮았다. 이 표본보다 약간 더 어린 표본은 최근에 발견된 오로린 투게넨시스*Ororin Tugenensis*로, 케냐의 투겐힐즈Tugen Hills에 있는 루케이노 성층Lukeino Formation의 상부 마이오세 지층에서 발견되었으며, 연대는 572만 년 전에서 588만 년 전 사이로 측정되었다. 오로린속은 주로 유골 파편으로만 알려져 있지만, 이빨에는 초창기의 사람족에서 전형이 되는 두꺼운 사기질이 있고, 넓적다리뼈와 정강이뼈는 곧선자세로 걸었음을 똑똑히 보여준다. 이것보다도 약간 더 어린 표본은 에티오피아의 암석에서 발견된 아르디피테쿠스 라미두스 카다바*Ardipithecus ramidus kadabba*로, 520만 년 전에서 580만 년 전의 것이다. 이 표본들은 여러 화석 파편들로 이루어져 있으나, 발뼈를 보면 일찍이 520만 년 전부터 사람족이 '발가락을 떼며 나아가는toe off' 방식을 써서 곧선자세로 걸었음을 알 수 있다. 그래서 마이오세 최후기에 이르면 우리 사람 계통이 잘 자리를 잡았고 완전히 곧선자세를 취했음을 볼 수 있다. 그러나 뇌는 아직 작았고 원시적이었으며 덩치는 그 당시의 유인원들과 별반 차이가 없었다.

플라이오세에는 사람족의 다양성이 한층 커진 모습을 볼 수 있다(그림 15-3). 더욱 고등해진 형태의 사람족들이 방산하면서 여러 고형古形 종들과 공존했다. 마이오세부터 이어져온 고형 종들 가운데에는 아르디피테쿠스 라미두스 라미두스 *Ardipithecus ramidus ramidus*가 있는데, 이 종은 1992년에 에티오피아의 440만 살 된 암석에서 출토되었다. 이 종은 사람처럼 송곳니가 작아졌고 아래턱은 U자 모양을 했다(유인원의 아래턱은 V자 모양이다). 티모시 화이트Timothy D. White와 동료들이 이 종의 거의 완전한 골격을 발견해서 보고했고, 지금까지 알려진 것 가운데 가장 오래된 사람족의 골격 화석으로 인정받고 있다. 케냐의 약 350만 살 된 암석에서는 케냐피테쿠스 플라티옵스*Kenyapithecus platyops* 같은 원시 꼴들이 출토되었다. 그런데 420만 년 전에 이르면, 고등한 오스트랄로피테쿠스속*Australopithecus*에 속하는 최초의 구성원들도 발견되는데, 플라이오세의 사람과 가운데에서 가장 다양한 속이었다. 이 속의 화석 가운데 가장 오래된 화석은 케냐의 투르카나호Lake Turkana 인근의 암석에서 발견된 오스트랄로피테쿠스 아나멘시스*Australopithecus anamensis*로, 연대는 390만 년 전에서 420만 년 전 사이의 것이다. 이들은 완전히 두 발로 걸었는데, 뼈에서만 그걸 볼 수 있는 것이 아니라, 탄자니아의 레톨라이Laetoli 인근에서 발견된 사람족의 발자국 화석에서도 볼 수 있다. 이 초창기 오스트랄로피테신australopithecine 가운데에서 가장 유명한 것이 오스트랄로피테쿠스 아파렌시스*Australopithecus afarensis*(에티오피아 하다르Hadar 인근의 300만~340만 살 된 암석에서 나왔다)로, 발견자인 도널드 조핸슨Donald Johanson과 티모시 화이트가 붙인 '루시Lucy'라는 별칭으로 더 잘 알려져 있다(그림 15-2와 15-6A). 1970년대에 발견되었을 때, 이 오스트랄로피테쿠스 아파렌시스는 두발보행 자세를 뚜렷하게 보여주는(무릎관절과 골반뼈를 근거로 한 것이다) 최초의 초기 사람족이었다. 그러나 후대의 사람족에서 보이는 것만큼 곧선자세는 아니었다. 오스트랄로피테쿠스 아파렌시스는 아직 크기가 작았으며(키가 약 1미터) 뇌도 작았다. 그리고 큰 송곳니와 돌출된 큰 턱은 유인원과 대단히 비슷하다.

플라이오세 후기에 이르자 아프리카에 사람족이 매우 다양해졌다(그림 15-3). 이 가운데에는 원시 꼴인 오스트랄로피테쿠스 가르히*Australopithecus garhi*(260만 년 전)와 오스트랄로피테쿠스 바렐가잘리*A. bahrelghazali*(340만 년 전)를 비롯해서 가장 잘 연구된 오스트랄로피테신인 오스트랄로피테쿠스 아프리카누스도 있다. 이것은 1925년에 레이먼드 다트가 어린이의 머리뼈('타웅아이')에 기초해서 처음으로 서술했는데, 유럽 중심의 인류학계는 수십 년 동안 이것을 사람의 조상으로 인정하기를 거부했다. 그러나 로버트 브룸Robert Broom 같은 고생물학자들이 남아프리카에 있는 동굴들에서 상태가 더 좋은 표본들을 발견해나가면서(특히 '플레스 부인Mrs. Ples'이라고 부른 성인 여성의 머리뼈) 오스트랄로피테쿠스 아프리카누스가 유인원이 아니라 두 발로 걷고 뇌가 작은 아프리카 사람족에 속하는 것임이 분명해졌다. 이는 당시에 공인된 모든 생각과 어긋났다. 당시의 인류학자들은 인류의 진화를 끌고 간 것은 뇌의 크기였고 두발보행은 부차적이었으며, 그 진화는 아프리카가 아니라 유럽이나 아시아에서 일어났다고 가정하던 터였다. 필트다운인 날조는 이 편견을 강화

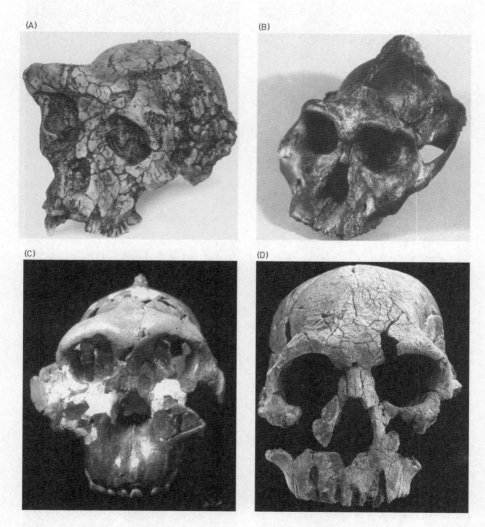

그림 15-5 아프리카에서 출토된 사람과의 머리뼈 화석 가운데에서 유명한 것들. (A) 알려진 것 가운데 가장 오래된 사람과인 사헬란트로푸스 차덴시스. '투마이'라는 별칭으로 불리며, 차드의 600만~700만 년 된 지층에서 출토되었다(Brunet et al. 2002. 네이처출판그룹의 허락을 얻어 실었다). (B) '검은 머리뼈'로 유명한 KNM-WT 17000. 매우 건장한 원시 오스트랄로피테신인 파란트로푸스 아이티오피쿠스*Paranthropus aethiopicus* 표본. 투르카나 호수 서안의 250만 년 된 지층에서 발견되었다(A. 워커의 사진). (C) 메리 리키가 '호두까기 사람'이라고 부른 엄청나게 건장한 파란트로푸스 보이세이*Paranthropus boisei*. 처음에는 OH5[올두바이 사람과 5번 화석] '진잔트로푸스' 보이세이*Zinjanthropus boisei*라는 이름으로 불렸다. 탄자니아 올두바이 협곡의 180만 년 된 암석층에서 발굴했다(케냐국립박물관의 사진). (D) 리처드 리키의 가장 유명한 발견. 우리 사람속에 속한 원시 성원인 호모 루돌펜시스*Homo rudolfensis*(처음에는 호모 하빌리스*Homo habilis*라고 불렸다)의 가장 상태가 좋은 머리뼈 KNM-ER 1470이다. 투르카나 호수 동안의 188만 년 된 지층에서 출토되었다(케냐국립박물관의 사진).

(A)

(B)

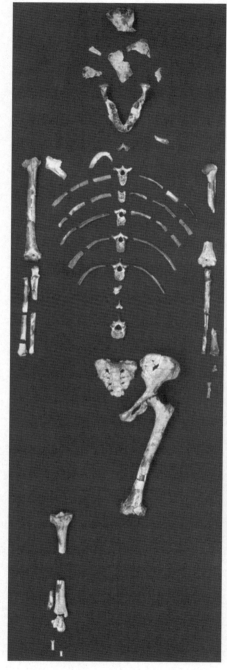
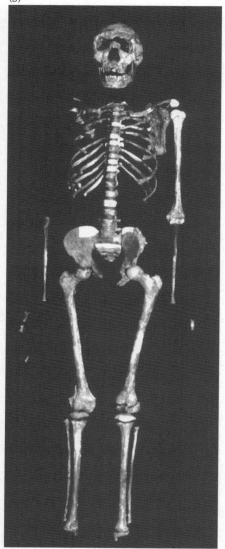

그림 15-6 알려진 것 가운데 가장 오래되었고 비교적 완전한 상태로 보존된 사람과의 골격 두 개. (A) '루시'라고 하는 골격. 오스트랄로피테쿠스 아파렌시스의 거의 완전한 표본으로, 에티오피아의 340만 년 된 암석층에서 출토되었다(인류기원연구소의 D. 조핸슨의 사진). (B) 유명한 '나리오코톰 소년Nariokotome boy'인 KNM-WT 15000. 호모 에르가스테르*Homo ergaster*(전에는 호모 에렉투스라고 불렸다)의 거의 완전한 골격이다. 케냐 투르카나 호수 서안의 160만 년 된 암석층에서 출토되었다(A. 워커의 사진).

하려고 고의적으로 저지른 짓이었다. 그러나 1950년대에 이르러 필트다운인이 사기임이 밝혀지면서, 오스트랄로피테쿠스 아프리카누스에서 나온 증거를 더는 부정할 수 없게 되었다. 오스트랄로피테쿠스 아프리카누스는 퍽 작고 가녀린 모습이었으며, 턱은 섬세하고 어금니는 작고 두개능선이 없고 뇌의 부피는 겨우 450시시에 불과했다. 가녀린 모습을 비롯해 인류와 매우 비슷한 특징들에 기초해서 보았을 때, 오스트랄로피테쿠스 아프리카누스는 우리가 속해 있는 사람속의 조상으로 가장 훌륭한 후보이기도 하다.

아프리카의 플라이오세 후기 지층에서는 오스트랄로피테쿠스 아프리카누스 말고도 대단히 건장한 사람족 화석이 여러 가지 출토된다. 오랫동안 학자들은 이것들도 오스트랄로피테쿠스라는 대단히 넓은 속 개념으로 뭉쳐 넣었다. 말하자면 오스트랄로피테쿠스에 속하는 별개의 종으로 여기거나 아니면 건장한 남성 오스트랄로피테쿠스 아프리카누스로 여기고 마는 정도였던 것이다. 그런데 최근에 와서 고인류학자들은 이들을 오스트랄로피테쿠스와 구분되는 건장한 몸을 가진 독자적인 계통으로 간주하게 되었고, 지금은 파란트로푸스*Paranthropus*라는 속으로 따로 자리를 매긴다. 이들 가운데 가장 오래된 것은 1975년에 앨런 워커Alan Walker의 연구진이 케냐의 투르카나호 서안에 있는 약 250만 살 된 암석층에서 발견한 수수께끼의 '검은 머리뼈Black Skull'이다(그림 15-5B). 비록 머리도 작고 몸집도 작지만, 단단한 머리뼈는 두개능선이 크고 어금니는 육중하며 얼굴은 접시 모양으로 고등해진 형태이다. 현재의 과학계는 이 검은 머리뼈를 파란트로푸스속에서 가장 원시적이라고 보고, 파란트로푸스 아이티오피쿠스*P. aethiopicus*로 자리를 매긴다. 이것 다음은 동아프리카의 220만~120만 살 범위에 있는 암석층에서 발견된 것으로, 사람족의 모든 구성원 가운데 가장 건장한 파란트로푸스 보이세이*P. boisei*이다(그림 15-5C). 그 화석에는 '호두까기 사람Nutcracker Man'이라는 별칭이 붙었는데, 그 까닭은 사기질이 두껍게 덮인 커다란 어금니, 강건한 턱, 넓게 벌어진 광대뼈, 머리 마루에 난 강인한 능선을 보건대 견과류나 열매씨앗이나 뼈를 깨 먹었음을 가리키기 때문이다. 원래 이 화석은 1959년에 메리 리키Mary Leakey가 올두바이 협곡Olduvai Gorge에서 발견했고, 루이스 리키Louis Leakey가 '진잔트로푸스 보이세이*Zinjanthropus boisei*'라고 명명했으며, 이것으로 리키는 명성을 얻었다. 남아프리카의 160만~190만 살 범위의 암석층에서는 파란트로푸스속의 전형이 되는 종인 파란트로푸스 로부스투스*P. robustus*가 출토된다. 이 화석들 또한 턱이 크고 어금니도 크고 두개능선도 크지만, 파란트로푸스 보이세이만큼 강건하지는 않다. 파란트로푸스 로부스투스는 남아프리카의 동굴에서 오스트랄로피테쿠스 아프리카누스와 이웃하며 살았다. 앞의 종은 뒤의 종보다 더 건장하고 덩치도 커서, 몸무게가 무려 70킬로그램에 이르는 개체도 있었다.

플라이오세 최후기에 이르면 마침내 우리 사람속에 속하는 최초의 구성원들을 보게 된다. 이들은 같은 시대를 살았던 오스트랄로피테쿠스속 및 파란트로푸스속과 쉽게 구별된다. 머리는 더 커졌고 얼굴은 더 납작해졌고 두개능선은 사라졌고 이마능선은 작아졌고 어금니도 작아졌고 송곳니도 작아졌다. 사람속의 첫 구성원으로 서술된 것은 호모 하빌리스*Homo babilis*('손재주 있는 사람')로, 1960년대에 루이스 리키와 메리 리키가 탄자니아 올두바이 협곡의 약 175만 살 된 암석층에서 발견했다. 처음에는 사람속의 초창기 표본들을 모두 호모 하빌리스 종으로 우겨넣었으나, 현재의 고인류학자들은 이 표본들이 한 종으로 보기에는 너무 다양함을 알아보고, 여러 종으로 나눠 자리매김하고 있다. 여기에 해당되는 종으로는 머리뼈가 현대인과 매우 비슷한 호모 루돌펜시스*H. rudolfensis*(190만~240만 살 된 암석층에서 발견되었고, 이것으로 리처드 리키Richard Leakey는 유명해졌다. 그림 15-5D), 매우 고등해졌지만 잠깐밖에 존속하지 않은 호모 에르가스테르*H. ergaster*(160만~180만 살 된 암석층에서 발굴되었다. 그림 15-6B)가 있다. 이 종들은 유골뿐 아니라 그들이 썼던 찍개와 주먹도끼 같은 이른바 '올두바이 문화Olduwan culture'의 원시적인 도구들을 통해서도 알려져 있다.

플라이오세의 이 고형 분류군 가운데에는 플라이스토세 초기까지(160만 년 전까지) 존속한 것들이 많았다. 이를테면 파란트로푸스 로부스투스, 파란트로푸스 보이세이, 호모 에르가스테르, 호모 하빌리스가 그렇다(그림 15-3). 가장 유명한 호모 에르가스테르 화석은 1984년에 투르카나호 서안에서 발견된 거의 완벽한 상태의 뼈대로, '나리오코토메 소년Nariokotome Boy'이라는 별칭으로 알려져 있으며(그림 15-6B), 다 자랐다면 키가 2미터는 되었을 것이다.

그런데 190만 년 전에 이르자, 호모 에렉투스라는 새로운 종이 등장했다(그림 15-7). 이 종은 두 발로 걷고 곧선자세를 취했을 뿐 아니라(종명이 함축하는 바가 이것이다) 덩치도 거의 우리만큼이나 컸다. 어떤 개체들은 키가 190센티미터에 달하기도 했다. 뇌용량은 1리터 정도로, 우리 뇌보다 약간 작을 뿐이었다. 이전 사람속의 종들처럼 호모 에렉투스도 조잡한 찍개와 주먹도끼를 만들어 썼고('아슐 문화 Acheulean culture'의 도구들), 불을 피우고 쓰는 법과 돌과 나무로 주거지와 작은 마을을 건축하는 법을 알았던 것도 확실하다. 처음에 호모 에렉투스는 우리의 다른 조상 모두가 오랫동안 살아온 아프리카에서만 살았다. 그런데 약 180만 년 전에 이르러 호모 에렉투스가 마침내 고향인 아프리카를 떠났다는 증거가 있다. 인도네시아에서 발굴된 표본들(처음에는 '피테칸트로푸스 에렉투스' 또는 '자바 원인'으로 서술되었다)의 연대가 바로 그 시기였고(Swisher et al. 2000), 유라시아의 다른 곳, 이를테면 루마니아 같은 곳에서도 나이가 거의 그만큼인 표본들이 발굴되었다. 그러다가 유라시아 곳곳의 50만 살 정도 되는 지층들에서 호모 에렉투스 화석들이 풍부하게 발견된다. 중국 저우커우뎬의 동굴에서 발견된 유명한 표본 '베이징 원인'도 이에 해당하며, 연대는 46만 년 전이다. 가장 최근에 시행한 연대 측정 결과는 호모 에렉투스가 2만 7000년 전까지도 존속했을 것임을 시사하며, 이는 네안데르탈인이 사라진 뒤에도 오랫동안 존재했고, 현대인인 호모 사피엔스와 같은 시기를 살았음을 가리킨다(Swisher et al. 2000). 이렇게 사람과에서 호모 에렉투스가 처음으로 아프리카를 벗어났고, 구세계(오스트레일리아와 빙하로 덮인 지역들은 제외) 전역으로 퍼져나갔다. 사람족 가운데에서 호모 에렉투스는 처음으로 널리 퍼진 종이었을 뿐 아니라, 가장 번성하고 가장 오래 존재한 종에 해당하기도 한다. 190만 년 전부터 3만 년 전까지 무려 180만 년 이상 존재했으니까 말이다. 그 긴 세월의 대부분 동안, 지구상에 있던 유일한 사람속의 종이 바로 호모 에렉투스였고, 머리 크기나 신체 비례에서 별다른 변화가 없었다. 존속 기간을 성공을 판단하는 한 가지 잣대로 삼는다면, 우리보다 훨씬 성공한 종이 바로 호모 에렉투스였다고 말할 수 있을 것이다.

약 30만 년 전에 이르자, 또 하나의 종이 서유럽과 근동 지역에 자리를 잡았다. 바로 네안데르탈인이다. 최초로 발견된 화석 인류가 바로 네안데르탈인이었지만,

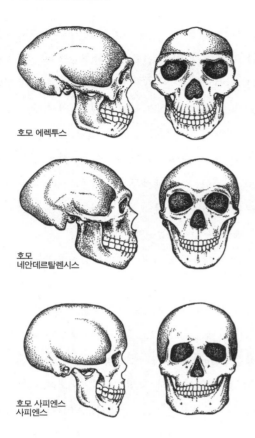

호모 에렉투스

호모
네안데르탈렌시스

호모 사피엔스
사피엔스

그림 15-7 호모 에렉투스(여기에는 '자바 원인'과 '베이징 원인'으로 알려진 표본들이 포함된다), 네안데르탈인, 현대인인 호모 사피엔스의 머리뼈를 비교한 그림. 호모 에렉투스의 뇌 용량은 우리 뇌의 절반 정도였고, 이마능선은 훨씬 두터웠고, 얼굴은 앞으로 더 튀어나왔다. 그러나 곧선자세를 이루었으며, 본질에서 보았을 때 현대인의 골격을 가졌다. 창조론자들이 우기는 소리와는 다르게 호모 에렉투스는 '그저 유인원'이 아니라 분명 우리 사람속에 해당한다. 한편 호모 에렉투스는 현대인이 아니라 오스트랄로피테신과 우리를 이어주는 과도기 꼴임이 분명하다(칼 뷰얼의 그림).

처음에는 동굴에서 죽은 병든 코사크 사람의 유골로 치부했다. 네안데르탈인의 골격을 처음으로 완전하게 서술할 때 기초로 삼았던 것은 늙고 병든 흔적이 있는 표본이었다. 그래서 수십 년 동안 사람들은 네안데르탈인에 대해 어깨가 꾸부정하고 원시적이고 꿀꿀거리는 '동굴인'이라는 고전적인 고정관념에서 벗어나지 못했다. 그런데 현대에 이루어진 연구는 네안데르탈인이 이런 고정관념과는 매우 다른 모습임을 보여주었다(Stringer and Gamble 1993). 네안데르탈인의 머리뼈가 비록 우리와 달라서 얼굴은 툭 튀어나오고 이마능선은 크고 끝턱이 없고 머리뼈는 더 납작하고 뒷면이 툭 튀어나왔지만(그림 15-8), 뇌용량은 우리보다 약간 더 컸으며, 복잡한 문화를 가졌다. 이라크의 샤니다르 동굴Shanidar Cave에서 발견된 유명한 유골은 네안데르탈인이 정교한 종교 의식을 행하면서 죽은 자를 매장했고 꽃으로 무덤을 치장하기까지 했음을 보여주는데, 적어도 그들이 모종의 종교적 믿음, 아마 사후세계에 대한 믿음까지도 가졌을 것임을 암시한다. 네안데르탈인의 뼈는 (그리고 아마 몸도) 단단하고 근육질이었으며, 키는 현대인의 평균보다 약간 작았다. 그런데 네안데르탈인은 유럽과 중동의 빙하 가장자리 지역의 추운 기후에서만 살았던 탓에, 이런 (오늘날의 이누이트나 라플란드의 사미인처럼) 다부진 체격이 이점이 되었을 것이다. 그들의 도구와 문화 또한 더 복잡해서 '무스티에 문화Mousterian culture'의 주먹도끼, 창촉, 화살촉을 비롯한 복잡한 장비뿐 아니라 뼈와 나무로 만든 도구도 썼다. 이 도구에는 복잡한 가공과 단순한 조각을 보여주는 것들도 있기에, 네안데르탈인은 그 이전에 있던 어느 사람족의 종과도 다르게 예술 감각을 가졌다.

　　수십 년 동안 인류학자들은 네안데르탈인을 호모 사피엔스의 아종으로 취급했으나, 최근 연구는 네안데르탈인이 별개 종이었음을 시사한다. 이를 보여주는 최상의 증거는 이스라엘에 있는 스쿨Skhul 동굴과 카프제Qafzeh 동굴에서 나온다. 이곳의 지층은 네안데르탈인 유골이 들어 있는 층과 초창기 호모 사피엔스 유골이 있는 층이 서로 번갈아들고 있다. 나아가 네안데르탈인은 최초기의 고형 호모 사피엔스보다 나중에 등장하기 때문에, 네안데르탈인이 우리 조상일 수는 없고, 유럽 쪽에서 멸종한 곁가지일 것이다. 최근에 이루어진 네안데르탈인의 DNA 염기서열분석 결과를 보면 네안데르탈인은 분명 호모 사피엔스가 아니다. 그런데 모든 현대 인류에게 네안데르탈인의 DNA가 조금 있다는 증거가 현재 나온 게 있다. 따라서 두 종 사이에 일종의 종간교배가 있었던 것이 틀림없다. 또한 시베리아의 데니소바 동굴Denisova Cave에서 나온 작은 뼈 두 점의 DNA 분석결과는 사람종이 또 하나 있었음을 보여준다. 이 데니소바인Denisovans에 대해서는 아직 아는 바가 별로 없다.

　　마지막으로, 이제 우리는 우리 종과 거의 구분이 안 가는 모습을 지닌 최초의 화석 머리뼈와 골격을 보게 된다. 이 '고형 호모 사피엔스'의 일부는 50만 년 전까지 거슬러 올라가는 아프리카의 퇴적층에서 나온다. 약 9만 년 전의 것으로서, 아프리카(이를테면 남아프리카의 클라시스강 하구 동굴Klasies Mouth Cave 같은 곳)에서 발굴된 머리뼈들은 그 모양새가 거의 완벽하게 현대인의 것이기 때문에, 일반적으로 호모 사피엔스 사피엔스Homo sapiens sapiens(우리 종과 아종을 이르는 이름)로 간주한다.

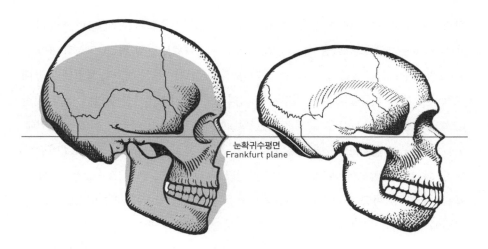

그림 15-8 네안데르탈인과 현대인인 호모 사피엔스의 머리뼈 옆면을 비교한 모습. 네안데르탈인의 뇌는 우리 것보다 약간 컸지만, 머리뼈는 매우 다른 모양을 하고 있다. 머리뼈의 위쪽은 우리 머리뼈보다 훨씬 평평하고, 뒷면이 볼록 튀어나왔으며, 이마능선이 도드라지고, 얼굴이 볼록하고, 진정한 끝턱이 없다. 네안데르탈인의 골격도 호모 사피엔스와 다르다. 네안데르탈인의 뼈는 어느 현생 인류보다도 훨씬 육중하고 단단하다. 창조론자들은 네안데르탈인이 그저 기형인 현대 인류라고 주장하지만, 네안데르탈인은 대단히 독특하기 때문에 우리 종의 구성원이 아님은 분명하다(칼 뷰얼의 그림).

호모 에렉투스처럼 초기의 호모 사피엔스도 그 역사의 대부분을 아프리카에서 보내다가, 약 4만 5000년 전에 마침내 유라시아로 건너갔다. 바로 그곳에서 네안데르탈인과 접촉하게 되었고, 약 9000년 동안 두 종은 공존했다. 그러다가 3만 6000년 전에 네안데르탈인이 수수께끼처럼 사라졌다. 그들이 호모 사피엔스에게 몰살당했는지 아니면 무슨 다른 원인이 있었는지는 크게 논란이 되고 있는 문제이다. 무슨 일이 있었든, 곧이어 현대인인 호모 사피엔스가 구세계 전체를 넘겨받아서 복잡한 문화를 발전시켰다(예를 들면 '크로마뇽인Cro-Magnon people'). 이를테면 그 유명한 유럽의 동굴 벽화들을 그렸고 갖가지 무기와 도구를 만들어 썼다.

　사람족의 화석 기록을 이렇게 간단히 살펴보았지만, 표본의 풍부함과 질적인 면은 말할 것도 없고 이제까지 해독해낸 어마어마한 양의 해부적 세부 사항들까지 모두 반영했다고는 결코 말할 수 없다. 이마저도 소화해내기에 지나치게 내용이 많다는 생각이 든다면, 그림 15-5에 실은 머리뼈들의 얼굴을 찬찬히 바라보기만 해보라. 그 얼굴들은 현대인의 머리뼈와 어렴풋이 닮아 있지만, 창조론자들이 '그저 유인원일 뿐'이라고 부르고 싶어 하는 (그것들 모두 완전히 두발보행을 했고 그밖에도 인류가 지닌 특징들을 많이 가지고 있었는데도 말이다) 더욱 원시적인 사람족의 구성원들부터, 창조론자들이 '현대 인류'라고 부르고 싶어 하는 (네안데르탈인에서 보이는 것처럼, 저마다 별개의 종이 될 만큼 수많은 독특한 해부적 특징들을 지니고 있는데도 말이다) 꼴들까지 차근차근 달라져온 모습을 명확하게 보여준다. 비록 상급 수준의 인류학 교육을 받지는 않았어도 편견이나 선입견이 없는 사람이라면 누구나 이 화석들을 바라보고 인류의 계보가 고유하게 가지는 특징들을 볼 수 있을 것이다.

제3의 침팬지

다음번에 동물원에 놀러 가면 꼭 유인원 우리의 옆을 걸어보길 바란다. 그 유인원들의 몸에 난 털의 대부분이 벗어진 모습을 상상해보라. 그리고 옷도 입지 않고 말도 할 수 없지만 다른 면에서는 모두 정상인 불쌍한 사람 몇 명이 근처의 우리에 갇혀 있다고 상상해보라. 이제 그 유인원들이 유전자 상으로 우리와 얼마나 비슷한지 짐작해보길 바란다. 이를테면 침팬지와 사람이 서로 공유하는 유전자 프로그램이 얼마 만큼이라고 보는가? 10퍼센트? 50퍼센트? 99퍼센트?
─재러드 다이아몬드,《제3의 침팬지》

인류 진화의 화석 기록만으로 충분한 증거가 되지 못한다고 여긴다면, 여러분의 몸을 이루는 모든 세포에서 결정타가 되는 증거를 찾을 수 있다. 1960년대에 유인원, 원숭이, 사람에게서 추출한 분자들을 처음 비교해나가기 시작하던 분자생물학자들은 깜짝 놀랄 만한 것을 발견했다. 분자 수준에서 보면, 우리는 침팬지 및 고릴라와 지극히 비슷하다는 것이었다. 첫 번째 증거는 빈센트 사리치Vincent Sarich가 행한 유명한 실험에서 나왔다. 면역 반응을 비교하는 비교적 조잡한 방법을 쓴 이 실험은 침팬지와 사람의 유전자에 별 차이가 없음을 보여주었다. 그러다가 DNA-DNA 분자교잡법hybridization method이 나오면서 한층 나은 결과를 얻게 되었다. 이 기법에

서는 침팬지와 사람의 DNA를 추출해서 용액 속에 넣고 열을 가하여 가닥을 떼어
놓는다. 짝이 풀린 DNA 낱가닥들은 용액이 식으면 다시 이어지는데, 이때 침팬
지의 DNA 가닥과 사람의 DNA 가닥이 결합하는 경우도 있다. 그렇게 형성된 튀
기 DNA를 다시 가열하면, 가닥이 풀려서 떼어진다. 두 가닥에 공통된 유전자가 많
으면 많을수록 그리고 비슷하면 비슷할수록 가닥을 풀어내기가 더 어렵다. 따라서
DNA 가닥 분리 온도는 공통 유전자 수에 정비례한다.

1984년에 찰스 시블리Charles G. Sibley와 존 알퀴스트Jon E. Ahlquist가 이 결과들을
처음 발표하자, 과학계는 충격에 빠졌다. **사람과 침팬지 DNA의 97.6퍼센트가 똑같
음이 밝혀진 것이다!** 이는 우리가 가진 DNA와 침팬지의 DNA가 서로 다른 부분이
3퍼센트가 채 안 된다는 말이다. 이와 마찬가지로 우리 DNA는 고릴라와는 유전자
의 약 96퍼센트를 공유하며, 긴팔원숭이와는 94.7퍼센트가 같고, 히말라야원숭이
rhesus monkey(구세계원숭이, 곧 긴꼬리원숭이과)와는 91.1퍼센트가 같고, 꼬리감는원숭
이capuchin monkey(신세계원숭이, 곧 꼬리감는원숭이과)와는 84.2퍼센트가 같고, 갈라고
원숭이 같은 원시적인 '원원류'와는 58퍼센트의 유전자만 공통이다. 유전자의 서열
유사성sequence similarity은 영장류의 분기 순서와 정확히 일치한다(그림 15-4). 당연히
납득이 가는 결과이긴 하지만, 대부분의 대형유인원이 가진 유전자와 우리가 가진
유전자가 그토록 비슷하다는 건 진짜 충격이었다. 분자생물학자들은 사람과 침팬
지의 유전적 유사성이 이제껏 그들이 조사한 여느 다른 두 종 사이의 유전적 유사
성—이를테면 서로 핏줄사이가 가까운 두 종의 쥐나 두 종류의 개구리 사이—보
다 더 가깝다는 점을 지적했다. 이 실험이 있은 뒤로, 침팬지와 사람의 미토콘드리
아DNA와 핵DNA의 실제 염기서열이 규명되었고, 그 결과도 같았다(1퍼센트를 작
게 나눈 범위의 오차 안에서). 이는 다르게 해석할 여지가 없다. 동물계에서 침팬지는
우리와 '입맞춤으로 인사할 만큼 가까운 사촌사이kissing cousins'로서, 유전자 몇 개만
넣어주면 완전한 사람이 되는 것이다.

재러드 다이아몬드Jared Diamond는 흥미로운 유비를 하나 들어 이 모든 점을 한
시야에 담아낸다. 여러분이 다른 행성에서 온 분자생물학자라고 해보자. 여러분의
손에 주어진 것은 DNA 표본들뿐이다. 말하자면 사람의 DNA 표본, 침팬지 두 종

의 DNA 표본(보통 침팬지인 판 트로글로디테스*Pan troglodytes*와 피그미침팬지 또는 보노보라고 불리는 판 파니스쿠스*Pan paniscus*), 영장류를 비롯하여 다른 동물군들에서 채취한 DNA 표본들이 있다. 여러분이 유전자의 염기서열을 분석한 뒤에 결과를 그래프로 나타내보면, 사람이란 그저 제3의 침팬지 종으로, 지구상의 어느 세 동물 종도 이 세 침팬지 종들만큼 유전적으로 가까운 사이는 없다는 결론을 내릴 것이다. 예를 들면 사자와 호랑이의 유전적 유사성은 95퍼센트에 불과하다. 그런데도 동물원에서는 둘이 이종교배까지 할 수 있다. 우리와 침팬지의 몸과 습성이 얼마나 다른지 눈으로 보지 않은 상태에서는 우리와 침팬지가 대단히 가까운 친척이라는 결론을 피할 수가 없다.

우리는 이를 어떻게 받아들여야 할까? 지금 여기서 무엇이 문제가 되는지를 놓고 사람들은 이런저런 생각을 많이 하지만, 여기서 기본이 되는 생각은 유전체에서 우리와 침팬지를 다르게 해주는 1~2퍼센트가 바로 구조유전자(우리와 침팬지가 공유하는 97.6퍼센트의 대부분이 이 구조유전자이다)를 켜고 끄는 조절유전자여야 한다는 것이다. 우리에게는 유인원의 몸을 이루는 대부분의 부분을 만드는 유전자들이 있고 원숭이의 몸을 만드는 유전자들도 있기 때문에, 유전적 실수나 격세유전이 가끔씩 일어나면 아직까지 우리가 오랫동안 억제한 채로 간직하고 있는 꼬리 만드는 유전자들이 사람에게서 발현되는 경우가 있다(그림 15-9).

사실 1920년대 이후로 수많은 생물학자와 인류학자는 우리 사람과 침팬지를 다르게 해주는 것의 상당 부분은 소아기의 유인원이 가진 형질들이 유형성숙 정체neotenic retention를 한 것이라고 논했다. 소아기의 침팬지를 보면(그림 15-10) 머리뼈가 사람의 것과 무척 흡사함을 볼 수 있다. 곧 뇌는 크고 이마능선은 작고 주둥이는 짧고 목이 꼿꼿한 자세를 한다. 그러다가 성체로 발생해가는 동안에 침팬지는 주둥이가 길어지고 긴 송곳니가 발달하고 이마능선은 커지고 머리를 앞쪽으로 구부정하게 숙이는 자세를 가지게 된다. 조절유전자들이 우리의 배아발생 과정을 살짝만 비틀어도, 우리는 소아기의 유인원으로 머물러 유인원 성체로 온전히 성장하지 않은 채 성적으로 성숙한 상태에 이름으로써, 우리를 사람이게 하는 형질들의 대부분을 만들어낼 수 있다.

(A)

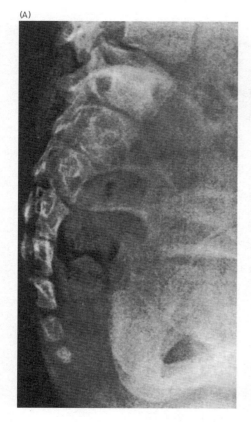

(B)

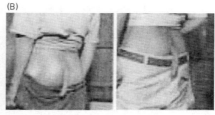

그림 15-9 이따금 사람이 격세유전된 꼬리를 달고 태어나는 경우가 있다. 우리의 진화적 과거로 되돌아간 것으로, 정상적인 경우라면 꼬리 만드는 유전자들을 꺼두어야 하는 조절 작용이 제대로 일어나지 못했을 때 나타난다. 사람의 꼬리는 완전히 발생한 척추뼈와 근육을 비롯해서 동물의 꼬리가 가지는 다른 특징을 모두 갖추고 나온다. (A) 잘 발생된 꼬리 척추뼈를 가진 사람의 X선 사진. (B) 완전히 발생한 꼬리를 가진 두 사람(Bar-Maor et al. 1980에서. 《뼈 및 관절 수술지Journal of Bone and Joint Surgery》의 허락을 얻어 실었다).

여러분은 아마 올더스 헉슬리Audous Huxley가 쓴 매혹적인 작품들을 읽어본 적이 있을 것이다. 이 사람은 디스토피아를 그려낸 소설의 고전인 《멋진 신세계Brave New World》(고등학교 독서 목록에 즐겨 오르는 책이다)를 쓴 유명한 소설가이다. 올더스 헉슬리는 유명한 진화생물학자인 줄리언 헉슬리Julian Huxley의 동생이기도 했으며, 이 둘은 다윈의 '불독'이라 불린 토머스 헨리 헉슬리의 손자였다. 올더스는 형의 영향을 받았기에 인간의 유형성숙에 대한 이런 생각들을 아주 잘 알고 있었다. 1939년에 올더스는 《수많은 여름이 지난 뒤에 백조가 죽다After Many a Summer Dies the Swan》라는 제목의 소설을 세상에 내놓았다. 이 소설의 주제는 불사不死인데, 자연이 예정해둔 기한을 넘어 목숨을 더 이어갈 방도를 찾느라 늘 고군분투하는 사람들의 모습을 그리고 있다. 주인공은 조 스토이트Jo Stoyte라는 이름의 백만장자로(1920년

(A)   (B)

그림 15-10 (A) 소아기 침팬지의 머리뼈에는 사람 성체에서 보이는 형질들이 많이 있다. 이를테면 목이 꼿꼿한 자세이고, 뇌는 상대적으로 크고, 이마능선은 작고, 주둥이는 덜 튀어나와 있다. (B) 성체 침팬지로 자라는 동안에 이 특징들은 모두 더욱 유인원다운 모습으로 바뀐다. 1920년대 이후로 많은 인류학자들은 우리를 사람으로 만드는 것의 상당 부분은 소아기 유인원의 형질들이 정체된 상태에서 성체가 된 것(유형성숙)이라고 논해왔다 (Naef 1926에서).

대에 올더스가 할리우드에서 극작가로 있었을 때 만난 윌리엄 랜돌프 허스트William Randolph Hearst를 모델로 했다), 영원히 살고 싶어서 전형적인 '미치광이 과학자'인 오비스포 박사Dr. Obispo를 고용하여 자기를 위해 생명 연장 연구를 하도록 시킨다. 오비스포 박사는 잉글랜드의 고니스터Gonister 백작 3세가 노화의 징후 없이 수백 년을 살았다는 사실을 발견하는데, 잉어의 내장을 섭취한 덕분으로 보였다. 기록보관소의 기록들에 따르면, 백작은 100살이 넘은 나이에도 자식을 보았다고 했다. (이게 공상과학소설임을 기억하라!) 오비스포 박사는 백만장자의 정부(허스트의 진짜 정부였던 여배우 메리언 데이비스Marion Davies를 모델로 했다)를 유혹하고, 질투에 휩싸인 백만장자는 실수로 오비스포 박사의 조수를 죽이고 만다. 백만장자와 오비스포 박사는 처벌을 피해 도망쳐야만 했다. 그래서 두 사람은 잉글랜드로 달아나고, 거기서 고니스터 백작 3세가 어찌 되었는지 알아내려고 한다. 마침내 백작의 성에 몰래 들어간 두 사람은 지하실에서 아직까지도 살아 있는 300살이 넘은 백작을 발견한다.

그런데 백작은 완전히 다 자란 유인원 성체가 된 모습이었다. 결말을 공개하는 바람에 이 뛰어난 소설을 읽을 맛을 망쳐버린 셈이지만, 세세한 재미도 풍부하고 올더스 헉슬리가 뛰어난 재능으로 포착해내곤 하는 놀라운 아이러니들도 담겨 있기 때문에 충분히 읽을 가치가 있다.

　최근에 분자유전학에서 훨씬 놀라운 발견이 있었다. 수세기 동안 과학계는 깊이 인종차별 의식을 가지고 있어서, 백인이 아닌 사람들을 열등한 사람, 또는 백인과는 다른 종으로 취급했다. 그런데 분자 수준에서 보면 완전히 다른 그림이 그려진다. 모든 '인종'의 DNA를 네안데르탈인의 DNA와 현생 침팬지종 및 고릴라종 대부분의 DNA에 섞어 놓으면, 놀라운 결과가 떠오른다. 그림 15-11에서 보이듯이, **모든** '인종' 사이의 유전적 차이는 미미하다. 모든 인류는 서아프리카 침팬지 개체군들이 서로 비슷한 것보다 훨씬 더 서로 유전적으로 비슷하며, 다른 침팬지 개체군들과 고릴라 개체군들에 대해서도 결과는 똑같다. 인류학자들이 오래전부터 말해온 대로, '인종'이라는 것은 유전적으로 무의미하며, 인종의 기초는 우리 유전체에서 미미한 일부에 불과하다. 증거가 보여주는 바에 따르면, 피부색과 눈 모양 같은 '인종 차이'의 대부분은 인류 진화에서 매우 최근에 일어난 변화였다. 약 7만 년 전 아프리카에서 거의 모든 현대 인류 계통이 출현한 뒤 어느 시점엔가 일어난 것이다. 사회에서 인종 문제가 불거질 때, 중요하게 생각해야 할 것이 바로 이것이다.

　우리가 침팬지와 유전적으로 97.6퍼센트가 똑같다는 사실에 심란해할 사람이 있을 것도 같은데, 창조론자들이 아무리 선전선동을 한다 한들, 여러분의 몸을 이루는 모든 세포에서 발견되는 그 진실을 바꾸지는 못한다. 심란해하기보다는, 우리 자신도 어김없이 자연의 온전한 일부임을 과학적 증거가 보여주었다는 사실을 받아들이는 쪽이 더 낫다. 곧 우리도 만물의 일부이며, 나머지 만물을 우리가 함부로 다룰 수 있는 것으로 취급해서는 안 된다는 것이다. 그러니 다음에 동물원에서 침팬지를 보거든, 여러분의 가까운 그 친척을 불쌍히 여기고, 여러분과 침팬지를 다르게 만드는 그 몇 안 되는 유전자들에 담긴 함의를 진지하게 생각해보길 바란다.

　캐머런 스미스Cameron M. Smith와 찰스 설리번Charles Sullivan은 《진화에 관한 10가지 신화The Top 10 Myths About Evolution》(2007: 100)에서 이렇게 말한다.

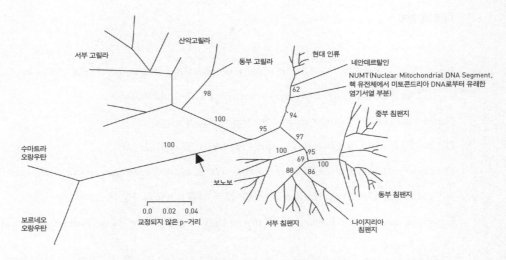

그림 15-11 유인원과 사람의 분자계통발생도. 미토콘드리아 DNA에 기초해서 서로에 대한 유전적 거리를 보여주고 있다. 모든 '인종'은 두 고릴라 개체군이나 두 침팬지 개체군이 서로 비슷한 것보다 훨씬 더 서로 비슷하다(다음 자료에 나온 그림을 수정해서 실었다. Pascal Gagneux et al., "Mitochondrial Sequences Show Diverse Evolutionary Histories of African Hominoids," *Proceedings of the National Academy of Sciences USA* 93 [1999], fig 1b: ⓒ1999, National Academy of Sciences USA).

사람이 원숭이에서 유래했을까? 천만의 말씀이다. 우리는 침팬지와 공통조상을 공유하며, 그 조상 이전에는 나중에 원숭이가 된 동물군과 공통조상을 공유한다. 그러나 우리가 원숭이에서 유래했다고 말하면 완전히 잘못 말한 것이며, 진화론은 결코 그런 주장을 한 적이 없다. …… 얽히고설킨 거짓말 속에서 살고 싶지 않다면, 유전학과 화석 연구와 해부학 연구에서 다루는 날것의 자료가 우리 앞에 놓인 때가 아닌 이상, 무엇을 믿어야 할지 골라 선택해서는 안 된다.

영장류인 게 좋은지 싫은지, 침팬지와 친척인 게 좋은지 싫은지, 누구나 자유롭게 말은 할 수 있으나, 문제는 그것이 아니다. 문제는 바로 우리가 원숭이에서 유래했느냐의 여부이고, 그 증거는 우리 안에 있다. 우리는 원숭이에서 유래한 것이 아니라, 원숭이와 친척이라는 것이다.

더 읽을거리

Beard, K. C. 2004. *The Hunt for the Dawn Monkey: Unearthing the Origin of Monkeys, Apes, and Humans*. Berkeley: University of California Press.

Conroy, G. C. 1990. *Primate Evolution*. New York: Norton.

Delson, E. C. 1985. *Ancestors: The Hard Evidence*. New York: Liss.

Diamond, J. 1992. *The Third Chimpanzee: The Evolution and Future of the Human Animal*. New York: HarperCollins [《제3의 침팬지》(문학사상사: 2015)].

Johanson, D., and B. Edgar. 1996. *From Lucy to Language*. New York: Simon & Schuster.

Lewin, R. 1987. *Bones of Contention: Controversies in the Search for Human Origins*. Chicago: University of Chicago Press.

Lewin, R. 1988. *In the Age of Mankind: A Smithsonian Book on Human Evolution*. Washington, D.C.: Smithsonian Institution Press [《인류의 시대》(혜안: 1996)].

Lewin, R. 1998. *Principles of Human Evolution: A Core Textbook*. New York: Blackwell.

Marks, J. 2002. *What it Means to be 98% Chimpanzee*. Berkeley: University of California Press.

Pääbo, S. 2014. *Neandertal Man: In Search of Lost Genomes*. New York: Basic. [《잃어버린 게놈을 찾아서》(부키, 2015)]

Prothero, D. R. 2016. *The Princeton Field Guide to Prehistoric Mammals*. Princeton, N.J.: Princeton University Press.

Sibley, C. G., and J. E. Ahlquist. 1984. The phylogeny of hominoid primates, as indicated by DNA-DNA hybridization. *Journal of Molecular Evolution* 20: 2-15.

Stringer, C., and C. Gamble. 1993. *In Search of Neanderthals: Solving the Puzzle of Human Origins*. London: Thames & Hudson.

Swisher, C. C., III, G. H. Curtis, and R. Lewin. 2000. *Java Man*. New York: Scribner.

Tattersall, I. 1993. *The Human Odyssey: Four Million Years of Human Evolution*.

Upper Saddle River, N.J.: Prentice Hall.

Tattersall, I. 2015. *The Strange Case of the Rickety Cossack and Other Cautionary Tales from Human Evolution*. New York: St. Martin's.

Tattersall, I., and J. Schwartz. 2000. *Extinct Humans*. New York: Westview.

그림 16-1 창조론자들이 과학을 공격하는 의도는 진화생물학을 종교 교리로 대체하려는 것에서 그치지 않고 다른 과학들까지도 사이비과학으로 대체하려는 것이다. 이를테면 "양쪽 이론을 다 가르치고, 판단은 애들에게 맡기자"면서 화학은 연금술로, 신경학은 골상학으로, 물리학은 마술로, 천문학은 점성술로 대체하려는 것이나 마찬가지이다(《필라델피아 인콰이어러The Philadelphia Inquirer》에 실린 만평. ⓒ Universal Press Syndicate).

16 무엇이 중요한가?

주님의 이름으로 사기 치기

이 여러 사람이 대중에게는 그토록 완고하고 자랑스럽게 자기네 종교적 신념을
설파하면서도, 자기들이 남긴 흔적을 감추고 ID 정책 뒤에다 자기네 진짜 목적
을 숨기기 위해 줄곧 거짓말로 일관하다니, 얄궂은 일이다.
—존 존스 판사, 〈키츠밀러 외 대 도버학군 소송 사건〉

거짓을 말하는 입술은 주님이 역겨워하신다.
—〈잠언〉 12 : 22

충분히 큰 거짓말을 계속 반복해서 한다면, 사람들은 결국 그 거짓말을 믿게 될
것이다.
—요제프 괴벨스(나치선전장관)

제2장에서 살펴보았다시피, 창조론에 걸려 있는 것은 과학이 아니라 정치력이고,
학교와 교과서에 종교적 의제를 집어넣어 가르치게 하고, 마지막에 가서는 사회에
통제력을 행사하고자 하는 것이다. 창조론자들은 이기기 위해 필요한 것이라면 더
럽거나 어쩌거나 상관없이 아무것이나 규칙으로 삼고 거기에 따라 행동한다. 나는
그들이 얼마나 판에 박힌 모습으로 증거를 왜곡하고 부정하는지, 얼마나 맥락을 무
시하고 글을 인용하는지, 그 외에 수많은 부정직하고 비윤리적인 일들을 어떤 모습
으로 자행하는지 보여주려고 했다. 그들은 이 모든 짓을 십자군운동을 벌인다는 미

명 아래 저지른다. 나는 교회에서 자랐고, 일요일마다 성경 공부를 했다. 그래서 나는 '기독교인'이라고들 하는 이 창조론자들이 자기네가 원수로 삼는 자들에 맞서 싸움을 벌인다면서 얼마나 비윤리적으로 구는지 보면 소름이 다 끼친다. 성경 곳곳에 나오는 말씀과 정신을 거짓과 기만으로 더럽히는 저들에게 무슨 다른 꿍꿍이가 있는 것은 아닌지 의심이 들게 된다.

창조론자들은 이런 비기독교적인 행동을 자기네가 가진 기독교적인 믿음과 어떻게 어울리게 하는 것일까? 오래전부터 심리학자들은 사람이 자기 기만에 얼마나 능숙한지, 무엇이든 상관없이 자기가 열렬하게 믿고 싶은 바에 대해 얼마나 애써서 자기 설득을 하려 하는지 보여주었다. 강력한 믿음 체계가 주어지면, 사람은 검은색을 흰색이라고 스스로 설득할 수 있으며, 명백한 증거를 무시하고 자기가 보고 싶어 하는 것에만 초점을 맞춤으로써 숲을 놓치고 나무만 보는 우를 범할 수 있다.

심리학자들은 사람이란 결국 우리의 바람과는 달리 이성적인 존재가 아니라는 것을 알아냈다. 이성 대신 우리는 마이클 셔머가 '믿는 뇌believing brains'라고 부르는 것을 가지고 있다. 우리는 우리 자신에 대해 어떤 심지 믿음core belief 또는 세계관을 가지도록 지어졌으며, 이 심지 믿음과 충돌하는 것은 무엇이든 거부하거나 멀리하거나 아예 외면할 것이다. 이것을 심리학자들은 **인지부조화 줄이기**reduction of cognitive dissonance라고 부른다. 우리 뇌는 사실 고도로 구획화되어 있다. 말하자면 뇌의 각 부분마다 서로 다른 관념들이 자리하고 있어서, 우리 마음에서 부조화 또는 충돌을 만들어낸다. 그래서 우리는 서로 충돌하는 믿음들을 화해시키거나 정당화하기 위해 끊임없이 애를 쓴다. 예를 들어 우리 뇌의 한 부분은 우리가 도덕적이라고 믿기를 원할 수 있겠지만, 다른 부분은 우리가 하얀 거짓말을 했던 적 또는 부정하게 행동했던 적을 기억하고 있다. 그러면 우리 뇌는 온 힘을 다해 이 충돌을 합리화하고 정당화한다. 말하자면 우리 자신에 대한 믿음과 우리가 한 행동 사이의 불일치에 대해서 덜 충돌하는 것처럼, 덜 가책을 받는 것처럼 느끼게 하려고 한다는 말이다. 조지 오웰George Orwell은 이렇게 말했다. "우리 모두는 진실이 아님을 알고 있는 것을 믿는 능력, 우리의 잘못이 마침내 증명되었을 때에도 우리가 옳았다는 걸 보이기 위해 파렴치하게 사실을 비틀어버리는 능력을 가지고 있다. 머리로만 생각하면

이 과정을 무한정 계속할 수 있을 것 같다. 그러나 그 과정을 가로막는 것이 단 하나 있다. 곧 언제가 되었든 그 잘못된 믿음은 결국 견고한 실상을 만나서 더는 나아가지 못하게 된다는 것이다."

모든 사람은 생애의 대부분을 이 충돌을 안고 살아간다. 그런데 이 충돌이 극심한 경우도 있다. 창조론자들의 자아의식과 세계관 전체는 성경이 글자 그대로 참이라는 믿음과 결부되어 있어서, 그 믿음에 도전하거나 그 믿음과 충돌하는 것은 무엇이든 반드시 틀려야만 한다. 그 증거가 제아무리 강력하더라도 상관없다. 창조론자들이 보이는 믿기지 않을 만큼 제멋대로 생각하는 능력과 삐뚤어진 논리와 바로 코앞에 있는 사실마저도 대놓고 부인하는 모습을 이것이 설명해준다. 창조론자들의 마음속에 자리한 그 심지 믿음은 극도로 강력하다. 그 믿음은 창조론자들의 정체성을 정의하는 데에서 그치지 않고, 구원받느냐 지옥에 떨어지느냐 하는 문제와 훨씬 큰 관련이 있기도 하다. 진화를 뒷받침하는 증거가 산더미 같아도 그들의 마음은 흔들리지도 않고 눈길을 기울이지도 않을 것이다. 그 믿음을 버리고 진화를 받아들이면 지옥에 떨어져 영원한 고통을 받을 것이라고 믿기 때문이다.

이런 독단적이고 융통성 없는 종교적 믿음이 창조론자들이 하는 기괴한 행동의 많은 측면을 설명해준다. 창조론자들에게는 거짓말과 기만이 진화를 받아들이는 것보다는 덜한 죄로 보이는지, 이 세상 모든 악의 근원이라고 믿는 것에 맞서 십자군전쟁을 벌이면서 종교적 순결함을 기꺼이 희생하려 하는 것이 분명하다. 쓰고 있는 지성의 눈가리개가 워낙 강력하기에 창조론자들은 보고 싶은 것만 보고 읽고 싶은 것만 읽을 뿐이며, 그 모두를 종교적 믿음이라는 이름으로 행한다. 창조론자들에게는 성경을 글자 그대로 믿는 것이야말로 종교적 구원에 본질적인 것이며, 영혼이 천국에 갈 수 있으려면 나머지 것들(과학도 해당된다)을 몽땅 희생해야 한다. 조지아주의 판사 브래스웰 딘Braswell Deen의 유명한 말이 이를 다 말해준다(Pierce 1981: 82). "성적 방종, 난교, 마약, 피임약, 성도착증, 임신, 낙태, 포르노그래피, 오염, 중독, 온갖 종류의 범죄가 확산된 원인은 다윈의 원숭이 신화이다."

영국의 기자 브루노 매독스Bruno Maddox(2007: 29)는 잡지 《디스커버Discover》에 쓴 칼럼 〈과학에 눈이 멀다Blinded by science〉에서 창조론자들이 인지부조화를 줄이려고 애쓰는 모습을 묘사했다. 이 글에서 그는 '모든 답은 〈창세기〉에' 단체의 창조론자들이 켄터키주에 세운 박물관에 찾아간 일을 중심으로 얘기를 한다. 그는 이렇게 적었다.

나는 문득 《붕괴The Crack-Up》에서 F. 스콧 피츠제럴드Scott Fitzgerald가 한 말을 떠올렸다. "일류 지성을 판단하는 시금석은 서로 상반되는 생각을 마음속에 동시에 간직하면서도 제 구실을 할 수 있는 능력을 그대로 보유할 수 있느냐이다." 물론 피츠제럴드의 일류 지성은 마지막에 가서 제 구실을 할 수 있는 능력을 더는 보유하지 못하게 되었다. [창조론자 제이슨] 라일이 현대 행성물리학의 최신 지식을, 동굴인이나 다름없을 미지의 수염투성이 부류들이 수천 년 전에 글로 적었던 종교서에서 아무렇게나 내뱉었던 주장들과 어울리게 하려고 안간힘을 쓰는 모습을 보면서, 나는 저 불쌍한 녀석이 얼마나 오랫동안 저래 왔는지 궁금증이 일었다.

(······)

공식적으로 말하건대, 창조론자들이 내세우는 의제에 대해서 지금의 나는 박물관에 들어섰을 때보다 훨씬 더 참을 수가 없어졌다. 왜냐하면 지금의 나는 저들이 세상에 널리 퍼뜨리려고 하는 그 거짓들을 실제로는 저들 자신도 믿지 않는 게 아닐까 의심이 들기 때문이다. 그런데 동시에 나는 저들에게 다른 선택의 여지가 없다는 분명한 인상을 받았다. 처음에 나는 하나님을 사랑한 나머지 과학을 미워하게 된 사람들을 만날 것이라고 생각했다. 그런데 그 대신 내가 본 사람들은 하나님을 사랑하기는 하되 적어도 과학에도 상당히 진지하게 홀려 있는 이들이었다. 그래서 저들은 매일 아침 눈을 뜰 때마다 둘을 다 믿으려고 하는 피츠제럴드식의 악몽에 빠져 있는 셈이었다. 앞으로도 저들은 누가 봐도 거짓임이 분명한 생각들이 설령 실제로 참은 아니라 할지라도 적어도 보기보다 그렇게까지 거짓은 아닌 것처럼 보이게 할 방도를 생각해내느라 머리를 쓰면서 평생을 보낼 것이고, 그럴 수밖에 없을 것이다. (······)

피츠제럴드를 자꾸 거론하고 싶지는 않지만, 나는 [창조론자들을] 자주 이렇게 생각할 것이다. 날이면 날마다 그들은 노를 젓지만, 진실의 물살을 거스르는 배는 쉴 새 없이 물러나면서 완전하고 철저하게 잘못될 뿐이라고.

사람이 자신의 심지 믿음을 놓지 않고 인지부조화를 줄이기 위해 쓰는 주된 메커니즘 가운데 하나가 **확증편향**confirmation bias이라고 하는 것으로, 성공한 것은 기억하고 실패한 것은 잊어버리는 것을 말한다. 영매나 점쟁이를 비롯한 사기꾼들은 순진한 희생자의 '미래를 점치려고' '콜드리딩cold reading'*을 할 때 사람들의 이런 약점을 이용한다. 그자들이 하는 말을 찬찬히 들어보면, 두루뭉술한 짐작들을 수없이 던지다가 '맞힌' 것이 하나 나오면 희생자의 몸짓과 목소리 변화를 따라가면서 짐작들을 다듬어 희생자를 놀라게 한다. 그자들이 하는 말의 맞고 틀림을 따져보면, 그들이 하는 짐작의 대부분이 틀린 짐작임을 알게 될 것이다. 그러나 희생자는 기막히게 '맞힌 것들'만 기억하고는 저 '점쟁이'가 나에 대해 참 많은 것을 알고 있구나 놀라워하면서 집으로 돌아간다.

대부분의 별점이나 점성술의 경우도 마찬가지이다. 점성술사들이 하는 말의 대부분은 두루뭉술하고 평범해서 대부분 사람들에게 들어맞곤 하는 말들이다. 개인의 별점을 풀어놓는 경우마저도 틀린 소리로 가득하지만, 대부분의 청자는 '맞힌 것들'에만 깊은 인상을 받을 것이다. 수많은 창조론자들이 어떻게 성경에 나오는 말들이 서로 충돌하는 것(제2장에서 살펴보았다)을 무시하거나 어떻게 진화에 대한 글을 읽으면서 자기 믿음에 들어맞게 보이는 짤막한 조각글만 '채굴'할 수 있는지 확증편향(또는 가장 좋은 자료나 사례만 '골라 집기cherry-picking')이 설명해준다. 그들의 뇌가 가진 확증편향의 위력은 워낙 대단해서 증거나 글에 담긴 전체적인 맥락을 완전히 차단해버리고 자기들이 가진 편견과 부합하는 듯 보이는 작은 편린들만 맥락에 상관없이 중요한 것으로 인지한다. 이 책에서 내내 보았던 것처럼, 우리 대부분에게 그들의 인용문 채굴이 그토록 괴상하고 어이없게 보이는 까닭이 바로 그 때문이다. 그러나 그런 짓이 창조론자들에게는 완벽하게 납득이 가는 짓이다. 그들

---

*　옮긴이―상대방에 대한 사전 정보 없이 상대방에 대해 알아내는 기법을 말한다.

이 가진 거르개와 편견은 자신들의 믿음 체계에 들어맞는 생각들만 인정할 수 있기 때문이다.

여기에는 또 한 가지 인자가 작동하고 있는데, 바로 **부족주의**tribalism라는 것이다. 우리는 모두 우리가 가진 배경, 그중에서도 특히 우리가 속한 가족과 공동체의 소산이며, 가족과 동료들이 우리에게 가르친 바를 모두 익히고 받아들인다. 그렇게 가르침 받은 생각들을 채택하는 것은 우리 가족과 공동체에 소속감을 가지고 인정을 받기 위해서는 필수적이다. 가족과 공동체가 가진 믿음에 거스르는 것은 대부분의 사람들에게 매우 어려운 일이다. 사람들은 대부분 '검은 양'이 되고 싶어 하지 않으며, 그저 어울리고 소속되기만 바랄 뿐이다. 가족이나 공동체로부터 미움을 사거나 버림을 받는 것은 거의 누구에게나 참으로 끔찍한 일이다. 미국 시골의 작은 고을 출신 사람들은 이 현상을 잘 안다. 사람들이 여러분에게 "이름이 무엇입니까?"라고 묻고 나서 맨 처음 묻는 물음은 "어느 교회 다니세요?"이다. 교회에 다닌다는 것이 작은 고을에서는 여러분의 사회 내 지위를 정의하며, 교회를 다니는 기독교도가 아니라면, 그 작은 공동체 사람들로부터 모진 판단을 받을 각오를 해야 한다. 이처럼 소속감에 대한 유인 조건이 막강하기 때문에, 대부분의 창조론자들이 자기들의 심지 믿음을 비롯해서 교회와 공동체에 대한 소속 의식을 위협하는 증거를 결코 들으려 하지 않는 것은 놀랄 일이 아니다.

더군다나 사람들은 복음주의적 근본주의 교회에 소속된 사람들이 정말 얼마나 지적인 면에서 고립되어 있는지 깨닫지 못하는 경우가 많다. 기자인 매슈 타이비 Matthew C. Taibbi는 2008년에 출간한 뛰어난 책《대혼란: 전쟁, 정치, 종교에 대한 끔찍한 진실The Great Derangement: A Terrifying True Story of War, Politics, and Religion》에서 텍사스주의 한 근본주의 교회에 '잠입'하여 스파이로 지낸 경험을 서술하고 있다. 그는 일주일 내내 교회에서 벌이는 활동에 참여했고, 주말마다 '피정'을 가서 창조론에 대한 특별 세미나를 들었다. 비록 자신이 진짜 가진 믿음을 잘 숨겨서 그들의 괴상한 생각들에 대해 겉으로 반응을 보이지는 않았지만, 그 사람들이 보이는 비논리적인 행태에 충격을 받고 구역질이 났으며 참으로 놀라움이 컸다고 책에서 털어놓는다. 더욱 기가 막힌 모습은 그들이 바깥세상으로부터 사회적으로나 지적으로나 고립되어 있다는 것이다. 하루 24시간 일주일 내내 하는 뉴스 채널들이 있고 인터넷 사용에 제한이 없음에도, 그 사람들은 교회가 허락한 것들만 읽고 들을 뿐이며, 어떤 매체든 자기들이 지닌 믿음에 도전할 가능성이 있는 매체에 노출되었을 때에는 큰 죄책감을 느끼도록 되어 있다.

과학계와 교육계는 진화를 뒷받침하는 증거를 창조론자들에게 더 쉽게 제시하고 메시지를 더 명확하게 전달해서 진화가 진실임을 알 수 있도록 할 방법을 못 찾고 오랫동안 절망을 느꼈다. 그러나 타이비의 말이 옳다면, 뭘 해도 달라질 것은 없을 것이다. 강경한 창조론자들은 자신들의 믿음 체계에 깊이 빠져 있고 믿음 체계 바깥의 정보와는 고립되어 있기 때문에, 아무리 좋은 증거를 제시해도, 아무리 많은 증거를 내놓아도, 아무리 증거 전달 방법을 바꿔도 그들에게 닿지 못한다. 그 증거에 노출되면, 그들은 증거를 외면하거나 멀리하거나 합리화해서 뜯어 맞추려 할 것이다. 어떻게 해서든 그들은 자신의 믿음에 도전하는 생각들에 잠시라도 노출되지 않으려 할 것이다. 이런 모습을 우리는 이 책에서 보고 또 보고 또 보았다. 이를 보여주는 고전적인 한 예는 유튜브에 올라온 리처드 도킨스와 창조론자 웬디 라이트 Wendy Wright의 인터뷰이다(두 사람의 이름을 검색해보면 결과 화면 첫 줄에 뜰 것이다). 우리 대부분에게는 그 인터뷰를 지켜보는 것이 고역이다. 거듭하고 또 거듭해서 도킨스는 참을성 있게 과도기 화석의 예를 그 창조론자에게 점잖게 보여주는데, 거듭하고 또 거듭해서 그녀는 "과도기 화석은 없어요"라는 염불만 외워댈 뿐이다. 그처럼 철저하게 창조론에 빠져 세뇌된 사람에게는 증거를 아무리 많이 제시해도 결코 닿지 못할 것이다.

창조론 컬트에 깊이 빠진 사람들에게 다가가려 하는 대신, 근본주의자로 길러졌을지라도 지금은 마음을 열고 한때 자신들에게 금지되었던 증거를 귀담아듣기 시작한 사람들에게 다가가려고 노력하는 쪽이 더 낫다. 이 책 초판이 나온 뒤에 내가 받은 수백 통의 편지와 이메일 및 Amazon.com에 올라온 서평들에 기초해서 보았을 때, 이 책이 가장 효과적으로 다가간 청중이 바로 이런 사람들이었다. 2007년에 이 책이 처음 나왔을 때, 강경한 창조론계는 이 책을 공격하기는커녕 눈길조차 주지 않으려 했고, 그 뒤로도 오랫동안 이 책을 외면했다. 그러나 무엇을 생각해야 할지 확신을 못 가진 사람들, 근본주의와 과학 사이에서 갈팡질팡하는 사람들에게는 이 책이 효과적으로 다가갔고, 매우 긍정적으로 이 책에 반응해주었다.

조금씩 조금씩 이런 방식으로 우리는 창조론자들이 사람들을 붙들고 있는 영향력을 서서히 지워나갈 수 있다. 곧 마음을 열어 지난날 자신이 배웠던 바에 의문을 제기하기 시작한 사람들에게 다가가는 것이다. 인터넷과 이런 책들 덕분에 지금은 과거 어느 때보다도 그 일이 훨씬 쉬워졌다. 내가 어린 시절이었던 1960년대에는 창조론을 논박하거나 정체를 까발리는 책, 또는 진화를 명료하게 설명해주는 책이 없었다. 하물며 종교에 도전하는 책이 있을 리 없었다. 내가 속해 있던 장로교회 배경에 의심을 품고 내가 속한 공동체 안에서 답을 구하기 시작하면서, 나는 그런 자료들을 힘겹게 찾아다녔다. 오늘날에도 미국의 수많은 작은 시골 마을들은 여전히 그런 모습이다. 그러나 인터넷 덕분에 가장 외진 곳에 사는 사람일지라도 지금은 마우스 몇 번만 클릭하면 필요한 증거를 모두 찾아볼 수 있다.

수많은 평신도 창조론자들은 창조론에서 말하는 것들을 진심으로 믿을지도 모른다. 그들의 지도자들이 그리 믿으라고 말했으니까 말이다. 그리고 다른 문헌자료에 대해서는 들어보지도, 읽어보지도 않았을 것이다. 반면에 그들의 지도자 가운데에는 돈과 권력을 얻기 위해 창조론을 이용하는 자들이 많을 것이다. 지미 스웨거트Jimmy Swaggart부터 짐 베이커Jim Bakker, 그리고 최근에는 테드 해거드Ted Haggard 목사에 이르기까지 위선적인 복음주의 기독교인들이 실제로는 흠이 많은 인물이었음이 밝혀진 이야기를 다들 들어 알고 있을 것이다. 창조론의 지도자들도 부정한 면모를 지니고 있다. 가장 괘씸한 자는 켄트 호빈드Kent Hovind로, 스스로를 '공룡 박사Dr. Dino'라고 칭하고는(그러나 공룡이나 고생물학 분야에서 아무 경험도 없으며, 그가 가진 'Ph.D'는 학위를 남발하는 어느 온라인 대학에서 돈을 주고 산 것이다) 창조론의 생각들을 홍보하려고 플로리다주의 펜서콜라Pensacola에 '공룡 모험의 땅Dinosaur Adventure Land'이라는 테마공원까지 지었다. 현재 그는 미국 국세청을 상대로 사기를 친 죄로 콜로라도주 플로렌스의 연방교도소에서 10년간 복역하고 형을 마친 상태이다. 창조론자 목사들은 이런 자들에게 많은 돈과 많은 사람을 주무를 수 있는 막대한 영향력을 주기 때문에, 이들이 그 특권을 남용한다 해도 놀랄 일이 아니다.

하지만 창조론자들의 믿음을 종종 흔들리게 하는 것은 지도자들이 저지른 악행이 아니라, 지도적인 창조론자 저술가들과 논객들이 기만적이고 이미 무너진 논증을 계속해서 되풀이한다는 사실이다. 심지어 그 논증들이 거짓임이 밝혀진 다음에도 말이다. 이는 종종 신앙의 위기를 불러오는 고비가 되는 순간이기도 해서, 사람들을 창조론으로부터 등을 돌리게 만든다. 하지만 자기 편 신도들이 마침내 진화를 뒷받침하는 증거와 대면한 뒤에 엄격한 창조론 교리에서 이탈했을 때, 창조론을 믿는 광신적인 '기독교인들'이 이 신도들을 다루는 방식을 보면 더없는 슬픔이 밀려든다. 지질학 현장에서 몸소 찾아낸 사실들을 접하고 창조론으로부터 멀어진 석유지질학자 글렌 모턴Glenn Morton(http: //www.oldearth.org/whyileft.htm)이 동료 '홍수지질학자들'로부터 폭언과 괴롭힘을 당한 이야기는 비통하기 짝이 없다. 이런 이야기들은 일부 광신적인 창조론자들이 내세우는 '기독교적 형제애'라는 게 위선임을 여실히 보여준다(다음 웹페이지들을 참고하라. http: //www.talkorigins.org/origins/postmonth/jan03.html; http: //www.talkorigins.org/origins/postmonth/nov02.html).

이 책에서 우리가 내내 보았다시피, '기독교인'이라고 하는 이 자들은 성경을 글자 그대로 해석한 것만이 궁극의 진리라고 여기는 부동의 신념을 구원하기 위해 사실을 왜곡하고 논리를 거부하려고 한다. 그들에게 나머지는 아무것도 중요치 않다. 그들의 인생에서는 종교가 최우선이다. 그래서 과학계가 자기네 세계를 침범하지만 않으면, 과학에 별다른 관심을 기울이지 않을 것이다. 그러나 진화론, 우주론, 지질학, 인류학을 비롯해서 다른 많은 과학들이 자기네 종교를 **정말로** 침해하기 때문에 과학을 공격하려 한다. 그것도 과학자연하면서 가능하면 어디에서나 과학의 언어를 쓰는 전술을 써서 말이다. 하지만 진짜 과학자들과 달리, 창조론자들은 과학의 첫 번째 규칙을 따르지 않는다. 곧 과학적 가설이란 반드시 시험 가능하고 반증 가능해야 하며, 과학자들은 제아무리 소중히 여기는 생각이 있다 할지라도 그게 잘못임을 데이터가 보여주면 기꺼이 포기해야 한다는 것 말이다. 토머스 헨리 헉슬리가 이를 가장 훌륭하게 표현했다. "어린아이처럼 사실을 앞에 두고 앉아라. 미리 가지고 있던 생각은 모두 포기할 준비를 하라. 자연이 이끄는 곳이 어디든, 어떤 심연이든 겸허하게 따라가라. 그러지 않으면 아무것도 배우지 못할 것이다."

기독교인이면서 진화생물학자이고 창조연구재단의 모든 논객들을 수없이 많이 무찌른 인물인 브라운대학교의 케네스 밀러가 통찰을 하나 전해준다. 책《다윈의 신을 찾아서Finding Darwin's God》(1999: 172)에서 밀러는 전날 밤의 논쟁에서 꺾은 상대인 헨리 모리스를 다시 만난 상황을 이야기한다. 밀러는 전날의 논쟁에서 무너진 그의 입장에 대해 얘기를 나누면서 이렇게 물었다. "당신은 이 모든 걸 정말로 믿습니까?" 모리스는 이렇게 대답했다. "당신은 여기에 걸려 있는 문제가 무엇인지 깨닫지 못하는군요. 이처럼 중요한 문제에서는 과학적 데이터라는 게 궁극의 권위를 갖지 못합니다. 무엇이 올바른 결론인지는 성경이 말해줍니다. 만일 과학이 일시적이나마 그 결론에 동의하지 않는다면, 우리는 올바른 답을 얻을 때까지 계속 해나가야 합니다. 그러나 그 답이 무엇이 될 것인지 내겐 추호의 의심도 없습니다."(Miller 1999: 173)

모리스는 진심일 것이고 자신이 하나님을 섬기고 있다고 믿을 것이다. 그러나 모리스 자신이 보여주는 편협한 독선, 광신, 그리고 창조론이라는 반과학적 태도는 더없이 소름끼치는 모습이다.

우리는 왜 신경을 써야 하는가?

우리는 가장 중대한 요소들, 곧 교통과 통신을 비롯한 모든 산업, 농업, 의술, 교육, 오락, 환경보호, 심지어 민주주의의 핵심이 되는 투표 제도에 이르기까지 과학과 기술에 깊이 의존하는 범세계적 문명을 만들어왔다. 그런데 거의 아무도 과학과 기술을 이해하지 못하도록 사태를 만들어온 것이기도 했다. 이것이 바로 재앙을 조제한다.
—칼 세이건,《악령이 출몰하는 세상》

교양을 갖춘 시민만이 민주주의의 가치들을 안전하게 보존할 수 있다.
—토머스 제퍼슨

민주주의에서는 대중이 과학에 대한 기초적인 이해를 가지는 게 대단히 중요
하다. 그래야만 과학과 기술이 점점 크게 우리 삶에 영향을 주는 방식을 제어할
수 있기 때문이다.

―스티븐 호킹

과학눈을 갖추는 것이 민주주의 사회가 21세기까지 살아남느냐, 마느냐를 결정
할 것 같다.

―노벨상 수상자 리언 M. 레더먼

극단적인 창조론자들이 괴상한 믿음을 가졌다 한들 무슨 상관일까? 우리가 왜 신
경 써야 하는가? 우리 각자의 삶이 그것 때문에 뭐 달라질 것이라도 있는 걸까? 미
국에는 괴상한 것들을 믿는 정신 나간 종교 컬트가 굉장히 많다. 그리고 헌법 덕분
에 그 사람들에겐 저마다 아무거나 좋아하는 것을 믿을 권리가 있다. 그들을 그냥
내버려두면, 문제가 사라지지 않을까?

이 물음에 짧게 대답해보면, '그렇지 않다'이다. 우리는 창조론을 그냥 무시할
수가 없다. 대부분의 종교적 극단주의자는 무해하고 다소 재미도 주지만(또는 가이
아나의 짐 존스Jim Jones 컬트나 천국의 문Heaven's Gate 컬트처럼 집단 자살을 하는 경우도
있지만), 창조론자들은 우리를 그냥 두려 하지 않는다. 그들은 자기네를 반대하는
사람 모두를 무릎 꿇리려는 십자군전쟁에 나선 광신자들이다. 그들에게 저항해야
하는 이유는 대단히 명확하고 확실하다.

1 창조론은 편협한 분파의 종교적 믿음이며 헌법을 어기지 않고서는 공립학교에서 가르칠 수 없는 것이다

제2장에서 우리는 창조론의 역사를 자세히 살피고, 창조론자들의 생각이란 것이 특
수한 분파가 지닌 종교적 믿음이라는 사실이 모든 법정에서 밝혀졌음을 보았다. 그
들이 자기네 생각을 '창조과학'이니 '지적설계론'이니 무엇으로 위장을 하든, 교회
와 국가의 분리를 다룬 제1차 수정헌법을 어기지 않고서는, 다른 종교가 가진 믿음

들에 우선하여 그들의 편협한 분파적 믿음을 공립학교에서 가르치도록 허용해서는 안 된다는 사실에는 변함이 없다.

제2장에서 보았다시피, 창조론자들은 법정에서 패할 때마다 더욱더 교묘한 방식으로 자신들의 종교적 행적을 위장해왔다. 2005년의 도버 소송 사건의 판결이 있은 직후로 지적설계 창조론은 죽었기 때문에, 창조론자들은 훨씬 교활한 전략을 시도했다. 지난 10년 사이, 창조론자들은 새로운 형태로 창조론을 허용하도록 하는 법안을 수많은 주에 제출했다(몇몇 주에서는 그 법안을 채택하기까지 했다). 그 한 가지 형태는 '창조론-진화론 논쟁을 가르치라'는 것이다. 말하자면 교사는 창조론에도 균등한 시간을 들여 가르치고, '학생들이 결정하도록 하자'는 것이다. 또 어떤 경우를 보면, 이 법들은 교사들이 '진화에 반대되는 증거'(창조론자들이 창조론을 언급하지 않고 제공한 증거)를 과학 수업에 소개하도록 허용했다. 과학에서 기후변화―근본주의자들이 부정하는 또 하나의 불편한 진실―를 제외하고는 진화만큼 크게 표적이 되는 주제는 없다. '교육의 자유' 법안을 제기하는 접근법을 쓰는 경우도 있다. 이 법은 교사가 창조론을 비롯해서 무엇이나 자유롭게 말할 수 있도록 허용하는 법안으로, 과학 수업에 사이비과학을 가르치는 것을 누구도 막지 못한다. 창조론자들은 공립학교 과학 교실에 종교를 몰래 들이기 위한 전략을 구사하는 데만큼은 언제나 창조적이다. 게다가 그들에게는 그런 일을 할 만한 시간과 기운과 재원이 무한정 있다. 대부분의 과학자는 그들과 싸울 시간도 기운도 없다. 왜냐하면 진짜 연구에 전념하며 과학적 경력을 쌓아나가야 하기 때문이다. 그래서 종교적 극단주의자들과 정치적 싸움을 벌일 겨를이 없다.

닉 매츠크Nick Matzke(2016)는 수많은 창조론 정책과 여러 주의 입법부에 제출된 창조론 법안에 적힌 언어와 핵심 문구를 사용한 재치 있는 연구를 하나 발표했다. 진짜 생물의 진화계통수를 해독하는 소프트웨어 프로그램에 그 말들을 입력한 그는 다양한 창조론 법안들과 문서들의 계보를 추적할 수 있음을 보여주었다. 그 법안들과 문서들은 서로서로를 복사하면서 다양한 계통의 창조론 법안들로 변형해갔다(진화했다). 거의 모든 형태의 창조론 법안들은 서로의 복사본들이며, 시간이 흐르면서 교회와 국가의 분리 문제를 피하고 자신들의 종교적 동기를 더욱 깊이 은 폐하고자 변형되면서 진화해가고 있었다. 그러나 모든 창조론자의 법안이나 정책의 종교적 뿌리는 쉽게 추적할 수 있다.

일부 사람들(여기에는 조지 부시 전 대통령도 포함된다)이 주장하는 대로 그들에게 '균등 시간'을 주거나 '창조론-진화론 논쟁 가르치기'를 허용해서는 안 되는 이유가 무엇일까? 미국 문화는 균등 시간과 공평함을 좋아한다. 그래서 많은 이들에게는 창조론자들에게 균등 시간을 주자는 소리가 아무 문제없는 것처럼 들릴 것이다. 그러나 과학에서 중요한 것은 인기투표에서 이기는 것이 아니라 과학자들이 실제 세계에 대해 무엇인가를 발견하는 것이다. 시대에 맞지도 않고 신뢰성도 무너진 과거의 생각들, 이를테면 점성술이나 평평한 지구론, 또는 지구 중심 우주론이나 창조론 같은 것을 가르칠 시간도 타당한 이유도 없다. 나아가 그들에게 균등 시간을 허용한다면, 균등 시간을 원하는 온갖 종교적 믿음들이 공립학교의 과학 수업에 들어올 문을 여는 셈이 될 것이다. 예를 들어 지구가 평평함을 성경이 가르쳐준다고 지적하고 NASA가 우주 공간에서 찍은 지구 사진은 죄다 날조된 것이라고 믿는 극단적 창조론자들(여기에는 평평한지구협회Flat Earth Society도 있다)의 수는 상당하다. 이들에게도 과학 교과과정에서 균등한 시간을 허용해야만 할까? 그들이 가진 믿음은, 더 세련되고 과학 같은 느낌이 들긴 해도 여전히 과학의 기본 시험을 통과하지 못하는 ID 창조론자들이 가진 믿음만큼이나 진지하다.

창조론자들이 내린 결론은 미리 정해둔 것이고 시험이나 반증에 열려 있지 않기 때문에, 그들이 아무리 그걸 '창조과학'이라고 부른들 그건 과학이 아니다. 만일 우리가 창조과학을 허용한다면, 평평한 지구론자들도 그 우스꽝스러운 생각들을 가르치도록 해야 하지 않겠는가? 또한 천문학 대신 점성술, 심리학 대신 초심리학parapsychology과 골상학phrenology(머리의 돋고 꺼진 곳을 읽기)도 허용하거나, 화학을 연금술로, 물리학은 마술로 대체해야 하는 것 아니겠는가?(그림 16-1) 이런 비과학적이고 사이비과학적인 온갖 생각을 믿는 사람들이 미국 사회에는 어느 정도 있다. 그러나 그렇다고 해서 과학 수업에서 균등한 시간을 할당받을 자격을 가지는 것은 아니다.

그렇지 않아도 이 나라에서 과학을 가르치기는 충분히 어려운 형편이다. 배워야 할 교과목이 어마어마하게 많기도 하거니와 수학능력평가 준비로 시간 여유가 없기 때문이다. 학생들의 주의집중 시간도 짧은데다, 비디오게임과 텔레비전 때문에 주의가 쉽게 산만해진다. 그래서 대부분의 과학 교사에겐 과학의 기초라도 가르칠 시간조차 빠듯하다. 하물며 목소리 큰 일부 소수가 원한다는 이유만으로 비과학적이고 종교적인 믿음들을 수업에서 다룰 시간까지 있을 턱이 없다.

2 진화론을 공격하는 것은 사실상 모든 과학을 공격하는 것이다

할 수만 있다면 창조론자들은 수많은 과학 분야를 교과과정에서 몰아내려 할 것이다. 말하자면 단지 진화생물학뿐 아니라, 지질학, 고생물학, 천문학, 인류학을 비롯해서, 자기네가 〈창세기〉를 글자 그대로 읽은 것과 부합하지 않는 과학 분야를 죄다 몰아내고 싶어 하는 것이다. 이보다 더 중요한 점은, 창조론자들이 초자연주의와 비과학적인 생각을 과학 수업에 도입하려고 하는 시도들이 과학이 기초를 두고 있는 토대 자체를 무너뜨린다는 것이다. 이건 단지 교육적인 면에서만 문제가 되는 것이 아니다. 만일 홍수지질학으로 되돌아간다면, 우리는 석유 한 방울도 찾아내지 못할 것이고, 그러면 경제가 휘청거릴 것이다. 만일 창조론자들의 천문학을 따른다면, 우리가 하는 우주 탐사 계획(과 그로 인해 우리가 얻게 될 이득)이 몽땅 불가능해질 것이다.

3 창조론자들은 공립학교뿐 아니라 대학교와 박물관까지 위협하고 괴롭히고 겁박한다

창조론자들은 자기네를 따르는 신자들에게 설교하는 것에만 만족하지 않는다. 그들은 자기네가 가진 시각을 다른 모든 사람에게 강요하려 든다. 공립학교와 박물관에서 그 짓을 하는 것이 헌법에 위배되는데도 말이다. 법정 싸움에서 매번 무릎을 꿇었기 때문에, 그들은 교육위원회와 특히 교과서채택위원회에 압력을 행사하는 전략에 의지한다. 그 결과 대부분의 고등학교 생물학 교과서는 아직도 부끄러울 만큼 진화론을 부실하게 다루고 있으며, 고등학교 생물학 교사의 대다수와 생물학 수업의 대부분은 아직도 진화론을 다루길 꺼리거나, 설령 다루더라도 제대로 가르치지 못하고 미적지근하게만 가르치는 형편이다. 근본주의자 부모를 둔 한두 아이의 신경을 긁기만 해도 시끄러워지니까 말이다. 많은 교과서에서는 어쩔 도리 없이 그 'E'자가 들어간 두려운 말을 쓰는 것마저 피해 '시간에 따른 유기적 변화' 같은 완곡어법을 사용한다. 단지 교육위원회와 교실에서 험한 싸움이 일어나는 걸 피하기 위해서 말이다.

최근에 와서 창조론자들은 한층 공격적인 전략을 채택했다. 어린이들에게 화석 기록에 대한 거짓말을 주입하고, 선생님에게 말대꾸하고 대서고 비아냥대는 법을 지도하는 것이다. 이 모습을 가장 앞장서서 보여주는 예가 바로 켄 햄Ken Ham으로, '모든 답은 〈창세기〉에'라는 거대한 조직—직원이 160명이고 한 해 예산이 1억 5000만 달러가 넘는다—의 수장이다. 그는 전국을 돌며 어린이들에게 생물학자, 고생물학자, 지질학자는 모두 거짓말쟁이이고 과도기 화석은 없으며 공룡은 인류와 함께 살았고 지구 나이는 6000살밖에 되지 않았다는 생각을 주입하고 있다. 이보다 훨씬 기가 차는 일은 아이들이 선생님에게 맞서게 해서 학급 활동을 난장판으로 만들도록 그가 지도하는 모습이다. 알렉산드라 펠로시Alexandra Pelosi가 미국에서 정치적 권력을 넘겨받고 싶어 하는 급진적 복음주의자들을 다룬 HBO 다큐멘터리 〈하나님의 친구들Friends of God〉을 보면 햄의 노래와 율동이 가감 없이 기록되어 있다. 2006년 2월 11일자 《로스앤젤레스 타임스Los Angeles Times》에 스테퍼니 사이먼Stephanie Simon이 쓴 기사는 이 모습을 다음과 같이 묘사했다.

복음주의자 켄 햄은 예배석에 열을 지어 앉아 있는 초등학생 2300명을 향해 웃음을 지었다. 아이들의 얼굴은 넋이 나가 있었다. 그는 인형과 만화를 이용해서 지질학, 고생물학, 진화생물학이 사악한 거짓말 덩어리라며 그것들을 거부하는 법을 아이들에게 보여주고 있었다.

"학생 여러분!" 햄이 이렇게 말했다. 만일 선생님이 진화나 빅뱅, 또는 공룡이 지구를 다스렸던 시대 운운하기만 하면, "여러분은 손을 들고 이렇게 말하세요. '그런데요 선생님, 선생님이 거기 계셨어요? 그때 일을 기억할 수 있으세요?'"

아이들은 그리 하겠다고 큰소리로 대답했다.

햄이 아이들에게 또 말했다. "이따금 이렇게 대답하는 사람도 있을 거예요. '아니, 그런데 너도 거기 없었지 않느냐.' 그럼 이렇게 말하세요. '맞아요, 저도 없었어요. 그러나 그때 계셨던 분을 저는 알아요. 그분이 이 세상의 역사를 쓰신 책을 저는 갖고 있어요.'"

햄은 성경책을 들어 흔들었다.

햄이 물었다. "언제 어느 때건 언제나 계시는 유일한 분이 누구죠?"

아이들이 소리쳐 대답했다. "하나님이요!"

"모든 걸 아시는 유일한 분이 누구죠?"

"하나님이요!"

"그럼 여러분이 언제나 믿음을 주어야 하는 쪽은 누구일까요? 하나님일까요, 과학자들일까요?"

아이들은 우렁차게 대답했다. "하나님이요!"

예전에 고등학교 생물학 교사였던 햄은 현재 미국 전역을 돌아다니며 다섯 살밖에 안 되는 아이들을 과학적 정론에 도전하도록 훈련하고 있다. 진화론을 가르치는 문제를 두고 폭발했던 정치적 및 법적 분쟁에 햄은 관여하지 않는다. 그대신 그는 더 교묘한 전략을 쓴다. 성경에 나오는 창조 이야기를 믿는 사람들에게 그 시각을 방어할 용기, 그것도 공격적으로 방어할 용기를 주는 것을 목표로 삼는 것이다.

햄은 학생들에게는 교과서를 창조론의 관점에서 비판하도록 권하고, 학부모들에게는 과학박물관 안내인을 맡도록 권하고, 전문인들에게는 동료들과 있을 때 그 문제를 거론하도록 촉구한다. 햄이 그 일을 잘해내고 있다면, 장차 그의 시종들이 찰스 다윈의 학설을 흔들어댈 만큼 질문을 퍼붓고 입씨름을 벌여나갈 것이다.

"우리는 기독교 패트리어트 미사일로 여러분을 무장시킬 것입니다." 54세의 햄은 최근에 뉴저지주 북부의 골고다 사원Calvary Temple에 모인 1200명의 성인들에게 이렇게 말했다. 금요일 밤이었고, 햄이 이끄는 목사회인 '모든 답은 〈창세기〉에'가 후원하는 주말 회담을 여는 자리였다.

박수갈채가 터지자, 햄이 이렇게 호소했다. "나가서 세상을 바꾸십시오!"

지난 20년에 걸쳐 이런 식의 '창조론 복음 전도'가 호황을 누리는 산업이 되었
다. 수백 명에 이르는 연사들이 저마다 따로 교회, 대학, 사립학교, 로터리 클럽
에서 성경의 창조 이야기를 알려나가고 있다. 그들은 창조론의 렌즈를 통해 세
상을 공부하는 그랜드캐니언 기행이나 박물관 기행을 이끌고 있다.

그들은 재택 학습에 쓸 자료들을 정신없이 쏟아내고 있다. 지질학 교재는 한 장
을 노아의 홍수에 할애하고, 천문학 책은 우주의 기원을 논할 때 〈창세기〉를 인
용하고, 2학년생을 위한 과학 단원에는 '진화론을 쩔쩔매게 하는 문제' 나날 학
습을 실어서 현대 과학의 주춧돌인 그 이론에 반대하도록 아이들을 가르친다.

그러나 창조론자들이 벌이는 정치적 압력, 선전선동, 거짓말은 공립학교에
서만 행해지는 것은 아니다. 규모가 작은 많은 대학(특히 커뮤니티 칼리지community
college를 비롯해서 주로 강의에만 집중하고 연구를 그리 크게 강조하지 않는 대학)에서는
창조론자 패거리가 수업을 엉망으로 만들고 강의 평가서를 통해 교수의 명성을 짓
밟아 교수들을 겁박하는 일에 몰두한다. 대학이라는 곳에서 이런 일이 벌어지는 것
이다. 교수진은 마땅히 지성의 자유를 가져야 하고 교수직을 보호받아야 하며, 고도
로 정치화된 지역교육위원회가 대학 체계를 운영해서는 안 되는 대학이란 곳에서
말이다. 마땅히 그러지 않아야 하는데, 현실은 그렇지 않다.

이 가운데에서 가장 서글픈 현실은, 창조론자들이 법적 소송을 걸고 정치적
으로 압박해서 자기네 종교적 관점을 옹호하도록 줄기차게 박물관들을 위협하
고 겁박해왔다는 것이다(헌법에 위배되는 짓이다). 그 전략이 실패하면, 창조론자들
은 진화론, 지질학, 천문학에 대한 모든 언급을 박물관에서 없애려고 애쓴다. 미국
에서 연방 보조금의 지원을 받는 가장 규모가 큰 과학박물관인 스미스소니언협회
Smithsonian Institution가 바로 이런 식으로 줄기차게 공격을 당해왔다. 창조론자들은 뜻
이 통하는 우익 정치인들에게 압력을 넣어 이 이름 높은 기관을 조사해서 고생물학
과 진화론에 대한 전시물들을 치우도록 들볶았다. 다행히 지금까지는 이 창조론자
들의 시도가 줄곧 좌절되었으나, 이에 아랑곳하지 않고 계속 시도하고 있다. 그런
데 이보다 더 서글픈 일이 있다. 영국의 신문 《텔레그래프The Telegraph》(2006년 8월

12일자)에는 케냐의 복음주의자들이 케냐국립박물관이 소장한 중요한 사람족 화석들—15장에서 살폈다—의 대부분을 전시실에서 치우도록 힘을 쓰고 있다는 이야기가 실렸다. 그들이 내세우는 이유는 우리 사람이 아프리카에서 진화했다는 사실에 노출되는 것을 원치 않기 때문이라는 것이었다. 그 박물관의 관장이자 유명한 고인류학자인 리처드 리키 박사는 이에 격분해서 이렇게 말했다. "박물관이 보관하고 있는 이 소장품들은 케냐를 전 세계에 알리게 해주는 극히 적은 자산 가운데 하나이기에, 이 과학 분야의 최전선에 자리할 권리를 똑바로 지켜내야만 한다."

창조론자들이 공립학교를 겁박해서 자기들이 믿기를 원치 않는 것들을 자식들이 못 듣게 하려는 것도 문제이지만, 박물관은 왜 걸고넘어지는 걸까? 과학을 접하고 싶지 않다면, 박물관에 안 가면 되지 않는가! 자기네 종교적 믿음과 충돌하는 전시물을 치우라고 박물관에 강요할 권리가 그들에게는 없다. 정치적으로 불안정한 아프리카의 형편을 감안하면, 그런 광신적 종교 집단이 권력을 잡거나 거리에서 폭동을 일으켜 박물관으로 쳐들어가 그들이 인정하고 싶지 않은 증거, 곧 우리 자신의 진화 과정을 보여주는 이 환상적이고 무엇으로도 대신할 수 없는 증거를 파괴하려 들지도 모른다는 건 생각만 해도 끔찍하다.

케냐의 복음주의자들이 인류 진화의 증거를 억지로 감추려는 시도는 1968년의 고전 영화(그리고 피에르 불Pierre Boulle의 소설)인 〈혹성탈출Planet of the Apes〉의 마지막 장면 하나를 떠오르게 한다. 위기에 처한 인간 우주 비행사인 테일러(얄궂게도 이를 연기한 사람은 보수의 우상인 찰턴 헤스턴Charlton Heston이었다)는 금지구역으로 달아나고, 그에게 호의를 가진 코넬리우스 박사가 유인원이 이 행성을 지배하게 되기 전에 인간이 살았음을 증명하는 고고학 발굴지 한 곳을 그에게 보여주었다. 그러나 고릴라 폭풍 기마대에 다 붙잡히고 말았고, 유인원의 우두머리인 자이우스 박사는 동굴을 다이너마이트로 폭파하라고 명령했고, 그 증거는 파괴되고 말았다. 자이우스 박사가 영화에서 말하길, 자기네 믿음 체계를 뒤흔들 수 있기에 그 증거는 너무 위험하다는 것이었다.

창조론자들이 학교와 대학과 박물관에 위협을 가하는 이런 상황을 그대로 둔다면, 우리는 독선적인 종교 세력가들이 자기네 믿음 체계에 도전한다는 이유로 우리 인류의 진화를 보여주는 증거를 파괴하도록 내버려두고 마는 위험에 처하게 되는 것은 아닌가? 종교적 근본주의자들이 계속해서 정치적 권력을 확대해나간다면, 종교적 광신자들이 책을 금지하고 증거를 파괴하며 자기들과 생각이 같지 않은 자들 모두에게 괴롭힘을 가하는 또 한 번의 종교재판소 시대를 살게 되는 것은 아닌가? 종교적 근본주의 정권이 다스리는 수많은 나라(특히 탈레반 치하의 아프가니스탄이나 극단주의적 물라mullah 세력이 다스리는 이란 같은 이슬람 근본주의 국가들)는 이게 가능함을 이미 보여주었다.

4 미국 대중이 기초 과학에 형편없는 까막눈이 된 건 창조론 때문이기도 하다

지난 수십 년 동안 수행된 모든 연구와 조사는 서구화된 모든 나라 가운데에서 미국인들이 과학적으로 가장 까막눈인 국민에 속함을 일관되게 보여주었다. 칼 세이건(1996)은 미국민의 95퍼센트가 과학맹이라고 추정했다. 분자가 무엇인가? 세포가 무엇인가? DNA가 무엇인가? 이런 지극히 단순한 물음에도 미국민은 대부분 과학적으로 올바른 답을 하지 못했다. 지구가 1년에 태양을 한 바퀴 돈다는 것을 아는 사람은 50퍼센트가 안 되었고, 태양이 지구를 돈다고 생각하는 이들도 몇 퍼센트는 되었다. 그리고 창조론 덕분에, 빅뱅 이론이 옳다고 생각하는 이들은 35퍼센트에 불과했고, 창조론자들과 애니메이션 〈프린스톤 가족〉처럼 인류가 공룡과 함께 살았다고 생각하는 이들은 48퍼센트나 되었다. 이렇게 기가 막힌 예를 한도 끝도 없이 나열할 수 있다. 그래서 지성계에서 미국은 웃음거리가 되고 있다. 최근에 행한 모든 조사는, 비교 대상으로 삼은 40개의 서구화된 나라 가운데에서 미국의 과학눈 science literacy 순위가 꼴찌에 가까움을 보여주었다. 일본, 중국, 네덜란드, 캐나다, 스웨덴, 스위스, 독일 같은 나라들은 거의 언제나 상위권을 차지하는 반면, 미국은 대개 여러 후진국들─미국에 비해 국부가 아주 미미한 수준이어서 교육에 돈을 들일 엄두도 내지 못하는 국가들─과 순위를 다툰다(그림 16-2).

미국민이 그처럼 과학에 까막눈인 이유를 놓고 많은 말이 있어왔지만, 증거는 상당히 분명하다. 모든 선진국 중에서 유독 미국에서만 창조론이 정치에 상당한 영향력을 행사한다. 캐나다를 비롯해서 선진 경제를 갖춘 유럽과 아시아의 여느 나라

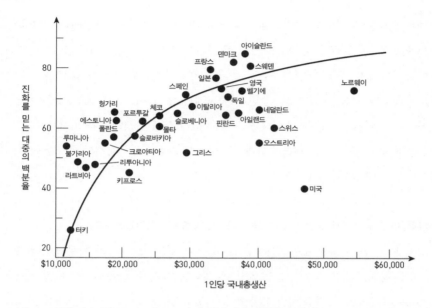

그림 16-2 국부國富(1인당 GDP를 기준으로 측정) 대비 진화를 받아들이는 비율("우리가 현재 아는 모습의 인류는 이전의 동물 종들로부터 진화했다"는 생각을 받아들이느냐의 여부로 측정)을 비교한 점그래프. 그래프의 맨 위는 북유럽 국가들이 차지하고, 곡선을 따라 그 아래로는 남유럽 국가들이 자리하고, 그다음에는 예전에 소련권이었던 동유럽 국가들이 뒤따른다. 미국은 혼자 동떨어져 있다. 과학눈은 터키 수준인데 반해, 학생 1인당 들어가는 돈은 노르웨이를 제외하고는 최고이다(Prothero 2013a를 수정해서 실었다).

에서는 창조론이 입법부에 의미 있는 영향력을 행사하는 경우가 없다. 그림 16-2와 16-3이 보여주다시피, 빅뱅을 다루든, 지구의 나이를 다루든, 아니면 직접적으로 진화를 다루든, 핵심적인 과학맹 예측변수는 바로 무엇이든 창조론의 영향을 받은 물음이다. 서구화된 나라에서는 어떤 다른 과학맹 변수도 그만큼 예측적이지 못하다.

상황이 항상 이렇게 나빴던 것은 아니다. 소련의 스푸트니크호 발사로 인한 불안 때문에 소련과 우주경쟁을 벌이던 늦은 1950년대와 이른 1960년대에, 미국인들은 자기네가 얼마나 뒤쳐졌는지 알고 충격을 받아, 다시 엄격하게 과학 교육에 몰두했다. 그러나 결국은 창조론이 교과서를 좀먹어 들어가고, 수학능력평가 때문에 시험을 보는 과목들에만 시간을 할애하게 되면서 과학(그리고 체육, 미술, 음악을 비롯해 다른 많은 과목)은 결국 찬밥 신세가 되고 만 지금의 참담한 상황으로 이어졌을 뿐이다.

5 과학과 기술의 우위 면에서 미국은 다른 많은 나라에게 뒤쳐졌으며, 이는 미국민의 경제적 미래를 위협한다

미국의 일반 대중이 과학맹이고 과학에 대해 창조론이 만들어나가고 있는 적대적 환경 덕분에, 한때 미국이 앞서나갔던 과학기술 영역에서 지금은 다른 많은 나라에 뒤쳐지고 있다. 반지성주의가 덜하고 과학에 더 우호적인 풍토를 지닌 다른 나라들로 과학자들이 빠져나가는 '두뇌 유출'이 진행되고 있음을 조사마다 입증해주고 있다. 특히 줄기세포 연구나 생물 복제처럼 근본주의자들이 격렬하게 반대하는 분야에서 그런 경향이 뚜렷하다. 가장 저렴하거나 가장 품질 좋은 전자제품, 장난감, 자동차를 비롯해 다른 대부분의 상품을 만드는 일에서 미국은 더 이상 다른 나라와 경쟁할 만한 위치에 있지 않다. 중국, 한국, 인도, 싱가포르, 인도네시아를 비롯해 다른 많은 나라들이 기업의 구조조정과 아웃소싱을 통해 우리에게서 그 일을 가져갔기 때문이다. 오랫동안 미국은 과학 분야에서 노벨상 수상자가 가장 많다고 으스댈 수 있었으나, 그 우위 또한 지금은 끝나가고 있다. 제조업과 상업에서 미국이 다른 나라들과 경쟁할 수 없고 과학기술 영역에서 미국이 가졌던 우위를 놓치고 만다면, 장차 미국의 아이들에게 어떤 세상이 남게 되겠는가? 블루칼라 직업뿐 아니라 화이트칼라 직업까지 황폐해져서, 우리가 과학과 기술 영역에서 더 잘해내는 다른 나라들의 노예가 된다면, 이것이 미국의 국가안보 면에서 함축하는 바가 무엇이겠는가?

6 진화를 부정하는 것은 나쁜 과학일 뿐 아니라, 우리 건강과 안녕도 위협한다

제3장에서 살펴보았듯이, 창조론자들이 믿고 싶든 말든, 진화는 언제 어디서나 쉬지 않고 일어난다. 그런데 바이러스와 세균, 병원균과 해충에서 진화가 일어나고 있다는 사실을 부정한다면, 우리가 무슨 수단을 쓰든 그 녀석들이 거기에 내성을 진화시킬 경우, 사태는 더욱 악화될 따름이다. 만일 이에 대처하는 화학물질을 만드는 연구실을 창조론자들이 운영한다면, 다음번에 치명적인 전염병이 우리를 덮쳤을 때, 과연 우리에게 살아남을 기회가 있을 것이라고 보는가?

그 구체적인 사례가 1984년에 있었다. 캘리포니아주 로마린다대학교의 한 외과의가 '아기 패이Baby Fae'가 가진 결함 있는 심장을 개코원숭이의 심장으로 대체

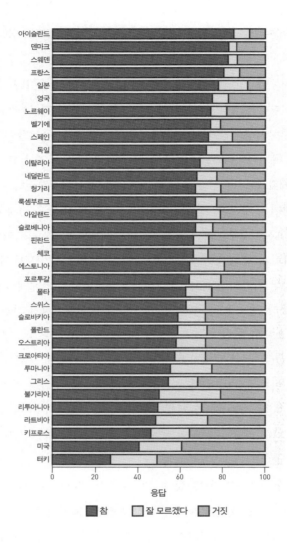

그림 16-3 각 나라의 인구에서 진화가 참임을 받아들이는 비율(막대에 짙은 색으로 칠한 왼쪽 부분), 진화가 거짓이라고 여기는 비율(막대에 중간 짙기로 색칠한 오른쪽 부분), 아직 결정을 못한 비율(막대에 옅은 색으로 칠한 가운데 부분)을 나타낸 그래프. 유럽과 아시아의 거의 모든 선진국에서 인구의 75퍼센트 이상이 진화를 받아들이고 있음을 눈여겨보라. 여러 조사에서 가장 높은 과학눈 순위에 올라 있는 나라들도 바로 이 나라들이다. 미국은 키프로스, 터키와 함께 바닥에 자리하고 있다. 이 나라들은 그리스정교회나 이슬람교 같은 종교가 막대한 영향력을 휘두르는 나라들이다. 그러나 미국은 노르웨이를 제외하고 이 목록에 올라 있는 거의 모든 나라보다 GNP가 훨씬 높고 아이 한 명 당 지출하는 비용도 훨씬 높다(Prothero 2013a의 것을 수정해서 실었다).

하는 수술을 시도했다. 놀랄 것도 없이 그 불쌍한 아기는 면역거부반응 때문에 얼마 뒤에 죽고 말았다. 오스트레일리아의 한 라디오방송에서 그 수술을 집도한 외과의인 레너드 베일리Leonard Bailey 박사를 인터뷰했는데, 개코원숭이 대신 침팬지처럼 우리와 더 가까운 친척 영장류를 쓰지 않은 까닭이 무엇이냐고 물었다. 개코원숭이와 인류의 진화적 거리가 멀다는 점을 감안하면, 침팬지를 선택하는 쪽이 면역거부반응 가능성을 피할 수 있었을 텐데 말이다. 베일리는 이렇게 말했다. "어, 대답하기가 곤란하군요. 뭐랄까, 전 진화를 믿지 않거든요." 만일 베일리가 로마린다대학교(창조론 진영인 제칠일안식일예수재림교회Seventh-Day Adventist Church에서 경영하고 있다)가 아닌 다른 의료 기관에서 이와 똑같은 실험을 행했다면, 위험하고 비윤리적인 실험이라는 딱지가 붙었을 테고, 의료 과실로 고소를 당하고 의사 면허가 취소되었을 것이다. 그러나 종교의 비호 아래, 그의 비과학적인 믿음이 결국 무고한 아기를 면역거부반응으로 죽게 하고 말았다. 다른 대안을 쓸 수 있었을 텐데도 말이다. 이렇게 비윤리적이고 충격적인 의료 과실을 저질렀는데도 베일리는 기소되지 않았고, 은퇴할 때까지 로마린다에서 계속 수술을 집도했다.

7 어떤 형태의 이념이든 신봉자들이 정치적 수단을 써서 과학을 억압하도록 허용한다면, 사회에도 치명적인 해가 갈 것이다

이를 보여주는 고전적인 사례가 바로 그 악명 높은 트로핌 리센코Trofim Lysenko의 경우이다. 스탈린이 제일 좋아하는 과학자가 된 리센코는 1927년부터 1964년까지 거의 절대적인 권력을 행사하며 소련의 과학계를 좌지우지했다. 어느 면모를 보아도 리센코는 라마르크주의적 유전을 이용해 소련의 작물 수확량을 증진시켜 기근을 방지할 수 있을 거라는 잘못된 생각을 견지한 별 볼 일 없는 유전학자였다. 그가 내놓은 결과들은 대부분 불확정적이거나 완전히 사기였다. 그런데도 리센코는 스탈린에게 작물 수확량이 믿기지 않을 만큼 늘어났다고 말했다. 그 결과 리센코는 소련 과학계에서 권력자로 부상했으며, 잔인한 독재자의 영향력을 등에 업고 정식 멘델주의 유전학자들을 탄압했다. 유전이 일어나는 방식을 **진정으로** 이해한 이들이 그들이었는데 말이다. 대부분의 멘델주의 유전학자가 곧바로 죽임을 당하거나, 강제

수용소로 보내지거나, 강제 추방을 당한 결과, 소련의 유전학과 생물학의 활력과 힘은 영영 끝장나고 말았다. 리센코가 마침내 탄핵을 당하고 업적이 무너지고 권력을 잃게 된 1960년대까지 소련의 생물학은 다른 나라들보다 수십 년이나 뒤쳐진 상태였다.

여기서 요점은, 과학은 이념에 무릎을 꿇을 수 없으며, 정치 지도자들을 즐겁게 할 목적으로 진실을 억지로 훼손할 수는 없다는 것이다. 리센코와 스탈린은 멘델주의 유전학이나 다윈주의 생물학을 믿기를 원치 않았기에, 무모하게도 감히 뜻을 달리한 정식 과학자들을 수백 명이나 죽이고 말았다. 다른 정권들(이를테면 나치 정권)도 자기네 이념을 뒷받침하기 위해 과학을 왜곡했으나, 끝에 가서는 어김없이 과학적 실재가 이길 수밖에 없었다.

우리가 스탈린이 통치하는 소련에 살고 있는 것도 아니고, 과학적 생각들을 억압하지 못하게 보호하는 장치들이 미국에는 있지 않느냐고 말하는 이들도 있을 것이다. 그러나 부시 행정부가 정식 과학자들을 간섭하고, 우익 이념과 뜻을 같이 하지 않는 연방 과학자들이 쓴 보고서를 함부로 고쳐버리고, 비주류 과학자들을 충동질해서 명망 높은 과학자들과 합법적인 동급의 과학자 자격으로 증언을 하게 하여 그 과학자들이 전하는 정치적으로 불편한 메시지를 무효로 만들려 하고, 일반적으로는 자기들과 뜻이 다른 과학자들이 내린 결론을 무시해버렸다는 기록이 잘 남아 있다(Mooney 2005와 Shulman 2007을 참고하라). 이미 미국에서 줄기세포 연구는 다른 나라에 비해 퇴보한 상태였고, 그 때문에 미국 최고의 과학자들은 정치적 압박이 덜한 나라들로 가고 있다. 이와 마찬가지로 부시 행정부 및 석유회사의 하수인 노릇을 한 의회가 지구온난화 문제를 질질 끌며 부정했던 것 때문에 세계는 이 심각한 위기를 알리기까지 귀중한 시간을 헛되이 쓸 수밖에 없었다.

그리고 지금은 머리끝부터 발끝까지 과학을 부정하는 자들이 끌고 가는 트럼프 행정부가 권력을 쥐고 있으며, 의회 또한 기후 문제를 부정하는 자들이 틀어쥐고 있다. 많은 수가 목소리 시끄러운 창조론자들이다. 이를테면 부통령인 마이크 펜스Mike Pence가 그렇고 교육부 장관인 베치 디보스Betsy DeVos가 그렇다. 그리고 환경보호국 국장인 스콧 프루이트Scott Pruitt와 내무부 장관인 라이언 징키Ryan Zinke는 물론이고 도널드 트럼프Donald Trump 자신도 기후변화를 부정하는 자이다. 디보스 같은 창조론자가 과학 대신 창조론을 가르치는 종교계 사립학교들에 세금을 몰아주어 공립교육을 무력화시키려 한다면, 과연 과학 교육에 어떤 일이 벌어질지 누가 알겠는가?

예언의 여신 카산드라가 트로이 사람들에게 그들이 듣기를 원치 않는 말을 했을 때, 그들은 카산드라의 말을 무시했고, 결국 멸망하고 말았다. 우리가 동물계로부터 진화했다고, 또는 우리가 쓰는 모든 약들에 미생물들이 내성을 진화시키고 있다고, 또는 자원을 마구 낭비하는 우리 사회가 지구를 파괴하고 있다고 과학이 우리에게 말해주면, 그 말을 전하는 자를 쏴죽이기보다는 그 말을 귀담아듣는 쪽이 더 나을 것이다. 우리 어리석음의 궁극적 대가를 우리 아이들이 치르지 않게 하려면 말이다.

여론조사의 문제점, 그리고 희망의 빛줄기

학자로서 경력을 이어온 세월의 대부분 동안(40년이 넘었다) 창조론과 싸워왔지만, 바뀐 것도 나아진 것도 아무것도 없는 것 같아서 나는 절망을 느낄 때가 있다. 지금까지 수십 년 동안 갤럽 여론조사는 진화와 창조에 대해 미국인들이 어떤 믿음을 가지고 있는지 꾸준히 조사해왔다. 그 오랜 세월 동안 수치들은 늘 그대로인 것처럼 보인다. 곧, 언제나 미국민의 40~45퍼센트 정도는 어린 지구 창조론자young-earth creationists(YEC)인 것 같다는 것이다. 갤럽에서 제시한 설문의 정확한 문구는 다음과 같다.

다음 진술 중에서 인류의 기원과 발달에 대한 당신의 시각과 가장 가까운 것은 무엇입니까?

인류는 수백만 년에 걸쳐 다른 생명꼴들로부터 진화했으며, 이 과정을 신이 인도했다.

인류는 수백만 년에 걸쳐 다른 생명꼴들로부터 진화했지만, 이 과정에 신은 관여치 않았다.

지난 1만 년 사이의 어느 시점에 신이 인류를 현재의 꼴로 창조했다.

수십 년 동안 약 44퍼센트의 응답자가 마지막 보기(어린 지구 창조론자)에 동의했고, 37퍼센트는 첫 번째 보기(유신론적 진화, ID 창조론)를 선택했고, 두 번째 보기(비유신론적 진화)를 고른 응답자는 겨우 12퍼센트에 불과했다. 갤럽에서는 이 설문을 수십 년 전, 질문의 틀을 어떻게 잡느냐에 따라 대답을 치우치게 할 수 있다는 것에 대한 이해가 크지 않은 시절에 작성했다. 그리고 수십 년 동안 똑같은 설문을 했기 때문에, 각 응답자의 비율도 변함이 없었다. 그러나 사회과학자들은 여론조사가 크게 그르칠 수 있음을 잘 알고 있다. 특히 어떤 응답이 나올 수밖에 없도록 질문의 틀을 짤 때에 그렇다. 예를 들면, 갤럽은 우리에게 세 가지 가능성만 제시하고, 두 보기에는 '신'이라는 말을 집어넣었다. 이는 처음부터 편향성을 가졌음을 명백히 보여준다. 나아가 인류의 진화 문제가 진짜 걸림돌이며 대부분의 사람은 사람이 아닌 생물의 진화 여부에 대해서는 어떤 식으로든 별 관심을 가지지 않음을 시사하는 훌륭한 증거가 있다. '신'이니 '인간'이니 하는 감정적인 것과 거리를 두고, 특수한 과학 관념에 대해 어떻게 생각하느냐고 묻는다면 과연 사람들은 어떻게 응답할까?

미국과학교육센터National Center for Science Education(NCSE)의 조시 로즈노Josh Rosenau는 이렇게 지적한다.

2009년에 퓨리서치센터는 질문에서 종교적 논점과 지구의 나이를 명시한 구문을 걷어내고 사람들에게 다음 중에서 어느 쪽에 동의하느냐며 이렇게 물었다. "시간이 흐르면서 사람을 비롯해 다른 생물들도 자연적 과정에 의해 진화해왔다" 아니면 "사람을 비롯해 다른 생물들은 태초부터 현재의 꼴 그대로 존재했다." 열 명 중에 여섯 명이 진화를 골랐다.

2005년에 여론조사 기관인 해리스 폴Harris Poll은 이렇게 설문했다. "인류가 이전에 존재했던 종들로부터 발생했다고 생각합니까, 아닙니까?" 응답자의 38퍼센트는 사람이 이전 종들로부터 발생했다는 생각에 동의했으나, 동일한 설문 조사에서 "모든 식물과 동물이 다른 종들로부터 진화했다고 믿습니까, 아닙니까?"라는 물음에는 49퍼센트가 진화에 동의했다. 그래서 사람의 진화를 명시적으로 언급했을 때에는 응답자의 11퍼센트가 진화론 찬성에서 진화론 반대로 돌아선 것이다. 2009년 여론조사에서 해리스는 갤럽과 비슷하게 설문했는데, 이때에는 "인류가 이전의 종들에서 진화했다"에 동의한 응답자는 29퍼센트에 불과했으나, 같은 조사에서 따로 물은 설문에서는 응답자의 53퍼센트가 "식물, 동물, 인류가 시간이 흐르면서 진화해왔다고 말하는 찰스 다윈의 이론을 믿는다"고 응답했다. 논점을 과학의 맥락에다 두고 종교적 맥락을 명시하지 않으면, 진화를 지지하는 비율이 더 높게 나온다.

미국과학위원회National Science Board(NSB)에서 격년으로 발표하는 과학공학지표Science and Engineering Indicators에 관한 보고서에는 과학눈에 대한 여론조사가 포함된다. 이른 1980년대부터 그 여론조사는 "우리가 오늘날 아는 모습의 인류는 이전의 동물 종들로부터 발생했다"는 말에 동의하느냐고 물었다. 여기에 미국 대중의 약 46퍼센트가 꾸준히 거기에 동의한다고 응답했다. 이 비율은 갤럽에서 벌인 여론조사들에서 중간 입장을 선택했던 수와 얼추 같다.

이런 식으로 질문의 틀을 짜는 방식에 미묘한 변화를 준 것에 사람들은 분명히 반응한다. 동물과 식물이 진화한다는 생각보다는 사람의 진화에 대해 더 강경한 입장을 취하며, 종교에 반대한다는 어조가 실리면 진화론에서 멀어지는 것이다. 여론조사가 조지 비숍George Bishop은 2006년에 설문 응답의 다양성을 조사하고 이렇게 결론을 내렸다. "이 모두는 사람의 기원에 대해서 미국인들이 믿는 것으로 생각되는 바가 질문을 던지는 방식에 의해 얼마나 쉽게 조작될 수 있는지 입증해주고 있다."

2009년에 비숍은 지구의 나이가 1만 살에 불과하다고 진짜로 생각하는 사람의 수가 얼마나 되는지 확실히 알아볼 조사를 수행했다. 조사 결과는 〈미국과학교육센터보고서Reports of NCSE〉에 발표되었다. 여기서 비숍은 "지구의 나이는 1만 살이 안 된다"에 동의한 응답자가 18퍼센트임을 알아냈다. 그러나 "신이 우

주, 지구, 태양, 달, 별, 식물, 동물, 그리고 최초의 두 사람을 지난 1만 년 내에 창
조했다"에 39퍼센트가 동의했음도 알아냈다. 이번에도 역시 질문에 넣은 말과
맥락 모두가 분명 크게 중요하게 작용했다.

진정한 어린 지구 창조론자의 수가 상당히 적다는 증거는 이른 1980년대부터
미국과학위원회가 수행한 여론조사에 나온 또 하나의 질문을 고려하면 더 볼
수 있다. 그 조사에서는 꾸준히 약 80퍼센트가 "우리가 살고 있는 대륙들은 수
백만 년 동안 자리를 이동해왔으며 앞으로도 계속 이동할 것이다"에 동의했다.
모르겠다고 응답한 비율이 10퍼센트이니, 수백만 년에 걸쳐 대륙이 이동해왔
다는 생각을 거부하는 비율은 약 10퍼센트에 지나지 않는 것이다. 비록 어린 지
구 창조론자들이 대륙이동을 노아의 홍수 동안에 갑작스럽게 일어난 한 과정으
로 이해하는 것이 보통이긴 하지만(방주에서 나온 동물들이 각 대륙들로 퍼져
나간 방식을 설명하는 한 가지 방도라고 보기 때문이다), 그들은 대륙들이 수백
만 년에 걸쳐 이동했다고 생각하지 않음이 확실하다. 이 질문을 근거로 보면 열
성적인 어린 지구 창조론자의 수는 최대 약 10퍼센트를 넘지 않으며, 이는 비숍
이 알아낸 수치보다도 훨씬 작다. NSB의 과학눈 여론조사에서는 아기의 성별
을 결정하는 것이 아버지의 유전자임을 모른 사람들, 모든 방사능이 인류의 활
동에서 생긴 것이라고 생각하는 사람들, 또는 지구가 태양 주위를 돈다는 것에
동의하지 않는 사람들이 어린 지구 창조론자보다 많다.

이는 갤럽 여론조사가 제시한 것과는 매우 다른 그림이다. 대부분 사람들은 판
구조론과 대륙이동을 논란거리로 여기지도 않고(그러나 어린 지구 창조론자들은 이
것도 부정해야만 한다), 사람이 아닌 다른 동물과 식물의 진화나 지구의 나이가 1만
살이 넘는다는 것에도 아무 문제를 느끼지 않는다. 평균에서 보았을 때, 이는 어린
지구 창조론자가 미국민의 약 10퍼센트(3100만 명)에 불과하고, 25퍼센트는 창조
론을 선호하되 꼭 어린 지구에 동의하는 것은 아님을 보여준다. 전부 합해보면 창
조론자는 갤럽에서 제시한 45퍼센트가 아니라 약 35퍼센트이다. 미국민의 약 10퍼
센트(이번에도 3100만 명)는 비유신론적 진화론자들이고, 33퍼센트 남짓은 진화론

쪽으로 기울어 있으므로, 진화론자 비율은 갤럽에서 제시한 12퍼센트가 아니라 약 43퍼센트임을 알 수 있다. 그 중간 입장인 세 번째 응답자 군은 진화를 받아들이기는 하되 유일신 또는 다신이 어떤 식으로인가 그 과정에 관여한다고 믿는다. 그렇다면 갤럽이 제시한 55퍼센트가 아니라 미국민의 약 65퍼센트는 어떤 형태로든 진화를 받아들이는 것으로 보인다. 어떤 말을 써서 설문을 하느냐가 이 모든 차이를 만들어낸다.

또 다른 여론조사들 또한 어린 지구 창조론자들의 수가 갤럽이 제시한 것보다 훨씬 적으며 계속 줄어들고 있음을 확증해주는 것으로 보인다. CBS와 YouGov의 연합 여론조사는 2004년부터 2013년 사이에 "수백만 년에 걸쳐 인류는 덜 고등한 생명꼴들로부터 진화했으며, 신은 이 과정을 직접적으로 이끌지 않았다"는 진술을 받아들이는 사람들의 수가 13퍼센트에서 21퍼센트로 껑충 뛰었음을 보여주었다. 또한 같은 시기(2004~2013)에 "지난 1만 년 이내에 신이 인류를 현재의 꼴로 창조했다"에 동의하는 사람들의 비율은 55퍼센트에서 37퍼센트로 뚝 떨어졌다. 이 여론조사 분석은 이렇게 말한다.

응답자의 인구 통계는 예측하기가 꽤 쉽다. 어떤 형태든 진화를 받아들이는 여성(37퍼센트)은 남성(56퍼센트)보다 적고, 자신을 비종교적이라고 여기는 경향 또한 여성(13퍼센트)이 남성(20퍼센트)보다 적다. 응답자의 나이가 많을수록 창조론을 선호하고, 30세 이하인 응답자는 신이 인도한다고 보든 아니든 진화론을 선호했다. 엄밀한 진화론자가 가장 많이 분포하는 곳이 바로 이 가장 젊은 연령군이며, 이는 과학 수업에서 과학을 계속 가르쳐야 한다는 주장이 효과가 있음을 말해준다. 놀랄 것도 없이, 공화당원의 5퍼센트만이 신의 인도함 없이 진화가 일어난다는 데 동의했다. 이외에 공화당원 중에는 자기가 믿는 신이 진화를 인도한다고 믿는 이들이 30퍼센트이다. 신이 개입하지 않는 진화를 받아들이는 비율은 민주당원이 28퍼센트이고, 그 뒤를 정치적 무소속이 26퍼센트로 바짝 뒤쫓는다. 반면에 신이 진화의 열차를 운전한다고 생각하는 응답자 비율은 민주당이 25퍼센트이고 무소속이 21퍼센트이다. 이는 공화당이 아닌 이들의 절반 이상이 진화과학을 받아들인다는 뜻이다. 공화당원들 가운데에는 지구의 나이가 1만 살이 안 되고 신이 인간을 현재의 꼴로 창조했다고 믿는 비율이 55퍼센트이다. 가장 강하게 진화를 부정한 응답자들은 이슬람교도들로, 어린 지구 창조론을 믿는 비율이 64퍼센트나 되고, 36퍼센트는 잘 모르겠다고 응답했다. 자신을 이슬람교도라고 밝힌 응답자 가운데 진화를 받아들인다고 인정할 사람은 아무도 없을 것이다. 이슬람교도 다음으로 진화를 부정하는 응답자가 많은 군은 개신교(59퍼센트)와 여러 정교회들(53퍼센트)이다. 그렇다면 진화론을 가장 힘 있게 지지하는 이들은 누구일까? 믿을지 안 믿을지 모르겠지만, 무종교인들이 아니다. 바로 모든 불교도들이 진화론을 받아들인다고 응답했다. 비록 개중에 13퍼센트는 어떤 신이 진화를 인도한다고 말했지만 말이다. 불가지론자들(85퍼센트)은 진화를 받아들이고, 이 가운데 17퍼센트는 신이 진화를 인도한다고 말했다. 나머지 15퍼센트는 마음을 정하지 못했다. 그런데 무신론자 응답자들이 의표를 찌르는 모습을 보여준다. 자신이 무신론자라고 밝힌 응답자의 2퍼센트가 어린 지구 창조론자라고도 응답한 것이다. 조사에 응한 무신론자가 48명이기 때문에, 이 말은 곧 누군가 한 명이 몹시 갈팡질팡한 상태이거나 아니면 잘못된 곳에다 마우스를 클릭했음을 뜻한다.

다른 기준의 인구 통계를 보아도 우리 예상과 퍽 가까운 분포가 나타난다. 응답자의 교육 수준이 높을수록 창조론을 믿을 가능성은 낮아진다. 대부분 청색주 blue states로 이루어진 해안 지역은 대부분이 적색주 red states인 중서부와 남부 지역보다 진화를 받아들이는 응답자가 더 많다.* 자신을 백인이라고 밝힌 사람들은 히스패닉보다 진화를 받아들일 가능성이 높은 반면, 설문에 응한 흑인 응답자 가운데에는 겨우 6퍼센트만이 진화를 받아들였다. 공립학교에서 창조론을 가르쳐야 한다고 보는 응답자의 비율(40퍼센트) 또한 다른 기준들로 무리지은 응답자 분포에서 나타나는 경향을 똑같이 따랐다. 나이가 젊을수록 창조론을 가르치는 걸 반대하는 응답자 수가 많았고(42퍼센트), 민주당 쪽(29퍼센트)과

* 옮긴이—'청색주'는 민주당 성향을 띠는 주, '적색주'는 공화당 성향을 띠는 주를 말한다.

무소속 쪽(31퍼센트)도 그랬다. 응답자의 교육 수준이 높을수록 교육 수준이 낮은 사람들보다 공립학교에서 창조론을 가르치는 일에 더 강경하게 반대했다.

간단히 말해서 여론조사는 어떻게 질문을 적느냐에 따라 결과가 달라지며, 나아가 그 추세도 긍정적이다. 어린 지구 창조론자는 결코 갤럽 여론조사에서 나타난 것만큼 많지 않고, 그 수는 급격하게 줄어들고 있으며, 나이가 많은 편이고, 세상을 뜨고 있는 세대이다. 다른 모든 선진국—캐나다, 북유럽, 일본, 오스트레일리아 등—에서는 공공 정책에 창조론이 전혀 영향력을 행사하지 못한다. 이는 미국과 뚜렷하게 대조되는 모습이다. 미국에서는 (이 여론조사들에 따르면 어린 지구 창조론자들이 소수임에도) 창조론자들이 하원과 상원 과학위원회들에서 다수를 형성하고, 지난 세 차례의 대선에서 공화당 대선 후보로 나선 이들의 대다수도 창조론자들이다.

기운이 나게 하는 또 다른 징조는 미국 인구의 종교 구성에 변화가 일어나고 있다는 것이다. 세계의 주요 선진국 가운데에서 미국은 종교색이 대단히 짙은 마지막 선진국이다. 캐나다든 북유럽이든 영국이든 여행을 해보면, 그 나라의 거의 모든 사람들이 지금은 비종교인이고, 문화의 풍경에서 종교가 거의 사라졌음을 보게 될 것이다. 스칸디나비아, 독일, 영국을 비롯해 북유럽 나라들 곳곳에 자리한 웅장한 교회와 성당들은 이미 신도를 잃었고, 지금은 공적인 모임 장소나 술집과 식당, 또는 그냥 덩그러니 서서 관광객들을 끌어들이는—그러나 그곳에서는 아무도 더는 예배를 보지 않는다—장소로 구실이 바뀌어가고 있다.

2013년에 미국에서 벌인 퓨리서치센터의 여론조사에 따르면, '무종교인'은 현재 일반 인구의 약 20~30퍼센트이며, 거의 모든 다른 응답자 군(유태인, 이슬람교도, 불교도, 힌두교도, 모르몬교도, 대부분의 개신교 교단)을 큰 차이로(이 종교인 군들 각각은 인구의 2퍼센트 이하에 지나지 않는다) 앞지르고 있다. 가톨릭교도와 남부침례교도만 아직까지는 이들보다 수가 많지만, 두 종교 모두 현재 기반을 잃어가고 있다. 그리고 종교 소속 면에서 '특별히 어디에도 소속되지 않는다'고 말한 사람들 가운데에서 88퍼센트는 '종교를 가질 생각이 없다'고도 말했다. 따라서 미국의 모든 부문에서 종교색이 옅어지고 있음은 낡고 곰팡내 나는 개신교에서 '뉴에이지New Age'

종교들로 이동하는 히피스러운 현상 같은 것이 아니다. 그 대신 **모든** 형태의 조직종교, 특히 근본주의로부터 멀어져가는 현상이다.

이보다 훨씬 두드러지는 것은 인구통계적으로 층이 나뉘는 모습이다. 여기서 가장 놀라운 추세는 나이를 기준으로 층이 나뉘는 모습이다. 젊은 사람들은 점점 세속적이고 비종교적이 되어가고 있는데, 가장 젊은 동질집단cohort(1990~1994년에 태어난 '젊은 밀레니얼 세대young millennials')의 무려 34퍼센트가 종교가 없다! 이보다 '나이든 밀레니얼 세대older millennials'(1980~1989년에 태어난 세대)의 약 30퍼센트도 종교가 없다. 반면에 'X세대'(1965~1980년에 태어난 세대)는 21퍼센트가 '무종교'라고 보고한다. 그래서 이 동질집단들의 나이가 올라갈수록 무종교 비율은 매우 조금씩만 떨어진다. 이 모든 사람들이 합쳐져 여론조사 상에서 전반적으로 '무종교'로 응답하는 비율인 20~30퍼센트를 이루게 되고, 시간이 흐를수록 이 비율은 높아질 것이다. 분명 미국에서 조직종교는 빠르게 스러져가고 있으며, 종교가 필요하다고 보지 않는 젊은 사람들이 느는 동시에 강경한 종교적 사회에서 자라난 구세대들이 세상을 뜨면서 이 현상이 일어나고 있다. 필 주커만Phil Zuckerman 같은 사회학자들은 서구 산업국가들의 대부분(특히 스칸디나비아의 국가들)에서는 현대 세속 사회의 혜택과 현대 의술과 과학이 삶에 더욱 중심이 되어가면서 이미 이런 추세가 일어났음을 보여주었다.

젊은 세대들이 조직종교로부터 멀어지는 까닭은 누구나 궁리해볼 수 있고, 많은 이유가 있음은 확실하다. 그러나 현재 미국의 정치적 경향을 안다면, 시끄럽고 관용 없는 복음주의자들, 그리고 과학, 동성애자, 여성, 소수자에 반대하는 그들의 증오 가득한 메시지가 미국의 '조직종교'를 광범위하게 지배하고 있다는 것이 크나큰 중요성을 가진 한 가지 인자라고 제시할 수 있을 것이다. 미국에서 다수가 동성애자(젊은이들의 압도적인 지지를 받고 있으며, 이들에게선 동성애혐오와 종교적 불관용이 보기 드물다)를 받아들이는 쪽으로 믿기지 않을 만큼 빠르게 추이가 변하면서, 이런 걸 문제 삼는 모습들이 사람들을 정치권의 종교적 광신자들과 그들이 내세우는 명분들로부터 멀어지게 하는 것으로 보인다. 아니나 다를까, 최근의 여론조사가 이를 확증해준다. 앞에서 인용한 퓨리서치센터의 조사결과는 이와 거의 판박이 같은 비율 분포를 보여준다. 곧 '무종교'인 사람들은 대부분 동성애자의 권리와 낙태할 권리를 지지하며, 종교를 가진 사람들은 정반대라는 것이다. 또 다른 조사도 이를 더없이 명확하게 보여준다. 사람들을 교회로부터 멀어지게 만드는 가장 큰 단일 인자는 사실 복음주의자들이 보이는 불관용과 증오이고, 이들이 정치적 권력을 손에 넣을 때마다 이를 분명하게 표명하는 모습이라는 것이다. 《로스앤젤레스타임스 Los Angeles Times》가 묘사하다시피, 불과 30년 전과 비교하더라도 이는 두드러진 변화이다.

1980년대 동안 미국 종교의 공적인 얼굴이 오른쪽으로 홱 틀었다. 정치적 신의와 종교적 계율이 더욱 가까이 제휴하게 되었고, 종교와 정치 모두 더욱 양극화되었다. 국가의 정치적 의제에서 낙태와 동성애가 더욱 두드러진 쟁점이 되었으며, 제리 폴웰Jerry L. Falwell과 랄프 리드Ralph E. Reed 같은 활동주의자들이 종교적 활동주의activism를 선거 정치에까지 넓힐 생각을 하기 시작했다. 교회에 참석하느냐 안 하느냐가 점차 국내 선거에서 공화당과 민주당을 가르는 일차 구분선이 되었다.

이런 정치적인 '하나님으로 금 긋기God gap'는 최근에 전개된 것이다. 1970년대까지만 해도 진보적인 민주당 사람들이 교회에 다니는 것은 예사였으며 많은 공화당 사람들은 교회에 다니지 않았다. 그런데 1980년 이후에는 교회를 다니는 진보 진영 사람들과 비종교적인 보수 진영 사람들이 점점 드물어졌다. 일부 미국인들은 자신의 종교적 신앙에 맞도록 정치적 시각을 조정하는 방법으로 종교와 정치를 나란히 묶었다. 그러나 놀랍게도 자신의 종교를 정치에 맞도록 조정한 사람들이 더 많았다.

처음에 우리는 그런 주장에 회의적이었다. 왜냐하면 사람들이 조지 W. 부시에 대해서 느끼는 바를 기초로 해서 자신들의 영원한 운명에 영향을 끼칠 선택을 하리라는 것이 말도 안 되는 것처럼 보였기 때문이다. 그러나 현재 수많은 미국인들이 일요일 아침에 자신들의 정치적 시각에 기초해서 스스로를 분류한다는 증거를 보고 우리는 확신하게 되었다. 이를테면 미국인 3000명을 대상으로 벌인 '중요한 건 신앙Faith Matters' 단체의 전국 여론조사에서 우리는 약 1년 간격으로 동일인을 두 번씩 인터뷰하면서 이런 자기 분류 과정이 실시간으로 진행되는 모습을 관찰했다.

종교적인 수많은 미국인에게 이렇게 종교와 정치를 나란히 두는 것은 신이 정하신 것이었고, 1960년대의 비도덕성에 대해 오랫동안 바라왔던 앙갚음이었다. 다른 미국인들은 별로 확신을 못했다.

1990년대를 거치고 새로운 세기로 접어들면서, 점점 뚜렷하게 부각되는 종교와 보수 정치의 연대는 중도 진영과 진보 진영의 반발을 불러일으켰다. 예전에 이들은 스스로를 종교적이라고 여긴 사람들이었다. 종교 지도자들이 정부의 결정에 영향력을 행사하지 않도록 해야 한다는 데에 '강하게' 동의한 미국인은 1991년에 22퍼센트였던 것이 2008년에는 38퍼센트로 거의 곱절로 증가했다. 그리고 종교 지도자들이 사람들의 투표에 영향력을 행사하지 않도록 해야 한다고 주장한 미국인은 30퍼센트에서 45퍼센트로 증가했다.

이런 반발은, 1990년대에 투표 연령에 이르렀고 종교에 대한 시각을 이제 막 형성해가고 있던 젊은이들 사이에서 특히 격렬했다. 그 세대에서도 도덕적 및 정치적 시각이 깊이 보수적이고 점점 보수성을 띠는 교회 다니는 사람들의 일원인 것에 매우 편안해하는 사람들이 있는 것은 확실하다. 그러나 밀레니얼 세대의 대다수는 대부분의 사회 문제에 대해서, 특히 동성애에 대해서 자유주의적인 입장을 가졌다. 동성애 관계는 '언제나' 또는 '거의 언제나' 잘못이라고 말한 20대는 1990년에 약 75퍼센트였던 것이 2008년에는 약 40퍼센트로 곤두박질 쳤다. (얄궂게도 여론조사에서는 밀레니얼 세대들이 실제로 낙태에 대해서는 부모 세대보다 더 불편하게 여기는 것으로 나타난다.)

헤먼트 메타Hemant Mehta는 근본주의자들의 퇴행적인 사회 정책들이 유일한 인자들은 아니라고 논한다. 그는 젊은 세대들이 인터넷으로 배울 가능성이 더 높고, 부모가 말하는 대로 복종할 가능성은 더 낮다는 사실을 지적한다. 특히 조직종교에서 좋은 답을 찾을 수 없는 의문점이 있을 때에 그렇다. 인터넷을 할 줄 아는 젊은 이들의 가상 공동체는 분명 세속주의와 진화 같은 문제에 대해 인터넷을 검색해서 스스로 배울 수 있는데, 이는 불과 한 세대 전까지만 해도 미국의 종교적인 수많은 소규모 시골 마을에서는 불가능했을 방식이다. 설사 보수적인 공동체의 사회적 압력을 받아 학교와 도서관에서 이런 문제들을 검열하거나 입막음을 한다 해도, 인터넷은 지역 권력자들이 결코 닫아버릴 수 없는 창을 열어준다. 나이가 어릴수록 그 이전의 어떤 세대보다도 이런 식으로 스스로 답을 찾을 가능성이 높다.

미국에서 과학과 과학 교육을 소중히 여기는 우리들에게 이는 좋은 소식이다. 내가 이번 장에서 논했다시피, 다른 거의 모든 서구화된 산업국가(일본, 한국, 중국, 싱가포르, 그리고 대부분의 유럽 국가들)보다 미국의 과학눈이 뒤처지도록 한 가장 큰 단일 인자는 근본주의와 창조론이다. 여론조사를 분석해보면, 과학눈 시험에서 미국인이 거의 언제나 낙제하도록 한 것은 항상 진화, 지구의 나이, 우주론, 인류의 진화에 관한 문제들이었다. 이 모두는 우리 문화에 창조론-복음주의가 끼친 영향이 반영되어 있는 문제들이다. 그러나 다행스럽게도 그 영향은 분명 쇠락하고 있다. 내가 살아 있을 동안에 미국이 덴마크처럼 되는 날은 아마 오지 않을 것이다. 그러나 나이든 복음주의자들이 세상을 뜨고 그들처럼 세뇌당하고 그들에 필적하는 젊은 세대의 동질집단이 그 자리를 대체하지 않는다면, 미국에서 창조론과의 끝 모를 싸움은 점차 끝이 날 것이라고 낙관한다. 그렇게 바랄 수만 있을 따름이다……

미래를 위한 선택

ID 운동이 그동안 ID를 세상에 널리 알리고자 했고 그걸 이루었으니, ID 운동이 얼마나 큰 퇴보인지 이제 대다수 미국인이 보게 되기를 바란다. 우리 아이들은 말 그대로 우리 나라의 미래이며, 앞으로 도래할 기술적 혁명들을 우리가 헤쳐 나갈 수 있도록 인도해줄 유능한 과학자와 기술자들이 더욱더 필요해질 것이다. 그 혁명은 우리 주변에서 이미 진행되고 있다. 역사에는 위대한 문명들이 무너진 예들이 있다. 그 역사의 힘을 미국이 모면하리라고 볼 특별한 이유는 없다. 서고트인들이 문 앞까지 와 있다. 그들을 들이겠는가?
—존 브록만,《지적인 사고: 과학 대 지적설계론 운동》

말할 건 다 말하고 할 건 다 한 지금, 우리에게는 선택권이 몇 개 되지 않는다. 창조론자들이 우리를 더욱 심한 과학맹으로 만들고 과학과 기술에서 우리가 가진 우위를 계속 망치도록 놔두든지, 아니면 과학 교육을 우선순위에 놓고 학교에서 다시 과학을 열심히 가르쳐야 한다. 소수의 종교적 관점을 위해 진화론, 천문학, 지질학, 고생물학, 인류학을 거부하든지, 아니면 과학이 세계에 대해 가르쳐준 바를 받아들이고 이 겸허하고 새로운 빛 속에서 우리 자신을 보아야 한다. 1961년에 고생물학자 조지 게일로드 심프슨은 이렇게 적었다. "다윈 없이 100년을 보낸 것으로 족하다[지금은 150년이 넘었다]!"

편협하고 좁은 곳에 갇힌 창조론자들의 극단적 세계관 대신, 우리는 우주의 광대함을 받아들이고 지질 시간의 아득한 깊이를 받아들여 자연 속에서 우리가 차지하는 자리에 대해 더 겸허하고 덜 인간중심적이고 덜 오만한 태도에 이를 수 있다. 우리가 생물권의 일부이며 우리가 지구를 파괴하기 전에 이 행성을 보살피고 돌봐야 한다는 사실을 보듬어야 한다. 과학적 세계관을 족쇄에 묶어두지 않고 앙양하는 게 얼마나 인류에게 이로운 일인지, 특히 구약의 복수심 가득한 하나님이나, 신앙의 이름으로 사람들을 박해하고 심지어 죽이기까지 하는 수많은 종교들의 증오 가득한 행태와 비교했을 때, 그 이로움이 얼마나 대단한지 많은 과학자들과 저술가들이 글로 적었다. 마이클 셔머는 진화론적이고 과학적인 세계관이 진정한 종교나 영성에 위협이 되지 않을 뿐 아니라, 세계에 대한 과학적 이해로 보완했을 때 우리가 가진 영성을 더욱 잘 이해할 수 있음을 보여주는 훌륭한 논증을 펼쳤다. 셔머는 이렇게 적는다(2006: 159~161).

세계를 과학적으로 설명한다고 해서 세계의 영적인 아름다움이 축소될까? 그렇지 않다고 생각한다. 과학과 영성은 상충하는 것이 아니라 상보적이며, 서로를 깎아내리는 것이 아니라 서로를 북돋워 준다. 경외심을 불러일으킨다면 무엇이나 영성의 근원이 될 수 있다. 과학도 어김없이 경외심을 불러일으킨다. 예를 들어 뒤뜰에 나가 8인치 반사망원경을 통해 작고 희미하게 빛나는 점으로 보이는 안드로메다 은하계를 관측할 때, 나는 깊은 감동을 받는다. 단지 그것이 사랑스럽기 때문만은 아니다. 290만 년 전에 안드로메다를 떠난 광자들이 내 망막에 도달하고 있음을 이해하고 있기 때문이기도 하다. 그때는 작은 뇌를 가진 원시 인류였던 우리 조상들이 아프리카의 평원을 돌아다니던 시절이었다. (……)

여기에 바로 과학의 영적인 측면, 곧 '과학성sciensuality'이 자리한다. 어색하게 신조어를 만든 것에 양해를 구하지만, 이는 발견이 지닌 감성미를 반영하는 말이다. 만일 종교와 영성이 창조주 앞에서 경외심과 겸손함을 일으킨다고 하면, 허블 등의 우주론자들이 발견한 깊은 공간과 다윈 등의 진화론자들이 발견한 깊은 시간만큼 경외심을 불러일으키고 고개 숙이게 하는 것이 대체 무엇이 있을까?

다윈이 왜 중요하냐면 진화가 걸려 있기 때문이다. 진화가 왜 중요하냐면 과학이 걸려 있기 때문이다. 과학이 왜 중요하냐면, 과학이야말로 우리 시대의 뛰어난 이야기, 곧 우리는 누구이며 어디에서 왔으며 어디로 가고 있는지를 말해주는 서사적 모험담이기 때문이다.

작고한 위대한 과학자 칼 세이건은 그 유명한 텔레비전 시리즈 〈코스모스 Cosmos〉(1980)에서 이를 다음과 같이 아름답게 말로 전달한다.

지금 있는 것, 이제까지 있어 온 것, 앞으로 있게 될 것, 이 모두가 바로 우주입니다. 우주를 사색하다 보면 마음이 들뜹니다. 등이 찌릿찌릿하고, 목이 메고, 먼 기억에 아득히 높은 곳에서 떨어졌던 것 같은 어렴풋한 감각이 느껴집니다. 우리가 지금 가장 위대한 신비에 다가가고 있음을 우리는 알고 있습니다. …… 마침내 우리는 우리가 어디서 왔는지 궁금해 하기 시작했습니다. 별 물질이 별들을 사색하는 것입니다. 10에 10억에 10억에 10억을 곱한 수의 원자들이 유기적으로 뭉쳐진 존재가 물질의 진화를 사색하는 것입니다. 그 물질이 여기 지구라는 행성에 있는 의식에, 그리고 어쩌면 우주 전역에 있을지도 모르는 의식에 도달하기까지의 기나긴 여정을 되짚어 보고 있는 것입니다. 우리에게 지워진 생존해서 번성할 의무는 우리 자신뿐 아니라, 우주, 우리가 태어났던 그 오래고 너른 우주에도 지워져 있습니다.

다윈은 《종의 기원》(1859) 마지막 문단에서 이를 더없이 훌륭하게 말했다.

처음에 생명의 숨이 여러 능력과 함께 몇 가지 꼴 또는 한 가지 꼴에 깃들었으며, 이 행성이 불변의 중력 법칙에 따라 돌고 도는 동안, 그처럼 단순한 시작에서부터 지극히 아름답고 경이롭게 무수한 꼴들로 진화해왔고 지금도 진화하고 있다는 이 생명관에는 장엄미가 있다.

더 읽을거리

Brown, B., and J. P. Alson. 2007. *Flock of Dodos: Behind Modern Creationism, Intelligent Design, and the Easter Bunny.* Cambridge, U.K.: Cambridge House.

Ehrlich, P. R., and A. H. Ehrlich. 1996. *Betrayal of Science and Reason: How Anti-Environmental Rhetoric Threatens our Future.* Washington, D.C.: Island Press.

Humes, E. 2007. *Monkey Girl: Evolution, Education, Religion, and the Battle for America's Soul.* New York: Ecco.

Kitcher, P. 2007. *Living with Darwin: Evolution, Design, and the Future of Faith.* Oxford: Oxford University Press.

Levine, G. 2006. *Darwin Loves You: Natural Selection and the Re-enchantment of the World.* Princeton, N.J.: Princeton University Press.

Lipps, J. H. 1999. Beyond reason: science in the mass media. In *Evolution! Facts and Fallacies*, ed. J. W. Schopf. San Diego, Calif.: Academic, pp. 71–90.

Matzke, N. J. 2016. The evolution of antievolution policies after *Kitzmiller vs. Dover. Science* 351(6268): 28–30.

Mooney, C. 2005. *The Republican War on Science.* New York: Basic.[《과학전쟁-정치는 어떻게 과학을 유린하는가》(한얼미디어, 2006)]

Prothero, D. R. 2013. *Reality Check: How Science Deniers Threaten Our Future.* Bloomington, Ind.: Indiana University Press.

Pigliucci, M. 2002. *Denying Evolution: Creationism, Scientism, and the Nature of Science.* Sunderland Mass.: Sinauer.

Sagan, C. 1996. *The Demon-Haunted World: Science as a Candle in the Dark.* New York: Ballantine.[《악령이 출몰하는 세상》(김영사, 2001)]

Shermer, M. 1997. *Why People Believe Weird Things: Pseudoscience, Superstition, and Other Confusions of Our Time.* New York: Freeman.[《왜 사람들은 이상한 것을 믿는가》(바다출판사, 2007)]

Shermer, Michael. 2006. *Why Darwin Matters: The Case Against Intelligent Design.* New York: Times Books.[《왜 다윈이 중요한가》(바다출판사, 2008)]

Shulman, S. 2007. *Undermining Science: Suppression and Distortion in the Bush Administration.* Berkeley: University of California Press.

Taibbi, M. 2008. *The Great Derangement: A Terrifying True Story of War, Politics, and Religion.* New York: Spiegel & Grau.

Zuckerman, P. 2010. *Society Without God: What the Least Religious Nations Can Tell Us about Contentment.* New York: NYU Press.[《신 없는 사회》(마음산책, 2012)]

Zuckerman, P. 2011. *Faith No More: Why People Reject Religion.* Oxford: Oxford University Press.

과학눈 순위를 매긴 웹사이트

www.nationmaster.com/graph/edu_sci_lit-education-scientific-literacy

www.livescience.com/humanbiology/060810_evo_rank.html

seattletimes.nwsource.com/html/opinion/2002887594_sundaypnnl26.html.

참고자료

Adoutte, A., G. Balavoine, N. Lartillot, O. Lespinet, B. Prudhomme, and R. de Rosa. 2000. The new animal phylogeny: reliability and implications. *Proceedings of the National Academy of Sciences USA* 97: 4453–4456.

Ahlberg, P. E., and N. H. Trewin. 1995. The postcranial skeleton of the Middle Devonian lungfish *Dipterus valenciennesi*. *Transactions of the Royal Society of Edinburgh, Earth Sciences* 85: 159–175.

Alters, B., and S. Alters. 2001. *Defending Evolution*. Sudbury, Mass.: Jones and Bartlett.

Anderson, J. S., R. R. Reisz, D. Scott, N. B. Frobisch, and S. S. Sumida. 2008. A stem batrachian from the Early Permian of Texas and the origin of frogs and salamanders. *Nature* 453: 515–518.

Andrews, R. C. 1921. A remarkable case of external hind limbs in a humpback whale. *American Museum Novitates*, no. 9.

Archibald, J. D. 1996. Fossil evidence for the Late Cretaceous origin of "hoofed" mammals. *Science* 272: 1151–1153.

Arthur, J. 1996. Creationism: bad science or immoral pseudoscience? *Skeptic* 4(4): 88–93.

Arthur, W. 1997. *The Origin of Animal Body Plans: A Study in Evolutionary Developmental Biology*. New York: Cambridge University Press.

Ashton, J. F. 2000. *In Six Days: Why 50 Scientists Choose to Believe in Creation*. Frenchs Forest, Australia: New Holland.

Ayala, F. J., and A. Rzhetsky. 1998. Origins of the metazoan phyla: molecular clocks confirm paleontological estimates. *Proceedings of the National Academy of Sciences USA* 95: 606–611.

Bar-Maor, J. A., K. M. Kesner, and J. K. Kaftori. 1980. Human tails. *Journal of Bone and Joint Surgery* 62–B(4): 508–510.

Barnes, L. G. 1989. A new enaliarctine pinniped from the Astoria Formation, Oregon, and a classification of the Otariidae (Mammalia: Carnivora). *Natural History Museum of Los Angeles County Contributions in Science* 403: 1–26.

Barnes, R. D. 1986. *Invertebrate Zoology*, 5th ed. Philadelphia, Pa.: Saunders.

Baskin, J. A. 1998a. Procyonidae. In *Evolution of Tertiary Mammals of North America*, ed. C. Janis, K. M. Scott, and L. Jacobs. New York: Cambridge University Press, 144–151.

Baskin, J. A. 1998b. Mustelidae. In *Evolution of Tertiary Mammals of North America*, ed. C. Janis, K. M. Scott, and L. Jacobs. New York: Cambridge University Press, 152–173.

Beard, K.C. 2004. *The Hunt for the Dawn Monkey: Unearthing the Origin of Monkeys, Apes, and Humans*. Berkeley: University of California Press.

Behe, M. 1996. *Darwin's Black Box*. New York: Free Press.

Benton, M. J., ed. 1988a. *The Phylogeny and Classification of the Tetrapods*. Vol. 1. *Amphibians, Reptiles, Birds*, Oxford, U.K.: Clarendon.

Benton, M. J., ed. 1988b. *The Phylogeny and Classification of the Tetrapods*. Vol. 2. *Mammals*, Oxford, U.K.: Clarendon.

Benton, M. J. 2000. *Vertebrate Palaeontology*, 2nd ed. New York: Chapman & Hall.

Benton, M. J. 2005. *Vertebrate Palaeontology*, 3rd ed. New York: Chapman & Hall.

Benton, M. J. 2014. *Vertebrate Palaeontology*, 4th ed. New York: Wiley-Blackwell.

Benton, M. J., and P. N. Pearson. 2001. Speciation in the fossil record. *Trends in Ecology and Evolution* 16: 405–411.

Berra, T. 1990. *Evolution and the Myth of Creationism*. Stanford, Calif.: Stanford University Press.

Berta, A., and C. E. Ray. 1990. Skeletal morphology and locomotor capabilities of the archaic pinniped *Enaliarctos mealsi*. *Journal of Vertebrate Paleontology* 10: 141–157.

Berta, A., C. E. Ray, and A. R. Wyss. 1989. Skeleton of the oldest known pinniped, *Enaliarctos*. *Science* 244: 60–62.

Beus, S., and M. Morales, eds. 1990. *Grand Canyon Geology*. Oxford: Oxford University Press.

Boardman, R. S., A. H. Cheetham, and A. J. Rowell, eds. 1987. *Fossil Invertebrates*. Cambridge, Mass.: Blackwell.

Bridgwater, D., J. H. Allart, and J. W. Schopf. 1981. Microfossil-like objects from the Archean of Greenland: a cautionary note. *Nature* 289: 51–53

Briggs, D. E. G., D. L. Bruton, and H. B. Whittington. 1979. Appendages of the fossil arthropod *Aglaspis spinifer* (Upper Cambrian, Wisconsin) and their significance. *Palaeontology* 22: 167–180.

Briggs, D. E. G., and R. A. Fortey. 1989. The early radiation and relationships of the major arthropod groups. *Science* 256: 241–243.

Briggs, D. E. G., and R. E. Fortey. 2005. Wonderful strife: systematics, stem groups, and the phylogenetic signal of the Cambrian radiation. *Paleobiology* 31: 94–112.

Brockman, J., ed. 2006. *Intelligent Thought: Science Versus the Intelligent Design Movement*. New York: Vintage.

Brown, B., and J. P. Alson. 2007. *Flock of Dodos: Behind Modern Creationism & Intelligent Design*. Cambridge, U.K.: Cambridge House.

Brunet, M., et al. 2002. A new hominid from the upper Miocene of Chad, central Africa. *Nature* 418: 145–151.

Brusca, R. C., and G. J. Brusca. 1990. *Invertebrates*. Sunderland, Mass.: Sinauer.

Burns, J. 1975. *Biograffiti: A Natural Selection*. Cambridge: Harvard University Press.

Cairns-Smith, A. G. 1985. *Seven Clues to the Origin of Life*. New York: Cambridge University Press.

Caldwell, M. W., and M. S. Y. Lee. 1997. A snake with legs from the marine Cretaceous of the Middle East. *Nature* 386: 705–709.

Callaway, J. M., and E. M. Nicholls. 1996. *Ancient Marine Reptiles*. San Diego, Calif.: Academic.

Campbell, J. 1949. *The Hero with a Thousand Faces*. Princeton, N.J.: Princeton University Press.

Campbell, J. 1982. Autonomy in evolution. In *Perspectives on Evolution*, ed. R. Milkman. Sunderland, Mass.: Sinauer, 190–200.

Cao, Y., J. Adachi, T. Yano, and M. Hasegawa. 1994. Phylogenetic place of guinea pigs: no support of the rodent-polyphyly hypothesis from maximum-likelihood analyses of multiple protein sequences. *Molecular Biology and Evolution* 11: 593–604.

Carroll, R. L. 1988. *Vertebrate Paleontology and Evolution*. New York: Freeman.

Carroll, R. L. 1992. The primary radiation of terrestrial vertebrates. *Annual Review of Earth and Planetary Sciences* 20: 45–84.

Carroll, R. L. 1996. Mesozoic marine reptile as models of long-term large-scale evolutionary phenomena, In *Ancient Marine Reptiles*, ed. J. M. Callaway and E. M. Nicholls. San Diego, Calif.: Academic, 467–487.

Carroll, R. L. 1997. *Patterns and Processes of Vertebrate Evolution*. New York: Cambridge University Press.

Carroll, S. 2005. *Endless Forms Most Beautiful: The New Science of Evo/devo*. New York: Norton.

Chiappe, L. M. 1995. The first 85 million years of avian evolution. *Nature* 378: 349–355.

Chiappe, L. M., and G. J. Dyke. 2002. The Mesozoic radiation of birds. *Annual Review of Ecology and Systematics* 33: 91–124.

Chiappe, L. M., and Meng Qingjin. 2016. *Birds of Stone: Chinese Avian Fossils from the Age of Dinosaurs*. Baltimore, Md.: Johns Hopkins University Press.

Chiappe, L. M., and L. M. Witmer, eds. 2002. *Mesozoic Birds: Above the Heads of Dinosaurs*. Berkeley: University of California Press.

Cifelli, R. 1969. Radiation of the Cenozoic planktonic foraminifera. *Systematic Zoology* 18: 154–168.

Clack, J. A. 2002. *Gaining Ground: The Origin and Early Evolution of Tetrapods*. Bloomington: Indiana University Press.

Clarkson, E. N. K. 1998. *Invertebrate Palaeontology and Evolution*, 4th ed. Oxford,

U.K.: Blackwell Science.

Clyde, W. C., and D. C. Fisher. 1997. Comparing the fit of stratigraphic and morphologic data in phylogenetic analysis. *Paleobiology* 23: 1–19.

Colbert, E. H., and M. Morales. 1991. *Evolution of the Vertebrates.* New York: Wiley.

Cone, J. 1991. *Fire Under the Sea: The Discovery of the Most Extraordinary Environment on Earth — Volcanic Hot Springs on the Ocean Floor.* New York: Morrow.

Conroy, G. C. 1990. *Primate Evolution.* New York: Norton.

Conway Morris, S. 1998. *The Crucible of Creation.* Oxford: Oxford University Press.

Conway Morris, S. 2000. The Cambrian "explosion": Slow-fuse or megatonnage? *Proceedings of the National Academy of Sciences USA* 97: 4426–4429.

Cook, G. 2013. Doubting "Darwin's doubt." *New Yorker,* July 2, 2013.

Costanza, G., S. Pino, F. Ciciriello, and E. Di Mauro. 2009. Generation of long RNA chains in water. *Journal of Biological Chemistry* 284: 33206–33216.

Cuppy, W. 1941. *How to Become Extinct.* Chicago: University of Chicago Press.

Currie, P. J., E. B. Koppelhus, M. A. Shugar, and J. L. Wright, eds. 2004. *Feathered Dragons: Studies on the Transition from Dinosaurs to Birds.* Bloomington: Indiana University Press.

Daeschler, E. B., N. H. Shubin, and F. A. Jenkins, Jr. 2006. A Devonian tetrapod-like fish and the evolution of the tetrapod body plan. *Nature* 440: 757–773.

Dalrymple, G. B. 1991. *The Age of the Earth.* Stanford, Calif.: Stanford University Press.

Dalrymple, G. B. 2004. *Ancient Earth, Ancient Skies: The Age of Earth and Its Cosmic Surroundings.* Stanford, Calif.: Stanford University Press.

Darwin, C. R. 1859. *On the Origin of Species.* London: John Murray.

Darwin, C. R. 1871. *The Descent of Man and Selection in Relation to Sex.* London: John Murray.

Darwin, E. 1794. *Zoonomia,* vol. 1, *The Laws of Organic Life.* London: John Murray.

Darwin, F., ed. 1888. *The Life and Letters of Charles Darwin: Including an Autobiographical Chapter,* Volume 2. London: D. Appleton.

Davis, P., and D. Kenyon. 2004. *Of Pandas and People: The Central Question of Biological Origins*, 2nd ed. Dallas, Tex.: Haughton.

Dawkins, R. 1986. *The Blind Watchmaker*. New York: Norton.

Dawkins, R. 1996. *Climbing Mount Improbable*. New York: Norton.

Dawkins, R. 2004. *The Ancestor's Tale: A Pilgrimage to the Dawn of Evolution*. Boston: Houghton Mifflin.

Dawkins, R. 2006. *The God Delusion*. Boston: Houghton Mifflin.

DeBraga, M., and R. L. Carroll. 1993. The origin of mosasaurs as a model of macroevolutionary patterns and processes. *Evolutionary Biology* 27: 245-322.

Delson, E. C. 1985. *Ancestors: The Hard Evidence*. New York: Liss.

Desmond, A., and J. Moore. 1991. *Darwin: The Life of a Tormented Evolutionist*. New York: Warner.

Dial, K. P. 2003. Wing-assisted incline running and the evolution of flight. *Science* 299: 402-405.

Diamond, J. 1992. *The Third Chimpanzee: The Evolution and Future of the Human Animal*. New York: HarperCollins.

Dingus, L., and T. Rowe. 1997. *The Mistaken Extinction*. New York: Freeman.

Dobzhanky, T. 1973. Nothing in biology makes sense except in the light of evolution. *American Biology Teacher* 35: 125-129.

Dodson, P. 1996. *The Horned Dinosaurs*. Princeton, N.J.: Princeton University Press.

Domning, D. P. 1981. Sea cows and sea grasses. *Paleobiology* 7: 417-420.

Domning, D. P. 1982. Evolution of manatees: a speculative history. *Journal of Paleontology* 56: 599-619.

Domning, D. P. 2001. The earliest known fully quadrupedal sirenian. *Nature* 413: 625-627.

Domning, D. P., C. E. Ray, and M. C. McKenna. 1986. Two new Oligocene desmostylians and a discussion of tethytherian systematics. *Smithsonian Contributions to Paleobiology* 59: 1-56.

Dumeril, A. 1867. Métamorphoses des batraciens urodèles à branchies extérieures de

Mexique dits axolotls, observées à la Menagérie des Reptiles du Muséum d'Histoire Naturelle. *Annales Scientifique Naturale Zoologique* 7: 229-254.

Ecker, R. L. 1990. *Dictionary of Science and Creationism*. Buffalo, N.Y.: Prometheus.

Ehrlich, P. R., and A. H. Ehrlich. 1996. *Betrayal of Science and Reason: How Anti-Environmental Rhetoric Threatens Our Future*. Washington, D.C.: Island Press.

Eldredge, N. 1977. Trilobites and evolutionary patterns. In *Patterns of Evolution as Illustrated in the Fossil Record*, ed. A. Hallam. New York: Elsevier, 305-332.

Eldredge, N. 1982. *The Monkey Business: A Scientist Looks at Creationism*. New York: Pocket Books.

Eldredge, N. 1985a. *Time Frames*. New York: Simon & Schuster.

Eldredge, N. 1985b. *Unfinished Synthesis*. New York: Oxford University Press.

Eldredge, N. 2000. *The Triumph of Evolution and the Failure of Creationism*. New York: Freeman.

Eldredge, N., and S. J. Gould. 1972. Punctuated equilibria: an alternative to phyletic gradualism. In *Models in Paleobiology*, ed. T. J. M. Schopf. San Francisco: Freeman Cooper, 82-115.

Eldredge, N., and S. M. Stanley, eds. 1984. *Living Fossils*. New York: Springer Verlag.

Engelmann, G. F., and E. O. Wiley. 1977. The place of ancestor-descendant relationships in phylogeny reconstruction. *Systematic Zoology* 26: 1-11.

Ernst, G. 1970. Zur Stammgeschichte und stratigraphischen Bedeutung der Echiniden-Gattung *Micraster* in der nordwest deutschen Oberkreide. *Mittelungen der Geologischer-Paläontologische Institut der Universität Hamburg* 39: 11-135.

Erwin, D., and J. W. Valentine. 2013. *The Cambrian Explosion: The Construction of Biodiversity*. New York: Roberts.

Fastovsky, D. E., and D. B. Weishampel. 2005. *The Evolution and Extinction of the Dinosaurs*, 2nd ed. New York: Cambridge University Press.

Fisher, D. C. 1982. Phylogenetic and macroevolutionary patterns within the Xiphosurida. *Proceedings of the Third North American Paleontological Convention* 1: 175-180.

Fisher, D. C. 1984. The Xiphosurida: archetypes of bradytely? In *Living Fossils*. ed. N. Eldredge and S. M. Stanley. New York: Springer Verlag, 196–213.

Fisher, D. C. 1994. Stratocladistics: morphological and temporal patterns and their relation to the phylogenetic process. In *Interpreting the Hierarchy of Nature*, ed. L. Grande and O. Rieppel. San Diego, Calif.: Academic, 133–171.

Fitch, W. M., and E. Margoliash. 1967. Construction of phylogenetic trees. *Science* 155: 279–284.

Foote, M. 1996. On the probability of ancestors in the fossil record. *Paleobiology* 22: 141–151.

Forey, P., and P. Janvier. 1984. Evolution of the earliest vertebrates. *American Scientist* 82: 554–565.

Forrest, B., and P. R. Gross. 2004. *Creationism's Trojan Horse: The Wedge of Intelligent Design*. Oxford: Oxford University Press.

Forster, C. A., S. D. Sampson, L. M. Chiappe, and D. W. Krause. 1998. The theropod ancestry of birds: new evidence from the Late Cretaceous of Madagascar. *Science* 279: 1915–1919.

Fortey, R. A., and R. P. S. Jefferies. 1982. Fossils and phylogeny — a compromise approach. *Systematics Association Special Volume* 21: 197–234.

Fortey, R. A., and R. A. Owens. 1990. Trilobites. In *Evolutionary Trends*, ed. K. J. McNamara. Tucson: University of Arizona Press, 121–142.

Franz, M.-L. von. 1972. *Creation Myths*. Zurich: Spring.

Freud, S. 1917. Lecture 18: Fixation to traumas — the unconscious. In *Lectures Introducing Psychoanalysis*. London: George Allen & Unwin.

Friedman, R. 1987. *Who Wrote the Bible?* New York: Harper & Row.

Froehlich, D. J. 2002. Quo vadis *Eohippus*? The systematics and taxonomy of the early Eocene equids (Perissodactyla). *Zoological Journal of the Linnaean Society of London* 134: 141–256.

Fry, I. 2000. *The Emergence of Life on Earth: A Historical and Scientific Overview*. Piscataway, N.J.: Rutgers University Press.

Frye, R. M., ed. 1983. *Is God a Creationist?The Religious Case Against Creation-Science*. New York: Scribner.

Futuyma, D. 1983. *Science on Trial: The Case for Evolution*. New York: Pantheon.

Gagneux, P., C. Wills, U. Gerloff, D. Tautz, P.A. Morin, C. Boesch, B. Fruth, G. Hohmann, O.A. Ryder, and D.S. Woodruff. 1999. Mitochondrial sequences show diverse evolutionary histories of African hominoids. *Proceedings of the National Academy of Sciences USA* 93.

Gardner, M. 1952. *Fads and Fallacies in the Name of Science*. New York: Dover.

Gardner, M. 1981. *Science: Good, Bad, and Bogus*. Buffalo, N.Y.: Prometheus.

Gauthier, J. A. 1986. Saurischian monophyly and the origin of birds. *California Academy of Sciences Memoir* 8: 1-56.

Gauthier, J. A., and L. F. Gall, eds. 2001. *New Perspectives on the Origin and Early Evolution of Birds*. New Haven, Conn.: Yale University Press.

Gauthier, J. A., A. G. Kluge, and T. Rowe. 1988. The early evolution of the Amniota. In *The Phylogeny and Classification of the Tetrapods*. Vol. 1. *Amphibians, Reptiles, Birds*, ed. M. J. Benton. Oxford, U.K.: Clarendon, 103-155.

Gee, H. 1997. *Before the Backbone: Views on the Origin of Vertebrates*. New York: Chapman & Hall.

Geisler, J. H., and M. D. Uhen. 2005. Phylogenetic relationships of extinct cetartiodactyls: results of simultaneous analyses of molecular, morphological, and stratigraphic data. *Journal of Mammalian Evolution* 12: 145-160.

Gheerbrant, E., J. Sudre, and H. Cappetta. 1996. Palaeocene proboscidean from Morocco. *Nature* 383: 68-70.

Gingerich, P. D. 1980. Evolutionary patterns in early Cenozoic mammals. *Annual Review of Earth and Planetary Sciences* 8: 407-424.

Gingerich, P. D. 1989. New earliest Wasatchian mammalian fauna from the Eocene of Northwestern Wyoming: composition and diversity in a rarely sampled high-floodplain assemblage. *University of Michigan Papers in Paleontology* 28: 1-97.

Gingerich, P. D., M. Haq, I. S. Zalmout, I. H. Khan, and M. S. Malkani. 2001. Origin of whales from early artiodactyls; hands and feet of Eocene Protocetidae from Pakistan. *Science* 293: 2239-2242.

Gingerich, P. D., B. H. Smith, and E. L. Simons. 1990. Hind limbs of Eocene *Basilosaurus*: evidence of feet in whales. *Science* 249: 154-157.

Gingerich, P. D., N. A. Wells, D. E. Russell, and S. M. Ibrahim Shah. 1983. Origin of whales in epicontinental remnant seas; new evidence from the early Eocene of Pakistan. *Science* 220: 403-406.

Gish, D. 1972. *Evolution?The Fossils Say NO!* San Diego, Calif.: Creation-Life.

Gish, D. 1973. Creation, evolution, and the historical evidence. *American Biology Teacher* 35(3): 132-140.

Gish, D. 1978. *Evolution?The Fossils Say NO!* (Public School Edition) San Diego, Calif.: Creation-Life.

Gish, D. 1995. *Evolution, the Fossils Still Say NO!* San Diego, Calif.: Creation-Life.

Gittleman, J., ed. 1996. *Carnivore Biology, Behavior, and Evolution*. Ithaca, N.Y.: Cornell University Press.

Glaessner, M. F. 1984. *The Dawn of Animal Life*. New York: Cambridge University Press.

Godfrey, L., ed. 1983. *Scientists Confront Creationism*. New York: Norton.

Goll, R.M. 1976. Morphological intergradation between modern populations of *Lophospyris* and *Phormospyris* (Trissocyclidae, Radiolaria). *Micropaleontology* 22: 379-418.

Gosse, P. H. 1907. *Father and Son*. New York: Norton.

Gould, S. J. 1972. Allometric fallacies and the evolution of *Gryphaea*. *Evolutionary Biology* 6: 91-119.

Gould, S. J. 1977. *Ever Since Darwin*. New York: Norton.

Gould, S. J. 1977. *Ontogeny and Phylogeny*. Cambridge: Harvard University Press.

Gould, S. J. 1980a. Is a new and general theory of evolution emerging? *Paleobiology* 6: 119-130.

Gould, S. J. 1980b. *The Panda's Thumb*. New York: Norton.

Gould, S. J. 1981. Evolution as fact and theory. *Discover* 2: 34-37.

Gould, S. J. 1982. Darwinism and the expansion of evolutionary theory. *Science* 216: 380-387.

Gould, S. J. 1984. *The Flamingo's Smile*. New York: Norton.

Gould, S. J. 1989. *Wonderful Life: The Burgess Shale and the Nature of History*. New York: Norton.

Gould, S. J. 1992. Punctuated equilibria in fact and theory. In *The Dynamics of Evolution*, ed. A. Somit and S. A. Peterson. Ithaca, N.Y.: Cornell University Press, 54-84.

Gould, S. J. 1993. "Cordelia's Dilemma." *Natural History* 102: 10-18.

Gould, S. J., ed. 1995. Hooking Leviathan by its past. In *Dinosaur in a Haystack*. New York: Norton, 375-396.

Gould, S. J. 2002. *The Structure of Evolutionary Theory*. Cambridge: Harvard University Press.

Gould, S. J., and N. Eldredge. 1977. Punctuated equilibria: the tempo and mode of evolution reconsidered. *Paleobiology* 3: 115-151.

Graur, D., W. A. Hide, and W. H. Li. 1991. Is the guinea pig a rodent? *Nature* 351: 649-652.

Graves, R., and R. Patai. 1963. *Hebrew Myths: The Book of Genesis*. New York: McGraw-Hill.

Grotzinger, J. P., S. A. Bowring, B. Z. Saylor, and A. J. Kaufman. 1995. Biostratigraphic and geochronologic constraints on early animal evolution. *Science* 270: 598-604.

Hallam, A. 1968. Morphology, palaeoecology, and evolution of the genus *Gryphaea* in the British Lias. *Philosophical Transactions of the Royal Society of London B* 254: 91-128.

Hallam, A., ed. 1977. *Patterns of Evolution as Illustrated in the Fossil Record*. New York: Elsevier.

Hallam, A. 1982. Patterns of speciation in Jurassic *Gryphaea*. *Paleobiology* 8: 354-366.

Hallam, A., and S. J. Gould. 1974. The evolution of British and American middle and upper Jurassic *Gryphaea*: a biometric study. *Proceedings of the Royal Society of*

London B 189: 511–542.

Haq, B. U., and A. Boersma, eds. 1978. *Introduction to Marine Micropaleontology*. New York: Elsevier.

Harris, D. J. 2003 Codon bias variation in C-mos between squamate families might distort phylogenetic inferences. *Molecular Phylogenetics and Evolution* 27: 540–554.

Hazen, R. M. 2005. *Gen-e-sis: The Scientific Quest for Life's Origins*. Washington, D.C.: Joseph Henry.

Heidel, A. 1942. *The Babylonian Genesis*. Chicago: University of Chicago Press.

Heidel, A. 1946. *The Gilgamesh Epic and Old Testament Parallels*. Chicago: University of Chicago Press.

Heilmann, G. 1926. *The Origin of Birds*. London: Witherby.

Hennig, W. 1966. *Phylogenetic Systematics*. Urbana: University of Illinois Press.

Hillis, D. M., and C. Moritz, eds. 1990. *Molecular Systematics*. Sunderland, Mass.: Sinauer.

Hitchin, R., and M. J. Benton. 1997. Congruence between parsimony and stratigraphy: comparison of three indices. *Paleobiology* 23: 20–32.

Honey, J., J. A. Harrison, D. R. Prothero, and M. S. Stevens. 1998. Camelidae. In *Evolution of Tertiary Mammals of North America*, ed. C. Janis, K. M. Scott, and L. Jacobs. New York: Cambridge University Press, 439–462.

Hooker, J. J. 1989. Character polarities in early perissodactyls and their significance for *Hyracotherium* and infraordinal relationships. In *The Evolution of Perissodactyls*, ed. D. R. Prothero and R. M. Schoch. New York: Oxford University Press, 79–101.

Hopson, J. A. 1994. Synapsid evolution and the radiation of non-eutherian mammals. In *Major Features of Vertebrate Evolution*, ed. D. R. Prothero and R. M. Schoch. Paleontological Society Short Course 7: 190–219.

Hou, L.-H., Z. Zhou, L. D. Martin, and A. Feduccia. 1995. A beaked bird from the Jurassic of China. *Nature* 377: 616–618.

Huelsenbeck, J. P. 1994. Comparing the stratigraphic record to estimates of phylogeny. *Paleobiology* 20: 470–483.

Huelsenbeck, J. P., and B. Rannata. 1997. Maximum likelihood estimation of phylogeny using stratigraphic data. *Paleobiology* 23: 174–180.

Humes, E. 2007. *Monkey Girl: Evolution, Education, Religion, and the Battle for America's Soul.* New York: Ecco.

Hutchinson, J. E. 1959. Homage to Santa Rosalia or why are there so many kinds of animals? *The American Naturalist* 93: 145–159.

Huxley, A. 1939. *After Many a Summer Dies the Swan.* New York: Harper.

Huxley, T. H. 1863. *Zoological Evidences of Man's Place in Nature.* London: John Murray.

Huxley, T. H. 1870. Further evidence of the affinity between dinosaurian reptiles and birds. *Quarterly Journal of the Geological Society of London* 26: 12–31.

Isaak, M. 2002. "A Philosophical Premise of 'Naturalism'?" September 24. www.talkdesign.org/faqs/naturalism.html

Isaak, M. 2006. *The Counter-Creationism Handbook.* Berkeley: University of California Press.

Janis, C., K. M. Scott, and L. L. Jacobs, eds. 1998. *Evolution of Tertiary Mammals of North America.* Vol. 1, *Terrestrial Carnivores, Ungulates and Ungulate-like Mammals.* New York: Cambridge University Press.

Janis, C., G. F. Gunnell, and M. D. Uhen, eds. 2008. *Evolution of Tertiary Mammals of North America.* Vol. 2, *Small Mammals, Xenarthrans, and Marine Mammals.* New York: Cambridge University Press.

Ji, Q., Z.-X. Luo, C-X. Yuan, J. R. Wible, J.-P. Zhang, and J. A. Georgi. 2002. The earliest known eutherian mammal. *Nature* 416: 816–822.

Johanson, D., and B. Edgar. 1996. *From Lucy to Language.* New York: Simon & Schuster.

Johnson, P. E. 1991. *Darwin on Trial.* Washington, D.C.: Regnery Gateway.

Kardong, K. 1995. *Vertebrates.* Dubuque, Iowa: W. C. Brown, 94.

Kelley, P. H. 1983. Evolutionary patterns of eight Chesapeake Group molluscs; evidence for the model of punctuated equilibria. *Journal of Paleontology* 57: 581–598.

Kemp, T. 1982. *Mammal-like Reptiles and the Origin of Mammals*. San Diego, Calif.: Academic.

Kemp, T. S. 2005. *The Origin and Evolution of Mammals*. Oxford: Oxford University Press.

Kennett, J. P., and M. S. Srinivasan. 1983. *Neogene Planktonic Foraminifera: A Phylogenetic Atlas*. Stroudsburg, Pa.: Hutchinson Ross.

Kermack, K. 1954. A biometrical study of *Micraster coranguinum* and *M. (Isomicraster) senonis*. *Philosophical Transactions of the Royal Society B* 237: 375–428.

Kielan-Jaworowska, Z., R. L. Cifelli, and Z.-X. Luo. 2004. *Mammals from the Age of Dinosaurs: Origins, Evolution, and Structure*. New York: Columbia University Press.

Kier, P. M. 1965. Evolutionary trends in Paleozoic echinoids. *Journal of Paleontology* 39: 436–465.

Kier, P. M. 1975. Evolutionary trends and their functional significance in post-Paleozoic echinoids. *Paleontological Society Memoir* 5: 1–95.

Kier, P. M. 1982. Rapid evolution in echinoids. *Palaeontology* 25: 1–10.

Kirschvink, J. L., R. L. Ripperdan, and D. A. Evans. 1997. Evidence for a large-scale reorganization of Early Cambrian continental masses by inertial interchange true polar wander. *Science* 277: 541–545.

Kitcher, P. 1982. *Abusing Science: The Case against Creationism*. Cambridge: MIT Press.

Kitcher, P. 2007. *Living with Darwin: Evolution, Design, and the Future of Faith*. Oxford: Oxford University Press.

Knoll, A. H. 2003. *Life on a Young Planet: The First Three Billion Years of Evolution on Earth*. Princeton, N.J.: Princeton University Press.

Knoll, A. H., and S. B. Carroll. 1999. Early animal evolution: emerging views from comparative biology and geology. *Science* 284: 2129–2137.

Kukalova-Peck, J. 1978. Origin and evolution of insect wings and their relation to metamorphosis, as documented by the fossil record. *Journal of Morphology* 156:

53-125.

Kun, A., M. Santos, and E. Szathmary, E. 2005. Real ribozymes suggest a relaxed error threshold. *Nature Genetics* 37: 1008-1011.

Kunkle, R. P. 1958. Permian stratigraphy of the Paradox Basin. In *Guidebook to the Geology of the Paradox Basin. 9th Annual Field Conference Guidebook*, ed. A. F. Sanborn. Salt Lake City, Utah: Intermountain Association of Petroleum Geologists, 163-168.

Lack, D. 1947. *Darwin's Finches*. New York: Cambridge University Press.

Larson, E. 1985. *Trial and Error: The American Controversy Over Creation and Evolution*. New York: Oxford University Press.

Larson, E., and L. Witham. 1997. Scientists are still keeping the faith. *Nature* 386: 435-436.

Laurin, M., and R. R. Reisz. 1996. A re-evaluation of early amniote phylogeny. *Zoological Journal of the Linnean Society of London* 113: 165-223.

Lazarus, D. B. 1983. Speciation in pelagic Protista and its study in the microfossil record: a review. *Paleobiology* 9: 327-340.

Lazarus, D. B. 1986. Tempo and mode of morphologic evolution near the origin of the radiolarian lineage *Pterocanium prismatium*. *Paleobiology* 12: 175-189.

Lazarus, D. B., H. Hilbrecht, C. Spencer-Cervato, and H. Thierstein. 1995. Sympatric speciation and phyletic change in *Globorotalia truncatulinoides*. *Paleobiology* 21: 975-978.

Lazarus, D. B., and D. R. Prothero. 1984. The role of stratigraphic and morphologic data in phylogeny reconstruction. *Journal of Paleontology*, 58: 163-172.

Lazarus, D. B., R. P. Scherer, and D. R. Prothero. 1985. Evolution of the radiolarian species-complex *Pterocanium*: a preliminary survey. *Journal of Paleontology* 59: 183-221.

Lehmann, J., M. Cibils, and A. Libchaber. 2009. Emergence of a code in the polymerization of amino acids along RNA templates. *PLoS ONE* 4: e5773.

Levine, G. 2006. *Darwin Loves You: Natural Selection and the Re-enchantment of the World*. Princeton, N.J.: Princeton University Press.

Levinton, J. 2001. *Genetics, Paleontology, and Macroevolution*, 2nd ed. New York: Cambridge University Press.

Lewin, R. 1987. *Bones of Contention: Controversies in the Search for Human Origins*. Chicago: University of Chicago Press.

Lewin, R. 1988. *In the Age of Mankind: A Smithsonian Book on Human Evolution*. Washington, D.C.: Smithsonian Institution Press.

Lewin, R. 1989. *Human Evolution: An Illustrated Introduction*, Cambridge, Mass.: Blackwell Scientific.

Lewin, R. 1998. *Principles of Human Evolution: A Core Textbook*. New York: Blackwell.

Lewis, D. L., M. DeCamillis, and R. L. Bennett. 2000. Distinct roles of the homeotic genes *Ubx* and *abd-A* in beetle embryonic abdominal appendage development. *Proceedings of the National Academy of Sciences USA* 97: 4504–4509.

Lewontin, R. J., and J. L. Hubby. 1966. A molecular approach to the study of genic heterozygosity in natural populations. *Genetics* 54: 595–605.

Li, C., X.-C. Wu, O. Rieppel, L.-T. Wang, and Li-Jun Zhao. 2008. An ancestral turtle from the Late Triassic of southwestern China. *Nature* 456: 497–501.

Li, C. K., R. W. Wilson, and M. R. Dawson. 1987. The origin of rodents and lagomorphs. *Current Mammalogy* 1: 97–108.

Lieberman, B. S. 2003. Taking the pulse of the Cambrian radiation. *Integrative and Comparative Biology* 43: 229–237.

Lipps, J. H. 1999. Beyond reason: science in the mass media. In *Evolution! Facts and Fallacies*, ed. J. W. Schopf. San Diego, Calif.: Academic, 71–90.

Long, J., and H. Schouten. 2008. *Feathered Dinosaurs: The Origin of Birds*. New York: Oxford University Press.

Long, J. A. 2010. *The Rise of Fishes*. 2nd ed. Baltimore, Md.: Johns Hopkins University Press.

Long, M. 2001. Evolution of novel genes. *Current Opinions in Genetics and Development*. 11: 673–680.

Long, M., E. Betran, K. Thornton, and W. Wang. 2003. The origin of new genes: glimpses from the young and old. *Nature Review of Genetics* 4: 865–875.

Lovejoy, A. O. 1936. *The Great Chain of Being: A Study in the History of an Idea.* Cambridge: Harvard University Press.

Luckett, W. P., and J.-L. Hartenberger, eds. 1985. *Evolutionary Relationships Among Rodents.* New York: Plenum.

Luo, Z.-X., P. Chen, G. Li,, and M. Chen. 2007. A new eutriconodont mammal and evolutionary development in early mammals. *Nature* 446: 288–293.

Luo, Z.-X., Q. Ji, J. R. Wible, and C.-X. Yuan. 2003. An Early Cretaceous trinosphenic mammal and metatherian evolution. *Science*, 302: 1934–1940.

MacFadden, B. J. 1984. Systematics and phylogeny of *Hipparion, Neohipparion, Nannippus,* and *Cormohipparion* (Mammalia, Equidae) from the Miocene and Pliocene of the New World. *Bulletin of the American Museum of Natural History* 179: 1–196.

MacFadden, B. J. 1992. *Fossil Horses.* Cambridge: Cambridge University Press.

Maddox, B. 2007. Blinded by science. *Discover*, February, 28–29.

Mader, B. J. 1989. The Brontotheriiae: A systematic revision and preliminary pylogeny of North American genera. In *The Evolution of Perissodactyls*, ed. D. R. Prothero and R. M. Schoch, Oxford University Press: New York, 458–484.

Madsen, O., M. Scally, C. J. Douady, D. J. Kao, R. W. DeBry, R. M. Adkins, H. Amrine-Madsen, M. J. Stanhope, W. W. de Jong, and M. S. Springer. 2001. Parallel adaptive radiations in two major clades of placental mammals. *Nature* 409: 610–614.

Mahboubi, M., R. Ameur, J.-Y. Crochet, and J.-J. Jaeger. 1984. Earliest known proboscidean from early Eocene of North Africa. *Nature* 308: 543–544.

Maisey, J. 1994. Gnathostomes. In *Major Features of Vertebrate Evolution*, ed. D. R. Prothero and R. M. Schoch. Paleontological Society Short Course 7: 38–56.

Maisey, J. G. 1996. *Discovering Fossil Fishes.* New York: Holt.

Malmgren, B. A., and W. A. Berggren. 1987. Evolutionary change in some late Neogene planktonic foraminifera lineages and their relationships to paleoceanographic change. *Paleoceanography* 2: 445–456.

Malmgren, B. A., W. A. Berggren, and G. P. Lohmann. 1983. Evidence for punctuated gradualism in the Late Neogene *Globorotalia tumida* lineage of planktonic foraminifera. *Paleobiology* 9: 377–389.

Malmgren, B. A., and J. P. Kennett. 1981. Phyletic gradualism in a Late Cenozoic planktonic foraminiferal lineage, DSDP Site 284, southwest Pacific. *Paleobiology* 7: 230–240.

Margulis, L. 1981. *Symbiosis in Cell Evolution.* San Francisco: Freeman.

Margulis, L. 1982. Early animal evolution: emerging view from comparative biology and geology. *Science* 284: 2129–2137.

Margulis, L. 2000. *Symbiotic Planet: A New Look at Evolution.* New York: Basic.

Marks, J. 2002. *What it Means to be 98% Chimpanzee.* Berkeley: University of California Press.

Marsh, O. C. 1892. Recent polydactyle horses. *American Journal of Science* 43: 339–355.

Marshall, C. R. 2013. When prior beliefs trump scholarship. *Science* 341: 1344.

Martill, D. M., H. Tischling, and H. R. Longrich. 2015. A four-legged snake from the Early Cretaceous of Gondwana. *Science* 349: 416–419.

Martin, R. 2004. *Missing Links: Evolutionary Concepts and Transitions Through Time.* Sudbury, Mass.: Jones and Bartlett.

Matthew, W. D. 1926. The evolution of the horse: a record and its interpretation. *Quarterly Review of Biology* 1: 139–185.

Mayr, E. 1942. *Systematics and the Origin of Species.* New York: Columbia University Press.

Mayr, E. 1966. *Systematic Zoology.* New York: McGraw-Hill.

McGowan, C. 1983. *The Successful Dragons: A Natural History of Extinct Reptiles.* Toronto: Stevens.

McGowan, C. 1984. *In the Beginning: A Scientist Shows Why the Creationists Are Wrong.* Buffalo, N.Y.: Prometheus.

McKenna, M. C. 1975. Toward a phylogenetic classification of the Mammalia. In *Phylogeny of the Primates: A Multidisciplinary Approach*, ed. W. P. Luckett and F.

S. Szalay. New York: Plenum, 21–46.

McKenna, M. C., and S. K. Bell. 1997. *Classification of Mammals*. New York: Columbia University Press.

McKenna, M. C., M. Chow, S. Ting, and Z. Luo. 1989. *Radinskya yupingae*, a perissodactyl-like mammal from the late Paleocene of China. In *The Evolution of Perissodactyls*, ed. D. R. Prothero and R. M. Schoch. New York: Oxford University Press, 24–36.

McKenna, M. C., and E. M. Manning. 1977. Affinities and biogeographic significance of the Mongolian Paleocene genus *Phenacolophus*. *Géobios, Memoire Spécial* 1: 61–85.

McLoughlin, J. C. 1980. *Synapsida: A New Look Into the Origin of Mammals*. New York: Viking.

McMenamin, M. A. S. 1998. *The Garden of Ediacara*. New York: Columbia University Press.

McMenamin, M. A. S., and D. L. S. McMenamin. 1990. *The Emergence of Animals, the Cambrian Breakthrough*. New York: Columbia University Press.

McNamara, K. J., ed. 1990. *Evolutionary Trends*. Tucson: University of Arizona Press.

Meng J., Y.-M. Hu, and C.-K. Li. 2003. The osteology of *Rhombomylus* (Mammalia: Glires): implications for the phylogeny and evolution of Glires. *Bulletin of the American Museum of Natural History* 275: 1–247.

Meng, J., and A. R. Wyss. 2005. Glires (Lagomorpha, Rodentia). In *The Rise of Placental Mammals*, ed. K. D. Rose and J. D. Archibald. Baltimore, Md.: Johns Hopkins University Press, 145–158.

Miller, K. 1999. *Finding Darwin's God: A Scientist's Search for Common Ground Between God and Evolution*. New York: HarperCollins.

Miller, K. 2004. The flagellum unspun: the collapse of "irreducible complexity." In *Debating Design: From Darwin to DNA*, ed. M. Ruse and W. Dembski. New York: Cambridge University Press, 81–97.

Miller, S. L. 1953. A production of amino acids under possible primitive earth conditions.

Science 117: 528-529.

Mindell, D. P. 2006. *The Evolving World: Evolution in Everyday Life*. Cambridge: Harvard University Press.

Mitchell, E. D., Jr., and R. H. Tedford. 1973. The Enaliarctinae: a new group of extinct aquatic Carnivora, and a consideration of the origin of the Otariidae. *Bulletin of the American Museum of Natural History* 151: 205-284.

Miyazaki, J. M., and M. F. Mickevich. 1982. Evolution of *Chesapecten* (Mollusca: Bivalvia, Miocene-Pliiocene) and the Biogenetic Law. *Evolutionary Biology* 15: 369-409.

Mojzsis, S. J., G. Arrhenius, K. D. McKeegan, T. M. Harrison, A. P. Nutman, and C. R. L. Friend. 1996. Evidence for life on Earth by 3800 million years ago. *Nature* 384: 55-59.

Mooi, R. 1990. Paedomorphosis, Aristotle's lantern, and the origin of sand dollars (Echinodermata: Clypeasteroidea). *Paleobiology* 16: 25-48.

Mooney, C. 2005. *The Republican War on Science*. New York: Basic.

Moore, R. 1983. The impossible voyage of Noah's ark. *Creation/Evolution* 11: 1-40.

Morris, H. 1970. *Biblical Cosmology and Modern Science*. Nutley, N.J.: Craig.

Morris, H. 1972. *The Remarkable Birth of Planet Earth*. San Diego, Calif.: Creation-Life.

Morris, H. 1974. *Scientific Creationism*. San Diego, Calif.: Creation-Life.

Morris, J. 1986. Article 151. The Paluxy River mystery. *Acts/Facts/Impacts*, 15: 1-4.

Moy-Thomas, J., and R. S. Miles. 1971. *Palaeozoic Fishes*. Philadelphia: Saunders.

Murphy, W. J., E. Eizirik, W. E. Johnson, Y. P. Zhang, O. A. Ryder, and H. P. O'Brien. 2001a. Molecular phylogenetics and the origins of placental mammals. *Nature* 409: 614-618.

Murphy, W. J., E. Eizirik, S. J. O'Brien, O. Madsen, M. Scally, C. J. Douady, E. C. Teeling, O. A. Ryder, M. J. Stanhope, W. W. de Jong, and M. S. Springer. 2001b. Resolution of the early placental mammal radiation using Bayesian phylogenetics. *Science* 294: 2348-2351.

Naef, A. 1926. Über die Urformen der Anthropomorphen und die Stammesgeschichte des Menschenschädels. *Naturwissenschaften* 14: 445-452.

Nagy, B., M. H. Engel, and J. H. Zumberger. 1981. Amino acids and hydrocarbons approximately 3,800-Myr old in the Isua rocks, southwestern Greenland. *Nature* 289: 353-356.

Naish, D., and P. Barrett. 2016. *Dinosaurs: How They Lived and Evolved.* Washington, D.C.: Smithsonian Books.

Narbonne, G. M. 1998. The Ediacara biota: a terminal Neoproterozoic experiment in the evolution of life. *GSA Today* 8(2): 1-6.

Neville, G. T. Fossils in evolutionary perspective. *Science Progress* 48: 1-3.

Newell, N. D. 1959. The nature of the fossil record. *Proceedings of the American Philosophical Society* 103: 264-265.

Nichols, D. 1959. Changes in the chalk heart-urchin *Micraster* interpreted in relation to living forms. *Philosophical Transactions of the Royals Society of London B* 242: 347-437.

Nielsen, C. 2001, *Animal Evolution: Interrelationships of the Living Phyla*, 2nd ed. New York: Oxford University Press.

Norell, M. 2005. *Unearthing Dragons: The Great Feathered Dinosaur Discoveries.* New York: Pi.

Norman, D. 1985. *The Illustrated Encyclopedia of Dinosaurs.* New York: Crescent.

Norman, J. R., and P. H. Greenwood. 1975. *A History of Fishes.* London: Ernest Benn.

Novacek, M. J. 1992. Mammalian phylogeny: shaking the tree. *Nature* 356: 121-125.

Novacek, M. J. 1994. The radiation of placental mammals. In *Major Features of Vertebrate Evolution*, ed. D. R. Prothero and R. M. Schoch. Paleontological Society Short Course 7: 220-237.

Novacek, M. J., and A. R. Wyss. 1986. Higher-level relationships of Recent eutherian orders: morphological evidence. *Cladistics* 2: 257-287.

Novacek, M. J., A. R. Wyss, and M. C. McKenna. 1988. The major groups of eutherian mammals. In *The Phylogeny and Classification of the Tetrapods*, Vol. 2, ed. M. J. Benton. Oxford, U.K.: Clarendon, 31-73.

Numbers, R. 1992. *The Creationists: The Evolution of Scientific Creationism.* New York:

Knopf.

Nutman, A. P., V. C. Bennett, C. R. L. Friend, M. J. van Kranendonk, and A. R. Chivas. 2016. Rapid emergence of life shown by 3700-million-year-old microbial structures. *Nature* 537: 535-538.

Olasky, M., and J. Perry. 2005. *Monkey Business: The True Story of the Scopes Trial.* New York: B&H.

Orwell, G. 1946. In front of your nose. *Tribune*, March 22, 1946.

Osborn, H. F. 1929. The titanotheres of ancient Wyoming, Dakota, and Nebraska. *U.S. Geological Survey Monographs* 55: 1-93.

Ostrom, J. H. 1974. *Archaeopteryx* and the origin of flight. *Quarterly Review of Biology* 49: 27-47.

Ostrom, J. H. 1976. *Archaeopteryx* and the origin of birds. *Biological Journal of the Linnean Society* 8: 91-182.

Owen, R. 1861. *Palaeontology*, 2nd ed. Edinburgh, U.K.: Adam and Charles Black.

Padian, K., and L. M. Chiappe. 1998. The origin of birds and their flight. *Scientific American*, 278: 28-37.

Patterson, C. 1981. Significance of fossils in determining evolutionary relationships. *Annual Review of Ecology and Systematics* 12: 195-223.

Patterson, C., ed. 1987. *Molecules or Morphology in Evolution: Conflict or Compromise?* New York: Cambridge University Press.

Patthy, L. 2003. Modular assembly of genes and the evolution of new functions. *Genetica* 118: 217-231.

Paul, C. R. C. 1992. How complete does the fossil record have to be? *Revista Espanola de Paleontologia* 7: 127-133.

Pearson, J. C., D. Lemons, and W. McGinnis. 2005. Modulating *Hox* gene functions during animal body patterning. *Nature Reviews Genetics* 6: 893-904.

Pearson, P. N. 1993. A lineage phylogeny for the Paleogene planktonic foraminifera. *Micropaleontology* 39: 193-232.

Pearson, P. N. 1998. The glorious fossil record. *Nature*, November. 19. www.nature.com/

nature/debates/fossil/fossil_1.html.

Pearson, P. N., N. J. Shackleton, and M. A. Hall. 1997. Stable isotopic evidence for the sympatric divergence of *Globigerinoides trilobus* and *Orbulina universa* (planktonic foraminifera). *Journal of the Geological Society, London* 154: 295-302.

Pelikan, J. 2005. *Whose Bible Is It? A History of the Scriptures Through the Ages.* New York: Viking.

Pennock, R. 1999. *Tower of Babel: The Evidence Against the New Creationism.* Cambridge: MIT Press.

Perakh, M. 2004. *Unintelligent Design.* Buffalo, N.Y.: Prometheus.

Peters, D. 1991. *From the Beginning: The Story of Human Evolution.* New York: Morrow.

Peterson, K., M. A. McPeek, and D. A. D. Evans. 2005. Tempo and mode of early animal evolution: inferences from rocks, Hox and molecular clocks. *Paleobiology* 31: 36-55.

Petto, A. 2005. The art of debate. *Reports of the National Center for Science Education* 24(6): 43.

Philip, G. M. 1962. The evolution of *Gryphaea. Geological Magazine* 99: 327-343.

Philip, G. M. 1967. Additional observations on the evolution of *Gryphaea. Geological Journal* 5: 329-338.

Pickrill, J. 2014. *Flying Dinosaurs: How Reptiles Became Birds.* New York: Columbia University Press.

Pierce, K. 1981. Putting Darwin back on the dock. *Time,* March 16, 80-82.

Pigliucci, M. 2002. *Denying Evolution: Creationism, Scientism, and the Nature of Science.* Sunderland, Mass.: Sinauer.

Pino, S., F. Ciciriello, G. Costanzo, and E. Di Mauro, E. 2008. Nonenzymatic RNA ligation in water. *Journal of Biological Chemistry* 283: 36494-36503.

Popper, K. 1935. *The Logic of Scientific Discovery.* London: Routledge Classics.

Popper, K. 1963. *Conjectures and Refutations; The Growth of Scientific Knowledge.* London: Routledge Classics.

Pough, F. H., C. M. Janis, and J. B. Heiser. 2002. *Vertebrate Life*, 6th ed. Upper Saddle River, N.J.: Prentice Hall.

Prothero, D. R. 1990. *Interpreting the Stratigraphic Record*. New York: Freeman.

Prothero, D. R. 1992. Punctuated equilibria at twenty: a paleontological perspective. *Skeptic* 1(3): 38–47.

Prothero, D. R. 1993. Ungulate phylogeny: morphological vs. molecular evidence. In *Mammal Phylogeny*. Vol. 2, *Placentals*, ed. F. S. Szalay, M. J. Novacek, and M. C. McKenna. New York: Springer-Verlag, 173–181.

Prothero, D. R. 1994a. *The Eocene-Oligocene Transition: Paradise Lost*. New York: Columbia University Press.

Prothero, D. R. 1994b. Mammalian evolution. In *Major Features of Vertebrate Evolution*, ed. D. R. Prothero and R. M. Schoch. Paleontological Society Short Course 7: 238– 270.

Prothero, D. R. 1996. Camelidae. In *The Terrestrial Eocene-Oligocene Transition in North America*, ed. D. R. Prothero and R. J. Emry. New York: Cambridge University Press, 591–633.

Prothero, D. R. 1999. Does climatic change drive mammalian evolution? *GSA Today* 9(9): 1–5.

Prothero, D. R. 2005. *The Evolution of North American Rhinoceroses*. New York: Cambridge University Press.

Prothero, D. R. 2006. *After the Dinosaurs: The Age of Mammals*. Bloomington: Indiana University Press.

Prothero, D. R. 2013a. *Bringing Fossils to Life: An Introduction to Paleobiology*, 3rd ed. New York: Columbia University Press.

Prothero, D. R. 2013b. Stephen Meyer's fumbling bumbling Cambrian follies: a review of *Darwin's Doubt* by Stephen Meyer. *Skeptic* 18(4): 50–53.

Prothero, D. R. 2016. *The Princeton Field Guide to Prehistoric Mammals*. Princeton, N.J.: Princeton University Press.

Prothero, D. R., and S. Foss, eds. 2007. *The Evolution of Artiodactyls*. Baltimore, Md.:

Johns Hopkins University Press.

Prothero, D. R., and T. H. Heaton. 1996. Faunal stability during the early Oligocene climatic crash. *Palaeogeography, Palaeoclimatology, Palaeoecology* 127: 239–256.

Prothero, D. R., and D. B. Lazarus. 1980. Planktonic microfossils and the recognition of ancestors. *Systematic Zoology* 29: 119–129.

Prothero, D. R., and R. M. Schoch, eds. 1989. *The Evolution of Perissodactyls.* New York: Oxford University Press.

Prothero, D. R., and R. M. Schoch. 2002. *Horns, Tusks, and Flippers: The Evolution of Hoofed Mammals.* Baltimore, Md.: Johns Hopkins University Press.

Prothero, D. R., and F. Schwab. 2013. *Sedimentary Geology,* 3rd ed. New York: Freeman.

Prothero, D. R., and N. Shubin, 1989. The evolution of Oligocene horses. In *The Evolution of Perissodactyls,* ed. D. R. Prothero and R. M. Schoch. New York: Oxford University Press, 142–175.

Prothero, D. R., E. Manning, and M. Fischer. 1988. The phylogeny of the ungulates. In *The Phylogeny and Classification of the Tetrapods,* Vol. 2, ed. M. J. Benton. Oxford, U.K.: Clarendon, 201–234.

Prothero, D. R., E. Manning, and C. B. Hanson. 1986. The phylogeny of the Rhinocerotoidea (Mammalia, Perissodactyla). *Zoological Journal of the Linnean Society of London* 87: 341–366.

Prum, R. O., and A. H. Brush. 2003. Which came first, the feather or the bird? *Scientific American* 288: 84–93.

Rachootin, S. P., and K. S. Thomson. 1981 Epigenetics, paleontology and evolution. *Evolution Today* 2: 181–193.

Radinsky, L. B. 1966. The families of the Rhinocerotoidea. *Journal of Mammalogy* 47: 631–639.

Radinsky, L. B. 1969. The early evolution of the Perissodactyla. *Evolution* 23: 308–328.

Raff, R. A. 1998. *The Shape of Life: Genes, Development, and the Evolution of Animal Form.* Chicago: University of Chicago Press.

Raup, D. M., and J. J. Sepkoski Jr. 1984. Periodicity of extinctions in the geologic past.

Proceedings of the National Academy of Sciences USA 81: 801–805.

Raup, D. M., and J. J. Sepkoski Jr. 1986. Periodicity of extinction of families and genera. *Science* 231: 833–836.

Retallack, G. J. 1983. Late Eocene and Oligocene paleosols from Badlands National Park, South Dakota. *Geological Society of America Special Paper* 193.

Ridley, M. 1996. *Evolution*, 2nd ed. Cambridge, Mass.: Blackwell.

Rieppel, O. 1988. A review of the origin of snakes. *Evolutionary Biology* 25: 37–130.

Rieppel, O., et al. 2003. The anatomy and relationships of *Haasiophis terrasanctus*, a fossil snake with well-developed hind limbs from the mid-Cretaceous of the Middle East. *Journal of Paleontology* 77: 536–558.

Rodda, P. U., and W. L. Fisher. 1964. Evolutionary features of *Athleta* (Eocene, Gastropoda) from the Gulf Coastal Plain. *Evolution* 18: 235–244.

Romanes, G. J. 1910. *Darwin and After Darwin.* Chicago: Open Court.

Romer, A. S. 1959. *The Vertebrate Story.* Chicago: University of Chicago Press.

Ronshaugen, M., N. McGinnis, and W. McGinnis. 2002. Hox protein mutation and macroevolution of the insect body plan. *Nature* 415: 914–917.

Rose, K. D. 1987. Climbing adaptations of the early Eocene mammal *Chriacus* and the origin of the Artiodactyla. *Science* 236: 314–316.

Rose, K. D., and J. D. Archibald, eds. 2005. *The Rise of Placental Mammals.* Baltimore, Md.: Johns Hopkins University Press.

Ross, C., and R. Rezak. 1959. The rocks and fossils of Glacier National Park: the story of their origin and history. *US. Geological Survey Professional Paper* 294: 401–439.

Rowe, A. W. 1899. An analysis of the genus *Micraster* as determined by rigid zonal collecting from the zone of *Rhynchonella cuvieri* to that of *Micraster coranguinum. Quarterly Journal of the Geological Society of London* 55: 494–547.

Runnegar, B. 1992. Evolution of the earliest animals. In *Major Events in the History of Life*, ed. J. W. Schopf. New York: Jones and Bartlett, 65–94.

Runnegar, B., and J. W. Schopf, eds. 1988. *Molecular Evolution in the Fossil Record.*

Lancaster, Pa.: Paleontological Society Short Course Notes 1.

Ruse, M. 1982. *Darwinism Defended*. New York: Addison-Wesley.

Ruse, M. 1988. *But is it Science?The Philosophical Questions in the Creation/Evolution Controversy*. Buffalo, N.Y.: Prometheus.

Ruse, M. 2003. *Darwin and Design: Does Evolution Have a Purpose?* Cambridge: Harvard University Press.

Ruse, M. 2005. *The Evolution-Creation Struggle*. Cambridge: Harvard University Press.

Sagan, C. 1996. *The Demon-Haunted World: Science as a Candle in the Dark*. New York: Ballantine.

Sarfati, J. 1999. *Refuting Evolution*. Green Forest, Ark.: Master Books.

Sarfati, J. 2002. *Refuting Evolution 2*. Green Forest, Ark.: Master Books.

Sarna, N. 1966. *Understanding Genesis: The Heritage of Biblical Israel*. New York: Schocken.

Savage, R. J. G., and M. R. Long. 1986. *Mammal Evolution: An Illustrated Guide*. New York: Facts-on-File.

Schaeffer, B., M. K. Hecht, and N. Eldredge. 1972. Phylogeny and paleontology. *Evolutionary Biology* 6: 31–46.

Schaeffer, B., and D. E. Rosen. 1961. Major adaptive levels in the evolution of actinopterygian feeding mechanisms. *American Zoologist* 1: 187–204.

Scheele, W. E. 1955. *The First Mammals*. New York: World Press.

Schidlowski, M., P. W. U. Appel, R. Eichmann, and C. E. Junge. 1979. Carbon isotope geochemistry of the 3.7×10^9 yr old Isua sediments, West Greenland; implications for the Archaean carbon and oxygen cycles. *Geochimica Cosmochimica Acta* 43: 189–200.

Schoch, R., and H. D. Sues. 2015. A Middle Triassic stem-turtle and the evolution of the turtle body plan. *Nature* 523: 584–587.

Schoch, R. M. 1986. *Phylogeny Reconstruction in Paleontology*. New York: Van Nostrand Reinhold.

Schopf, J. W., ed. 1983. *Earth's Earliest Biosphere: Its Origin and Development*.

Princeton, N.J.: Princeton University Press.

Schopf, J. W. 1999. *Cradle of Life: The Discovery of the Earth's Earliest Fossils.* Princeton, N.J.: Princeton University Press.

Schopf, J. W. 2002. *Life's Origin: The Beginnings of Biological Evolution.* Berkeley: University of California Press.

Schopf, J. W., and C. Klein, eds. 1992. *The Proterozoic Biosphere, a Multidisciplinary Study.* Cambridge: Cambridge University Press.

Schultze, H.-P., and L. Trueb, eds. 1991. *Origins of the Higher Groups of Tetrapods: Controversy and Consensus.* Ithaca, N.Y.: Cornell University Press.

Schwartz, J. 1999. *Sudden Origins: Fossils, Genes, and the Emergence of Species.* New York: Wiley.

Scott, E. C. 2005. *Evolution vs. Creationism: An Introduction.* Berkeley: University of California Press.

Scott, W. B. 1913. *The History of the Land Mammals in the Western Hemisphere.* New York: Macmillan.

Seilacher, A. 1989. Vendozoa: organismic construction in the Proterozoic biosphere. *Lethaia* 22: 229–239.

Seilacher, A. 1992. Vendobionta and Psammocorallia. *Journal of the Geological Society, London* 149: 607–613.

Sepkoski, J. J., Jr. 1989. Periodicity in extinction and the problem of catastrophism in the history of life. *Journal of the Geological Society of London* 145: 7–19.

Sepkoski, J. J., Jr. 1993. Foundation: life in the oceans. In *The Book of Life*, ed. S. J. Gould. New York: Norton, pp. 37–64.

Sereno, P. C., and C. Rao. 1992: Early evolution of avian flight and perching: new evidence from the Lower Cretaceous of China. *Nature* 255: 845–848.

Shanks, N. 2004. *God, the Devil, and Darwin: A Critique of Intelligent Design Theory.* Oxford: Oxford University Press.

Shapiro, R. 1986. *Origins, A Skeptic's Guide to the Creation of Life on Earth.* New York: Summit.

Sheldon, P. R. 1987. Parallel gradualistic evolution of Ordovician trilobites. *Nature* 330: 561–563.

Shermer, M. 1997. *Why People Believe Weird Things: Pseudoscience, Superstition, and Other Confusions of Our Time.* New York: Freeman.

Shermer, M. 2005. *Science Friction: Where the Known Meets the Unknown.* New York: Times Books.

Shermer, M. 2006. *Why Darwin Matters: The Case Against Intelligent Design.* New York: Times Books.

Shipman, P. 1988. *Taking Wing: Archaeopteryx and the Evolution of Bird Flight.* New York: Simon & Schuster.

Shu, D.-G., H.-L. Luo, S. Conway Morris, X.-L. Zhang, S.-X. Hu, L. Chen, J. Han, M. Zhu, Y. Li, and L.-Z. Chen. 1999. Lower Cambrian vertebrates from China. *Nature* 402: 42–46.

Shubin, N. H., and P. Alberch. 1986. A morphogenetic approach to the origin and basic organization of the tetrapod limb. *Evolutionary Biology* 20: 318–390.

Shubin, N. H., E. B. Daeschler, and F. A. Jenkins Jr. 2006. The pectoral fin of *Tiktaalik roseae* and the origins of the tetrapod limb. *Nature* 440: 764–771.

Shulman, S. 2007. *Undermining Science: Suppression and Distortion in the Bush Administration.* Berkeley: University of California Press.

Sibley, C. G., and J. E. Ahlquist. 1984. The phylogeny of hominoid primates, as indicated by DNA-DNA hybridization. *Journal of Molecular Evolution* 20: 2–15.

Siegler, H. R. 1978. A creationist's taxonomy. *Creation Research Society Quarterly* 15: 36–38.

Simmons, N. 2005. Chiroptera. In *The Rise of Placental Mammals*, ed. K. D. Rose and J. D. Archibald. Baltimore, Md.: Johns Hopkins University Press, 159–174.

Simmons, N., and J. H. Geisler. 1998. Phylogenetic relationships of *Icaronycteris, Archaeonycteris, Hassianycteris*, and *Palaeochiropteryx* to extant bat lineages, with comments on the evolution of echolocation and foraging strategies in Microchiroptera. *Bulletin of the American Museum of Natural History* 235: 1–182.

Simpson, G. G. 1944. *Tempo and Mode in Evolution*. New York: Columbia University Press.

Simpson, G. G. 1961. *Principles of Animal Taxonomy*. New York: Columbia University Press.

Simpson, G. G., and W. S. Beck. 1965. *Life: An Introduction to Biology*. New York: Harcourt, Brace, & World.

Smith, A. B. 1984. *Echinoid Palaeobiology*. London: George Allen and Unwin.

Smith, A. B. 1994. *Systematics and the Fossil Record: Documenting Evolutionary Patterns*. London: Blackwell.

Smith, A. B., and K. J. Peterson. 2002. Dating the time of origin of major clades: molecular clocks and the fossil record. *Annual Reviews of Earth and Planetary Sciences* 30: 65–88.

Smith, C. M., and C. Sullivan. 2007. *The Top Ten Myths About Evolution*. Buffalo, N.Y.: Prometheus.

Smith, H. 1952. *Man and his Gods*. New York: Little, Brown.

Smith, J. L. B. 1956. *Old Fourlegs: The Story of the Coelacanth*. London: Longman Green.

Smith, J. M. 1958. *The Theory of Evolution*. New York: Penguin.

Smithson, T. R., R. L. Carroll, A. L. Panchen, and S. M. Andrews. 1994. *Westlothiana lizziae* from the Visean of East Kirkton, West Lothian, Scotland, and the amniote stem. *Transactions of the Royal Society of Edinburgh* 84: 383–412.

Solounias, N. 1999. The remarkable anatomy of the giraffe's neck. *Journal of Zoology* 247: 257–268.

Solounias, N. 2007. Giraffidae. In *The Evolution of Artiodactyls*, ed. D. R. Prothero and S. Foss. Baltimore, Md.: Johns Hopkins University Press, 257–277.

Springer, M. S., and J. A. W. Kirsch. 1993. A molecular perspective on the phylogeny of placental mammals based on the mitochondrial 12S rDNA sequence, with special reference to the problem of Paenungulata. *Journal of Mammalian Evolution* 1: 149–168.

Springer, M. S., W. J. Murphy, E. Eizirik, and S. J. O'Brien. 2005. Molecular evidence for major placental clades. In *The Rise of Placental Mammals: Origins and Relationships of Major Clades*, ed. K. D. Rose and J. D. Archibald. Baltimore, Md.: John Hopkins University Press, pp. 37–49.

Springer, M. S., M. J. Stanhope, O. Madsen, and W. W. de Jong. 2004. Molecules consolidate the placental mammal tree. *Trends in Ecology and Evolution* 19: 430–438.

Standen, E. M., T. Y. Du, and H. C. E. Larsson. 2014. Developmental plasticity and the origin of tetrapods. *Nature* 513: 54–58.

Stanhope, M. J., W. J. Bailey, J. Czelusnaik, M. Goodman, J.-S. Si, J. Nickerson, J. G. Sgouros, G. A. M. Singer, and T. K. Kleinschmidt. 1993. A molecular view of primate supraordinal relationships from the analysis of both nucleotide and amino acid sequences. In *Primates and Their Relatives in Phylogenetic Perspective*, ed. R. D. E. MacPhee. New York: Plenum, 251–292.

Stanhope, M. J., M. R. Smith, V. G. Waddell, C. A. Porter, M. S. Shivig, and M. Goodman. 1996. Mammalian evolution and the interphotoreceptor retinoid binding protein (IRBP) gene: convincing evidence for several supraordinal clades. *Journal of Molecular Evolution* 43: 83–92.

Stanley, S. M. 1979. *Macroevolution: Patterns and Process*. New York: Freeman.

Stanley, S. M. 1981. *The New Evolutionary Timetable*. New York: Basic.

Stanley, S. M. 1990. Delayed recovery and the spacing of major extinctions. *Paleobiology* 16: 401–414.

Steele, E. 1979. *Somatic Selection and Adaptive Evolution: On the Inheritance of Acquired Characters*. Chicago: University of Chicago Press.

Steele, E., R. Lindley, and R. Blanden. 1998. *Lamarck's Signature: How Retrogenes Are Changing Darwin's Natural Selection Paradigm*. Reading, Mass.: Perseus.

Stokes, R. B. 1977. The echinoids *Micraster* and *Epiaster* from the Turonian and Senonian of southern England. *Palaeontology* 20: 805–821.

Stringer, C., and C. Gamble. 1993. *In Search of Neanderthals: Solving the Puzzle of*

Human Origins. London: Thames and Hudson.

Sumida, S., and K. L. M. Martin, eds. 1997. *Amniote Origins: Completing the Transition to Land*. San Diego, Calif.: Academic.

Swisher, C. C., III, G. H. Curtis, and R. Lewin. 2000. *Java Man*. New York: Scribner.

Szalay, F. S., M. J. Novacek, and M. C. McKenna, eds. 1993. *Mammal Phylogeny*. New York: Springer-Verlag.

Tattersall, I. 1993. *The Human Odyssey: Four Million Years of Human Evolution*. Upper Saddle River, N.J.: Prentice-Hall.

Tattersall, I. 2015. *The Strange Case of the Rickety Cossack and Other Cautionary Tales from Human Evolution*. New York: St. Martin's.

Tattersall, I., and N. Eldredge. 1977. Fact, theory and fantasy in human paleontology. *American Scientist* 65: 204–211.

Tattersall, I., and J. Schwartz. 2000. *Extinct Humans*. New York: Westview.

Tchernov, E., O. Rieppel, and H. Zaher. 2000. A fossil snake with limbs. *Science* 287: 2010–2012.

Thewissen, J. G. M., ed. 1998. *The Emergence of Whales: Evolutionary Patterns in the Origin of Cetacea*. New York: Plenum.

Thewissen, J. G. M., E. M. Williams, L. J. Roe, and S. T. Hussain. 2001. Skeletons of terrestrial cetaceans and the relationship of whales to artiodactyls. *Nature* 413: 277–281.

Thomson, K. S. 1991. *Living Fossil*. New York: Norton.

Trueman, A. E. 1922. The use of *Gryphaea* in the correlation of the Lower Lias. *Geological Magazine* 59: 256–268.

Tudge, C. 2000. *The Variety of Life: A Survey and a Celebration of All the Creatures That Have Ever Lived*. Oxford: Oxford University Press.

Turner, A., and M. Anton. 2004. *National Geographic Prehistoric Mammals*. Washington, D.C.: National Geographic Society.

Valentine, J. W. 2004. *On the Origin of Phyla*. Chicago: University of Chicago Press.

Valley, J. W., W. H. Peck, E. M. King, and S. A. Wilde. 2002. A cool early earth. *Geology* 30:

351–354.

Van Valen, L. 1966. Deltatheridia, a new order of mammals. *Bulletin of the American Museum of Natural History* 132: 1–126.

Wächtershäuser, G. 2006. From volcanic origins of chemoautotrophic life to Bacteria, Archaea, and Eukarya. *Philosophical Transactions of the Royal Society of London B* 361: 1787–1806.

Wächtershäuser, G. 2008. Origin of life: life as we don't know it. *Science* 289: 1307–1308.

Ward, L. W., and B. W. Blackwelder. 1975. *Chesapecten*, a new genus of Pectinidae (Mollusca: Bivalvia) from the Miocene and Pliocene of eastern North America. *U.S. Geological Survey Professional Paper* 861.

Ward, R. R. 1965. *In the Beginning*. Grand Rapids, Mich.: Baker.

Weinberg, S. 2000. *A Fish Caught in Time: The Search for the Coelacanth*. New York: HarperCollins.

Weiner, J. 1994. *The Beak of the Finch: A Story of Evolution in Our Own Time*. New York: Knopf.

Weiner, J. 2005. Evolution in action. *Natural History* 115(9): 47–51.

Weishampel, D. B., P. Dodson, and H. Osmolska, eds. 1990. *The Dinosauria*, 1st ed. Berkeley: University of California Press.

Weishampel, D. B., P. Dodson, and H. Osmolska, eds. 2004. *The Dinosauria*, 2nd ed. Berkeley: University of California Press.

Wells, J. 2000. *Icons of Evolution: Science or Myth? Why Much of What We Teach About Evolution Is Wrong*. Washington, D.C.: Regnery.

Wesson, R. 1991. *Beyond Natural Selection*. Cambridge: MIT Press.

Whitcomb, J. C., Jr., and H. M. Morris. 1961. *The Genesis Flood*. Nutley, N.J.: Presbyterian and Reformed Publishing.

Wilde, S. A., J. W. Valley, W. H. Peck, and C. M. Graham. 2001. Evidence from detrital zircons for the existence of continental crust and oceans on the earth 4.4 Gyr ago. *Nature* 400: 175–181.

Wiley, E. O. 1981. *Phylogenetics: The Theory and Practice of Phylogenetic Systematics*.

New York: Wiley Interscience.

Wills, C. 1989. *The Wisdom of the Genes: New Pathways in Evolution*. New York: Basic.

Wills, C., and J. Bada. 2000. *The Spark of Life: Darwin and the Primeval Soup*. New York: Perseus.

Winchester, S. 2002. *The Map That Changed the World: William Smith and the Birth of Modern Geology*. New York: Harper.

Woese, C. R., and G. E. Fox. 1977. Phylogenetic structure of the prokaryotic domain: the primary kingdoms. *Proceedings of the National Academy of Sciences USA* 274: 5088–5090.

Wray, G. A., J. S. Levinton, and L. H. Shapiro. 1996. Molecular evidence for deep Precambrian divergences among metazoan phyla. *Science* 74: 568–573.

Wyss, A. R. 1987. The walrus auditory region and the monophyly of pinnipeds. *American Museum Novitates* no. 2871.

Wyss, A. R. 1988. Evidence from flipper structure for a single origin of pinnipeds. *Nature* 334: 427–428.

Xu, X., C. A. Forster, J. M. Clark, and J. Mo. 2006. A basal ceratopsian with transitional features from the Late Jurassic of northwestern China. *Proceedings of the Royal Society of London B* 273: 2135–2140.

Young, M., and T. Edis, eds. 2005. *Why Intelligent Design Fails: A Scientific Critique of the New Creationism*. Piscataway, N.J.: Rutgers University Press.

Zimmer, C. 1998. *At the Water's Edge: Macroevolution and the Transformation of Life*. New York: Free Press.

Zuckerkandl, E., and L. Pauling. 1965. Evolutionary divergence and convergence in proteins. In *Evolving Genes and Proteins*. San Diego, Calif.: Academic.

옮긴이의 말

콸콸 흐르는 강물을 멀거니 바라본다. 힘차게 깃을 치며 쌩 하고 바람을 가르는 소리가 들려온다. 고개를 들어 올려다보니 새들이 줄지어 하늘을 질러 날아가고 있다. 언제 보아도 시원하고 아름답다. 어릴 적부터 강이, 바다가, 벼랑이, 숲이, 담이, 길이 끊어진 곳이, 막다른 곳이 매번 걸음을 막아 세우는 땅 위의 삶에 진저리가 날 때마다 하늘을 길 삼아 어디든 마음껏 날아갈 수 있는 저 새들을 몹시 부러워했다. 아! 나도 날개를 달고 저렇게 하늘을 훨훨 날았으면 좋겠다. 까마득한 옛날부터 인류가 공통으로 가졌을 그 바람을 나도 오래오래 간직하고 살아왔다.

그런데 어렸을 적의 나는 그 바람과 함께 미움도 하나 깊이 품고 살았다. 그 시절의 내 생각으로, 나를 날지 못하게 가로막는 것은 바로 중력이었다. 땅에 두 발을 단단히 잡아 붙들어 하늘로 날아오르지 못하게 하는 힘, 그 중력의 존재를 나는 깊이 한탄했고, 그 중력을 발견한 뉴턴이 미치도록 미웠다. 마치 뉴턴이 이 저주스러운 힘인 중력을 만들어내기라도 한 것처럼, 뉴턴이 아니었다면 중력의 족쇄에 묶이는 일은 결코 없었을 것처럼, 내 안의 모든 원망을 뉴턴에게 퍼붓고 모든 탓을 뉴턴에게 돌렸다. 하늘을 날고픈 크나큰 바람이 그리 깊은 미움을 낳은 것이다.

다윈과 진화를 미워하고 싫어하는 창조론자들에게서 나는 어릴 적의 내 모습을 보곤 한다. 한편으로는 하늘을 날고 싶은 바람과 하늘에 계신 분을 믿고 싶은 바람이 서로 다른 듯 같은 바람일지도 모르겠다는 생각이 들어, 그들의 맹렬한 증오가 이해되기도 한다. 바람이 클수록 그 바람을 겪는 것에 대한 미움도 클 테니까 말이다. 그런데 그들과 어릴 적의 나는 다른 점이 하나 있다. 어린 나는 뉴턴이 밉기는 했어도 중력을 부정하지는 않았던 반면, 창조론자들은 다윈을 미워하는 데에서 그치지 않고 진화를 부정하기까지 한다는 것이다. 내가 땅을 딛고 있다는 것, 물체가 땅으로 떨어진다는 것, 해와 달과 지구와 여타 천체들이 서로를 끌며 돌고 돈다는 것에서 중력의 존재는 감히 부정할 수 없는 사실이었다. 그 사실이 족쇄처럼 나를 묶어둔다 여기고 중력에 구애됨 없이 새처럼 하늘을 마음껏 날아다니는 내 모습을 꿈꾸는 것이야 내 자유였지만, 사실이란 사실로서 받아들여야 하는 것이기에, 그것을 부정하는 것은 몹시도 어리석은 짓이었다. 내 몸의 해부적 구조에서, 내가 어머니의 뱃속에서 거친 발생 과정에서, 인류학자들이 발굴한 고인류의 화석들에서, 화석과 DNA를 토대로 규명한 생물과 생물의 핏줄사이에서, 나는 나 자신이 아득히 먼 옛날부터 생물이 진화해온 한 결과임을 볼 수 있다. 진화는 중력처럼 부정할 수 없는 사실이다. 진화가 내 존재 가치를 훼손한다거나 내가 떠받드는 믿음을 배반한다고 여기는 것이야 내 자유이겠지만, 그렇다고 진화라는 사실을 부정하는 것은 몹시도 어리석은 짓일 것이다.

그런 어리석은 짓을 창조론자들이 어떻게 저지르고 있는지 이 책이 말 그대로 적나라하게 까발리고 있다. 자신들이 가진 믿음을 지키기 위해 사실을 부정하고 왜곡하고 날조하는 온갖 짓을 서슴없이 뻔뻔하게 저지르는 그들의 민낯을 이 책에서 여실히 볼 수 있다. 정상적인 사고를 하는 사람이라면 도저히 수긍할 수 없는 소리를 지껄이는 그들의 모습을 보노라면, 이런 물음들을 던지지 않을 수 없다. 저렇게 부정직하고 그릇되고 삿된 짓을 하지 않고서는 구하지 못할 믿음이라면, 그것이 과연 옳은 믿음이겠는가? 이성적으로 저렇게 밑바닥으로 추락하면서까지 그 믿음을 지키는 이유가 무엇일까? 하늘나라를 꿈꾸게 하여 땅 위의 모진 현실을 버티게 해주는 대가로 저런 엉터리 소리를 믿는 멍청이가 될 것을 요구하는 종교란 과연 좋은 종교일까, 나쁜 종교일까? 믿음이란 게 대관절 무엇이기에 사람을 저리 비루하게도 만드는 것일까?

비록 일차적으로 이 책이 창조론의 본색을 밝혀 사람들의 마음이 더는 오염되지 못하게 할 요량으로 쓰였기는 하지만, 그 덕분에 저자가 전공을 십분 발휘하여 화석을 중심으로 생명의 장구한 진화사를 일목요연하게 그려낸 근사한 책이 만들어지는 또 하나의 결과도 나왔다. 종교와 믿음의 문제를 깊이 물음에 올리면서, 생명의 진화사를 과학적으로 깊이 음미할 수 있게 해주는 보기 드문 기회를 선사한다는 점에서 이 책이 독보적인 가치를 지녔음을 번역하는 내내 실감했다. 믿는 자와 안 믿는 자, 그리고 중간에 있는 자 모두에게 큰 울림을 줄 책이라고 생각한다.

초판본을 받아 긴 시간을 들여 번역을 마친 다음, 개정판이 나오자 다시 긴 시간을 들여 원고에 반영했고, 그 뒤로 역시 긴 시간 동안 편집이 이루어졌다. 얼마 걸렸다고 딱 잘라 말하기 힘들 만큼 오랜 시간이 흐른 뒤에 마침내 이 책이 세상의 빛을 보게 되었다. 지금의 눈으로 본다면 으레 마음에 차지 않기 마련인 오래전에 써놓은 글, 오래전에 뱉어놓은 말, 오래전에 만들어놓은 것을 상대에게 보여주는 듯 마음은 조마조마하기만 하다. 그러나 생각을 자극하고 생각을 곰곰 돌이켜보게 하는 책이 좋은 책이라고 여기니만큼, 좋은 책 하나가 번역되어 세상에 나왔다는 생각에는 추호의 의심도 없다. 부디 이 좋은 책을 즐겁게 읽어주었으면 하는 바람뿐이다. 오랜 시간 공들여 책을 편집하고 만들어주신 정일웅 편집자께 이 자리를 빌려 고마운 마음을 전한다. 언제나 번역자의 선택을 존중하면서 깔끔하게 책으로 만들어주기에, 그가 편집을 맡게 되었음을 알고는 걱정을 내려놓아도 되었다. 늘 안녕하시기를 바란다.

2019년 11월
류운

찾아보기

화석은 말한다

초판 1쇄 발행 2019년 11월 22일
개정판(아카데미판) 1쇄 발행 2024년 7월 5일

지은이   도널드 R. 프로세로
그림   칼 뷰얼
옮긴이   류운
책임편집   정일웅
디자인   주수현 정진혁

펴낸곳   (주)바다출판사
주소   서울시 마포구 성지1길 30 3층
전화   02-322-3885(편집), 02-322-3575(마케팅)
팩스   02-322-3858
이메일   badabooks@daum.net
홈페이지   www.badabooks.co.kr

ISBN   979-11-6689-254-7 93470